# 火电厂燃煤与煤粉制备系统

## 运行及故障处理

王宏福 编著

中国电力出版社
CHINA ELECTRIC POWER PRESS

U0260791

# 内 容 提 要

　　本书主要介绍煤粉锅炉的煤粉制备和循环流化床锅炉的燃煤制备相关知识。全书分为七章，主要内容包括锅炉煤质特性和煤的炉前准备，煤中硫氮碳与清洁燃烧，燃煤制备，煤粉制备，燃煤制备、煤粉制备启动调试热力试验与运行优化，制粉系统的运行，燃煤制备和煤粉制备系统事故处理。本书重点介绍了燃煤制备和煤粉制备的设备构造、工作原理、相关计算、系统的运行和调整试验及其事故处理。

　　本书可供火电厂锅炉、燃运专业的工程技术、生产管理及运行和维护人员使用，可作为相关培训班人员的参考书，也可供高职高专院校热能动力工程及相关专业师生使用。

图书在版编目（CIP）数据

火电厂燃煤与煤粉制备系统运行及故障处理 / 王宏福编著 . 一北京：中国电力出版社，2019.5
ISBN 978-7-5198-2971-1

Ⅰ．①火… Ⅱ．①王… Ⅲ．①火电厂—燃煤制粉系统—系统管理②火电厂—煤粉制备—系统管理 Ⅳ．① TM621

中国版本图书馆 CIP 数据核字（2019）第 142606 号

出版发行：中国电力出版社
地　　址：北京市东城区北京站西街 19 号（邮政编码 100005）
网　　址：http://www.cepp.sgcc.com.cn
责任编辑：娄雪芳（010-63412375）
责任校对：黄　蓓　郝军燕
装帧设计：王红柳
责任印制：吴　迪

印　　刷：三河市百盛印装有限公司
版　　次：2019 年 7 月第一版
印　　次：2019 年 7 月北京第一次印刷
开　　本：787 毫米 ×1092 毫米　16 开本
印　　张：26.25
字　　数：580 千字
定　　价：108.00 元

# 前 言

电能是能源理想的终端利用形式，在人类能源结构中的地位举足轻重。火力发电是世界上绝大多数国家，以及我国电能生产的重要组成部分。锅炉作为火力发电厂的三大主要设备之一，在电能生产过程中将燃料的化学能转变为蒸汽的热能，燃煤制备和煤粉制备则向锅炉供给合格的燃料。

随着电力工业的迅速发展与世界气候的要求，以及世界能源危机的到来，煤电在电能中的比重稳中有所上升，煤的清洁燃烧也愈加严格。同时，电站锅炉数量越来越多、容量也越来越大，燃煤制备和煤粉制备的设备及其系统也随之不断地进步。燃煤制备是循环流化床锅炉、煤粉制备是煤粉锅炉的主要辅助系统，承担着制备燃煤锅炉合格燃煤、煤粉的任务，同时又是耗能较大的设备系统，其工作直接影响着燃煤锅炉及火力发电厂的安全经济运行；与燃煤制备相比，煤粉制备从设备的设计制造、系统设计、安全经济运行等方面都更成熟。

编著者从事煤粉锅炉、循环流化床锅炉的运行生产及火电厂生产管理工作三十余年，通过运行生产实践、人员技术培训、火电厂生产管理等工作环节，对燃煤制备、煤粉制备形成了一些粗浅的看法，曾编著成《火电厂燃煤制备与煤粉制备》一书。书中的部分内容曾在原甘肃电力工业局连城电厂、Gerup Sinams. Co-Gen Power Plant P. T Pbrik Kertas Jiwi Kimia-Surabaya. Indonisia、陕西黄陵煤矸石热电有限公司、陕西三秦能源群生发电有限公司等单位应用或作为培训教材使用。

本书在《火电厂燃煤制备与煤粉制备》的基础上，增加了煤中硫氮碳与清洁燃烧、燃煤制备、煤粉制备启动调试热力试验与运行优化两章，以及部分附录的内容，以使内容更加完整和实用。

陕西榆林能源集团榆神煤电有限公司榆能榆神热电有限公司副总经理方向明高级工程师对本书的修订给予支持与帮助，特此感谢。

感谢原西北电业管理局中心试验研究所 赵电华 总工程师、原甘肃电力工业局连城电厂锅炉分场运行主任尹正龙师傅、原西北电业管理局宝鸡电厂生产技术科锅炉专业工程师王之贵师傅、西安热工研究院有限公司孙献斌首席研究员对本书的支持、帮助和审稿工作。

感谢段建奇、赵恒、屈红星、王旸、赵煦楠、杨成、王芸、邹涛、史辰、姬文凤、李彦刚、林德涛等同志参与部分章节编写、提供资料、CAD绘图、全书校核、统稿工作。

限于作者水平，书中难免存在疏漏和不妥之处，恳请读者批评指正。

编 者

2019 年 3 月

# 目　录

# 第一章

# 锅炉煤质特性和煤的炉前准备

燃料是指在燃烧过程中能够转化为热能的物质，煤是一种矿物质固体燃料，是燃料家族中重要的一员。一般而言，火力发电厂燃煤锅炉是耗用大量燃料的热能动力设备，锅炉工作的安全性和经济性与煤的性质有很大的关系。不同的煤种要利用不同的燃烧设备和不同的燃烧方式，于是燃煤制备、煤粉制备的系统和设备就有所区别。所以，对锅炉工作者来说，了解煤的成分和性质，以及煤的炉前处理是很重要的。

## 第一节 能 源 简 述

能源存在于自然界之中，在历史发展的漫漫长河中，以"钻木取火"等原始用火为标志，人类逐渐掌握利用自然界中的能源为人类社会服务。

能源是人类赖以生存和发展的物质基础，是人类社会生活和生产的先决条件之一，能源的取得和利用是人类社会得以生存和可持续发展的重要因素，或者说是决定性的因素。能源的变革同人类社会的变革密切相关，原始社会的手工业生活中，人们取得并利用柴、草等低热量能源，矿物质燃料的开采和利用使人类社会迈入现代生活，推动人类社会文明、物质文明的进一步发展。能源利用从柴、草到煤炭，以18世纪蒸汽机为标志，开始用蒸汽动力驱动机器代替人力，从此手工业从农业分离，人类社会正式进化为工业社会，人类开始了工业革命；能源利用从煤炭到石油，以19世纪末的内燃机时代中电力的广泛应用为标志，工业革命进入了大规模的生产时代；以20世纪中叶的电子技术时代为标志，人类社会的工业生产快速发展。人类社会工业生产经历了工业1.0的机械化、工业2.0的电气化、工业3.0的自动化，人类社会对电能的需求也急速增长，能源利用也从矿物质燃料、电力，发展到核能、风能、太阳能及其他可再生能源。

目前，世界工业革命正开始并已进入工业4.0时代，我国以《中国制造2025》行动纲领布局并开始本轮的世界工业革命角逐。工业4.0时代，世界范围内能源的高效利用、电力的清洁生产等是竞争的焦点。

### 一、能源的分类

能源是指存在于自然界中、可能被人类利用，并获得能量的自然资源，它的应用范围随着科学技术的发展而扩展。最新修订并颁布实施的《中华人民共和国节约能源法》对能源的解释为"能源是指煤炭、石油、天然气、生物质能和电力、热力以及其他直接或者通过加工、转换而取得有用能的各种资源"。简单而确切地说，能源是自然界中能为人类提供某种形式能量的物质资源。

能源的分类有多种方式方法，如按能源资源的存在形式或来源可分为太阳能、地热能、核能、引力能；按能源资源的直接、间接利用方式或能源资源的基本形态，可分为一次能源、二次能源（也称作一次能源、终端能源）；按能源资源的可燃与否又可分为燃料能源和非燃料能源；按能源资源利用的先后或程度还可分为常规能源与新能源；按能源资源利用的恢复性可再分为可再生能源与非再生能源等。

**1. 按能源的存在形式或来源分类**

（1）太阳能。来自地球之外，有太阳辐射能等；间接来自太阳能的有化石资源、生物质能、水能、风能、海洋能等资源。

（2）地球内部的地热能。有地下热水、地下蒸汽、干热岩体等。

（3）地球本身蕴藏的能量。即地球上的核裂变、核聚变资源，前者有铀、钍等元素物质，后者如氘、氚、锂等元素物质。

（4）引力能。月球、太阳等星体对地球的引力产生的能源，有海洋的潮汐能量等。

**2. 按能源的利用方式分类**

（1）一次能源。是指存在于自然界中，可直接取得、不经加工或转换而直接利用的能源资源。一次能源包括太阳能、水能、海洋能、风能、煤炭、石油、天然气、天然气水合物或可燃冰、地热能、生物质能、天然铀等。能源的生产量或消耗量一般主要指一次能源，一次能源又分为可再生能源（水能、风能及生物质能）和非再生能源（煤炭、石油、天然气、天然气水合物或可燃冰、油页岩等）。

（2）二次能源。是指对一次能源进行加工和转换后所形成的能源产品，如焦炭、煤气、蒸汽、电力、氢能，及汽油、柴油、重油等石油制成品。工业生产过程中排出的高温烟气、可燃废气、废蒸汽、低压流体等余能、余热均属于二次能源范畴。

（3）终端能源。是指除去能源在中间的加工转换环节的能源损失后，真正应用于生产生活中的能量，如电能、热能等。

**3. 按能源资源利用的恢复性分类**

可再生能源不因开发利用而枯竭，可循环利用、再生，如太阳能、水能、风能、潮汐能、生物质能等。非再生能源也称为不可再生能源，如石油、天然气、煤炭、原子铀等，这类能源的形成过程是极其漫长的，短时间内根本无法恢复，非再生能源经过长期、大规模的开采和利用，储存量已越来越少，能源危机、能源枯竭已向人类敲响了警钟。

**4. 按能源资源利用的先后或程度分类**

常规能源是以目前科学技术条件下，已能广泛并成熟利用的能源资源，如石油、天然气、煤炭、水能、核裂变能、生物质能等能源；非常规能源也称新能源，是指利用较晚或正在研究开发利用的能源资源，如太阳能、氢能、核聚变能、生物质能、天然气水合物或可燃冰、风能、地热能，海洋的波浪能、潮汐能、温差能等能源。一般而言，对已利用的常规能源采用更先进的方法利用的能源资源也称为新能源。

**5. 按能源资源的可燃与否分类**

燃料能源是指能直接燃烧并能放出热量的能源资源，如矿物燃料（煤炭、石油、天然气、天然气水合物或可燃冰、页岩气等）、生物质燃料（柴、草、农作物秸秆、沼气等）和化工燃料（丙烷、乙炔、甲醇、酒精等）；非燃料能源是指不能直接燃烧但可通过其他方法利用的能源资源，如电力、太阳能、水能、海洋能、风能、地热能和蒸汽能等。

需要说明的是，燃料是通过燃烧放出大量热量的物质，从工程意义上说，燃料还必须具备技术上的可行性，以及经济上的合理性两个基本特点。

在我国，煤炭是燃煤锅炉的主要燃料，同时，也作为钢铁、水泥等工业的燃料，有些优质煤炭还具有其他工业生产所需要的某些特性，如用于炼焦和生产有机和无机化工产品、生产替代石油的能源产品等。如果煤炭仅作为动力燃料，只利用其热量就不能物尽其用。因此，对燃煤锅炉而言，应尽可能燃用对其他工业没有利用价值的劣质煤炭。

能源的概念和分类，如图 1-1 所示。

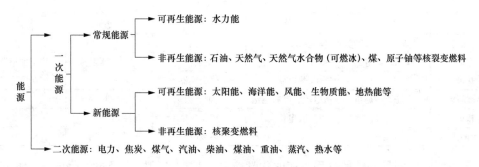

图 1-1 能源的概念和分类

## 二、锅炉燃料

锅炉常用燃料可分为固体燃料、液体燃料和气体燃料。

固体燃料包括煤、油页岩、木材（屑）、生物质（包括农作物秸秆、渣、糠等）、城市垃圾（含有可燃质）等。

液体燃料有重油、各种渣油、炼焦油等。

气体燃料有天然气、液化石油气、高炉煤气、发生炉煤气、沼气等。

在我国，煤炭是燃煤锅炉，尤其是火力发电厂燃煤锅炉的最主要燃料。以下主要介绍煤的相关特性。

## 三、能量的转换

### 1. 能量的定义及单位

能量的国际单位是焦耳。焦耳的力学定义为作用于质点上 1N（牛顿）的力，使质点沿力的方向移动 1m（米）距离所做的功为 1J（焦耳，$1J=1N \cdot m$）。焦耳的电工学定义为 1A（安培）电流通过两端电压为 1V（伏特）的导体时，在 1s（时间）内所消耗的电能称为 1J（焦耳，$1J=1A \times 1V \times 1s$）。

功率的单位为 W（瓦特，$1W=1J/s$），焦耳与热力学单位卡的换算关系是 $1cal=4.1868J$，$1kcal=4.1868kJ$，其转换等式为

$$1kW \cdot h=1000W \times 3600s=3.6 \times 10^6 J=860kcal$$

我国采用吨标准煤为能源的度量单位，每千克标准煤收到基的低位发热量为 29 307.6kJ（7000kcal）。

原煤的热值平均按 5000kcal/kg 计，换算成标准煤的比率为 0.714kg 标准煤；原油的热值按 10 000kcal/kg 计，换算成标准煤的比率为 1.429kg 标准煤；天然气的热值按 9310kcal/kg 计，换算成标准煤的比率为 1.33kg 标准煤。

**2. 能量的转换**

能量的表现形式有动能、位（势）能、电能、热能、磁能、化学能、核能、光能、声能、质量能等形式，在一定的条件下它们之间可相互转换。表 1-1 所示为不同形式能量的转换途径。

**表 1-1**　　　　　　　　　　**不同形式能量的转换途径**

| 转换源 | 转换目的 | | | | |
|---|---|---|---|---|---|
| | 机械能 | 电能 | 热能 | 化学能 | 核能 |
| 机械能 | 齿轮装置、活塞 | 发电机、扩声器 | 摩擦 | | |
| 电能 | 喇叭、继电器 | 变压器、交流器 | 电热器 | 电解、蓄电池 | 粒子加速器 |
| 热能 | 汽轮机 | 热电偶 | 热交换器 | | |
| 化学能 | 火箭、内燃机 | 蓄电池、燃料电池 | 锅炉、火焰 | 化学过程 | |
| 核能 | 反应堆 | 发电机 | 核反应堆 | | |
| 太阳能 | 发动机 | 太阳能电池 | 热吸收器 | 光合作用 | |

火力发电厂能量的转换过程为煤的化学能在锅炉的"炉"中经过燃烧转变为煤的热能、热能又将锅炉的"锅"中工质水转化成蒸汽的动能，蒸汽的动能在汽轮机中转变成转子的机械能，汽轮机转子带动发电机转子，发电机转子在旋转中切割磁力线过程中将机械能转变为电能。

## 四、矿物质能源资源与消费控制

**1. 矿物质能源资源概况**

矿物质能源指从矿产资源中获得的能源。当代作为能源的矿产资源主要有煤、石油、天然气等可燃矿物，铀和钍等核燃料。

《BP 世界能源统计年鉴》2016 版显示，世界上 79 个主要煤炭产出国家中，美国可采储量 23 729.5 亿 t（占 26.6％，储量开采比 292 年），俄罗斯可采储量 15 701 亿 t（占 17.6％，储量开采比 422 年），中国 11 450 亿 t（占 12.8％，储量开采比 31 年），澳大利亚可采储量 7640 亿 t（占 8.6％，储量开采比 158 年）。《BP 世界能源统计年鉴》2016 版表明，2015 年全球煤炭可采储量为 8925 亿 t，2015 年世界各国煤炭产量总计 80 亿 t，按目前的开采速度，可开采 114 年。

我国矿物质能源资源种类齐全、资源丰富、分布广泛。在已探明储存量的煤、石油、天然气、油页岩、石煤、铀、钍、地热等 8 种矿物质能源资源中，据《中国矿产资源报告》，截至 2015 年，我国煤炭已探明保有资源储藏总量 15 663.1 亿 t，居世界第三位，占世界煤炭保有资源储藏总量的 11％；我国石油资源地质储存量 181.4 亿 t，可开采储量 22.41 亿 t，居世界第 11 位；天然气资源储量约 70 万亿 $m^3$，可开采储量 0.706 0 万亿 $m^3$，居世界第 21 位。

**2. 我国煤炭能源资源的优势**

我国矿物质能源资源的显著特点是"富煤、贫油、少气"，煤炭资源储量占一次能源资源总储量的 94.22%，而石油、天然气之和不足 6%。中国工程院《中国煤炭清洁高效可持续开发利用战略研究》预测，到 2030 年，我国煤炭消费占比为 50%～55%，国际能源署（IEA）预测到 2030 年，我国煤炭消费占比为 50%。由此可见，煤炭仍然是我国未来相当一段时间内的主体能源。

煤炭是可靠的资源。我国煤炭消费量从 2008 年起呈下降趋势，2014 年在煤炭消费量下降的趋势下，煤炭消费量依然占到国内能源消费总量的 66%；而同期，石油对外依存度则由 2013 年的 59.2% 快速上升到 2014 年的 60.1%，天然气对外依存度也上升到 2014 年的 32%。

煤炭是最经济的能源。同等热值的煤炭价格不足汽油、柴油价格的 1/9，不到天然气价格的 1/3；火力发电厂（燃煤）的发电成本约为太阳能电厂和风能电厂的 1/2，大约为核电厂的 1/3。

煤炭是可以清洁燃烧利用的。目前，我国火力发电厂正在实行超低排放，到 2020 年底，全国新建的火力发电厂将实现供电煤耗小于等于 300g/(kW·h)［现役燃煤发电机组改造后平均供电煤耗低于 310g/(kW·h)］，在基准氧含量 6% 条件下尘排放小于等于 10mg/m³，硫化物排放小于等于 35mg/m³，氮氧化物排放小于等于 50mg/m³，届时燃煤电厂的污染物排放较 2013 年降低 90%。

**3. 矿物质能源资源消费控制概况**

矿物质能源资源消费控制迫在眉睫。我国能源消耗量 2001 年为 14 亿 t 标准煤，2012 年达到 32 亿 t 标准煤。2015 年，我国煤炭产量达到 37.5 亿 t，占世界产量的 47%；煤炭消费量达到 39.65 亿 t，约占世界煤炭消费量的一半；煤炭在我国能源消费结构的比重达到 64%，远大于 30% 的世界煤炭消费结构平均水平。

1993 年我国成为石油净进口国，2014 年我国石油对外依存度上升到 60.1%，天然气的对外依存度上升到 32%，矿物质能源中煤、石油、天然气在我国一次能源的消费结构中占到 95% 左右，高于世界 93% 的平均水平。节能、发展新能源迫在眉睫，形势严峻，势在必行。

煤炭不仅是工农业和人民生活不可缺少的主要燃料，还是冶金、化工等工业部门的重要原料。煤炭资源的开发利用对于我国乃至世界都有举足轻重的作用。国际能源署（IEA）在《国际能源展望 2008》中预测，从 2006 年到 2030 年，世界煤炭需求年均增长量为 2%，煤炭在全球能源消费总量中的比例到 2030 年将稳定上升到 29%；我国《能源中长期发展规划纲要（2004—2020 年）》确定了"以煤炭为主体，电力为中心，油气和新能源全面发展"的战略。综合考虑我国经济社会发展阶段、能源消费趋势变化等因素，经充分论证并广泛征求各方面意见，《能源发展"十三五"规划》，提出"到 2020 年把能源消费总量控制在 50 亿 t 标准煤以内"，与我国《国民经济和社会发展第十三个五年规划纲要》保持一致。

# 第二节 动力用煤分类

## 一、煤炭的认知

煤大约形成于 1.5 亿～3.6 亿年前，煤是由于地壳的不断运动，古代植物被埋入地层深处，在隔绝空气和高温、高压的条件下，产生了一系列复杂、漫长的分解和化合作用而逐渐形成的。低等植物形成了腐泥，高等植物形成了泥炭，腐泥和泥炭逐渐形成褐煤；褐煤因高温排除了部分水分形成了烟煤；煤层在某些地区因受更大的压力，则变成无烟煤和硬质煤。煤的成分和性质随地质条件和埋藏年代，以及埋藏深浅而不同。埋藏年代越久，碳化程度越深，含碳量也就越多，而氢、氧含量则越少，因而所表现的燃烧性质也各不相同。

GB/T 5751—2009《中国煤炭分类》对煤的定义是，主要由植物遗体经煤化作用转化而成的富含碳的固体可燃有机沉积岩，含有一定量的矿物质，相应的灰分产率小于等于 50%（干基，质量分数）。

煤的组成非常复杂，它包含有各种多聚体和官能团，还含有复杂的无机化合物，其分子式可简单表达为 $(C_{135}H_{9709}NS)_n$。目前，人们从煤中发现了 84 种元素，几乎涵盖了元素周期表中的所有元素。其中，常量元素（含量大于 1%）有 C、H、O、S、N、Si、Al、Fe、Ca 等，微量元素（含量小于 1%）有 As、F、Cd、Hg、Cr、Pb、P 等。

煤炭作为主要的燃料，在过去的 40 年里所占的份额基本保持不变，世界范围内，几乎 40% 的电力是利用 60% 的全球煤炭产量产生的，许多国家高度依赖煤炭发电，其中，波兰为 95%、南非为 93%、印度为 78%、澳大利亚为 77%、中国为 75%、美国为 41% 的电力需求来自于煤炭。

世界上煤炭主要分布在 79 个国家，煤炭储量集中在美国、俄罗斯、中国等十个国家，亚洲煤炭储量占世界总储量的 58%，北美洲占 30%，其余大陆占 12%，而非洲、格陵兰岛煤炭储量则极其稀少，全球煤炭储量不均衡。我国煤炭分布的特点是西部多东部少，北部多南部少。陕西省主要产长焰煤，陕北以侏罗纪时期煤为主。

煤炭除用于发电外，常用于多种工业和民用燃料，如钢铁、水泥工业、城市集中供暖等；也用于炼焦及生产有机和无机化工产品；也可生产替代石油的能源产品。

煤炭成因的传统理论是来自森林。近些年有学者对煤炭来自森林提出质疑，从煤和木材的燃烧热值、密度分析煤的储量，从全球煤炭储量分布的不均匀性，从煤炭（储存深度在 300~1000m）、石油（储存深度在 1000~3000m）、天然气储存的深度，从实际煤层的厚度均匀、顶层和底板整齐平滑等方面指出煤不来自森林。也有学者提出，生成煤的原始物质是古代最繁茂的植物和生长在湖泊沼泽中死亡后堆积的微生物、浮游生物等残骸，这些植物和微生物、浮游生物等残骸经过漫长的地球化学、生物化学和物理化学作用而形成了煤。相信随着科学研究的深入，煤炭的成因终究会有定论。

## 二、煤炭的分类

随着人类社会和科学技术的不断发展与进步，新理论的产生，新工艺、新方法的应用，煤炭的用途和综合利用价值也越来越广泛，人们对煤的性质、成分、结构和用途及综合利用价值等方面的了解也越来越深入，并且发现各种煤既有相似的地方，又有各自不同的特性。根据工业利用的需要，就设法把各种不同的煤划分成若干个类别，这就形成了煤的分类的概念。将同类性质的煤划分在一起，以区别于其他不同类的煤。煤种的性质可通过它的各种成分和多种特性指标表现出来。

世界各国对煤炭的分类方法很多，但大致上都是分为无烟煤、烟煤、褐煤和泥煤等几种；即使是同一个国家的各个工业部门，也会依据各自行业对煤炭利用的特点，分类方法也不尽一致而有所差别。

GB/T 5751—2009《中国煤炭分类》规定的中国煤炭分类体系是一种应用型的技术分类体系，可用于：说明煤炭的类别；指导煤炭的利用；根据一些重要的煤质指材进行不同煤的煤质比较；指导选取适宜的煤炭分析测试方法等。

表 1-2 列出了我国现行煤炭的分类方案。

表 1-2 中国煤炭分类简表（GB/T 5751—2009）

| 类别 | 符号 | 编码 | 分类指标 | | | | | |
|---|---|---|---|---|---|---|---|---|
| | | | $V_{daf}(\%)$ | $G$ | $Y(mm)$ | $b(\%)$ | $P_M(\%)^{**}$ | $Q_{gr,maf}^{***}$ (MJ/kg) |
| 无烟煤 | WY | 01, 02, 03 | ≤10.0 | | | | | |
| 贫煤 | PM | 11 | >10.0~20.0 | ≤5 | | | | |
| 贫瘦煤 | PS | 12 | >10.0~20.0 | >5~20 | | | | |
| 瘦煤 | SM | 13, 14 | >10.0~—20.0 | >20~65 | | | | |
| 焦煤 | JM | 24, 15, 25 | >20.0~28.0<br>>10.0~28.0 | >50~65<br>>65* | ≤25.0 | ≤150 | | |
| 肥煤 | FM | 16, 26, 36 | >10.0~37.0 | (>85)* | >25.0 | | | |
| 1/3焦煤 | 1/3JM | 35 | >28.0~37.0 | >65* | ≤25.0 | ≤220 | | |
| 气肥煤 | QF | 46 | >37.0 | (>85)* | >25.0 | >220 | | |
| 气煤 | QM | 34, 43, 44, 45 | >28.0~37.0<br>>37.0 | >50~65<br>>35 | ≤25.0 | ≤220 | | |
| 1/2中黏煤 | 1/2ZN | 23, 33 | >20.0~37.0 | >30~50 | | | | |
| 弱黏煤 | RN | 22, 32 | >20.0~37.0 | >5~30 | | | | |
| 不黏煤 | BN | 21, 31 | >20.0~37.0 | ≤5 | | | | |
| 长焰煤 | CY | 41, 42 | >37.0 | ≤35 | | | >50 | |
| 褐煤 | HM | 51, 52 | >37.0<br>>37.0 | | | | ≤30<br>>30~50 | ≤24 |

\* 在 $G$>85 的情况下，用 $Y$ 值或 $b$ 值来区分肥煤、气肥煤与其他煤类，当 $Y$>25.00mm 时，根据 $V_{daf}$ 的大小可划分为肥煤或气肥煤；当 $Y$≤25.0mm 时，则根据 $V_{daf}$ 的大小可划分为焦煤、1/3焦煤或气煤。按 $b$ 值划分类别时，当 $V_{daf}$≤28.0%时，$b$>150%的为肥煤；当 $V_{daf}$>28.0%时，$b$>220%的为肥煤或气肥煤。如按 $b$ 值和 $Y$ 值划分的类别有矛盾时，以 $Y$ 值划分的类别为准。

\*\* 对 $V_{daf}$>37.0%，$G$≤5 的煤，再以透光率 $P_M$ 来区分其为长焰煤或褐煤。

\*\*\* 对 $V_{daf}$>37.0%，$P_M$>30%~50%的煤，再测 $Q_{gr,maf}$，如其值大于 24MJ/kg，应划分为长焰煤，否则为褐煤。

现行中国煤炭分类参数有用于表征煤化程度的参数：干燥无灰基挥发分，符号为 $V_{daf}$，以质量分数表示；干燥无灰基氢含量，符号 $H_{daf}$，以质量分数表示；恒湿无灰基高位发热量，符号为 $Q_{gr,maf}$，单位为兆焦/千克（MJ/kg）；低煤阶煤透光率，符号为 $P_M$，以百分数表示。用于表征煤工艺性能的参数：烟煤的黏结指数，符号为 $G_{R,1}$（简记 $G$）；烟煤的胶质层最大厚度，符号为 $Y$，单位为毫米（mm）；烟煤的奥阿膨胀度，符号为 $b$，以百分数表示。

中国煤炭分类采用煤化程度参数（主要是干燥无灰基挥发分）将煤炭划分为无烟煤、烟煤和褐煤（烟煤和褐煤的划分，采用透光率作为主要指标，并以恒湿无灰基高位发热量为辅助指标）。

无烟煤亚类的划分采用干燥无灰基挥发分和干燥无灰基氢含量作为指标，如果两种结果有矛盾，以干燥无灰基氢含量划分的结果为准。

烟煤类别的划分，须同时考虑烟煤的煤化程度和工艺性能（主要是黏结性）。烟煤的煤化程度参数采用干燥无灰基挥发分作为指标；烟煤黏结性的参数，以黏结指数作为主要指标，并以胶质层最大厚度（或奥阿膨胀度）作为辅助指标，当两者划分的类别有矛盾时，以按胶质层最大厚度划分的类别为准。

褐煤亚类的划分采用透光率作为指标。

动力用煤又称燃料用煤、燃烧用煤，通常包括电站锅炉用煤、机车用煤和船舶用煤等。动力用煤是在炼焦用煤的基础上，根据煤的干燥无灰基（可燃基）挥发分不同，燃烧的性质不同，将煤炭分为无烟煤、烟煤、贫煤、褐煤四类。目前，机车除极少数铁路支线和厂矿机车外，以及部分航运海运船舶，动力用煤已很少使用。我国燃煤发电厂锅炉用动力煤的组成大致是烟煤占90%，无烟煤占5%，褐煤占4%，贫煤占1%。

### 1. 无烟煤

无烟煤碳化程度最深，因而含碳量最高，挥发分含量最低，$V_{daf} \leqslant 10.0\%$，并且挥发分析出时所需的温度也高，表现为着火困难，燃尽也不容易。根据火力发电厂燃煤锅炉运行实践，$V_{daf} < 6.5\%$ 的煤，着火困难，燃烧经济性较差，这种煤在我国储藏量很少，可作为循环流化床锅炉的燃料。无烟煤燃烧时火焰很短且呈青蓝色，焦结性差或没有焦结性，发热量很高。作为发电厂煤粉锅炉用煤的无烟煤，$V_{daf} = 6.5\% \sim 10\%$，$Q_{net,ar} > 21MJ/kg$（21～25MJ/kg）。

无烟煤具有明亮的金属光泽，密度大，焦结性差，质地坚硬，机械强度较高，不易破碎，便于长途运输，无烟煤储存时是不会发生自燃的。无烟煤分布于我国的华北、西北和中南地区，储藏量仅次于烟煤。

### 2. 烟煤

对于 $V_{daf} = 19\% \sim 37\%$ 的煤炭均属于烟煤，按烟煤的燃烧特性不同，又将其分为两类，一类是低挥发分烟煤，$V_{daf} = 19\% \sim 28\%$，$Q_{net,ar} > 16.0MJ/kg$；另一类是高挥发分烟煤，$V_{daf} = 27\% \sim 37\%$，$Q_{net,ar} > 15.5MJ/kg$。

烟煤挥发分含量高，但碳化程度较浅，含碳量低，水分、灰分适中，其发热量也相当高，容易着火，火焰长。有些产地的烟煤因氢含量较多，其发热量甚至超过无烟煤；也有些产地的烟煤因灰分含量较高，发热量则较低。

对 $V_{daf} > 25\%$ 的烟煤，煤场、煤仓中储存时要防止自燃；制粉系统要有完备的防爆技术措施。对灰分大（有时水分也高）的劣质烟煤，要有防止锅炉受热面积灰、结渣和磨损的技术措施，这些也应引起锅炉运行人员足够的重视。

烟煤呈灰黑色，有光泽，质地软，有的烟煤焦结性较强。烟煤分布于全国各地，储藏量最大，在锅炉用煤中占有最大的比例。

### 3. 贫煤

贫煤是介于无烟煤和烟煤之间的一种煤，碳化程度低于无烟煤，挥发分含量较低，着火困难，火焰短，不结焦，发热量较低。贫煤的 $V_{daf} = 10\% \sim 20\%$，$Q_{net,ar} > 18.5MJ/kg$。挥发分较低的贫煤，燃烧性能接近于无烟煤。

### 4. 褐煤

褐煤的 $V_{daf} > 37\%$，$Q_{net,ar} > 12MJ/kg$。褐煤的碳化程度较浅，含碳量低，但挥发分高，挥发分析出时所需的温度也较低，所以着火容易；因其水分、灰分都较高，故发热量较低，一般 $Q_{net,ar} < 16.75MJ/kg$。

褐煤外表呈棕红色，质脆易碎，易风化，不容易储存和长距离运输，褐煤在煤场、煤仓中储存时也要防止自燃。褐煤主要分布于我国东北、西南等地。

此外，对于动力用煤中相对于发电厂煤粉锅炉燃烧所用的煤炭而言，单独燃烧困难，或燃烧不稳定，或燃烧不经济，以及煤中有害成分较多，对环境污染严重的煤炭均属于低质煤。这些煤炭包括以前分类的泥煤、煤矸石、油页岩等。现在按对燃煤锅炉工作的影响将这些煤炭分为低发热量、超高灰分煤、超高水分煤、高硫煤和易结渣煤。由于煤粉锅炉燃烧这些煤都不能单独燃烧，但可通过掺烧而使混合煤的特性达到所需燃料的要求。20 世纪 80 年代后期，随着燃烧技术的进步和设备制造水平的提高，我国循环流化床燃烧技术发展迅速，这些煤已广泛作为循环流化床锅炉的燃料，被综合利用。此处对泥煤、煤矸石、油页岩等做简要介绍。

（1）泥煤的碳化程度浅，含碳量少，含氧量高，$O_{ar}$ 在 30% 左右，灰分、水分变化较大，发热量很低，一般 $Q_{net,ar} = 4180 \sim 8360kJ/kg$。泥煤颜色像黑色的泥土，分布于我国西南及浙江等地，但量很少。

（2）煤矸石（石子煤）是夹藏于煤层中的含有可燃质的坚硬石块，发热量很低，一般 $Q_{net,ar} = 4000 \sim 8000kJ/kg$。在我国很长一段时间内被当作矿渣废弃，煤矸石占用耕地并且污染环境。

（3）油页岩已作为锅炉燃料使用，它是一种淡灰色或黑褐色的含油岩石，发热量很低，一般 $Q_{net,ar} = 4200 \sim 10\ 000kJ/kg$，灰分及挥发分高，其 $A_{ar} = 70\%$，$V_{daf} = 70\% \sim 80\%$。油页岩燃烧时有大量的 $CO_2$ 放出，烟气量大，可做建筑、筑路材料，也可制作液体燃料、润滑油等。

## 三、发电用煤炭的分类

为满足火力发电厂燃煤锅炉通用设计，以及火力发电厂安全经济运行的需要，需要在动力用煤的基础上对火力发电厂用煤炭再进行分类。发电用煤炭主要依据煤炭的干燥无灰基挥发分 $V_{daf}$，并参照水分 $M_{ar}$、灰分 $A_{ar}$ 含量等来分类。发电用煤炭作为动力用煤炭之一，一般分为无烟煤、贫煤、烟煤和褐煤四大类。干燥无灰基挥发分 $6.5\% < V_{daf} < 10\%$，属于无烟煤；$10\% < V_{daf} < 20\%$，为贫煤；$20\% < V_{daf} < 28\%$，为中挥发分烟煤；$28\% < V_{daf} < 37\%$，为中高挥发分烟煤；$V_{daf} > 37\%$ 的煤炭属于褐煤。

20 世纪 80 年代中期，根据我国煤炭资源情况和火力发电厂调查资料，在煤质普查的基础上，经过实验室试验、计算机分析，原西安热工研究院提出了能够比较全面地概括发电用煤属性的 VAWST 发电用煤国家标准。VAWST 标准以 $V_{daf}$、$A_d$、$M_t$、$S_{d,t}$、ST（灰软化温度）为主要分类指标，$Q_{net,ar}$ 为 $V_{daf}$、ST 的辅助分类指标，各类指标划分又有不同的等级。该标准经多年的使用、修改、重新颁布，现为 GB/T 7562—2018《商品煤质量　发电煤粉锅炉用煤》。表 1-3 列出发电煤粉锅炉用煤分类。

表 1-3 发电煤粉锅炉用煤分类

| 大类别 | 小类别 | 分类指标 | | | | | |
|---|---|---|---|---|---|---|---|
| | | 挥发分 $V_{daf}$(%) | 灰分 $A_d$(%) | 水分 $M_t$(%) | 硫分 $S_d$(%) | 发热量 $Q_{net,ar}$(MJ/kg) | 灰软化温度 ST(℃) |
| 无烟煤 | 超低挥发分煤 | >6.50~10.00 | | | | >21.00 | |
| 贫煤 | 低挥发分煤 | >10.01~20.00 | | | | >18.50 | |
| 烟煤 | 中挥发分煤 | >20.01~28.00 | | | | >16.00 | |
| | 中高挥发分煤 | >28.00 | | | | >15.50 | |
| 褐煤 | 超高挥发分煤 | >37.00 | | | | >12.00 | |
| 低质煤 | 高热值煤 | | | | | >24.00 | |
| | 中高热值煤 | | | | | 21.01~24.00 | |
| | 中热值煤 | | | | | 17.01~21.00 | |
| | 中低热值煤 | | | | | 15.51~17.00 | |
| | 低热值煤 | | | | | >12.00 | |
| | 低灰分煤 | | ≤20.00 | | | | |
| | 中灰分煤 | | 21.01~30.00 | | | | |
| | 高灰分煤 | | 30.01~40.00 | | | | |
| | 低水分煤 | ≤37.00 | | ≤8.0 | | | |
| | 常水分煤 | ≤37.00 | | 8.1~12.0 | | | |
| | 常水分煤 | >37.00 | | 12.1~20.0 | | | |
| | 高水分煤 | | | >20.0 | | | |
| | 特低硫煤 | | | | ≤0.5 | | |
| | 低硫煤 | | | | 0.51~1.00 | | |
| | 中硫煤 | | | | 1.01~3.00 | | |
| | 高硫煤 | | | | >3.00 | | |
| | 易结焦煤 | | | | | | 1150~1250 |
| | 中易结焦煤 | | | | | | 1260~1350 |
| | 较难结焦煤 | | | | | | 1360~1450 |
| | 难结焦煤 | | | | | | >1450 |

注 根据 GB/T 7562—2018《商品煤质量 发电煤粉锅炉用煤》，参照原水利电力部调度通讯局 1984 年《火力发电厂燃料与管理》编写。

这种分类方法为我国煤田开发、火力发电厂设计时的煤种选择，锅炉煤炭合理掺烧、调配煤种等提供了技术依据。同时为煤炭的加工运输流向、定点供应及按质计价等方面打好了基础。

为使国家燃料资源得到充分合理的利用，除设计、规划管理部门完美的设计、合理的计划调配外，火力发电厂的煤粉锅炉还应尽可能地利用（掺烧）劣质燃料，循环流化床锅炉对燃料综合利用的副产品、煤矸石等的利用应向更深层次发展。同时，电站燃煤锅炉还应清洁燃烧、超低排放，减少灰分、硫分、硝分、碳分对大气的污染。

无论是技术经济的合理性，还是当今世界各国对环境保护的要求，以及我国可持续发展的战略，各种不同的动力用煤对煤质有着一定的要求。如一般固态排渣锅炉都要求煤的灰软化温度 ST>1250℃，煤中的硫分越低越好。20 世纪 80 年代，美国环保局就规定，动力用煤的硫分不得超过 1%，否则必须增设烟气脱硫装置，这样成本也就会升高，同时煤中硫分高，不但污染环境，还会腐蚀锅炉设备（尤其是尾部受热面），使锅炉的寿命大为缩短；液态排渣锅炉和气化锅炉要求煤的灰流动温度 FT<1300℃，并且越小越好，这样会使排渣和气化容易；煤粉锅炉要求煤的可磨系数越高越好，磨制的煤粉容易达到合格的煤粉细度和均匀性，同时制粉设备磨损小，磨煤电能单耗低；链条锅炉要求煤中矸石含量低；蒸汽机车宜用块煤，由于其烟道短，燃用末煤就会使其中粉煤大量从烟囱中吹出或从炉算上漏失，从而降低煤的热利用效率。

此外，不同类型的动力用户对煤质的要求也常常会有明显的差异。如船舶用煤的灰分要求 $A_{ar}<25\%$，远洋船舶则要求 $A_{ar}<14\%$，$Q_{net,ar}\geq25\ 000kJ/kg$；蒸汽机车和船舶用煤都要求 $V_{daf}>20\%$，而火力发电厂燃煤锅炉用煤要求 $V_{daf}$ 在 10% 左右即可。其中，大中型火力发电厂锅炉采用挥发分较高、收到基发热量达到 23 000kJ/kg 的煤；中小型火力发电厂锅炉用煤的发热量可低于 18 700kJ/kg 或 12 500kJ/kg。同时，人们对所有动力用煤都希望定点供应，可降低运输费用、减少损失，更重要的是能使煤的发热量得到较好的利用。

特别是近些年来，人们对环境保护愈加重视，除采用其他措施外，世界各国都在积极研究、发展和采用锅炉脱硫（二氧化硫、三氧化硫）、烟气脱硝（或除氮氧化物）、脱碳技术。我国用 10 年左右的时间将燃煤电厂安装运行脱硫设施率从 14% 提高到 99%，并实现无烟气旁路运行；用 5 年左右的时间将安装运行脱硝设施率从 12% 提高到 92%，取得了世界环保史上举世瞩目的成绩。目前，我国火力发电厂锅炉的烟气脱硫、脱硝装置安装运行率已达 100%，火力发电厂排放指标从限额排放到超低排放，从个别指标到全面实现供电煤耗、烟尘、硫化物、氮氧化物超低排放而努力，目前我国的电力技术已领先世界各国，这一切都倾注了广大锅炉工作者的辛勤劳动和心血。

表 1-4 列出了我国工业锅炉用煤分类。

表 1-4 我国工业锅炉用煤分类

| 类别 | | 干燥无灰基挥发分 $V_{daf}(\%)$ | 收到基低位发热量 $Q_{net,ar}(kJ/kg)$ |
|---|---|---|---|
| 石煤和煤矸石 | Ⅰ类 | | ≤5440 |
| | Ⅱ类 | | 5440~8370 |
| | Ⅲ类 | | >8370~11 300 |
| 褐煤 | | >40 | 83 700~14 650 |
| 无烟煤 | Ⅰ类 | 5~10 | 14 650~20 930 |
| | Ⅱ类 | <5 | >20 930 |
| | Ⅲ类 | 5~10 | >20 930 |
| 贫煤 | | 10~20 | ≥18 840 |
| 烟煤 | Ⅰ类 | >20 | >11 300~15 490 |
| | Ⅱ类 | >20 | >15 490~19 680 |
| | Ⅲ类 | >20 | >19 680 |

# 第三节 煤 质 分 析

煤由可燃烧的有机物和不可燃烧的矿物质及水组成。可燃质的分子结构十分复杂，煤燃尽后残余的灰分是多种矿物质的混合物，其成分也很复杂。煤的组成成分分析方法根据试验方法和使用范围可分为元素分析和工业分析。为了使用方便，通过元素分析和工业分析来确定煤中组成物质的含量。经过元素分析，测出煤中的有机物由碳（C）、氢（H）、氧（O）、氮（N）、硫（S）组成；通过工业分析测出煤的组成成分，有水分（$M$）、灰分（$A$）、挥发分（$V$）、固定碳（FC），煤中的有机物由挥发分（$V$）和固定碳（FC）组成。

煤的元素分析对计算煤的发热量、计算干馏产物、燃烧计算，以及了解煤的某些特性有重要意义。煤的工业分析更能直接反映煤的燃烧特性，也是发电用煤分类的主要依据。煤质分析对动力煤用户，尤其是锅炉工作者来说尤为重要。本节主要讨论动力用煤的组成及其性质。

## 一、煤质试验项目和煤成分表示方法

煤的物化试验项目较多，为表达和使用的方便，常用试验项目的符号采用相应的英文名词的第一个字母或缩写表示。表1-5为燃煤试验项目代表符号，表1-6为燃煤试验项目下角标的含义代表符号。

表 1-5　　　　　　　　　　　　　燃煤试验项目代表符号

| 试验项目 | 代表符号 | 试验项目 | 代表符号 |
|---|---|---|---|
| 水分 | $M$ | 视在（相对）密度 | ARD |
| 固定碳 | FC | 哈氏可磨性指数 | HGI |
| 真（相对）密度 | TRD | 苏联热工院可磨系数 | VTI |
| 灰变形温度 | DT | 挥发分 | $V$ |
| 灰软化温度 | ST | 发热量 | $Q$ |
| 灰半球温度 | HT | 碳 | C |
| 灰流动温度 | FT | 氢 | H |
| 矿物质 | MM | 氧 | O |
| 最高内在水分 | $M_{max}$ | 硫 | S |
| 灰分 | $A$ | 氮 | N |

表 1-6　　　　　　　　　　　　燃煤试验项目下角标的含义代表符号

| 试验项目 | 代表符号 | 试验项目 | 代表符号 |
|---|---|---|---|
| 全（水分、硫等） | t | 收到基 | ar |
| 外在（水分） | f | 空气干燥基 | ad |
| 内在（水分） | inh | 干燥基 | d |
| 有机（硫） | o | 干燥无灰基 | daf |
| 硫酸盐（硫） | s | 恒湿无灰基 | maf |
| 硫铁矿（硫） | p | 干燥无矿物基 | dmmf |
| 弹筒（发热量） | b | 恒湿无矿物基 | m, mmf |
| 高位（发热量） | gr | 无硫基 | sf |
| 低位（发热量） | net | 折算成分 | zs |

## 二、煤的组成及其性质

通过工业分析和元素分析，把煤分为水分（$M$）、灰分（$A$）和五种元素——碳（C）、氢（H）、氧（O）、氮（N）、硫（S），其中，碳、氢、硫中的有机硫和黄铁矿硫是可燃成分，其他都是不可燃的，这些成分呈复杂的化合物存在于煤中。根据目前的分析方法，还不能直接测定煤中有机物的化合物，因为其中大多数化合物在分析时会分解，所以，一般用测定煤的元素组成，以各元素的含量占五种元素总和的质量百分数来表示各种成分的多少，作为煤的有机物的特性；对水分、灰分则以占工作煤的质量百分数表示。

煤的元素组成与煤的其他特性结合，可使我们判断煤的性质；煤的元素组成是燃烧计算的依据，煤的分类也与元素组成有一定的关系。

**1. 碳（C）**

碳是煤中的基本成分，也是煤中的主要成分，含量可高达95%。煤中碳随煤的碳化程度的加深，固定碳的含量越多（地质年代长久即碳化程度深的煤，含碳量高于90%；碳化程度浅的煤，含碳量低于90%），而氢、氧、氮的成分由于挥发而减少。碳元素包括固定碳（单质状态，挥发分放出后剩余的纯碳）和挥发分（$CH_4$、$C_2H_2$ 和 CO 等有机化合物）中的碳。碳是煤发热量的主要来源，煤中固定碳的含量越多，煤就越难着火和燃烧。碳的燃烧特点是不易着火，燃烧缓慢，火焰短。

1kg 固定碳完全燃烧时生成二氧化碳，并放出 32 700kJ 的热量

$$C + O_2 \longrightarrow CO_2 + 32\ 700 \text{kJ/kg} \tag{1-1}$$

而 1kg 固定碳不完全燃烧时，生成一氧化碳，仅放出 9270kJ 的热量

$$2C + O_2 \longrightarrow 2CO + 9270 \text{kJ/kg} \tag{1-2}$$

**2. 氢（H）**

氢是煤中发热量最高的元素，但煤中氢的含量很少，约占3%~6%，并随着煤碳化程度的加深而减少。煤中氢元素一部分与氧结合形成稳定的化合物，不能燃烧；另一部分存在于有机物中，在加热时以氢气或作为各种碳氢化合物（$C_mH_n$）的组成部分挥发出来，这些挥发性物质很容易着火和燃烧。

1kg 氢完全燃烧时放出的低位发热量为 120 370kJ/kg，约为碳的 4 倍，即

$$2H_2 + O_2 \longrightarrow 2H_2O + 12\ 0370 \text{kJ/kg} \tag{1-3}$$

氢燃烧生成的水要吸收一部分热量而蒸发为水蒸气，在锅炉中氢燃烧实际放出的热量要低些。因为 1kg 氢燃烧生成 9kg 水蒸气，水蒸气的汽化潜热为 2508kJ/kg，所以，氢在锅炉中燃烧实际放出的热量为 117 862kJ/kg。氢极易燃烧，燃烧速度快。

**3. 氧（O）和氮（N）**

氧和氮都是有机物中不可燃烧的成分，氧是煤中的杂质，氮是煤中的有害物质（以前人们认为氮是煤中的杂质）。

氧在煤中一部分呈游离态，能起助燃作用；另一部分与氢或碳结合以化合状态（如 $CO_2$、$H_2O$ 等）形式存在，不能助燃。氧占据了可以燃烧的碳、氢元素含量，使煤中的可燃元素相对减少、煤的发热量有所下降。煤中氧的含量变化很大，煤的碳化程度越深，煤中含氧量也越少。泥煤中的含氧量高达40%，而无烟煤中的含氧量则约为1%~2%。

煤中氮的含量约为0.5%~2.5%，大多数煤的含氮量在1%左右。氮的存在形态较为复杂，一般认为煤中氮均以有机状态存在。煤中氮含量随煤碳化程度的加深而减少，随氢含量的增高而增大。煤在燃烧过程中，氧和氮在高温下生成氮氧化合物 $NO_x$（NO、$NO_2$）及 $N_2O$（它们一般统称为氮氧化合物 $NO_x$），$NO_x$ 和 $N_2O$ 溶于水，为硝酸或亚硝

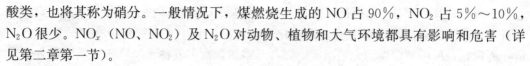

酸类，也将其称为硝分。一般情况下，煤燃烧生成的 NO 占 90％，$NO_2$ 占 5％～10％，$N_2O$ 很少。$NO_x$（NO、$NO_2$）及 $N_2O$ 对动物、植物和大气环境都具有影响和危害（详见第二章第一节）。

**4. 硫（S）**

硫是煤中的一种有害成分。硫在煤中以三种形态存在，即有机硫 $S_O$（与 C、H、O 等结合成复杂的化合物）、硫化铁硫［也称为黄铁矿硫 $S_P$（$FeS_2$）］和硫酸盐硫 $S_S$（煤中以硫酸盐形态存在的硫）。前两种形态的硫燃烧后生成可燃硫或挥发硫（硫酸盐是指煤在燃烧过程中生成硫化物而逸出的硫），后一种形态的硫不能燃烧，即不可燃硫，煤在完全燃烧后以灰分形态存在于灰中。通常，煤中可燃硫约占全硫的 90％，煤中原生硫酸盐和二次生成的硫酸盐之和，只转化为灰的一部分。

一般用元素分析中所得全硫代表可燃硫，即

$$S_t = S_S + S_P \tag{1-4}$$

硫的发热量较低，每燃烧 1kg 硫可放出 9050kJ 的热量。黄铁矿硫质地坚硬、不易破碎，进入锅炉燃煤制备或制粉系统会加剧设备的磨损。一般利用它密度较大的特点，在煤的炉前处理中将其除去。

煤中硫的含量因煤种不同而差异较大，动力用煤的含硫量一般为 1％～1.5％，某些贫煤、无烟煤和劣质烟煤含硫量在 3％～5％，个别煤种含硫量高达 8％～10％。对锅炉设备而言，煤的含硫量超过 1.0％ 时，进入锅炉空气预热器的冷风要经过暖风器加热；煤的含硫量超过 1.5％ 时，规范要求设计脱硫装置或采取燃烧和烟气脱硫措施以减少危害。

烟气中的 $SO_2$ 及 $SO_3$ 能使烟气中的水蒸气露点升高，$SO_2$ 及 $SO_3$ 溶于水分后生成亚硫酸（$H_2SO_3$）或硫酸（$H_2SO_4$）蒸汽，当烟气流经锅炉受热面时，如金属受热面的温度低于其开始凝结的温度（露点时），或者在金属受热面上凝结，造成低温受热面金属的腐蚀和堵灰。运行经验表明，对煤粉锅炉而言，煤中含硫量小于 1.5％ 时，不会产生低温受热面明显的腐蚀和堵灰；当含硫量在 1.5％～3％ 时，不采取措施会有明显的腐蚀和堵灰；当含硫量大于 3％ 时，会产生严重的腐蚀和堵灰，空气预热器因堵灰和腐蚀而漏风严重，影响锅炉的安全和经济运行。

$SO_2$ 是一种无色有臭味的窒息性气体，吸入后对人体健康危害极大；含有氧化硫的烟气（主要是 $SO_2$）还污染大气，危害人体健康、影响动植物生长及某些工业品质量，腐蚀金属结构件。煤燃烧后排放的 $SO_2$ 气体在大气层中与大气发生复杂的化学反应，溶入大气层中的水蒸气中，形成硫酸型酸雨（pH＜5.6 的降水），因酸雨污染造成的经济损失巨大。

**5. 水分（M）**

水分是煤中的不可燃烧成分。煤中水分的存在形式有游离态和化合态两种，游离态水分是煤表面附着的水和煤内部毛细管吸附的水，化合态水分是水以化合方式与煤中矿物质结合的水，又称结晶水。游离态水分又称为水分、全水分。煤中的水分一般指游离态水分。

煤中的水分由外在水分 $M_f$（又称表面水分）和内在水分 $M_{inh}$（固有水分）组成，通常称又称作全水分 $M_t$。表面水分是煤在开采、运输、储存过程中，因水、雨、露、冰、雪进入煤中，依靠自然干燥可以除掉；固有水分是煤在形成过程中进入煤结构中的，依靠自然干燥不能除去，必须将煤加热到 $102\sim105℃$，并保持 2h 后才能除去。进行煤的试验分析时，在实验室先把煤在规定温度和相对湿度中进行自然干燥，自然干燥后煤样所含的内部水分称为分析水分。

原煤的全水分 $M_t(\%)$、外在（表面）水分 $M_f(\%)$、内在水分 $M_{inh}$［即空气干燥基水分 $M_{ad}(\%)$］三者之间的关系为

$$M_t = M_f + M_{inh} = M_f + M_{ad}(100 - M_f)/100 \tag{1-5}$$

煤中水分的含量变化很大，一般在 $2\%\sim60\%$，水分的存在使煤中的可燃成分含量相对减少。随着煤碳化程度的加深，水分的含量相对降低；煤的水分还与煤的开采、储存、运输等因素有关。煤燃烧时，水分蒸发需要吸收热量，使煤的实际发热量降低。

煤中含有适量的水分可减轻或防止煤粉的飞扬，从而造成环境污染，所以，一般在储煤场周围设置挡风墙等防止煤尘飞扬；在储煤场、输煤皮带、输煤转运站、堆取煤机械等处采用适量的喷水或微雾抑尘，以改善工作环境；同时，煤中含有适量的水分能起催化燃烧作用。

原煤水分高，使煤在磨煤机中只发生塑性变形，磨煤及制粉系统的出力降低，并且影响煤粉细度、堵塞输粉管道，煤粉潮湿结块影响煤粉仓、给粉机下粉不均匀，造成锅炉燃烧控制困难、燃烧失常甚至恶化。另外，水分高的煤，着火困难、燃烧时间延长、降低了炉膛温度，并增加烟气容积，使不完全燃烧热损失（化学不完全燃烧热损失 $q_3$、机械不完全燃烧热损失 $q_4$）和排烟热损失 $q_5$ 增大，还加剧了锅炉尾部受热面金属的腐蚀和积灰，同时又增加了吸风机的电能消耗。

原煤水分高对循环流化床锅炉的燃煤制备系统而言，碎煤机破碎能力降低，煤粒下落不畅，碎煤机和煤筛堵塞，成品煤仓内煤粒流动性变差，给煤机堵煤、断煤，锅炉床温难以维持、出力大幅度降低，甚至造成锅炉被迫压火、退出运行。

常由于雨水等原因使原煤的水分增大，原煤的最大水分即是工作燃料的最大水分。原煤的水分在制粉系统设计时，根据煤样分析结果并参照该煤种水分变化范围确定，一般原煤的最大水分在校核煤种中给出；在钢球磨煤机的出力计算中，原煤的最大水分为 $M_{max}=1+1.07M$（$\%$）。煤粉水分与原煤的水分和设备的终端有关，煤粉水分一般的范围为

$$M_{pc} = (0.5 \sim 1.0)M_{ad} \tag{1-6}$$

为防止钢球磨煤机入口和料（原煤）仓堵煤现象的发生，必须进行煤的全水分对煤的外摩擦角和堆积角的影响试验。应控制煤的全水分，使煤的外摩擦角比料仓的壁面斜角小 $5°\sim10°$，使煤的堆积角小于磨煤机入口斜角（钢球磨煤机和斜切进煤的双进双出钢球磨煤机入口一般为 $45°$）。

对于强黏结性的煤（成球性指数 $0.6\sim0.8$），煤的全水分必须控制在 $8\%$（内在水分为 $1\%\sim2\%$）以内，否则将造成钢球磨煤机入口堵煤现象的发生。

**6. 灰分（A）**

灰分是煤中不可燃烧的矿物质，在煤完全燃烧后形成的固体残余物称为灰分产率，简称灰分，用 $A$ 表示，灰分是煤中的主要杂质。灰分的主要成分除黏土（$Al_2O_3 \cdot SiO_2 \cdot H_2O$）外，还包括少量的硅、铝、铁、钙、钛的氧化物（如 $SiO_2$、$FeO$、$Fe_2O_3$、

$Al_2O_3$、$CaO$、$TiO_2$ 等）和极少量金属 Ca、Mg、Na、K、P 等的化合物，其中，$SiO_2$、$Al_2O_3$、$Fe_2O_3$、$CaO$、$MgO$ 是灰的主要成分，而 $SiO_2$、$Fe_2O_3$、$Al_2O_3$ 三项一般占煤灰成分的 90％以上。灰分是评价煤质优劣的主要指标之一，煤中灰分的含量因煤种的不同而差别很大，通常少者小于10％，多者（如油页岩）高达 50％～60％。灰分的多少还与煤的采掘方法、运输、储存的条件等因素有关。因此，灰分又分为内在灰分和外在灰分，煤形成时原始植物的矿物质和进入煤内部的矿物质所形成的灰分称为内在灰分，煤在采掘、运输、储存等过程中，混入煤中的矿物质所形成的灰分称为外在灰分。

灰分的存在不仅使煤的发热量降低，还影响燃煤制备系统及煤粉制备系统的出力，并降低其经济性。灰分的增加，使燃煤制备、煤粉制备设备磨损加剧，增大制煤、制粉电耗。

灰分使煤的着火延迟、炉膛温度下降、燃烧稳定性变差，而且灰分隔绝可燃质与氧化剂的接触，影响煤的燃尽，使煤的化学不完全热损失 $q_3$、灰渣物理热损失 $q_6$ 增大。另一方面，灰分含量越高，煤的可燃成分相对减少，加热灰分的热量消耗也随之增大，使燃烧温度降低，燃烧稳定性较差，从而使煤粉着火困难、燃烧不良、乃至锅炉灭火，此时控制不好，还可能发生锅炉灭火打炮的燃烧事故。通常，灰分从 30％增加到 50％的过程中，灰分每增加 1％，理论上燃烧温度平均降低 5℃。

固态的灰渣沉积在受热面上所造成的积灰，以及熔融状态的灰粒黏附于受热面上造成结渣，影响锅炉受热面的传热，并且不易清除，还会造成过热器超温，威胁锅炉机组的安全经济运行。锅炉尾部受热面积灰会导致排烟温度 $q_2$ 的升高，进一步降低锅炉机组运行的经济性。

煤中灰分含量越大，随烟气流动的飞灰量增加，烟气中的固态飞灰被烟气携带流动，对受热面金属有冲击和切削作用，加剧受热面金属的磨损，使受热面及锅炉的使用寿命缩短。

煤中灰分含量增高，还意味着大量不可燃的灰分被运进火力发电厂，运输负担加重。煤中灰分含量增加，还使锅炉除渣、除尘设备系统复杂，加重除渣、除尘设备负担，使储灰场使用年限缩短，带来输灰管道结垢和磨损，以及运灰车辆运输费用增加等一系列的问题。飞灰从烟囱排出还会对大气环境造成污染。

综上所述，碳是煤中主要的可燃元素，氢是煤中发热量最高的元素，硫是可燃元素，又是有害元素，氮是有害元素，氧、水分、灰分是煤中的杂质。煤的成分及其组成的相应关系如图 1-2 所示。

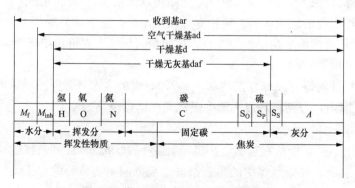

图 1-2　煤的成分及其组成的相应关系

### 三、煤的工业分析

煤的元素组成的测定（即元素分析），一般是利用煤的燃烧并测定燃烧产物中该元素的含量，或者加入某种化合物使被测定成分转化为易于测定的物质等方法。煤的不同元素组分不但能反映煤的炭化程度，也直接表征煤的性质。煤的元素分析所用的设备、仪器复杂，分析的条件和操作方法要求高，由专门的分析研究机构进行，一般火力发电厂不进行煤的元素分析工作。煤的工业分析较煤的元素分析简单，一般火力发电厂中，煤的工业分析是每天对入厂煤和入炉煤必测的常规检验项目。工业分析时，煤样以相关标准进行干燥、加热和燃烧来测定煤中所含的水分、灰分、挥发分、发热量、灰熔点、剩余焦炭特征和煤的可磨性指数。煤的工业分析必须经过取样、制样和分析测定三个步骤。通过煤的工业分析，能了解煤在燃烧时的某些特性。

**1. 水分**

煤的内在水分 $M_{inh}$ 与外在水分 $M_f$ 之和称为煤的全水分 $M_t$。煤的外在水分定义为在一定条件下煤样与周围空气湿度达到平衡时所失去的水分。煤的内在水分定义为在一定条件下煤样达到空气干燥状态时所保持的水分。

煤的外在水分的测定。取一定质量的 13mm 以下粒度的煤样，置于干燥箱内，在 45～50℃温度下干燥 8h，取出后冷却称重，干燥后所失去的质量占煤样原质量的百分比即为煤的外在水分 $M_f$。

煤的内在水分的测定。将称取一定质量的粒度小于 6mm 的空气干燥基煤样，置于105～110℃干燥箱中，在干燥氮气流或空气流中干燥到质量恒定（规定为连续干燥 1h 质量不大于 0.1%），然后根据煤样的质量损失计算出水分的质量分数。

全水分测定结果计算式为

$$M_t = (m_1/m) \times 100 \tag{1-7}$$

式中   $M_t$——空气干燥煤样的全水分，%；

     $m$——称取的空气干燥煤样的质量，g；

     $m_1$——煤样干燥后失去的质量，g。

煤的全水分与外在水分、内在水分的关系式为

$$M_t = M_f + M_{inh}(100 - M_f)/100 \tag{1-8}$$

式中   $M_t$——煤样的全水分，%；

     $M_f$——煤样的外在水分，%；

     $M_{inh}$——煤样的内在水分，%。

煤的全水分、外在水分和内在水分也可通过下述方法测定。①煤的全水分：将试样（煤样量不少于 500g，粒度小于 6mm）置于干燥氮气流中，维持 105～110℃直到质量恒定，试样失去的质量百分数即是煤的全水分。②煤的外在水分：准确称重全部粒度小于 13mm 的煤样，平摊在浅盘中，在温度不高于 50℃的环境中，干燥到质量恒定，失去的水分即为煤的外在水分。③煤的内在水分：将已测定外在水分的煤样破碎到粒度小于 6mm，置于 105～110℃干燥箱内的空气流中，在鼓风条件下干燥（烟煤 2h、无烟煤 3h），试样失去的质量百分数即是煤的内在水分。

**2. 挥发分（$V$）**

干燥无灰基挥发分的测定。把失去水分的试样（粒度小于等于 0.2mm、质量 1g±

0.1g）放置于分析设备（带盖瓷坩埚）中，在不通风的条件下，加热到 $900℃±10℃$，约 7min 后称重，所失去的质量占原试样（未烘干加热前）质量的百分数，即为该煤样的干燥无灰基挥发分 $V_{daf}$。

挥发分不是煤中的固有成分，而是煤在特定条件（温度、时间、试样、分析设备）下受热分解的产物，所以确切地说，煤的挥发分应该称为煤的挥发产率。挥发分主要是各种碳氢化合物，如 $CO$、$H_2$、$CH_4$、$H_2S$ 等可燃气体，还有少量的不可燃成分，如 $O_2$、$CO_2$、$N_2$ 等。

不同煤种开始析出挥发分时的温度是不同的。碳化程度较浅的煤，在较低的温度下（$<200℃$）就会迅速放出挥发分；碳化程度较深的煤，在较高的温度（$>400℃$）时才开始析出挥发分。一般而言，煤的挥发分数量随碳化程度的加深而减少；此外碳化程度越深的煤，挥发分的析出温度与着火温度也随之提高。挥发分析出的数量取决于煤的碳化程度、煤本身的性质、加热的时间和温度等因素。挥发分测定的准确程度还受到煤的加热条件、煤样的多少、煤样的粉碎程度和坩埚的导热性能等因素影响，所以挥发分的测定必须按现行规范要求进行。

不同煤的挥发分燃烧放出的热量相差很大，低的只有 17 000kJ/kg，高的可达 71 000kJ/kg。挥发分燃烧时放出热量数值的大小取决于挥发分的成分，此外不同煤种挥发分的发热量差别很大，它与煤的碳化程度和挥发分中氧的含量有关。含氧量少、碳化程度深的煤（如无烟煤、烟煤），其挥发分发热量较高，褐煤则因含氧量较高，水分和灰分也较高，所以挥发分的发热量就很低。

挥发分是煤质分类的重要依据，同时又代表煤的重要特征。挥发分不同或说煤质不同，煤粉制备的设备和设计运行参数也不相同；挥发分又是表征煤燃烧特性的重要指标，气态的挥发分较固定碳容易着火，挥发分析出后煤呈现出的多孔性，增大了与助燃空气的接触面积，所以挥发分多的煤易于燃烧和着火，燃烧也越完全，反之着火和燃烧则困难，也不容易。挥发分还与炉膛形状与大小的设计，燃烧器的结构形式与一、二次风的选择，制粉系统的选型与设计等有着密切的关系。

自然环境下，煤会进行缓慢的氧化过程，堆积的煤堆内部温度逐渐升高，且煤堆内部的温度不易散发又会加速温度升高，高挥发分的煤更容易自燃。所以，高挥发分的煤在储存中发生自燃的现象应引起重视。

挥发分还与煤粉的爆炸性紧密相关（详见第四章），煤的挥发分与煤的爆炸性的关系见表 1-7。

表 1-7　　　　　　　　　煤的挥发分与煤的爆炸性的关系

| 干燥无灰基挥发分 $V_{daf}$（%） | 爆炸等级 | 爆炸性 |
|---|---|---|
| $<6.5$ | 0 | 极难爆炸 |
| $>6.5\sim10$ | I | 难爆炸 |
| $>10\sim25$ | II | 中等爆炸性 |
| $>25\sim35$ | III | 易爆炸 |
| $>35$ | IV | 极易爆炸 |

注　挥发分高于 40% 的煤按其挥发分所定的爆炸性降一个等级。

### 3. 固定碳（FC）和灰分

煤失去水分和挥发分之后的剩余物称为焦炭，包括固定碳和灰分。将焦炭置于分析设备中，在（850℃±20℃）时灼烧（不能出现火焰）2h，到质量不再变化时取出，冷却称量，焦炭失去的质量就是固定碳，剩余的部分则为灰分的质量。这两个质量各占原试样的百分数就是煤中固定碳和灰分的含量。

煤中的碳含量是碳在煤中的质量百分数，包括煤中的全部碳量；煤在加热后，水分、挥发分、少量的碳以气体的形式挥发，没有挥发的碳和少量的硫氢物质称为固定碳。固定碳中的碳含量在95%左右，还有少量的硫和极少量未分解的碳氢化合物。因此，固定碳（FC）与元素分析中的碳（C）概念不同，更不是同一个指标。需要说明的是固定碳是一个近似值，它是在测定水分、灰分、挥发分后，用减法求得，集中了水分、灰分、挥发分的测量误差。一般固定碳计算式为

$$FC_{ad} = 100 - M_{ad} - A_{ad} - V_{ad} \tag{1-9}$$

$$FC_d = 100 - M_d - A_d - V_d \tag{1-10}$$

$$FC_{daf} = 100 - V_{daf} \tag{1-11}$$

式中　　$FC_{ad}$、$FC_d$、$FC_{daf}$——空气干燥基、干燥基、干燥无灰基煤样中固定碳的含量，%；

$M_{ad}$、$M_d$——空气干燥基、干燥基煤样中水分的含量，%；

$A_{ad}$、$A_d$——空气干燥基、干燥基煤样中灰分的含量，%；

$V_d$、$V_{daf}$——干燥基、干燥无灰基煤样中挥发分的含量，%。

焦炭又可分为强焦结性、弱焦结性、不焦结性三种，具有强焦结性能的煤种用于层燃炉（链条炉等）燃烧时相当困难，用于室燃炉时容易引起炉内结焦。不焦结性的煤燃烧时呈松散粉末状，用于层燃炉很易从炉箅缝隙下落，并被风吹走，造成较大的损失。需要说明的是冶金、煤化工等行业将焦炭特征分为几种，与火力发电厂动力用煤关系不大。

焦结性是煤在隔绝空气加热时，水分蒸发、挥发分析出后，剩余坚硬程度不同的固体残留物（焦）的性质，煤的焦结性通常也称为黏结性。煤的焦结性和黏结性这两个概念既有联系，又有区别，容易混淆。煤的黏结性是煤粒在隔绝空气受热后，能否黏结其本身或惰性物质（即无黏结能力的物质）成焦块的性质；煤的焦结性是煤粒在隔绝空气受热后，能否生成优质焦炭（即焦炭的焦结性强度和块粒度等性能，能否符合冶金焦的要求）的性质。

煤的黏结性强是煤的焦结（结焦）性好的必要条件，即是说焦结性好的煤，它的黏结性必定也好；黏结性弱的煤，焦结性一定很差；没有黏结能力的煤，不存在焦结性。可见，煤的黏结能力在一定程度上反映了煤的焦结性，但黏结性好的煤，其结焦特性不一定也好。

煤的黏结性和焦结性通常用胶质层指数等参数来表示，而胶质层最大厚度又是现行我国煤分类的另一个重要指数，所以焦结性也是煤分类的一个依据。胶质层厚度指数 $Y$ 在冶金、煤化工行业显得尤为重要。

## 四、煤成分的分析（百分数）基准

煤的水分和灰分含量随着运输、储存及气候条件的变化而不同，这样，即使对同一种煤，由于水分、灰分的变化，其他成分的含量也随之变化，从而根据前述各种成分的

含量难以判断煤的种类和性质。因此，不能简单地用成分百分数来表明煤的种类和特性，必须同时指明百分数的基准是采用什么"基"，或者说用某种"基准"的百分数，才能确切的反映煤的性质。所谓基准，即是煤所处的状态或按需要而规定的成分组合。无论煤处于何种状态，其各成分之和必然为100%。通常为了理论研究的需要和实际应用的方便，采用以下基准作为煤的成分分析基准。

**1. 收到基 ar**

收到基（as received basis，原称为应用基）是以收到状态的煤为基准，也即以进入锅炉的入炉煤的成分作为工作煤基准，以包括全部水分和灰分的燃煤作为100%的成分，用煤的各种成分的符号加右下角标"ar"来表示各种该成分的质量百分数，即

$$C_{ar}+H_{ar}+O_{ar}+N_{ar}+S_{ar}+M_{ar}+A_{ar}=100\% \tag{1-12}$$

或
$$M_{ar}+A_{ar}+V_{ar}+FC_{ar}=100\% \tag{1-13}$$

因为收到基成分是以实际工作燃煤作为基准的，所以在燃煤计算中均采用收到基成分。燃煤的水分也常用它来表示，称为收到基全水分。

**2. 空气干燥基 ad**

空气干燥基（air dry basis，原称为分析基）是以与空气湿度达到平衡状态的煤为基准，即是在实验室经过自然干燥后，除去外在水分的燃煤作为基准的，用煤各种成分的符号加右下角标"ad"来表示各种该成分的质量百分数，则有

$$C_{ad}+H_{ad}+O_{ad}+N_{ad}+S_{ad}+M_{ad}+A_{ad}=100\% \tag{1-14}$$

或
$$M_{ad}+A_{ad}+V_{ad}+FC_{ad}=100\% \tag{1-15}$$

**3. 干燥基 d**

干燥基（dry basis）是以假想无水状态的煤为基准，即是以除去外在水分及内在水分的燃煤作为基准的，并用各种成分的符号加右下角标"d"来表示，故得

$$C_d+H_d+O_d+N_d+S_d+A_d=100\% \tag{1-16}$$

或
$$A_d+V_d+FC_d=100\% \tag{1-17}$$

由于干燥基是除去水分的，故干燥基可准确地表示出燃煤的含灰量，减少人为误差，因此对于灰分的含量常常用干燥基来表示，不论外界条件怎样变换，$A_d$ 的含量总能反映出煤中这种杂质的多少。

**4. 干燥无灰基 daf**

干燥无灰基（dry and ash free basis，原称为干燥无灰基）是以假想无水、无灰状态的煤为基准，即从燃煤中除去水分和灰分后的剩余部分作为基准的（虽然剩下的成分中还有不可燃的元素，但通常仍称为干燥无灰基）。干燥无灰基用下角标"daf"来表示，即

$$C_{daf}+H_{daf}+O_{daf}+N_{daf}+S_{daf}=100\% \tag{1-18}$$

或
$$V_{daf}+FC_{daf}=100\% \tag{1-19}$$

煤中挥发分的含量通常以干燥无灰基 $V_{daf}$ 表示，它能确切地反映燃煤燃烧的难易程度，更正确地反映燃煤的实质，便于区别燃煤的种类。

煤质特性指标右下角用一个以上符号表示时，基准的符号放在后面，测定状态的符号在前，中间用逗号分开，读时从后向前读。如 $Q_{gr,p,ar}$ 读作收到基定压高位发热量。

煤质分析基准除上述四种常用的基准表示方法外，在有些场合还要用到其他基准，如表1-2的中国煤炭分类简表中，用到恒温无灰基高温发热量 $Q_{gr,maf}$。下面简要介绍其他

几种基准：

（1）干燥无矿物质基 dmmf（dry mineral-free basis）。以假想无水、无矿物质状态的煤为基准。

（2）恒湿无灰基 maf（moisture ash-free basis）。以假想含最高内在水分、无灰状态的煤为基准。

（3）恒湿无矿物质基 m，maf（moisture mineral free basis）。以假想含最高内在水分、无矿物质状态的煤为基准。

（4）无硫基 sf（sulfur free basis）。以假想的无硫状态的煤为基准。

**5. 煤质分析基准换算**

煤的各种基准的关系参见图 1-2，煤的不同基准的百分量还可用表 1-8 的基准换算系数来换算，表中的换算系数是根据质量不变原则推倒得出的，即对于一定量的某种燃煤，不论用何种基准来计算任何一种成分的百分量，各个成分的质量总是不变的。

表 1-8　　　　　　　　　　　　煤质分析基准换算系数

| 已知基 | 所求基 | | | |
|---|---|---|---|---|
| | 收到基 ar | 空气干燥基 ad | 干燥基 d | 干燥无灰基 daf |
| 收到基 ar | 1 | $\dfrac{100-M_{ad}}{100-M_{ar}}$ | $\dfrac{100}{100-M_{ar}}$ | $\dfrac{100}{100-M_{ar}-A_{ar}}$ |
| 空气干燥基 ad | $\dfrac{100-M_{ar}}{100-M_{ad}}$ | 1 | $\dfrac{100}{100-M_{ad}}$ | $\dfrac{100}{100-M_{ad}-A_{ad}}$ |
| 干燥基 d | $\dfrac{100-M_{ar}}{100}$ | $\dfrac{100-M_{ad}}{100}$ | 1 | $\dfrac{100}{100-A_{d}}$ |
| 干燥无灰基 daf | $\dfrac{100-M_{ar}-A_{ar}}{100}$ | $\dfrac{100-M_{ad}-A_{ad}}{100}$ | $\dfrac{100-A_{d}}{100}$ | 1 |

**6. 煤的成分折算**

因为煤的发热量不同，煤中灰分、水分、硫分等杂质仅从含量百分数难以看出它们对锅炉及运行的影响，为比较不同煤种中各种杂质的危害程度，引入煤的成分折算的概念，因此，就有折算灰分、折算水分、折算硫分。折算成分是在煤的低位发热量中 4186.8kJ 对应的成分，折算灰分、折算水分、折算硫分分别用 $A_{zs}$、$S_{zs}$、$M_{zs}$ 表示，即

$$A_{zs} = A_{ar}/Q_{net,ar}/4186.8 = 4186.8A_{ar}/Q_{net,ar} \tag{1-20}$$

$$S_{zs} = S_{ar}/Q_{net,ar}/4186.8 = 4186.8S_{ar}/Q_{net,ar} \tag{1-21}$$

$$M_{zs} = M_{ar}/Q_{net,ar}/4186.8 = 4186.8M_{ar}/Q_{net,ar} \tag{1-22}$$

式中　$A_{zs}$、$S_{zs}$、$M_{zs}$——收到基折算灰分、折算硫分和折算水分，%；

　　　$A_{ar}$、$S_{ar}$、$M_{ar}$——收到基灰分、硫分和水分，%；

　　　$Q_{net,ar}$——煤的收到基低位发热量，kJ/kg。

当煤中的 $M_{zs} > 8\%$ 时称为高水分煤，当煤中的 $S_{zs} > 0.2\%$ 时称为高硫分煤；当煤中的 $A_{zs} > 4\%$ 时称为高灰分煤。

# 第四节　煤　的　主　要　特　性

通过煤的元素分析和工业分析，了解到煤的一些性质是不够的，煤的发热量、灰的

熔融性、煤的可磨性和磨损性等特性是煤的主要特性。它们对燃煤锅炉机组的整体设计与燃烧调整控制，以及燃煤制备系统、煤粉制备系统及其设备的工作影响较大，有必要进一步掌握煤的这些特性。

## 一、煤的发热量

发热量是评价煤质的一项重要指标，根据发热量可粗略推测煤的特征。煤的发热量与碳化程度的关系见表1-9。

表 1-9　　　　　　　　　　　煤的发热量与碳化程度的关系

| 煤种 | $V_{daf}(\%)$ | $Q_{net,p,ar}(kJ/kg)$ |
|---|---|---|
| 无烟煤 | <10 | 7700～8650 |
| 贫煤 | >10～20 | 8450～8700 |
| 贫瘦煤 | >10～20 | 8500～8800 |
| 焦煤 | >10～28 | 8550～8850 |
| 气肥煤 | >37 | 7650～8850 |
| 长焰煤 | >37 | 7300～8150 |
| 褐煤 | >37 | 6000～7400 |

从表1-9可看出，在焦煤以前，煤的发热量随碳化程度的加深而增高，到焦煤和贫瘦煤达到发热量的最高点。这是因为随碳化程度加深，煤中碳的含量增加，氧的含量减少，氢的含量也减少，表现出发热量的上升比较显著。贫瘦煤之后，发热量反而随碳化程度的加深而略有下降，因为碳含量和氧含量的变化相对地比氢含量减少的幅度要小，由于氢的发热量约为碳发热量的4倍，所以发热量略有降低。

**1. 发热量的定义、单位**

发热量是单位质量的燃煤在完全燃烧时所放出的热量，也称为热值，国际单位为kJ/kg。通常，因煤在不同条件下的燃烧装置中燃烧，又可分为定容（恒容）和定压（恒压）发热量。煤在氧弹中的燃烧是在定容下进行的，由此计算出的高位发热量称为空气干燥基定容高位发热量$Q_{gr,V,ar}$。煤在锅炉中是在定压下燃烧的，故有定压高位发热量$Q_{gr,p}$和定压低位发热量$Q_{net,p}$之分，一般也称为高位发热量$Q_{gr}$、低位发热量$Q_{net}$。

定压高位发热量$Q_{gr,p}$（gross constant pressure）：1kg煤完全燃烧时放出的全部热量，包含烟气中水蒸气凝结时放出的汽化潜热热量。

定压低位发热量$Q_{net,p}$（net constant pressure）：1kg煤完全燃烧时放出的全部热量，减去水蒸气汽化时的汽化潜热后的热量。

煤在锅炉中燃烧后，排烟温度一般在110～160℃，烟气中的水蒸气分压力低，通常不会凝结，这部分汽化潜热被烟气带走，不能计入煤的发热量内，因而在锅炉技术中通常采用定压低位发热量作为燃煤带入锅炉的热量。

煤燃烧所产生的水蒸气来源于煤中的水分及氢气的燃烧产物，从化学反应方程式

$$2H_2 + O_2 \longrightarrow 2H_2O \tag{1-23}$$

可知，1kg氢燃烧可生成9kg水，所以煤的收到基高、低位发热量之差为

$$Q_{gr,ar} - Q_{net,ar} = 2500(9H_{ar}/100 + M_{ar}/100) = 25(9H_{ar} + M_{ar}) \tag{1-24}$$

式中　2500——水在0℃时汽化潜热的近似值，kJ/kg；

$M_{ar}/100$——1kg 收到基煤中水分生成的水蒸气质量，kg；

$9H_{ar}/100$——1kg 收到基煤中氢燃烧所产生的蒸汽质量，kg。

同理，对于煤的空气干燥基高、低位发热量之差则有

$$Q_{gr,ad} - Q_{net,ad} = 2500(9H_{ad}/100 + M_{ad}/100) = 25(9H_{ad} + M_{ad}) \qquad (1-25)$$

对于煤的干燥基和干燥无灰基，由于不存在水分，所以有

$$Q_{gr,d} - Q_{net,d} = 225H_d \qquad (1-26)$$

$$Q_{gr,daf} - Q_{net,daf} = 225H_{daf} \qquad (1-27)$$

**2. 煤发热量的测定**

直接测定煤的发热量时常用氧弹热量计测定，一百多年来，世界各国普遍采用氧弹热量计来测定煤的发热量。其原理是使煤试样在充满压力氧的弹筒热量计中燃烧，煤燃烧放出的热量被弹筒外的水吸收，测定水温升高的数值，便可计算出煤试样的发热量。

单位质量的煤样在充有过量氧气的弹筒内燃烧，燃烧产物为氧气、氮气、二氧化氮、硝酸和硫酸（氮燃烧生成五氧化二氮 $N_2O_5$ 溶于水形成硝酸，硫燃烧生成三氧化硫 $SO_3$ 溶于水形成硫酸）、液态水及固态灰，放出的热量称为弹筒发热量 $Q_b$（bomb calorific value）。氧弹热量计测出煤样的发热量比定压高位发热量数值略高些，这是因为燃烧产物中硫和氮在氧弹的压缩氧气中生成了硫酸和硝酸，硫酸和硝酸又溶解于吸收热量的水，放出了生成热和溶解热的缘故。

测定煤的发热量时，精确称量粒度小于 0.2mm 的煤试样 0.9～1.1g，放入充有 2.8～3.0MPa 的氧弹内燃烧 8～10min，冷却至室温，期间所释放出的热量即是该煤样的发热量。由于氧弹内有过量的氧，该热量中包括形成的硫酸和硝酸的热量，测定出煤试样的发热量称为弹筒发热量或氧弹发热量。

弹筒发热量高于煤在燃烧时实际放出的热量。煤在锅炉燃烧时，煤中的硫仅生成二氧化硫，氮则生成氮氧化物及游离氮，没有形成硫酸和硝酸，这些反应都是放热反应。弹筒发热量减去硫酸和硝酸的生成热和溶解热，即得到煤样的高位发热量 $Q_{gr}$（gross calorific value）。

GB/T 213—2008《煤的发热量测定方法》规定，煤的发热量计算式为

$$Q_{gr,ad} = Q_{b,ad} - (94.1S_{b,ad} + aQ_{b,ad}) \qquad (1-28)$$

式中　$Q_{gr,ad}$——分析煤样的高位发热量，J/g；

　　　$Q_{b,ad}$——分析煤样的弹筒发热量，J/g；

　　　94.1——煤中每 1% 的硫的校正值；

　　　$S_{b,ad}$——由弹筒洗液测得的煤的含硫量，当煤中全硫含量小于 4%，发热量大于 14.6MJ/kg 时，可用全硫或可燃硫代替 $S_{b,ad}$，%；

　　　$a$——硝酸的校正系数，当 $Q_{b,ad} \leq 16.70$MJ/kg 时，$a=0.001$；当 $16.70$MJ/kg$< Q_{b,ad} \leq 25.10$MJ/kg 时，$a=0.0012$；当 $Q_{b,ad} > 25.10$MJ/kg 时，$a=0.0016$。

将高位发热量减去水的汽化潜热，即得到煤试样的低位发热量 $Q_{net}$（net calorific value）。

**3. 高、低位发热量的应用**

如前所述，发热量是评价煤质的一项重要指标，锅炉技术中通常采用定压低位发热量作为燃煤带入锅炉的热量，可见低位发热量是锅炉技术的基础指标之一。

高位发热量常用在电力生产中煤的采购环节，GB/T 18666—2014《商品煤质量抽查和验收方法》规定用干燥基高位发热量做验收参数。其一，干燥基高位发热量不像收到基低位发热量受水分等因素的影响，能真实反映煤的热值特性；其二，使煤量与煤质分开，入场煤易于实施验收，减少经济纠纷；其三，不需提供煤中氢的含量，入场煤质验收与检验简单方便。

**4. 煤的各种基准发热量的换算**

发热量通常按燃煤的收到基计算，但有时也按燃煤的干燥基或干燥无灰基来进行计算，于是就要求在煤的各种成分分析基准之间进行发热量的换算。

对于定压高位发热量来说，水分只占了质量的一份额，对定压低位发热量而言，水分不仅占据了质量的份额，而且还要吸收汽化热，因此各种基准的定压高位发热量可直接乘以换算系数（见表1-8）的方法进行换算。对于定压低位发热量之间的换算，必须考虑水的汽化潜热，先化为定压高位发热量之后才能进行。相互换算公式如下

$$Q_{net,d} = Q_{gr,d} - r \cdot 9H_d/100 \tag{1-29}$$

$$Q_{net,daf} = Q_{gr,daf} - r \cdot 9H_{daf}/100 \tag{1-30}$$

$$Q_{net,ar} = Q_{net,ar}(100 - M_{ar} - A_{ar})/100 \tag{1-31}$$

$$Q_{net,daf} = Q_{net,d} \cdot 100/(100 - A_d) \tag{1-32}$$

式中　　$Q_{net,d}$、$Q_{net,daf}$——每千克煤干燥基、干燥无灰基的定压低位发热量，kJ/kg；

$\quad\quad\quad Q_{net,ar}$——每千克煤收到基的定压低位发热量，kJ/kg；

$\quad\quad\quad Q_{gr,d}$、$Q_{gr,daf}$——每千克煤干燥基、干燥无灰基的定压高位发热量，kJ/kg；

$\quad\quad\quad M_{ar}$、$A_{ar}$——每千克煤收到基水分、灰分的含量，%；

$\quad\quad\quad H_d$、$A_d$——每千克煤干燥基氢、灰分的含量，%；

$\quad\quad\quad H_{daf}$——每千克煤干燥无灰基氢的含量，%；

$\quad\quad\quad r$——水的汽化潜热，通常取2500，kJ/kg。

**5. 发热量的计算**

（1）发热量的近似计算。煤的发热量可直接测定，也可近似计算。根据元素成分分析使用门捷列夫公式可进行发热量的近似计算，验证煤的元素分析及发热量测定数值的准确性，电力设计部门常用来计算或校核发热量

$$Q_{net,ar} = 339C_{ar} + 1030H_{ar} - 109(O_{ar} - S_{ar}) - 25M_{ar} \tag{1-33}$$

$$Q_{gr,ar} = 339C_{ar} + 1256H_{ar} - 109(O_{ar} - S_{ar}) \tag{1-34}$$

此外，还可根据煤的工业分析结果，对于不同的煤种，采用不同的经验公式近似计算煤的发热量。同种煤的发热量用仪器直接测量和用经验公式计算得到的发热量数值，误差不超过3%～4%即认为正确，否则应重新测定煤的发热量。

（2）混煤发热量的计算。随着电力市场和煤炭市场改革的深入，火力发电厂中为保证锅炉燃烧和发供电生产的稳定，绝大多数已不是燃烧单一煤种，而是燃烧混煤。混煤的发热量计算方法如下。

例如，某火力发电厂燃用混煤，其质量比例分别为 $A$、$B$、$C$，对应的发热量分别为 $Q_A$、$Q_B$、$Q_C$ 则混煤的发热量为

$$Q = AQ_A + BQ_B + CQ_C \tag{1-35}$$

### 6. 标准煤

不同种类的煤具有不同的发热量，而且数值往往相差很大。有的煤发热量仅为 8373.6kJ/kg（2000kcal/kg），甚至还要低，但有些煤种发热量高达 29 307.6kJ/kg（7000kcal/kg），甚至更高。为便于国家和各工业部门编制生产计划，方便比较同类燃烧设备的燃煤消耗或同一设备在不同工况下的煤耗，于是引入了标准煤的概念。规定以收到基定压低位发热量为 29 307.6kJ/kg（7000kcal/kg）的煤作为标准煤。这样，不同情况下燃煤的消耗量和标准煤的换算公式为

$$B_b = BQ_{net,ar}/29\ 307.6 \tag{1-36}$$

式中　$B_b$——标准煤的消耗量，kg/h；

　　　$B$——实际煤的消耗量，kg/h；

　　$Q_{net,ar}$——实际煤的定压低位发热量，kJ/kg。

## 二、煤的可磨性

### 1. 煤的可磨性与可磨性指数的定义

（1）煤的可磨性（grindability of coal），是表示煤被破碎磨制成煤粉难易程度的特性指标，用可磨性指数表示。煤粉锅炉采用煤粉悬浮燃烧方式，煤的可磨性就成为煤粉锅炉用煤的重要特性指标，它与煤的灰分、挥发分、全水分、含硫量和灰熔融性并列为煤粉锅炉用煤最重要的 6 项特性指标之一。

煤在机械力的作用下，可破碎为煤粒、煤粉，破碎时由于产生了新的自由表面，克服煤分子之间的结合力就需要消耗能量。煤被磨碎的难易程度取决于煤种本身的特性，由于各种煤的机械强度不同、脆性不同，为表示煤的这种性质，引入一个由试验室测定的煤可磨性指数 $K_{km}$ 的概念。试验室可磨性（grindability of laboratory test）是指在试验室的条件下（风干的煤样及在特定的试验设备、仪器和常温条件下）测得的煤的可磨性。

（2）煤可磨性指数，是指煤样在风干状态下，将相同质量的标准煤和试验煤，由相同粒度磨碎到相同细度时，所消耗的能量之比，即

$$K_{km} = E_{bm}/E_x \tag{1-37}$$

式中　$E_{bm}$、$E_x$——磨制标准煤和试验煤时的能量消耗，kW·h/t。

标准煤是取一种很难磨的无烟煤，其可磨性指数规定为 1.0。煤越难磨，则 $E_x$ 越小，$K_{km}$ 越大。我国一般难磨的煤种 $K_{km}<1.2$，易磨的煤种 $K_{km}>1.6$。我国各地原煤的 $K_{km}$ 值一般在 0.8～2.0。

我国某些褐煤和油页岩的 $K_{km}$ 接近于 1.0，可实际上并不难磨，因为它们磨碎后呈纤维状，不易通过筛孔，表现为 $K_{km}$ 很低，故褐煤和油页岩只能通过工业性试验来判断可磨性指数。

可磨性有多种测定方法。可磨性指数 $K_{km}$ 常用的有两种表示方法，全苏热工研究所的 ВТИ 法和英国的哈特格罗夫法（简称哈氏法）。我国曾长期广泛采用了全苏热工研究所的 ВТИ（VTИ）法，哈特格罗夫法在欧美各国通用，世界各国多数国家均采用此法，已被世界标准组织推荐为国际标准，为国际技术交流的方便，我国颁布了 GB/T 2565《煤的可磨性指数测定方法　哈德格罗夫法》，且从 1981 年开始实施了哈氏法。哈氏法是用于硬煤测定的一种方法，不适用软煤可磨性指数的测定。所谓硬煤是指烟煤和无烟

煤的总称，软煤指褐煤等煤种或说除烟煤和无烟煤外的其他煤种。

哈德格罗夫可磨性指数 HGI（Hardgrove Grindability Index），是将一定粒度范围和质量的煤样，经哈氏磨（或哈氏可磨性测定仪）研磨后，在规定条件下筛分（即哈氏可磨性测定仪运转 60 转后，测定 50g、0.63～1.25mm 粒度的煤样中通过孔径为 $71\mu m$ 筛子的煤粉质量 $m_2$），对筛上煤粉进行称量，根据筛下煤粉量从由标准煤样绘制的标准曲线上查得可磨性指数值。若没有标准煤样，哈氏可磨性指数 HGI 计算公式为

$$HGI = 6.93m + 13 \tag{1-38}$$

式中　$m$——0.071mm 筛下的粉量，g。

可见，煤越软，哈氏可磨性指数越大，在磨制相同煤量到相同煤粉细度时，磨煤机所消耗的能量也越少。一般，煤的哈氏可磨性指数相差 10 个指数，磨制相同煤量到相同煤粉细度磨煤机出力相差 25％左右。

DL/T 466—2017《电站磨煤机及制粉系统选型导则》对可磨性指数定义为煤的可磨性，表示煤在被研磨时煤破碎的难易程度，用可磨性指数表示。可磨性指数是指将相同质量的煤样在消耗相同的能量下进行磨粉（同样磨粉的时间或磨煤机转数），所得到的煤粉细度与标准煤的煤粉细度的对数比。根据煤的破碎理论，煤粉细度与磨粉时间之间具有如下关系

$$R_x = -100e^{-(A_x k_x t)P} \tag{1-39}$$

$$A_x = k_0 x^n N \tag{1-40}$$

式中　$R_x$——粒径的煤粉细度，％；

　　　$A_x$——常数；

　　　$k_x$——反映燃料研磨性质的系数；

　　　$t$——研磨时间，s；

　　　$P$——指数，取决于设备的性质；

　　　$k_0$——考虑研磨设备特性的系数；

　　　$x$——粒径，$\mu m$；

　　　$n$——均匀指数；

　　　$N$——单位质量被研磨燃料的功率，kW。

在同样的时间下，可磨性指数计算公式为

$$K_x = [\ln(100/R_x)/\ln(100/R_b)]^{1/P} \tag{1-41}$$

式中　$R_b$——标准煤的煤粉细度。

为判别煤的可磨性，表 1-10 列出以哈式可磨性指数划分的可磨性分级。

表 1-10　　　　　　　　　　煤 的 可 磨 性 分 级

| 序号 | 级别名称 | 代号 | 哈式可磨性指数 HGI 分级范围 |
|---|---|---|---|
| 1 | 难磨煤 | DG | ≤40 |
| 2 | 较难磨煤 | RDG | >40～60 |
| 3 | 中等可磨煤 | MG | >60～80 |
| 4 | 易磨煤 | EG | >80～100 |
| 5 | 极易磨煤 | VEG | >100 |

在我国煤中，难磨煤占 2.96％，较难磨煤占 29.58％，中等可磨煤占 29.64％，易磨煤占 25.16％，极易磨煤占 12.66％。

### 2. 可磨性指数的换算及混煤可磨性指数计算

（1）可磨性指数的换算。从式（1-41）求得的可磨性指数有哈氏可磨性指数 HGI（按 GB/T 2565—2014 测定）和 VTI（苏联热工院可磨系数）可磨性指数 $K_{VTI}$（按 DL/T 1038—2007 测定），$K_{VTI}$ 用于钢球磨煤机的出力计算，HGI 用于除钢球磨煤机外所有磨煤机的出力计算。可磨性指数 HGI 和 $K_{VTI}$ 可近似用式（1-42）进行换算

$$K_{VTI} = 0.014\,9HGI + 0.32 \tag{1-42}$$

但在进行磨煤机的出力计算时，应以实测的可磨性数据为准。

（2）混煤可磨性指数计算。混煤的可磨性指数宜实测。当没有实测值时，也可按加权平均的办法按式（1-43）估算

$$K_x = r_1 K_{x,1} + r_2 K_{x,2} \tag{1-43}$$

式中　$r_1$、$r_2$——煤种 1 和煤种 2 在混煤中所占的质量份额；

$K_{x,1}$、$K_{x,2}$——煤种 1 和煤种 2 的可磨性指数。

### 3. 工作燃煤可磨性

工作燃煤可磨性（grindability of as-received coal）即是煤在运行（制备）条件下的可磨性。通常煤的水分和干燥气体的温度会对煤在运行状况下的可磨性产生影响。

水分和温度对工作燃料可磨性的影响因煤种的不同而有所差异。烟煤、无烟煤的可磨性随原煤全水分的增加而下降，褐煤的可磨性随原煤全水分的增加呈复杂的变化关系。$V_{daf}<30\%$ 的褐煤，其可磨性随原煤全水分的增加大部分呈下降趋势，而 $V_{daf}>30\%$ 的褐煤，其可磨性随原煤全水分的增加大部分呈上升趋势。

烟煤、无烟煤的可磨性随温度的变化不明显，褐煤的可磨性随温度的变化关系较为复杂。$V_{daf}<30\%$ 的褐煤，其可磨性随温度的增加呈抛物线上升，而 $V_{daf}>30\%$ 的褐煤，其可磨性随温度的增加呈 N 形上升的趋势。不同的煤种在温度上升的过程中，可磨性变化的幅度也不同。因此，磨煤机磨制褐煤时的出力不能套用烟煤、无烟煤的出力计算曲线，而必须采用试磨或经验的计算方法。

灰分对可磨性的影响主要是灰分增加后由于煤密度的增加，使煤在磨煤机内循环量增大而使磨煤机出力下降。在中速磨煤机内，当收到基灰分大于 20% 以后表现较为明显。

## 三、煤灰的熔融性

煤灰也即灰分，煤灰的熔融性也称灰熔点。煤灰含有多种元素，它不是纯化合物，因此它没有固定的熔点，而是在一定温度范围内熔融。煤灰熔融温度的高低主要取决于煤灰的化学组成及其结构，还与测定时试样所处的气氛条件有关。国内外普遍采用角锥法进行煤灰的熔融性测定。

煤灰的熔融性是指在规定条件下，得到的随加热温度而变化的煤灰变形、软化、呈半球和流动特征的物理状态。

变形温度（deformation temperature）：灰的熔融性测定中，灰锥尖端或棱开始变圆或弯曲时的温度，用 DT 表示。

软化温度（softening temperature）：灰的熔融性测定中，灰锥弯曲至锥尖触及托板或灰锥变成球形时的温度，用 ST 表示。

半球温度（hemispherical temperature）：灰的熔融性测定中，灰锥形状变成近似半

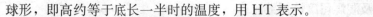

球形，即高约等于底长一半时的温度，用 HT 表示。

流动温度（flow temperature）：灰的熔融性测定中，灰锥融化展开成高度小于 1.5mm 薄层时的温度，用 FT 表示。

掌握煤灰的熔融性，对运行人员而言，控制锅炉火焰温度、燃烧控制、防止受热面积灰结焦、保证锅炉机组长周期运行等具有积极的指导意义。

## 四、煤的磨损特性

煤的磨损特性（abrasiveness of coal）表示煤在被破碎、磨制过程中，煤对研磨件（金属等）磨损的强弱程度。煤的磨损特性的大小用煤的冲刷磨损指数 $K_e$ 和煤的磨损指数 AI 来表示。煤的磨损特性对碎煤机、磨煤机金属的磨损率和碎煤机、磨煤机形式及燃煤制备系统、煤粉制备系统的选择等有重要、积极的指导意义。

我国煤的磨损指数通过实验方法确定。在一定的试验条件下，某种煤每分钟对纯铁的磨损量 $x$，与相同条件下标准煤每分钟对纯铁磨损量的比值，称为某种煤的磨损指数 $K_e$。此处的标准煤是指每分钟能使纯铁磨损 10mg 的煤。如 $t(\text{min})$ 内，某种煤对纯铁的磨损量为 $m(\text{mg})$，则该种煤的冲刷磨损指数表示为

$$K_e = x/10 = m/10t \tag{1-44}$$

煤的冲刷磨损指数主要取决于煤的矿物质中 α 石英（$\alpha\text{-SiO}_2$）、黄铁矿（$\text{FeS}_2$）、菱铁矿（$\text{FeCO}_3$）。根据煤冲刷磨损指数的不同，煤的磨损性分为五类。煤的磨损性和煤的冲刷磨损指数 $K_e$ 的关系，见表 1-11。

表 1-11 煤的磨损性和煤的冲刷磨损指数 $K_e$ 的关系

| 煤的冲刷磨损指数 $K_e$ | 磨损性 |
| --- | --- |
| <1.0 | 轻微 |
| 1.0~2.0 | 不强 |
| 2.0~3.5 | 较强 |
| 3.5~5.0 | 很强 |
| >5.0 | 极强 |

制粉系统设计需用的煤的磨损特性按 DL/T 465—2007《煤的冲刷磨损指数试验方法》进行测定，得到煤的冲刷磨损指数 $K_e$，必要时（对外联系时）还可用 GB/T 15458—2006《煤的磨损指数测定方法》测得的磨损指数 AI 作为参考。煤的磨损性和煤的磨损指数 AI 的关系，见表 1-12。

表 1-12 煤的磨损性和煤的磨损指数 AI 的关系

| 煤的磨损指数 AI(mg/kg) | 磨损性 |
| --- | --- |
| <30 | 轻微 |
| 31~60 | 较强 |
| 61~80 | 很强 |
| >80 | 极强 |

在未取得煤的磨损指数的情况下，煤的冲刷磨损指数 $K_e$ 也可按灰的成分粗略判别。

（1）如果灰中 $\text{SiO}_2 < 40\%$，冲刷磨损指数 $K_e$ 属轻微；$\text{SiO}_2 > 40\%$ 时，难以判别。

（2）如果 $SiO_2/Al_2O_3<2.0$ 时，冲刷磨损指数 $K_e$ 在较强以下；$SiO_2/Al_2O_3>2.0$ 时，难以判别。

（3）如果灰中石英的含量小于 $6\%\sim7\%$，冲刷磨损性指数 $K_e$ 在不强以下；如果灰中石英的含量大于 $6\%\sim7\%$，磨损性难以判别。灰中石英的含量计算如下

$$(SiO_2)_q = (SiO_2)_t - 1.5(Al_2O_3) \tag{1-45}$$

式中 $(SiO_2)_q$——灰中石英含量，%；

$(SiO_2)_t$——灰中 $SiO_2$ 含量，%；

$(Al_2O_3)$——灰中 $Al_2O_3$ 含量，%。

煤的磨损指数与可磨性指数是两个完全不同的概念，两者虽然都是从试验测定计算所得，但不构成函数关系。

需要说明的是煤的磨损指数与可磨性指数虽然是针对煤粉锅炉及其煤粉制备系统的设备而言，但是，对循环流化床锅炉及其燃煤制备系统的破碎设备来说，具有积极的指导意义和重要的参考价值。循环流化床锅炉主要燃用劣质煤和煤矸石，可磨性指数对燃煤制备系统破碎机等的磨损和破碎设备的选型较磨煤机更为重要。

## 五、煤的黏结性

由于水分的存在，在散状物料如煤等颗粒之间，以及物料颗粒和料仓壁之间会形成毛细力，使颗粒之间或颗粒与料仓壁之间因毛细力和机械冲击力等作用而产生黏结。物料黏结性能的好坏采用成球性指数 $K_c$ 来评价。成球性指数按式（1-46）计算求得

$$K_c = \omega_{z,fs}/(\omega_{z,ms} - \omega_{z,fs}) \tag{1-46}$$

式中 $K_c$——成球性指数；

$\omega_{z,fs}$——最大分子水，按 GB 474—2008，由试验求得，%；

$\omega_{z,ms}$——最大毛细水，按 GB 474—2008，由试验求得，%。

成球性指数 $K_c$，综合反映了细粒物料的天然性质（颗粒表面的亲水性、颗粒形状及结构状态，如粒度组成、孔隙率等）对物料黏结性强弱的影响。

煤的黏结性（caking-character of coal）和煤的矿物质组成、粒度组成、颗粒形貌及机械强度性能有关。煤中蒙脱石、多水高岭石含量越高，煤的黏结性越强；煤的粒度越细，煤的黏结性越强；多棱角的针状、片状颗粒越多，煤的黏结性越强；煤的机械强度越低，煤的黏结性越强。煤的黏结性能和成球性指数 $K_c$ 的关系，见表 1-13。

表 1-13　　　　　煤的黏结性能和成球性指数 $K_c$ 的关系

| 成球性指数 $K_c$ | 煤的黏结性能 |
| --- | --- |
| $<0.2$ | 无黏结性 |
| $0.2\sim0.35$ | 弱黏结性 |
| $0.35\sim0.60$ | 中等黏结性 |
| $0.60\sim0.80$ | 强黏结性 |
| $>0.80$ | 特强黏结性 |

## 六、煤的摩擦角和堆积角

### 1. 煤的摩擦角（friction angle of coal）

摩擦角分为外摩擦角和内摩擦角。外摩擦角是指物料置于水平的平板上，平板的一

端下降至物料开始运动时平板与水平面的夹角。为使煤能顺利地流动，实际料壁与水平面的夹角应比外摩擦角大 $5°\sim10°$。内摩擦角（陷落角）是指物料在陷落过程中，其自由表面与水平面所能形成的最小夹角。它是计算料仓容积的重要参数。外摩擦角和内摩擦角是煤黏结性的重要参数。

**2. 煤的堆积角**（collective angle of coal）

煤的堆积角是指煤在下泻时，所形成料堆的斜面与水平面的夹角（也称安息角）。它也是煤黏结性的重要参数，是设计磨煤机入口斜角的重要依据。

# 第五节　煤质对燃煤制备和煤粉制备的影响

## 一、原煤水分

### 1. 对煤粉制备的影响

原煤的水分限制了制粉系统的出力、增加磨煤机的电耗，从图 1-3 可看出原煤水分和磨煤机出力的关系。随着 $M_{Pj}$（原煤平均水分）的增大，磨煤机出力下降，最后当 $M_{Pj}$ 和 $M_{max}$（原煤最大水分）相等时，磨煤机出力为零。显然，要保证磨煤机出力不变，则随着 $M_{Pj}$ 增大，磨煤机电耗 $E$ 也必然增大。

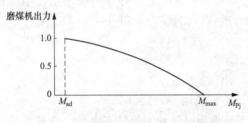

图 1-3　原煤水分和磨煤机出力的关系

图 1-3 中，$M_{ad}$ 为煤的空气干燥基水分，$M_{Pj}$ 为磨煤机内煤的平均水分，$M_{max}$ 为煤的最大水分，即将煤浸泡于水中，随后将煤装入布袋滴尽其附着水分后，进行测定所得的值。

由于原煤水分大，磨煤机在研磨时，大量原煤只发生塑性变形，而不容易被破碎磨成粉状，就使磨煤机的研磨时间长、磨煤及制粉出力减少，效率降低、能耗增加，金属磨损严重；并且影响煤粉细度，使煤粉水分升高、堵塞输粉管道，煤粉潮湿结块影响到煤粉仓、给粉机下粉不均匀，造成锅炉燃烧失常甚至恶化。

原煤水分增大，使原煤的流散性逐渐恶化，会堵塞输煤管道、给煤机、原煤仓，同时湿煤黏结还会堵塞筒式磨煤机入口的椭圆管，以及中速磨煤机的入口管，致使进入磨煤机的煤量减少，磨煤机出力降低。原煤水分增大，还使磨煤机的干燥出力降低，煤粉水分增加。

### 2. 对燃煤制备的影响

原煤水分大，使原煤的流散性变差，落煤管、输煤管道、破碎机入口黏煤、堵塞，碎煤机及燃煤制备系统出力降低；原煤水分大相应地成品煤水分随之增加，成品煤仓煤粒流动性变差，伴随着给煤机黏煤、堵塞、断煤现象的发生，锅炉床温难以维持、负荷大幅度降低。因黏煤而堵塞破碎机和煤筛筛孔时，燃煤制备系统的出力严重降低，持续时间较长时使成品煤仓煤位不升高或降低，需要停止燃煤制备系统的运行，处理破碎机、煤筛等设备的黏煤、堵塞，遇到连阴雨天气或原煤水分持续过大，成品煤仓煤位不能保证，甚至出现因无煤可烧，循环流化床锅炉机组减负荷、被迫压火事故。

对螺旋式给煤机，原煤水分大，细小的煤粒黏结在给煤机的筒壁、螺旋片（绞刀）之间，给煤机因过负荷频繁跳闸，不能正常运行，甚至扭断螺旋轴，使锅炉床温降低、负荷减少。对埋刮板式给煤机，煤粒黏附在刮板上带回给煤机端头底部，堆积结块，托高刮板造成给煤机过负荷跳闸或刮板拉断。

**3. 燃煤和煤粉制备系统运行中对原煤水分的判断**

化学专业对入炉煤进行定期取样分析时，锅炉、燃料运行人员应及时了解和掌握原煤的水分；同时要定期观察原煤水分的变化情况，尤其在入厂、入炉煤潮湿、降雨等情况下要加强观察原煤水分；根据原煤水分及时调整输煤、燃煤制备、煤粉制备系统的运行方式。

全水分在8%以下，燃煤基本上是干煤；全水分大于10%时，黏结性有较大的增加；水分大于12%时，黏结性很大、堆积角也很大，煤斗中燃煤下煤不畅。

现场判断原煤黏结性经常采用的方法是抓一把原煤握成团，然后丢弃煤团，煤团自然散开，同时煤不湿手，此时原煤水分在8%左右；若煤团不散开，则原煤水分在8%以上；若煤团不散开且手心有水渍，则原煤水分在10%以上。

## 二、原煤粒度

不同的破碎、磨煤设备，对原煤的粒度有不同的要求。一般而言，燃煤制备系统碎煤机的进煤粒度大于煤粉制备系统磨煤机的进煤粒度。低速钢球磨煤机的进煤粒度可大些，风扇磨煤机因工作原理和结构的限制，要求进煤粒度尽可能小些，中速磨煤机要求进煤粒度介于两者之间。

对于煤粉制备系统，原煤粒度过大，原煤斗尾管处容易堵塞，并卡涩给煤机或造成磨煤机堵塞。一方面因为堵塞、卡涩造成断煤，减少了磨煤机的给煤量，限制或降低了磨煤及制粉系统出力；另一方面，磨煤机断煤时，磨煤机出口温度不易控制，很容易发生制粉系统爆炸，同时原煤粒度过大，磨煤机断煤频繁，对直吹式制粉系统还直接影响到锅炉燃烧和负荷的稳定性。

原煤粒度超过磨煤机的要求时，需要磨煤机有足够的破碎能量。低速钢球磨煤机中较大的钢球比例要提高，中速磨煤机要增加磨辊（通过弹簧或液压装置）的压紧力，同时也增大了磨煤机部件的金属磨损和制粉电耗，还使磨煤出力降低。

火力发电厂设计规范对入炉煤的粒度有严格要求，即经筛分和破碎后的原煤粒度不大于30mm。原煤的筛分和破碎经过原煤的炉前处理设备完成。对少量200mm及以上的大块煤，通常由人工击碎，小于200mm的煤块，通过碎煤设备碎成30mm以下，送入燃煤制备系统或制粉系统的原煤斗后进行制备。

## 三、发热量

如果锅炉负荷维持不变，当煤的发热量降低时，则煤耗量增大，制粉系统负担加重。对仓储式制粉系统需要延长磨煤机的运行时间，或者从相邻锅炉送粉；对直吹式制粉系统而言，需要启动备用的制粉系统（或磨煤机），使金属磨损、制粉电耗都显著增加，制粉系统的可靠性降低；煤的发热量大幅度降低、制粉出力不足时，锅炉被迫减少负荷维持运行。

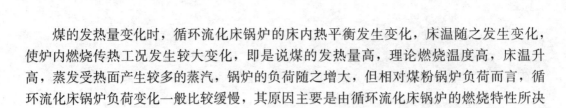

煤的发热量变化时，循环流化床锅炉的床内热平衡发生变化，床温随之发生变化，使炉内燃烧传热工况发生较大变化，即是说煤的发热量高，理论燃烧温度高，床温升高，蒸发受热面产生较多的蒸汽，锅炉的负荷随之增大，但相对煤粉锅炉负荷而言，循环流化床锅炉负荷变化一般比较缓慢，其原因主要是由循环流化床锅炉的燃烧特性所决定。所以煤的发热量降低，煤耗量增大，要求燃煤制备系统出力相对增大。

## 四、灰分和煤矸石及黄铁矿

灰分和煤矸石及黄铁矿对燃煤制备设备和制粉设备的影响基本相同。主要表现在增大碎煤、磨煤设备金属的磨损，增加制煤、磨煤或制粉电耗，使燃煤制备和煤粉系统出力降低，并降低其经济性；同时，灰分使煤的发热量降低，又要求燃煤制备系统及煤粉制备系统的出力增加，才能满足锅炉燃烧的需要。

对于直吹式制粉系统的磨煤机出力影响比较明显，矸石量增多、排矸石操作频繁，设备磨损严重，而设备磨损后对出力比较敏感。由于循环流化床锅炉通常设计燃用发热量较低的劣质煤，煤中的矸石甚至石头含量较多，对燃煤制备系统而言，设备金属的磨损较大、电耗高，系统出力和成品煤粒度分布难于满足要求。

## 五、杂质

煤在开采、运输、储存的过程中，可能混入一定量的杂质。这些杂质有木材（块）、铁质杂物、易燃易爆品等，这些杂质对燃煤制备及煤粉制备系统均有危害，对制粉设备而言也是一大危害。

木材是韧性纤维，不易破碎，进入制粉系统后，堵塞落煤管道，还会造成磨煤机断煤；卡涩锁气器、回粉管，影响甚至破坏制粉系统的正常运行；卡涩给粉机，影响锅炉燃烧的稳定性；堵塞旋风分离器的下粉小筛子，造成旋风分离器旋风筒堵塞，排风机电流上升，使锅炉压力、主蒸汽温度急剧升高、排烟温度升高，严重时烟囱冒黑烟。

原煤中的铁质杂物，使燃煤制备系统和制粉系统的碎煤、磨煤设备损坏，加速设备磨损。当碎铁增多、回粉管堵塞时，风扇磨煤机底部内壳的磨损尤为严重。

原煤中的易爆易燃品进入碎煤机、磨煤机内，极易引起燃煤制备系统、制粉系统的爆炸，造成人员的伤亡或设备的损坏，应引起足够的重视。

原煤开采过程中的炮线进入循环流化床锅炉后，缠绕在床层的风帽上，增大流化风的阻力或堵塞风帽风眼，影响床层正常流化，造成局部结焦，严重时被迫停炉处理。

# 第六节 煤的炉前准备

无论是煤粉炉的煤粉制备系统，还是循环流化床锅炉的燃煤制备系统，对于燃煤锅炉，在燃煤和煤粉制备之前都需要进行煤的炉前准备，以保证锅炉机组的安全和经济运行。不同的是循环流化床锅炉煤的炉前准备与燃煤制备绝大多数是同时进行的，煤粉锅炉煤的炉前准备与煤粉制备是分开进行的。因火力发电厂热力系统设计和专业划分的不同，循环流化床锅炉煤的炉前准备与燃煤制备多由燃料运输专业承担，而煤粉炉煤的炉前准备与煤粉制备分别由燃运专业和锅炉专业分别进行。

原煤中的大块煤是因煤开采方式的不同和煤破碎的原因，夹带进入原煤的。大块煤进入输煤系统、燃煤制备及煤粉制备系统中，常常会砸坏落煤管、皮带等设备，堵塞碎煤机、给煤机，影响输煤系统、燃煤制备及煤粉制备系统的设备安全、系统出力和经济运行。

原煤中常夹杂各种形状、尺寸不同的木材（块）、金属物（包括磁性和非磁性的金属）、碎布、皮带、炮线，甚至雷管及农作物秸秆、杂草等杂质杂物，杂质杂物是煤在开采和运输，以及储存过程中进入的。金属物的主要来源是煤开采和运输中的夹带，如井下轨道的道钉、运输机械的部件及各种类型的钢件等；铁路车辆的零件，如制动闸瓦、钩舌销子等。金属物进入燃煤制备、煤粉制备系统，会造成设备的严重磨损和损坏事故。木块、碎布、皮带、农作物秸秆、杂草、炮线、雷管等杂物进入燃煤制备、煤粉制备系统，常常会引起设备的堵塞、损坏、着火或爆炸事故。生产实践中，无论是循环流化床锅炉还是煤粉锅炉，进行煤的炉前准备，除去煤中夹带的杂质杂物，对保证设备安全、经济运行是十分重要和必要的。

煤的炉前准备，主要是将原煤破碎到燃煤制备和煤粉制备需要的粒度，并除去原煤中的金属物、木块、碎布、皮带、农作物秸秆、杂草、炮线、雷管等杂质杂物，以满足燃煤制备和煤粉制备系统工作的要求。煤的炉前准备的设备及工作原理分述如下。

## 一、电磁分离器

原煤由皮带输送机送至碎煤机进行初步破碎前，在皮带输送机上装设有电磁（磁铁）分离器，用以除去原煤在开采、运输、储存过程中混入的铁质杂物，防止碎煤机、破碎机、给煤机、磨煤机等设备的磨损和损坏，保护设备的安全运行。

### 1. 悬吊式电磁分离器

电磁分离器在马蹄形的铁芯外部绕有线圈，下端为磁极的端部。当线圈接通220V或110V的直流电源后，铁芯被磁化，在极端产生的磁场可从原煤中分离出铁质杂物，这种分离器主要吸除皮带煤层上部的铁质杂物。

悬吊式电磁分离器一般安装在电动或手动的行车上，当皮带输送机停止运行后，将分离器移动到金属料箱上部，切断电源后铁质杂物便可卸到金属料箱（弃铁箱）以便于集中清除，这种分离器也可作往复运动，使铁质杂物卸入挡板旁边的金属料箱内；两台并列时分别安装在各自的电动或手动行车上，皮带输送机运行时，一台除铁一台卸料，定时交替工作。

悬吊式电磁分离器由于功率小，只能吸出煤层表面的金属物，当吸住较长铁件的一头时，另一头顶在皮带上，很容易损坏皮带；单台悬吊式电磁分离器在皮带运行时不能卸去金属物件，已逐渐被带式除铁器所取代。

### 2. 滚筒式电磁分离器

滚筒式电磁分离器给励磁线圈通入直流电后，使扇形极板产生磁场。当输煤皮带转至有磁性的滚筒上时，铁件即被吸附，滚筒转至落煤管时煤落入落煤管道，铁件因被吸附而继续与输煤皮带一起转动，当滚筒对输煤皮带上的铁件吸引力减弱时，铁件便落入金属料箱（斗）中。滚筒式电磁分离器可有效吸出输煤皮带上煤层下部的金属物，但吸出的金属物容易带到皮带内侧，碾入滚筒与皮带之间而损坏皮带，因此，目前滚筒式电磁分离器已很少采用。

由于悬吊式电磁分离器不易吸出输煤皮带煤层下的铁件，滚筒式电磁分离器可有效地吸出输煤皮带煤层下的铁件，但很容易将铁件吸入输煤皮带内侧，使其碾入滚筒和皮带之间而损坏皮带，以前设计中，将这两种分离器配合使用。滚筒式电磁分离器可作为输煤皮带的传动滚筒使用，为避免金属物刮入落煤管中，一般不在滚筒式电磁分离器头部设置刮板清扫器。

### 3. 带式电磁除铁器

带式电磁除铁器由电磁铁、机架、驱动电机、减速机、主（从）动滚筒、弃铁皮带、支撑托辊、冷却风机等组成。图1-4为DDC-12型带式电磁除铁器的结构示意。无论是布置在输煤皮带的头部或中部，带式电磁除铁器与输煤皮带均垂直布置，皮带由电动滚筒驱动并绕电磁铁转动，输煤皮带煤层中的铁件被电磁铁吸附于皮带上，与皮带一起转动，当磁性减弱时，铁件被卸到输煤机一侧的金属料斗中。

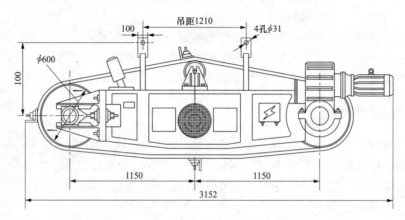

图1-4 DDC-12型带式电磁除铁器的结构示意

## 二、木材分离设备

原煤在开采、运输、储存中，可能混入木片、木块、木条等形状的木材。木材具有韧性，在燃煤制备系统和煤粉制备系统中不易破碎、磨细，还会造成燃煤制备系统和制粉系统设备、管道的堵塞。因此，一般在筛煤设备之前、碎煤机后装设木材分离器。

制粉系统中为防止细小的木材进入，堵塞煤粉分离器落粉筛、卡塞给粉机等情况发生，还在磨煤机出口设置木材分离筛，从磨煤机出口把木材分离出来。在旋风分离器下粉管还设有落粉筛，把团状木屑、棉纱、破布等杂物分离，这样可改善制粉系统的运行工况。

需要说明的是，随着煤炭开采方式和开采机械的进步、机械化采煤和综合机械化采煤的广泛应用、煤炭运输工具的更新换代及煤场管理的不断加强，目前，在火力发电厂输煤系统中木材分离设备已很少使用。

### 1. CDM型除大木器

除大木器由三根装有齿形盘的主轴构成，各轴向同一方向旋转，使煤受三根主轴的扰动后，在其自重及齿形盘旋转力的作用下，沿齿形盘之间的间隙落下，较大的木块留在齿形盘上被甩出，达到除去木块的目的。除大木器应装在筛碎设备之前，一般安装在给煤机或皮带输煤机的卸料处。原煤粒度小于300mm时，除大木器的应用效果理想，当原煤粒度大于 300mm 时，除大木器不但将大于 300mm 的木块分离，也将大于 300mm 的煤块分离出来。图 1-5 所示为 CDM 型除大木器结构示意。

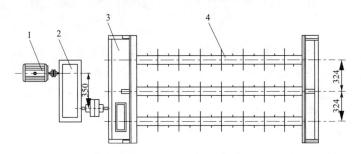

图 1-5　CDM 型除大木器结构示意

1—电动机；2—减速箱；3—传动齿轮箱；4—装有齿形盘的主轴

此外，CXD 型除细木器安装在碎煤机后，用来捕集小木块，其结构和工作原理与 CDM 型除大木器相同，只是捕集的木块较小。

### 2. 吊辊式木屑分离器

如图 1-6 所示，吊辊式木屑分离器是用于分离长条形木材（块）的设备，由安装在皮带给煤机或输煤皮带头部滚筒前 3～4 排平托辊组成，托辊悬空吊挂，平托辊靠近煤流，使长条形木块在脱离传动滚筒时落在辊子上，并沿辊子滑进单独的集木箱内。吊辊式木屑分离器的分离效率较低。

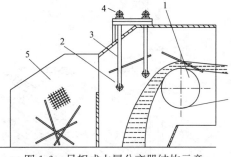

图 1-6　吊辊式木屑分离器结构示意

1—传动滚筒；2—辊子；3—吊杆；
4—轴承；5—捕集木块用箱子

## 三、煤筛

煤筛装设在碎煤机之前，使小粒度的原煤经煤筛后不再进入碎煤机中，大粒度的煤进入碎煤机被破碎，从而改善碎煤机的工作状况，减少了碎煤机的磨损和电耗。常用的煤筛类型有固定筛、振动筛、滚筒筛、滚轴筛、链条筛、共振筛及概率筛。目前，固定筛、振动筛已较少采用，滚轴筛的采用则较为普遍。

### 1. 双向共振筛

双向共振筛上下筛箱由橡胶缓冲器和板簧组连接组成共振系统，使上下筛箱只能在与板簧组垂直的方向震动，并处于共振状态下工作。当电动机带动装于下筛箱的偏心轴旋转时，连杆作往复运动，连杆通过端部的橡胶簧使周期性的激振力传给上筛箱，下筛箱受反向的激振力作用，使上下筛箱彼此反向震动来达到筛煤的目的。

原煤进入共振筛后，在震动作用下沿振动方向向上运动。当筛箱反向运动时，煤在自重及惯性作用下向前下方落下，当接触到筛网时再次被抛掷向上，如此循环，煤在筛网上产生强烈地抖动，小于筛孔的煤被筛下，大于筛孔的煤沿筛网前移到筛前端落入碎煤机中。

板簧组在安装时应与水平方向严格保持 45°，以免共振紊乱从而引起板簧断裂。筛网的形式有编织筛网、冲孔筛网和条状筛网，筛网的宽度与给煤设备的宽度相适应，筛网的长度宜为宽度的 2～2.4 倍，煤在筛网上的移动速度为 0.1～0.4m/s。

共振筛具有分离效率高、功率消耗少、设备重量轻及对设备基础的动载荷要求小等优点，但对橡胶弹簧的重量及安装调整要求严格。一般适宜水分含量小而黏结性不大的煤种。

**2. 概率筛**

图 1-7 所示为 GLS-500 自同步概率筛示意。原煤在概率筛面的相对运动形式有跳动和滑动两种方式，在每次跳动和滑动过程中，有部分细小的煤颗粒以极快的速度透过筛孔成为筛下物从而被筛分出来，大颗粒的煤成为筛上物被分离出来。煤每次透过筛孔的百分率，则称为某一级别煤的透筛概率。

概率筛运用了大筛孔、大倾角和分层筛网，根据煤的颗粒组成确定筛网的层数（一般为 3～6 层）和筛孔尺寸。自上而下，筛孔尺寸逐层减小，筛面倾角逐层加大。概率筛主要由两台振动同步电动机、减振弹簧等组成，其驱动方式为强迫定向振动，激振力大、振幅稳定。概率筛的筛孔尺寸比分级粒度大，其筛分过程是近视筛分，是火力发电厂输煤及燃煤制备、煤粉制备系统中一种较好的筛分设备。

**3. 滚轴筛**

滚轴筛是近些年应用于火力发电厂的新型煤筛，由筛轴、驱动装置、筛箱等组成。每根筛轴上的筛片相互交叉，筛轴与筛轴上相互交叉的筛片形成筛孔，多根筛轴及其筛片根据布置方式可分成折线筛面、平面筛面，筛轴的驱动方式有单轴驱动和多轴驱动。

多根筛轴按相同方向旋转，并同时进行筛分。筛轴转动时推动燃煤向前、向下移动，同时搅动煤层，小于筛孔尺寸的燃煤颗粒受自重和筛轴旋转的作用力沿筛孔落下，进入下一级系统；大于筛孔的煤粒，在筛轴筛片的推动下继续向前移动，落入碎煤机

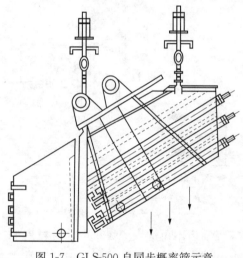

图 1-7　GLS-500 自同步概率筛示意

（或进入大块煤斗）。折线筛面上各段的料层厚度大致相同，使滚轴筛的筛分效率大为提高。

滚轴筛对燃煤的适应性较强，不易堵煤，对水分较大的褐煤更显示出其优越性；筛片用耐磨材料制成，坚固耐用；采用单筛轴驱动时，电机启动力矩大、传动可靠、噪声较小；箱体可做成分体式结构，筛轴、筛片、衬板的检修、更换较为方便。

# 四、碎煤设备

原煤的尺寸主要与开采方式有关。燃煤锅炉不但对入炉煤的粒度有一定的要求，而且因燃烧方式、燃煤制备及煤粉制备的工作要求，对原煤的粒度也有所差别。例如，链条锅炉（床式层燃）要求原煤粒度不能细小，以减少因末煤从链条缝隙漏失而造成的损失；循环流化床锅炉和煤粉锅炉要求原煤经破碎和筛分后粒度不应大于 30mm。碎煤设备通常采用一级破碎，如果经破碎后的粒度较大，一级碎煤不能满足锅炉直接燃用或燃煤制备、煤粉制备系统的要求时，则采用二级破碎。煤粉锅炉一般采用一级碎煤设备即可满足磨煤制粉的要求；循环流化床锅炉因对成品煤粒度的要求，一般采用一级粗碎煤

设备、二级细碎煤设备。

原煤破碎主要是利用机械力克服、破坏煤的内部结合力，使煤由大块分裂成小块的过程。主要的破碎形式有打击、挤压、劈裂、碾磨，一种碎煤机的破碎作用不是单一的，而是几种破碎形式的综合作用。碎煤机的破碎程度用破碎比 $i$ 来表示

$$i = d_0'/d_0'' \tag{1-47}$$

式中    $d_0'$——破碎前原煤的平均尺寸，mm；

        $d_0''$——破碎后原煤的平均尺寸，mm。

火力发电厂常用的碎煤机有锤击式、辊式、反击式、环式（或环锤式）等形式，辊式碎煤机目前已很少采用。

**1. 锤击式碎煤机**

图 1-8 所示为锤击式碎煤机，它由固定在轴上的数层圆盘组成转子，锤头在圆盘之间用小轴销挂在盘上，可制动数排锤头。当煤进入碎煤机后，在高速旋转的转子锤头打击下，被破碎或被打到碎煤机下面的格板（煤筛）上再被击碎。同时在锤头与格板之间被磨碎到需要的粒度后从缝隙落下。格板与锤头之间的间隙，可根据碎煤粒度的大小进行调整。

锤头用锰钢制成，其质量可根据原煤的硬度和碎煤粒度来选择。对 $100\sim300$mm 的煤块，锤头质量为 $3\sim15$kg，800mm 以下的煤块，锤头质量不超过 30kg。锤头的圆周速度为 $25\sim60$m/s。

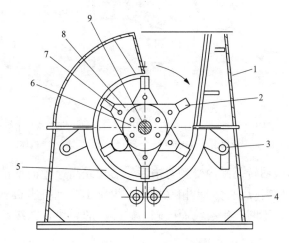

图 1-8 锤击式碎煤机

1—机盖；2—锤头；3—筛板托架调节装置；4—机座；5—筛板；6—圆盘；7—销轴；8—摇臂；9—主轴

锤头有各种各样的形式，如图 1-9 所示。其中，第 1、4 种锤头应用比较广泛。第 1 种为矩形，结构简单，一端磨损后调转 180°可使用另一端；第 4 种破碎能力强，破碎物中的细粒相对较多些。

锤击式碎煤机具有结构紧凑、耗电量少、出力较大等特点，但锤头易磨损、噪声大、维护工作量大，当破碎水分高及黏性大的原煤时，格板易堵塞。锤击式碎煤机适用于破碎较软的煤种，一般可把煤破碎到 15mm 以下的粒度，并且碎煤后的煤粒尺寸取决于筛格尺寸的大小。

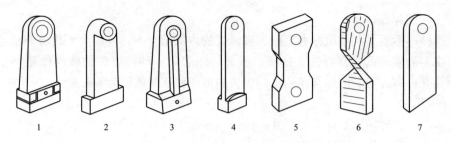

图 1-9　锤击式碎煤机使用的锤头

## 2. 反击式碎煤机

图 1-10 是反击式碎煤机结构，它由转子、板锤、反击板、拉杆及机壳组成。

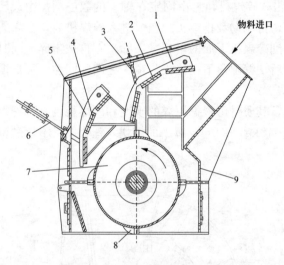

图 1-10　反击式碎煤机结构

1—第一级反击板；2—第一级反击板护板；3—第一级反击板螺栓拉杆；4—第二级反击板护板；5—第二级反击板；
6—第二级反击板螺栓拉杆；7—转子；8—板锤；9—机体

当原煤进入打击板回转范围内受到打击后，沿切线高速抛向反击板，被反击板反弹到打击板再次打击，同时煤块之间也相互撞击。煤由于受到打击板、反击板的打击、反击和相互之间的撞击，不断产生裂纹而破碎，破碎后的煤块在二级反击板的下部进一步受到转子的破碎。

反击板与转子之间的间隙由螺栓拉杆进行调整，以保证所需要的碎煤粒度。铁块或其他硬物进入碎煤机时，反击板受力过大，使拉杆向后移开而排出落下。一级反击板依靠自重复位，二级反击板除依靠自重复位外，还受到弹簧的作用复位。

图 1-11 是常用的板锤（打击板）形状。长条形板锤适用于粒度和硬度小的原煤，I 形、T 形、S 形板锤适用于粒度大、硬度较大的原煤，斧形板锤适用于黏性大、含水分高的原煤。板锤因容易磨损，采用高锰钢或生铁铸造而成，国外采用马氏体高铬铸铁制成。

反击式碎煤机转子外缘的速度，影响到碎煤机（或原煤）的破碎比、破碎能力和破碎粒度的大小。当转子外缘速度较高时，原煤粒度细小且均匀，破碎比大，并且能得到较大的破碎能力。但速度过高，耗电量及金属磨损急剧增加，同时速度越高鼓风量越大从而引起的扬尘也越严重。反击式碎煤机转子外缘的速度一般为 45～55m/s。

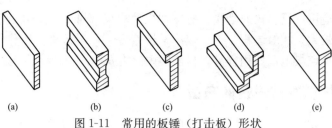

图 1-11 常用的板锤（打击板）形状

（a）长条形；（b）I形；（c）T形；（d）S形；（e）斧形

反击式碎煤机具有破碎能力及破碎比大、耗电量少、磨损小、破碎粒度均匀、振动小及维护工作量少等优点，但其体积大、运行时扬尘严重，需加设除尘和集尘设施，常用的有单转子和双转子两种，发电厂多采用单转子反击式碎煤机。

**3. 环式碎煤机**

环式碎煤机最早是从国外引进的一种原煤破碎机械，现在国内已能生产并装备火力发电厂。它利用高速旋转的锤环（环锤）冲击煤块，使煤块沿其裂隙或脆弱部分破碎，所以称为环式（环锤）碎煤机。

图 1-12 所示为环式碎煤机结构。环式碎煤机主要破碎过程分为冲击、劈剪、挤压、折断、滚碾几个过程。由于高速回转的转子环锤的作用，使原煤在环锤与碎煤板筛、煤与煤之间，产生冲击力、劈力、挤压力、铣切力、滚碾力，这些力大于或超过原煤在碎裂前、碎裂处所固有的抗冲击载荷及抗压、抗拉强度极限时，原煤就会破碎。根据环式碎煤机的结构特点，把碎煤过程分为两段，第一段是通过筛板架上部的碎煤板与锤环施加冲击力，破碎大块煤；第二段是小块煤在转子回转和锤环（自转）不断地运转下，继续在筛板弧面上破碎，并进一步完成滚碾、剪切和研磨作用，使原煤达到所要求的破碎粒度，从筛板栅格落下排出。

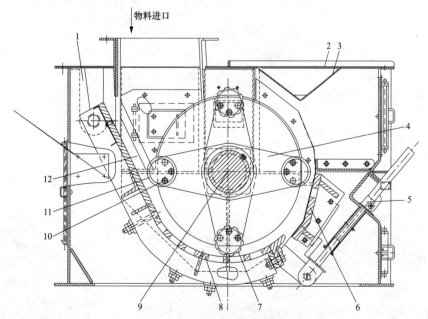

图 1-12 环式碎煤机结构

1—机体；2—机盖；3—反射板；4—摇臂；5—筛板调节器；6—拨煤器；7—齿环锤；8—筛板；
9—主轴；10—环轴；11—平环锤；12—碎煤板

　　环式碎煤机应用广泛，普通烟煤、劣质烟煤及褐煤都可破碎，并且破碎效率高；其结构简单、出力较大，相对体积、重量较小，检修方便，运行维护工作量较小，粉尘和噪声也较低，国外燃煤电厂使用普遍，目前国内火力发电厂也广泛应用。

## 五、煤的炉前准备设备的布置

　　煤的炉前准备设备的布置，根据输煤皮带的布置方式分为单路和双路系统，而输煤皮带的布置方式主要取决于发电厂的容量、厂区总体布置及厂区地形等因素。在每路输煤皮带上分别布置有磁铁分离器、除木材器、煤筛、碎煤设备。磁铁分离器、除木材器一般布置在碎煤设备之前；当碎煤设备采用一级布置时，煤筛也布置在碎煤设备之前，当碎煤设备采用二级布置时，煤筛布置在两级碎煤设备之间。对循环流化床锅炉的碎煤设备，一般结合燃煤制备系统采用二级布置，一级碎煤设备进行煤的粗碎，二级布置时碎煤设备出口的煤粒即为合格的成品煤。

# 煤中硫氮碳与清洁燃烧

　　煤中硫、氮、碳在第一章煤质分析中已做了介绍，本章主要阐述煤中硫分、硝分、碳氧化物的有关性质及其对环境的污染和影响，简要介绍燃煤清洁燃烧的方法，即脱硫脱硝的原理和其目前成熟的技术与设备系统，以及脱碳技术，不展开深入的讨论，有兴趣的读者可参考有关的书籍或资料。

## 第一节　煤中硫氮碳及对环境的污染

　　矿物质燃料燃烧时带来的污染物分为气体污染物、粉尘和固体废弃物、污（废）水三大类。本节仅叙述气体（烟气）污染物。烟气污染物主要有氮氧化物 $NO_x$（$NO$、$NO_2$、$N_2O$）、硫氧化物 $SO_x$（$SO_2$、$SO_3$）、一氧化碳（$CO$）和二氧化碳（$CO_2$），以及烟气中的 $HCl$、$HF$ 等卤化氢气体（限于篇幅此处不予涉及）。

### 一、煤中的硫分、硝分

#### 1. 煤中硫分的存在形式及各地煤炭硫分的分布

　　硫是煤中的有害成分，煤中硫按存在形态可分为无机化合态硫和有机硫（$S_O$）两部分，某些煤中还有少量以单质状态存在的单质硫（元素硫 $S_{el}$）；根据其燃烧特性又可分为可燃硫（$S_c$）、不可燃硫（$S_{lc}$），硫铁矿硫（$S_P$，黄铁矿硫和单质硫）都可燃烧，而天然硫酸盐硫（$S_S$）不可燃烧存在于煤灰中。

　　煤中无机化合态硫一般指硫铁矿硫（$S_P$）和硫酸盐硫（$S_S$），一切有机硫化物、无机磷化物及元素硫称为可燃硫。我国燃煤中，可燃硫一般占全硫的 $80\%\sim90\%$，有些省区的燃煤甚至更高，而煤中可燃硫对锅炉机组和环境的影响更大。

　　煤中各种形态的硫的总和称作全硫（$S_t$），即

$$S_t = S_P + S_S + S_{el} + S_O \tag{2-1}$$

　　空气干燥基中不可燃硫（$S_{lc,ad}$）按式（2-2）计算

$$S_{lc,ad} = S_{a,ad} \cdot A_{ad} \tag{2-2}$$

式中　$S_{lc,ad}$——空气干燥基中不可燃硫含量，%；

　　　$S_{a,ad}$——空气干燥基灰中含硫量，%；

　　　$A_{ad}$——空气干燥基中灰分含量，%。

　　空气干燥基中全硫（$S_{t,ad}$）按式（2-3）计算

$$S_{t,ad} = S_{lc,ad} + S_{c,ad} \tag{2-3}$$

式中　$S_{c,ad}$——空气干燥基中可燃硫含量，%。

煤中硫的分类，如图 2-1 所示。

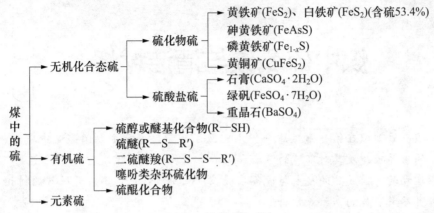

图 2-1　煤中硫的分类

（1）无机硫。煤中的无机硫来自煤中矿物质的各种含硫化合物，包括硫铁矿硫和硫酸盐硫，其中，以黄铁矿（$FeS_2$）为主，还有白铁矿（$FeS_2$）、砷黄铁矿（$FeAsS$）、黄铜矿（$CuFeS_2$）、石膏（$CaSO_4 \cdot 2H_2O$）、绿矾（$FeSO_4 \cdot 7H_2O$）、方铅矿（$PbS$）、闪锌矿（$ZsS$）等。黄铁矿一般呈粒状、莓球状、结核状、规则和不规则状，胶带植物残体，裂隙充填黄铁矿等类型，也可将黄铁矿分为具有生物组结构和不具有生物组结构两大类。

（2）有机硫。有机硫的化学结构比较复杂，目前还不能完全了解煤中有机硫的化学成分，大致上可测定煤中有机硫是以五种官能团存在于煤中：硫醇类 R-SH、硫化物或硫醚类 R-S-R′、硫醌类和二硫化合物 R—S—S—R′ 或硫蒽类、含噻吩环的芳香体系。不同含硫黄有机硫化物的组分与煤的煤化程度（煤变质程度，即在温度、压力、时间及其相互作用下，煤的物理、化学性质变化的程度）有关，一般而言，在煤化程度较浅的高硫煤中含有较多低分子量的有机硫化物，而在煤化程度较深的高硫煤中则含有较多高分子量的有机硫化物。

（3）我国各地煤炭硫分的分布及硫分分级。我国煤炭中硫的含量一般在 $0.1\% \sim 10\%$ 且变化较大，其特点是从北向南、自东向西、从浅层往深层，硫分呈增加趋势，即硫分南方高于北方、北方深层石炭纪煤比上组煤高、瘦煤和肥煤比气煤高，东北三省煤含硫量最低，西南各省煤含硫量最高，平均硫分为 $2.43\%$，华东地区煤平均硫分高于西北地区，而西北地区煤中硫分也是由西北向东南逐渐增加，因此，我国高硫煤主要集中在四川、贵州、湖北、广西、山东和陕西等省的部分地区。我国各地高硫煤矿区硫的存在形式及含量，见表 2-1。

表 2-1　　　　　　　　　我国各地高硫煤矿区硫的存在形式及含量

| 地区 | 煤层煤样 | | | | 商品煤样 | | | |
|---|---|---|---|---|---|---|---|---|
| | $S_{t,d}$ | $S_{P,d}$ | $S_{S,d}$ | $S_{O,d}$ | $S_{t,d}$ | $S_{P,d}$ | $S_{S,d}$ | $S_{O,d}$ |
| 全国 | 2.76 | 1.61 | 0.11 | 1.04 | 2.76 | 1.47 | 0.09 | 1.20 |
| 东北 | 2.70 | 1.91 | 0.17 | 0.62 | 2.66 | 1.67 | 0.30 | 0.69 |
| 华北 | 2.50 | 1.39 | 0.13 | 0.98 | 2.30 | 1.03 | 0.08 | 1.19 |
| 西北 | 2.82 | 1.14 | 0.09 | 1.59 | 2.36 | 1.04 | 0.07 | 1.25 |
| 西南 | 3.54 | 2.69 | 0.11 | 0.74 | 3.84 | 2.63 | 0.08 | 0.77 |
| 中南 | 3.20 | 1.62 | 0.12 | 1.46 | 3.42 | 1.53 | 0.07 | 1.82 |
| 华东 | 2.16 | 1.09 | 0.09 | 0.98 | 2.65 | 1.21 | 0.09 | 1.35 |

**注**　$S_{t,d}$—干燥基全硫；$S_{P,d}$—干燥基硫铁矿硫；$S_{S,d}$—干燥基硫酸盐硫；$S_{O,d}$—干燥基有机硫。

我国 2093 个煤层煤样按不同煤炭类别硫分的统计结果表明，总的趋势是低煤化程度的硫分低，其中，长焰煤平均硫分最低，为 0.74%，最高的是肥煤，为 2.33%，我国多数煤种除长焰煤、气煤、不黏结煤外，平均含硫分均超过 1%。我国不同煤种的平均含硫量，见表 2-2。

表 2-2　　　　　　　　　　　　我国不同煤种的平均含硫量

| 煤种 | 样品数 | 煤干燥基含量（%） | | |
|---|---|---|---|---|
| | | 平均数 | 最低值 | 最高值 |
| 褐煤 | 91 | 1.11 | 1.05 | 5.20 |
| 长焰煤 | 44 | 0.74 | 0.13 | 2.33 |
| 不黏结煤 | 17 | 0.89 | 0.12 | 2.51 |
| 弱黏结煤 | 139 | 1.20 | 0.08 | 5.81 |
| 气煤 | 554 | 0.78 | 0.10 | 10.24 |
| 肥煤 | 249 | 2.33 | 0.11 | 8.56 |
| 焦煤 | 295 | 1.41 | 0.09 | 6.38 |
| 瘦煤 | 172 | 1.82 | 0.15 | 7.22 |
| 贫煤 | 120 | 1.94 | 0.12 | 9.58 |
| 无烟煤 | 412 | 1.58 | 0.04 | 9.54 |
| 样品总数 | 2093 | 1.21 | 0.04 | 10.24 |

就煤质分级而言，我国以特低硫分煤和低硫分煤所占的比例较多，两者共占 63.45%。GB/T 15224.2—2010《煤炭质量分级　第 2 部分：硫分》对煤的硫分等级做了详尽的划分，见表 2-3。

表 2-3　　　　　　　　　　　煤 炭 硫 分 分 级

| 序号 | 级别名称 | 代号 | 干燥基全硫分（$S_{t,d}$）范围（%） |
|---|---|---|---|
| 1 | 特低硫煤 | SLS | ≤0.5 |
| 2 | 低硫煤 | LS | 0.51～1.00 |
| 3 | 中硫煤 | MS | 1.01～2.00 |
| 4 | 中高硫煤 | MHS | 2.01～3.00 |
| 5 | 高硫煤 | HS | >3.00 |

**2. 煤中硝分的存在形式**

煤中氮主要来源于原始成煤植物和细菌中的蛋白质、氨基酸、叶绿素和生物碱等物质，这些物质中的氮在煤的泥炭化阶段固定，经过煤化过程后以氮化物的形式保存于煤中，其存在形态较为复杂，随着煤化程度的增高，煤中氮含量降低。一般认为煤中氮由有机氮和无机氮组成，但大多数均为有机氮，无机氮约占总氮的 20% 左右。煤中氮含量较低，大多数煤的含氮量在 1% 左右。

## 二、煤燃烧产物中 $SO_x$ 和 $NO_x$ 对环境的污染

通过分析可知，煤由可燃成分和不可燃成分组成，元素分析中的碳、氢元素含量决定煤发热量的高低，可燃硫参加燃烧，但发热量较少，氧、氮不参加燃烧。煤燃烧产生的烟气主要由少量颗粒物、燃烧产物、未燃烧和部分燃烧的煤粉、氧化剂和惰性气体，以及空气组成。烟气中的污染物有一氧化碳（CO）、二氧化碳（$CO_2$）、硫的氧化物

（SO$_x$）、氮的氧化物（NO$_x$）、飞灰、金属及氧化物、金属盐类、醛、酮和稠环碳氢化合物，其中，二氧化硫（SO$_2$）、氮氧化物（NO$_x$）和一氧化碳（CO）、二氧化碳（CO$_2$）及烟尘是矿物质燃料燃烧时造成大气的主要污染物，同时，煤炭燃烧中产生的微量元素污染物也日益引起人们的重视。

**1. 煤燃烧过程中 SO$_x$ 和 NO$_x$ 的形成**

锅炉燃烧中，对于常用的低硫煤，燃烧后未做后处理的烟气中主要成分是氮气，体积含量约为 77%；硫氧化物、氮氧化物和 PM 颗粒物排放的体积含量约占 1%。

（1）煤燃烧过程中硫氧化物（SO$_x$）的形成。煤中的硫分在加热时析出，燃烧环境中氧浓度较高时，一般被氧化为二氧化硫（SO$_2$），而残余部分则是含铁黏状熔渣。有机硫在煤加热到 400℃（各种煤有所差异）时开始分解，之后在遇到氧气和其他氧化性自由基 R 时逐渐被氧化成二氧化硫（SO$_2$）；黄铁矿 FeS$_2$ 在 300℃ 时开始失去硫分，在燃烧环境中的氧浓度低于 2%、温度 800～900℃ 时，即流化床的典型温度区内，赤铁矿的生成量很大，达到 1100℃ 时，磁铁矿成为主要相。黄铁矿形成二氧化硫的过程如下

$$FeS_2 + 2H_2 \longrightarrow 2H_2S + Fe \tag{2-4}$$

$$H_2S + O_2 \longrightarrow H_2 + SO_2 \tag{2-5}$$

$$4FeS_2 + 11O_2 \longrightarrow 2Fe_2O_3 + 8SO_2 + 3309.9kJ/mol \tag{2-6}$$

煤中可燃性硫分在锅炉中燃烧时氧化成 SO$_2$，部分 SO$_2$ 与氧继续反应生成 SO$_3$，正常的排烟温度下（120～160℃）烟气中的 SO$_2$ 不会对锅炉受热面造成腐蚀，但脱硫设备没有除尽的 SO$_2$ 对下游设备具有腐蚀作用。SO$_3$ 含量虽少，与烟气中的水分结合会形成酸雾，在锅炉的低温受热面上凝结，对设备造成严重的粘污、腐蚀。煤中的含硫量越高，烟气中的 SO$_3$ 浓度也随之增高，露点温度（硫酸蒸汽开始凝结的温度）也会随之升高。含 SO$_3$ 的烟气流经空气预热器等设备时，可能降到露点以下，很容易造成空气预热器堵灰；对脱硫设备也会造成严重的腐蚀。

（2）煤燃烧过程中 NO$_x$ 的形成。氮不参加燃烧，但在煤的燃烧过程中，氮被氧氧化，氮的氧化产物主要有一氧化氮（NO）、二氧化氮（NO$_2$）和氧化亚氮（N$_2$O），此外，还会产生 NO$_3$、N$_2$O$_3$、N$_2$O$_4$、N$_2$O$_5$，它们统称为氮氧化物，即 NO$_x$（NO、NO$_2$）、N$_2$O 等。NO$_3$、N$_2$O$_3$、N$_2$O$_4$、N$_2$O$_5$ 在锅炉烟气中的浓度很低，不足以对环境造成影响，故不予讨论。

煤在锅炉燃烧过程中产生的 NO$_x$ 根据生成阶段不同又分为热力型（温度型）NO$_x$、燃料型 NO$_x$（煤中含氮化合物燃烧时热分解氧化而成）和在火焰边缘形成的快速型 NO$_x$（一般只在燃用不含氮的碳氢燃料且较低温度时才产生，其生成量也比前两种少得多）。热力型（温度型）NO$_x$ 的生成，是在高温下，氧气与燃烧用空气中氮气 N$_2$ 发生下述反应

$$N_2 + O \longrightarrow NO + N \tag{2-7}$$

$$N + O_2 \longrightarrow NO + O \tag{2-8}$$

$$NO + 1/2O_2 \longrightarrow NO_2 \tag{2-9}$$

在循环流化床锅炉中，热力型 NO 形成速度很低，即使不考虑各种分解还原过程，其浓度也很低，故一般不予考虑。

燃料中氮形成的 NO 占循环流化床锅炉 NO$_x$ 的 95% 以上，无论是挥发分燃烧阶段，还是焦炭燃烧阶段都形成了大量的 NO。燃烧温度很低时，绝大部分氮留在焦炭中，温

度较高时，70%～90%的氮以挥发分形式析出；温度在900℃以上时，燃料中氮转化成NO，NO总量只有少量升高。挥发分中氮转化成NO对燃烧区氧浓度很敏感，还原性气氛可有效降低NO的生成（这也是低氮燃烧器的原理），而焦炭中的氮对氧浓度不敏感。

研究表明，无论$NO_2$还是NO的生成机理表现出的突出特性都是对温度的敏感性。温度高，则$NO_2$明显降低，而NO明显升高；其次是对燃料性质的依赖性；再次是燃烧的相，均相和多相反应都起着重要作用，尽管均相反应生成的$NO_2$多一些，多相反应则产生更多的NO。

**2. $SO_x$ 和 $NO_x$ 对环境的污染**

大气环境中硫氧化物、氮氧化物、粉尘的主要来源是矿物燃料。我国的矿物燃料结构决定了煤炭在能源消耗中占70%左右，在使用方法上，其80%直接用于燃烧，根据中国电力企业联合会统计资料显示，2014年用于发电的燃煤消耗量占全国燃煤消耗量的69.4%，这种状况在今后相当长的时间内不会改变。

（1）$SO_x$ 的污染及酸雨的危害。煤中较高的含硫量和大量的燃煤消耗造成了大量的$SO_x$（主要为$SO_2$）排放，二氧化硫是目前人类面临的主要大气污染物之一。$SO_2$对自然生态环境、人类健康、工农业生产、建筑物及材料等都会造成不同程度的危害；$SO_2$与大气中的$O_3$、$H_2O_2$等进行化学反应形成酸雨（pH<5.6的降水）。研究表明，我国酸雨的特征是pH值低，硫酸根、钙和铵离子浓度较欧美国家高，而硝酸根浓度低于欧美国家。硫酸根和硝酸根浓度的比值在6.4∶1左右，属于硫酸型酸雨。由此可见，控制$SO_2$排放是控制酸雨的主要和重要途径。

酸雨对人体健康、生态环境和建筑设施有直接和间接的危害。酸雨使农作物大量减产，特别是小麦、大豆、蔬菜等经受酸雨后，蛋白质和产量大幅下降；酸雨对树木、森林的影响在很大程度上是通过对土壤的物理化学作用间接造成影响的。在酸雨作用下，土壤中的钾、钠、钙、镁营养元素释放出来，被雨水溶解并随雨水流失，长期的酸雨作用，使土壤逐渐贫瘠；酸雨还能使土壤中的铝从稳定态释放出来，使活性铝增加、有机络合态铝减少，土壤中的活性铝抑制林木的生长，使植物叶子发黄、病虫害增加，造成大面积死亡；酸雨对环境的危害极大，最突出的是使湖泊水质变为酸性，使水生生物死亡。酸性湖水或河水会降低水中钙的含量，抑制鱼类的生长，损坏水生生物的骨骼和脊椎，造成其畸形；酸性水质还会使湖底、河底沉积物释放出有毒的物质，pH<4.5时，各种鱼类、两栖动物和大部分昆虫消失、水草死亡；酸雨还会浸渍矿物质，使铝元素和重金属元素沿基岩裂缝流入附近水体，使水生生物死亡。

（2）$NO_x$ 的污染。排入大气中的NO被迅速氧化成$NO_2$，$NO_2$与气态碳氢化合物接触且受到太阳紫外线照射时，产生一种浅蓝色烟雾状的光化学氧化剂，它在空气中的含量超过0.05mg/L时，对人的眼、鼻、心、肺及造血组织等具有强烈的刺激和损害作用。

大气中的$NO_x$会形成$HNO_3$即硝酸雾（硝酸型酸雨），对植物也是十分有害的。氧化亚氮（$N_2O$）是煤在低温燃烧下生成的一种氮氧化合物，俗称笑气，与$NO_x$、$CO_2$气体同为温室效应气体。$N_2O$在大气同温层与臭氧反应生成NO，消耗臭氧。臭氧层具有很强的吸收太阳光中紫外线的能力，能减少紫外线对人类的照射，保护人类的安全。

（3）微量元素的污染。煤中微量元素达80多种，有金属，也有非金属。煤中某些微量元素不但无害，并且具有工业价值而被提取；但也有一些微量元素在煤燃烧后形成污染物，存在于煤的燃烧产物如烟气、灰渣中，造成环境的污染。煤中的有害微量元素含量虽然不高，但由于燃煤电厂的燃煤量很大，这些污染物在环境中的积聚、危害现象也正在积极地防治之中。

微量元素的污染主要是指汞、砷等微量重金属元素污染和氟、氯等卤素污染。煤中对环境影响较大的微量元素主要有氟、氯、汞、砷、铅、铬、镉等，其中，氟、氯、汞等易挥发，主要以气体状态存在于锅炉烟气中，其他则主要集中在飞灰中（如铅、铬、镉等）。汞的挥发性强，对人体健康的危害包括造成肾功能衰减、损害神经系统，近年来，燃煤过程中汞的排放受到越来越多的关注。在湿法烟气脱硫系统中要考虑氟、氯、汞等这些有害成分，而铅、铬、镉等虽对烟气脱硫及其系统无直接、明显的影响，但由飞灰带入湿法烟气脱硫系统浆液中后，会影响系统污水的处理和排放。

## 三、煤燃烧产物中 $CO_x$ 对环境的污染

### 1. 煤燃烧过程中 $CO_x$ 的形成

煤在高温燃烧过程中，碳与氧完全燃烧时，生成二氧化碳；不完全燃烧时，生成一氧化碳，并放出不同的热量，如式（2-10）和式（2-11）所示

$$C + O_2 \xrightarrow{\text{完全燃烧}} CO_2 + 32\,860 kJ/kg \qquad (2\text{-}10)$$

$$2C + O_2 \xrightarrow{\text{不完全燃烧}} 2CO + 9270 kJ/kg \qquad (2\text{-}11)$$

正常情况下，煤在锅炉的燃烧产物中二氧化碳和水蒸气体积含量约为 22%。一般情况下，煤在锅炉中的燃烧为完全燃烧，燃烧产物中一氧化碳可忽略不计。

### 2. $CO_x$ 对环境的污染

（1）CO 的污染。一氧化碳（monoxide）是一种无色、无嗅、无味、含剧毒的无机化合物气体，比空气略轻。在水中的溶解度很低，但易溶于氨水。与空气混合爆炸极限为 12.5%～74%。

一氧化碳对人体健康的伤害很大。一氧化碳被吸入人体后，在血液中与血红蛋白结合生成碳氧血红蛋白，碳氧血红蛋白不给身体组织提供氧气，从而造成身体组织缺氧的现象（也称为血缺氧）。由于一氧化碳与人体内血红蛋白的亲和力比氧与血红蛋白的亲和力大 200～300 倍，而碳氧血红蛋白较氧合血红蛋白的解离速度慢 3600 倍，当一氧化碳浓度在空气中达到 $3.5 \times 10^{-5}$ 时，就会对人体产生损害，造成一氧化碳中毒或煤气中毒。慢性影响时，长期反复吸入一定量的一氧化碳可导致人体中枢神经系统和心血管系统损害，会留有后遗症；一氧化碳可能会对孕妇胎儿产生严重的不良影响。一氧化碳急性中毒时，轻度中毒者出现头痛、头晕、耳鸣、心悸、恶心、呕吐、无力、疲劳和虚弱的感觉；中度中毒者除上述症状外，还有面色潮红、口唇樱红、脉快、烦躁、步态不稳、意识模糊而昏迷；重度患者昏迷不醒、瞳孔缩小、肌张力增加，频繁抽搐、大小便失禁等；深度中毒则可致人死亡。

一氧化碳可用作身体自然调节炎症反应的三种气体之一（其他两种是一氧化氮和硫化氢）；动物代谢也会产生少量一氧化碳，被认为是正常的生理功能。

（2）$CO_2$ 的污染。二氧化碳是一种在常温下无色、无味、无臭的气体，俗名碳酸气，也称为碳酸酐或碳酐。常温密度比空气略重，溶于水并生成碳酸。固态二氧化碳俗称干冰，升华时可吸收大量热量，因而用作制冷剂，如人工降雨，也常在舞美中用于制

造烟雾（干冰升华吸热，液化空气中的水蒸气）。

二氧化碳浓度含量与人体生理反应：$3\times10^{-4}\sim4.5\times10^{-4}$，同一般室外环境；$4.5\times10^{-4}\sim1.2\times10^{-3}$，空气清新，呼吸顺畅；$1.2\times10^{-3}\sim2.5\times10^{-3}$，感觉空气浑浊，并开始觉得昏昏欲睡；$2.5\times10^{-3}\sim5\times10^{-3}$，感觉头痛、嗜睡、呆滞、注意力无法集中、心跳加速、轻度恶心；大于$5\times10^{-3}$，可能导致严重缺氧，造成永久性脑损伤、昏迷，甚至死亡。

空气中一般含有约0.03%的二氧化碳，由于人类活动（如化石燃料燃烧）影响，近些年来二氧化碳含量增加很快，导致温室效应、全球气候变暖，全球气候变暖又影响大气环流，改变全球的雨量分布与及各大洲表面土壤的含水量，对各地区气候的影响、植物生态所产生的转变目前还不是很清楚；温室效应还造成冰川融化、海平面升高，亚马孙雨林将会消失，两极海洋的冰块也将大部分融化，这些变化对野生动植物而言无异于灭顶之灾。

旨在遏制二氧化碳过量排放的《巴黎议定》已经生效，有望通过国际合作，把全球平均气温较工业化前水平升高控制在2℃之内，并为把升温控制在1.5℃之内而努力。遏制温室效应，21世纪下半叶实现温室气体净零排放，才能降低气候变化给地球带来的生态风险，以及给人类带来的生存危机。

### 四、环境保护与控制

目前，世界范围内环境保护问题日益突出，世界各国电力构成中煤电的比重不断增加，煤炭燃烧必须走清洁燃烧的道路，电力工业必须先行一步。我国对环境保护问题愈加重视，环境保护标准逐步提高，对火力发电厂锅炉的烟气脱硫脱硝工作提出了更高、更严格的要求。GB 13223《火电厂大气污染物排放标准》自1991年实施后，经过了三次修订，GB 13223—2011《火电厂大气污染物排放标准》于2012年1月1日起实施，执行最高允许的排放浓度标准；2015年12月15日，环境保护部、国家发展和改革委员会和国家能源局联合下发《全面实施燃煤电厂超低排放和节能改造工作方案》，要求到2020年，在基准氧含量6%条件下，烟尘、二氧化硫、氮氧化物排放浓度分别不高于10、35、50mg/m³。这就意味着烟气脱硫（FGD）、烟气脱硝（SCR、SNCR等）装置在今后将成为火力发电机组的基本配置。目前，烟气脱碳及CCS等技术也正在积极地研究与应用中。

## 第二节 煤 的 脱 硫

### 一、煤的脱硫方法

煤炭脱硫的方法可分为燃烧前脱硫技术、燃烧中脱硫技术、燃烧后脱硫技术三大类。煤炭燃烧后脱硫技术也即烟气脱硫技术，是目前脱硫技术中最有效、采用最广泛的方法之一。

#### 1. 燃烧前脱硫技术

燃烧前脱硫技术即在煤炭燃烧之前的脱硫技术，包括煤炭脱硫技术和煤炭转化技术。

（1）煤炭脱硫技术。煤炭脱硫技术是通过各种方法对煤炭进行净化，以去除煤炭中所含的硫分、灰分等杂质。脱硫技术有物理方法、化学方法和微生物方法，我国目前广范采用的是物理选煤技术，其方法主要是根据煤炭颗粒与含硫化合物在密度、表面化学性质、磁性和导电性等方面的差异而去除煤中无机硫和部分灰分的方法。但煤炭燃烧前脱硫技术不能脱除煤中的有机硫。在物理选煤技术中，应用最多的是重力（跳汰）选煤，其次是重介质选煤和浮选，近些年研究较多的物理选煤技术是高梯度强磁法和微波辐射法选煤技术。目前，我国物理选煤技术已达到 $45\%\sim55\%$ 全硫脱除率和 $60\%\sim80\%$ 的硫铁矿硫脱除率。

（2）煤炭转化技术。煤炭转化技术主要是指煤炭的气化和液化技术。煤的气化是在一定温度和压力下，把经过处理的煤送入反应器，通过气化剂在反应器内转化成气体再进一步使用。煤的气化生产工艺中可脱除煤中的硫组分，实现煤炭燃烧前的脱硫。煤的液化工艺包括直接液化技术和间接液化技术，煤通过液化技术可以制油。煤直接液化技术又称煤加氢液化，是将煤制成煤浆，在高温高压下，通过催化加氢裂化，同时包括热裂解、溶剂萃取、非催化液化，将煤降解、加氢转化为液体烃类，然后再通过加氢精制等过程，脱除煤中氮、氧、硫等杂原子以实现燃烧前的脱硫。煤直接液化过程包括煤浆制备、反应、分离和加氢提质等过程或系统单元；煤间接液化技术是先将煤气化生产合成气，完全破坏煤原有的化学结构，然后以合成气为原料通过费托合成生产出馏程不同的液态烃。煤间接液化包括煤气化单元、气体净化单元、FT 合成单元、分离单元、后加工提质单元等。煤炭的气化和液化技术可显著提高煤炭资源的利用价值和使用效率，大幅度减少煤炭后续利用过程中硫及其他污染物的排放。

**2. 燃烧中脱硫技术**

燃烧中脱硫技术是指煤炭在燃烧中的固硫和减少污染物排放的技术，包括以下几种技术。

（1）锅炉燃烧中固硫（脱硫）技术。锅炉燃烧中固硫（脱硫）技术是在煤炭或锅炉炉膛中添加石灰石固硫剂，煤炭燃烧时固定硫分技术的脱硫率一般为 $30\%\sim40\%$。锅炉燃烧中固硫技术最具代表性的是循环流化床锅炉燃烧技术，其脱硫效率可达 $90\%$ 以上。

（2）采用添加固硫剂的型煤燃烧技术。目前也取得较好的脱硫和降尘效果，添加固硫剂的型煤脱硫率一般为 $30\%\sim40\%$，且较原煤散烧节煤 $20\%\sim30\%$，我国型煤工业正向产业化和规模化发展，在工业和民用小型锅炉中应用前景被看好。

（3）水煤浆燃烧技术。水煤浆是煤炭深加工中的一种产品，一般由 $60\%\sim70\%$ 不同粒度的煤、$30\%\sim35\%$ 的水和 $1\%$ 的添加剂组成，是一种低污染的代油产品，水煤浆添加脱硫剂后在燃烧过程中可脱除 $40\%$ 左右的硫分，水煤浆低污染燃烧技术在对炉窑及燃烧设备进行必要的改造后，可用于中小型工业锅炉和部分火力发电厂锅炉。

（4）配煤技术。配煤技术是将不同品质的煤经过破碎、筛选，按比例配合，并辅以一定量的添加剂以适合用户对煤质的要求。锅炉采用配煤后，平均节煤可达 $5\%$。煤种本身含有各种脱硫成分，通过配煤和添加脱硫剂可实现燃烧中脱硫。我国目前年动力配煤能力已超 1000 万 t/年，且发展势头良好，配煤技术可应用于工业锅炉和民用小型锅炉。

火力发电厂循环流化床锅炉是煤燃烧中脱硫的典型代表，它采用循环流化床脱硫工艺，煤与脱硫剂在床层中充分混合，脱硫剂随煤多次循环，烟气与脱硫剂充分混合，脱硫效率可达 $90\%$ 以上。循环流化床锅炉煤燃烧中脱硫示意，如图 2-2 所示。

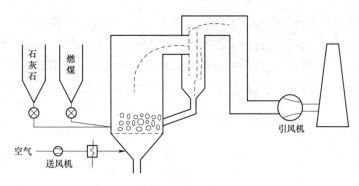

图 2-2 循环流化床锅炉煤燃烧中脱硫示意

循环流化床燃烧中脱硫技术是在循环流化床锅炉中，将石灰石等价廉易得的脱硫剂原料破碎到与煤相同的粒度，加入后与煤在炉床中同时燃烧。在 $800\sim900℃$ 时，脱硫剂石灰石（$CaCO_3$）、白云石（$CaCO_3 \cdot MgCO_3$）受热分解放出 $CO_2$，形成多孔的 $CaO$，$CaO$ 与 $SO_2$ 反应生成硫酸盐，达到脱硫的目的

$$CaCO_3（石灰石）\longrightarrow CaO + CO_2 - 183kJ/mol \tag{2-12}$$
$$CaCO_3 \cdot MgCO_3（白云石）\longrightarrow CaO + MgO + 2CO_2 \tag{2-13}$$
$$SO_2 + O_2 \Longrightarrow SO_3 \tag{2-14}$$
$$2CaO + 2SO_2 + O_2 \Longrightarrow 2CaSO_4 \tag{2-15}$$
$$SO_3 + CaO \Longrightarrow CaSO_4 \tag{2-16}$$
$$MgO + SO_3 \longrightarrow MgSO_4 \tag{2-17}$$
$$2MgO + 2SO_2 + O_2 \longrightarrow 2MgSO_4 \tag{2-18}$$

循环流化床锅炉的高温分离器能使未完全反应的脱硫剂返回炉膛循环利用，同时循环流化床锅炉较低的燃烧温度不会使 $CaO$ 烧结，提高了脱硫剂的利用率。

循环流化床锅炉降低 $SO_x$ 和 $NO_x$ 的措施有：①床温控制在 $900℃$ 左右；②过量空气系数 $\alpha$ 降至 $1.10\sim1.20$，并分段燃烧；③将约 $1/3$ 的燃烧空气作为二次风注入密相区上方一定距离，实施分段燃烧；④分离器区域气固两相扰动强烈，降低 $NO_x$ 和 $CO$ 的生成；⑤尽量提高悬浮段的颗粒浓度和混合物扰动，有利脱硫和 $NO$ 的还原。

（5）从提高热效率、减少化石燃料用量从而减少污染物排放量的角度出发，煤的清洁燃烧和提高发电效率技术也可视同为燃煤燃烧中的脱硫技术，世界各国为此都在进行不懈的努力。目前，技术比较成熟、正在进行的清洁煤发电技术中，我国的发展方向是常规火力发电厂选择超临界、超超临界参数发电机组；配备脱硫、脱硝（氮）和除尘设备；大型循环流化床技术、增压循环流化床联合循环发电技术（PFBC）、整体煤气化联合循环发电技术（IGCC）等，其发电热效率可提高 $6\%$ 左右，是减少硫、硝氧化物 $SO_x$、$NO_x$ 等排放的重要技术。

**3. 燃烧后脱硫技术**

世界各国研究开发的燃烧后烟气脱硫技术有 200 多种，投入商业化运营的近二十种，燃烧后烟气脱硫技术（flue gas desulphurization，FGD）是目前世界各国技术最为成熟、唯一的、大规模商业化应用的脱硫技术。我国火力发电厂烟气脱硫技术，从 20 世纪 70 年代初期开始，在某些地区个别电厂开始应用试点，经历了引进、消化、吸收阶段，21 世纪初又经过政策、技术的准备后，进入成熟期和快速发展期，目前设备国产化率、自主知识产权率逐步提高，市场竞争基本规范，国家的环保政策尤其是大气污染物排放标准更加严厉，这些都促进了燃煤燃烧后烟气脱硫技术的健康发展。

烟气脱硫技术以烟气脱硫过程中是否加水和脱硫产物的干湿状态，可分为干法、半干法和湿法三大类。干法烟气脱硫技术有炉内喷钙尾部增湿活化技术、电子束法、活性炭法脱硫技术等；半干法烟气脱硫技术有旋转喷雾法脱硫技术、烟气循环流化床脱硫技术等；湿法烟气脱硫技术有石灰石-石膏法、海水脱硫法、氨液脱硫法、双碱法、亚钠循环法、氧化镁浆液吸收法、碱性飞灰洗涤法、氨洗涤法等。干法、半干法烟气脱硫技术脱硫产物为干粉状态，处理容易，工艺过程简单，投资低于湿法，但钙硫比高，脱硫效率和脱硫剂利用率低（其中，半干法工艺中喷雾干燥法的脱硫效率一般为 $70\%\sim95\%$），并存在喷雾嘴易堵塞、磨损等问题；炉内喷钙和管道喷射法工艺的脱硫效率一般为 $50\%\sim70\%$，适用于燃煤含硫低的火力发电厂和老电厂改造；电子束法的二氧化硫脱除率约为 $80\%$，脱硫脱硝同时完成，但应用受到吸收剂来源的限制。湿法脱硫技术成熟，脱硫效率高；海水脱硫工艺利用天然海水为吸收剂，工艺简单，投资和运行费用低，但仅适用于沿海地区的火力发电厂；石灰石-石膏法运行技术最为可靠，钙硫比低，操作简单，烟气的脱硫率高达 $90\%$ 以上，在我国火力发电厂烟气脱硫技术中的应用达 $85\%$ 以上。限于主题和篇幅，以下仅作简要阐述。

## 二、煤燃烧后烟气脱硫技术在火力发电厂的应用

### 1. 干法烟气脱硫技术

干法烟气脱硫技术的特点是投资省、占地少，较宽的脱硫效率范围使该技术具有较强的适应性，能满足不同电厂对烟气脱硫的需要，特别适用于老电厂锅炉烟气脱硫改造。目前，所有干法烟气脱硫技术、设备已国产化，运行可靠，便于发电厂现场的应用和维护，但脱硫效率较难达到高效脱硫的要求，无法满足新建火力发电机组锅炉的排放要求，在大型火力发电厂中应用很少。

（1）电子束方法。利用高能电子照（辐）射烟气，产生的自由基等强活性基团氧化烟气中的 $SO_2$ 和 $NO_x$，并加入氨，生成硫酸铵和硝酸铵。适用于处理燃用中、高硫分煤的锅炉燃烧产生的烟气。

（2）活性炭方法。也即活性炭法吸附-再生烟气脱硫技术，已由火力发电厂推广到石油化工、硫酸及肥料工业。

（3）炉内喷钙尾部增湿活化方法。其原理是将干燥的钙质吸收剂喷入锅炉炉膛内的烟气流中，吸收剂进入炉膛后受热分解，形成具有活性的氧化钙颗粒。氧化钙颗粒表面和烟气中的 $SO_2$ 反应生成亚硫酸钙（$CaSO_3$）和硫酸钙（$CaSO_4$），反应产物及未反应的吸收剂与飞灰进入增湿活化反应塔进一步反应，亚硫酸钙和硫酸钙与飞灰再进入除尘设备（布袋除尘器、电除尘器、湿电除尘器等）被收集，$SO_2$ 的脱除过程可延伸到除尘器的范围内。吸收剂有石灰石粉、消石灰粉和白云石粉等。炉内喷钙尾部增湿活化脱硫工艺流程，如图 2-3 所示。

### 2. 半干法烟气脱硫技术

半干法烟气脱硫技术的特点是投资较省、占地少，脱硫效率较干法烟气脱硫高，能满足小型火力发电厂对烟气脱硫的需要，适用于老电厂锅炉烟气脱硫改造；但脱硫效率

难以达到高效脱硫的要求，无法满足大中型火力发电机组锅炉的排放要求，在大中型火力发电厂中应用很少。

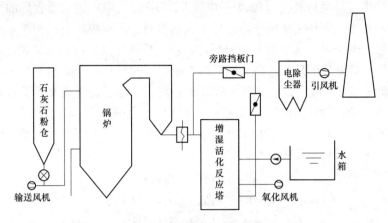

图 2-3 炉内喷钙尾部增湿活化脱硫工艺流程

（1）旋转喷雾法脱硫方法。配制好的石灰浆液 $[Ca(OH)_2]$，经过反应塔顶部装设的、高速旋转的喷雾装置呈雾状喷入反应塔，与切向进入反应塔的烟气充分混合，并与烟气中的 $SO_2$、$SO_3$ 反应生成亚硫酸钙（$CaSO_3$）和硫酸钙（$CaSO_4$），部分 $CaSO_3$ 进一步被氧化为 $CaSO_4$。当烟气从反应塔下部排出进入除尘设备后，$CaSO_4$ 和灰尘被收集排出；少量未反应的石灰 $[Ca(OH)_2]$ 浆液和灰尘进行再循环利用，大部分灰尘和石灰 $[Ca(OH)_2]$ 浆液进入除灰系统。高速旋转的喷雾装置的转速可随其入口烟气中的 $SO_x$ 浓度及烟气量来调节转速。旋转喷雾法烟气脱硫工艺中当钙硫比保持 1.4 时，平均脱硫效率为 70%。图 2-4 所示为旋转喷雾法烟气脱硫工艺流程。

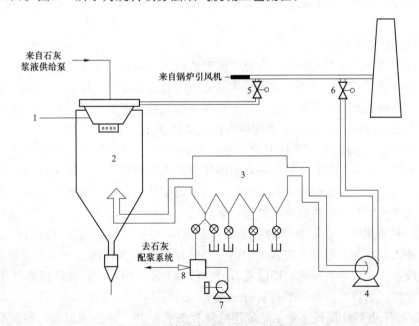

图 2-4 旋转喷雾法脱硫工艺流程

1—高速旋转喷雾装置；2—旋转喷雾反应塔；3—电除尘器；4—脱硫风机；5—FGD 入口烟气挡板门；
6—FGD 出口烟气挡板门；7—循环利用 $Ca(OH)_2$ 输送风机；8—气力输送装置

(2) 烟气循环流化床脱硫方法 (RCFB)。烟气从吸收塔底部进入，在吸收塔进口段高温烟气与加入的吸收剂粉料（石灰石等）、循环脱硫灰充分预混合，并进行初步脱硫反应，此区域内主要进行吸收剂和烟气中 HCl、HF 的反应；进入吸收塔的烟气经其下部文丘里管加速进入循环流化床床体，与吸收剂粉料、循环脱硫灰产生激烈的湍动、混合并充分接触，与床内烟气中 $SO_2$ 充分反应。在文丘里管段装设喷水装置，喷入的雾化水在降低烟温（降低后的烟温应高于烟气露点温度）的同时，也使 $SO_3$ 与吸收剂粉料的反应可以瞬间完成离子型反应；烟气、吸收剂粉料、循环脱硫灰在文丘里管段以上的吸收塔内进一步反应，生成副产物 $CaSO_3 \cdot 1/2H_2O$，此外还有与 $SO_3$、HCl 和 HF 反应生成的副产物 $CaF_2$、$CaSO_4 \cdot 1/2H_2O$、$CaCl_2 \cdot Ca(OH)_2 \cdot 2H_2O$ 等。在循环流化床脱硫吸收塔内发生的主要化学反应方程式如下

$$CaO+H_2O \longrightarrow Ca(OH)_2 \tag{2-19}$$
$$Ca(OH)_2+SO_2 \longrightarrow CaSO_3 \cdot 1/2H_2O+1/2H_2O \tag{2-20}$$
$$Ca(OH)_2+SO_3 \longrightarrow CaSO_4 \cdot 1/2H_2O+1/2H_2O \tag{2-21}$$
$$CaSO_3 \cdot 1/2H_2O+1/2O_2 \longrightarrow CaSO_4 \cdot 1/2H_2O \tag{2-22}$$
$$Ca(OH)_2+CO_2 \longrightarrow CaCO_3+H_2O \tag{2-23}$$
$$2Ca(OH)_2+2HCl \longrightarrow CaCl_2 \cdot Ca(OH)_2 \cdot 2H_2O \quad (>120℃) \tag{2-24}$$
$$Ca(OH)_2+2HF \longrightarrow CaF_2+2H_2O \tag{2-25}$$

脱硫后的烟气进入除尘器，被除去粉尘、灰尘后的清洁烟气通过烟囱排入大气。该工艺流程中，循环脱硫灰中含有部分未反应的吸收剂粉料进入反应塔内继续参与反应，部分吸收剂粉料进入除尘器后被除去。

烟气循环流化床脱硫的特点是在反应器下部设置了喷嘴喷水，加速吸收剂粉料和烟气的接触、反应，取得了较高的脱硫效率，当钙硫比 Ca/S≥1.2 时，脱硫效率高达 90% 以上。

**3. 湿法烟气脱硫技术**

湿法烟气脱硫技术是三种烟气脱硫方法中脱硫效率最高、在火力发电厂锅炉烟气脱硫中应用最多的技术，湿法烟气脱硫技术具有应用潜力的方法有石灰石-石膏脱硫法、海水脱硫法、氨液脱硫法、双碱脱硫法、亚纳循环脱硫法、碱性飞灰洗涤法、氧化镁浆液吸收法等方法，其中，石灰石-石膏脱硫方法技术最成熟、应用最广泛。

(1) 石灰石-石膏脱硫法。利用 $SO_2$ 在水中良好的溶解性和可引起连锁化学反应的特点，将磨浆、配制好的石灰石浆液，由循环泵送入吸收塔上部经喷嘴喷出，烟气从吸收塔下部进入，烟气大面积和含石灰石浆液的吸收剂接触；进入吸收塔的烟气在上升过程中与喷淋而下的石灰石浆液雾滴碰撞，$SO_2$ 便溶于浆液水滴中并发生化学反应，随之落入吸收塔浆液池中，在浆液池的上部多为亚硫酸（$H_2SO_3$）；随着石灰石浆液的不断循环，与补入的石灰石浆液生成亚硫酸钙（$CaSO_3$），同时与浆液池中鼓入空气中的氧进行化学反应，生成二水硫酸钙，即脱硫石膏（$CaSO_4 \cdot 2H_2O$），从而降低烟气中 $SO_2$ 的浓度，达到脱硫的目的。典型的石灰石-石膏湿法 FGD 系统，如图 2-5 所示。

1) 石灰石-石膏法脱硫主要工艺流程是吸收剂的配制、混合和加入，吸收烟气中的 $SO_2$ 反应生成亚硫酸钙，氧化亚硫酸钙生成石膏，从吸收液中分离出石膏。与工艺过程相对应的反应方程式如下。

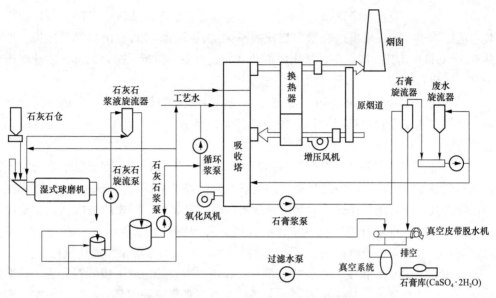

图 2-5 典型的石灰石-石膏湿法 FGD 系统

气相 $SO_2$ 被液相水吸收反应为

$$SO_2(气) + H_2O(液) \longrightarrow H_2SO_3(液) \tag{2-26}$$

$$H_2SO_3(液) \longrightarrow H^+ + HSO_3^- \tag{2-27}$$

当 pH<4.8 时

$$HSO_3^- \longrightarrow H^+ + SO_3^{2-} \tag{2-28}$$

石灰石吸收剂的溶解、中和反应为

$$CaSO_3(固) \longrightarrow CaSO_3(液) \tag{2-29}$$

$$CaCO_3(液) + H^+ + HSO_3^- \longrightarrow Ca^{2-} + SO_3^{2-} + H_2O + CO_2(气) \tag{2-30}$$

$$Ca(HO)_2 \longrightarrow Ca^{2+} + 2OH^- \tag{2-31}$$

$$Ca^{2+} + 2OH^- + H^+ + HSO_3^- \longrightarrow Ca^{2+} + SO_3^{2-} + 2H_2O \tag{2-32}$$

当 pH<5.0 时

$$SO_3^{2-} + H^+ \longrightarrow HSO_3^- \tag{2-33}$$

氧化反应为

$$SO_3^{2-} + 1/2O_2 \longrightarrow SO_4^{2-} \tag{2-34}$$

$$HSO_3^- + 1/2O_2 \longrightarrow SO_4^{2-} + H^+ \tag{2-35}$$

结晶析出为

$$2Ca^{2+} + 2SO_3^{2-} + 3O_2 + 4H^+ \longrightarrow 2CaSO_4 \cdot 2H_2O(固) \tag{2-36}$$

$$Ca^{2+} + SO_4^{2+} + O_2 + 4H^+ \longrightarrow CaSO_4 \cdot 2H_2O(固) \tag{2-37}$$

烟气中含量较少的 HCl、HF，被石灰石浆液洗涤发生如下反应

$$2HCl + CaCO_3 \longrightarrow CaCl_2 + H_2O + CO_2(气) \tag{2-38}$$

$$2HCl + Ca(OH)_2 \longrightarrow CaCl_2 + 2H_2O \tag{2-39}$$

$$2HF + CaCO_3 \longrightarrow CaF_2 + H_2O + CO_2(气) \tag{2-40}$$

$$2HF + Ca(OH)_2 \longrightarrow CaF_2 + 2H_2O \tag{2-41}$$

2）石灰石-石膏法脱硫系统功能及设备。

a. 烟气系统。提供烟气脱硫运行用通道，进行烟气脱硫装置设备的投入和切除、降

低吸收塔入口烟温及提升净化烟气的温度。主要设备有烟道（从锅炉吸风机出口到进入吸收塔的原烟道、吸收塔出口和烟囱相连的净烟道）、FGD进口和出口烟气挡板、烟气再热器（GGH）及其附属设备、增压风机及其附属设备、挡板、密封风机、脱硫增压风机及其附属设备；CEMS（烟气排放连续监测系统）等。

b. 吸收系统。吸收系统是FGD的核心部分，主要功能是吸收烟气中的$SO_2$，并产生石膏晶体。主要设备包括吸收塔、浆液循环泵、浆液喷嘴、氧化风机、石膏排出泵、除雾器等。

c. 石灰石浆液制备系统。制备合格的石灰石吸收剂浆液，并根据吸收系统的需要输送石灰石浆液至吸收塔内或循环泵管道，与塔内浆液经喷嘴雾化而吸收$SO_2$。该系统一般有两种方式，即采用湿式球磨机制浆和石灰石粉加水制浆。湿式球磨机制浆主要设备包括振动给料机、石灰石输送机、斗式提升机、石灰石布料装置、石灰石仓、磨浆机（湿式球磨机）、称重皮带给料机、浆液罐及搅拌器、石灰石浆液泵、流化风机等。

d. 石膏脱水及储存系统。主要功能是将吸收塔内吸收$SO_2$后生成的石膏脱水，形成商用副产品即含水量小于10％的石膏。主要设备有石膏浆液排出泵、石膏浆液箱、石膏浆液泵、水力旋流器、真空皮带脱水机（或圆盘脱水机）、浓缩池、石膏储存库等。

e. 废水排放和处理系统。脱硫系统根据工艺的要求连续排放一定量的废水，以维持吸收塔浆液池内适当的$Cl^-$浓度。针对脱硫系统废水特点通过碱中和、加絮凝剂使其沉淀浓缩等方法达标后排放。

f. 公用系统。包括工艺水、压缩空气、事故浆液罐（箱）、给排水系统。主要功能是为脱硫系统提供各类用水和控制及吹扫用气等。主要设备有工艺水箱、工艺水泵、工业水泵、冷却水泵、空气压缩机、事故浆液罐（箱）等。也可单列出事故浆液（罐、箱）系统。

g. 热工控制系统和电气系统。主要功能是通过DCS系统控制脱硫系统的启停、运行调整、联锁保护、异常状况报警和紧急事故处理，通过在线监测和采集数据完成经济分析和生产报表；提供脱硫系统动力和控制用电。

3）石灰石-石膏法脱硫的优点。吸收剂即石灰石价廉易得；脱硫成本较低，工艺系统简单可靠、可用率高；脱硫效率高，可达95％～99％；副产品石膏利用价值较高，作为商品广泛应用于水泥、装饰等行业；烟气量使用范围宽泛。

（2）海水脱硫法。海水脱硫是利用海水的天然碱度来脱除烟气中二氧化硫的方法，该技术不产生废弃物，具有技术成熟、工艺简单、运行可靠、脱硫效率高的优点，投资及运行费用低，适用于沿海地区火力发电厂的脱硫应用。

天然海水含有大量的可溶性盐（雨水将陆地上岩层的碱性物质带入海中），主要成分是氯化钠和硫酸盐，还含有一定量的可溶性碳酸盐。海水一般呈碱性，pH值为7.5～7.8，天然碱度为1.2～2.5mmol/L，使海水具有天然吸收二氧化硫的能力。海水烟气脱硫方法也称为海水洗涤法，适用于含硫量小于1.5％的低硫煤；同时，以海水为循环冷却水直流供水的沿海地区火力发电厂，脱硫排出液经中和、氧化后可直接排入大海里。图2-6为纯海水烟气脱硫工艺流程示意，图2-7为海水烟气脱硫工艺。

海水烟气脱硫工艺系统由烟气系统、供排海水系统、海水恢复系统、热工控制及电气控制系统等组成，工艺流程为锅炉排出烟气经除尘器除尘后，由增压风机送入气-气换热器热侧降温，之后进入吸收塔，在吸收塔中被来自汽轮机循环冷却系统的部分海水洗涤，被部分海水洗涤后的烟气进入气-气换热器冷侧升温至规定温度从烟囱排除。烟气中的 $SO_2$ 先在吸收塔中被海水吸收，生成亚硫酸根离子 $SO_3^{2-}$ 和氢离子 $H^+$，$SO_3^{2-}$ 不稳定，容易分解；$H^+$ 呈酸性，海水中 $H^+$ 浓度增加，导致部分循环冷却海水中 pH 下降而呈酸性海水，吸收塔排出的酸性海水靠重力流入海水处理厂。海水吸收 $SO_2$ 后生成的硫酸盐是一种无害成分，它是海水中盐分的主要成分，对海洋生物是不可缺少的。

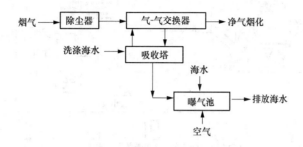

图 2-6 纯海水烟气脱硫工艺流程示意

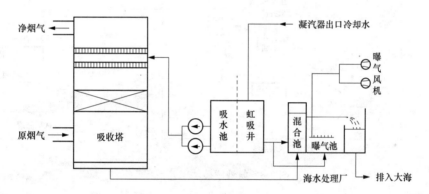

图 2-7 海水烟气脱硫工艺

（3）氨液脱硫法。氨（$NH_3$）是一种强碱性物质，也是一种较好的脱硫剂。氨液脱硫方法的特点是适应范围广，不受煤中含硫量和机组负荷的限制；脱硫效率高，可达95％以上；脱硫剂包括氨液、氨水、尿素，都容易采购；因脱硫剂（液氨）有毒且易燃易爆，所以必须具备特有的安全措施；硫酸铵是早期的一种化肥，按照目前我国农业部门需求，必须将其深加工成复合肥料后才能使用，因此这种方法的采用必须以硫酸铵能否得到综合利用作为决定因素。氨液脱硫法工艺流程，如图 2-8 所示。

氨液脱硫法化学工艺过程为

$$SO_2+H_2O = H_2SO_3 \tag{2-42}$$

$$H_2SO_3+(NH_4)_2SO_4 = NH_4HSO_4+NH_4HSO_3 \tag{2-43}$$

$$H_2SO_3+(NH_4)_2SO_3 = 2NH_4HSO_3 \tag{2-44}$$

烟气中的 $SO_2$ 经吸收塔内喷淋洗涤后溶于水中，生成亚硫酸，亚硫酸在浆液中与硫酸铵和亚硫酸铵发生化学反应，新的氨液补充进入吸收塔池后，以下列反应中和酸性物质，即

$$H_2SO_3+NH_3 = NH_4SO_3 \tag{2-45}$$

$$NH_4HSO_3+NH_3 = (NH_4)_2SO_3 \tag{2-46}$$

$$NH_4HSO_4+NH_3 = (NH_4)_2SO_4 \tag{2-47}$$

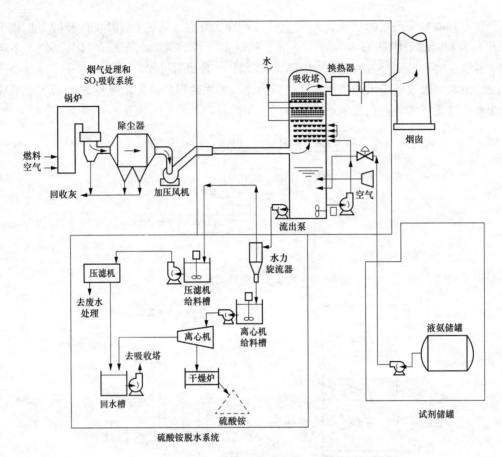

图 2-8　氨液脱硫法工艺流程

氧化空气注入吸收塔浆池下部进行强制氧化，使亚硫酸铵氧化成硫酸铵，即

$$(NH_4)_2SO_3 + 1/2O_2 = (NH_4)_2SO_4 \tag{2-48}$$

由于吸收塔内浆液不断循环洗涤高温烟气，因此浆液中水分不断被蒸发，使硫酸铵溶液饱和后而析出结晶，即

$$(NH_4)_2SO_4(水) + Q(蒸发热、失去水分) \longrightarrow (NH_4)_2SO_4(固) \tag{2-49}$$

吸收塔浆液中的硫酸铵结晶由泵抽出后经旋流器浓缩分离，大颗粒的结晶硫酸铵被分离出来，经离心脱水机脱水和干燥机烘干，粉状硫酸铵即可经过深加工后利用。

（4）双碱脱硫法。烟气双碱脱硫法是为了克服石灰石-石膏脱硫法容易结垢而研发的。该方法先用碱金属盐类（如 NaOH、$Na_2CO_3$、$NaHCO_3$、$Na_2SO_3$ 等）的水溶液吸收烟气中的 $SO_2$，然后在另一个石灰反应器中，用石灰浆液对吸收 $SO_2$ 后的溶液再生，再生后的吸收液再循环利用，最终产物以亚硫酸钙和石膏形式析出。因为在吸收和吸收液的处理过程中，使用了不同类型的碱，故称为双碱法。双碱脱硫法的优点是由于采用液相吸收，不存在结垢和浆料堵塞等问题；副产品石膏纯度高，应用范围更广泛。

双碱脱硫法的种类较多，最初的双碱法只有一个循环池，NaOH、石灰石和脱硫过程中捕集的飞灰同在一个循环池内混合。在清除循环池内的灰渣时，烟尘、反应生成物亚硫酸钙、硫酸钙及石灰渣和未完全反应的石灰同时被清除，清出的混合物不易综合利用而成为废渣。目前，应用的双碱法主要有纳碱双碱法、碱性硫酸铝-石膏法和 CAL 法。

为克服传统双碱法的缺点，对其系统进行了改进。

1）纳碱双碱烟气脱硫法。以 NaOH 或 $Na_2CO_3$ 溶液为第一碱在吸收塔内吸收烟气中的 $SO_2$，然后再用石灰石或石灰溶液作为第二碱处理吸收液，产品为石膏，再生后的吸收液送回吸收塔循环使用。与石灰石和石灰湿法相比，纳碱双碱烟气脱硫法的优点为用 NaOH 脱硫，循环水基本上是 NaOH 的水溶液，循环过程中对水泵、管道、设备均无腐蚀作用，并且没有堵塞现象，便于设备运行与维护；吸收剂的再生和脱硫渣的沉淀均在吸收塔外进行，减少了塔内结垢的可能性，因此可用高效的板式塔代替目前广泛使用的喷淋塔，从而减小了吸收塔的尺寸及操作液气比，降低了脱硫成本；脱硫效率高，一般在 90% 以上。

纳碱双碱烟气脱硫法的缺点是 $Na_2CO_3$ 氧化，反应副产物 $Na_2CO_4$（过碳酸钠，即大漂白杀菌剂）较难再生，需要不断地向系统补充 NaOH 或 $Na_2CO_3$，从而增加碱的消耗量；石灰置换反应速率较慢，反应池占地面积大；此外，$Na_2CO_4$ 的存在也会降低石膏的质量，灰渣的综合利用率低，处置困难。

2）碱性硫酸铝-石膏烟气脱硫法。使用碱性硫酸铝溶液作为吸收剂吸收烟气中 $SO_2$，吸收 $SO_2$ 后的吸收液经过氧化用石灰石中和再生，再生出的碱性硫酸铝在吸收中循环使用。该工艺过程主要由吸收剂的制备系统、吸收系统、氧化系统、中和再生系统组成，主要产物是石膏。碱性硫酸铝-石膏烟气脱硫法的优点是处理率高、液气比较小（碱性硫酸铝溶液与烟气量比值），氧化塔的空气利用率高，设备材料造价较低。

3）CAL 溶液烟气脱硫法。其是针对湿式钙法结垢堵塞而发展的一种改进工艺。该工艺用 CAL（含 $CaCl_2$ 30% 的石灰水溶液）溶液作为 $SO_2$ 的吸收液，过滤分离后，副产物为石膏，清液循环使用。

CAL 溶液烟气脱硫法的工艺特点是 CAL 溶液吸收 $SO_2$ 的能力强，可提高吸收剂的利用率；吸收中采用的液气比值小（CAL 溶液与烟气量比值），消石灰在 CAL 溶液中的溶解度比在水中的溶解度大很多，处理相同量的烟气时，较小的溶液量即能满足吸收塔所必需的消石灰量，能在较小的液气比下操作；吸收中的碱耗较小，在 CAL 溶液中消石灰呈溶解态，不会造成碱的排放流失。同时，CAL 溶液对 $SO_2$ 的吸收速度慢，减少了因吸收 $SO_2$ 而生成 $CaCO_3$ 的量，也相应地减少了碱耗；防止结垢，石膏在 CAL 溶液中的溶解度仅为在水中的 1% 左右，几乎无石膏的过饱和现象，因此 CAL 溶液能防止结垢。此外，在 CAL 溶液中，亚硫酸钙氧化成石膏的速度比在水中约低 1/3，从而抑制了石膏的生成。若烟气中含有多量的氧，则这一特点更能发挥效果。$CaCl_2$ 为吸湿性强的物质，即使在吸收设备的死角结垢，在湿润状态下，结垢也会变得柔软，容易剥落；烟气加热器的负荷减轻，一般烟气再加热的费用约占能耗和吸收剂二者费用之和的 30% 左右。采用 CAL 溶液作为吸收液，由于沸点上升，相应降低了水蒸气分压力，因此吸收塔出口的烟气温度比不用 CAL 溶液时高 10℃ 左右，烟气加热器负荷减轻，同时因水蒸气减少，"白烟"现象难以产生。

（5）亚纳循环脱硫法。亚纳循环脱硫法吸收系统与石灰石洗涤法相似，不同之处是它用 30% 的 $Na_2CO_4$ 溶液洗涤。烟气通过脱硫塔时，$SO_2$ 被洗涤液吸收并反应生成 $NaHSO_3$，烟气经除沫、加热后排入大气。一般采用两级吸收，运行时保持一级吸收液的饱和度在 80% 以上，二级吸收液的饱和度在 30% 左右，两级吸收多在一个塔内分段实现。从一级吸收液中分流一部分溶液引入脱析系统进行再生和回收 $SO_2$。

脱析工艺一般是将溶液经过加热器加热到 $105\sim110℃$，然后进入蒸发器减压蒸发，使 $NaHSO_3$ 分解产生 $SO_2$、水蒸气和 $Na_2SO_3$。该方法可获得纯度为 $99\%$ 左右处理 $SO_2$ 的副产品，也可制成 $H_2SO_4$ 或硫黄。溶液中的 $Na_2SO_3$ 以结晶的状态从溶液中分离出来，再返回脱硫吸收系统。因烟气中的氧使部分 $Na_2SO_3$ 氧化成 $Na_2SO_4$，当 $Na_2SO_3$ 的浓度达到一定值后，会降低吸收液的脱硫效果并引起系统堵塞，因此需要定期排污并补充 $Na_2SO_3$ 或 $NaOH$。$Na_2S_3$ 或 $NaOH$ 与烟气中的 $SO_2$ 反应生成 $Na_2SO_3$，可进一步对其处理回放。有些系统采用添加阻氧化剂以减缓氧化作用。该方法的脱硫率可达 $90\%$ 以上。

（6）氧化镁浆液吸收法。氧化镁浆液吸收法脱硫吸收系统与石灰石洗涤法类似，以水化 $MgO$ 作为洗涤液，与 $SO_2$ 反应生成 $Mg_2SO_4$ 结晶沉淀。将沉淀物经过脱水、干燥后，在 $800\sim900℃$ 温度下煅烧，使氧化镁再生。煅烧产生的炉气（含 $10\%\sim16\%SO_2$）可用于制备 $H_2SO_4$。该方法的脱硫率可达 $95\%$ 以上。

# 第三节 煤 的 脱 硝

## 一、煤的脱硝方法

由锅炉燃烧理论和 $NO_x$ 产生机理可知，燃煤锅炉 $NO_x$ 主要通过燃料型途径而生成，热力型（温度性）$NO_x$ 和快速型 $NO_x$ 较少。因此，煤的脱硝方法可分两类：一类是通过各种技术手段降低煤在燃烧过程中 $NO_x$ 的生成；另一类是对已生成的 $NO_x$ 通过技术手段从烟气中除去。对应的煤的脱硝技术也有两种，即控制煤在燃烧过程中 $NO_x$ 生成的燃烧技术和煤在燃烧后的烟气脱硝技术。

### 1. 控制 $NO_x$ 生成的燃烧技术

$NO_x$ 形成的主要因素有燃料中氮的含量；反应区域中氧、氮、一氧化氮和烃根的含量；燃烧温度的峰值；可燃物在火焰峰面和反应区域停留的时间。

控制 $NO_x$ 生成的燃烧技术原则是降低过量空气系数和氧气浓度，使煤粉在缺氧条件下燃烧；降低燃烧温度，防止产生局部高温区域；缩短烟气在高温区域的停留时间等。根据这些原则开发的控制 $NO_x$ 生成的燃烧技术方法主要有空气分级燃烧、燃料分级燃烧、烟气再循环降低 $NO_x$、低 $NO_x$ 燃烧器和过低量空气系数等技术。

燃煤锅炉中，目前已使用的控制 $NO_x$ 生成燃烧技术，见表 2-4。火力发电厂煤的脱硝方法通常的做法是控制 $NO_x$ 生成的燃烧技术方法和烟气脱硝技术方法联合采用，并且控制 $NO_x$ 生成的燃烧技术方法一般使用两个或多个，这样的脱硝效果更好。

表 2-4 控制 $NO_x$ 生成燃烧技术

| 燃烧方法 | 技术要点 | 存在问题 |
|---|---|---|
| 二段燃烧法（空气分级燃烧） | 进入燃烧器的空气量为燃烧所需空气量的 $85\%$，其余空气通过布置在燃烧器上部的喷口送入炉内，使燃烧分阶段完成，从而降低 $NO_x$ 生成量 | 二段空气量过大，会使不完全燃烧损失增大，一般二段空气比为 $15\%\sim20\%$；煤粉炉由于还原性气氛而结渣或引起腐蚀 |

续表

| 燃烧方法 | | 技术要点 | 存在问题 |
|---|---|---|---|
| 再燃烧法（燃料分级燃烧） | | 将 80%~85% 的燃料送入主燃烧区，在 $\alpha \geq 1$ 条件下燃烧；其余 15%~20% 的燃料在主燃烧器上部送入再燃烧区，在 $\alpha < 1$ 条件下形成还原性气氛，将主燃烧区生成的 $NO_x$ 还原为 $N_2$，可减少 80% 的 $NO_x$ 生成 | 为减少不完全燃烧热损失，需增加空气对再燃烧区的烟气进行三段燃烧 |
| 排烟再循环法 | | 让一部分温度较低的烟气与燃烧用空气混合，增大烟气体积和降低 $O_2$ 的分压力，使燃烧温度降低，从而降低 $NO_x$ 的排放浓度 | 由于受燃烧稳定性的限制，一般再循环烟气率为 15%~20%；投资和运行费较大；占地面积大 |
| 乳油燃料燃烧法 | | 在油中混入一定量的水，制成乳油燃料燃烧，由此可降低燃烧温度，使 $NO_x$ 降低并可改善燃烧效率 | 应注意乳油燃料的分离和凝固问题 |
| 浓淡燃烧法 | | 装有两只或两只以上燃烧器的锅炉，部分燃烧器供给所需空气量的 85%，其余部分供给较多的空气，由于都偏离理论空气比，使 $NO_x$ 降低 | |
| 低 $NO_x$ 燃烧器 | 混合促进型 | 改善燃料与空气的混合，缩短燃料在高温区的停留时间，同时可降低氧气剩余浓度 | 需要精心设计 |
| | 自身再循环型 | 利用空气抽吸力，将部分炉内烟气引入燃烧器，进行再循环 | 燃烧器结构比较复杂 |
| | 多股燃烧型 | 用多只小火焰代替大火焰，增大火焰散热面积，降低火焰温度，控制 $NO_x$ 生成量 | |
| | 阶段燃烧型 | 让燃料先进行浓燃烧，然后送入余下的空气，由于燃烧偏离理论当量比，故可降低 $NO_x$ 浓度 | 容易引起烟尘浓度的增加 |
| | 喷水燃烧型 | 让油、水从同一喷嘴喷入燃烧区，降低火焰中心高温区温度，以减少 $NO_x$ 浓度 | 喷水量过多时，将造成燃烧不稳定 |
| 低 $NO_x$ 炉膛 | 燃烧室大型化 | 采用较低的热负荷，增大炉膛尺寸，降低火焰温度，控制温度型 $NO_x$ | 炉膛体积增大 |
| | 分割燃烧室 | 用双面露光水冷壁把大炉膛分割成小炉膛，提高炉膛冷却能力，控制火焰温度，从而降低 $NO_x$ 浓度 | 炉膛结构复杂，操作要求高 |
| | 切向燃烧室 | 火焰靠近炉膛水冷壁流动，冷却条件好，再加上燃料与空气混合较慢，火焰温度水平低，而且较为均匀，对控制温度型 $NO_x$ 十分有利 | 靠近火焰的水冷壁区域易积灰结渣 |

（1）空气分级燃烧控硝方法。燃烧区的氧浓度对各种类型的 $NO_x$ 生成都有较大的影响，当过量空气系数 $\alpha < 1$、燃烧区处于"贫氧燃烧"状态时，对于抑制在该区域中 $NO_x$ 的生成量有明显效果。空气分级燃烧的原理，如图 2-9 所示。

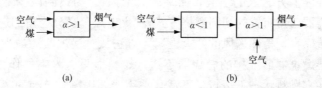

图 2-9 空气分级燃烧的原理

（a）不分级燃烧；（b）分级燃烧

将煤燃烧所用的空气分两级送入，先将 80% 左右的理论空气量送入燃烧器，燃煤在贫氧、富燃料条件下燃烧，使煤的燃烧速度和燃烧温度有所降低，抑制了燃烧过程中 $NO_x$ 的生成；此后，将燃烧所需理论空气量的剩余部分即 20% 左右的理论空气量送入燃烧器，使燃煤进入空气过剩区域（二次燃烧区）燃尽。此时虽然空气量多，但由于已燃煤中的可燃质低、火焰温度较低，不会生成较多的 $NO_x$，燃烧过程中总的 $NO_x$ 生成量是降低的。分级燃烧又分为两类，一类是燃烧室的分级燃烧，另一类是单个燃烧器的分级燃烧（即低氮燃烧器的一种）。

1）燃烧室分级燃烧。燃烧室中分级燃烧情况，如图 2-10 所示，燃烧室的分级燃烧方法一般采取在主燃烧器上部装设 OFA（over fire of air）空气喷口。在燃烧器内送入燃烧所需空气量的 80%，使燃烧器区处于贫氧、富燃料燃烧状态；剩余空气从 OFA 喷口送入使燃料燃尽。为此，在燃烧室沿炉膛高度分成两个区域：燃烧器区域的富燃料区和 OFA 喷口区域的燃尽区。在富燃料区，由于过量空气系数约为 0.8，$NO_x$ 的生成量比一般燃烧工况减少约 50%；在燃尽区因温度和氧浓度较低，生成的 $NO_x$ 也较少。最常用的炉内风分级即"火上风"，其方法示意如图 2-11 所示，该方法是锅炉炉膛内风分级的一种基本方法，也是目前应用较多的一种方法。

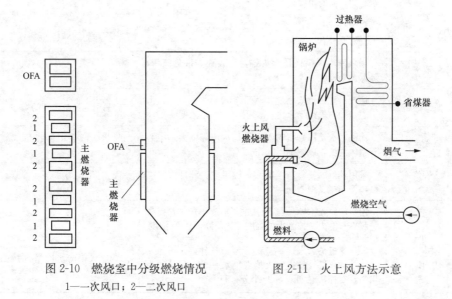

图 2-10　燃烧室中分级燃烧情况　　　　图 2-11　火上风方法示意
1——次风口；2—二次风口

从图 2-11 可知，"火上风"是将燃料燃烧用的空气分为两部分，大部分空气从主燃烧器内送入，在主燃烧器区域进行贫氧、富燃料燃烧，其余空气从主燃烧器区上部送入，进行富氧、贫燃料完全燃烧。这样，空气以二级分别送入方式达到富燃料和富氧燃烧。这种从主燃烧区上方送入的空气，简称"火上风"。为达到减少 $NO_x$ 生成的目的，对于煤粉锅炉燃烧器四角布置的切圆燃烧方式，"火上风"又分为角部送风和墙部送风。

对于锅炉改造而言，角部送风的"火上风"方法从对锅炉改动最少、投资最小的角度考虑，可对多层燃烧器最上排的燃烧器不送入燃料而只送入空气作为"火上风"，而下排的燃烧器则在富燃料状态下运行，不适合采用墙部送风。单纯的"火上风"方法可减少 $NO_x$ 生成（排放）量 15%～30%。作为控制 $NO_x$ 排放一种技术，其有效性受"火上风"的穿透性和一次燃烧区燃烧产物混合的影响，需要在设计和运行中注意。

2）燃烧器分级燃烧。燃烧器分级燃烧方式是将二次风分成两部分，如图 2-12 所示，一部分二次风在一次风（煤粉）着火后及时送入，补充燃烧时需要的氧气，但由于此时燃烧仍处于富燃料区，抑制了燃料 $NO_x$ 的生成；另一部分二次风延迟送入，与燃料混合，使燃烧速度、火焰温度降低，也抑制了热力型 $NO_x$ 的生成。

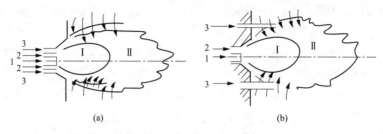

图 2-12　单个燃烧器的分级燃烧

（a）内部混合；（b）外部分级混合

Ⅰ—富燃料区；Ⅱ—燃尽区

1——次风；2—内二次风；3—外二次风

无论是老旧锅炉的改造，还是新安装的锅炉，风分级方法是最简单、较为有效的 $NO_x$ 排放控制技术。采用综合风分级燃烧技术，与原来未采取该技术措施的 $NO_x$ 排放量相比，燃烧天然气时可降低 $60\%\sim70\%$ 的 $NO_x$，烧煤或油时可降低 $40\%\sim50\%$ 的 $NO_x$。

（2）燃料分级燃烧控硝方法。燃料分级燃烧是一种燃烧改进型技术，它用燃料作为还原剂来还原燃烧产物中的 $NO_x$，也称作"再燃烧"或"$NO_x$ 再燃烧"。燃料分级燃烧的机理是大部分燃料作为一级送入一次燃烧区域形成富燃料状态，小部分燃料作为二级喷到携带 NO 的一次燃烧产物中。这样，在一次燃烧区内生成的 NO，在二次燃烧区内大量的被烃根还原成氮分子，从而降低了 NO 的最终排放浓度。为保证二次燃烧区不完全燃烧产物的燃尽，在该区域的上部还需要布置燃尽风喷口。改变二次燃烧区燃料与空气的比例，是控制 $NO_x$ 排放量的关键。燃料分级燃烧存在的问题是为减少不完全燃烧热损失，需加入空气对二次燃烧区烟气进行三级燃烧，配风系统变得复杂。

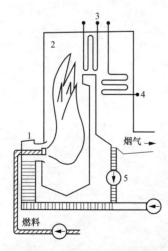

图 2-13　烟气循环工艺示意

1—燃烧器；2—锅炉；3—过热器；

4—省煤器；5—烟气循环风机

（3）烟气再循环控硝方法。烟气再循环控硝技术是将从空气预热器前抽取的烟气与燃烧用的空气相混合，经过燃烧器送入炉内，降低了燃烧区域温度和氧的浓度，以达到降低 $NO_x$ 生成量的目的。

烟气循环工艺示意，如图 2-13 所示。其过程为通过烟气循环风机把锅炉空气预热器前烟气抽出并与二次风混合，由于混合后的二次风温度有所降低，可降低火焰整体温度，并且烟气中的惰性气体能降低二次风中氧的浓度，从而使热力型 $NO_x$ 生成的量减少。烟气再循环只能抑制热力型 $NO_x$ 的生成，当烟气循环量超过燃烧空气总量的 $15\%$ 时，降低 $NO_x$ 的作用开始减弱；此外，最大的烟气循环量受限于燃烧火焰的稳定性，烟气再循环的运行和改造相对比较容易，但投资和运行费较大，占地面积大。

（4）低过量空气系数燃烧控硝方法。煤在燃烧过程中，利用低过量空气系数限制燃烧区域内的氧量浓度，对于热力型和燃料型 $NO_x$ 的产生都有一定的抑制作用。一般，采用低过量空气系数燃烧可降低 $NO_x$ 排放的 15%～20%。但这种方法也有一定的局限性，因为锅炉在很低的过量空气系数下运行时，CO 和烟尘排放浓度都有所增加、燃烧效率有所降低，并且有可能出现燃烧器结渣、堵塞和其他问题，因此无论是保证锅炉燃烧稳定运行，还是以控制 $NO_x$ 为目的，最低过量空气系数都受到一定的限制。

（5）低 $NO_x$ 燃烧器控硝方法。火焰温度、燃烧区域氧浓度、燃烧产物在高温区域停留时间和煤的特性（固定碳和挥发分的比值）都影响 $NO_x$ 的生成，而降低火焰温度、防止局部高温，降低过量空气系数即氧浓度、使煤粉在缺氧条件下燃烧，是煤燃烧过程中降低 $NO_x$ 生成量的两个主要途径。对低 $NO_x$ 燃烧器而言，通过特殊设计的燃烧器结构、改变经过燃烧器的风煤比例，以达到在燃烧器着火区空气分级、燃烧分级和烟气再循环的效果，在保证煤粉稳定着火燃烧的同时，有效抑制 $NO_x$ 的生成。对火力发电厂锅炉现有燃烧器进行改造，燃烧系统和炉膛结构不需做任何改动，采用低 $NO_x$ 燃烧器就可达到控制 $NO_x$ 生成的目的。低氮 $NO_x$ 燃烧器风分级原理与结构示意，如图 2-14 所示。

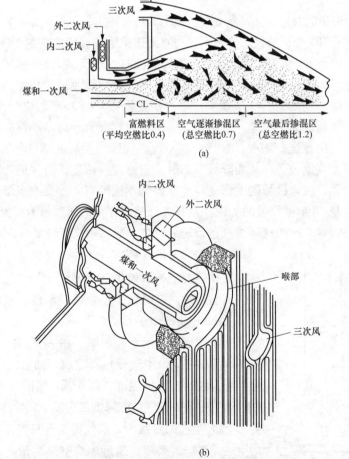

图 2-14  低 $NO_x$ 燃烧器风分级原理与结构示意

（a）低 $NO_x$ 燃烧器空气分级原理；（b）低 $NO_x$ 燃烧器风分级结构示意

低氮燃烧器风分级燃烧是一种常用的在燃烧区域形成贫氧、富燃料的方法，即把供燃烧用的空气由原来一股分为两股或多股，在燃烧开始阶段只送部分空气，造成一次风气流燃烧区域的贫氧、富燃料状态。因燃烧区域贫氧、富燃料，该区域的燃料只是部分的燃烧，使有机地结合在燃料中的氮的一部分生成无害的氮分子，这样就减少了热力型 $NO_x$ 的生（形）成；作为二次风供完全燃烧用的空气喷射到一次富燃料区域的下方，形成二次燃烧完全区，在这个区域内煤完成燃烧。此外，由于一次燃烧区域的燃烧产物进入二次燃烧区域，同时降低了二次燃烧区域氧浓度和火焰温度，所以二次燃烧区域内 $NO_x$ 的形成受到了限制。

1）双调风煤粉燃烧器。双调风煤粉燃烧器主要是根据燃料在挥发分受热析出燃烧阶段，控制燃料氮转化成燃料型 $NO_x$ 的原则而设计的。其工作过程与通常锅炉燃烧的不同之处在于煤粉随着一次风轴向喷射到燃烧区域内，当输送煤粉的一次风中的氧在富燃料区里被消耗时，一次燃烧区内的空气燃料比迅速降低，使煤粉挥发分燃烧阶段处于缺氧状态（过量空气系数 $\alpha<1$），碳、氢和挥发氮竞争不足的氧量，由于氮缺乏竞争氧的能力，就造成氮分子的生成比 NO 和 $NO_2$ 多。双调风燃烧器借助于双调风器控制空气和燃料的混合特性，形成如图 2-15 所示的 A、B、C 三个区，以此来达到降低 $NO_x$ 的目的。

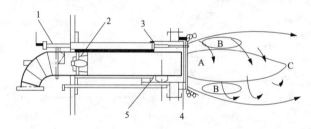

图 2-15　双调风燃烧器原理示意

A—轴向燃料喷射，缺氧脱挥发分；B—热燃烧产物循环环区，火焰稳定基础；

C—混合区燃料和空气逐渐混合，完全燃烧

1—点火器；2—锥形扩压器；3—调风器；4—外部风区；5—内部风区

双调风燃烧器因空气分级送入，现场运行实践表明能有效地控制温度型 $NO_x$ 和燃料型 $NO_x$ 的生成；燃烧调整灵活，对稳定燃烧有利，适应燃煤的范围较宽广。国内部分火力发电厂引进的美国 B&W 公司的 DRB 型燃烧器、加拿大 BW 公司的 BW 型燃烧器、美国福斯特·惠勒公司的 FW 型燃烧器都属于双调风燃烧器。

2）浓淡型煤粉燃烧器。浓淡型煤粉燃烧器的结构是在煤粉管道上装设的煤粉浓缩器，使一次风分成水平方向上的浓、淡两股气流，其中一股是煤粉浓度相对高的煤粉气流，含大部分煤粉；另一股是煤粉浓度相对较低的煤粉气流，以空气为主。浓缩煤粉气流的方法有百叶窗浓缩器、采用弯头浓缩、使用旋风分离器浓缩煤粉等。

目前，我国火力发电厂应用的低 $NO_x$ 燃烧器种类很多，有低 $NO_x$ 同轴燃烧器、PAX 型燃烧器、直流扰动式双调风旋流低 $NO_x$ 燃烧器、带顶部燃尽风（即火上风 OFA）的整体分级低 $NO_x$ 燃烧器等，此处不再叙述。

**2. 燃烧后的烟气脱硝技术**

（1）SNCR 烟气脱硝技术。SNCR（selective non-catalytic reduction）脱硝技术是向炉膛喷射还原性物质的一种方法。炉膛喷射法是向炉膛内或炉膛出口及其后一段部位喷射还原性物质，在一定温度条件下还原已生成的 $NO_x$，从而降低 $NO_x$ 排放量的方法。炉膛喷射法包括喷水法、二次燃烧法（喷二次燃料，即如前所述燃料分级燃烧）、喷氨法（氨水、氨气、尿素溶液）等。SNCR 脱硝原理是炉膛温度在 $900\sim1000℃$、无催化剂作用时，以 $NH_3$ 或尿素等氨基还原剂可选择性地还原烟气中的 $NO_x$，而基本上不与烟气中的 $O_2$ 作用。目前，火力发电厂多采用喷氨法，其还原性剂主要有氨水、氨气、尿素溶液。

喷氨法也称选择性非催化还原法脱除 $NO_x$ 技术，是在无催化剂存在的条件下向炉内喷入还原剂氮或尿素溶液及氨水，该技术是用含有 $NH_x$ 基的还原剂，将 $NO_x$ 还原为 $N_2$ 和 $H_2O$。它以炉膛、部分烟道作为反应器，可通过对火力发电厂现有锅炉进行改造实现。20 世纪 70 年代中期，SNCR 技术在日本一些燃油、燃气电厂率先开始工业应用；我国在 20 世纪 70 年代末和 80 年代初期，曾用于西部某化工企业，目前我国已在火力发电厂锅炉烟气脱硝中广泛应用。SNCR 工艺流程，如图 2-16 所示。

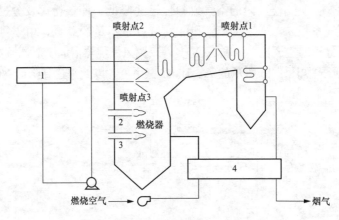

图 2-16　SNCR 工艺流程

1—氨或尿素储槽；2—燃烧器；3—锅炉；4—空气加热器

还原剂喷入锅炉折焰角上方水平烟道（900～1000℃）后，迅速热分解为 $NH_3$，并与烟气中的 $NO_x$ 进行 SNCR 反应生成 $N_2$ 和水。在 $NH_3/NO_x$ 摩尔比为 2～3 时，脱硝效率在 30%～50%。在 950℃左右，$NH_3$ 为还原剂时，反应式为

$$4NH_3 + 4NO + O_2 \longrightarrow 4N_2 + 6H_2O \tag{2-50}$$

当温度过高时，会发生如下的副反应，又会生成 NO

$$4NH_3 + 5O_2 \longrightarrow 4NO + 6H_2O \tag{2-51}$$

尿素溶液作为还原剂，反应式为

$$CO(NH_2)_2 \longrightarrow 2NH_2 + CO \tag{2-52}$$

$$NH_2 + NO \longrightarrow N_2 + H_2O \tag{2-53}$$

$$2CO + 2NO \longrightarrow N_2 + 2CO_2 \tag{2-54}$$

当温度更高时，$NH_3$ 则会被氧化为 NO，即

$$4NH_3 + 5O_2 \longrightarrow 4NO + 6H_2O \tag{2-55}$$

还原剂喷入系统必须保证将还原剂喷射到锅炉内最有效的部位。因为 $NO_x$ 的分布在炉膛对流断面上是经常变化的，如果喷入控制点太少或喷到锅炉中整个断面上的 $NH_3$ 不均匀，就一定会出现分布率较差和较高的 $NH_3$ 逃逸量。为保证脱硝反应能充分地进行，以最少的 $NH_3$ 喷入量达到最好的还原效果，必须使喷入的 $NH_3$ 与烟气良好的混合。若喷入的 $NH_3$ 反应不充分，则泄漏的 $NH_3$ 不仅会使烟气中的飞灰容易沉积在锅炉尾部的受热面上，烟气中的 $NH_3$ 遇到 $SO_3$ 会生成 $(NH_4)_2SO_4$，易造成空气预热器堵

塞，并有腐蚀空气预热器和尾部受热面的危险。SNCR法的喷氨点应选择在锅炉炉膛上部相应的位置，并保证与烟气良好的混合。若喷入的还原剂为尿素溶液，其溶液中尿素含量应为50%左右。

当温度过低（<900℃）时，$NH_3$的反应不完全，会减缓反应速度；而温度过高时，$NH_3$氧化为NO的量增加，导致$NO_x$排放浓度增大，所以，温度的控制是至关重要的；同时喷射点的位置选择不好，烟气中部分$NO_x$不能与还原剂发生反应，会直接影响脱硝效率。

该工艺不需要催化剂，但脱硝效率低，高温喷射对锅炉受热面安全有一定影响。存在的问题是由于喷入点温度随锅炉负荷和运行周期而变化，以及锅炉中$NO_x$浓度的不规则性，使该工艺应用时变得较为复杂。在同等脱硝率的情况下，该工艺的$NH_3$耗量要高于SCR工艺，从而也使$NH_3$的逃逸量增加。

从SNCR系统溢出的$NH_3$可能来自两种情况，一是由于喷入点的温度低，影响了氮与$NO_x$的反应；另一种原因是喷入的还原剂过量，从而导致还原剂不均匀分布。

（2）SCR烟气脱硝技术。选择性催化还原（selective catalytic reduction，SCR）烟气脱硝技术，是20世纪80年代初开始逐渐应用于燃煤锅炉的烟气脱硝技术。在目前众多的脱硝技术中，选择性催化还原法（SCR）是脱硝效率最高（理论上可接近100%，实际脱硝率大于90%）、最为成熟的脱硝技术，广泛应用于燃煤、燃气和燃油锅炉的烟气脱硝中。

选择性催化还原法系统工艺布置，如图2-17所示。完整的SCR系统主要由还原剂系统（包括还原剂储存、制备、供应、热解炉等设备）、催化反应系统（包括烟道、氨的喷射及混合装置、稀释空气装置、反应器、催化剂等）、公用系统（含蒸汽系统、压缩空气系统、废水排放系统等），以及辅助系统（包括电气系统、热工自动化系统、采暖及空气调节系统、烟气排放连续监测系统等）组成。

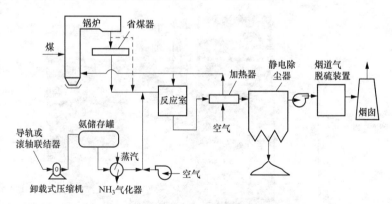

图2-17 选择性催化还原法系统工艺布置

液氨通过槽车或罐车运送至脱硝氨区，卸载储存在液氨储存罐内，从液氨储存罐输出的液氨经雾（气）化后与空气充分混合，经喷氨格栅的喷嘴（AIG）喷入催化反应器内，$NH_3$气与烟气充分混合后其温度升高，流经反应器内催化剂层时，$NH_3$与$NO_x$产生催化还原反应，将$NO_x$还原为无害的$N_2$和$H_2O$。进入催化反应器的烟气温度低于催化剂要求的温度时，可通过调节旁路烟气量和经过省煤器的烟气比例来控制合适的温度，直至锅炉低负荷时旁路烟气门全开。反应器压降在$500\sim700kPa$。

选择性催化还原法采用的还原剂主要是氨（氨水、液氨、尿素溶液）。液氨或氨水经过蒸发器或气化器、蒸发气化后形成氨气喷入反应器（室）前的烟气系统中，尿素溶液经过热解炉热解后形成氨气喷入反应器（室）前的烟气系统中，经过反应器时在催化剂的作用下，将烟气中的 $NO_x$ 还原成 $N_2$ 和 $H_2O$。催化剂的种类很多，常用的有贵金属和非贵金属催化剂两类。SCR 工艺流程在锅炉机组中的布置情况，如图 2-18 所示。理论上通常有三种布置方式，即按照反应器（内装催化剂）在烟气除尘器之前或之后安装，可分为高粉尘、低粉尘和尾部设置三种布置方式。HJ 562—2010《火电厂烟气脱硝工程技术规范　选择性催化还原法》规定，反应器宜布置在省煤器与空气预热器之间，并靠近锅炉本体；对新建和扩建机组反应器宜垂直布置在空气预热器上方。

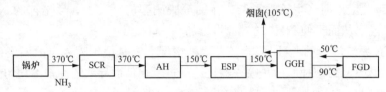

图 2-18　SCR 工艺流程在锅炉机组中的布置情况

SCR—催化还原脱硝装置；AH—空气预热器；ESP—电除尘器；GGH—烟气加热器；FGD—脱硫装置

采用高粉尘布置时，SCR 反应器布置在省煤器和空气预热器之间，反应器位于回转式空气预热器钢构架上部，优点是烟气温度高，进入反应器的烟气温度在 300～500℃，满足催化剂对反应温度的要求，多数催化剂在该温度范围内具有足够的活性，烟气不需加热即可获得较好的脱硝效果，因此，这种布置方式被广泛采用。其缺点是烟气中飞灰含量高，对催化剂防止磨损、堵塞及钝化性能要求高，催化剂的寿命因此受到影响。典型 SCR 布置安装位置，如图 2-19 所示。

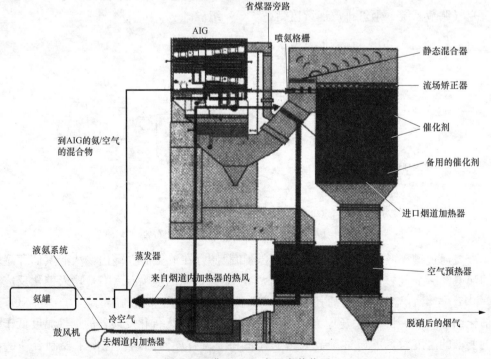

图 2-19　典型 SCR 布置安装位置

　　SCR 烟气脱硝技术是还原剂（液氨、氨水、尿素溶液）在催化剂作用下，选择性地与烟气中的 $NO_x$ 反应生成 $N_2$ 和 $H_2O$，而不被 $O_2$ 所氧化，故称为"选择性"。SCR 的化学反应机理比较复杂，但主要的反应是 $NH_3$ 在一定的温度和催化剂作用下，有选择地将烟气中的 $NO_x$ 还原为 $N_2$。用氨水、液氨作还原剂时的主要反应如下

$$4NH_3+4NO+O_2 \longrightarrow 4N_2+6H_2O \tag{2-56}$$

$$4NH_3+2NO_2+O_2 \longrightarrow 3N_2+6H_2O \tag{2-57}$$

$$6NO_2+8NH_3 \longrightarrow 7N_2+12H_2O \tag{2-58}$$

$$NO+NO_2+2NH_3 \longrightarrow 2N_2+3H_2O \tag{2-59}$$

用尿素溶液作还原剂时的可能反应为

$$2NH_3+NO+NO_2 \longrightarrow 2N_2+3H_2O（主要反应）\tag{2-60}$$

$$4NO+4HNCO+O_2 \longrightarrow 4N_2+2H_2O+4CO_2（可能反应）\tag{2-61}$$

　　用氨水、液氨作还原剂时，反应式中以第一个反应即式（2-56）为主，因为烟气中几乎 95% 的 $NO_x$ 是以 NO 的形式存在的。在没有催化剂［即选择性非催化还原法（SNCR）］的情况下，上述化学反应只在很窄的温度范围内（980℃左右）进行。通过选择合适的催化剂，反应温度可以降低，并且可扩展到适合于火力发电厂实际使用的烟气温度范围（290～430℃）。

　　催化剂有贵金属催化剂和普通金属催化剂。贵金属催化剂由于和硫反应，并且价格昂贵，实际上不予采用，而普通金属催化剂效率一般，价格也较贵，并且要求较高的还原剂（烟气）温度（300～400℃）。最常用的金属基催化剂含有氧化矾、氧化钛。

　　SCR 烟气脱硝技术在反应条件改变时，还可能发生以下副反应

$$4NH_3+3O_2 \longrightarrow 2N_2+6H_2O+1267.1kJ \tag{2-62}$$

$$2NH_3 \longrightarrow N_2+3H_2-91.9kJ \tag{2-63}$$

$$4NH_3+5O_2 \longrightarrow 4NO+6H_2O+907.3kJ \tag{2-64}$$

　　$NH_3$ 分解反应和 $NH_3$ 氧化为 NO 的反应均在 350℃ 以上进行，到 450℃ 以上发生剧烈反应。一般的选择性催化还原工艺中，反应温度常控制在 300℃ 以下，这是仅有 $NH_3$ 氧化为 $N_2$ 的副反应，即第一反应式（2-62）发生。

　　$NH_3$ 和 $NO_x$ 在催化剂上的主要反应过程为 $NH_3$ 通过气相扩散到催化剂表面，$NH_3$ 由催化剂外表面向催化剂孔内扩散，$NH_3$ 吸附在活性剂中心上；$NO_x$ 从气相扩散到吸附态 $NH_3$ 表面，$NH_3$ 与 $NO_x$ 反应生成 $N_2$ 和 $H_2O$；$N_2$ 和 $H_2O$（蒸汽）通过微孔扩散到催化剂表面，$N_2$ 和 $H_2O$ 扩散到气相主体。$NH_3$ 与 $NO_x$ 的反应主要是在催化剂表面进行的，催化剂的外表面积和微孔特性很大程度上决定了催化剂的反应活性。

　　用尿素溶液［$CO(NH_2)_2$］作还原剂时，尿素在温度高于 150℃ 时不稳定，高温下尿素溶液（在热解炉中）分解生成氨（$NH_3$）和异氰酸（HNCO），异氰酸又与水反应生成 $NH_3$ 和 $CO_2$ 气体，得到脱硝所用的还原剂氨气（$NH_3$），其反应如下

$$CO(NH_2)_2 \longrightarrow NH_3+HNCO \tag{2-65}$$

$$HNCO+H_2O \longrightarrow NH_3+CO_2 \tag{2-66}$$

### 3. 烟气脱硝其他方法介绍

　　除 SNCR、SCR 方法外，燃烧后烟气还有多种脱硝方法，虽然目前尚未在火力发电厂中应用，但有些方法很具有发展潜力，此处给予简要介绍。

(1) 电子束法（EBA）。电子束法是目前国际上先进的烟气处理技术之一，它利用高能电子加速器产生的电子束辐照处理烟气，将烟气中的 $SO_2$ 和 $NO_x$ 转化为硫酸铵（$NH_3SO_4$）和硝酸铵（$NH_3NO_3$）。该方法不产生废水废渣，副产品为硫酸铵和硝酸铵混合物，可作为化肥使用；能同时脱硫脱硝，且脱硫效率大于 90%、脱硝效率大于 80%；对燃煤含硫量的变化有较好的适应性和负荷跟踪性；系统简单、操作方便、生产过程易于控制；脱硫成本低于常规方法。目前主要问题是耗电量大、运行费用很高。

(2) 脉冲电晕等离子法 PPCP。该方法利用高能电子将烟气中的 $O_2$、$H_2O$ 等气体分子激活、电离或裂解，从而产生强氧化性的自由基，对 $SO_2$ 和 $NO_x$ 进行等离子催化氧化，生成 $SO_3$ 和 $NO_x$ 或相应的酸，在添加剂的存在下生成相应的盐而沉积。就 PPCP 方法而言，在脱硫脱硝的同时还可以除尘，并且能耗和成本比 EBA 方法低，是最有吸引力的烟气综合治理方法。

(3) 炽热炭法。炽热炭法是利用活性炭、焦炭等碳质固体还原废气或烟气中的 $NO_x$，属于非催化还原法，碳质固体价格便宜，不需要价格昂贵的催化剂；但还原反应对温度、烟气流速及废气速度要求较严格，脱硝效率受到一定的限制。

## 二、烟气脱硝技术在火力发电厂燃煤锅炉的应用

为使烟气中 $NO_x$ 达标排放，控制 $NO_x$ 生成的燃烧技术和烟气脱硝技术在火力发电厂燃煤锅炉的应用，一般不是单一的采用一种技术，而是根据锅炉设计煤种或经常使用的煤种，结合锅炉本体结构形式、燃烧器的布置等因素，采用两种或两种以上脱硝技术方法的联合应用。如某电厂 $2×330MW$ 新建机组锅炉脱硝技术采用百叶窗式水平浓淡摆动式燃烧器（墙式燃尽风）LNB＋选择性催化还原法 SCR（还原剂采用尿素溶液），即 LNB＋SCR；某电厂 $2×240t/h＋1×320t/h$ 锅炉烟气综合治理改造中，脱硝采用浓淡燃烧器（角式燃尽风）LNB＋非选择性催化还原法 SNCR（还原剂采用尿素溶液）＋选择性催化还原法 SCR（还原剂采用尿素溶液），即 LNB＋SNCR＋SCR。

### 1. 非选择性催化还原法 SNCR 设计、运行中应注意的问题

(1) SNCR 方法中 $NH_3$ 的利用率不高。为了还原 $NO_x$，往往喷入过量的 $NH_3$，很容易形成过量的 $NH_3$ 逃逸，而 $NH_3$ 的逃逸不但会造成环境的污染并形成氨盐，还可能堵塞和腐蚀下游设备，为此，HJ 563—2010《火电厂烟气脱硝工程技术规范　选择性非催化还原法》规定，脱硝系统氨逃逸浓度应控制在 $8mg/m^3$ 以下。

(2) 形成温室气体氧化亚氮（$N_2O$）。研究表明，采用尿素溶液作还原剂要比用 $NH_3$ 作还原剂产生更多的 $N_2O$ 气体。

(3) 用尿素溶液作还原剂时，运行中控制不当可能造成较多的 CO 排放。这是因为低温尿素溶液喷入炉膛内的高温烟气流而引起淬冷效应，造成燃烧瞬间中断，导致 CO 排放的增加。

(4) 在锅炉过热器前高于 800℃ 的炉膛位置喷入低温尿素溶液，会影响炽热煤炭的继续燃烧，使未完全燃烧损失增加，降低锅炉热效率。

### 2. 影响选择性催化还原法（SCR）脱硝效率的因素

(1) 烟气温度。催化反应只能在一定的温度范围内进行，最好是在最佳的催化反应温度下进行，这是每种催化剂特有的性质，因此，反应器入口烟气温度是选择催化剂的

重要参数；同时，烟气温度偏离设计直接影响反应的进程，反应器入口烟气温度也是选择性催化还原法重要的运行参数。

（2）烟气流速。烟气流速直接影响到 $NH_3$ 与 $NO_x$ 的混合程度，烟气流速越快，$NH_3$ 与 $NO_x$ 混合的程度越差，越不能保证 $NO_x$ 的脱除效率，所以合理的烟气流速应以保证 $NH_3$ 与 $NO_x$ 充分混合，以使反应充分进行。

（3）$O_2$ 浓度。SCR 法脱除 $NO_x$ 的反应需 $O_2$ 的参与，当 $O_2$ 浓度增加时，催化剂性能提高，直到达到最佳值，但 $O_2$ 浓度不能过高，一般控制在 $2\%\sim3\%$。

（4）氨逃逸。系统运行中通常多于理论量的氨被喷射进入系统，反应器出口烟道下游多余（没有参与反应）的氨称为氨逃逸。$NO_x$ 脱除效率随着氨逃逸量的增加而增加，在某一个氨逃逸量后达到一个最佳值，但氨逃逸会造成大气的污染和设备的腐蚀，氨逃逸是衡量 SCR 系统运行的另一个重要的指标。HJ 562—2010《火电厂烟气脱硝工程技术规范 选择性催化还原法》规定，氨逃逸浓度宜小于 $2.5mg/m^3$。

（5）水蒸气浓度。水蒸气浓度的增加会造成催化剂性能下降，使 $NO_x$ 脱除效率下降。

（6）催化剂钝化问题。在火力发电厂尤其是燃煤锅炉的选择性催化还原系统运行实践中，催化剂的钝化直接影响到系统的正常运行和脱硝效率，钝化还缩短了催化剂的寿命，增加了火力发电厂因更换催化剂而引起的成本投入。

理论上，SCR 系统催化剂不参与反应能无限期的除去 $NO_x$，然而许多因素导致催化剂过早或永久失去活性的现象，称作催化剂的钝化。催化剂的钝化又分为化学钝化和物理钝化。化学钝化也称催化剂的中毒，是催化剂中的活性元素与某些飞灰物质或还原剂发生反应造成的，其产物或杂质附着在催化剂表面，阻碍催化作用的进行；物理钝化是由于催化剂表面的活性区域被堵塞或覆盖，妨碍了 $NO_x$ 与催化剂活性点的充分接触，影响催化作用的进行。引起催化剂钝化的主要原因有热烧结、碱金属中毒、砷中毒、碱土金属中毒、催化剂的堵塞和腐蚀，以及催化剂突变失效等。

1）热烧结是因反应器入口烟气温度过高（如发生二次燃烧），而催化剂只能在其最适宜的温度范围内工作，导致催化剂物理结构发生变化，使催化剂表面积减少的钝化现象。

2）碱金属可在化学性能上束缚催化剂活性点而导致催化剂钝化，飞灰中的自由 CaO 与吸附在催化剂上的 $SO_3$ 反应生成 $CaSO_4$，引起催化剂表面被遮蔽，阻碍 $NO_x$ 与催化剂接触而不能充分反应，出现碱土金属中毒。

3）砷中毒和催化剂堵塞腐蚀是 SCR 催化剂实际应用中经常出现的钝化因素，燃煤中的砷可浓缩在催化剂的微孔中堵塞催化剂，还可通过 $As_2O_3$ 气体迅速在催化剂表面，与 $O_2$ 和 $V_2O_5$ 反应生成 $As_2O_5$ 而黏结在催化剂表面，使催化剂活性丧失。

4）催化剂堵塞一般是由氨盐的沉积和飞灰沉淀引起的。

5）腐蚀是由催化剂表面上的飞灰冲击引起，是烟气速度、灰特性、冲击角度和催化剂特性等多个影响因素的综合结果。

6）催化剂突变失效虽十分罕见，但它能使催化剂性能突然的永久性失去，一般认为其主要原因与灰集结二次燃烧相关联，火焰强烈的热量能不可逆转地损伤任何 SCR 催化剂。

催化剂钝化的原因和机理很复杂，国内外很多专家学者对此进行了不懈而广泛深入的研究，火力发电厂在运行实践中也通过优化操作和运行方式对催化剂进行了有效的控制。

目前，反应器催化剂安装设计为 2＋1 模式，先安装 2 层催化剂，运行 3～5 年后再加装 1 层（第 3 层）催化剂；第 3 层催化剂运行 1～3 年后，对原加装的 2 层中的一层催化剂抽出，进行催化剂再生后回装再投入运行，第二年对原加装 2 层中的另一层催化剂抽出，进行催化剂再生后回装再投入运行。3 层催化剂共同运行 3～5 年后对第 3 层催化剂进行再生，依次循环再生后回装投入运行。这是目前大多数火力发电厂对 SCR 技术中催化剂再生的处理方式设计，需要说明的是催化剂的再生与催化剂的质量、燃煤的含硫量和飞灰特性有关，重要的是与 SCR 合理、良好的运行方式密切相关。

**3. SNCR、SCR 烟气脱硝技术中的几个问题**

选择性非催化还原法、选择性催化还原法工艺系统在实践中出现以下问题，需要引起烟气脱硝技术的设计、设备制造、安装、调试、运行、检修等各方面的重视。

（1）设备的热膨胀问题。

1）烟道的热膨胀问题。SCR 工艺系统烟道的热膨胀问题，表现在烟道受热后发生不同程度的位移，其一，导致支墩、限位器变形或破坏，钢梁弯曲或焊缝拉裂，烟道变形及因焊缝拉裂而漏风，这些状况多出现在从锅炉省煤器烟道出口 90°转弯后进入脱硝系统的烟道上，且以锅炉烟气 SCR 工艺系统改造发生的较多。例如，某火力发电厂 2×330MW SCR 系统入口烟道，SCR 系统通烟气后烟道即发生位移，试运中烟道支墩 12 处出现不同程度的变形、损坏，目前仍在观察运行；为保证设备安全、SCR 系统的投入率，EPC 单位提出了改进方案并已供弹簧吊架等设备到现场，电厂计划在 A 检中将两侧烟道的 12 个支墩全部拆除，在原支架位置设置弹簧吊架。又如某电厂 2×600MW SCR 系统试运中检查发现，入口烟道膨胀造成两侧烟道共 3 个限位器损坏，只能按运行中烟道的实际膨胀量，移动、重做限位器，SCR 系统再次投入后该部位膨胀量在正常范围。其二，造成拉杆变形或限位机构损坏，导致烟道变形或烟道焊缝拉裂、膨胀节损坏、膨胀节两侧烟道错口而漏风，这些现象多出现在脱硝反应器入口膨胀节两侧烟道上，直接影响脱硝效率。如某电厂 2×660MW SCR 系统，反应器入口膨胀节前烟道限位机构虚焊，拉裂膨胀节，导致大量漏风，脱硝效率受到影响。

2）反应器的热膨胀问题。SCR 工艺系统反应器的热膨胀问题，表现在反应器顶部凹陷，反应器出口锥体部位支撑位移、反应器出口锥体部位与出口烟道连接的膨胀节拉裂、反应器壳体变形或焊缝拉裂。如某电厂 2×330MW SCR 系统投入运行后，设备保温中发现反应器顶部壳体四周因有壁板及槽钢支撑基本完好，其余部位整体有凹陷，顶部壳体中间部位凹陷最深，构成了 SCR 工艺系统严重的设备隐患。某电厂 2×660MW SCR 系统运行后，发现反应器出口锥体部位中部垂直支撑移位，反应器壳体一侧钢板焊缝拉裂，事后利用机组停运机会对垂直支撑重新布置，补焊拉裂的壳体钢板，目前运行良好。

SCR 工艺系统烟道、反应器的热膨胀问题，一般在 SCR 工艺系统通烟气后就会有不同程度的表现，大多数在试运阶段逐步恶化。分析原因主要为设计单位对 SCR 系统烟道、反应器受热后的膨胀方向判断不准、膨胀量计算有出入，表现在引进技术没有消化吸收，不分具体情况、机组大小而盲目套用；市场需求强烈，设计出图快而没有认真推敲；个别原因是施工质量差。

（2）热解炉及喷氨、尿素溶液管道堵塞问题。

1）热解炉内尿素结晶堵塞。在 SCR 工艺系统采用尿素或氨水做还原剂时，热解炉内局部温度低于尿素溶液结晶温度时，尿素析出结晶，喷入的尿素溶液或氨水接触已结晶的尿素晶体时，晶体逐步增大，直至堵塞热解炉并向上部结晶，严重时结晶体会堵塞至喷枪稍上部位，SCR 系统被迫停止运行。此时需要打开热解炉人孔门处理尿素结晶体，热解炉因尿素结晶堵塞处理往往会造成 SCR 系统较长时间退出运行。

SCR 系统运行中，当出现尿素溶液浓度较低或较高、尿素溶液温度低于控制温度、喷枪雾化不好等原因时；或者为提高脱硝效率，加大喷氨量，喷入热解炉的尿素溶液或氨水不能全部被热空气携带进入喷氨格栅，尿素溶液或氨水就会在热解炉内壁面集聚，从热解炉底部或从管道膨胀节流出。此时，热解炉内喷枪部位以下温度有所降低，当热解炉内温度低于尿素的结晶温度时就会发生尿素结晶现象，尿素的结晶还与尿素溶液浓度有关。某电厂 2×600MW SCR 系统安装完成后在冬季试运行（热解炉已完成保温，上部设计有运转层小室，下部则裸露在大气中），热解炉下部曾发生两次尿素结晶现象，导致试运中断，业主组织设计供货（EP）单位及调试人员、工程监理、施工单位共同分析原因。后经调整氨液浓度、保持氨液温度高于设计温度 5~10℃，同时决定在热解炉下部设计、安装房间隔离冷空气以保温（SCR 系统试运行中，采取的保温措施包括，在热解炉下部搭设帐篷、在管道上裹保温毡毯，热解炉下部房间暖气未接通前装空调，顺利完成时了试运工作）。经回访，该电厂 SCR 系统运行五年多来未再发生热解炉尿素结晶堵塞现象。

应该说明的是，SCR 系统运行中，尿素溶液或氨水的温度不能低于 50℃；尿素溶液结晶现象不仅发生在热解炉，SCR 工艺系统中尿素溶液制备系统及输送管道，以及氨水输送管道也会发生尿素结晶堵塞现象。尿素结晶体坚硬，利用钢钎、铁锹、镐头等清除困难，费时耗力。作者主持某电厂（2×240t/h+1×320t/h）锅炉烟气综合治理改造时，要求设计单位在系统易结晶部位的设备和管道上增加设计疏水管，在氨液、热解炉区域及管道上增加设计布置厂用蒸汽管道吹扫系统。当因环境气温低、尿素溶液温度低等原因发生局部尿素结晶现象时，用厂用蒸汽吹扫，尿素结晶体遇蒸汽迅速化解，以液态氨液从疏水管排出，SCR 系统可尽快恢复运行，4 年多来运行性能良好。对已投入运行的SCR 工艺系统，可利用检修机会进行加装厂用蒸汽吹扫改造。

2）热解炉出口及氨空气混合物管道积灰堵塞。热解炉出口及氨空气混合物管道弯头处，特别是 SCR 系统中有些热解炉布置位置较低，热解炉出口氨空气混合物管道经90°转弯后，又经 90°转弯向上进入喷氨格栅，在连续转弯的管道部位更容易发生热解炉及氨空气混合物管道的积灰堵塞现象。

在 SCR 工艺系统中，无论稀释风采用热一次风还是热二次风，只要是经过回转式空气预热器而来，稀释风中总会携带灰尘，灰尘量的大小与煤质、锅炉的燃烧状况、回转式空气预热器的运行工况等因素有关。稀释风中携带的灰尘进入热解炉后的瞬间，因通流面积突然增大流速迅速降低，灰尘呈悬浮状态被喷入的尿素溶液或氨水淋湿，淋湿的灰尘相互撞击而黏结体积增大。当喷入的尿素溶液或氨水不能被稀释风完全携带时，灰尘相互撞击黏结体积增大的情形更加严重，较大的淋湿灰尘落下黏接在热解炉壁面及出口的弯管处，或者氨空气混合物输送管道其他部位及转弯处，其中，以管道转弯处积灰最为严重。SCR 系统运行中，黏结在氨空气混合物输送管道中的积灰被烘干、破碎而再次被氨空气混合物所携带，不能被携带的灰粒、灰黏接块，则会因氨空气混合物风向的变化等原因在管道转弯处逐渐堆积，以致管道堵塞。

热解炉出口及氨空气混合物管道因积灰而堵塞是缓慢形成的，并且长期经高达600℃左右的氨空气混合物气体的冲刷、热解，积灰呈多孔性坚硬的固体。热解炉布置位置较低的SCR系统中，一般在半年或稍长时间内便会发生热解炉出口及氨空气混合物管道积灰堵塞现象。处理管道堵塞时，需要割开转弯处管道，清理积灰，造成SCR系统较长时间退出运行。目前的SCR工艺系统，没有在氨空气混合物管道转弯处等部位设计排灰装置。曾建议某设计单位并已在某些火力发电厂实施，在SCR工艺系统热解炉出口氨空气混合物管道，尤其是在管道转弯处设计排灰装置；已投入运行的SCR工艺系统，可利用检修机会进行改造加装。在SCR系统运行中，排灰应作为一项定期工作长期执行。

3）氨空气混合物管道、尿素溶液管道堵塞。SCR系统进入反应器烟道前的氨空气混合物母管及分支管道，因稀释热空气携带灰分，且处于系统的末端，风压低、温度低，积灰堵塞在所难免。某电厂2×300MW SCR系统进入反应器烟道前的氨空气混合物管道堵塞，处理管道堵塞时SCR系统被迫退出运行9h。

SNCR、SCR系统炉前尿素溶液管道，尿素溶液均处于反应前的末端、温度较低，且受环境温度的影响，尤其是冬季北方地区的火力发电厂，尿素溶液温度低于其结晶温度时就会发生尿素结晶而堵塞管道，导致SNCR、SCR系统退出运行。

SCR系统进入反应器烟道前的氨空气混合物母管及分支管道，SNCR、SCR系统炉前尿素溶液管道，保证工质温度、防止堵塞是必要的，应在此区域管道上在保温层内部加装伴热、弯头处装设排灰孔。

（3）烟气脱硝改造工程的前期准备。对锅炉预留烟气脱除氮氧化物装置的空间，承担脱硝改造的设计单位应全面收集资料，尤其要认真做好现场的实际测量，在此基础上拿出初步设计文件，火力发电厂、设计、监理、设备制造、安装、调试各单位应共同开好第一次设计联络会，方可进入下一步工作，否则，脱硝改造开始后问题百出，脱硝改造工作也不能取得预期的效果。某电厂2×600MW第一台机组SCR脱硝改造开始后，在脱硝钢架的安装中发现钢梁不是长，就是短，钢架安装艰难。经多方查找原因发现，设计单位没有到现场认真实际测量，而是以发电厂提供的竣工图纸为依据进行设计。专题讨论会上，设计单位、发电厂各为自己辩护，争论不休，暴露出设计单位欠缺科学严谨的态度，发电厂在竣工验收某些环节中走过程或工作中疏忽。各方最终决定，对正在施工的脱硝钢架以实际测量为准进行改造，第二台机组钢架重新设计。设计单位拿出钢架补强、设计方案，经第三方校核确认后对两台机组的脱硝钢架进行了补强，脱硝改造工期延长近三个月，设计校核认证、材料、施工等费用支出近100万元。

（4）还原剂问题。

1）尿素制备车间的工作环境。当SNCR、SCR工艺系统中的还原剂采用尿素溶液（或氨水）时，一般设计要求尿素溶液（或氨水）的制备、储存、输送温度大于等于50℃，在此温度时，尿素溶液开始分解为缩二脲、氨气、碳酸氨、氨基甲酸盐，可以闻到刺鼻的氨的气味，此外，尿素溶液还具有腐蚀性。因此，尿素制备车间尿素溶液的制备、储存设备及其管道应具有防腐能力，且应严密无漏，制备、储存罐体的排气应用管道排至车间外，尿素制备车间应有换气扇。某电厂2×330MW SCR系统的尿素溶液制备采用人工倒料、斗式提升机将尿素颗粒输送至尿素溶液制备罐来制备尿素溶液，冬季尿素车间氨味还能忍受，其他季节工作一会儿就需到车间外呼吸新鲜空气。尿素车间工作环境（或条件）恶劣，设计供货施工（EPC）单位只能重新设计，在尿素车间施工并经防腐完成了地下槽箱，用作尿素溶液的制备，原尿素溶液制备罐改为尿素溶液储备罐，改造完成后工作环境得到极大改善，车间内几乎闻不到氨味。

2）尿素的装卸与存储。当火力发电厂烟气脱硝 SNCR、SCR 工艺系统中的还原剂采用尿素时，对 SCR 法系统 HJ 562—2010《火电厂烟气脱硝工程技术规范 选择性催化还原法》规定，尿素颗粒储存的容量应按全厂脱硝系统设计工况下连续运行 3～5 天（每天以 24h 计）所需要的氨气量来计算；对 SNCR 法系统 HJ 563—2010《火电厂烟气脱硝工程技术规范 选择性非催化还原法》规定，尿素溶液的总储存容量宜按不小于所对应的脱硝系统在锅炉最大连续负荷（BMCR）工况下 5 天（每天以 24h 计）的总消耗量来设计。

相当多的火力发电厂锅炉烟气脱硝改造及新建机组锅炉烟气脱硝，在 SNCR、SCR 工艺系统采用尿素作为还原剂时均采用袋装尿素。使用袋装尿素较采用罐车运输散装尿素颗粒、操作不便、具有一定的安全隐患，并且，每年需支出一笔可观的劳务费用。尿素的装车、卸车、堆放储存，尿素溶液配制时的倒运、拆袋、倾倒等步骤的作业，需要固定或非固定的人力。劳动强度大、费工耗时，多外请临时人员来完成。某电厂 2×300MW 机组锅炉 SCR 法系统袋装尿素的装卸车和尿素溶液的配制，每月需支出 15 000 多元的人工费用；并且因人工作业，尿素的合格证、封口线等进入配制系统，经常堵塞尿素溶液输送泵滤网，需要及时处理；处理不及时还会造成脱硝系统出力不足，影响到 $NO_x$ 升高而被迫减少机组负荷运行；此外，袋装尿素的市场价格要高于散颗粒尿素，还原剂采用袋装尿素弊端不少。

目前，许多 SNCR、SCR 法系统还原剂采用尿素的火力发电厂，开始加装尿素颗粒储存罐（仓）。尿素颗粒储存仓（容量如前所述）应至少设置一个，应设计成锥形底、立式碳钢罐，并设置热风流化装置和振动下料装置，以防止尿素颗粒吸潮、架桥及结块堵塞；由尿素颗粒储存仓到尿素溶解罐的输送管道应设有关断装置和避免堵料的措施；尿素颗粒储存仓应有料位指示或其他检测料位的装置，下料口后应设有尿素颗粒的称重装置。

尿素颗粒从运送的罐车到尿素颗粒储存仓卸车方式，应设计成有风机的卸载装置；也可利用运送罐车的空气卸车装置完成，但要注意其空气温度不能高于 50℃。

尿素溶液配制系统应接入脱硝系统的分散控制系统（DCS）或可编程逻辑控制器系统（PLC），其功能包括数据采集及处理（DAS）、模拟量控制（MCS）、顺序控制（SCS）及联锁保护、厂用电源监控等。

# 第四节 烟 气 脱 碳

导致全球气候变暖的诸种温室气体中，二氧化碳由于生命周期长，对气候变化影响最大，从而成为全球减缓温室气体的首要目标。从技术角度考虑，减少二氧化碳排放主要有三个方面：其一是减少化石能源消耗、提高能源使用效率与节约能源；其二是开发利用新能源和可再生能源，如采用核能、太阳能、风能、水能及生物质能等，逐步替代化石能源；其三是发展安全可靠的 CCS 技术，也即碳捕集与封存技术。

目前，商业化的二氧化碳捕集已运营了一段时间，技术已发展得较为成熟，而二氧化碳封存技术世界各国还在进行一定规模的实验中。我国多个火力发电厂对二氧化碳的捕集、资源化利用、封存技术已在积极的进行中，为即将实施的火力发电厂脱碳提供技术支持。本节烟气脱碳技术主要介绍碳的捕集（或脱除或分离）与封存技术，以及二氧化碳的资源化利用。

## 一、脱碳技术

CCS（carbon dioxide capture and storage）技术，是对利用燃料而产生的 $CO_2$ 与其他气体分离开，经过压缩、脱水和输送，将其安全长久地封存在地质层中。CCS 技术是应对气候变化、减少温室气体排放的富有潜力、重要的技术手段之一。基于胺基吸收技术的燃烧后碳捕捉系统几乎适用于所有的火力发电厂，并具有相当大的二氧化碳减排潜力，但 CCS 技术较高的运行能耗和投资成本成为该技术推广应用的障碍。

传统的火力发电厂锅炉在常压下燃烧煤炭等燃料，在清洁的烟气体排放到大气以前，$CO_2$ 必须从惰性气体（主要是氮气）中脱除或捕集或分离是非常困难的，需要额外的能量、成本相当高。捕集 $CO_2$ 的目的是得到浓缩的、易于传输的高压 $CO_2$ 气流。$CO_2$ 捕集技术包括燃料燃烧前捕集、燃烧后捕集、富氧燃烧技术。

### 1. 燃烧前捕集技术

燃烧前捕集技术（pre-combustion）是指在碳基燃料燃烧前，先将其化学能从碳元素中转移出来，再将碳和携带能量的其他物质分离，以实现燃料燃烧前碳的脱除。燃烧前碳的脱除技术通常主要运用于整体煤气化联合循环发电（IGCC）系统中，先将燃煤高压富氧气化成煤气，经过冷却净化除去煤中的硫化物、氮化物、粉尘等污染物，再经过水煤气变换后将产生 $CO_2$ 和氢气（$H_2$），其气体压力和 $CO_2$ 浓度都很高，将很容易对 $CO_2$ 进行捕集。捕集的 $CO_2$ 可作原料生产尿素，$H_2$ 作为燃料用于发电，其中的脱碳步骤可布置在脱硫前或脱硫后。目前，可应用于燃烧前捕集 $CO_2$ 的分离技术主要有物理吸收法（以 Selexol 法为代表）及化学吸收法（以 MDEA 法为代表）。该技术的捕集系统小、能耗低，在效率及对污染物的控制方面有很大的潜力，因此受到广泛关注。但 IGCC 发电技术仍存在投资成本过高、可靠性有待提高等问题。

燃烧前碳的捕集用于常规燃煤发电，可避免常规燃煤发电厂燃烧后捕集烟气流量大、$CO_2$ 浓度低的缺点，被认为是未来最有前景的碳捕集技术路线之一。

### 2. 燃烧后捕集技术

燃烧后捕集（post-combustion）即在燃烧排放的烟气中捕集 $CO_2$，目前常用的 $CO_2$ 分离技术主要有化学吸收法（利用酸碱性吸收）和物理吸收法（变温或变压吸附），膜分离法技术虽仍处于发展阶段，但其在能耗和设备紧凑性方面具有强大潜力却是公认的技术。

理论上说，燃烧后捕集技术适用于任何一种火力发电厂。但一般烟气的压力低、体积大、$CO_2$ 浓度低，而且含有大量的 $N_2$，因此捕集系统庞大，需耗费大量的能源。

（1）膜分离法技术。膜分离法技术是利用某些薄膜对不同气体具有不同渗透率来选择分离气体。膜分离的驱动力是膜两侧的压差，在驱动力作用下，渗透率高的气体优先通过薄膜形成渗透气流，渗透率低的气体在薄膜进气侧残留，两股气流分别从薄膜两侧引出达到分离目的。膜分离法具有结构简单、操作方便、一次性投资少、设备紧凑、占地面积小、能耗低等优点。但在火力发电厂烟气中 $CO_2$ 分离方面，由于膜材料的选择性低、分离纯度不高等问题。目前还处于试验阶段。

（2）低温蒸馏法。利用 $CO_2$ 与其他气体组分沸点的不同，通过低温液化，蒸馏实现 $CO_2$ 与其他气体的分离。对于 $CO_2$ 含量较高的混合气体采用此法较为经济合理，直接采用压缩、冷凝、提纯的工艺就可获得液体 $CO_2$ 产品，对 $CO_2$ 含量较低的混合气需经多次压缩和冷却才能使 $CO_2$ 浓缩，并从混合气体中分离出来。应用于燃煤电厂因设备体积大、能耗较高、分离效果较差因而成本较高，目前处于试验研究阶段。

（3）物理吸附法。物理吸附法是在加压条件下采用有机溶剂对酸性气体进行吸收，以达到分离脱除的目的。由于不发生化学反应，溶剂的再生通过降压来实现，因此所需再生能量很少。该方法的关键是确定优良的吸收剂，采用的吸收剂必须对 $CO_2$ 的溶解度大、选择性好、沸点高、无腐蚀、无毒性、性能稳定。目前，燃烧后捕获系统通常采用某一种有机溶剂，如单乙醇胺（MEA）等有机溶剂。

（4）吸收法。吸收法是利用吸收剂溶液对混合气体进行洗涤来分离 $CO_2$ 的方法。按照吸收剂性质的不同又可分为化学吸收法、物理吸收法和离子交换树脂等。

化学吸收法是利用 $CO_2$ 与化学吸收剂在吸收塔内进行化学反应，从而形成一种弱联结的中间体化合物，然后又在解析塔（再生塔）内加热富含 $CO_2$ 的吸收液，使 $CO_2$ 解吸出来同时吸收剂得以再生的方法。化学吸收法的关键是控制好吸收塔和解析塔的温度与压力。吸收法的优点是技术成熟，在石油、化工领域应用广泛，燃煤电厂已有应用实例。

火力发电厂的烟气中 $CO_2$ 分压力低，适合采用化学吸收法。传统的化学溶剂一般用 $K_2CO_3$ 水溶液或乙醇胺类的水溶液。回收烟气中的 $CO_2$ 采用以单乙醇胺（MEA）为主溶剂的 MEA 法。用氨水洗涤烟气、脱除其中的 $CO_2$，因具有低成本、高效率等特点而受到广泛关注。

由于 $CO_2$ 在溶剂中的溶解遵循亨利定律，物理吸收法仅适用于 $CO_2$ 分压力较高的烟气，不适用于燃煤电厂的烟气处理。

### 3. 富氧燃烧技术

通常将含氧量大于 21% 的空气称为富氧空气，用富氧空气进行燃烧称为富氧燃烧（oxy-fuel combustion）。燃煤电厂富氧燃烧技术采用 $O_2/CO_2$ 燃烧技术，也称为空气分离/烟气再循环技术，被认为是可以实现燃烧污染物接近零排放的新型洁净煤发电技术。富氧燃烧技术具有减少烟气排量及热损失，提高火焰强度和燃烧速度，降低燃料的燃点和减少燃尽时间，减少 $CO_2$、$SO_2$、$NO_x$ 等污染物排放的特点。

$O_2/CO_2$ 燃烧技术是将空气分离获得的氧气 $O_2$ 和 70% 左右的锅炉烟气（主要为 $CO_2$），按一定比例构成的混合气体送入炉膛，代替空气作为化石燃料燃烧时的氧化剂，其燃烧过程组织与常规燃烧方式类似，以提高燃烧烟气中 $CO_2$ 的浓度。在燃烧过程中大幅度提高烟气中的 $CO_2$ 浓度，会使回收成本降低。由于在制氧过程中，绝大部分氮气已经被分离掉，所以其燃烧产物中 $CO_2$ 的含量将达到 95% 左右，将大部分的烟气直接压缩冷凝液化，再回收商业利用或封存，一小部分不液化气体经烟囱排放。在液化处理以 $CO_2$ 为主的烟气时，$SO_2$ 同时也被液化回收，可省去烟气脱硫设备；在 $O_2/CO_2$ 环境下，

$NO_x$ 的生成也将会减少。在燃烧和传热等方面做进一步的优化设计，其带来的经济效益和节省的费用即可部分抵消回收 $CO_2$ 所增加的费用。燃煤电厂富氧燃烧技术作为捕获 $CO_2$ 的一种方法，目前已在多个电厂中运行。

## 二、二氧化碳的资源化利用

### 1. 工业上的应用

工业上从煅烧石灰石或酿酒的发酵气中获得二氧化碳，燃煤电厂捕集的二氧化碳可通过资源化利用。目前，二氧化碳在工业上的应用只占排放量的 1% 左右。

二氧化碳的工业用途非常广泛，在机器铸造业，二氧化碳是添加剂，也可用于铸钢件的淬火；在金属冶炼行业，特别是优质钢、不锈钢、有色金属冶炼，二氧化碳是质量稳定剂；在陶瓷搪瓷业，二氧化碳是固定剂；在化工行业，二氧化碳可用来制作铅白颜料，还可用于生产甲醇、甲酸等产品；在烟草业，二氧化碳可用作烟丝膨化，如用 $CO_2$ 全部代替氟利昂用于烟丝膨胀，全国每年可消耗 30 多万 t 的 $CO_2$。

二氧化碳还可用于制取金刚石，反应的化学方程式为

$$4Na + CO_2 = 2Na_2O + C \tag{2-67}$$

反应的条件为 440℃ 及 800 个大气压，在这样的条件下二氧化碳会形成超流体，能够吸附在钠的表面，加速电子从钠传递至二氧化碳的过程。当温度降低至 400℃ 时，就不能产生金刚石了，当压力下降时，生成物主要以石墨为主。

二氧化碳一般不燃烧也不支持燃烧，常温下密度比空气略大，受热膨胀后则会聚集于上方，因此常被用作二氧化碳气体保护焊接、二氧化碳灭火剂等。

液态的 $CO_2$ 可用于洗涤新钻成的油井，并提高石油采收率；$CO_2$ 应用于石油开采的气驱强化采油技术中，可使石油开采量提升；在油井中还可储存相当量的 $CO_2$，在石油领域 $CO_2$ 的应用前景很宽广；在低温热源发电站中二氧化碳作为工作介质；在一定条件下使二氧化碳与天然形成的物质发生反应，将 $CO_2$ 转化成对环境无害的固态矿物。

### 2. 农林上的应用

二氧化碳可用于生产碳酸氢铵、尿素等化肥；二氧化碳常用的生物固碳方法包括向温室里通入 $CO_2$ 作为气肥；在前沿研究领域中，有的实验室还利用一些水藻类浮游生物，大量吸收 $CO_2$ 并将其转化为体内组织来固碳。生物固碳技术既能固定二氧化碳又能达到提供新型能源的目的，有极为广阔的应用前景，目前还处于实验室研究阶段。

开展植树造林、发展绿色植物，是环境保护的一项基本国策，也是长期艰巨的任务。绿色植物能将二氧化碳与水在光合作用下合成有机物，二氧化碳是绿色植物光合作用不可缺少的原料，温室中常用二氧化碳作为肥料。光合作用总的反应为 $CO_2 + H_2O \xrightarrow{\text{叶绿体、光照}}$ $C_6H_{12}O_6 + O_2$。光合作用释放的氧气全部来自水，光合作用的产物不仅有糖类，还有氨基酸（无蛋白质）、脂肪，其产物为有机物。

### 3. 食品医药行业的应用

液体二氧化碳蒸发时或在加压冷却时可凝成固体二氧化碳，俗称干冰。干冰是一种低温制冷剂，可用于临床上的局部冷却麻醉，还可用作食品冷藏保鲜剂；二氧化碳可用作香料、药物的提取剂和溶剂等；二氧化碳在饮料啤酒业是消食开胃的添加剂；做酵母母粉，二氧化碳是促效剂；二氧化碳可用于生产小苏打、纯碱、饮料。

### 4. 其他方面的应用

固态二氧化碳升华时可吸收大量热量，因而用作制冷剂，气象行业用于人工降雨，文艺演出时也常在舞台中用其制造烟雾。

## 三、二氧化碳的封存技术

把捕集到的二氧化碳输送到利用或合适的封存地点，需要根据系统的具体条件、要求、输送量等选择适当的运输方式。可使用汽车、火车、轮船及管道来进行运输。一般而言，管道是最经济的运输方式。目前，已经实践过的二氧化碳运输方式主要有管道运输、轮船运输和罐车运输三种。在进行运输之前，还须对二氧化碳进行净化和压缩的预处理。

在 CCS 技术的基础上发展的 CCUS 技术，是将大型发电厂、钢铁厂、化工厂等产生的二氧化碳收集起来，合理利用并用各种方法储存以避免其排放到大气中的一种技术。它包括二氧化碳捕集、运输、封存和使用，如用于大型发电厂可使单位发电碳排放减少 $85\%\sim90\%$。

二氧化碳的封存有多种方法，一般说来可分为地质封存（geological storage）和海洋封存（ocean storage）两大类。

### 1. 地质封存

地质封存是指将超临界状态（气态及液态的混合体）的 $CO_2$ 注入地质结构中，这些地质结构包括油田、气田、咸水层、无法开采的煤矿等。要封存大量的 $CO_2$，最适合的地点是咸水层。咸水层一般在地下深处，富含不适合农业或饮用的咸水，这类地质结构比较常见，同时拥有巨大的封存潜力。$CO_2$ 性质稳定，可在相当长的时间内被封存。地质封存点经过谨慎的选择、设计与管理，注入其中的 $CO_2$ 的 99% 都可封存 1000 年以上。

把 $CO_2$ 注入油田或气田用以驱油或驱气可提高采收率（可提高 $30\%\sim60\%$ 的石油产量）；注入无法开采的煤矿可把煤层中的煤层气驱出来，即可提高煤层气采收率。

### 2. 海洋封存

海洋封存是指将 $CO_2$ 通过管道或轮船运输到深海海底进行封存。采用这种封存方法时，出现过高的 $CO_2$ 含量会杀死深海的生物，使海水酸化，封存在海底的二氧化碳可能会逃逸到大气中，对环境造成负面影响等问题，目前正在进行深入的研究。

第三章

# 燃 煤 制 备

循环流化床（circulating fluidiszed bed，CFB）的燃烧方式可燃烧优质燃煤，也可燃烧劣质燃煤。循环流化床锅炉不但在燃烧高硫燃料、劣质燃料和各种固体废弃物方面，与煤粉锅炉等其他燃烧方式的锅炉相比有绝对的优势，而且循环流化床锅炉在节约煤炭资源、利用劣质煤和煤矸石、减少对大气的污染，以及灰渣的综合利用、改善电网的调峰能力等方面具有明显的技术优势。

循环流化床锅炉对入炉燃料的粒度及分布特性均有一定的要求。循环流化床锅炉的燃煤制备系统由燃煤的破碎、筛分、输送、成品煤仓、给煤机组成。根据不同的炉型与煤种，燃煤制备系统应制备成品煤粒度合格、粒度分布合理、满足循环流化床锅炉燃烧要求的成品煤，为此，燃煤制备设备及其分系统（或附属系统）必须协调一致的工作。

循环流化床锅炉运行实践中，因为燃煤系统的设计、设备的选择及设备的性能等原因，煤的粒度及粒度分布不能满足循环流化床锅炉燃烧要求，锅炉达不到设计出力，管壁和耐火层磨损严重，飞灰含碳量高，锅炉排渣及冷渣器运行不正常等现象时常发生，这些，必须引起循环流化床锅炉生产和技术管理、运行及检修人员足够的重视。

## 第一节　循环流化床锅炉对燃煤粒径的要求

### 一、流态化颗粒分类及粒度测定

#### 1. 流态化颗粒的分类

固体颗粒的粒径、密度及气体的黏度和密度，对其流态化性能有较大影响。美国学者吉尔达特（Geldart）根据在常温、常压下对一些典型固体颗粒的气固流态化特性的分析，通过不同种类的颗粒床流化状态的研究，于 1973 年提出了一种具有实用价值的颗粒分类方法。按照这种方法，以颗粒的直径为横坐标，以颗粒密度与流化气体密度差为纵坐标，将颗粒分为 A、B、C、D 四类，如图 3-1 所示。Geldart 颗粒分类（流化介质为空气，常温、常压和流化速度小于 $10u_{mf}$ 的情况）同一类颗粒具有相同或相似的流化现象，而不同类别的颗粒则反映出不同的流化特性。对于任何一种已知密度和尺寸大小的颗粒，图 3-1 能给出所期望的流化状态。目前，Geldart 颗粒分类图得到广泛的应用。

（1）C 类颗粒。这类颗粒属极细颗粒或黏性颗粒，一般平均粒度小于 $20\mu m$。由于颗粒粒径很小，颗粒之间的相互作用力很大，极易导致颗粒团聚，属于很难流化的颗粒，此外由于这类颗粒具有较强的黏结力，当气流通过这种颗粒组成的床层时，容易产生沟流现象。传统上认为这种颗粒不适于流化操作，但是近些年采用搅拌和振动的方法，可使这类颗粒顺利流化。

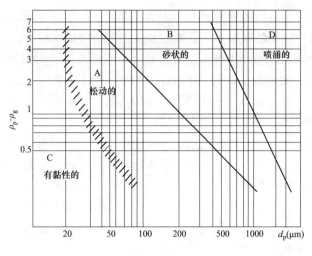

图 3-1　Geldart 的颗粒分类

（2）A 类颗粒。A 类颗粒较细，粒度一般为 $20\sim90\mu m$，密度也较小，一般表观密度 $\rho_p<1400kg/m^3$，这类颗粒一般较易流化，并且从开始流化到形成气泡之间一段很宽的气速范围内，床层能均匀膨胀，形成均匀的流散式流化状态。化工流化床反应器常用的裂化催化剂是典型的 A 类颗粒。

（3）B 类颗粒。这类颗粒具有中等粒度和中等密度，典型的粒度范围为 $90\sim650\mu m$，表观密度为 $1400\sim4000kg/m^3$，具有良好的流化性能。这类颗粒的初始鼓泡速度与初始流化速度相等，在流化风速达到临界流化速度后即发生鼓泡现象。砂粒是典型的 B 类颗粒。

（4）D 类颗粒。具有较大的粒度和密度，并且在流化状态时颗粒的混合性能较差。平均粒度一般为 0.65mm 以上，甚至大于 1mm。这类颗粒流化时容易产生大气泡或节涌，使操作难以稳定，需要很高的气流速度来流化。大多数燃煤循环流化床锅炉的床料和燃煤颗粒，以及玉米、小麦的颗粒属于 D 类颗粒。

上述四类颗粒的主要特性及比较，见表 3-1。

表 3-1　　　　　　　　　　　　　四类颗粒的主要特性及比较

| 颗粒范围 | C | A | B | D |
|---|---|---|---|---|
| 粒度（$\rho_p<1400kg/m^3$）（$\mu m$） | <20 | 20～90 | 90～650 | >650 |
| 流沟程度 | 严重 | 很小 | 可忽略 | 可忽略 |
| 可喷动作 | 无 | 无 | 浅床时有 | 有 |
| 最小鼓泡速度（$u_{mb}$） | 无气泡 | >$u_{mf}$ | =$u_{mf}$ | =$u_{mf}$ |
| 气泡形状 | 仅为沟流 | 平地圆帽 | | |
| 固体混合 | 很低 | 高 | 中 | 低 |
| 气体返混 | 很低 | 高 | 中等 | 低 |
| 粒度对流体动力特性的影响 | 未知 | 明显 | 很小 | 未知 |

**2. 颗粒粒径及分布的测定**

粒径表示颗粒尺寸的大小，只有在球形粒子的特殊情况下，才可用直径唯一的加以规定。对非球形粒子一般可用等效直径来规定粒子的大小。流化床锅炉的颗粒通常都是一定尺寸范围内、大小不同的颗粒混合体（即颗粒群），呈现不同的宽筛分特性。在流化床中通常把形状不规则的颗粒，等效的用相应的球形颗粒来代替。

颗粒粒径及分布的测定方法很多。由于采用的原理不同，测得的粒径范围及参数也不同，应根据使用目的和方法的适应性做出合理的选择。测定及表达粒径的方法有长度、质量、横截面、表面积及体积等五类。因为粒径测定结果与测定方法及表示法有关，所以测定结果应指明测定方法与表示法。

颗粒粒径分布测量方法中的筛分法是普遍使用的方法，筛分采用的普通筛子是用平织的金属丝网制成的，一般大于 $40\mu m$ 的固体颗粒可用筛网来分级。筛分法是以颗粒群通过一系列不同筛孔的标准筛，将颗粒群分离成若干个粒级，分别称量，即得以质量百分数表示的粒度分布。筛网开孔大小有各种标准，我国常用泰勒标准筛，与英国、美国、日本等国家十分接近。泰勒标准筛对孔径为 25.4mm 以上的孔，直接以开孔的尺寸来表示孔的大小，对孔径小于 25.4mm 的孔，用 25.4mm 筛网长度上的筛孔数来表示不同大小的筛孔，称为"目"。泰勒标准筛是一系列不同筛孔的筛子，相邻上下两档筛子的孔径尺寸比大致为 $\sqrt{2}$。泰勒标准筛的目数和孔径（相邻网线间的孔径），见表 3-2。

表 3-2　　　　　　　　泰勒标准筛的目数和孔径（相邻网线间的孔径）

| 目数 | 孔径（mm） | 目数 | 孔径（mm） |
| --- | --- | --- | --- |
| 3 | 6.680 | 48 | 0.295 |
| 4 | 4.499 | 65 | 0.208 |
| 6 | 3.327 | 100 | 0.147 |
| 8 | 2.362 | 150 | 0.104 |
| 10 | 1.651 | 200 | 0.070 |
| 14 | 1.168 | 270 | 0.053 |
| 20 | 0.833 | 400 | 0.038 |
| 35 | 0.417 | | |

使用泰勒标准筛筛分时，影响测量结果的因素很多，如颗粒的物理性质、筛面上颗粒的数量、颗粒的几何形状、操作方法、操作的持续时间及取样方法等，筛分操作时应注意以下几个问题。

（1）筛面上的试样尽可能少，粗粒称样取 100～150g，细粒称样取 40～60g。

（2）筛分时间一般不超过 10min。

（3）采用标准规定的操作方法，如手筛时应将筛子稍微倾斜一些，用手拍打 150 次/min，每拍打 25 次后将筛子转动 1/8 圈（45°）。

（4）一般采用干法过筛，物料应烘干，有必要时可加入 1% 的分散剂，以减少颗粒的团聚。对很易团聚的物料，可用湿法筛分。

（5）若筛分的各粒级质量与原试样质量之差大于 0.5%～1% 时，应重新筛分。

## 二、循环流化床锅炉对燃煤粒度的要求及其判断

### 1. 循环流化床锅炉对燃煤粒度的要求

循环流化床锅炉燃煤粒度分布的选择和确定与流化速度密切相关。循环流化床锅炉要求燃煤中，有较大比例的终端速度小于流化速度的细颗粒，保证在已确定的流化速度

条件下，有足够的细颗粒吹入炉膛上部，确保燃烧室上部稀相区的燃烧份额，并能形成足够的循环物料，保证物料的平衡，即是说燃料的粒度分布应符合宽筛分特性的要求。另一方面，燃料的粒度分布对循环流化床锅炉燃烧、传热、负荷调节特性等都有十分重要的影响。循环流化床锅炉正常燃烧时，大于1mm的煤粒一般在燃烧室的下部燃烧，小于1mm的颗粒在燃烧室的上部燃烧，带出炉膛的细小颗粒经分离器收集后送回燃烧室循环燃烧，极细颗粒一次通过燃烧室，分离器不能收集。如果燃煤的颗粒在燃烧室内的停留时间小于燃尽时间，则会造成燃煤颗粒的不完全燃烧，使飞灰含碳量增大，燃烧效率降低。燃煤经制备后，如果粗颗粒含量过多，则造成燃烧室下部燃烧份额增大和燃烧温度升高，燃烧室上部燃烧份额减小和燃烧温度降低。如果细颗粒偏多，锅炉的燃烧工况偏离设计值，因烟气携带极细燃煤颗粒份额增加，吸风机电耗及用电率增大，甚至引起分离器内的燃烧份额增加，造成分离器堵塞、温度升高，或者在分离器内发生二次燃烧。

国内外学者在经历了各自不同的循环流化床发展道路后，对燃煤的颗粒范围及颗粒度分布取得了一致的认识。我国早期的循环流化床锅炉对燃煤制备大多数采用简单机械破碎，煤经破碎后送入锅炉燃烧。入炉煤的粒径要求为0～10mm，实际运行中往往在0～50mm，更有甚者，煤燃烧后，排出渣的粒度在0～50mm，甚至更大，这就导致风帽及炉墙严重磨损，或者锅炉出力达不到设计要求。由于炉型及参数选择的不同，各锅炉制造厂有各自的颗粒范围。目前，我国循环流化床锅炉采用的燃煤颗粒尺寸一般为0～8mm、0～10mm或0～13mm，而且对燃煤粒度分布也有一定的要求。

不同的循环流化床锅炉炉型对燃煤颗粒度的范围和粒径分布的要求是不同的，并且燃煤挥发分的不同，燃煤的粒度也不相同。一般而言，高循环倍率的循环流化床锅炉，要求燃煤粒度较细，低、中循环倍率的循环流化床锅炉，要求燃煤粒度较粗；挥发分低的煤种，燃煤颗粒的粒度要破碎得较细，高挥发分易燃的煤种，燃煤颗粒的粒度可以破碎得较粗。我国循环流化床锅炉多是中、低循环倍率的，对高挥发分、低灰煤种，燃煤颗粒尺寸为0～13mm；对低挥发分、高灰煤种，燃煤颗粒尺寸为0～8mm。

欧洲大型循环流化床锅炉燃煤粒径分布大致是0.1mm以下份额不小于10%，1.0mm以下份额不小于60%，4.0mm以下份额不小于95%，10mm以上份额为0。

考虑挥发分对燃煤粒度分布的影响，欧洲国家按式（3-1）制备燃煤

$$V_{daf} + D_1 = 85\% \sim 90\% \tag{3-1}$$

式中　$V_{daf}$——煤的干燥无灰基挥发分，%；

　　　$D_1$——入炉煤中粒径小于1mm煤粒的份额，%。

从上式可看出，对干燥无灰基挥发分较高的煤种，不大于1mm粒径燃煤的份额可小些；对干燥无灰基挥发分较低的煤种，不大于1mm粒径燃煤的份额可大些。结合循环流化床锅炉的运行实践，考虑挥发分对燃煤粒径分布的影响，我国有学者提出按式（3-2）制备入炉燃煤

$$V_{daf} + D_1 = 65\% \sim 75\% \tag{3-2}$$

可看出，我国入炉煤中1mm以下粒径的煤粒所占的百分数比欧洲国家小，即是说在燃烧室内流化速度相同的情况下，我国循环流化床锅炉的飞灰倍率较欧洲国家低。

**2. 燃煤粒径范围和平均粒径的判断**

（1）煤种不同，燃煤粒径范围和平均粒径不同。对挥发分较高的煤种，燃煤粒径范围

和平均粒径可以大一些，对挥发分较低的煤种，燃煤粒径范围和平均粒径可以适当小一些。

（2）循环流化床锅炉的炉型不同，对燃煤粒径范围和平均粒径的要求是不一样的。

（3）高循环倍率的循环流化床锅炉，燃煤粒径范围和平均粒径要求较小；而中、低循环倍率的循环流化床锅炉，燃煤粒径范围和平均粒径要求较大。

（4）采用膜式水冷壁的循环流化床锅炉，对燃煤粒径范围和平均粒径要求较小；而带埋管的循环流化床锅炉，燃煤粒径范围和平均粒径要求可大一些。

（5）高循环倍率的循环流化床锅炉，燃煤平均粒径范围为 0.8～2.0mm；带埋管的循环流化床锅炉，燃煤平均粒径范围为 4.5～6.5mm。对燃用高挥发分易燃尽的煤种取高值，对燃用低挥发分难燃尽的煤种取低值。

## 三、燃煤粒径对循环流化床锅炉运行的影响

燃煤的粒度大小与粒径分布，直接影响到循环流化床锅炉燃烧室内颗粒的浓度分布、密相和稀相区的燃烧份额、锅炉各受热面的传热特性，最终影响到锅炉的燃烧效率、锅炉的负荷和负荷调节特性，以及锅炉的排渣和冷渣器的运行，同时影响到锅炉的受热面和耐火防磨层。

### 1. 燃煤平均粒径对循环流化床锅炉负荷和负荷调节的影响

燃煤平均粒径大，在该锅炉设计的流化速度下，吹出密相区的细颗粒较少，参与循环燃烧的颗粒就少，锅炉灰的循环倍率降低。这将造成燃烧室上部稀相区颗粒浓度低，稀相区的燃烧份额也随之降低，其受热面的吸热量不足。此时大量的粗颗粒始终（或较长时间）在燃烧室的密相区燃烧，释放大量的热量，因为锅炉燃烧室下部受热面的面积布置已定，不能吸收多余的热量，将会造成燃烧室下部温度升高、床温升高，很容易使床内局部流化不好，造成局部结焦。

这样，由于循环流化床锅炉燃烧室稀相区吸热量不足，密相区受热面不能吸收过多的热量，造成循环流化床锅炉蒸发段吸热比例下降、总的吸热量降低，使锅炉的负荷达不到设计值。

如果燃烧室密相区温度超过 1000℃，为提高锅炉负荷，继续增加燃煤，燃烧室密相区温度也将继续升高，将发生床料高温结焦甚至被迫停炉事故。

为保持燃烧室密相区床层温度在设计值运行，防止锅炉床层超温结焦，必须降低密相区的燃烧份额，这样就使循环流化床锅炉的负荷调节受到限制，当燃煤颗粒较粗时，锅炉负荷不能达到设计出力。例如，某台 75t/h 的循环流化床锅炉，按中煤与煤矸石 1∶5 比例掺烧，于 2004 年 12 月投产。由于入炉成品燃煤粒度大于设计值（10～13mm），锅炉的排渣粒度为 0～50mm，锅炉负荷长期在 60t/h 左右，达不到设计出力。当锅炉燃用该矿区洗选煤场的干煤泥时，锅炉负荷即可达到 75t/h 的设计值，最高负荷为 80t/h。

### 2. 对循环流化床锅炉燃烧效率的影响

循环流化床锅炉一般燃烧室底部的炉渣含碳量不大于 2.0%，而飞灰含碳量为 2%～10%。当入炉成品燃煤中细颗粒偏多，燃煤的发热量较高，挥发分含量较低时，飞灰含碳量高达 20%～30%。由于燃烧室高度的限制，细颗粒燃煤在燃烧区内停留的时间远小于它燃尽所需要的时间，从而导致飞灰含碳量 $C_{fh}$ 增大，引起机械不完全燃烧热损失 $q_4$ 增大。当入炉成品燃煤中粗颗粒偏多时，因为粗焦炭颗粒表面的氧向内部扩散困难，燃

烧速度较低，燃尽时间较长，在锅炉底部排渣的影响下，焦炭颗粒在燃烧室的停留时间不足以保证其燃尽，底（炉）渣含碳量 $C_{lz}$ 大，引起的机械不完全燃烧热损失 $q_4$ 和灰渣物理热损失增大。可见，当入炉煤的颗粒过细或过粗时，都将使循环流化床锅炉的热损失增大、热效率降低。

**3. 对循环流化床锅炉受热面和耐火防磨层的影响**

从以上分析可知，入炉煤的颗粒过粗，必将导致燃烧室上部温度低、下部温度高，锅炉的出力低于设计值。运行实践中，为提高锅炉负荷，运行人员经常采用增加一次风机、二次风机及引风机的风量，使较大的燃煤颗粒被携带到燃烧室上部稀相区燃烧，以提高稀相区温度，降低密相区温度，防止结焦，改善燃煤颗粒的燃尽程度，从而提高锅炉的蒸发量。

理论研究和实践证明，锅炉受热面的磨损量与烟气速度的三次方成正比，大风量运行时，加之烟气携带大量的未燃尽焦炭颗粒的切削结果，加速了锅炉受热面和耐火防磨层的磨损，造成受热面因磨损泄漏，耐火防磨层减薄或从耐火防磨层裂缝处切削，造成耐火防磨层脱落，锅炉检修频繁，锅炉可用率下降。

**4. 对循环流化床锅炉灰渣比和冷渣器运行的影响**

入炉成品燃煤粗细颗粒的变化，直接影响到锅炉炉渣和飞灰的比率。入炉成品燃煤细颗粒多，灰渣比就大，反之灰渣比则小。入炉成品燃煤粗颗粒多，锅炉排渣量大，经过冷渣器冷却后的灰渣温度会升高或高于设计值。当冷渣器后采用皮带输送灰渣时，较高的出渣温度使皮带因长期受热龟裂或断裂，或者因出渣温度过高而烧焦输渣皮带。采用风水联合冷渣器时，冷渣器经常会发生堵塞或由于温度高造成冷渣器内部结焦，迫使冷渣器退出运行、锅炉事故排渣。入炉煤粗颗粒的切削、磨损造成耐火防磨层脱落，堵塞锅炉排渣口或冷渣器的出渣口时，冷渣器停运，锅炉事故排渣，而锅炉事故排渣又直接影响到工作人员的人身安全和锅炉机组的安全运行。

# 第二节　破碎方法与制煤系统

## 一、破碎方法

煤是一种脆性物质，在机械力的作用下能被破碎成颗粒。破碎机械的碎煤率一般为4～20倍。燃煤的破碎一般采用撞击、研磨、剪切和挤压的方法，如图3-2所示。破碎机械的工作原理一般是以其中的一种方法为主，兼有其他的破碎作用，大多数破碎机械是采用这几种基本破碎方法其中的组合。

**1. 撞击破碎**

撞击破碎指运动中的物体（锤头等）与煤块发生快速而剧烈的碰撞（煤块也可以是处在运动的状态）。

煤块从一定高度落在钢板上破碎是重力撞击的实例，重力撞击应用在将两种破碎性能相差较大的物料的分离中。撞击破碎时，易碎的物料很易破碎，难碎的物料还保持原样，用筛分等方法就很容易将它们分离。在生活中，如鸡蛋掉在地板上，鸡蛋受到重力撞击破碎，而地板则完好无损就是这个原理。

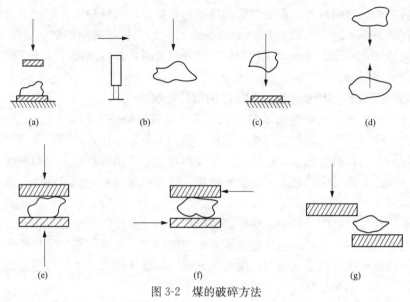

图 3-2　煤的破碎方法

(a)、(b)、(c) 磨煤部件与煤块相互撞击；(d) 运动的煤块相互撞击；(e) 压碎；(f) 研磨；(g) 剪切

煤块落在高速运动中的锤头上是动力撞击的例子，煤块经动力撞击破碎，破碎后的煤块沿撞击方向做加速运动，直到碰上其他物体（碎煤机其他部件、煤块）停止为止，反击式破碎机是采用动力撞击方法进行燃煤破碎的典型碎煤机械。动力撞击效果很好，具有明显的破碎优点，适用于下列情形：①破碎后的煤块需要保持一定的立方体形状或保持一定的粒径分布；②当需要将煤块沿其自然晶面进行破碎时；③由于煤块尺寸、水分及形状限制，无法采用鳄式破碎设备，而煤块又坚硬不易研磨时。

**2. 研磨破碎**

研磨破碎即将煤块夹在两个坚硬的物体表面之间进行磨碎的方法。研磨会使物体的研磨表面严重磨损，并且要消耗的更多能量，目前此种方法仍应用在对某些磨蚀性弱的物料（如煤）的磨碎。煤粉锅炉中间仓储式制粉系统中低速钢球磨煤机是研磨破碎的典型实例。研磨破碎主要应用于：①采用闭式循环不能有效控制出口煤粒最大尺寸的场合；②易碎的燃煤。

**3. 剪切破碎**

剪切破碎是煤块受到来自不在同一平面上的、两个方向相反的力的作用。剪切破碎与其他破碎方式总是同时出现，共同作用于煤的破碎。剪切破碎应用于下述情况：①煤块稍微有易碎的性能，并且煤块中硅的含量较低；②用于破碎比为 6∶1 的一级破碎；③需要破碎后的煤粒较粗时。

**4. 挤压破碎**

挤压破碎指煤块受到两个表面的压力而发生的破碎现象。鄂式破碎机是采用挤压破碎方法进行燃煤破碎的典型碎煤机械。挤压破碎适用于：①燃煤的硬度很大；②要求破碎后的燃煤颗粒较粗；③煤的水分少、黏性很小；④煤块比较容易沿晶面破碎时。

## 二、燃煤制备

**1. 燃煤制备系统**

不同形式和结构的循环流化床锅炉，对燃煤制备系统有不同的要求。燃煤制备系统应满足循环流化床锅炉长期、安全、稳定的运行，目前的设计规范要求，炉前成品煤仓的容积要能满足循环流化床锅炉在额定出力情况下 8h 的存煤量。运行经验表明，燃煤制备系统的设计出力应为循环流化床锅炉耗煤量的三倍左右较为合适。

循环流化床锅炉燃煤制备系统包括原煤的输送设备、筛分设备、破碎机械、成品煤仓、锅炉（或炉前）给煤机械。国内循环流化床锅炉燃煤制备系统，基本形式目前有以下几种。

（1）两级破碎机—中间筛分设备—成品煤仓系统。这种燃煤制备系统原煤经过一级破碎（粗碎）机破碎后，通过筛分设备筛分后，合格的煤粒送到炉前成品煤仓，不合格的煤粒送入二级破碎（细碎）机再进行破碎，之后送入炉前成品煤仓，由炉前给煤机供锅炉有节制的燃烧。因为设置筛分设备，一级破碎机的出力设计较大，二级破碎机的出力为一级破碎机的一半左右。这种燃煤制备系统适用于原煤的初始颗粒较大（80％的颗粒大于 25mm），而且煤矸石含量较多的原煤。图 3-3 是二级破碎中间设筛分设备的燃煤制备系统。

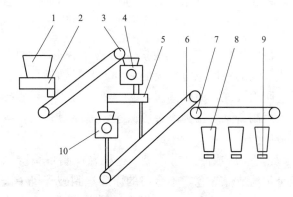

图 3-3　二级破碎中间设筛分设备的燃煤制备系统

1—受煤斗；2—给煤机；3—一段带式输送机；4—粗碎机；5—煤筛；6—二段带式输送机；
7—三段带式输送机；8—炉前煤仓；9—炉前给煤机；10—细碎机

该系统对原煤颗粒的适用范围较宽，原煤的颗粒在 100mm 以下均能适用。经过一级破碎后的碎煤进入筛分设备筛分后，进入二级破碎机进行第二次破碎的大颗粒的煤量大幅度减少，并且经筛分设备的筛分，煤在二级破碎机轴向上的分布比一段输煤皮带上原煤颗粒要均匀得多。这种燃煤制备系统在循环流化床锅炉中经常采用，煤的粒度能得到保证，但土建费用较高。

当原煤水分较低（$M_{ar} \leqslant 8\%$），当地气候干燥，原煤颗粒本身较小，而且原煤经过炉前处理或严格的筛分后，该系统能满足锅炉燃烧的要求。但是当原煤水分较大，当地雨水较多或入厂煤水分 $M_{ar} > 8\%$ 时，则需要在储煤场设置干燥棚，或者采用热风或热烟气干燥后输送的燃煤制备系统。

（2）一级破碎机-二级破碎机-成品煤仓系统。这种燃煤制备系统中一级破碎机、二级破碎机出力相同，无中间筛分设备。原煤经过一级破碎机后，不论破碎情况如何，都进入二级破碎机进行第二次破碎。图 3-4 为二级破碎无筛分设备的燃煤制备系统。

这种燃煤制备系统当原煤水分较低、当地气候干燥时，成品煤能满足锅炉燃烧的要求，土建费用较低，但缺点较多。其一，一级、二级破碎机出力一样，耗电量大，运行费用较高；其二，不管原煤经一级破碎后的破碎情况，都进入二级破碎机进行第二次破碎，二级破碎机的效率低；其三，当入厂煤较湿或连阴雨天气时，原煤水分大于破碎机要求水分，影响燃煤制备系统的出力和锅炉负荷。

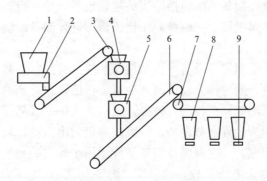

图 3-4　二级破碎无筛分设备的燃煤制备系统

1—受煤斗；2—给煤机；3——段带式输送机；4—粗碎机；5—细碎机；6—二段带式输送机；

7—三段带式输送机；8—炉前煤仓；9—炉前给煤机

就理论而言，破碎机的结构决定了其对燃煤的破碎不能达到 100%，因此，这种燃煤制备系统很难保持成品煤的粒度稳定，煤的粒度不是过细就是过粗，对锅炉的燃烧造成较大影响。特别是连阴雨天气，原煤潮湿，破碎机入口、一级破碎机、二级破碎机及其落煤管黏煤堵塞，燃煤制备系统出力大幅度减小，成品煤仓煤位得不到保证，锅炉被迫减负荷运行，甚至造成全厂停止运行事故。

（3）筛分设备-一级破碎机-成品煤仓系统。这种燃煤制备系统原煤经过筛分设备筛分后，合格的煤粒送至炉前成品煤仓，不合格的原煤送到破碎机中破碎。该系统破碎机的出力略小于输煤皮带的出力，适合于入厂煤质量较好、颗粒度较小的原煤。但该系统对原煤颗粒度的变化范围适应较窄，要求煤的颗粒小于 7mm 的占 30%～40%，原煤中含泥量较小，否则很难发挥筛分设备、破碎机械的效率，成品煤粒度难以保证。图 3-5 为筛分设备和一级破碎机组成的燃煤制备系统。

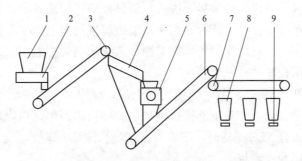

图 3-5　筛分设备和一级破碎机组成的燃煤制备系统

1—受煤斗；2—给煤机；3——段带式输送机；4—筛分设备；5—破碎机；6—二段带式输送机；

7—三段带式输送机；8—炉前煤仓；9—炉前给煤机

（4）一级破碎机-成品煤仓系统。这种燃煤制备系统无筛分设备，并且只有一级破碎机械，原煤经过破碎后直接送入成品煤仓。适用于入厂煤质量较好、原煤颗粒较小的原煤。该系统设备相对较少，土建费用较低，初投资低，电耗低，但很难保证成品煤的粒度，当破碎机运行一段时间后因锤头等部件磨损成品煤的粒度更粗。该系统适用于220t/h 及以下的循环流化床锅炉。图 3-6 为一级破碎机组成的燃煤制备系统。

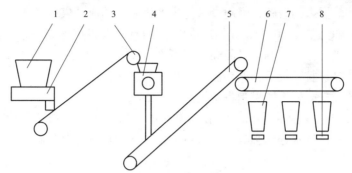

图 3-6 一级破碎机组成的燃煤制备系统

1—受煤斗；2—给煤机；3——段带式输送机；4—碎煤机；5—二段带式输送机；

6—三段带式输送机；7—炉前煤仓；8—炉前给煤机

（5）竖井式锤击破碎机燃煤制备系统。竖井式锤击破碎机燃煤制备系统是在将锅炉和燃料系统整体考虑的思想指导下，经过我国锅炉工作者 30 余年的不懈努力，在半工业性试验、工业性试验的基础上，逐步演变形成的。图 3-7 是配置 220t/h 循环流化床锅炉的竖井式锤击破碎机燃煤制备系统。

竖井式锤击破碎机燃煤制备系统是在传统的竖井式锤击磨制粉系统基础上改进的，采用锤击式破碎机、热风干燥、负压气力输送，其特点是增加了分选干燥设备。经过炉前处理小于 30mm 的原煤进入系统后，在分选干燥管中进行分选和干燥，管内流过高温烟气或蒸汽气流对原煤进行干燥和分选，控制气流速度将所需要粒度的成品煤输送到炉前成品煤仓即可。原煤粒度大于锅炉最大允许粒度时，落入破碎机重新破碎，经过二级分离器，小于最大允许粒度的成品煤粒进入炉前成品煤仓，大于锅炉

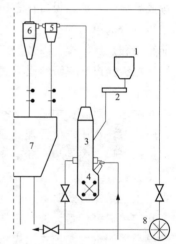

图 3-7 竖井式锤击破碎机燃煤制备系统

1—原煤仓；2—给煤机；3—分选干燥管；

4—锤击式碎煤机；5——级分离器；

6—二级分离器；7—成品燃煤仓；8—排粉机

最大允许粒度的煤粒经过一级分离器送回锤击式破碎机重新破碎，通过二级分离器气流中含有少量的煤粉，作为循环流化床锅炉的二次风送入燃烧室燃烧。

通过调整干燥分选设备和破碎机机腔内的热风温度，可调整成品煤的粒度。该系统不受原煤水分的影响，而且系统在负压下运行，现场环境卫生清洁，运行可靠，能满足循环流化床锅炉燃烧的需要。缺点是破碎机造价高、破碎机主轴等部件需要特殊的冷却、系统复杂、投资大。

应该说明的是循环流化床锅炉燃煤制备前对煤的炉前准备或处理是必要的，而且是重要的。煤的炉前准备时还应进行分选干燥，原煤干燥后，对燃煤制备系统常见的沾煤、堵塞，以及因此而产生的破碎、筛分效率低、燃煤制备系统出力小、成品煤的粒度难以保证等现象，可有效解决或缓解；同时设置干煤棚可控制原煤水分，保证循环流化

床锅炉及火力发电厂的出力稳定。

国外循环流化床锅炉燃煤制备系统的主要类型如下。

(1) 棒磨机燃煤制备系统。采用建筑材料和有色金属磨矿工艺中使用的棒磨机,作为循环流化床锅炉燃煤的破碎、磨制设备。棒磨机制备的成品煤粒径在 $0\sim10\text{mm}$,其中 $d\leqslant1.1\text{mm}$ 的占 $66\%$, $d\leqslant0.84\text{mm}$ 的占 $60\%$。而且棒磨机燃煤制备系统简单、运行可靠,一般不受原煤水分的影响,成品煤粒度可在一定范围内调整。适用于无烟煤、煤矸石,以及要求成品煤粒度较细的循环流化床锅炉燃煤制备。

(2) 竖井式锤击破碎机燃煤制备系统。

(3) 干燥分选燃煤制备系统。采用干燥分选(烟气干燥分选或蒸汽干燥分选)装置,破碎机械不受原煤水分的影响,运行可靠,是比较理想的燃煤制备系统。

**2. 炉前给煤**

炉前给煤是燃煤制备系统的重要组成部分。炉前给煤是由经炉前成品煤仓,给煤机通过一级或一级以上给煤系统,将成品煤输送到循环流化床锅炉燃烧室的设备组成的。

循环流化床锅炉的给煤方式较多,按成品煤给煤点的压力可分为正压给煤和负压给煤;按成品煤给(落)煤口在布风板的位置可分为床上给煤和床下给煤;按成品煤入煤口的工质可分为单一的给煤和煤与石灰石混供;按成品煤给煤点在燃烧室四周的位置分为炉前给煤和炉后给煤,以及侧墙给煤;按成品煤同一给煤口使用给煤机的数量分为单级给煤、二级给煤和三级给煤方式。

(1) 正压给煤和负压给煤方式。正压给煤和负压给煤方式由燃烧室内气-固两相流的动力特性决定。对高、中循环倍率的循环流化床锅炉,燃烧室内(密相区部位)基本上处于正压状态,负压点位置很高或不存在,宜采用正压给煤方式。低循环倍率的循环流化床锅炉,燃烧室内密相区和稀相区的料层界面比较明显,负压点相对较低,适合采用负压给煤方式。

采用正压给煤方式时,一般在落煤管上布置有旋转式给料阀、电动隔离闸门、播煤风口、吹扫风口等设备设施,正压给煤系统布置,如图 3-8 所示。这种布置方式多用于前墙给煤、采用重力皮带式给煤机。旋转式给料阀起均匀给煤作用,与播煤风联用,使煤粒能顺畅进入燃烧室,吹扫风具有疏通积煤、防止落煤管堵煤的作用。对中小容量或低循环倍率的循环流化床锅炉,播煤风、吹扫风能有效阻止燃烧室内热烟气、细小煤粒从给煤机与落煤管接口处喷出、烧焦皮带式给煤机皮带、影响工作人员作业和现场环境卫生。对大容量或中循环倍率的循环流化床锅炉,旋转式给料阀、电动隔离闸门与播煤风、吹扫风联合使用,对均匀给煤、防止炉烟反窜及防止落煤管堵煤效果较好,特别是当出现异常情况时,紧急关闭电动隔离闸门,可防止成品煤进入燃烧室造成燃烧事故,并可有效防止炉烟反窜烧坏皮带式给煤机的皮带。

采用负压给煤方式时,给煤口处于负压状态,煤依靠自身的重力流入燃烧室内,结构简单,对煤的粒度、水分要求较正压给煤方式相对较低。负压给煤方式的给煤点一般位置较高,细小的煤颗粒往往没有经过充分的燃烧,就被烟气携带或吹出燃烧室。此外,因煤依靠自身的重力流入燃烧室而不能均匀分布,形成给煤局部集中,在锅炉运行中表现为成品煤挥发分集中大量放出,造成挥发分的裂解、燃烧不完全、烟囱冒黑烟,燃烧室内局部床温过高,料层结焦。

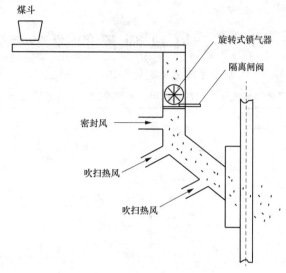

图 3-8  正压给煤系统布置

（2）床上给煤和床下给煤方式。床上给煤方式是将成品煤送至布风板上部，给煤点根据需要布置在锅炉燃烧室的不同高度。床下给煤方式是利用底饲喷嘴，将较细小的成品煤粒穿过布风板向上喷入燃烧室。床下给煤方式在小型循环流化床锅炉中使用较多。

（3）单级给煤和二级给煤及三级给煤方式。对小容量的循环流化床锅炉，给煤点较少，成品煤一般采用单级给煤方式即可满足燃烧需要，给煤点设置在锅炉燃烧室的前墙、后墙或侧墙。单级给煤方式给煤时，多采用回料阀给煤系统，这有利于成品煤在进入燃烧室前的预热和进入燃烧室后的迅速燃烧，保持较高和较稳定的燃烧室温度，提高锅炉的燃烧效率。对大中容量的循环流化床锅炉，成品煤多采用二级给煤或三级给煤方式。前墙（二级给煤）、后墙（经回料阀）（三级给煤）联合给煤方式，如图 3-9 所示。

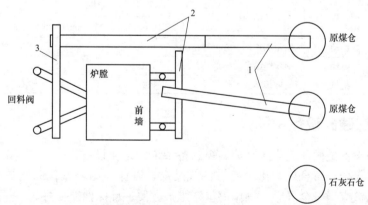

图 3-9  前墙（二级给煤）后墙（三级给煤）联合的给煤方式
1—一级给煤系统；2—二级给煤系统；3—三级给煤系统

对 125MW 及以上的大容量循环流化床锅炉，为使燃料在燃烧室内充分混合，保持燃烧室内给煤分布的均匀和温度场的均匀，提高燃烧效率，防止局部结焦，保证锅炉的正常运行，成品煤给煤点一般布置在锅炉燃烧室的前墙和回料阀处。因为主厂房布置形式的限制，燃烧室的入煤口和炉前成品煤仓出料口的高度、距离，不适宜采用单级给煤方式，往往在锅炉前墙采用二级给煤，在锅炉后墙回料阀部位采用三级给煤。

# 第三节 燃煤制备的设备

国内循环流化床锅炉燃煤制备系统采用的燃煤破碎设备见表3-3，筛分设备见表3-4。

表 3-3　　　　　国内循环流化床锅炉燃煤制备系统采用的燃煤破碎设备

| 项目 | 名称 | 机理 | 结构特点 | 破碎能力 | | | 适用工况 |
| --- | --- | --- | --- | --- | --- | --- | --- |
| | | | | (t/h) | 入料（mm） | 出料（mm） | |
| 粗碎设备 | 环锤式碎煤机 | 冲击＋挤压 | 环形锤头破碎板＋筛板 | 50～1500 | 300～400 | 30 | $M_{ar}{\leqslant}12\%$ |
| | 锤击式碎煤机 | 冲击 | 破碎板 | 50～1500 | 300 | 30 | $M_{ar}{\leqslant}12\%$ |
| | 齿板冲击式碎煤机 | 冲击 | 齿形破碎板、无筛板 | 50～1500 | 300～400 | 30 | |
| | 鄂式破碎机 | 挤压 | 动、静鄂板 | | | | $M_{ar}{\leqslant}12\%$ |
| | 齿辊破碎机 | 挤压 | 单辊或双辊 | | | | $M_{ar}{\leqslant}12\%$ |
| 细碎设备 | 环锤式碎煤机 | 冲击＋碾压 | 环形锤头破碎板＋筛板 | 20～200 | ≤100 | <10 | $M_{ar}{\leqslant}8\%$ |
| | 棒式磨碎机 | 滚碾磨 | 风选分级 | 4～30 | ≤30 | <8<br>0.1～1 占<br>50%～60% | |
| | 齿板冲击式细碎机 | 冲击 | 齿形破碎板、无筛板，可双向旋转 | 20～500 | <50～80 | <8 | $M_{ar}{\leqslant}12\%$ |
| | 可逆冲击细碎机 | 冲击＋碾压 | 破碎板＋筛板，可双向旋转除石槽 | 20～100 | <100 | <10 | $M_{ar}{\leqslant}8\%$ |
| | 竖井式锤击破碎机 | 冲击 | 热风干燥<br>风选分级 | 8～32 | | <8<br>0.1～1 占<br>50%～60% | |

表 3-4　　　　　国内循环流化床锅炉燃煤制备系统采用的筛分设备

| 名称 | 机理 | 结构特点 | 筛分能力 | | | 适用工况 |
| --- | --- | --- | --- | --- | --- | --- |
| | | | (t/h) | 入料（mm） | 出料（mm） | |
| 振动网筛 | 振动 | 钢丝编织网，方形筛孔 | 200～300 | | ≤10 | $M_{ar}{\leqslant}8\%$ |
| 琴弦筛 | 振动 | 钢丝绳筛条，条形筛孔 | 300 | | ≤10 | $M_{ar}{\leqslant}10\%$ |
| 滚轴筛 | 机械 | 链传动或齿轮传动 | 100 | | <13 | $M_{ar}{\leqslant}8\%$ |

## 一、燃煤破碎设备

　　燃煤破碎设备是循环流化床锅炉燃煤制备系统的重要设备之一。破碎设备应能向锅炉提供粒度和粒径分布合格、出力足够的成品煤，以保证循环流化床锅炉的正常运行；同时，破碎机械应当安全可靠、操作简单、维护方便、环保性能良好。

　　根据设计的燃煤种类、循环流化床锅炉对成品煤粒径分布和平均粒度的要求，以及燃煤制备系统的布置形式，燃煤破碎设备可分为一级破碎设备、二级破碎设备或粗碎、细碎设备。粗碎设备在第一章第五节中已做讨论，此处不再赘述。

　　循环流化床锅炉二级破碎即细碎设备主要有环锤式碎煤机、齿板冲击式细碎机、竖井式锤击破碎机、棒式磨碎机、可逆冲击细碎机。

### 1. 环锤式碎煤机

　　环锤式碎煤机是一种带有环锤的冲击转子式破碎设备，分为可逆式和不可逆式两种，它既可作为燃煤制备系统的一级碎煤（粗碎）机械，又可作为二级碎煤（细碎）机械，环锤式碎煤机的工作原理，如图 3-10 所示。

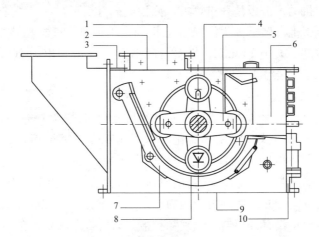

图 3-10　环锤式破碎机的工作原理

1—入料口；2—破碎板；3—壳体；4—环锤式；5—转子；6—除铁室；
7—筛板托架；8—筛板；9—排料口；10—调节机构

原煤进入环锤式碎煤机后，首先受到随转子高速旋转的环锤的冲击而破碎，同时煤块从环锤处获得足够的动能，高速地冲向破碎板，被破碎板第二次破碎后落到筛板上；受到环锤、破碎板的剪切、挤压、研磨作用，煤粒与煤粒、煤粒与破碎板等部件之间相互撞击进一步破碎，粒度不断减小，通过筛板上筛孔从碎煤机出口排出；不能被破碎的铁件、木块等杂物被拨到除铁室定期排出。成品煤的粒度通过更换不同规格的筛板可在 3~60mm 内调节。

环锤式碎煤机具有节能、保证出料（成品煤）粒度、出力大、运行可靠、噪声小、尘粒少、寿命长及高破碎比的优点，国内循环流化床锅炉燃煤制备系统采用较多。

环锤式碎煤机的环锤因不均匀磨损、环锤折断等原因，运行中动量不平衡，造成碎煤机振动剧烈时，应立即停止运行检查检修；更换环锤时，环锤应逐个称重，各转子两端销轴上的环锤配合后计算质量，其质量差不能超过设备允许值，以防止动量不平衡引起的机组振动。当原煤的收到基水分 $M_{ar}{\geqslant}8\%$ 时，碎煤机入口因黏煤而容易堵塞。

可逆式环锤碎煤机转子运行一段时间后，可反向运行同样长的时间。连续的改变旋转方向可使锤头和破碎块均匀地磨损，取得较为经济的运行效果。只有在破碎后的成品煤粒度经多种方法调节都达不到要求时，才进行环锤的更换。

**2. 齿板冲击式细碎机**

齿板冲击式细碎机的品种较多，发展较快的有反击式破碎机和立式冲击破碎机，近些年又有齿板冲击细碎机、可逆冲击细碎机，其工作原理基本相似。原煤从进料口沿转子宽度方向进入破碎机后，煤块与高速旋转的锤头在接触的瞬间进行能量交换，煤块获得能量产生应力波，沿煤块脆性晶面释放，产生破碎效应。现以齿板冲击细碎机为例说明如下。

原煤进入破碎机后，受到高速旋转锤头的冲击破碎，破碎后的煤粒从锤头获得能量，以两倍于锤头线速度的高速冲击反击板，再次破碎。大于出料粒度的煤粒汇集后被锤头强制转入齿形衬板，在齿形衬板上煤粒反复受到高速旋转锤头的剪切和碾磨，最终达到出料粒度后从机腔内排出。

齿板冲击细碎机的反击板是开口箅板，箅板上衬有齿形衬板，整个反击板依靠挂轴悬挂在机盖的两侧板上，转子锤头沿螺旋形排列，小锤盘、锤柄构成较大空间的内腔，不易堵煤。入料粒度不大于100mm，出料粒度不大于8mm，出力200t/h，正常工作时原煤水分不大于12%，最大原煤水分不大于14%。

### 3. 竖井式锤击破碎机

竖井式锤击破碎机由锤击式破碎机和竖井组成。锤击破碎机的形式有多种，煤的进出口有径向和切向布置方式。因循环流化床锅炉相对煤粉锅炉而言，燃煤粒度要求较粗，故适用于燃煤制备的竖井式锤击破碎机的圆周速度较低。竖井式锤击破碎机由壳体、碾磨板、转子、杂物出口、细颗粒出口等组成。转子包括轴、锤击鼻和锤头三部分。较粗煤粒超过分离竖井内风的携带能力时，依其重力落入破碎机重新破碎。在成品煤仓上部、细颗粒出口设有分离器，使细颗粒被分离后落入成品煤仓。

热风从竖井式锤击破碎机下部进入竖井，原煤从击锤上端竖井进入，在煤的破碎过程中，煤受到自下而上的较高温度气粉混合物的干燥，因此在竖井式锤击破碎机中干燥作用是很强烈的，干燥过程在转子部分就基本完成，已干燥破碎的煤粒被转子抛向竖井。竖井本身相当于重力分离器，重力大于气流携带能力的粗颗粒煤粒落回锤击破碎部位中重新破碎，较细的煤颗粒被热风吹起、携带，经分离器分离后存入成品煤仓，分离后的较细颗粒作为二次风送入循环流化床锅炉燃烧室密相区燃烧。

干燥剂携带较细颗粒煤上升时，细颗粒煤粒受到本身重力、运动阻力和气体浮力的作用，竖井内气体浮力越高，携带出的煤粒越粗，反之携带出的煤粒越细。煤粒的粗细与干燥剂速度有直接的关系。

竖井式锤击破碎机对煤的破碎粒度还与竖井截面的速度场有关。速度场均匀性良好时，粗颗粒煤的分离效果便好，所破碎煤颗粒的均匀性因此得到改善。当竖井内的风粉平均速度普遍减小时，煤的细颗粒多，均匀性也改变。

竖井式锤击破碎机的出力与原煤的预先破碎粒度有关。一般情况下，原煤破碎的粒度较小，竖井式锤击破碎机的出力大，反之出力则变小；原煤中黄铁矿石加速锤头的磨损，降低磨煤机出力，大块的黄铁矿石会造成破碎部件的损坏；其他条件不变时，成品煤粒度较粗，竖井式锤击破碎机出力增大。

竖井式锤击破碎机的耗用功率与锤击破碎机出力有关。锤击破碎机出力较低时，电动机功率与锤击破碎机空转时相近；出力较高时，电动机功率成正比例增加。假定此时通风速度（通风量）增加，电动机功率保持不变，锤击破碎机出力也会增大，因为此时破碎的成品煤粒比较粗。

所以在相同的燃煤粒度下，也即在相同的通风速度下，竖井式锤击破碎机的出力与电耗有关。原因在于竖井式锤击破碎机的重力分离原理，电动机负荷增大，表明锤击破碎机内存在大量的原煤，转子在饱和煤颗粒浓密的气流中旋转，由于锤头作用的结果，破碎的煤颗粒增多，锤击破碎机中的浓度增大，因此在同一竖井气流速度（决定着成品煤颗粒的粗细）下，锤击破碎机出力增大；但随着给煤量的增加及锤击破碎机上部未完全破碎的原煤颗粒浓度的增大，破碎设备的阻力也增加，干燥通风量减少，竖井中的气流速度降低，致使成品煤颗粒变细，大量粗颗粒进入破碎部分造成堵塞，并使锤击破碎机由于电动机过负荷而跳闸，被迫停止运行。

竖井式锤击破碎机的电耗还与其转数、击锤数目、击锤与外壳衬板的间隙（辐向）等因素有关。锤击破碎机在较低出力时，降低转速可使破碎单位电耗减少；锤击破碎机在较高出力时，提高转速是合理的，在相同的竖井气流速度下，随锤击破碎机转速降低，出煤粒度得到改善。锤击破碎机出力较低时，减少锤头的数量，可降低破碎单位电耗；而在锤击破碎机出力较高时，破碎单位电耗降低的程度迅速减小，电动机功率增大，甚至出现过电流的现象。减小击锤和机壳衬板（辐向）的间隙，锤击破碎机电耗降低。击锤磨损造成辐向间隙增大，在锤击破碎机最大出力时，对破碎单位电耗影响很大，但在锤击破碎机低负荷时，不影响锤击破碎机的耗电量。

竖井式锤击破碎机的自通风（在干燥剂入口处建立负压的能力）是击锤旋转的结果，它与转子的圆周转速、击锤数目及各击锤的相互位置有关。自通风的利用与竖井有关，给煤时通风阻力增大，锤击破碎机的自通风特性恶化，击锤的磨损及辐向间隙增大，会减小自通风能力。

进入竖井式锤击破碎机的原煤水分含量不受煤颗粒输送和储存条件的限制，煤颗粒干燥的深度取决于原煤的质量。如通风合理，煤颗粒在锤击破碎机出口已干燥完成，沿竖井高度气粉混合物温度实际上保持不变，运行中根据锤击破碎机出口风、煤颗粒混合物的温度可判断煤颗粒水分。

### 4. 棒式磨碎机

循环流化床锅炉燃煤制备系统使用的棒式磨碎机，其主体是水平安装在两个大型轴承上的低速回转筒体，外形与煤粉锅炉煤粉制备系统的低速筒式钢球磨煤机相似，但筒体短而粗，棒式磨碎机内放置磨碎原煤的钢棒。其机型主要是一侧中心进原煤、另一侧周边排出成品煤，棒式磨碎机的外形结构，如图 3-11 所示。

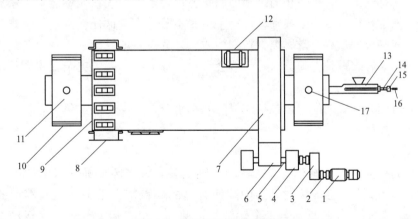

图 3-11 棒式磨碎机的外形结构

1、16—电动机；2、4—弹性联轴器；3—减速机；5—小齿轮座；6—小齿轮；
7—大齿轮；8—出料罩；9—排料窗；10—轴承座；11—轴承；12—出料箅板；
13—螺旋给料机；14—联轴器；15—减速器；17—油孔

与低速筒式钢球磨煤机的工作原理相似，棒式磨碎机工作时，筒体回转带动钢棒到一定高度，钢棒靠自身重量落下，破碎、滚压、碾磨原煤。钢棒与煤粒是"线接触"的研磨方式，造成煤粒"表面破碎"，钢棒落下首先冲击、碾磨大颗粒的煤，小颗粒的煤夹杂在大颗粒之间，受到滚压、碾磨、破碎的作用较小，破碎后的煤颗粒较均匀。

棒式磨碎机的筒体、壳体放置在轮毂和轮子上，筒体经减速机传动，原煤从一端进入筒体，原煤与筒体内滚动的钢棒接触被磨碎，成品煤从排料窗箅板孔排出，改变排料窗箅板孔尺寸可控制出料粒度。棒式磨碎机具有噪声小、粉尘少、结构简单、制造方便等优点。以前循环流化床锅炉燃煤制备系统采用的棒式磨碎机多为国外进口设备，国产的棒式磨碎机目前已逐步普遍应用。

## 二、筛分设备

将颗粒大小不同的燃煤颗粒群，多次通过均匀布孔的单层或多层筛面，分成若干不同级别颗粒的过程称为筛分，煤的筛分是通过不同的筛分设备完成的。燃煤制备系统中的筛分设备一种是破碎机械本身所带有的筛分装置，另一种是独立于破碎机械之外的筛分设备。独立的筛分设备有振动网筛、滚轴筛、圆盘筛、琴弦筛等多种形式。

循环流化床锅炉燃煤制备系统筛分设备的布置形式，与原煤的炉前准备系统中筛分设备的布置有所区别。燃煤制备系统的破碎设备只采用一级破碎机时，筛分设备一般布置在破碎机之前，当煤的炉前准备系统设置有煤筛时，筛分设备可以省略；对于燃煤制备系统中的竖井式锤击破碎机，筛分设备同样可以省略。燃煤制备系统的破碎设备采用一级（粗碎）破碎机和二级（细碎）破碎机时，筛分设备往往设置在一级破碎机和二级破碎机之间；燃煤制备系统的破碎设备只设置一级破碎机，当需要设置筛分设备时，筛分设备布置在破碎机之前。

大量粒度不同、粗细混杂的燃煤颗粒群进入筛面后，大部分小于筛孔尺寸的颗粒分布在颗粒群各处，由于筛箱或筛面的运动，筛面上颗粒层被松散、小颗粒通过大颗粒之间的缝隙，转移到下层，进一步通过筛面的孔径被筛下，而大颗粒不能穿过小颗粒之间的孔隙和筛面的孔径，在筛面或筛箱运动中位置不断升高，这样就实现了燃煤粗细颗粒的分离，完成筛分的过程。受燃煤颗粒的性质、筛分设备的性能、筛分设备的操作方法等因素的影响，燃煤颗粒在筛分时，一般会有少部分的细小颗粒夹杂在粗颗粒之中而留在筛面上。

对筛分过程产生影响的因素包括燃煤的外在水分、燃煤中含泥量，燃煤的破碎程度及筛孔的相对尺寸等。

### 1. 圆盘筛

圆盘筛的结构类似于辊轴筛。在转动的轴上装有许多圆形筛片（筛片由耐磨钢板冲压而成），相邻轴上的筛片之间的间隙使合格的煤粒落到筛下。经破碎后的燃煤颗粒群落入圆盘筛后，在圆盘筛若干个转轴的带动下向出口运动。煤粒在运动中，合格的煤粒从圆盘筛片之间的间隙落到筛下，不合格的粗颗粒煤粒被带到圆盘筛出口，送回破碎机中重新破碎。圆盘筛不仅出力大，而且对煤种的适应性强，并能适应较大水分的燃煤。

### 2. 滚筒筛

滚筒筛由筛箱、密封罩、振动电机、二次隔振系统、底架等部分组成。滚筒筛依靠两台相同的振动电机做反方向自同步旋转，使整个振动部分做直线运动。经破碎后的燃煤颗粒群落入筛箱后，迅速松散、透筛，木屑、纤维等杂物留在筛面上，人工定期清理，大颗粒的煤粒送回破碎机中重新破碎。

滚筒筛结构简单、运行平稳、工作可靠、筛分效率高、维护工作量小，原煤水分大时有堵煤现象发生。

### 3. 滚轴筛

滚轴筛由2～3层多个平行排列的筛轴组成，筛轴由链条或齿轮传动，当筛轴向同一方向转动时，使燃煤颗粒群沿筛面向前运动并同时搅动，小颗粒的燃煤透过轴间的缝隙落下，大颗粒的煤被筛分出来，如图3-12所示。通过第三层筛面的煤即为成品煤，直接送入成品煤仓，被筛分出的大颗粒煤送入破碎机械破碎。

## 三、成品煤仓

入厂煤送入原煤仓后，经给煤机、皮带运输机输入燃煤制备系统；或者入厂煤从储煤场经煤场设备、皮带运输机输入燃煤制备系统，进行破碎、筛分，合格的煤粒被送入炉前成品煤仓，而后由炉前给煤机有节制的送入循环流化床锅炉燃烧室内燃烧。

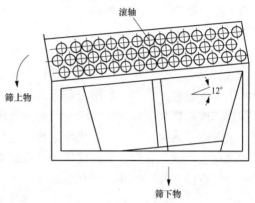

图3-12 滚轴筛工作原理

与原煤仓一样，成品煤仓在运行中出现最多的问题是落煤口堵煤和仓壁黏煤，沟流现象也有发生，落煤口堵煤主要是由煤粒在成品煤仓内"搭桥""起拱"现象引起。堆积在成品煤仓中下部的煤粒受到上部煤粒的挤压，煤粒与煤粒之间、煤粒与成品煤仓壁面之间产生摩擦力，越接近落煤口，摩擦力和挤压力也越大。其中，摩擦力呈双曲线增大，在接近落煤口处煤粒容易发生"搭桥"。煤粒较粗时产生自锁现象，煤粒较细时煤粒之间的沾附力增加，煤粒之间的沾附力和自锁现象使煤粒的流动性变差，煤粒在成品煤仓中"起拱"，"搭桥""起拱"造成成品煤仓落煤口的堵煤。

成品煤仓内壁面黏煤，将造成成品煤仓有效容积减少、成品煤仓煤粒流落不畅、出现阵发性沟流等现象。黏煤是由煤粒水分高、成品煤仓内壁面不光滑，以及成品煤仓结构上的不合理等原因造成的。煤粒水分越大，煤粒与煤粒之间、煤粒与成品煤仓壁面之间的沾着力也越大。当煤粒的水分大于某一极限时，沾着力又减小，煤粒与成品煤仓壁面之间的沾着力造成成品煤仓壁面的黏煤。

成品煤仓壁面黏煤时，成品煤粒与仓壁面没有相对运动，成品煤粒之间的流动被限定于远离仓壁黏煤处的某一部位，相对于整个成品煤仓煤粒的流动而言即产生沟流现象。发生沟流时，成品煤粒沿某一或某些沟槽流动。沟流现象还与成品煤仓的结构有关，当成品煤仓锥形壁面与垂直壁面夹角过大时，煤粒与成品煤仓壁面的摩擦力过大，煤粒与成品煤仓壁面之间没有相对滑动，只是煤粒与煤粒之间的相对滑动，同样也造成沟流现象。

搭桥、起拱及沟流现象会因外力振动，启用空气炮、空气锤、振荡器等原因而消失，沟流的边缘可能脱落，在重力作用下形成新的搭桥或起拱，继而又出现沟流，周而复始。成品煤粒在成品煤仓的搭桥、起拱及沟流的频繁出现和消失，容易导致成品煤仓的振动，造成成品煤仓的损坏，并对炉前给煤机形成冲击。

搭桥、起拱及沟流直接影响炉前给煤机向燃烧室输煤的数量和输煤的连续性，使循环流化床锅炉的燃烧调整困难，锅炉出力减少，严重时锅炉被迫压火停止运行处理或因床温过低熄火停炉。

为解决循环流化床锅炉成品煤仓的搭桥、起拱及沟流问题，设计部门应对成品煤仓的结构进行合理设计，燃煤电厂要对成品煤仓进行运行管理和必要的技术改造。为降低煤粒与仓壁面的摩擦力，在成品煤仓内壁衬贴不锈钢板、聚氯乙烯（PVC）板或四氟乙烯板；在成品煤仓上装设振荡器、空气炮、空气锤和压缩空气管道；运行中要定期检查成品煤仓、炉前给煤机和其他设备的运行情况，尽早发现，及时处理。

作为循环流化床锅炉的运行人员，应在燃煤制备设备及系统的运行中控制成品煤的水分含量及煤的颗粒尺寸，以减小煤粒与仓壁的摩擦力。在锅炉运行中成品煤仓因堵煤等原因不下煤时，应积极采用设备或人力等措施处理，保证炉前给煤机正常给煤。工作人员进入成品煤仓清仓时，一定要做好安全防护措施，防止工作人员被堆积的成品煤塌伤、埋没或陷入落煤口。对于成品煤仓，应和煤粉锅炉的煤粉仓一样进行管理，定期降低成品煤仓的成品煤位，清理或处理仓内的黏煤、搭桥、沟流现象；停炉前应尽量将成品煤仓的成品煤烧完，并清理仓壁黏煤。

## 四、输送设备

输送设备把破碎机械、筛分设备、储煤场及锅炉的成品煤仓有机的连接起来，共同完成循环流化床锅炉的燃煤制备任务。输送设备常用的有带式输送机、多斗提升机、刮板输送机等设备。带式输送机具有运行平稳、输送能力大、运行费用低等优点，因此应用最为普遍；多斗提升机仅用于垂直输送，带式和刮板输送机可用于水平和一定角度的燃煤输送。

## 五、炉前给煤设备

将燃煤制备后合格的成品煤和脱硫剂送入循环流化床锅炉燃烧室的装置称为炉前给煤设备。给煤设备常用的有螺旋给煤机（绞笼）、刮板式（或埋刮板式）给煤机、皮带式给煤机、风力播煤机、圆盘给煤机等形式。循环流化床锅炉应用广泛的给煤设备有皮带式给煤机、刮板给煤机、螺旋给煤机和风力播煤机等。

### 1. 皮带式给煤机

皮带式给煤机就是小型的皮带输送机，用皮带上的闸门开度改变煤粒层的厚度或改变皮带行走的速度，都可改变成品煤的给煤量。

图 3-13 所示为一种计量皮带式给煤机，也称为称重式给煤机。它不仅可以对输送的燃煤颗粒进行准确的计量，还可通过自身的自动调节和控制功能，将成品煤送入锅炉的燃烧室形成给煤率信号，满足循环流化床锅炉燃烧自动控制功能的需要，并能定时地记忆进入锅炉燃烧室的燃煤数量，同时形成累计煤量信号。计量皮带式给煤机可按照自动控制系统的要求，自动调节给煤量，为正平衡计算锅炉效率，以及计算机在线计算锅炉效率创造了条件。

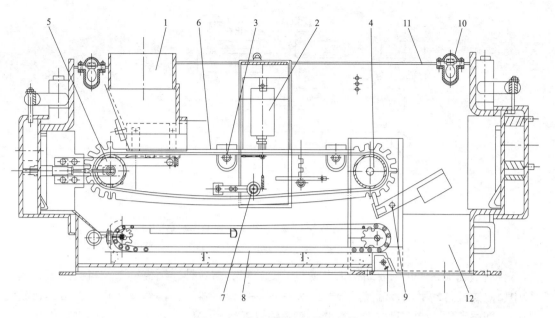

图 3-13　计量胶带式给煤机结构

1—进煤品；2—称重装置；3—称重段辊子；4—主驱动轮；5—从动轮；6—主皮带；7—张紧轮；
8—清扫皮带；9—皮带刮板；10—照明灯；11—给煤机外壳；12—煤出口

计量皮带式给煤机主要由皮带、皮带轮、称重机构、清扫皮带和给煤机外壳等组成。皮带由主驱动轮带动运转，将燃煤由进煤口输送到循环流化床锅炉燃烧室的落煤管（口），给煤机出力的改变由调速装置改变主驱动轮的转速来实现。皮带张紧度可通过改变张紧轮重量来调节，皮带刮板起清扫皮带作用，阻止皮带将沾结的成品煤带到给煤机皮带下部，造成清扫皮带清扫不及。

在给煤机的输送带下设有一个清扫皮带，其作用是将上部皮带散落或带下来的少量成品煤及时送走，防止成品煤堆积在给煤机中，发生皮带抬高、跑偏、拉断事故。清扫皮带与主皮带同时运行。

计量皮带式给煤机的工作原理示意，如图 3-14 所示。皮带的称重机构包括称重段辊子和称重测量设备两部分，通过测量两个称重辊子之间某一点皮带垂直向下的位移量来计算该段皮带上煤的质量，用测出的煤量和皮带的行走速度得出给煤率，再通过热工仪表既能直观的指示锅炉某一瞬时的耗煤量，又能计算、记忆某一时段所消耗的煤量。

计量皮带式给煤机一般都装有堵煤、断煤及给煤机内温度等信号装置，保证给煤机的安全运行。给煤机的外壳具有良好的密封性能，便于在正压下工作；给煤机内装有照明灯，运行值班人员可隔着监视孔的玻璃观察给煤机内部的运行情况；监视孔玻璃因给煤机内部正压扬尘脏污时，扭动监视孔玻璃上的旋钮，转动旋钮上的毡垫清扫玻璃内部。

**2. 刮板给煤机**

刮板给煤机是一种常规的给煤机械，它具有运行稳定、不易堵塞、密封严密、可调性能好等优点，适用于成品煤水分较高和正压给煤方式；不受输送长度的限制，根据现场条件可做成具有一定弯曲弧度形式的给煤机。刮板给煤机有普通型、埋刮板型，有些刮板给煤机还具有计量功能。

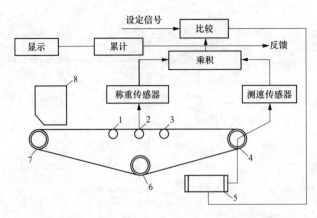

图 3-14　计量胶带式给煤机的工作原理示意

1、2、3—托辊；4—驱动滚筒；5—励磁放大器；6—张力滚筒；7—从动滚筒；8—上料口

普通型刮板给煤机主要结构由电动机、变速箱、前后轴、刮板链条及机壳组成。运行中由双链条带动平刮板输送原煤，对大块煤、木块、石块、铁件及杂物比较敏感，易卡链、断链，维护工作量较大。为此，要求输煤系统碎煤机正常运行，还应设有木块分离器。

埋刮板给煤机主要由前、后链轮和挂在链轮上两条平行的链条组成，基本结构如图 3-15 所示。电动机通过减速机及传动链条带动主链轮转动，链轮带动链条逆时针转动，两根链条之间的刮板推动着煤粒随着链条一起移动。紧贴着上行刮板的下边缘为上煤台板，上煤台板的左侧留有从成品煤仓的出煤通道；紧贴着下行刮板的下边缘为下煤台板，下煤台板的右侧尽头为出煤管，出煤管与循环流化床锅炉的落煤管（口）连接。成品煤进入上台板，由于刮板的移动将煤粒带到给煤机左侧落到下台板上，下行的刮板又将煤带到给煤机右侧，经出口管进入循环流化床锅炉落煤管中落入燃烧室燃烧。

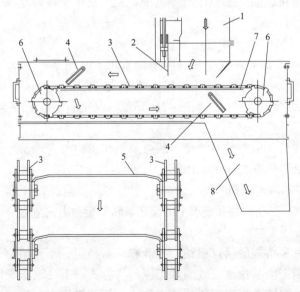

图 3-15　埋刮板给煤机结构

1—进煤管；2—煤层厚度调节板；3—链条；4—导向板；5—刮板；6—链轮；7—上台板；8—出煤管

刮板给煤机可用煤层厚度调节挡板来调节给煤量，也可用改变链轮转速的方法来调节给煤量。

刮板给煤机的前轮为主动轮，后轮为从动轮。电动机经调速器和减速机带动主动链轮转动。主动链轮的速度一般为 1.5～6.0r/min，从动轮上装有链条拉紧调节装置，对链条施加一定的紧力，拉紧装置上设置有弹簧以增加链条工作的弹性。链条的张紧度在给煤机检修时调整好后，经过一段时间的运行，由于链环之间的磨损，链条变长而松弛，链条松弛后磨损下煤台板或链条脱开传动轮，因此应对链条的张紧度及时进行调整，以保证给煤机的安全运行。刮板给煤机的主驱动轮上装有过载保护销，当有异物卡涩过载时，保护销被切断，保护刮板和链条不变形或被拉断。对处于正压运行状态的刮板给煤机，尤其是在循环流化床锅炉燃煤制备系统中采用时，应设有链轮轴承的密封风，防止煤粉进入轴承，卡塞、损坏轴承。

刮板给煤机常用的调速方式有变速电动机、变速皮带轮等。图 3-16 为皮带式无调速器的工作原理示意。主动皮带轮和从动皮带轮都由两个斜面轮组成，两个斜面轮的轴向距离是可以改变的。两个斜面轮向中心相互靠近时，相当于皮带轮的直径增大；两个斜面轮相对分开时，相当于皮带轮直径减小（皮带的位置向轮中心位置移动）。当主动轮沿两轮轴向靠近，并且从动轮沿两轮轴向分离方向移动时，主动皮带轮的有效工作直径增大，从动皮带轮的有效工作直径减小，调速装置的有效工作直径减小，调速装置加速；反之，调速装置减速。

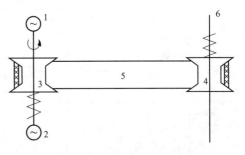

图 3-16　皮带式无调速器的工作原理示意
1—主驱动电动机；2—调速电机；
3—主动皮带轮；4—从动皮带轮；
5—传动皮带；6—输出轴

MG、MGF、MSD 系列埋刮板式给煤机技术特性及参数见表 3-5～表 3-7。该型给煤机采用密封式箱体结构，适用于正、负压运行，出力 40～100t/h，输送全水分小于 15%、粒度小于 60mm 的各种原煤。

表 3-5　　　　　　　　MG 系列埋刮板式给煤机技术特性及参数

| 名称 | MG-40 | MG-60 | MG-40A | MG-60A | MG-80 | MG-100 | MG-80A | MG-100A |
|---|---|---|---|---|---|---|---|---|
| 公称出力（t/h） | 40 | 60 | 40 | 60 | 80 | 100 | 80 | 100 |
| 出力范围（t/h） | 9～61.9 | 9～74.3 | 8.2～57.1 | 8.2～68.6 | 18～92 | 25～110 | 27～108 | 32～120 |
| 主轴转速（r/min） | 0.8～6.67 | | 0.77～6.18 | | 1.875～7.5 | | 2.5～8.45 | |
| 刮板链条转速（r/min） | 0.019～0.16 | | 0.018～0.15 | | 0.014～0.175 | | 0.049 2～0.197 7 | |
| 煤层厚度（mm） | 150～250 | 200～300 | 150～250 | 200～300 | 150～250 | 200～300 | 150～250 | 200～300 |
| 刮板节距（mm） | 400 | | | | 400 | | | |
| 链条节距（mm） | 200 | | | | 200 | | | |
| 箱体尺寸（mm×mm） | 500×650 | | | | 700×650 | | | |
| 进口煤尺寸（mm×mm） | 500×500 | | | | 720×620 | | | |
| 给煤距离（m） | 1.5 | | 1.7～10 | | 1.5～10.5 | | | |
| 煤密度（t/m³） | 0.8～1 | | | | 0.8～1 | | | |

续表

| 名称 | | MG-40 | MG-60 | MG-40A | MG-60A | MG-80 | MG-100 | MG-80A | MG-100A |
|---|---|---|---|---|---|---|---|---|---|
| 煤粒度（mm） | | <60 | | ≤60 | | | | | |
| 煤水分（%） | | <15 | | ≤15 | | | | | |
| 减速机 | 型号 | ZS825-12-Ⅰ Ⅱ | | CH1-Ⅰ Ⅱ | | ZS825-11-Ⅰ Ⅱ | | CH2-Ⅰ Ⅱ | |
| | 传动比 $i$ | 180 | | 194 | | 160 | | 142 | |
| 电动机 | 型号 | JZTY51-4 | | | | JZTY52-4 | | | |
| | 功率（kW） | 7.5 | | | | 11 | | | |
| 电气控制箱 | | MG60.16 电气控制箱 | | | | MG100.15 电气控制箱 | | | |
| 基本质量（kg） | | 5230 | | 5645 | | 6950 | | | |

表 3-6 　　　　　　　　MGF 系列埋刮板式给煤机技术特性及参数

| 型号 | 物料粒度（t/m³） | 最大出力（t/h） | 箱体宽度（mm） | 刮板节距（mm） | 供给距离（m） | 电动机 | |
|---|---|---|---|---|---|---|---|
| | | | | | | 型号 | 功率（kW） |
| MGF-55 | 0～80 | 55 | 770 | 260 | 3～5 | JXT41-4 | 4 |
| | | | | | 5～10 | JXT42-4 | 5.5 |
| | | | | | 10～15 | JXT51-4 | 7.5 |
| MGF-25 | 0～80 | 30 | 550 | 200 | 15～20 | JXT52-4 | 10 |
| | | | | | 20～30 | JXT61-4 | 13 |
| | | | | | 30～45 | JXT62-4 | 17 |

表 3-7 　　　　　　　　MSD 系列埋刮板式给煤机技术特性及参数

| 参数名称 | | MSD50 | MSD63 | MSD80 |
|---|---|---|---|---|
| 机槽宽度 $B$(mm) | | 600 | 630 | 800 |
| 机槽高度 $h$(m) | | 150～200（可调） | 150～300（可调） | 150～300（可调） |
| 物料密度 $\rho$(t/m³) | | 0.5～1.6 | 0.5～1.6 | 0.5～1.6 |
| 最大输出能力 $Q$(t/m³) | | 90 | 100 | 120 |
| 刮板链条 | 节距（mm） | 200 | 250 | 250 |
| | 速度（m/s） | 0.05～0.5 | 0.05～0.5 | 0.05～0.5 |
| | 许用拉力 $F$(kN) | 98.1 | 98.1 | 98.1 |
| 最大输送长度 $L$(m) | | 40 | 35 | 50 |
| 电动机功率 $P$(kW) | | 35～22 | 35～22 | 35～22 |
| 电动机型号 | | JXZT | JZT | JZT |
| 减速机型号 | | ZQ NGW | ZQ NGW | ZQ NGW |

### 3. 螺旋给煤机

图 3-17 是螺旋给煤机结构。给煤机运行中依靠螺旋片的推动、挤压，将成品煤送入循环流化床锅炉的燃烧室，采用电磁调速改变螺杆螺旋转速来改变进入锅炉的给煤量比较方便。从燃烧室床层的正压区给入成品煤，能改善循环流化床锅炉的燃烧性能，螺旋给煤机是常用的正压区给煤机械。螺旋给煤机密封严密，可调性能好。但由于螺杆端部受热，以及成品煤颗粒与螺杆、螺旋片有较大的相对速度，防止变形和磨损是螺旋给煤机运行中的两个问题。同时，成品煤水分高时，螺旋片（绞刀）之间、给煤机机身筒体与螺旋片之间容易黏煤，黏煤受螺旋片的挤压而密实，风干后坚硬，给煤机运行中常因此过负荷跳闸或扭断螺杆。

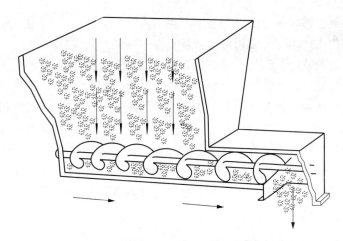

图 3-17 螺旋给煤机结构

### 4. 风力播煤机

风力播煤机中，成品煤在依靠自身重力作用下滑入炉膛的同时，受到一次风或二次风的推动、吹散，均匀的播洒或喷洒在炉膛内，可避免成品煤在炉膛局部集中造成的缺氧燃烧。一次风或二次风还可防止炉膛内高温烟气反窜，烧坏给煤设备，造成环境污染。

国内已投运的部分大型循环流化床电站锅炉燃煤制备系统主要设备配置，见表3-8。

表 3-8　　　　国内部分循环流化床电站锅炉燃煤制备系统主要设备配置

| 电站名称 | 锅炉(t/h) | 制造厂 | 破碎设备 | 给煤设备 |
|---|---|---|---|---|
| 大连化学工业公司 | 2×220 | 美国 Pyropower 及哈尔滨锅炉厂 | 一级可逆破碎机 | 二级刮板给煤机，前墙及后墙回料管给煤 |
| 宁波中华纸业公司 | 2×220 | 东方锅炉厂 | 二级滚式破碎机 | 皮带及风力抛煤机，前墙给煤 |
| 内江高坝电厂 | 1×410 | 芬兰 FW 能源工程公司 | 二级可逆环锤式破碎机+圆盘筛 | 二级刮板给煤机，前墙回料管给煤 |
| 重庆南川爱溪电力有限公司 | 1×220 | 上海锅炉厂 | 二级可逆环锤式破碎机 | 二级刮板给煤机，前墙及后墙回料管给煤 |
| 陕西三秦能源群生电力公司 | 2×240 | 济南锅炉厂 | 一级环锤破碎机+二级齿板冲击破碎机 | 刮板给煤机+计量皮带给煤机 |
| 陕西黄陵煤矸石热电有限公司 | 2×220+3×75 | 东方锅炉厂四川锅炉厂 | 一级破碎机 | 计量皮带给煤机+刮板给煤机+螺旋给煤机 |

# 第四节　制煤系统的运行

不同形式和结构的循环流化床锅炉，对燃煤制备系统运行的要求是一致的。为保证循环流化床锅炉长期、安全、稳定、经济地运行，燃煤制备系统应制备粒径合格、粒度分布均匀、数量充足的成品煤，燃煤的输送、破碎、筛分、给煤设备必须协调一致、正常稳定的工作。

循环流化床锅炉燃煤制备系统的特点是从原煤进入燃煤制备系统，到成品煤送入锅炉燃烧室燃烧，中间有成品煤仓作为缓冲，系统的可靠性高、经济性好。但因为燃煤制备系统设计、设备、燃煤本身的品质（如原煤的水分）等因素的影响，从目前国内已投入运行的循环流化床锅炉综合分析，这一特点尚未得到充分发挥。

燃煤制备系统的破碎、筛分设备布置在输煤系统中，从火力发电厂专业分工和系统构成的角度讲，循环流化床锅炉燃煤制备系统是燃料输送专业（分场）工作的重要组成部分；从工作的性质和作用角度分析，燃煤输送只是燃煤制备系统的一部分或子系统，没有燃煤的输送就不能进行燃煤的制备，燃煤制备系统的运行也就无从谈起。无论燃煤制备系统的运行与维护由燃运专业或锅炉专业承担，提高燃煤制备系统设备的机械化和自动化水平，实现燃煤制备系统集中手动控制和集中程序控制，对改善运行人员的工作环境、减轻劳动强度、提高劳动生产力、提高燃煤制备系统设备运行的安全可靠性和经济性的意义是不言而喻的。

## 一、燃煤制备系统的启动与停止

燃煤制备系统设备启动与停止的原则是燃煤制备系统启动时必须按逆煤流的方向启动系统设备，停止时必须按顺煤流的方向停止系统设备的运行；自动启动设备中任何一台设备启动不成功，均应按逆煤流方向联锁跳闸原则，中断燃煤制备系统的运行；正常运行中任何一台设备发生故障停机，影响燃煤制备系统安全运行时，按逆煤流方向联锁跳闸运行中的有关设备。

燃煤制备系统控制的要求是既能实现中央集中控制，又能实现就地单机或单台设备控制。为保证燃煤制备系统按一定的工艺流程进行启动和停止，以及设备异常跳闸退出运行，并保证故障点后设备的正常运行，燃煤制备系统必须具有联锁功能，并且各设备或系统应设置可靠的保护和信号装置。

### 1. 燃煤制备系统启动前的检查与准备

燃煤制备系统无论是检修后的首次启动，还是停止（备用）后的启动，都必须对系统所属设备进行全面、认真、仔细地检查，确认具备启动条件后方可启动。燃煤制备系统设备检查的项目和要求，根据系统形式和设备配置的不同而有所区别或差异。现以原煤经过一级破碎机械-二级破碎机械-成品煤仓的系统为例，说明燃煤制备系统的运行。

（1）燃煤输送设备。准备工作有清理除铁器掉落的金属杂物，清理各段皮带输送机的滚筒、落煤管、犁煤器等部位处的杂物、黏煤、积煤；各减速机、转动机械润滑部位补加润滑油、脂，恢复脱落的托辊；现场设备、栏杆清洁无积尘，地面无积煤积水、干净整洁；地面冲洗水充压正常，工器具摆放整齐；联系电气、热工人员送入转动机械电源、电气、热工信号、控制电源。如设备有检修工作，须待工作完毕、工作票收回。

1）给煤机。成品煤仓（或受煤斗）有足够及后续的原煤（或成品煤），给煤机入口挡板开启。煤层厚度调整至适当位置。减速机、电动机的地脚螺栓齐备并拧紧。减速机油位处于规定范围，油质良好。联轴器、传动链条防护罩完好，联轴器螺栓齐全拧紧。电动机经检查完好备用。给煤机转速调节装置减到零位。

2）皮带输送机。所有转动部件周围应无杂物，无被卷入的危险，没有妨碍工作人员通行的障碍物。导煤槽、落煤管无漏煤、漏粉现象，导煤槽护皮完好，无出槽、掉落、严重磨损等现象。落煤管平整光滑，无煤块、石块等杂物及黏煤现象。落煤管人孔门严密不漏煤、拆卸灵活。挡板转动灵活，电动执行器或推动器牢固，其终点极限与挡板的挡铁相吻合。电动机接地线良好，地脚螺栓齐全，无松动现象，减速机、耦合器油位在规定位置、油质良好，地脚螺栓及连接螺栓拧紧、无松动或脱落。滚筒、皮带托辊无脱落、无黏煤、地面无积煤，转动灵活无噪声。速度检测器、堵煤检测器、跑偏开关、高低料位信号灯、电器控制设备及安全保护装置好用，各控制开关处于投用位置。清扫器、拉紧装置栏杆、护罩等齐全完好，除尘、起吊等附属设备完整可靠，通信工具可靠好用。

（2）燃煤破碎设备。

1）一级破碎机。电动机接地良好，护罩完整，电动机、破碎机地脚螺栓完整牢固，对轮连接螺栓及各部螺栓无松动、脱落现象。破碎机机腔内无积煤、遗留金属物和杂物。环锤式破碎机的环锤、衬板、筛板无严重磨损现象，筛板位置正确、调整灵活，筛板调节螺杆外漏部分适当，保持密封和良好润滑。破碎机体上各检查门、人孔门关闭严密，销钉插牢。

检修后的破碎机经人工盘车 2～3 圈或点动式盘车试转，确认无憋劲、卡堵现象方可试车。碎煤部件不得有严重的磨损和裂纹，旋转部件平衡，间隙符合标准要求。衬板应完整无缺、无损坏，磨损应不大于衬板厚度的 2/3，否则应予以更换。

2）二级破碎机。电动机接地良好，护罩完整，电动机、破碎机地脚螺栓牢固，对轮连接螺栓及各部螺栓无松动、脱落现象。破碎机机腔内无积煤、遗留金属物和杂物。各部润滑部位润滑油、脂符合规定，润滑良好。防护设施装置良好、齐全，各检查门、人孔门关闭严密，销钉插牢。

3）成品煤仓及犁式卸料（煤）器。成品煤仓进煤口无杂物堵塞、无黏煤现象，高、中、低煤位信号正确；成品煤仓疏通用空气炮正常投入，消防器材完整、好用、整洁。犁式卸料器（犁煤器）及其下部漏斗无杂物、黏煤，犁刀下部护皮完好。各部螺栓拧紧、无松动或脱落。传动装置转动灵活好用、限位开关灵活，犁煤器电动推杆绝缘良好，防尘罩完好，犁煤器经空载试验抬起、下落正常。

4）控制系统。燃煤制备系统各转动机械电源投入，转机指示灯显示正确，各操作指示灯显示正确、开关灵活好用。控制操作盘电气、热工各表记投入，指示灯完好，声、光、电试验信号经试验良好，事故联锁及保护投入。

**2. 燃煤制备系统的启动和停止**

（1）燃煤制备系统的启动。工作人员就地检查输送设备、破碎机械、犁式卸料器及成品煤仓煤位完毕，汇报控制室主值班员检查情况。控制室主值班员通知煤场值班员受煤斗上煤，对控制盘盘面转机开关及显示、报警、联锁、保护装置及系统再次检查，根据循环流化床锅炉各成品煤仓煤位下落对应的犁煤器，根据输煤皮带运行方式投入电动三通挡板位置，汇报值长并报告锅炉司炉，燃煤制备系统准备就绪，可以启动。得到值长允许启动通知后，依照运行规程规定的预告方式，启动前警铃预告和声音告知，按逆煤流方向启动输送设备、破碎机械各设备。燃煤制备设备启动后，对应设备开关指示应红灯亮、绿灯熄灭，电流显示正常后方可启动后一级设备。燃煤制备系统启动正常后，可逐步增加系统出力，并保持各设备及系统在额定出力、稳定运行。

（2）燃煤制备系统的停止。当各台循环流化床锅炉所有成品煤仓上满后，通知燃煤制备系统各部位（岗位）工作人员，逐渐减少燃煤制备系统出力，停止受煤斗下部给煤机后，顺煤流方向依次延时停止系统各设备。燃煤制备系统停止后应通知锅炉司炉，并汇报值长。

成品煤仓下部给煤机的检查与准备、启动与停止及其运行调整工作，由循环流化床锅炉司炉根据锅炉的运行状况，安排值班人员进行检查与准备、启动、停止及调整。

## 二、燃煤制备系统运行中的维护

### 1. 燃煤输送设备

（1）给煤机的运行维护。以 ZGC 振动给煤机为例说明运行维护。运行中通过改变电流频率控制电动机转速，以达到连续地调节给煤量。随时观察电流、电压的变化，电流变化较大时，要查明原因，及时处理，电压波动以在 ±5% 范围内为宜。煤质变化造成给煤机及燃煤制备系统出力变化时，调节给煤槽的倾角来调节出力。给煤槽下倾角不能大于 15°，否则会造成原煤的自流、系统堵煤。煤槽黏煤、木材等杂物堵塞等原因，都会影响给煤机和系统的出力，给煤机运行中应及时清理或处理。

（2）皮带输送机的运行维护。电动机运行中应无剧烈振动和异声，电流在规定范围内，电机温度正常，如电动机电流、温度、振动超过规定值，应及时检查或立即停止处理。减速机应无异声、漏油现象。滚筒、皮带托辊转动灵活，无摩擦等异声。清扫器无较强的摩擦和跳动现象，工作正常。导料槽煤无出槽现象，影响运行时应立即停止处理。皮带运行中跑偏应及时调整，发现皮带严重撒煤，皮带划破、撕裂、断裂等情况，要立即停止皮带输送机运行并处理。运行中落煤管漏煤、积煤、堵煤等现象，原煤中有"四大块（大煤块、大木块、大铁块、大石块）"时要及时停止皮带输送机，在做好安全措施后处理。运行中禁止清理滚筒上黏煤或进行转动部分的维护，皮带输送机、给煤机运行中有杂物卡涩时，应在保证安全的前提下清除。皮带输送机出力应控制在设计范围内，严禁超载运行。

（3）犁煤器转轴、电动推杆应无歪、扭现象，限位开关正常，犁煤器起、落应到位，影响配煤时及时停止处理。

### 2. 燃煤破碎设备

（1）一级破碎机。破碎机运行中，电动机电流不应超过电动机铭牌额定值，轴承温度不超过规定值，电动机、轴承座、破碎机振动值不超过规定。破碎机给煤应连续均匀稳定，进入破碎机的原煤量不应超过破碎机的设计出力，进入破碎机的原煤粒度以不大于 30mm 为宜，块煤多、粒度大的原煤应适当减少进煤量。破碎机内部有剧烈的撞击声时，应立即停止燃煤制备系统运行，查明原因，予以消除方可再启动。运行中破碎机停机后的再次启动时，不允许带负荷启动。破碎机运行中严禁打开检查孔、人孔门，不允许调整筛板，不准攀登或站在破碎机上进行其他工作。原煤水分大时，应及时清理一级破碎机入口黏煤，防止入口堵煤中断运行。

（2）二级破碎机。电动机的电流及破碎机的振动、温度等与一级破碎机相同。原煤水分、粒度符合破碎机械的要求，以保证成品煤的粒度及粒度分布符合循环流化床锅炉燃烧的要求。破碎机必须空载启动，停机前要将机腔内的原煤破碎完全、排出干净。

### 3. 炉前给煤机

现以刮板给煤机为例说明运行中的维护。减速机各轴承温度不应高于 60℃，无漏油现象，减速机油位、油质符合规定，减速机齿轮带油充分。运行中用听针倾听给煤机内部声音，不得有异常摩擦及碰撞声音，用听针倾听减速机内部运转情况，应无异常摩擦和振动声。给煤机无漏煤、漏粉，密封风管不应有漏风。在窥视孔或检查孔观察下煤情况和链条运转情况。对链条驱动的刮板给煤机，应定期调整链条松紧程度，防止脱链。

# 第四章

# 煤 粉 制 备

为获得较好的燃烧效果，提高煤的利用价值，提高锅炉的蒸发量和实现锅炉运行的自动化，燃煤锅炉较多采用煤粉燃烧，煤粉燃烧的优点如下。

（1）选用燃煤种类的范围广泛，能更好地利用劣质煤作为锅炉的燃料。

（2）燃料进入燃烧室内预热的时间短，着火容易、迅速，提高了炉膛温度，增强了炉膛的传热效率。

（3）煤粉易与空气接触、混合，从而达到完全燃烧，减少了化学和机械不完全燃烧热损失，降低了煤耗，提高了锅炉效率。

（4）燃料量的调整比较迅速、方便，增加、减少锅炉负荷的惰性小。

原煤经过煤粉制备设备的磨制，发生了物理变化，形成一定规格的煤粉，煤粉的性质和原煤的性质在很多方面是不尽相同的。煤粉的品质对于制粉和燃烧的经济性、制粉系统设备和部件、炉膛、燃烧器，以及整个锅炉机组的工作状况有很大的影响。制粉系统是煤粉锅炉的主要附属系统，制粉系统的安全性和经济性，在很大程度上决定着锅炉机组的安全性和经济性，同时制粉设备又是煤粉锅炉耗能较大的设备。

本章讨论煤粉的一般特性及其自燃和爆炸等特性，以及制粉系统及其设备的构造、设备规范、工作原理、设计中的要点概述及一些简单计算。

## 第一节　煤粉及其特性

### 一、煤粉的一般特性

煤粉是由各种不同尺寸、形状和不规则的颗粒组成的混合物，煤粉颗粒尺寸一般在 $1\sim500\mu m$，其中，$20\sim50\mu m$ 颗粒居多。煤粉的密度不是一个常数，刚刚磨制出的煤粉是疏松的，轻轻堆放（譬如从旋风分离器落到煤粉仓的煤粉）时，自然倾角为 $25°\sim30°$，其堆积密度约为 $0.45\sim0.5t/m^3$，堆实后（譬如在煤粉仓内堆积较长时间）的煤粉被压紧，其堆积密度可增大到 $0.80\sim0.90t/m^3$。通常为计算的方便，煤粉堆积密度的平均值一般可取 $0.7t/m^3$。

干燥的煤粉颗粒能吸附大量的空气，这时煤粉就变得非常容易流动，具有水一样的流动性质，煤粉的这种性质被广泛应用在生产、输送过程中，制粉系统采用气体（空气、烟气等）在密闭的管道中输送煤粉，并方便地将煤粉送入锅炉燃烧室燃烧。

输送煤粉时的气体与煤粉具有一定的比例，这时煤粉与气体的混合物称为煤粉气流或气粉混合物。煤粉气流可流过很细小的、不严密的气隙，因此，制粉系统的严密性必须予以高度的重视。煤粉由于流动性好，还会造成中间仓储式制粉系统中给粉机的自流现象（煤粉仓粉位处于某一高度时，煤粉自流穿过给粉机上下叶轮和中间落粉口，进入一次风管的现象）。自流现象发生时一次风压忽大忽小，给锅炉的燃烧调整带来困难，还会造成一次风管的堵塞；多台给粉机发生自流现象时，处理不好会造成锅炉的灭火打炮。

经过磨制的煤粉的表面比原煤的表面增大许多倍，于是煤粉能更迅速达到完全燃烧。煤粉储存时间久了，由于吸附空气中的水分而结块，从而影响了煤粉的流动性；煤粉与氧接触，产生氧化作用，在一定的浓度范围遇到火花很容易发生爆炸。

煤粉颗粒触及人体，刺激皮肤，皮肤生成细小的红粒，使人痒痛难忍，即煤粉过敏现象。煤粉过敏一般3～5天不接触煤粉时，即可自行消失。发生煤粉过敏时，可用温水清洗，涂抹护肤油、脂、膏等可减少痛苦。煤粉能淹（呛）没人体，煤粉进入人体呼吸系统后，使人窒息死亡，所以进入煤粉仓内工作时，一定要遵守安全规程和工作要求，注意安全。

## 二、煤粉的自燃与爆炸性能

从化学反应的角度讲，煤粉的自燃过程是煤粉在一定的温度、压力状态下缓慢的氧化燃烧。煤粉的爆炸是煤粉在一定的温度、压力状态下的剧烈燃烧，并在瞬间释放出一定能量，同时产生与释放能量相对应的响声，产生一定压力的冲击波，对设备、管道及人体造成不同程度的破坏或危害。

### 1. 煤粉的自燃性能

煤粉的自燃呈链式化学反应。积（堆）存的煤粉（如煤粉仓内、管道平台、螺旋输粉机内及输粉平台、粉仓上部地面、给粉机平台、中速磨煤机顶部、锅炉燃烧器平台等处）与空气中的氧充分接触被氧化时，产生一定的热量，使煤粉温度升高。煤粉温度升高（不能很好散发热量时）又会加速煤粉的氧化，使氧化速度以某一倍数不断地加速，当温度上升到煤粉的自燃点时就会发生煤粉的自燃。煤粉自燃后随着温度的急剧升高，其燃烧速度很快。煤粉自燃常常会导致其周围范围内可燃物质的燃烧或可燃气体的爆炸，污染周围环境或损坏设备。

煤粉温度升高还会受到外界因素的影响，如在煤粉仓的表面、中速磨煤机顶部、燃烧器平台等处，由于这些部位的环境温度较高，使煤粉所含水分被逐渐蒸发而干燥，以至于过度干燥，煤粉所含的挥发分也逐渐析出，使煤粉温度很快达到其自燃点。

煤粉自燃时，一般是看不到红火的，仔细观察有细微的烟气，能感觉积（堆）粉热量的辐射热、温度较高。因为煤粉温度升高时，表面的热量受空气流动的影响容易散发，而煤粉颗粒很细、堆积密实，内部温度很难散发，使积粉内部温度很高，从积（堆）粉内部开始自燃，自燃后生成的细灰又覆盖在已自燃的煤粉表面。用工具划开发烟的煤粉堆时，可见红火。一般自燃的煤粉与没有自燃的煤粉，在分界面上不是十分明显。

煤粉自燃与煤种（主要是挥发分）、煤粉的干燥程度（煤粉水分的数量）、煤粉的堆积时间、周围环境温度、压力等因素有关。一般而言，对挥发分含量高、湿分小的煤粉，在温度较高的部位积存时间较长，氧化生热、水分蒸发、挥发分析出就会越多，就容易自燃。运行经验表明，在煤粉仓上部表面、中速磨煤机顶部、燃烧器平台、给粉机平台堆积一定量的煤粉，经2～3昼夜就会发生自燃现象。另外，煤粉自燃还与煤粉积存的数量有关。在现场中，一般又把制粉系统管道死角内积存煤粉的自燃称作阴燃。

煤粉自燃的危害很大，它往往烧坏设备、引燃周围的易燃易爆品，导致煤粉的爆炸，造成更大的危害。所以，要保持磨煤机及制粉系统设备和运行的良好状态，防止跑粉，处理煤粉的冒、漏点，要及时清除工作现场跑粉、漏粉、冒粉，清理积粉，及时扑灭自燃的煤粉。

对制粉系统设备管道的漏粉、粉仓跑（冒）粉、螺旋输粉机插板冒粉、检修或清掏给粉机、螺旋输粉机、磨煤机、输粉管道等的积粉、流粉，燃烧器四周的漏粉，要及时清除，并及时消除设备缺陷，保持设备的完好，防止煤粉堆积自燃。清除粉仓顶部跑粉或螺旋输粉机（绞龙）冒粉时，不准用水冲洗，不允许把已清除的煤粉倒在停运的输煤皮带上、依靠上煤时转入原煤斗内。其原因：其一，用水冲洗时，水进入煤粉仓、螺旋输粉机在所难免，较大量的水进入煤粉仓，将造成粉仓内煤粉因受潮结块，影响煤粉的流动性和给粉机运行的稳定性，水进入螺旋输粉机槽体内，输粉时煤粉黏接、输粉不畅或造成螺旋输粉机堵塞、不严密处冒粉；其二，此时的煤粉温度一般仍在50℃左右或更高，很容易烫伤输煤皮带，煤粉还会在输煤皮带上自燃，烧焦皮带或皮带龟裂，上煤时皮带承受负荷时造成断裂，具有较高温度的煤粉进入原煤斗后，还会造成原煤的自燃，清理的煤粉倒回煤粉仓时，要拣出煤粉中的煤粒煤块、保温砖块、铁丝等杂物，防止杂质杂物堵塞落粉口、卡断给粉机的保险销。

少量的煤粉自燃时，可用干粉、二氧化碳灭火器扑灭后清除。较多的煤粉自燃时应采用其他方法灭火并清除，如用水冲到地沟。不允许清理到原煤斗、磨煤机内；清理自燃的煤粉时，要注意工作人员的人身安全，防止煤粉烫伤皮肤、刺激面部、眼睛，以及烧坏电缆、热工信号线缆等。

**2. 煤粉的爆炸性能**

煤粉爆炸的过程是悬浮在空气中的煤粉强烈燃烧的过程。判断煤粉爆炸性的分类准则是爆炸性指数 $K_d$。它是考虑燃料的活性（可燃挥发分的含量及其热值）及燃料中的惰性（燃料中灰分和固定碳的含量）的综合影响的结果。爆炸性指数 $K_d$ 按式（4-1）计算

$$K_d = V_d / V_{vol,que} \tag{4-1}$$

其中
$$V_{vol,que} = 100 \left\{ \frac{V_{vol}[1 + (100 - V_d)/V_d]}{100 + V_{vol}(100 - V_d)/V_d} \right\} \tag{4-2}$$

$$V_{vol} = 100(1260/Q_{vol}) \tag{4-3}$$

$$Q_{vol} = (Q_{net,V,daf} - 7850 FC_{daf})/V_{daf} \tag{4-4}$$

$$FC_{daf} = 1 - V_{daf} \tag{4-5}$$

式中 $K_d$——煤粉的爆炸性指数；

$V_d$——煤的干燥基挥发分，%；

$V_{vol,que}$——燃烧所需可燃挥发分的下限（考虑灰和固定碳），按式（4-2）计算，%；

$V_{vol}$——不考虑灰和固定碳时燃烧所需可燃挥发分的下限，按式（4-3）计算，%；

$Q_{vol}$——挥发分的热值，按式（4-4）计算，kJ/kg；

$Q_{net,V,daf}$——煤的干燥无灰基低位发热量，kJ/kg；

$FC_{daf}$——煤的干燥无灰基固定碳含量，按式（4-5）计算；

$V_{daf}$——煤的干燥无灰基挥发分含量。

煤粉的爆炸性和爆炸性指数的关系，见表4-1。

| 表 4-1 | 煤粉的爆炸性和爆炸性指数的关系 |
| --- | --- |
| 煤粉的爆炸性指数 | 煤粉的爆炸性 |
| $K_d<1.0$ | 难爆 |
| $1.0<K_d<3.0$ | 中等 |
| $K_d\geqslant3.0$ | 易爆 |

煤粉与空气混合成一定浓度时，就有爆炸的危险。锅炉制粉系统中，煤粉大多用热空气输送，煤粉和空气混合成雾状混合物，达到条件时遇有明火，就会突然起火、发生爆炸，在 0.01～0.1s 的瞬间，煤粉强烈的燃烧，燃烧产生的大量高温烟气急剧膨胀，产生 0.2～0.3MPa 的冲击压力。爆炸后的气体冲击制粉系统的设备、管道，使爆炸中心附近的空气因受到冲击而发生强烈扰动，气体压力、温度、密度等产生突跃变化，形成强大的冲击波。在爆炸中心附近，空气冲击波振面上的压力甚至超过十几个大气压力，以爆炸点为中心以球面形状向外扩展，损坏设备和管道。试验研究表明制粉系统发生爆炸时，80％以上的爆炸能量以冲击波的形式向外扩散。

试验表明，即使 0.005MPa 的超压就可使门窗玻璃破碎，0.1MPa 的超压可使人员死亡。煤粉爆炸所产生的冲击波以极高的速度（可达 3000m/s）向周围扩散，对容器产生猛烈的冲击，击破防爆门，甚至爆裂管道、损坏设备，还可能引起火灾。爆炸时设备的碎块或碎片向四周飞散，这些具有很高速度和较大质量的碎块、碎片，在飞散过程中具有很大的动能，可击穿厂房墙壁、损坏设备、管道，甚至危及人员的生命。

**3. 运行中煤粉自燃和爆炸的分析**

煤粉的自燃和爆炸同属于燃烧现象。自燃比较缓慢，并从局部开始逐渐蔓延；爆炸迅速、猛烈，达到条件时突然爆发，并在整个范围内同时爆炸。自燃在堆积、常压下进行；爆炸须与空气有一定的混合浓度，一般在一定的压力、悬浮状态下发生。制粉系统的爆炸多发生在系统启动、停止，以及磨煤机断煤、温度升高的时段。

并非所有的煤粉与空气的混合物都能发生爆炸，而是由许多因素或条件决定的。决定煤粉爆炸的因素主要有煤的挥发分，煤粉水分和灰分，煤粉细度，气粉混合物浓度、温度、流速，煤粉气流中氧的浓度，以及原煤中的引燃物，制粉系统中煤粉的阴燃及静电火花等。

（1）与煤的挥发分的关系。挥发分含量越高，产生爆炸的可能性就越大。一般而言，$V_{daf}\leqslant10\%$ 的无烟煤粉，可以认为是没有爆炸危险的，$V_{daf}>10\%$ 且 $V_{daf}$ 越高，煤粉就越易爆炸。即是说，爆炸可能在较低的温度下发生，尤其是当 $V_{daf}>20\%$（烟煤等）时，爆炸的可能性就大为增加。煤粉的爆炸性和干燥无灰基挥发分的关系，见表 4-2。

| 表 4-2 | 煤粉的爆炸性和干燥无灰基挥发分的关系 |
| --- | --- |
| 煤粉的爆炸性指数 | 干燥无灰基挥发分（％） |
| $K_d<1.0$ | $V_{daf}<10$ |
| $1.0<K_d<3.0$ | $10<V_{daf}<30$ |
| $K_d\geqslant3.0$ | $V_{daf}\geqslant25$ |

**注** $V_{daf}$ 在 25％～30％的爆炸性有所重叠。

（2）与煤的水分、灰分及煤粉细度的关系。在其他条件相同时，煤粉水分和灰分较大，可降低其爆炸的可能性，但在实际运行工作中，不可将煤粉水分增加到高于正常储存和输送所允许的数值，因为这样容易造成煤粉的黏结、输粉管道堵塞等不良后果。

煤粉越细，越容易自燃和爆炸。过粗的煤粉爆炸的可能性很小，对于烟煤煤粉，当其粒度大于 $100\mu m$ 时，几乎不会爆炸。所以对挥发分含量高的煤种，不允许磨得很细。

（3）与煤粉气流混合物温度、煤粉气流着火温度的关系。气粉混合物或煤粉的温度过高，很容易爆炸，所以一般设计和运行规程都规定，对挥发分大于 20% 的煤种，煤粉温度不得超过 75℃。

气粉混合物中煤粉浓度是影响煤粉爆炸的重要因素。浓度过高或过低都最容易发生爆炸，实践证明最危险的煤粉浓度在 $1.2\sim2.0kg/m^3$，烟煤在 $3\sim4kg/m^3$ 或 $0.32\sim0.47kg/m^3$ 时都不易发生爆炸。一般情况下，仓储式制粉系统输送煤粉的浓度为 $0.3\sim0.6kg/m^3$。各种燃煤的煤粉都存在一定的爆炸危险浓度，这在运行实践中是很难避免的，所以制粉系统的防爆是一个重要课题，需要锅炉工作者（尤其是广大的锅炉运行人员）研究和防止。

煤粉气流着火温度低，煤粉爆炸性的可能性较低，反之煤粉爆炸性的可能性较高，煤粉的爆炸性指数和煤粉气流着火温度的关系，见表 4-3。

表 4-3　　　　　煤粉的爆炸性指数和煤粉气流着火温度的关系

| 煤粉的爆炸性指数 $K_d$ | 煤粉气流着火温度 $IT_m$（℃） |
| --- | --- |
| $K_d<1.0$ | $IT_m>800$ |
| $1.0<K_d<3.0$ | $800>IT_m>650$ |
| $K_d\geqslant3.0$ | $IT_m\geqslant650$ |

（4）与输送煤粉气流氧量及煤粉浓度的关系。输送煤粉的气体一般为高温空气，从防爆和干燥方面考虑，某些情况下（如对高挥发分燃煤）也采用高温空气和高温烟气的混合物。在输粉气流中，氧的含量越大，爆炸性就越大。试验研究和实践都证明，当氧的浓度低于 15%～16%（体积比例）时不会发生爆炸。对挥发分较高的煤粉，在输粉介质中掺入一定量的惰性气体（$CO_2$、$N_2$、水蒸气、烟气等），可有效地降低输粉气流的含氧量，预防爆炸事故的发生。当对煤粉进行干燥时，对于爆炸危险性较大的煤种，在使用热空气作干燥介质的同时，掺入一定量的高温烟气，使介质中含氧量降低到上述规定，也可有效地防止爆炸。

印度尼西亚泗水市某燃煤热电厂装有 $2\times230t/h+300t/h$ 3 台燃煤锅炉，因燃煤供应发生变化后，锅炉燃煤从设计的 $V_{daf}=20\%$ 改为 $V_{daf}=49\%$ 的煤种，从试运到投入运行后的半年多时间，制粉系统共发生了 7 次较大的爆炸事故并引发火灾，造成了机组被迫停运 5 次和设备不同程度的损坏，并造成运行人员一人死亡、一人重伤的人身事故。面对爆炸事故的频繁发生和人员伤亡，从安全和经济效益上考虑，该热电厂对制粉系统进行了防爆改造，在输粉热空气中掺入从空气预热器后引入的高温烟气，使输粉气流的氧浓度低于 16%。此后，制粉系统运行正常，满足了锅炉燃烧的需要，并从未发生过制粉系统爆炸事故。

气粉混合物最危险的煤粉浓度范围，以及能够引起爆炸的最低氧气浓度和爆炸压力，见表 4-4。

**表 4-4　气粉混合物最危险的煤粉浓度范围，以及能够引起爆炸的最低氧气浓度和爆炸压力**

| 项目 | 烟煤 | 褐煤 | 铲切泥煤 |
|---|---|---|---|
| 最低煤粉浓度 $\mu_{min}$（kg/m³） | 0.32～0.47 | 0.215～0.25 | 0.16～0.18 |
| 最高煤粉浓度 $\mu_{max}$（kg/m³） | 3～4 | 5～6 | 13～16 |
| 最易爆炸浓度 $\mu$（kg/m³） | 1.2～2 | 1.7～2 | 1～2 |
| 爆炸产生的最大压力 $p_{max}$（MPa） | 0.13～0.17 | 0.31～0.33 | 0.3～0.35 |
| 最低氧气浓度 $O_{2min}$（%） | 19 | 18 | 16 |

气粉混合物的湿度较大时，煤粉的爆炸性较小。对于褐煤和烟煤，当水分稍大于固有水分时，一般没有爆炸的危险；对于泥煤，水分大于 25% 时，没有爆炸的危险。当气粉混合物水分低于上述数值时，爆炸的可能性就显著增加，故必须防止煤粉过度干燥。为此，在制粉设备和制粉系统的设计、制粉系统的运行实践中，磨煤机出口温度有一定的技术规范和限制（见煤粉的水分部分）。

气粉混合物在管道内的流速应保持在一定的数值。速度过低，会造成煤粉在管道内的沉积，堵塞输粉管道；速度过高，会引起静电火花，条件适宜时导致爆炸事故发生。一般气粉混合物的流速控制在 16～30m/s。一次风管中气粉混合物的流速，取决于考虑燃烧稳定性的一次风刚度。

有爆炸性危险的气粉混合物只有遇到明火时，才会发生爆炸。制粉系统中气粉混合物主要着火火源是煤粉沉积物的阴燃及静电火花。气粉混合物的温度越高、流速越快，爆炸就越容易发生。

为此，防爆的主要措施就是根据锅炉不同的燃煤种类和制粉系统形式，严格控制制粉系统末端气粉混合物的温度、水分，防止设备局部煤粉沉积而自燃；同时，加强对入炉煤的管理，严禁雷管等外部火源混入原煤中。磨制褐煤时在热空气中掺入一部分锅炉烟气作为干燥剂，消除热空气进入制粉系统（经磨煤机到制粉系统）的可能性；装置结构精良的锁气器，设置蒸汽、二氧化碳灭火装置，装设一定数量和尺寸的防爆门，装设防爆监视器等。此外，在制粉系统的启动、停止，磨煤机断煤和堵煤时更应特别注意，此时制粉系统处在不稳定的过渡阶段，磨煤机出口温度不易控制，很容易超温引发爆炸；制粉系统停止时，当给煤机停止后，磨煤机抽粉时间不得少于 5min，抽净磨煤机暨制粉系统内存粉，可有效防止煤粉的自燃和爆炸。煤粉管道中沉积的煤粉松动，磨煤机内煤粉较细、浓度较小，含氧浓度相对较大，发生气粉混合物爆炸的危险性更大。再者，干燥剂送粉的仓储式制粉系统停止倒风操作时，磨煤机与排粉机连接的总风门不能全关，要留有一定的开度，以便及时带走磨煤机金属所散发的热量，磨煤机的热风截止门要关闭严密。低速钢球磨煤机堵煤抽粉时间不宜过长，防止积存的煤粉或堵塞的原煤因热空气较长时间的吹刷燃烧而引发爆炸。

**4. 制粉系统防爆设计中对磨煤机出口温度的规定**

对磨煤机出口（或分离器出口）气粉混合物的温度，1980 年《电力工业技术管理法规》的规定如下：

（1）中间仓储式制粉系统。

1）用空气干燥时，无烟煤不受限制；贫煤小于等于 130℃；烟煤小于等于 80℃；褐煤小于等于 70℃。

2）用烟气和空气混合干燥时。烟煤小于等于 90℃；褐煤小于等于 80℃。

（2）直吹式制粉系统。

1）用空气干燥时，贫煤小于等于 150℃；烟煤小于等于 130℃；褐煤和油页岩小于等于 100℃。

2）用烟气和空气混合干燥时，烟煤小于等于 170℃；褐煤和油页岩小于等于 140℃。

3）制造厂另有规定的，可按其规定值控制。对磨煤机出口最高允许温度，DL/T 466—2017《电站磨煤机及制粉系统选型导则》规定，磨煤机出口最高温度应根据煤质和采用的制粉系统形式确定，无烟煤只受设备允许温度的限制，其他煤质磨煤机出口最高允许温度按表 4-5 取值。磨煤机出口最低温度应满足终端干燥剂防止结露的要求。

表 4-5 　　　　　　　　　　　　磨煤机出口最高允许温度 $t_{M2}$ 　　　　　　　　　　℃

| 制粉系统形式 | 热空气干燥 | 烟气空气混合干燥 |
| --- | --- | --- |
| 风扇磨煤机直吹式（分离器后） | 贫煤：150<br>烟煤：130<br>褐煤、油页岩：100 | 约 180 |
| 钢球磨煤机储仓式（磨煤机后） | 贫煤：130<br>烟煤、褐煤：70 | 褐煤：90<br>烟煤：120 |
| 双进双出钢球磨煤机直吹式（紧凑式为分离器后，分离式为磨煤机后） | 烟煤：70～75<br>褐煤：70<br>$V_{daf} \leqslant 15\%$ 的煤：100 | |
| 中速磨煤机直吹式（分离器后） | $V_{daf} \leqslant 40\%$，$t_{M2} = (82 - V_{daf}) 5/3 \pm 5$<br>$V_{daf} > 40\%$，$t_{M2} < 70$ | |
| RP、HP 中速磨煤机直吹式（分离器后） | 高热值烟煤小于 82，低热值烟煤小于 77，次烟煤、褐煤小于 66 | |

注　燃用混煤的，可按允许 $t_{M2}$ 较低的相应煤种取值。

磨煤机出口最高允许温度是防止制粉系统着火、爆炸的重要控制项目之一，有些火力发电厂根据自己的实际情况，磨煤机出口（或分离器出口）气粉混合物的温度往往低于上述规定，使制粉系统的安全性和经济性增强。但对优质烟煤，由于其发热量高、着火迅速，应控制燃烧器入口处煤粉气流的温度不超过 200℃，否则容易烧坏燃烧器。

## 三、煤粉的着火、 燃尽性能

煤粉的着火、燃尽性能表示炉膛中煤粉，在规定的燃烧条件下着火燃烧及燃尽的难易程度。它与煤的煤化程度、煤质成分、矿物质成分有关。在具体的炉膛中还与炉膛形式、燃烧器结构、燃烧器的布置、煤粉在炉内停留时间、炉膛压力、煤粉细度，以及与配风状况等诸多空气动力学、热力学因素有关。

煤粉的着火、燃尽性能是制粉系统形式选择的重要因素。在煤粉的着火性能较差时，要采用热风送粉、较高的磨煤机出口温度、较小的煤粉终端水分等方式以提高其着火性能；在煤粉的燃尽性能较差时，要采用较细的煤粉细度、较低的送粉和锅炉通风速度等方式以提高其燃尽性能。

煤粉的着火、燃尽性能大致随燃煤中挥发分含量的降低而逐渐难度增大。对于低挥发分煤种（$V_{daf}=10\%\sim25\%$），单纯用挥发分进行判断容易引起偏差，此时需用煤粉气流着火温度（IT）及在"一维火焰试验炉"得出的燃尽率指标 $B_p$ 加以判断。煤的着火性能也可用着火稳定性指数 $R_w$ 大致判断。煤粉气流着火温度（IT）、着火稳定性指数 $R_w$ 及燃尽率指标 $B_p$ 参照相关的试验标准和方法确定，一般在锅炉制造厂及试验研究机构中进行。

混煤的着火燃尽性能更接近于混煤中挥发分较低的煤种，可用混煤的评价挥发分来决定其着火燃尽性能。

煤的着火性能和煤粉气流着火温度 IT、着火稳定性指数 $R_w$ 及煤的挥发分 $V_{daf}$ 的关系，见表 4-6；煤的燃尽性能和燃尽率指标 $B_p$ 及挥发分 $V_{daf}$ 的关系，见表 4-7。

表 4-6　　　　煤的着火性能和煤粉气流着火温度 IT 及煤的挥发分 $V_{daf}$ 的关系

| IT(℃) | $R_w$ | $V_{daf}(\%)$ | 煤的着火性能 |
|---|---|---|---|
| >800 | <4 | <15 | 较难 |
| 800~700 | 4~5 | 10~25 | 中等 |
| <700 | >5 | >20 | 较易 |

注　$V_{daf}$ 在 10%~15% 及 20%~25%，着火性能有重叠。

表 4-7　　　　煤的燃尽性能和燃尽率指标 $B_p$ 及挥发分 $V_{daf}$ 的关系

| $B_p(\%)$ | $V_{daf}(\%)$ | 煤的着火性能 |
|---|---|---|
| <88 | <15 | 较难 |
| 88~95 | 10~25 | 中等 |
| >95 | >25 | 较易 |

注　$V_{daf}$ 在 10%~15% 及 15%~25%，燃尽性能有重叠。

## 四、煤粉水分

煤粉的最终（后）水分 $M_{mf}$（仓储式制粉系统为旋风分离器出口处，直吹式制粉系统为煤粉分离器出口处）也称煤粉的终端水分（一般也称为煤粉水分），对于向燃烧室供粉的连续性和均匀性、锅炉燃烧的经济性、磨煤机及制粉系统出力，煤粉的流动性、可爆性，以及制粉系统设备的安全性、经济性都有直接的影响。

对仓储式制粉系统而言，煤粉水分过高，煤粉在粉仓内被压实结块，使煤粉的流动性变差，其落粉管和给粉机容易堵塞，来粉的连续性和均匀性变差；煤粉水分过高，一次风压因输送煤粉的气流阻力增加而风压、风速有所减弱，进入燃烧器口风压降低，燃烧调整困难，同时还有造成一次风管堵塞的可能；过高终端水分的煤粉进入燃烧室后，首先需要蒸发水分，同时也降低了着火区域温度，使炉膛温度场变化，着火困难，燃尽阶段延长，燃烧不完全，炉膛温度降低，增大了排粉、送粉热损失和引风机电耗。因此，煤粉应具有足够的干燥程度，以保持良好的流动性。但是，应注意褐煤和烟煤制成的干燥煤粉在接触空气时，易于自燃，甚至引起爆炸的问题；此外，对湿而软的褐煤进行深度干燥，还受到制粉系统干燥出力的限制。因此，对煤粉终端水分应根据储存和输送的可靠性，以及燃烧和制粉的经济性来综合考虑。

运行实践证明，如果煤粉终端水分 $M_{mf}$ 接近燃煤空气干燥基水分 $M_{ad}$，就能保证向锅炉炉膛连续、可靠的供粉，而且煤粉进入燃烧室后能迅速地着火与燃烧。煤粉终端水分往往反映在磨煤机出口风温上，为保证煤粉终端水分在适宜的范围，对褐煤和烟煤磨煤机出口风温保持下限，对其他煤种保持磨煤机出口风温的上限。总之，对于不同的煤种控制适当的一次风温，既可保持合适的煤粉终端水分，又可防止煤粉的过度干燥。

在磨煤机和制粉系统的选型设计中，需要考虑煤粉水分的取值范围。煤粉水分主要和煤的全水分，以及磨煤机出口温度有关。煤粉水分的取值范围为

$$M_{pc} = (0.5 \sim 1.0)M_{ad} \tag{4-6}$$

式中　$M_{pc}$——煤粉水分，%；

　　　$M_{ad}$——煤的空气干燥基水分，%。

具体数值按图 4-1 选取。

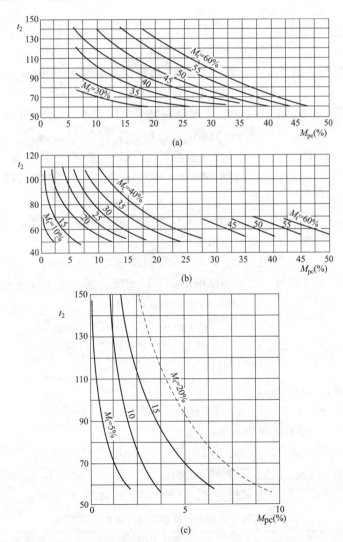

图 4-1　煤粉水分 $M_{pc}$ 和磨煤机的出口温度 $t_2$（℃），以及原煤水分 $M_t$ 的关系

（a）在直吹和中间储仓式制粉系统、烟气和空气混合干燥时，磨制褐煤；（b）在直吹和中间储仓式制粉系统、热空气干燥时，磨制褐煤；（c）在直吹和中间储仓式制粉系统、热空气干燥时，磨制无烟煤、贫煤和烟煤

### 五、煤粉的细度与均匀性

**1. 煤粉细度**

(1) 煤粉细度的测定。煤粉细度是衡量煤粉品质的重要指标之一。对于煤粉锅炉的燃烧而言，煤粉过粗、过细都是不经济的，所以煤粉需要一个适当的细度。

煤粉细度是利用一组由金属编制的带正方形小孔的筛子进行筛分后确定的，以残留在某一型号筛子上的煤粉质量，占筛分前试样总质量的百分数（$R$）表示，即

$$R_x = [a/(a+b)] \times 100\% \tag{4-7}$$

或

$$D_x + R_x = 100\% \tag{4-8}$$

式中　$R_x$——用某型号筛子测定的煤粉细度，%；

　　　$x$——筛孔内边长，$\mu m$；

　　　$a$——筛子上残留的煤粉质量，g；

　　　$b$——通过筛子的煤粉质量，g；

　　　$D_x$——通过某型号筛子的煤粉百分数，%。

$a$ 值越大，残留在筛子上的煤粉越多，$R_x$ 值越大，煤粉就越粗；$D_x$ 值越大，$R_x$ 值越小，煤粉就越细。

1) 煤粉取样的规定。要保证煤粉细度测定结果的准确性，首先要保证煤粉样品的代表性。为此，DL/T 567.2—2018《火力发电厂燃料试验方法　第 2 部分：入炉煤粉样品的采取和制备方法》规定，对于中间仓储式制粉系统，可在旋风分离器下粉管或给粉机落粉管中采样，前者可采用煤粉活动采样管或自由沉降采样器；对于直吹式制粉系统，可在一次风管道中采用等速采样器采样。

2) 煤粉细度测定方法概述。称取 25g 煤粉置于规定的试验用标准筛中，通过机械筛分，根据筛余量的多少来计算煤粉细度。

火力发电厂煤粉锅炉常用 $R_{200}$、$R_{90}$ 表示煤粉细度，DL/T 567.5—2015《火力发电厂燃料试验方法　第 5 部分：煤粉细度的测定》规定煤粉细度的计算公式为

$$R_{200} = m_{200}/m \times 100 \tag{4-9}$$

$$R_{90} = [(m_{200} + m_{90})/m] \times 100 \tag{4-10}$$

式中　$R_{200}$——粒径大于 $200\mu m$ 的煤粉质量占试样质量的百分数，%；

　　　$m_{200}$——$200\mu m$ 筛上的煤粉质量，g；

　　　$m$——煤粉试样质量，g；

　　　$R_{90}$——粒径大于 $90\mu m$ 的煤粉质量占试样质量的百分数，%；

　　　$m_{90}$——$90\mu m$ 筛上的煤粉质量，g。

筛分时应采用一定规格的筛子，世界各国筛子标准很多，表 4-8 是我国目前采用的筛子规格和煤粉细度的表示方法。美国标准用"目（mesh）"，美国常用的 170 目相当于 $R_{88}$，70 目相当于 $R_{210}$，与我国采用的 $R_{90}$ 和 $R_{200}$ 非常接近。

表 4-8　　　　　　　　　　我国目前采用的筛子规格和煤粉细度的表示方法

| 筛号（每厘米长度的孔数） | 孔径（孔的内边长，$\mu m$） | 煤粉细度表示 | 筛号（每厘米长度的孔数） | 孔径（孔的内边长，$\mu m$） | 煤粉细度表示 |
|---|---|---|---|---|---|
| 6 | 1000 | $R_1$ | 10 | 600 | $R_{600}$ |
| 8 | 750 | $R_{750}$ | 12 | 500 | $R_{500}$ |

续表

| 筛号（每厘米长度的孔数） | 孔径（孔的内边长，$\mu m$） | 煤粉细度表示 | 筛号（每厘米长度的孔数） | 孔径（孔的内边长，$\mu m$） | 煤粉细度表示 |
|---|---|---|---|---|---|
| 14 | 430 | $R_{430}$ | 50 | 120 | $R_{120}$ |
| 16 | 400 | $R_{400}$ | 60 | 100 | $R_{100}$ |
| 20 | 300 | $R_{300}$ | 70 | 90 | $R_{90}$ |
| 24 | 250 | $R_{250}$ | 70 | 90 | $R_{90}$ |
| 30 | 200 | $R_{200}$ | 80 | 75 | $R_{75}$ |
| 40 | 150 | $R_{150}$ | 100 | 60 | $R_{60}$ |

（2）煤粉细度的换算。不同粒径下煤粉细度的换算公式为

$$R_{x2} = 100(R_{x1}/100)^{(x2/x1)n} \tag{4-11}$$

式中　$R_{x2}$——$x2$ 颗粒尺寸的煤粉细度，%；

　　　$R_{x1}$——$x1$ 颗粒尺寸的煤粉细度，%；

　　　$x$——煤粉颗粒尺寸，$\mu m$；

　　　$n$——煤粉的均匀性系数，取决于制粉系统设备的形式和煤种（一般情况下，配离心式分离器的制粉设备，$n=1.0\sim1.1$；配旋转式分离器的制粉设备，$n=1.1\sim1.2$；燃烧褐煤采用双流惯性分离器的制粉设备，$n=1.0$，单流惯性分离器的制粉设备，$n=0.8$）。根据式（4-11）可导出煤粉的均匀性系数如式（4-14）所示。

根据式（4-11）计算 $R_{75}$ 和 $R_{90}$ 的对应关系（$n=1.1$ 时），见表 4-9。

表 4-9　　　　　　　　　　$R_{75}$ 和 $R_{90}$ 的对应关系（$n=1.1$ 时）

| $R_{75}$ | $R_{90}$ | $R_{75}$ | $R_{90}$ | $R_{75}$ | $R_{90}$ | $R_{75}$ | $R_{90}$ | $R_{75}$ | $R_{90}$ |
|---|---|---|---|---|---|---|---|---|---|
| 0.5 | 0.15 | 10.5 | 6.37 | 20.5 | 14.42 | 30.5 | 23.43 | 40.5 | 33.13 |
| 1.0 | 0.36 | 11.0 | 6.74 | 21.0 | 14.85 | 31.0 | 23.90 | 41.0 | 33.63 |
| 1.5 | 0.59 | 11.5 | 7.11 | 21.5 | 15.28 | 31.5 | 24.37 | 41.5 | 34.14 |
| 2.0 | 0.84 | 12.0 | 7.49 | 22.0 | 15.72 | 32.0 | 24.85 | 42.0 | 34.64 |
| 2.5 | 1.10 | 12.5 | 7.88 | 22.5 | 16.16 | 32.5 | 25.32 | 42.5 | 35.14 |
| 3.0 | 1.38 | 13.0 | 8.26 | 23.0 | 16.60 | 33.0 | 25.80 | 43.0 | 35.65 |
| 3.5 | 1.66 | 13.5 | 8.65 | 23.5 | 17.04 | 33.5 | 26.28 | 43.5 | 36.16 |
| 4.0 | 1.96 | 14.0 | 9.05 | 24.0 | 17.48 | 34.0 | 26.76 | 44.0 | 36.67 |
| 4.5 | 2.26 | 14.5 | 9.44 | 24.5 | 17.93 | 34.5 | 27.24 | 44.5 | 37.18 |
| 5.0 | 2.57 | 15.0 | 9.84 | 25.0 | 18.38 | 35.0 | 27.72 | 45.0 | 37.69 |
| 5.5 | 2.89 | 15.5 | 10.25 | 25.5 | 18.83 | 35.5 | 28.21 | 45.5 | 38.20 |
| 6.0 | 3.21 | 16.0 | 10.65 | 26.0 | 19.28 | 36.0 | 28.69 | 46.0 | 38.71 |
| 6.5 | 3.54 | 16.5 | 11.06 | 26.5 | 19.73 | 36.5 | 29.18 | 46.5 | 39.23 |
| 7.0 | 3.88 | 17.0 | 11.47 | 27.0 | 20.19 | 37.0 | 29.67 | 47.0 | 39.74 |
| 7.5 | 4.22 | 17.5 | 11.88 | 27.5 | 20.65 | 37.5 | 30.16 | 47.5 | 40.26 |
| 8.0 | 4.57 | 18.0 | 12.30 | 28.0 | 21.10 | 38.0 | 30.65 | 48.0 | 40.78 |
| 8.5 | 4.92 | 18.5 | 12.72 | 28.5 | 21.57 | 38.5 | 31.15 | 48.5 | 41.30 |
| 9.0 | 5.27 | 19.0 | 13.14 | 29.0 | 22.03 | 39.0 | 31.64 | 49.0 | 41.82 |
| 9.5 | 5.63 | 19.5 | 13.56 | 29.5 | 22.49 | 39.5 | 32.14 | 49.5 | 42.34 |
| 10.0 | 6.00 | 20.0 | 13.99 | 30.0 | 22.96 | 40.0 | 32.64 | 50.0 | 42.87 |

## 2. 煤粉的颗粒特性与均匀性

煤粉的颗粒是很不均匀的，如果用一套筛孔尺寸大小不等的标准筛子进行筛分，就可得到全面反映煤粉颗粒分布的特性曲线 $R=f(x)$，也即全筛分曲线，如图 4-2 所示。从图中可看出煤粉的相对粗细，曲线 1 表示的煤粉较粗，曲线 2 表示的煤粉更粗，曲线 3 表示的煤粉较细。不同的制粉系统设备，其全筛分曲线有所不同。曲线 4 和曲线 5 代表两种不同的制粉系统煤粉煤的全筛分曲线。

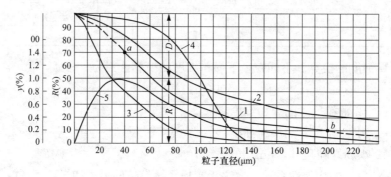

图 4-2　煤粉颗粒分布的特性曲线

为提高锅炉制粉和燃烧的经济性，理想的煤粉结构应该是既无过粗、又无过细的煤粉，因此，仅用煤粉细度来表明煤粉颗粒特性是不够全面的。如果有甲乙两种煤粉，其 $R_{90}$ 值都相同，但甲种留在筛子上的煤粉较乙种为粗，而通过筛子较细颗粒的煤粉也比乙种多，为表示煤粉的这种性质，引入煤粉均匀性的概念。

煤粉的均匀性用煤粉颗粒的均匀性指数 $n$ 来表示。利用空气分离、沉淀、显微分析等特殊方法，求得煤粉内各种尺寸大小颗粒的比例，用筛子上剩余煤粉量来表示，从而得出关系式

$$R_x = 100e^{-bx^n} \tag{4-12}$$

式中　e——自然对数的底；

　　　$b$——与煤粉细度有关的系数；

　　　$x$——颗粒直径或筛孔尺寸，$\mu m$；

　　　$n$——指数，反映煤粉颗粒的均匀程度。

系数 $b$ 的意义可直接从式（4-12）中分析。对于一定的 $n$ 值，如果 $b$ 增大，则 $x$ 变大时 $R_x$ 值减小，即煤粉总的来说较细，反之可进行类似推论。系数 $b$ 用来反映煤粉的粗细程度，但实际使用意义不大，因为用 $R_x$ 来表示要方便得多。对于一定的制粉系统而言，在 $x=60\sim200\mu m$ 时，系数 $b$ 的数值在 $0.1\sim0.0075$，可认为系数 $n$ 为一常数。

均匀性系数 $n$ 可通过倒推来分析，根据式（4-12），对于 $R_{90}$ 和 $R_{200}$ 有 $R_{90}=100e^{-b\cdot90\cdot n}$ 和 $R_{200}=100e^{-b\cdot200\cdot n}$，由此推导出

$$n=[\lg\ln(100/R_{200})-\lg\ln(100/R_{90})/\lg(90/200)]$$
$$=2.88\lg[(2-\lg R_{200})/(2-\lg R_{90})] \tag{4-13}$$

式（4-13）还可表示为［也可由式（4-11）推导出］

$$n=\lg\ln(100/R_{x1})-\lg\ln(100/R_{x2})/\lg(x_1/x_2) \tag{4-14}$$

其中　　　　　　　　　$b=1/90^n\ln(100/R_{90}) \tag{4-15}$

对于无烟煤和贫煤，$x_1$ 和 $x_2$ 可以为 $200\mu m$ 和 $90\mu m$；对于烟煤，$x_1$ 和 $x_2$ 可以为

$200\mu m$ 和 $75\mu m$。对于褐煤，$x_1$ 和 $x_2$ 可以为 $200\mu m$ 和 $500\mu m$。

由于 $R_{90}>R_{200}$，$n$ 值为正，由此看出，对于一定的 $R_{90}$，$n$ 越大，则 $R_{200}$ 越小，即过粗的煤粉较少，可见 $n$ 值是反映煤粉颗粒均匀性的，$n$ 值越大，过粗、过细的煤粉都较少，均匀性较好，反之均匀性较差，制粉系统运行就是要力求得到尽可能大的 $n$ 值。式（4-13）表示于图 4-3 中。

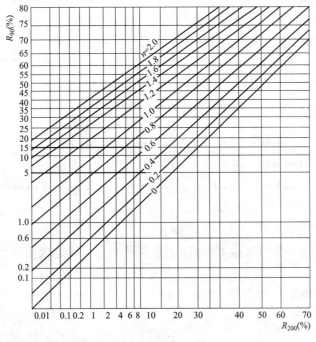

图 4-3　$n=f(R_{90}，R_{200})$

$n$ 值由制粉系统的特性决定，取决于制粉系统的设备状况，尤其与磨煤机和粗粉分离器的形式有关，$n$ 值一般在 $0.8\sim1.3$。各种制粉设备煤粉的 $n$ 值列于表 4-10 中。对于某一具体的制粉系统，只要取出煤粉样测定 $R_{90}$ 和 $R_{200}$，就可由式（4-13）计算出 $n$ 值的大小。

**表 4-10** 各种制粉设备所制煤粉的 $n$ 值

| 磨煤机类型 | 粗粉分离器形式 | $n$ 值 | 国外数据 |
|---|---|---|---|
| 筒式钢球磨煤机 | 离心式 | $0.8\sim1.2$ | $0.7\sim1.0$ |
| | 回转式 | $0.96\sim1.1$ | |
| 中速磨煤机 | 离心式 | $0.86$ | $1.1\sim1.3$ |
| | 回转式 | $1.2\sim1.4$ | |
| 风扇磨煤机 | 惯性式 | $0.7\sim0.8$ | $0.9$ |
| | 离心式 | $0.8\sim1.3$ | |
| | 回转式 | $0.8\sim1.0$ | |
| 竖井式磨煤机 | 重力式 | $1.12$ | |

DL/T 5145—2012《火力发电厂制粉系统设计计算技术规定》中，对 $n$ 值取值的规定为一般情况下，配离心式分离器的制粉设备，$n=1.0\sim1.1$；配旋转式分离器的制粉设备，$n=1.1\sim1.2$；燃烧褐煤采用双流式惯性分离器的制粉设备，$n=1.0$，单流式惯性分离器的制粉设备 $n=0.8$。

### 3. 经济煤粉细度

煤粉细度对制粉系统的出力、设备磨损和磨煤机及制粉电耗的影响较大。无论对哪种磨煤机及制粉系统来说，磨制的煤粉越粗，磨煤机出力就越大，制粉电耗也就越小，设备金属的单位磨损量也越小，所以适当加粗煤粉是提高制粉系统经济性最常用的方法之一。但是，需要同时综合考虑煤粉细度对煤粉气流着火，锅炉燃烧的稳定性、经济性，以及受热面积灰结渣、锅炉热损失等。例如，煤粉变粗超过燃烧的允许值时，将使煤粉气流的刚度增强、着火点推后、机械不完全燃烧热损失 $q_4$ 增加，排烟热损失 $q_2$ 增大，还有可能使燃烧器水冷壁及炉膛出口部位积灰、结渣。对于固态排渣炉，过粗的煤粉在燃烧器正常工作条件下，从煤粉气流中分离出来沉积在炉膛下部燃烧，导致冷灰斗部位的结渣、积渣。煤粉越细，粒度越均匀，燃烧也越完全，但同时煤粉气流的刚度减小，火焰长度缩短，煤粉气流的着火点前移，应防止烧坏燃烧器，此时制粉系统的运行也是很不经济的。

综合制粉和燃烧的需要或要求，存在一个最佳煤粉细度即经济细度，也即制粉和燃烧总的损耗为最小时的煤粉细度，它由下列条件确定：从锅炉燃烧角度考虑希望煤粉磨得细一些，可减少炉内送风，相对降低排烟热损失 $q_2$、机械不完全燃烧热损失 $q_4$；从制粉系统方面考虑，希望煤粉磨得粗一些，可降低制粉电耗 $q_N$（磨煤、送粉），减少磨煤机及制粉设备的金属磨损 $q_M$。在选定煤粉细度时，使上述各项损失之和为最小时，对整个制粉系统和锅炉燃烧的经济性才有利。总损失为最小的煤粉细度称为经济煤粉细度或经济细度。

图 4-4 表明了确定煤粉细度的方法，它通过锅炉（包括制粉系统）的调整试验找出 $q_2 + q_4 + q_N + q_M = q$ 的总和为最小时对应的煤粉细度范围，就是最经济或最佳的磨制煤粉细度（图中把各项损失折合成元/t 来作比较），制粉系统运行中煤粉细度应尽可能地保持在这个范围。

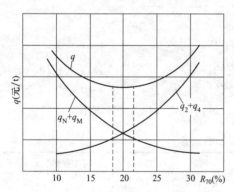

图 4-4  煤粉经济细度的确定

$q_2$—排烟热损失；$q_4$—机械不完全燃烧损失；
$q_N$—磨煤能量消耗；$q_M$—煤粉设备的金属消耗
（设备磨损等）；$q$—$q_2$、$q_4$、$q_N$ 及 $q_M$ 的总和

（1）与经济煤粉细度有关的因素。

1）与煤种有关。其中，以原煤挥发分的影响最大，挥发分高的煤燃烧容易、强烈，允许煤粉粗一些。无烟煤挥发分最低，就要求煤粉磨得细些。

2）与磨煤机和煤粉分离器的形式有关。这两者决定了煤粉的均匀程度，如果煤粉均匀，可允许煤粉磨得粗些。

3）与燃烧方式和炉膛容积热负荷有关。两者决定了煤粉燃烧的经济性，如果炉膛内温度高或煤粉在炉膛内停留时间较长（炉膛容积热负荷低时），允许煤粉粗一些。

此外，煤粉的经济细度还与运行管理水平和运行经验等因素有关系。对于一般的煤粉炉，根据我国火力发电厂的实践经验，参考世界上若干工业水平先进国家的技术数据，给出设计和运行时煤粉细度的推荐图 4-5 和表 4-11，供发电厂在煤粉制备时参考。表 4-11 的推荐值是以煤粉干燥无灰基挥发分含量为基准的。

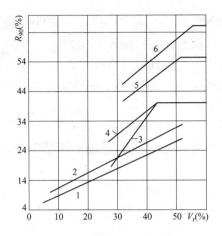

图 4-5 煤粉经济细度的选择

1—无烟煤、贫煤和烟煤采用筒式钢球磨煤机；2—贫煤和烟煤采用中速磨煤机；3—烟煤采用锤击磨煤机；
4—褐煤采用筒式钢球磨煤机；5—褐煤采用中速磨煤机；6—褐煤采用锤击磨煤机

表 4-11                  $R_{90}$ 推荐值

| 煤种 | | $R_{90}$（%） | 煤种 | | $R_{90}$（%） |
|---|---|---|---|---|---|
| 无烟煤 | $V_{daf} \leqslant 5\%$ | $5\sim6$ | 烟煤 | 优质 | $25\sim35$ |
| | $V_{daf}=6\%\sim10\%$ | $\approx V_{daf}$ | | 劣质 | $15\sim20$ |
| 贫煤 | | $12\sim14$ | 褐煤 | | $4\sim60$ |

生产实践中对于每种煤，在运行经验的基础上，制定出磨煤机相应结构条件下的煤粉研磨细度和煤粉水分的标准，根据设备健康状况、制粉系统运行方式，实际运行中的煤粉细度与推荐值稍有出入。

（2）经济煤粉细度选取考虑的因素。DL/T 466—2017《电站磨煤机及制粉系统选型导则》对经济煤粉细度的考虑因素、煤粉细度的选取做如下规定。

1）煤的燃烧特性。一般来说，挥发分高、灰分少、发热量高的煤燃烧性能好，煤粉细度可以放粗。

2）燃烧方式、炉膛的热强度和炉膛的大小。旋风炉，炉膛的热强度高及大炉膛时，煤粉细度可以放粗。

3）煤粉的均匀性系数。均匀性好，煤粉细度可以放粗。

**4. 煤粉细度的选取**

制粉系统设计中对 300MW 及以上机组煤粉细度按式（4-16）和式（4-19）进行计算选取，对 200MW 及以下机组，$R_{90}$ 在上述基础上适当下降。同时，还必须考虑低 $NO_x$ 燃烧时对煤粉细度的要求。

（1）对于固态排渣煤粉炉燃用无烟煤时，煤粉细度按式（4-16）选取

$$R_{90} = 4 + 0.5nV_{daf} \tag{4-16}$$

式中   $R_{90}$——用 $90\mu m$ 筛子筛分时筛上剩余量占煤粉总量的百分比，%；

        $n$——煤粉均匀性指数；

        $V_{daf}$——煤的干燥无灰基挥发分，%。

固态排渣煤粉炉燃用贫煤时，煤粉细度按式（4-17）选取

$$R_{90} = 2 + 0.5nV_{daf} \tag{4-17}$$

固态排渣煤粉炉燃用烟煤时，在无燃尽率指数 $B_p$ 的分析值时，煤粉细度按式（4-18）选取

$$R_{90} = 0.5nV_{daf} \qquad (4\text{-}18)$$

当燃用高灰分低热值烟煤（灰分为 $A_3$ 级，发热量为 $Q_4$ 级）时，煤粉细度按式（4-19）选取

$$R_{90} = 5 + 0.35nV_{daf} \qquad (4\text{-}19)$$

（2）在有燃尽率指数 $B_p$ 的分析值时，应根据燃尽率指数 $B_p$ 按图 4-6 来选取煤粉细度。

（3）煤粉细度的最小值应该控制不低于 $R_{90} = 4\%$。

（4）当燃用褐煤和油页岩时，煤粉细度为 $R_{90} = 35\% \sim 50\%$（挥发分低时取小值，挥发分高时取大值）；$R_{1.0} = 1\% \sim 3\%$。

（5）进口机组的煤粉细度按照国外的要求进行设计、选取。

（6）混煤的煤粉细度应先按质量加权的方法求出挥发分，再从图 4-7 求取混煤的评价挥发分；之后根据评价挥发分再按式（4-18）求取混煤的煤粉细度。

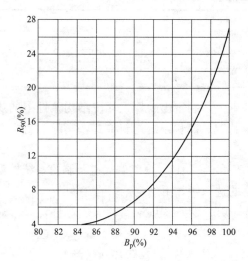 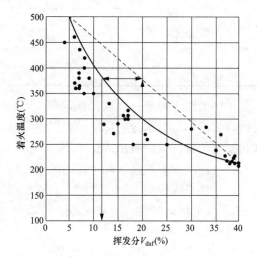

图 4-6　煤粉细度和燃尽率 $B_p$ 的关系　　图 4-7　根据着火特性求混煤的评价挥发分
（无烟煤、贫煤和烟煤）

（7）还要考虑低 $NO_x$ 燃烧时对煤粉细度的要求。

# 第二节　磨煤方法与制粉系统

## 一、磨煤方法

在机械力的作用下，煤可被磨（粉）碎成煤粉。磨煤机磨碎率可达 $200 \sim 500$ 倍。在破碎机和磨煤机内，燃煤被磨（粉）碎成煤粉主要是利用撞击、压碎、劈碎和研磨等方法，磨制煤粉的方法，如图 4-8 所示。磨煤机的磨煤原理不是一种方法的单独作用，而是几种方法的综合作用。

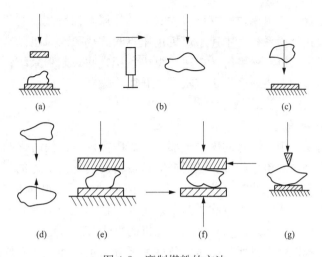

图 4-8　磨制煤粉的方法

(a)、(b)、(c) 磨煤部件与煤块相互撞击；(d) 运动的煤块相互撞击；
(e) 压碎；(f) 研磨；(g) 劈碎

　　高速锤击式磨煤机和风扇磨煤机的磨煤原理，其撞击作用是主要的。当利用压碎方法来磨煤时，煤块被夹持在两个磨煤部件的内表面之间，在外力作用下煤块由于内应力的增大而破碎，这种磨煤原理在中速磨煤机（辊式、球式和碗式）中是主要的。研磨依靠煤块与运动的磨煤部件的摩擦力，同时依靠在磨煤部件上施加压力而使燃煤破碎，在高速、中速和低速筒式钢球磨煤机的磨煤原理中都存在这种作用。高速锤击式磨煤机在400t/h 级以下煤粉锅炉中曾使用，目前已基本淘汰退出。

　　低速筒式钢球磨煤机和双进双出钢球磨煤机（20 世纪 80 年代后引进）的磨煤原理，几乎包括了各种磨煤方法，加之它们具有适用煤种广泛等其他优点，在 1000t/h 级及以下的煤粉锅炉中使用很多。低速筒式钢球磨煤机曾经达到约占火力发电厂锅炉磨煤机 73％的高比例，随着技术上的可行和"上大压小""超低排放"等政策的实施，发电厂煤粉锅炉容量中型化、大型化且较多采用直吹式制粉系统后，这一比例正在迅速减小。

　　中速磨煤机（碗式磨煤机、辊轮式磨煤机和球式磨煤机）的磨煤原理，主要是以磨煤部件对煤的压碎、研磨为主，其他磨煤方法为辅。随着技术的进步，1000t/h 级及以上的煤粉锅炉中普遍采用中速磨煤机。

## 二、制粉系统

　　煤粉制备系统也称作制粉系统。制粉系统以有无煤粉仓（储粉仓）分为直吹式和仓储式（储仓式）两大类。制成的煤粉直接吹入炉膛燃烧的制粉系统称为直吹式制粉系统；制成的煤粉储存在煤粉仓内，根据锅炉负荷的需要，经过给粉机有节制的送入炉膛内燃烧的系统为仓储式制粉系统。

　　制粉系统按采用磨煤机的类型分类，我国常用的制粉系统类型有以下几种：中间储仓式钢球磨煤机热风送粉制粉系统，中间储仓式钢球磨煤机乏气送粉制粉系统，中间储仓式热炉烟干燥、热风送粉闭式和开式系统；双进双出钢球磨煤机直吹式（带冷风吹扫系统）制粉系统，双进双出钢球磨煤机直吹式（带热风吹扫系统）制粉系统，双进双出钢球磨煤机半直吹式制粉系统；中速磨煤机正压直吹式热一次风机制粉系统，中速磨煤机正压直吹式冷一次风机制粉系统，中速磨煤机负压直吹式制粉系统；风扇磨煤机直吹式三介质干燥制粉系统，风扇磨煤机直吹式二介质干燥制粉系统，风扇磨煤机直吹式带乏气分离装置制粉系统。

**1. 直吹式制粉系统**

在直吹式制粉系统中，制好的煤粉全部送入炉内燃烧，任何时候制粉量均等于锅炉的燃料消耗量，即是说制粉量的多少是根据锅炉负荷的变化而变化的，而制粉量是由调节给煤机给煤量来实现的。此时，若采用筒式（或低速）钢球磨煤机在低负荷下运行，制粉系统将是很不经济的，所以直吹式制粉系统一般都选配中速或高速磨煤机，只有对承担基本负荷的锅炉才考虑采用筒式钢球磨煤机的直吹式制粉系统。

直吹式制粉系统以磨煤机所处的压力条件又可分为负压和正压直吹式制粉系统。正压直吹式制粉系统又由于一次风机装设位置的不同，所选配风机风温的不同，分为正压系统配冷一次风机、正压系统配热（或高温）一次风机两种形式。正压系统密封问题解决不好时，容易造成向制粉系统外喷冒煤粉，因此，国内的直吹式制粉系统以前一般多采用负压系统。对直吹式负压制粉系统，由于燃烧所需全部煤粉通过一次风机，因而一次风机容易磨损，一方面降低了风机的效率，增加了通风电耗，另一方面使系统维护工作量增加，可靠性降低；但这种系统的最大优点是磨煤机处于负压状态下工作，不会向系统外喷冒煤粉，现场环境干净卫生。随着技术的进步、设备制造水平的提高，制粉系统的密封、空气预热器分仓等问题的解决，近十多年来，中速磨煤机直吹式制粉系统广泛采用正压，配冷、热一次风机的系统。

（1）中速磨煤机直吹式制粉系统。图4-9示出了三种形式的中速磨煤机直吹式制粉系统示意，负压系统、配高温（热）一次风机的正压系统、配冷一次风机的正压系统。中速磨煤机以研磨件中有特征性的结构来命名，有碗式磨煤机、辊轮式磨煤机和球式磨煤机。

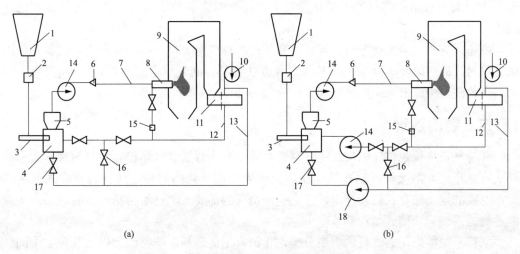

图 4-9 中速磨煤机直吹式制粉系统示意（一）
（a）负压系统；（b）正压系统（带高温风机）

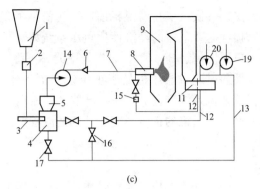

图 4-9 中速磨煤机直吹式制粉系统示意（二）

(c) 正压系统（带冷风机）

1—原煤仓；2—煤秤；3—给煤机；4—磨煤机；5—粗粉分离器；6—煤粉分配器；7——次风管；8—燃烧器；9—锅炉；
10—送风机；11—空气预热器；12—热风；13—冷风道；14—排粉机；15—二次风箱；16—调温冷风门；
17—密封冷风门；18—密封风机；19——次风机；20—二次风机

锅炉在燃用燃烧性能中等以上的贫煤（煤粉气流着火温度 IT＜800℃），配合使用着火性能好的燃烧器，应用中速磨煤机直吹式制粉系统时，锅炉表现出了良好的燃烧性能。采用中速磨煤机直吹式制粉系统时，磨煤机的通风量与锅炉的一次风量比较，锅炉必须采用较低的一次风率才能与磨煤机的通风量匹配。

运行中应注意各台（套）中速磨煤机直吹式制粉系统运行风量的平衡，以各台（套）磨煤机直吹式制粉系统设置风量的自动平衡装置为宜。中速磨煤机直吹式制粉系统运行中，必须重视石子煤输送系统的问题。特别是在采用 HP 型中速磨煤机时，石子煤量相对较多，必须采用自动的石子煤输送系统。目前，石子煤输送系统有自动小车、皮带输送、水力输送等。采用水力输送时，宜采用单元制输送石子煤。

图 4-9（a）所示负压系统的工艺流程如图 4-10 所示。

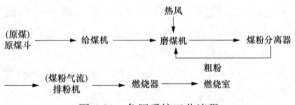

图 4-10 负压系统工艺流程

该系统的特点是磨煤机处于负压运行状态，磨煤机内的气粉混合物不会向外泄漏，现场环境比较干净。缺点是排粉机叶轮容易磨损，直接影响排粉机的效率和出力，同时拆换排粉机叶轮的检修频繁、工作量大。

图 4-9（b）所示的配高温（热）一次风机的正压系统是一种常用的直吹式正压制粉系统，图中标明的密封风机可用公用系统供应的压缩空气来代替。其工艺流程如图 4-11 所示。

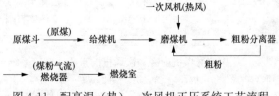

图 4-11 配高温（热）一次风机正压系统工艺流程

这种系统由于高温（热）一次风机在磨煤机前，输送清洁的热风，叶片不受煤粉气流的磨损，也就不存在磨损问题，运行的经济性比负压系统好。但因排粉机在高温状态下工作（有时一次风机入口风温超过300℃），风机效率明显下降。此外对风机的结构也有特殊要求，使运行可靠性差。此时磨煤机处于正压条件下工作，必须配有轴封风机，防止磨煤机向外喷粉。目前，该系统配置的排粉机已取消，所以一次风压降低。

图4-9（c）所示的配冷一次风机的正压系统，其工艺流程如图4-12所示。

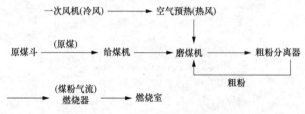

图4-12 配冷一次风机的正压系统工艺流程

该系统一次风机位于空气预热器前，输送冷风，工作可靠并且因冷风比容积小，使总的通风电耗降低，但此时供给一次风的一次风机要克服较大的沿程阻力，风压比供给二次风的送风机高得多，故两台风机不能简单地并列运行，必须把空气预热器分成两部分（采用三分仓空气预热器），分别由一次风机和二次风机供应冷风。一次风机出口的冷风还可供给磨煤机作密封用，以省略专用的密封风机。同时，由于加热一次风部分的空气，空气预热器承受较高的风压，漏风问题比较突出；一、二次风要求的加热温度不同，应从空气预热器的不同部位引出，使整个系统的结构比较复杂，运行维护比较困难。但电耗的节省和漏风引起的损失比较，电耗的节省较大、经济效益好，因此，冷一次风机系统目前得到广泛的应用，但此时需采用三分仓空气预热器。

需要说明的是，随着技术的进步和设备性能的提高，行业标准也已修改，现在中速磨煤机直吹式制粉系统已取消了排粉机，中速磨煤机直吹式制粉系统以一次风机处于空气预热器的位置分为中速磨煤机直吹式冷一次风系统（即一次风机处于空气预热器之前）、中速磨煤机直吹式热一次风系统（即一次风机处于空气预热器之后）。就一次风机而言，冷一次风系统比热一次风系统节省电耗，而增加了一次风在空气预热器中的漏风，但电耗的节省和漏风引起的损失比较，电耗的节省较大，这也是现在中速磨煤机直吹式冷一次风系统得到广泛应用的原因，但此时需要采用三分仓的空气预热器。图4-13所示为中速磨煤机配冷一次风机的直吹式制粉系统。

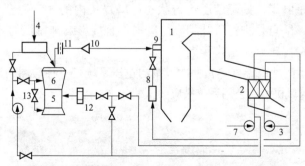

图4-13 中速磨煤机配冷一次风机的直吹式制粉系统

1—锅炉；2—空气预热器；3—送风机；4—给煤机；5—磨煤机；6—粗粉分离器；7——次风机；
8—二次风箱；9—燃烧器；10—煤粉分配器；·11—隔绝门；12—风量测量装置；13—密封风机

（2）风扇磨煤机直吹式制粉系统。图 4-14 所示为两种风扇磨煤机直吹式制粉系统。从图中可看出由于风扇磨煤机本身代替了一次风机，使系统简化了许多。其工艺流程和中速磨煤机负压系统相同，只是干燥风不同。我国磨制烟煤、贫煤的风扇磨煤机大多数是采用热风作干燥剂的直吹式制粉系统，如图 4-14（a）所示，磨制褐煤的风扇磨煤机一般是采用高温炉膛烟气和热空气作干燥剂的直吹式系统，如图 4-14（b）所示。

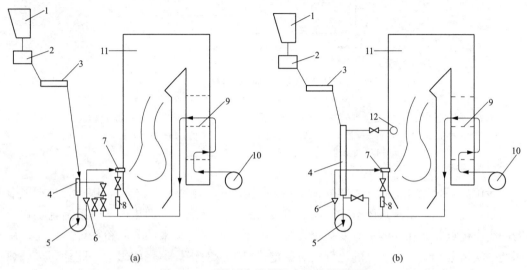

图 4-14　两种风扇磨煤机直吹式制粉系统
（a）热风干燥；（b）热风炉烟干燥

1—原煤仓；2—自动磅秤；3—给煤机；4—下行干燥管；5—磨煤机；6—煤粉分离器；7—燃烧器；
8—二次风箱；9—空气预热器；10—送风机；11—锅炉；12—抽烟口

风扇磨煤机直吹式制粉系统因干燥介质的不同，又分为风扇磨煤机直吹式二介质（热风）干燥制粉系统、风扇磨煤机直吹式三介质（热风、炉烟）干燥制粉系统、带乏气分离装置的风扇磨煤机直吹式制粉系统，如图 4-15 所示。

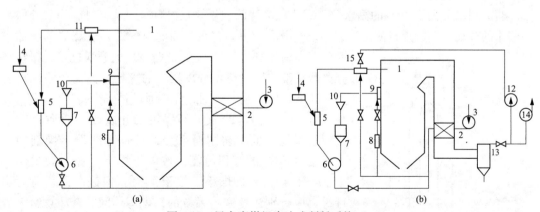

图 4-15　风扇磨煤机直吹式制粉系统（一）
（a）风扇磨煤机直吹式二介质（热风）干燥制粉系统；
（b）风扇磨煤机直吹式三介质（热风、炉烟）干燥制粉系统

1—锅炉；2—空气预热器；3—送风机；4—给煤机；5—下降干燥管；6—磨煤机；7—粗粉分离器；8—二次风箱；
9—燃烧器；10—煤粉分配器；11—烟风混合器；12—冷烟风机；13—除尘器；14—吸风机；
15—烟风混合器；16—引风机；17—乏气分离装置

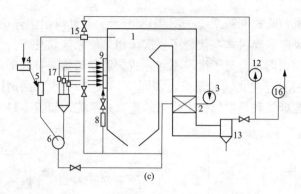

图 4-15　风扇磨煤机直吹式制粉系统（二）

（c）带乏气分离装置的风扇磨煤机直吹式制粉系统

1—锅炉；2—空气预热器；3—送风机；4—给煤机；5—下降干燥管；6—磨煤机；7—粗粉分离器；8—二次风箱；
9—燃烧器；10—煤粉分配器；11—烟风混合器；12—冷烟风机；13—除尘器；14—吸风机；
15—烟风混合器；16—引风机；17—乏气分离装置

　　我国的褐煤水分不高（大部分 $M_{ar}$＝15%～30%，有些高达 40%），因此，现有风扇磨煤机系统基本上采用热风空气干燥负压直吹式制粉系统。炉烟热风干燥系统直吹式制粉的突出优点就是在煤的水分变化较大时，可用高温的炉烟来调节制粉系统的出力，从而使一次风温和一、二次风的比例相对稳定，以减少对锅炉燃烧的影响。此外，热风炉烟干燥系统由于总的（烟气）温度水平较低，干燥剂中烟气所占比例近半，对降低系统内干燥介质含氧量，防止制粉系统爆炸是有利的。其三，较大的抽用炉烟比例还可降低燃烧器附近的温度水平，防止炉膛内结焦，在燃用灰熔点较低的褐煤时，这一点是非常重要的。图 4-15（a）和图 4-15（b）所示适于干燥和磨制水分在 20%～40% 的褐煤，当磨制 $M_{ar}$＜19%，采用热风进行干燥时，可采用中速磨煤机。对于烟煤，因为此时锅炉只有四角布置或前后墙对冲布置方式，无论从管道的阻力还是煤粉的分配来考虑，采用风扇磨煤机的直吹式制粉系统都是不合适的。

　　当磨制水分大于 40% 的高水分、碳化程度浅的（年轻）褐煤时，需要对制粉系统做一些小的改动，在磨煤机的出口采用乏气分离装置，含水分高的乏气送入燃烧器的上部喷口，如图 4-15（c）所示，此时，风扇磨煤机（无粗粉分离器或带惯性式粗粉分离器）的煤粉分离需要采用较大的开度，以满足较大的磨煤机通风量。

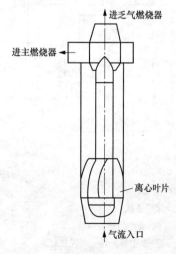

图 4-16　乏气分离装置

　　对于燃烧褐煤的风扇磨煤机二介质或三介质直吹式制粉系统，虽然在制粉系统设计计算终端干燥剂的含氧量时，$O_2$ 的容积份额（按湿干燥剂计算）为褐煤小于等于 12%、烟煤小于等于 14%，但是在低负荷运行时，应特别注意制粉系统的自燃爆炸问题，注意给煤机断煤等含氧量急剧上升的异常工况。

　　燃烧高水分褐煤时，磨煤机出口设置的乏气分离装置是一个带离心叶片的分离装置，如图 4-16 所示。它可将 30% 的气流和 80% 的煤粉分离出来，使其进入主燃烧器，主燃烧器的煤粉气流得到浓缩且水分减少，燃烧得到强化。70%的气流和20%的煤粉进入乏气燃烧器。

（3）双进双出钢球磨煤机直吹式、半直吹式制粉系统。图4-17所示为双进双出钢球磨煤机直吹式制粉系统，双进双出磨煤机直吹式制粉系统又有带冷风吹扫系统和带热风旁路系统。图4-18所示为双进双出钢球磨煤机半直吹式制粉系统。

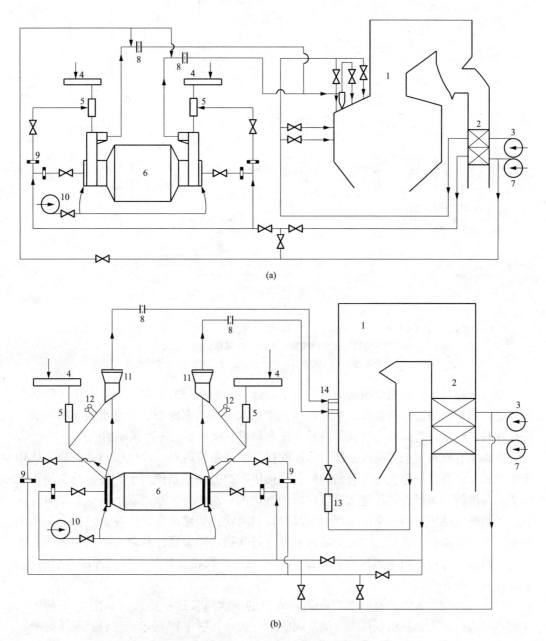

图 4-17　双进双出钢球磨煤机直吹式制粉系统

（a）带冷风吹扫系统；（b）带热风旁路风系统

1—锅炉；2—空气预热器；3—送风机；4—给煤机；5—下降干燥管；6—磨煤机；7—一次风机；

8—隔绝门；9—风量测量装置；10—密封风机；11—粗粉分离器；

12—锁气器；13—二次风箱；14—燃烧器

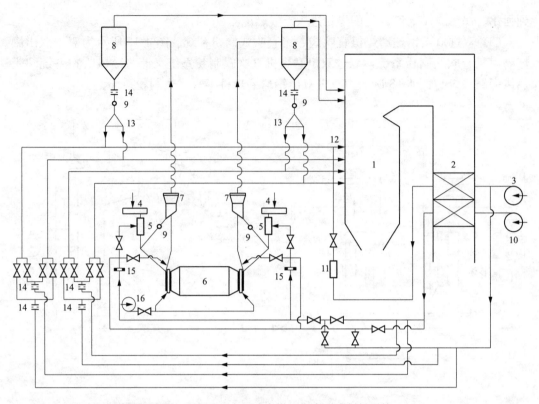

图 4-18  双进双出钢球磨煤机半直吹式制粉系统

1—锅炉；2—空气预热器；3—送风机；4—给煤机；5—下降干燥器；6—磨煤机；7—粗粉分离器；
8—细粉分离器；9—电动给粉机（锁气器）；10——次风机；11—二次风箱；12—燃烧器；
13—煤粉分离器；14—隔绝门；15—风量测量装置；16—密封风机

　　根据双进双出钢球磨煤机通风量的要求，计算锅炉所得的一次风率对燃用无烟煤较为合适，锅炉燃用磨损指数较高的烟煤时，采用双进双出钢球磨煤机直吹式制粉系统一次风率显得较低，为此从旁路风量的投入比率调整与锅炉所需一次风率的匹配。

　　旁路风有冷风吹扫旁路或系统、热风吹扫旁路或系统两种。冷风吹扫旁路或系统用于磨煤机及制粉系统停止时对管路的吹扫，热风吹扫旁路或系统用于磨煤机及制粉系统低负荷时维持一次风管的流速或运行中增加锅炉的一次风量。双进双出钢球磨煤机直吹式制粉系统配热风旁路风系统在磨制烟煤时，热风吹扫旁路或系统应注意维持磨煤机出口温度在规定的范围，运行中要定期对系统进行吹扫，特别要注意热风旁路中不能有产生积粉的地方存在，防止热风吹扫系统内存在积粉，积粉受热风长时间冲刷自燃着火，引起制粉系统着火爆炸。

　　热风旁路的进入方式有从粗粉分离器入口的一次风管道中进入（如图 4-18 所示）、从磨煤机入口进入、从给煤机下方的落煤管中进入（如图 4-17 所示）三种。从给煤机下方的落煤管中进入的热风旁路系统中，热风随煤一同进入磨煤机入口，然后携带煤粉进入送粉管道。该系统可实现对煤的预先干燥，同时降低进入送粉管道时热风的温度，对直吹式制粉系统的防堵和防爆有利。

　　双进双出钢球磨煤机配用的径向式粗粉分离器，由于其循环倍率较高，影响了磨煤机出力的提高，与普通钢球磨煤机相比出力较低。应采用性能较好的轴向型粗粉分离器。

双进双出钢球磨煤机半直吹式制粉系统具有钢球磨煤机中间仓储式热风送粉系统的特点，即可以提高一次风温度和一次风中煤粉浓度，又有利于燃料的着火，但不需要煤粉仓，还可以正压运行，消除了制粉系统漏风对锅炉效率的影响，所以比较适于磨制、燃烧贫煤和无烟煤，其燃烧效果要优于中间储仓式热风送粉系统。双进双出钢球磨煤机半直吹式制粉系统运行中，系统各处的锁气器应注意保证可靠运行。

半直吹式制粉系统不设煤粉仓及向一次风供给煤粉的给粉机，采用了电动叶轮式给粉机（电动锁气器）和格栅型煤粉分配器，运行中需要保证叶轮式给粉机和格栅型煤粉分配器的可靠运行。

**2. 中间仓储式制粉系统**

中间仓储式制粉系统与直吹式制粉系统比较，增加了旋风（细粉）分离器、煤粉仓、输粉机械（螺旋式输粉机或气力输粉仓泵等），以及给粉机等设备。中间仓储式制粉系统先将磨制好的煤粉储存在煤粉仓内，根据锅炉负荷由给粉机有节制地调节供给煤粉量。磨煤机及制粉系统的出力与锅炉燃料消耗量不等，这样使磨煤机按其自身的经济出力运行，而不受锅炉负荷的影响，提高了制粉系统的经济性；根据锅炉负荷及制粉系统的运行状况，还可用输粉机械（如螺旋式输粉机）给邻炉送粉，调节相邻锅炉煤粉仓的粉位。有些火力发电厂在本台锅炉制粉系统的两个旋风分离器下装设落粉交叉管，以平衡本台锅炉煤粉仓两侧的粉位，改善了给粉机的工作条件，减少了因煤粉仓粉位偏低、给粉机来粉不均匀而影响锅炉燃烧及负荷的不安全因素。这些方法或措施都有利于锅炉燃烧的稳定、提高锅炉工作的可靠性。

中间仓储式制粉系统因可以热风送粉而提高了煤粉的着火性能，因此广泛用于燃烧性能中等以下的贫煤和无烟煤。中间仓储式制粉系统中的磨煤机一般采用筒式钢球磨煤机，也有采用双进双出筒型钢球磨煤机。

由于旋风分离器原理的限制，其出口气流中仍含有 10% 左右的过细煤粉，为提高经济性，减少对大气环境的污染，把这部分煤粉送入炉膛燃烧，这样的系统称为闭式制粉系统。如果原煤水分过大（如对于水分特别大的个别褐煤），将这部分煤粉送入炉内燃烧，将影响燃烧工况，增大排烟热损失 $q_2$ 和机械不完全燃烧热损失 $q_4$，如将其排入大气则相对经济些，这种系统称为开式系统。采用开式系统时，大量的细粉不能回收而被浪费，还造成严重的大气污染，所以该系统很少采用，必须使用开式系统时，除严格采用除尘措施（如布袋除尘器）外，还应考虑装设上升干燥管，以达到提高锅炉热效率的效果，如图 4-19 所示。在干燥管内，煤和干燥剂（热风）有较大的速度差使得干燥作用强烈，干燥管内气体速度的选择与原煤粒度有关，干燥剂速度可高至 40m/s，干燥管下部的收集箱用来收集密度很大的黄铁矿石等。

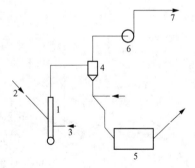

图 4-19 具有上升干燥管的系统
1—上升干燥管；2—原煤；3—干燥剂；
4—旋风分离器；5—磨煤机；6—风机；
7—排向大气

含细粉的气流（干燥剂）作为一次风使用时，与给粉机的来粉混合后，经燃烧器送入炉内燃烧的系统如图 4-20（a）所示，称为干燥剂（或乏气）送粉的仓储式制粉系统。

该系统适用于原煤水分较小、挥发分较高的煤种。从旋风（细粉）分离器上部分离出的携带细粉的气流，由专用的排粉机送至专用的燃烧器喷入炉内燃烧，送入炉膛的乏气称为三次风，干燥剂作三次风的系统称为热风送粉。对无烟煤、贫煤和劣质烟煤，为了稳定着火和燃烧，常采用这种系统。如图 4-20（b）所示。

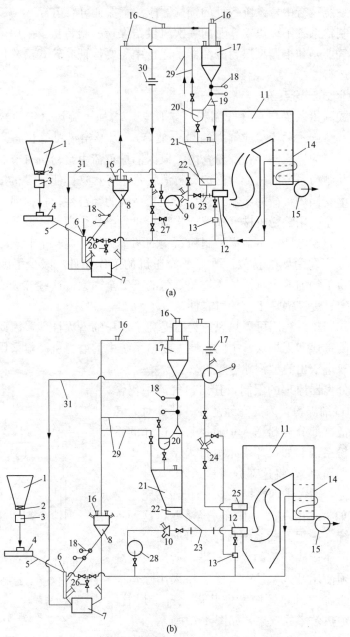

图 4-20　筒形钢球磨煤机中间储仓式制粉系统
(a) 干燥剂送粉；(b) 热风送粉

1—原煤仓；2—煤闸门；3—自动磅秤；4—给煤机；5—落煤管；6—下行干燥管；7—钢球磨煤机；8—粗粉分离器；
9—排粉机；10——次风箱；11—锅炉；12—燃烧器；13—二次风箱；14—空气预热器；15—送风机；16—防爆门；
17—旋风分离器；18—锁气器；19—换向阀；20—螺旋输粉机；21—储粉仓；22—给粉机；23—混合器；24—三次风箱；
25—三次风喷嘴；26—冷风门；27—大气门；28——次风箱；29—吸潮管；30—流量计；31—再循环管

中间仓储式制粉系统的工艺流程如图 4-21 所示。

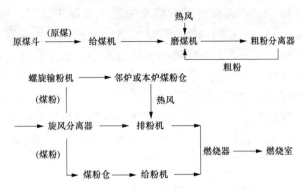

图 4-21　中间仓储式制粉系统的工艺流程

中间仓储式制粉系统在煤粉仓、螺旋输粉机上设计有吸潮气管，利用排粉机负压吸出潮气，防止煤粉吸收潮气结块、粉仓积粉；在不允许煤粉气流倒流的场所（粗粉分离器与磨煤机入口的再循环管上）装有立式和翻板式锁气器（或装设电动锁气器）；在磨煤机出口和粗粉分离器之间装设木材（木屑）分离器，用以分离煤粉气流中的木屑和杂物，以防止堵塞制粉设备和管道；在旋风分离器下部装设小筛子，防止未分离出的细小杂物进入粉仓而卡塞给粉机。应当指出的是有些火力发电厂由于煤粉水分高等其他原因，增加了吸潮气管的数量、增大了吸潮气管的管道直径，这对防止煤粉因吸入潮气结块有一定的效果，但应防止煤粉的过度干燥，以及煤粉仓温度不易控制时，造成煤粉的自燃或爆炸。

在热风、干燥剂送粉的系统中，从排粉机出口到磨煤机入口有一根再循环管，当磨制水分较低的煤种时，从干燥要求看所需干燥通风量（也称干燥剂量）不多，但为了把磨制好的煤粉从磨煤机输送出去，所需的通风量却很大，此时应投入再循环管，从排粉机出口引一部分乏气作为再循环风送入磨煤机内，其数量为磨煤通风量与干燥风量的差额。由于再循环风是输送干燥后的乏气，本身不再具有干燥作用，但可补偿磨煤机通风量不足的需要。有些发电厂对再循环管的投入使用有许多具体的规定，如原煤斗来煤量不好控制使磨煤机内煤量过多时，停止给煤机、抽吸磨煤机内煤粉时；因磨煤机出口温度难以控制，以及干燥风量不足、需增大磨煤通风量等情形，规定应投入再循环管抽吸磨煤机内积粉，以减少抽粉操作时间。

干燥剂（乏气）送粉系统中，排粉机除抽吸乏气外，还能直接抽吸由空气预热器来的热风。这样当磨煤机停止运行时，可用热风作一次风，向炉膛内送粉，保证锅炉不受制粉系统停止的影响而正常运行。

热风送粉时的热风温度，过去对各种煤种都不加以限制，运行实践证明，在燃用优质烟煤时，由于其着火迅速、发热量又高，应控制燃烧器入口处的气粉混合物温度不超过 200℃，否则会烧坏燃烧器。

用乏气作一次风只适用于原煤水分较小、挥发分较高的煤种。因为乏气温度很低，受防爆门的限制气粉混合物温度在 70～130℃，乏气中又含有许多水蒸气，所以乏气送粉对煤粉的着火不利。当燃用无烟煤、贫煤或劣质烟煤时，就要采用热风送粉。为稳定燃烧，采用热空气输粉到主燃烧器，携带煤粉的气流由专用排粉机（三次风机）送到专设的三次风燃烧器燃烧。因煤粉气流含有 10% 左右的细煤粉，称这部分煤粉气流为三次风。

上述各种制粉系统中，在许多设备和输粉管道上装设防爆门，当发生煤粉爆炸时，防爆门首先爆破，释放瞬间产生的高压，保证设备不受损坏。无烟煤由于挥发分低，专门磨制无烟煤时，防爆门（可不设）爆破的可能性很小。制粉系统还设有消防装置，一般采用蒸汽或二氧化碳作灭火介质，当制粉系统着火时用以灭火、防爆。

图 4-22 为中间储仓式热炉烟干燥、热风送粉闭式系统，该系统配用双拱燃烧炉膛，三次风进入下炉膛三次风喷口，因下炉膛温度高，射流燃尽路程也长，同时又由于三次风量的减小，对乏气中的煤粉燃尽十分有利，达到了燃用无烟煤时较好的效果。

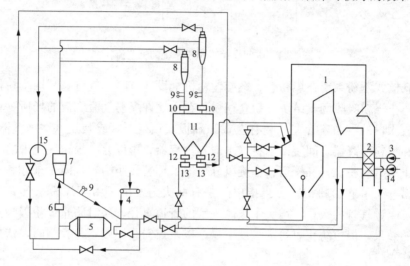

图 4-22　中间储仓式热炉烟干燥、热风送粉闭式系统

1—锅炉；2—空气预热器；3—送风机；4—给煤机；5—磨煤机；6—木块分离器；7—粗粉分离器；8—细粉分离器；9—锁气器；10—木屑分离器；11—煤粉仓；12—给粉机；13—风粉混合器；14——次风机；15—排粉风机

在选择钢球磨煤机的型号时，磨煤机的出力余量以使磨煤机尽量在满负荷下运行，并可使磨煤机通风量满足锅炉三次风量的要求为宜。

钢球磨煤机的通风量应按最佳通风量设计和运行，此通风量一般大于贫煤和无烟煤锅炉的三次风量，因此系统中应有再循环风，以满足磨煤机通风量和锅炉三次风量的匹配。再循环风量为磨煤机通风量的 10%～50%。

磨煤机入口漏风是整个制粉系统中漏风的主要部分，已投运的制粉系统应根据具体情况进行设备改造，新设计时应采用密闭式的给煤机以减少磨煤机入口处的漏风。

目前，中间储仓式制粉系统采用的电磁调速式叶轮给粉机的调速性能较差，是造成一次风管风粉分配性能较差甚至堵管的主要原因，应采用变频调速式叶轮给粉机或其他性能更好地给粉机，以提高给粉机的调速性能，避免一次风管积粉、堵管。

采用哪种制粉系统，一般根据选用煤种、锅炉容量、锅炉的燃烧条件，以及锅炉是否带基本负荷，也即发电厂在电网中所处的地位等确定。制粉系统选定前，所配用的磨煤机应首先确定，详见本章第四节。

一台锅炉采用两套或多套制粉系统，如果磨煤机、排粉机并排布置时，磨煤机和排粉机，以及磨煤机之间的转动方向应该相反。这样设置可避免转动设备中间区域的空气相互挤压，造成地基不平衡，从而引起的转动机械中心不正所造成的振动。

除以上讨论的单元制粉系统外，还有一种集中制粉系统，它只有在一些特殊要求的情况下，或者是经过技术经济比较后，证明条件确实优越时采用，一般很少采用。

### 3. 直吹式与中间仓储式制粉系统的比较

（1）各型制粉系统性能的综合比较，见表 4-12。

表 4-12                      各型制粉系统性能的综合比较

| 项目 | 中间仓储式钢球磨煤机热风送粉系统 | 中速磨煤机直吹式制粉系统 | 风扇磨煤机直吹式制粉系统 | 双进双出钢球磨煤机直吹式制粉系统 | 中间仓储式钢球磨煤机炉烟干燥热风送粉系统 | 双进双出钢球磨煤机半直吹式制粉系统 |
|---|---|---|---|---|---|---|
| 主要特点 | 可提高一次风温度；煤粉细 | 系统无漏风；电耗低 | 干燥性能好；电耗低 | 系统无漏风；煤粉细 | 可提高一次风温度；煤粉细；三次风小；防爆好 | 可提高一次风温度；煤粉细；无漏风 |
| 主要问题 | 系统漏风；防爆差 | 需要清除煤中"三块" | 研磨件寿命短 | 电耗高 | 系统漏风 | 电耗高 |
| 适用煤种 | 无烟煤和低挥发分贫煤 | 高挥发分贫煤和烟煤；表面水分小于19%的褐煤 | 褐煤 | 无烟煤、贫煤、烟煤 | 无烟煤、贫煤 | 无烟煤、贫煤 |

（2）各型制粉系统的比较。

1）直吹式制粉系统简单，设备、部件少，输粉管道阻力小，因此制粉电耗小。仓储式制粉系统中，钢球磨煤机的出力不受锅炉负荷的影响，而能一直在经济工况下运行；该系统在较高的负压下运行，虽然漏风量大，但输粉电耗较小。

2）直吹式负压制粉系统运行的可靠性，在很大程度上取决于一次风机的运行周期。由于燃烧需要的全部煤粉都经一次风机产生压力输送，因此磨损问题非常突出；仓储式制粉系统中，只有含部分煤粉的乏气经过排粉机，排粉机的工作条件大为改善，但给粉机易出现故障，这是该系统的弱点，有待进一步从设备上改进。

3）仓储式制粉系统中，各台锅炉之间可用输粉设备（螺旋输粉机、仓泵及气力输粉管道等）调节锅炉煤粉仓粉位的高低，使制粉系统的储备系数较大，因此磨煤机的工作状况对锅炉的影响较小；直吹式制粉系统中，当一台磨煤机因故停止时，调节锅炉负荷的手段随之减少，当两台及以上磨煤机同时退出运行时，必须相应减少锅炉负荷，从机组的可靠性考虑，直吹式制粉系统要有足够的备用余量。

4）仓储式制粉系统的设备、管道等部件相对较多，因而系统的建筑尺寸和初期投资比直吹式制粉系统大，同时仓储式制粉系统发生爆炸的可能性也较直吹式制粉系统的大。

5）锅炉负荷变化时，仓储式制粉系统可调节各台给粉机的给粉量来适应负荷的变化，而直吹式制粉系统要调节磨煤机的给煤量，相对而言，前者的延迟性较小，由此也说明直吹式制粉系统要求运行人员具有较高的操作水平。

应当说明的是无论从初期投资和运行的经济性来说，直吹式制粉系统都优于仓储式制粉系统，但由于直吹式制粉系统的磨煤部件容易磨损、检修周期短、费用大，而仓储式制粉系统由于设备相对成熟，有设计、调试、运行、检修环节的成熟经验，经济性不一定比直吹式制粉系统差。例如，某发电厂 410t/h 锅炉配 580/320 型筒式低速钢球磨煤机，经调试和运行人员的努力，使磨煤电耗从 32kW·h/t 降到 18kW·h/t，接近或超过直吹式制粉系统的磨煤电耗。随着设备制造技术的提高和设计、调试、运行、检修经验的积累，目前大中型容量锅炉基本均采用直吹式制粉系统。

## 三、磨煤机及制粉系统的选择

DL/T 466—2017《电站磨煤机及制粉系统选型导则》、DL/T 5145—2012《火力发电厂制粉系统设计计算技术规定》规定如下。

**1. 选择原则**

（1）在选择磨煤机形式和制粉系统时，应根据煤的燃烧、磨损、输送、可磨性、爆炸特性，磨煤机的制粉特性及煤粉细度的要求，结合锅炉炉膛和燃烧器结构统一考虑，并考虑投资、电厂检修运行水平及设备的配套、备品备件供应及煤源特点、煤种煤质变化情况、新建厂与扩建厂的不同、锅炉容量大小诸因素，以达到磨煤机、制粉系统和锅炉燃烧装置匹配合理，保证机组的安全经济运行。

（2）根据煤的磨损指数选择磨煤机的界限是依据磨煤机碾磨件的寿命近似划分。应根据煤的磨损指数和煤粉细度，按磨煤机的寿命曲线或寿命的计算公式确定磨煤机碾磨件的寿命，再根据磨煤机研磨件的寿命选择磨煤机。中速磨煤机碾磨件和风环易损件的寿命应大于4000～6000h，研磨件对 MPS 磨煤机是指辊轮的单面寿命，对 E 型磨煤机为补加钢球前的寿命；风扇磨煤机冲击板寿命应大于 1000～1500h（大于 3m 直径的磨煤机采用上限）。

（3）磨煤机台数和出力余量的选择按如下规定执行。

1）直吹式制粉系统磨煤机台数和出力。

a. 当采用高、中速磨煤机时，应设置备用磨煤机。200MW 及以上锅炉装设的中速磨煤机宜不少于四台，200MW 以下锅炉装设的中速磨煤机宜不少于三台，其中一台备用。

b. 当采用双进双出钢球磨煤机时，不宜设置备用磨煤机，每台锅炉装设的磨煤机宜不少于两台。

c. 每台锅炉装设的风扇磨煤机宜不少于三台，其中一台备用。

d. 每台锅炉正常运行的风扇磨煤机为六台以上时，其中有一台运行备用和一台检修备用。

e. 磨煤机的计算出力应有备用容量：①对高、中速磨煤机，在磨制设计煤种时，除备用外的磨煤机，总出力应不小于锅炉最大连续蒸发量时燃煤消耗量的110%；在磨制校核煤种时，全部磨煤机按检修前状态的总出力应不小于锅炉最大连续蒸发量时的燃煤消耗量；②对双进双出钢球磨煤机，磨煤机总出力在磨制设计煤种时，应不小于锅炉最大连续蒸发量时燃煤消耗量的115%；在磨制校核煤种时，应不小于锅炉最大连续蒸发量时的燃煤消耗量；当其中一台磨煤机单侧运行时，磨煤机的连续总出力宜满足汽轮机额定工况时的要求；③磨煤机的计算出力，对中速磨煤机和风扇磨煤机按磨损中后期出力考虑，对双进双出钢球磨煤机宜按制造厂推荐的钢球装载量取用。

2）钢球磨煤机仓储式制粉系统磨煤机台数和出力，按下列要求选择。

a. 每台锅炉装设的磨煤机台数不少于两台，不设备用。

b. 每台锅炉装设的磨煤机按设计煤种计算出力（大型磨煤机在最佳钢球装载量下），应不小于锅炉最大连续蒸发量时所需耗煤量的115%；在磨制校核煤种时，也应不小于锅炉最大连续蒸发量时所需耗煤量。

c. 当一台磨煤机停止运行时，其余磨煤机按设计煤种的计算出力应能满足锅炉不投油情况下安全稳定运行的要求。必要时，可经输粉机由临炉来粉。

（4）一次风管煤粉分配允许的最大偏差：同层燃烧器各一次风管之间的煤粉和空气应均匀分配，各并列管道之间的风量偏差不大于5%，煤粉量偏差不大于下述数值：储仓式制粉系统8%，中速磨煤机直吹式制粉系统10%。

**2. 不同煤质条件下推荐的磨煤机及制粉系统类型**

（1）无烟煤（$V_{daf}=6.5\%\sim10\%$）。

1）可供无烟煤选择的磨煤机及制粉系统类型有中间储仓式钢球磨煤机热风送粉系统；中间储仓式钢球磨煤机炉烟干燥、热风送粉系统；双进双出钢球磨煤机半直吹式制粉系统；双进双出钢球磨煤机直吹式制粉系统等。对于着火及燃尽特性属极难等级的无烟煤（着火温度 IT>900℃），宜优先选用中间储仓式钢球磨煤机炉烟干燥、热风送粉系统和双进双出钢球磨煤机半直吹式制粉系统的方案。

2）在选用中间储仓式制粉系统时，给煤机应采用密闭式的给煤机以减少磨煤机入口处的漏风，给粉机的选择应采用变频调速的叶轮给粉机或其他性能好的给粉机，以提高给粉机的调速性能。

3）在选用中间储仓式制粉系统时，应选用能提供高煤粉均匀性（$n\geqslant11.1$）的粗粉分离器，以保证采用无烟煤锅炉的燃烧。

4）煤粉细度应按式（4-16）或图 4-6 的要求选用，$R_{90}=4\%\sim6\%$。

（2）贫煤（$V_{daf}=10\%\sim20\%$）。

1）当煤的磨损性在较强以下（$K_e\leqslant5$）、煤的着火性能为中等（挥发分 $V_{daf}$ 在 15% 以上，着火温度 IT<800℃）时，宜选用中速磨煤机直吹式制粉系统。

2）当煤的磨损性在较强以上（$K_e>5$）、煤的着火性能为中等（挥发分 $V_{daf}$ 在 15% 以上，着火温度 IT<800℃）时，宜选用双进双出钢球磨煤机直吹式制粉系统。

3）当煤的着火性能为难（挥发分 $V_{daf}$ 在 15% 以下，着火温度 IT>800℃）时，应按无烟煤来对待，宜优先选用中间储仓式钢球磨煤机炉烟干燥、热风送粉系统和双进双出钢球磨煤机半直吹式制粉系统的方案。

（3）烟煤（$V_{daf}=20\%\sim37\%$）。

1）当煤的磨损性在较强以下（$K_e\leqslant5$）时，宜选用中速磨煤机直吹式制粉系统（但 $3.5\leqslant K_e\leqslant5$ 时，不宜使用 RP 和 E 型磨煤机）。

2）当煤的磨损性在较强以上（$K_e>5$）时，宜选用双进双出钢球磨煤机直吹式制粉系统。

3）采用双进双出钢球磨煤机直吹式制粉系统时，热风旁路的设计宜采用使热风旁路进入给煤机下方落煤管，旁路风随煤进入磨煤机进口部位然后进入一次风管路的布置方式。

（4）褐煤（$V_{daf}>37\%$）。

1）当磨制褐煤的磨损指数 $K_e\leqslant3.5$，且煤的外在水分 $M_f>19\%$ 时，宜选用风扇磨煤机炉烟干燥直吹式制粉系统。当磨制褐煤的全水分 $M_{ar}>40\%$ 时，宜选用带乏气分离装置的风扇磨煤机（带粗粉分离器或无粗粉分离器）炉烟干燥直吹式制粉系统。

2）当磨制褐煤的外水分 $M_f \leqslant 19\%$ 时，宜选用中速磨煤机直吹式制粉系统。

3）当磨制褐煤的全水分 $M_{ar}>30\%$ 时，如选用风扇磨煤机炉烟干燥直吹式制粉系统时，在验算系统末端的烟气含氧量合格的情况下，宜优先选用热烟-热风二介质干燥系统。

（5）磨煤机及制粉系统的选择。

磨煤机及制粉系统的选择，见表 4-13。

**表 4-13　　　　　　　　　磨煤机及制粉系统的选择**

| 煤种 | 煤特性参数 | | | | | | 磨煤机及制粉系统 |
|---|---|---|---|---|---|---|---|
| | $V_{daf}(\%)$ | IT(℃) | $K_e$ | $M_f(\%)$ | $R_{90}(\%)$ | $R_{75}(\%)$ | |
| 无烟煤 | 6.5~10 | >900 | 不限 | ≤15 | 约4 | 约8 | (1) 中间储仓式钢球磨煤机炉烟干燥热风送粉。<br>(2) 双进双出钢球磨煤机半直吹式 |
| | | 800~900 | 不限 | ≤15 | 4~6 | 8~10 | (1) 中间储仓式钢球磨煤机热风送粉。<br>(2) 中间储仓式钢球磨煤机炉烟干燥热风送粉。<br>(3) 双进双出钢球磨煤机半直吹式。<br>(4) 双进双出钢球磨煤机直吹式（配双拱燃烧锅炉） |
| 贫煤 | 10~15 | 800~900 | 不限 | ≤15 | 4~6 | 8~10 | (1) 中间储仓式钢球磨煤机热风送粉。<br>(2) 中间储仓式钢球磨煤机炉烟干燥热风送粉。<br>(3) 双进双出钢球磨煤机半直吹式。<br>(4) 双进双出钢球磨煤机直吹式（配双拱燃烧锅炉） |
| | 15~20 | 700~800 | >5.0 | ≤15 | 约10 | 约15 | 双进双出钢球磨煤机直吹式 |
| | | 700~800 | ≤5.0 | ≤15 | 约10 | 约15 | 中速磨煤机直吹式（3.5<$K_e$<5 时，不宜使用RP型、E型磨煤机） |
| 烟煤 | 20~37 | 500~800 | ≤5.0 | ≤15 | 10~20 | 15~26 | 中速磨煤机直吹式（3.5<$K_e$<5 时，不宜使用RP型、E型磨煤机） |
| | | 500~800 | >5.0 | ≤15 | 10~20 | 15~26 | 双进双出钢球磨煤机直吹式 |
| 褐煤 | >37 | <600 | ≤5.0 | ≤19 | 10~20 | | 中速磨煤机直吹式（3.5<$K_e$<5 时，不宜使用RP型、E型磨煤机） |
| | | <600 | ≤3.5 | ≤3.5 | ≤19 | | 三介质或二介质干燥风扇磨煤机直吹式 |
| | | <600 | ≤3.5 | ≤3.5 | >19 | | 三介质或二介质干燥风扇磨煤机直吹式带乏气分离风扇磨煤机直吹式 |

**注**　$V_{daf}$ 与 IT 应优先以 IT 指标为准。

## 四、制粉系统防爆

（1）当煤的干燥无灰基挥发分大于 10%（或煤的爆炸性指数大于 1.0）时，制粉系统设计时应考虑防爆要求；当煤的干燥无灰基挥发分大于 25%（或煤的爆炸性指数大于 3.0）时，不宜采用中间储仓式制粉系统，如必要时宜抽炉烟干燥（空气预热器前、后烟气）或加入惰性气体。

（2）煤粉细度对煤粉的爆炸性不像挥发分影响明显，煤粉细度的变动对煤粉的爆炸性影响较小。

（3）当煤粉浓度为 $0.3 \sim 0.6 \mathrm{kg/m^3}$ 时，爆炸压力达到最大值。不爆炸的浓度随煤种的不同而有所区别，约为 $0.1 \sim 0.2 \mathrm{kg/m^3}$。因此，制粉系统是处在爆炸最危险的浓度范围内。

（4）制粉系统气粉混合物中含氧量降低到 12%（褐煤）和 14%（烟煤）时，可防止爆炸。

（5）煤粉的自燃是产生爆炸的火源。煤粉长时间在管道中沉积引起煤粉的自燃，煤粉温度越高，自燃越快。因此，为防止煤粉的爆炸，要避免煤粉的沉积（管道设计避免水平段处于涡流区，以及正确设计管道的流速），并限制气流的温度。

（6）磨煤机出口最高温度应根据煤质和采用的制粉系统形式确定。无烟煤只受设备允许温度的限制，其他煤质磨煤机出口最高允许温度按表 4-5 取值。磨煤机出口最低温度应满足终端干燥剂防止结露的要求。

（7）制粉系统的爆炸绝大部分都发生在制粉设备的启动和停机阶段（因为此时气流中的含氧相对较多），因此，制粉系统的控制设计应设定启动和停机阶段系统的吹扫程序和时间，以及惰性气体的投入（对中速磨煤机），在启动和停机阶段应严格控制系统的各部温度值，特别是磨煤机的出口温度值应控制在防爆允许温度的限制之内。

（8）中间储仓式制粉系统和半直吹式制粉系统采用热风送粉时，当煤的干燥无灰基挥发分大于 15% 时，燃烧器前的气粉混合物温度应小于 $160℃$。

（9）原煤仓、煤粉仓、制粉和送粉管道、制粉系统阀门、制粉系统防爆压力和防爆门的防爆设计按 DL/T 5121—2000《火力发电厂烟风煤粉管道设计技术规程》和 DL/T 5145—2012《火力发电厂制粉系统设计计算技术规定》执行。

（10）制粉系统应选择可靠的防爆门，如 PLD 型防爆门，以保证制粉系统爆炸时的防爆作用。

（11）设计磨煤机运行保护控制中，出现下列情况之一必须切断该磨煤机（不是全部）：

1）磨煤机和给煤机保护故障；

2）磨煤机出口温度超过最高允许温度（按制造厂要求）；

3）磨煤机通风量低于最小风量（按 DL/T 5145—2012《火力发电厂制粉系统设计计算技术规定》最低流速规定执行）；

4）磨煤机密封风和气体压差太小（按制造厂要求）；

5）煤量低于最小值（按制造厂要求）；

6）锅炉负荷降低；

7）磨煤机前热风管上的截断装置失灵。

（12）设计磨煤机运行保护控制中，在下列情况下必须切断全部磨煤机：

1）安全保护控制失灵；

2）燃烧空气量下降；

3）锅炉负荷降到最低稳燃负荷以下；

4）锅炉保护失灵；

5）火焰监视故障。

## 第三节　制粉系统热力计算

### 一、制粉系统设计计算总则

**1. 制粉系统热力计算的任务**

(1) 确定磨煤机的干燥剂量、干燥剂初温及组成。

(2) 确定制粉系统终端干燥剂总量、温度、水蒸气含量和露点。

(3) 对于按惰性气氛设计的制粉系统，还应计算终端干燥剂中氧的容积份额，并使其符合惰性气氛的规定。

(4) 验算送粉管道中风粉混合物温度是否与所采用的煤种相适应。

**2. 计算起点和终点的规定**

(1) 起点：燃料为原始落入点；干燥剂为引干燥剂进入磨煤机的导管断面。

(2) 终点：在负压下运行的设备为排粉机入口处；在正压下运行的设备为粗粉分离器出口端面。

**3. 热力计算参数的选择**

应首先满足使燃料达到所需干燥程度的条件，并应同时符合下述条件：

(1) 制粉系统的终端温度应不高于设备（磨煤机和排粉机）轴承允许的温度和防爆要求的温度，但应高于干燥剂中水蒸气的露点。

(2) 对于以惰化气氛设计的制粉系统，终端干燥剂中氧的容积份额应符合惰化气氛的规定。

(3) 对直吹式和仓储式干燥剂送粉系统，干燥剂中的空气量应在推荐的锅炉一次风量的允许范围内。

(4) 系统的通风量应使设备各部件中的流速在推荐值范围内。

**4. 遵循的原则**

制粉系统热力计算应遵循带入系统热量与带出系统热量相平衡的原则。

**5. 不同类型制粉系统的计算**

(1) 钢球磨煤机仓储式制粉系统。宜采用热风作干燥剂，辅以温风或冷风调节，并采用干燥剂再循环来协调磨煤机的通风量；按磨煤机最佳通风量下的干燥剂量进行热力计算；求出干燥剂的初始温度 $t_1$ 及干燥剂的各成分份额，并应进行湿度及露点的计算。

钢球磨煤机仓储式及负压直吹式制粉系统，应考虑向系统漏风的影响。

(2) BBD 型双进双出钢球磨煤机直吹式制粉系统。宜采用热风作干燥剂，辅以冷风调节，并采用旁路风来协调通过磨煤机的风量和对原煤进行预先干燥。在不同负荷下每公斤原煤所需干燥剂总量（含密封风）根据制造厂提供的数据或曲线，是已知的。热力计算主要是求干燥剂的初始温度 $t_1$，热力计算应考虑给煤机和磨煤机密封风的影响。

(3) 中速磨煤机直吹式制粉系统。这种系统一般采用热风作干燥剂，压力冷风调节，磨煤机对磨制每公斤原煤的干燥剂量已为磨煤机的通风量所限制，根据制造厂提供的通风量数据或特性曲线，可求得额定负荷和各种负荷下的干燥剂量。热力计算主要是求干燥剂的初始温度 $t_1$ 和其组成份额。

负压直吹式制粉系统热力计算应考虑漏风的影响；正压直吹式制粉系统热力计算应考虑密封风的影响。

（4）风扇磨煤机负压直吹式制粉系统。当磨制水分不高的褐煤或烟煤时，用热风作干燥剂，可不按惰化气氛设计。对高水分褐煤，应采用高（低）温烟气与热风混合的二介质或三介质作干燥剂，并按惰化气氛设计。

干燥剂的数量已为磨煤机的通量所限定，而且与系统布置所形成的阻力有关。一般在热力计算前，根据所选定的磨煤机型号和制造厂提供的该磨煤机 $Q\text{-}\Delta p$ 特性曲线等有关资料，并计（估）算系统阻力，计算磨煤机的通风出力而求得干燥剂量 $g_1$。热力计算主要是确定干燥剂的初温 $t_1$ 及组成干燥剂的各类介质的份额。各类介质中所含空气量的总和应满足锅炉对一次风率的要求。

按惰化气氛设计的系统，还应计算设计煤种和校核煤种在可能出现的不利工况下，磨煤机出口气粉混合物中氧的容积份额，使其符合惰化气氛的规定。否则要调整干燥剂的组成，重新计算，直至合格为止。

## 二、制粉系统设计（计算）概述

### 1. 磨煤机和制粉系统的选型

（1）收集确定原始数据。对于新建火力发电厂按以下要求收集，对于火力发电厂的设备及系统改造参照以下有关项目。

1）首先收集进行磨煤机和制粉系统选型及参数设计时所必需的煤质数据，见表 4-14。

表 4-14　　　　磨煤机和制粉系统选型及参数设计时所必需的煤质数据

| 序号 | 项目 | 符号 | 单位 | 依据 | 用途 |
|---|---|---|---|---|---|
| 1 | 工业分析<br>全水分<br>固有水分<br>灰分<br>挥发分<br>固定碳 | $M_t$<br>$M_{ad}$<br>$A_{ar}$<br>$V_{daf}$<br>$FC_{daf}$ | %<br>%<br>%<br>%<br>% | GB/T 211<br>GB/T 212 | （1）选择干燥方式；<br>（2）选择制粉系统；<br>（3）计算煤粉细度 |
| 2 | 发热量 | $Q_{net,V,ar}$ | kJ/kg | GB/T 213 | 结合工业分析计算煤的爆炸性指数 $K_d$，选择制粉系统 |
| 3 | 元素分析<br>碳<br>氢<br>氧<br>氮<br>全硫 | $C_{ar}$<br>$H_{ar}$<br>$O_{ar}$<br>$N_{ar}$<br>$S_{ar}$ | %<br>%<br>%<br>%<br>% | GB/T 476 | 计算一次风量（结合一次风率） |
| 4 | 可磨性指数<br>哈氏可磨性指数<br>VTI 可磨性指数 | HGI<br>$K_{VTI}$ | —<br>— | GB/T 2565<br>DL/T 1038 | 结合工业分析计算磨煤机出力 |

| 序号 | 项目 | 符号 | 单位 | 依据 | 用途 |
|---|---|---|---|---|---|
| 5 | 磨损指数 | $K_e$ | — | DL/T 465 | 选择磨煤机 |
| 6 | 成球性指数<br>煤的摩擦角<br>堆积角 | $K_c$<br>$\Phi$<br>$a_j$ | —<br>(°)<br>(°) | DL/T 466 | (1) 煤斗及磨煤机入口角度设计。<br>(2) 煤的水分控制 |
| 7 | 煤粉气流着火温度 | IT | ℃ | DL/T 831 | 选择制粉系统 |
| 8 | 燃尽率指数 | $B_P$ | % | DL/T 831 | 选择制粉系统和煤粉细度 |
| 9 | 煤的粒度分布<br>煤的堆积密度<br>真密度 | $\rho_b$<br>$\rho_b$ | kg/m³<br>kg/m³ | | (1) 煤斗容量设计。<br>(2) 煤的水分控制 |

2）根据煤质进行制粉系统参数计算时，应注意表示煤的工业分析和元素分析的基质（如收到基、空气干燥基、干燥基、干燥无灰基等）。

3）在进行制粉系统设计时，应根据锅炉的设计煤种和校核煤种进行设计。当实际燃用煤种偏离设计煤种所列数据，差值在表 4-15 范围内时，制粉系统的参数设计应能使锅炉在最大连续蒸发量下安全、可靠地稳定运行。

表 4-15　　　　　　　　　　　运行煤质的允许波动范围　　　　　　　　　　　%

| 项目 | 符号 | 单位 | 无烟煤 | 贫煤 | 低高挥发分烟煤 | 高挥发分烟煤 | 褐煤 |
|---|---|---|---|---|---|---|---|
| 干燥无灰基挥发分 | $V_{daf}$ | % | −1 | −2 | ±4.0 | ±4.5 | |
| 收到基灰分 | $A_{ar}$ | % | ±4 | ±5 | ±5 | +5，−10 | ±5 |
| 收到基低位发热量 | $Q_{net,V,ar}$ | kJ/kg | ±10 | ±10 | ±10 | ±10 | ±7 |
| 收到基水分 | $M_{ar}$ | % | ±2 | ±2 | ±2 | ±2<br>$M_{ar}\geqslant12\%$<br>时，±4 | ±5 |
| 可磨性指数 | HGI | — | ±20 | ±20 | ±20 | ±20 | ±20 |
| | $K_{VTI}$ | — | ±10 | ±10 | ±10 | ±10 | ±10 |
| 磨损指数 | $K_e$ | — | ±20 | ±20 | ±20 | ±20 | ±20 |
| 成球性指数 | $K_c$ | — | ±20 | ±20 | ±20 | ±20 | ±20 |

**注**　挥发分、灰分、水分为绝对偏差；发热量、可磨性指数、磨损指数、成球性指数为相对偏差。

（2）在各类型磨煤机中预选，对初步选用的磨煤机出力、磨损、通风量、电耗、厂家保证数据与图表及煤粉分离器等设备的主要性能尺寸等，进行必要的计算和校核，根据燃煤数据进行综合比较。

（3）结合煤质数据、根据磨煤机的综合比较，进行制粉系统的防爆设计，之后进行磨煤机和制粉系统的选定。

**2. 制粉系统设计计算**

（1）磨煤机性能参数计算及台数和出力余量的确定。对初步选定的一种或一种以上的磨煤机性能参数即磨煤机出力，包括碾磨出力、通风出力和干燥出力三种，最终出力取决于三者中最小的。根据磨煤机出力确定磨煤机功率、磨煤机阻力等。对中速磨煤机碾磨件寿命、风扇磨煤机冲击板寿命还应确定或计算。

磨煤机的基本出力或称名牌出力，是指磨煤机在特定的煤质条件和煤粉细度下的出力，通常基本出力在磨煤机性能系数参数表中列出。磨煤机的设计出力或称计算出力，是指磨煤机在锅炉设计煤质条件和锅炉设计煤粉细度下的最大出力。该出力是通过给定的公式、图表计算或试磨试验得到的。最小出力是考虑磨煤机振动、允许的最小通风量（取决于石子煤排量或输粉管道最小流速）下的风煤比计算给定。设计出力应在产品供货合同中给出。

对直吹式制粉系统的磨煤机台数及出力。一般 200MW 以下机组每台锅炉磨煤机不少于 3 台，1 台备用；200MW 及以上机组不少于 4 台，风扇磨煤机不少于 3 台，1 台备用；对双进双出钢球磨煤机，一般每台锅炉磨煤机不少于 2 台，不设备用。中、高速磨煤机总出力余量除备用磨煤机，在燃用设计煤种时为锅炉最大连续蒸发量时耗煤量的 110%，双进双出钢球磨煤机总出力余量应不小于锅炉最大连续蒸发量时耗煤量的 115%。

对中间仓储式制粉系统的低速钢球磨煤机，一般每台锅炉磨煤机不少于 2 台，不设备用，磨煤机总出力余量在燃用设计煤种时，为锅炉最大连续蒸发量时耗煤量的 115%。当一台磨煤机停止运行时，另一台磨煤机按设计煤种的计算出力满足锅炉不投油情况下安全稳定运行的要求，必要时可由临炉经输粉机等送粉。

（2）制粉系统热力计算。包括初始干燥剂量的确定，制粉系统的热平衡，干燥剂初温和终温的确定，干燥剂比热容的确定，终端干燥剂的状态参数、空气份额、露点及含氧量的确定，干燥管参数计算，干燥出力核算和制粉系统风机容量确定。对按惰化气氛设计的制粉系统，还应计算终端干燥剂中氧的容积份额，并使其符合惰化气氛的规定；验算送风管道中风粉混合物温度是否与所采用煤种相适应。

（3）制粉系统的空气动力计算。其目的是确定制粉系统管道及其元件、设备、部件总的全压降，选择一次风机或排粉机的设计参数，并保证以合适的速度输送煤粉。

（4）制粉系统附属设备和附件的选择。这些附属设备和附件包括原煤仓、煤粉仓、输煤及输粉管道、给煤机和给粉机及输粉机、锁气器、风门和挡板、节流元件、粗细粉分离器、煤粉分配器和煤粉混合器、木块分离器和木屑分离器、制粉系统的风机、补偿器等。

（5）制粉系统管道的布置等。根据制粉系统管道的布置原则，原煤管道、制粉管道、送粉管道布置确定后，还要采用制粉系统的防爆技术措施，进行热工测点的布置。

限于篇幅，以下仅进行制粉系统热平衡的计算。

## 三、制粉系统热平衡

制粉系统运行中必须进行原煤水分的干燥，才能磨制出合格的煤粉。干燥的煤粉不但便于储存和输送，同时有利于煤粉的着火和燃烧；煤粉水分含量不能过低，其受到防爆的限制。要保证磨煤过程中蒸发一定量的水分，就必须适当的选择干燥剂温度和干燥剂数量，又要保证制粉系统安全经济的运行，因此就必须进行制粉系统的热平衡计算。通过热平衡计算，可求出干燥剂初始温度 $t_1$，1kg 原煤所需干燥剂量 $g_1$ 和干燥条件下的通风量 $q_{V,\mathrm{gz,tf}}$。

制粉系统热平衡以 1kg 原煤作为基础进行计算。作为计算系统的进口，从燃料角度是落煤管，从干燥剂角度是进入磨煤机前的进口截面（对钢球磨煤机应选在落煤管的上端）；作为计算系统的出口，即为排粉机入口截面，输入系统的热量应当等于输出系统的热量。

**1. 输入系统的热量组成**

（1）干燥剂带入的物理热量 $q_{gz}$

$$q_{gz} = g_1 c_k t_1 \qquad (4\text{-}20)$$

式中　$g_1$——1kg 煤所需的干燥剂量，kg/kg；

　　　$c_k$——$t_1$ 温度下各成分干燥剂的质量比热容，如干燥剂采用空气时，则 $c_k$ 即空气的质量比热容，查表 4-16，kJ/(kg·℃)；

　　　$t_1$——进入系统的干燥剂温度，℃。

表 4-16　　　　　　　空气质量比热容 $c_k$（含湿量 $d=10$g/kg）

| 空气温度（℃） | 0 | 100 | 200 | 300 | 400 |
|---|---|---|---|---|---|
| $c_k$[kJ/(kg·℃)] | 1.011 | 1.015 | 1.022 | 1.028 | 1.038 |

（2）磨煤过程中产生的机械热量 $q_j$

$$q_j = 3.6 k_{jx} E \qquad (4\text{-}21)$$

式中　$k_{jx}$——机械能转化为热能的份额；对中速磨煤机取 0.6，对钢球磨煤机取 0.7，对高速磨煤机取 0.8；

　　　$E$——单位电耗，kW·h/t，对仓储式制粉系统为磨煤电耗，$E=E_m$，对直吹式制粉系统为制粉电耗，$E=E_m+E_{tf}$。

（3）制粉系统漏风带入的热量 $q_{lf}$

$$q_{lf} = k_{lf} c_{lk} g_1 t_{lk} \qquad (4\text{-}22)$$

式中　$k_{lf}$——漏风系数，指漏入的空气量占干燥剂量的比率，按表 4-17 选取；

　　　$c_{lk}$——空气在 $t_{lk}$ 时的比热容，kJ/(kg·℃)；

　　　$t_{lk}$——漏风的空气温度，一般取 30℃。

表 4-17　　　　　　　制粉系统漏风率 $k_{lf}$

| 类别 | 磨煤机直径 $D$(m) | $k_{lf}$ |
|---|---|---|
| 钢球磨煤机仓储式系统 | 2.1 | 0.4 |
| | 2.5 | 0.35 |
| | 2.9 | 0.3 |
| | 3.2 | 0.25 |
| | 3.5 | 0.25 |
| 中速、高速磨煤机直吹式制粉系统 | 0.2 | |
| 竖井式磨煤机直吹式制粉系统 | 0.05 | |

（4）燃料带入的热量 $q_r$

$$q_r = c_r t_r \qquad (4\text{-}23)$$

$$c_r = 4.186\,8 M_{ar}/100 + c_d (100 - M_{ar})/100$$

式中　$c_r$——燃料的比热容，kJ/(kg·℃)；

$t_r$——燃料进入系统的温度，通常取 20,℃；

$M_{ar}$——燃料的收到基水分，%；

$c_d$——煤的干燥基比热容，见表 4-18，kJ/(kg·℃)。

**表 4-18**                      煤的干燥基比热容 $c_d$                kJ/(kg·℃)

| 煤种 | | 无烟煤 | 烟煤 | 褐煤 | 油页岩 |
|---|---|---|---|---|---|
| 温度（℃） | 0 | 0.92 | 0.96 | 1.09 | 1.05 |
| | 100 | 0.96 | 1.09 | 1.26 | 1.13 |

（5）密封（轴封）物理热 $q_s$。

中速磨煤机、风扇磨煤机密封物理热 $q_s$ 按式（4-24）计算

$$q_s = 3.6q_{m,s}c_s t_s / B_M \tag{4-24}$$

双进双出 BBD 型磨煤机密封物理热 $q_s$ 按式（4-25）计算

$$q_s = 0.001q_{m,s}c_s t_s / B_M \tag{4-25}$$

式中    $q_{m,s}$——密封风质量流量，kg/s；

         $c_s$——在温度 $t_s$ 时的湿空气比热容，kJ/(kg·℃)；

         $t_s$——密封风温度，℃；

         $B_M$——磨煤机黏磨出力，t/h。

**2. 系统输出的热量组成**

（1）蒸发水分 $\Delta M$ 带出的热量 $q_{zf}$

$$q_{zf} = \Delta M[4.186\,8(100 - t_r) + 2261 - 1.884(100 - t_2)]$$
$$= 4.186\,8\Delta M(595 + 0.45t_2 - t_r) \tag{4-26}$$

其中               $\Delta M = (M_{ar} - M_{mf})/(100 - M_{mf})$

式中    4.186 8、1.884——水和蒸汽的比热容，kJ/(kg·℃)；

         $t_r$——干燥剂在入口处的温度，℃；

         2261——负压条件下水的汽化潜热，kJ/kg；

         $t_2$——干燥剂在出口处的温度，℃，对于负压直吹式制粉系统 $t_2 \approx t_m'' - 5$℃，对于正压直吹式制粉系统 $t_2 \approx t_m''$，对于仓储式制粉系统 $t_2 \approx t_m'' - 10$℃（其中 $t_m''$ 为磨煤机出口或粗粉分离器后干燥剂的温度，℃）；

         $\Delta M$——1kg 原煤蒸发掉的水分。

根据制粉系统防爆要求，磨煤机出口或粗粉分离器后气粉混合物的温度可按表 4-19 选取。

**表 4-19**                磨煤机出口或粗粉分离器后气粉混合物的温度 $t_m''$            ℃

| 燃料 | 中间仓储式系统 | | 中速磨煤机、风扇磨煤机直吹式制粉系统 |
|---|---|---|---|
| | $M_{ar} < 25\%$ | $M_{ar} > 25\%$ | |
| 褐煤 | 70 | 80 | 80~100 |
| 烟煤 | | | 80~130 |
| 贫煤 | 130 | | 130~150 |
| 无烟煤 | 不限制 | | |

（2）干燥剂带出的热量 $q_2$

$$q_2 = (1+k_{lf})g_1c_2t_2 \qquad (4\text{-}27)$$

式中　$c_2$——$t_2$ 温度下干燥剂的比热容，kJ/（kg·℃）。

（3）加热原煤消耗的热量 $q_{jr}$

$$q_{jr} = [c_d(100-M_{ar})/100 + 4.186\,8(M_{mf}/100-M_{mf})](t_{2,mf}-t_r) \qquad (4\text{-}28)$$

式中　$t_{2,mf}$——制粉系统末端煤粉的温度，取 $t_{2,mf}=t_2$，℃；

　　　$M_{mf}$——磨制后的煤粉水分。

（4）制粉系统的散热 $q_5$

$$q_5 = Q_5/1000B_m \qquad (4\text{-}29)$$

式中　$Q_5$——制粉系统的散热损失，kJ/kg，见表 4-20；

　　　$B_m$——磨煤机的出力，t/h。

表 4-20　　　　　　　　　　制粉系统散热损失 $Q_5$　　　　　　　　　$\times 10^3\,kJ/kg$

| 磨煤机及制粉系统 | 磨煤机型号 | 煤种 | |
|---|---|---|---|
| | | 烟煤、褐煤 | 无烟煤、贫煤 |
| 钢球磨煤机仓储式制粉系统 | 210/330 | 130 | 151 |
| | 250/390 | 151 | 170 |
| | 290/470 | 193 | 214 |
| 平盘式中速磨煤机直吹式制粉系统 | 1250/980 | 80 | |
| | 1400/1200 | 96 | |
| | 1600/1380 | 105 | |
| 风扇磨煤机直吹式制粉系统 | 1600/400 | 38 | |
| | 1600/600 | 46 | |
| | 2100/850 | 59 | |

### 3. 进行热平衡

按照输入系统热量与输出和消耗热量相等的原则，列出热平衡方程

$$q_{gz} + q_j + q_{lf} + q_r + q_s = q_{zf} + q_2 + q_{jr} + q_5 \qquad (4\text{-}30)$$

在式（4-20）～式（4-29）中有两个未知数 $t_1$ 和 $g_1$，确定其中一个，可求出另一个。但干燥剂初温 $t_1$ 不应超过磨煤系统有关设备安全工作允许的界限。

从而可求出干燥条件下的通风量，对正压系统

$$q_{V,gz,tf} = 1000B_mg_1(273+t_2)/(\rho_{gz}+273) \qquad (4\text{-}31)$$

式中　$\rho_{gz}$——干燥剂的密度，kg/m³，但干燥剂采用空气时，$\rho_{gz}=\rho_k=1.285kg/m^3$。

对正压系统

$$q_{V,gz,tf} = 1000B_m[(1+k_{lf})g_1/1.285+\Delta M/0.804](273+t_2)/273 \qquad (4\text{-}32)$$

式中　0.804——水蒸气的密度，kg/m³。

一般情况下可作压力修正，但对于高原地区，式（4-32）还应乘以压力修正系数 $1.013\times10^5/p_{af}$（式中 $p_{af}$ 为排粉机入口处压力，Pa）。对于筒式低速钢球磨煤机，保证磨煤机出力而必需的最佳通风量 $q_{V,gz,tf}$ 为

$$q_{V,gz,tf} = V_T(1000K_{km}+36R_{90}K_{km}\phi) \qquad (4\text{-}33)$$

式中　$V_T$——筒体体积，m³；

$\phi$——充球系数。

计算出的 $q_{V,gz,tf}$ 与 $q_{V,tf,zj}$ 应接近或相等，否则是不经济的。当 $V_{tf}^z > q_{V,gz,tf}$ 时，制粉系统只能按照干燥通风量的条件工作，磨煤机的潜力不能很好地发挥。要使系统出力提高，必须降低 $t_1$ 增加 $g_1$，可投入或增加再循环风量，或者调低温空气（风量）的方法来达到目的。如果 $q_{V,gz,tf} > q_{V,tf,zj}$ 时，必须提高 $t_1$ 减少 $q_{V,tf,zj}$，使之与磨煤机的通风量相适应，这样才是经济的。

# 第四节 磨 煤 机 械

磨煤机是制粉系统中处于核心地位的、最为重要的设备，根据我国磨煤机的生产制造等情况，按磨煤机工作部件的转速分为低速、中速、高速三类，磨煤机的分类见表 4-21。

表 4-21                                          磨 煤 机 的 分 类

| 项目 | 低速磨煤机 | 中速磨煤机 | 高速磨煤机 |
|---|---|---|---|
| 常用形式 | 钢球滚筒磨煤机、钢球锥筒磨煤机、双进双出筒磨煤机 | 平盘辊式、碗形辊式、轮式、磨环球式 | 风扇式、锤击式、竖井式 |
| 转速（r/min） | 15～25 | 50～300 | 750～1500 |
| 特点 | 结构简单、维护方便，钢材用量多，耗电大，一般用于仓储式制粉系统 | 体积小、钢材用量少，耗电小（约为钢球磨煤机的 60%～75%），结构复杂，一般用于直吹式制粉系统 | 结构简单、轻巧，用电最小，但磨制的煤粉最粗，部件磨损较快，多用于直吹式制粉系统 |
| 适用煤种 | 适用于各种煤种，特别适用较硬并要求磨得较细的煤（如无烟煤） | 除很硬和水分很高的煤外，其他煤种都能适用 | 适用于松软、水分较大、挥发分较高的煤种（如褐煤和泥煤） |

国内火力发电厂以前应用最多的磨煤机是筒式钢球磨煤机，对其积累了丰富的经验，还有许多发电厂应用风扇、竖井式磨煤机等其他形式的磨煤机。随着我国电力事业的发展，高参数、大容量锅炉逐渐增加，中速磨煤机如辊-盘式、辊-碗式、球-环式、辊-轮式的磨煤机应用越来越多。近些年来，中速磨煤机、双进双出钢球磨煤机经历了从国外引进技术后，消化、吸收、提高，国内已能生产制造，性能也达到或超过同类产品，大量的磨煤机械装备满足我国电力工业的需要。同时，随着锅炉设备的大型化，竖井式磨煤机、锤击式磨煤机已淘汰，筒式钢球磨煤机已较少采用。

常见的磨煤机有以下几种类型。

**1. 低速磨煤机**

筒式钢球磨煤机，有 MTZ（DTM）等类型；双进双出钢球磨煤机，有 BBD、D、FW、SVEDALA 等类型。

**2. 中速磨煤机**

（1）辊-盘式中速磨煤机，又称平盘磨煤机，有 LM 等类型。

（2）辊-碗式中速磨煤机，又称碗式磨煤机，有 HP、RP、SM 等类型。

（3）球-环式中速磨煤机，又称 E 型磨煤机，有 E（或 ZQM）等类型。

（4）辊-轮式中速磨煤机，又称轮式磨煤机，有 MPS（或 ZGM、MP）、MBF 等类型。

**3. 高速磨煤机**

风扇磨煤机有 S（或 FM）、N 等类型。

# 一、低速磨煤机

## 1. 低速筒式钢球磨煤机

（1）磨煤机构造及工作原理。筒式钢球磨煤机（简称球磨机）的典型结构如图 4-23 所示，它的主体是一个直径 2～4m、筒长 3～10m 的圆柱（锥）体，筒体用 18～25mm 厚的钢板卷轧焊接而成。筒体外面敷设一层厚 40～70mm 的工业毛毡，用于保温、隔声，工业毛毡外有 2mm 左右厚度的钢板外壳。筒体内铺有波浪形或锯齿形（不常用）的钢瓦（也称护甲或钢甲），钢瓦用铁楔块、沉头螺栓固定并压紧在筒体上，钢瓦与筒体之间衬有 10～13mm 厚的石棉板及毡垫绝热层。两端盖内装有扇形钢瓦，组成出入口锥体的衬板，用螺栓与端盖连接。筒体两端是架在轴瓦上的空心轴颈，轴颈内有导轨将原煤导进筒体内磨制，出入口轴颈各连接倾角为 45°的短管，其一端为热空气和原煤的入口，另一端是气粉混合物的出口。

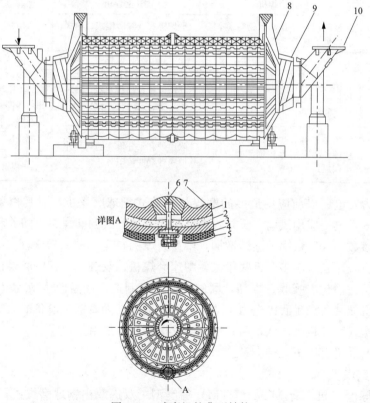

图 4-23 球磨机的典型结构

1—波浪形的护板；2—绝热石棉浅层；3—筒身；4—隔声毛毡层；5—钢板外壳；
6—压紧用的楔形块；7—螺栓；8—封头；9—空心轴颈；10—短管

筒体内装有直径为 25～60mm 的钢球，常用钢球直径为 30～40mm。电动机经过减速机带动筒体以 16～25r/min 的速度旋转，筒体内钢瓦将钢球提升到一定的高度，从一定高度落下的钢球以势能及本身的重力将筒内燃煤击碎，所以筒式钢球磨煤机磨煤的主要作用是撞击；此外，煤还受到钢球之间的挤压和碾磨、钢球与钢瓦之间的碾压作用。

煤的干燥和磨制是同时进行的，通常采用热空气作干燥剂。磨制好的煤粉由干燥空气流从筒内携带，干燥剂在筒内的速度一般为 $1\sim3m/s$，气流速度的大小与煤粉的粗细程度和磨煤机的出力、磨煤机筒体阻力有直接的关系，磨煤机筒体阻力约为 $1000\sim2500Pa$。筒体内一部分合格的煤粉被挤压在钢球层中，不易被气流吹走携带出磨煤机，反复研磨得很细，所以磨煤机的出粉不均匀，煤粉的均匀指数 $n$ 较低。

筒式钢球磨煤机的最大优点是可以磨制几乎所有的煤种，适用煤种广泛、工作可靠，可长期连续运行。但设备笨重，金属耗量多，占地面积、占用空间大，初期投资高；漏风大、耗电量多，特别是低负荷运行时，单位制粉电耗更高；此外，筒式钢球磨煤机的噪声大（某发电厂球磨机噪声改造前高达 120dB），对工作人员的健康有一定影响。

许多设备制造厂家及火力发电厂积极行动，解决噪声问题取得了一定的成绩。如用玻璃纤维、石棉布、铁皮做成隔声罩，吸收、阻隔噪声，使球磨机附近的噪声降低了 20dB；用橡胶瓦代替球磨机内的钢瓦，除使噪声降低了 $11\sim18dB$ 外，在保持磨煤机出力和煤粉细度不变的情况下，大幅度地降低磨煤电耗，同时减轻了检修工人的劳动强度。

筒式钢球磨煤机的型号是用筒体尺寸来命名的。例如，320/580 型磨煤机，其筒身直径是 320cm（以护板波浪或阶梯部分的中心线作为圆周），筒身长度为 580cm（圆周部分长度）。我国之前生产的筒式钢球磨煤机部分产品系列，见表 4-22；现行钢球磨煤机系列参数，见表 4-23。

表 4-22 　　　　　　　　　　　国产筒式钢球磨煤机部分产品系列

| 型号 | 额定出力 (t/h) | 筒身尺寸 | | | 最大装球率 $\phi_{max}$ | 最大装球量 (t) | 筒体转速 (r/min) | 临界转速 $n_{lj}$ | 电动机功率 (kW) |
|---|---|---|---|---|---|---|---|---|---|
| | | $D(m)$ | $L(m)$ | $V(m^3)$ | | | | | |
| 210/260 | 4 | 2.1 | 2.6 | 9.01 | 0.227 | 10 | 22.82 | 0.780 | 145 |
| 210/360 | 6 | 2.1 | 3.6 | 11.43 | 0.232 | 13 | 22.82 | 0.780 | 170 |
| 250/320 | 8 | 2.5 | 3.2 | 15.71 | 0.234 | 18 | 22.77 | 0.774 | 280 |
| 250/390 | 10 | 2.5 | 3.9 | 19.14 | 0.234 | 22 | 22.77 | 0.774 | 320 |
| 290/350 | 12 | 2.9 | 3.5 | 23.12 | 0.230 | 26 | 19.84 | 0.778 | 380 |
| 290/470 | 16 | 2.9 | 4.7 | 31.04 | 0.230 | 35 | 19.34 | 0.778 | 570 |
| 320/470 | 20 | 3.2 | 4.7 | 37.80 | 0.238 | 44 | 18.42 | 0.777 | 650 |
| 320/580 | 25 | 3.2 | 5.8 | 46.65 | 0.240 | 55 | 18.51 | 0.781 | 780 |
| 350/600 | 30 | 3.5 | 6.0 | 57.73 | 0.226 | 64 | 17.69 | 0.781 | $2\times550$ |
| 350/700 | 35 | 3.5 | 7.0 | 67.35 | 0.227 | 75 | 17.69 | 0.781 | $2\times650$ |

注　1. 表中出力是指 $K_{km}=1.0$ 的煤、煤粉细度 $R_{90}=10\%$ 的磨煤出力。
　　2. 临界转速 $n_{lj}=42.3/D$。

表 4-23 　　　　　　　　　　　现行钢球磨煤机系列参数

| 序号 | 型号 | 容积（$m^3$） | 基本出力 (t/h) | 工作转速 (r/min) | 最大装球量 (t) | 充填率 $\phi$ | 电动机 | |
|---|---|---|---|---|---|---|---|---|
| | | | | | | | 型号 | 功率（kW） |
| 1 | MTZ1725 | 5.67 | 3 | 24.5 | 7.5 | 0.270 | 1S25-8 | 95 |
| 2 | MTL2126 | 9.00 | 4 | 22.82 | 10 | 0.227 | YTM355-8 | 160 |
| 3 | MTZ2133 | 11.42 | 6 | 22.82 | 13 | 0.232 | YTM355-8 | 200 |
| 4 | MTZ2532 | 15.70 | 8 | 20.63 20.77 | 18 | 0.234 | YTM450-1-8 | 280 |
| 5 | MTZ2539 | 19.13 | 10 | 20.63 20.77 | 22 | 0.235 | YTM450-2-8 | 315 |
| 6 | MTZ2935 | 23.11 | 12 | 19.34 | 26 | 0.230 | YTM500-1-8 | 400 |
| 7 | MTZ2941 | 27.07 | 14 | 19.34 | 30 | 0.226 | YTM500-2-8 | 500 |
| 8 | MTZ2947 | 31.03 | 16 | 19.34 | 35 | 0.230 | YTM500-3-8 | 560 |

续表

| 序号 | 型号 | 容积（m³） | 基本出力（t/h） | 工作转速（r/min） | 最大装球量（t） | 充填率φ | 电动机 | |
|---|---|---|---|---|---|---|---|---|
| | | | | | | | 型号 | 功率（kW） |
| 9 | MTZ3247 | 37.78 | 20 | 18.52 | 40 | 0.216 | YTM500-1-6 | 710 |
| 10 | MTZ3258 | 46.62 | 25 | 18.46 | 55 | 0.241 | YTM500-2-6 | 900 |
| 11 | MTZ3560 | 57.70 | 30 | 17.57 | 59 | 0.209 | YTM630-1-6 | 1000 |
| 12 | MTZ3570 | 67.31 | 35 | 7.57 | 69 | 0.209 | YTM630-2-6 | 1120 |
| 13 | MTZ3865 | 73.68 | 40 | 17.0 | 75 | 0.208 | YTM800-1-10 | 1250 |
| 14 | MTZ3872 | 81.61 | 45 | 17.0 | 90 | 0.225 | YTM800-2-10 | 1400 |
| 15 | MTZ3879 | 89.55 | 50 | 17.0 | 95 | 0.217 | YTM800-3-10 | 1600 |
| 16 | MTZ388 | 97.48 | 55 | 17.0 | 105 | 0.220 | YTM800-4-10 | 1800 |

**注** 表中基本出力是指 VTI 可磨性指数 $K_{VTI}=1.0$，原煤全水分 $M_t=7\%$、给料粒度 0～25mm，煤粉细度 $R_{90}=8\%$，在最大装球量及碾磨件为新状态时的基本出力。

（2）影响磨煤机出力的因素。筒式钢球磨煤机的出力取决于磨煤机的结构特性、原煤特性和运行状况。

1）筒体长度与直径之比。筒式钢球磨煤机筒体的长度与直径之比决定着筒体的容积，筒体容积越大，磨煤出力越大。对应不同的制粉要求，筒体长度与直径之比有一定的比例。相对筒体长度越长，出粉越细，磨煤电耗也越大。对于易磨的原煤应采用短而粗的滚筒，而对于难磨的原煤，磨煤机宜采用细而长的滚筒。筒体长度与直径之比一般为 1.4～3.0。

2）工作转速与临界转速。磨煤机工作转速变化时，筒内钢球和煤的运转特性也发生变化，如图 4-24 所示，磨煤机出力也随之发生变化。

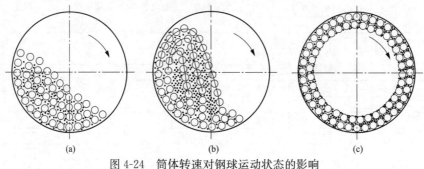

图 4-24 筒体转速对钢球运动状态的影响

(a) $n=n_{lj}$; (b) $n=n_{lj}$; (c) $n=n_{lj}$

当筒体转速很低时，钢球被带到一定的高度，在筒内形成向筒体下部倾斜的状态，当这堆钢球的倾角大于等于钢球的自然倾角时，钢球就沿斜面下滑。钢球被带到的位置不高，就形不成足够的落差，对煤的撞击作用就弱，影响到磨煤机的出力也就低；并且钢球过于密集于筒体底部，挤压的煤粉量增多，气流难以把磨制好的煤粉输送出去，煤粉被重复碾磨，使出粉很细，如图 4-20（a）所示。

当筒体转速过高时，由于惯性离心力的作用，钢球和煤附着于筒体内壁随筒体旋转，如图 4-20（c）所示，此时磨煤过程较筒体转速很低时更恶化。发生这种状态的最低转速称为临界转速 $n_{lj}$，此时煤不再被击碎，而是被碾碎，临界转速情况下磨煤作用很小。

当筒体转速介于上述两种情况之间时，钢球被带到较高的高度后沿抛物线轨迹落下，如图 4-20（b）所示，钢球对煤产生强烈的撞击作用，煤受到钢球的碾磨、碾压、挤压作用很强，磨煤出力也达到最大。磨煤作用最大时的筒体工作转速称为最佳工作转速 $n_{zj}$。

从上述分析可看出，磨煤机的最佳工作转速和临界转速之间有一定的关系。临界转

速通过筒体内壁最外圈一个钢球的受力分析（假定钢球与筒壁之间没有相对滑动），由理论推导求得

$$n_{\text{lj}} = 42.3/\sqrt{D} \qquad\qquad (4\text{-}34)$$

式中 $D$——磨煤机的筒体直径，m。

　　可见在这种理想情况下，临界转速与筒体内所装物料性质无关，钢球和煤同时达到临界状态。实际上，临界转速与钢球直径、护甲形状、钢球与护甲的摩擦系数、装球量及磨制煤种有关。

　　磨煤机的最佳工作转速根据钢球在筒体内最大的提升高度来确定，如图 4-25 所示。此时钢球的能量和撞击作用最大，磨煤出力最大，而磨煤机电耗最小，但各层钢球的工作情况是不一样的，通常从能量最大的最外层钢球的工作条件分析，当钢球提升到最大高度时，理论上导出钢球脱离壁面的角度 $\alpha = 54°37'$，而脱离角是由筒体转速决定的，此时相应的筒体转速为 $n_{\text{zj}} = 32/\sqrt{D}$ 或 $n_{\text{zj}} = 0.756 n_{\text{lj}}$。如果以其他层钢球有最大提升高度为准，相应的最佳工作转速 $n_{\text{zj}}$ 又是一个值。

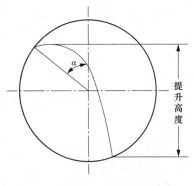

图 4-25　钢球提升高度与脱离角

　　3）钢瓦（护甲）。钢瓦也称为做护甲。钢球在筒体内旋转的速度远小于筒体本身的旋转速度，两者之差取决于钢球和钢瓦之间的摩擦系数，摩擦系数越大，这个速度差就越小；钢瓦的结构形状对钢球最佳工作条件的影响是很重要的，常用的两种钢瓦如图 4-26 所示，还有一种齿形钢瓦。钢瓦与钢球的摩擦系数大，可在相对较低的筒体转速下形成钢球的最佳工作条件。当更换新的钢瓦后，磨煤机运行初期，磨煤出力明显增大、磨煤电耗减少；随着钢瓦的磨损，磨煤出力逐渐降低，磨煤电耗逐步增大就是这个道理。钢瓦对磨煤出力的影响用钢瓦形状修正系数 $K_{\text{Hj}}$ 表示。为保证磨煤机出力，降低磨煤电耗和延长检修周期，保证钢瓦的材质和结构形状是十分重要的。

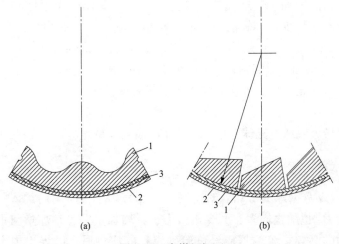

图 4-26　磨煤机钢瓦

（a）波浪形；（b）阶梯形

1—护甲；2—筒体；3—石棉垫

4）装球率与装球量。磨煤机内所装的钢球量用钢球占筒体容积的百分比表示，称为装球率或钢球的充满系数 $\phi$，计算公式为

$$\phi = (m/\rho_{gq}V) \times 100\% \qquad (4\text{-}35)$$

式中　$m$——磨煤机内钢球装载量，t；

　　　$\rho_{gq}$——钢球的堆积密度，取 $4.9t/m^3$；

　　　$V$——磨煤机筒体体积，$m^3$。

装球率 $\phi$ 有最大装球率 $\phi_{max}$ 和最佳装球率 $\phi_{zj}$ 之分，与此对应的有最大装球量 $m_{max}$ 和最佳装球量 $m_{zj}$ 之别。最大装球量是根据钢球装载面到进口管下缘之间的距离为 50mm 的条件来确定的。最佳装球量结合磨煤机转速，在磨煤机调整试验时确定。

钢球的装载量越大，磨煤机的出力也越大，但钢球增加到一定程度后，由于钢球增多，钢球之间的煤层也加厚，使钢球下落的有效工作高度减小，钢球的撞击作用减弱，钢球下落的一部分能量消耗于煤层的变形中，从而使磨煤机出力下降。通常取用 $\phi_{zj}=0.1\sim0.35$。

加装钢球的要求有新安装或大修后的磨煤机连续空转 8h 合格后，才可进行加钢球工作；新装钢球应严格掌握比例且要过磅称重；装钢球时应分次进行，首次装球量为总装球量的 20%～30%，此后以不超过总装球量的 20% 为宜，每次装球后应试转一次，以使装入的钢球分布均匀。

钢球直径应按磨煤机电耗与磨煤机金属磨耗总费用最小的原则选用。不同钢球的直径要有一定的比例，当充球系数一定、小直径钢球增多时，磨煤机的碾压、研磨作用增强，但小直径钢球的撞击作用较弱，磨制硬质煤和大颗粒煤相对困难。一般采用的钢球直径为 30～40mm，磨制硬质煤或大颗粒煤，选用直径为 50～60mm 的钢球。

磨煤机运行中钢球逐渐磨损，一般情形每磨制 1t 煤粉要消耗钢材 100～300g。钢球的磨损与材质有直接的关系，材质太硬，钢球容易碎裂；材质耐磨性差，钢球磨损得就快，现在钢球磨煤机广泛采用耐磨锰钢钢球。为保持磨煤机内一定的充球系数和球径，每隔一定的运行时间要向磨煤机内添加经过称重记量的大直径钢球。

随着运行时间的增加，钢球损耗也增加，磨煤机筒体内小钢球和金属碎件越来越多，大直径钢球越来越少，碎煤能力和磨煤机出力降低、磨煤和制粉电耗增加。一般，磨煤机累计运行 2500～3000 工作小时，应对钢球进行一次筛分，取出不合格的过小钢球（直径小于 15mm）和金属碎件，换上新的大直径钢球。

根据最佳装球（充球）系数 $\phi_{zj}$，可求出最佳装球量 $m_{zj}$

$$m_{zj} = \rho_{gq}V\phi_{zj} \qquad (4\text{-}36)$$

同理，根据最大装球（充球）率 $\phi_{max}$ 可确定最大装球量 $m_{max}$，在装钢球时一般稍低于此限值

$$m_{max} = \rho_{gq}V\phi_{max} \qquad (4\text{-}37)$$

5）磨煤机内煤及钢球的分布。对于磨煤机而言，单位时间内加入的钢球越多，则筒体内的存煤量 $B_{zm}$ 也随之增多，磨煤机出力也就增加，但当存煤量与钢球量之比超过 0.15（对于不同的磨煤机该数据应经试验确定）的比例后，磨煤出力不再增加，参见图 4-27，这种现象称为饱和。这是因为磨煤机运行中是连续加煤和连续出粉的，燃煤和热风由磨煤机的入口加入和进入，磨碎的煤粉被热风吹动从磨煤机的出口由热风携带

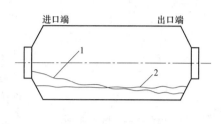 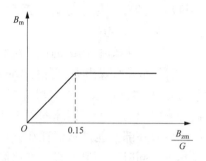

出，从图 4-28 可看出，钢球在筒体长度方向分布是均匀的（如图中曲线 2 所示），煤层的分布沿气流运动方向是递减的（如图中曲线 1 所示），所以即使进口段内煤是处于饱和状态，而在出口段总是处于不饱和状态。由于煤在筒体内沿长度方向分布的不均匀，出口侧磨煤效率不高，这就影响了磨煤出力。

图 4-27　筒中存煤量对磨煤出力的影响　　图 4-28　煤和钢球在筒体内的分布

为解决这一问题，除磨煤机的 $L/D$ 应有个合适的数值外，锥体筒式钢球磨煤机显示出它的优越性。这种磨煤机的结构特点是中部靠近进口部分仍保持一段圆柱体，两端均做成锥形，特别是出口侧有相当长一段是锥形，钢球量比圆筒形磨煤机少一些，改善了煤和钢球的分布，煤量与钢球量的比例有所增加，磨煤出力也增大。但这种锥体筒式钢球磨煤机相对直筒式钢球磨煤机制造难度较大、工艺要求较高。

6）装煤量。磨煤机滚筒内装煤量较少时，钢球下落的动能只有一部分用于磨煤，另一部分消耗在钢球与钢球、钢球与钢瓦之间的空撞磨损（如磨煤机在启动初期和停止前抽粉过程中刺耳的噪声）。装煤量增加，磨煤机的出力相应增加，但装煤量过大，钢球下落的高度减小，钢球间的煤层厚度增大，部分钢球的动能消耗在煤层的变形中，磨煤机的出力不增加反而降低，严重时，钢球的撞击声音减小，造成磨煤机满煤，入口堵塞。所以，每台磨煤机在钢球装载量确定后有一个最佳装煤量，保持最佳装煤量运行时磨煤机的出力最大。运行中磨煤机的最佳装煤量通过磨煤机的电流、进出口差压来控制和监视，也可根据运行经验用磨煤机的声音来判断。

7）燃料的性质。煤的可磨性系数 $K_{km}$ 越大，燃煤从相同粒度破碎、磨细到相同细度的能量消耗越小，磨煤机出力也越大。

燃煤的挥发分不同，对煤粉的细度要求也不同。低挥发分的燃煤要求煤粉磨制得较细，磨煤机消耗的电能较多，磨煤机出力降低。高挥发分的煤种燃煤可磨制得较粗，磨煤机消耗的电能较少，磨煤机出力增加。

燃煤水分增加，燃煤磨制过程从脆性变形过渡到塑性变形，煤的可磨性改变，所消耗的电能增大，磨煤机出力因此而降低。

进入磨煤机的燃煤粒度大，从相同粒度破碎、磨细到相同细度的能量消耗增加，磨煤出力降低。

燃煤中的杂质多，不但影响燃煤的磨制过程，还会造成磨煤机及其他设备的故障，增加了因处理缺陷停机的时间和工作量，使磨煤机的电耗增加，磨煤出力降低。

8）下降干燥管。在磨煤机的进口有一段长约 2.5～3m 的下降干燥管，如图 4-29 所示，干燥剂和燃煤在下降干燥管的上端会合后进入磨煤机，在下降干燥管入口部位已经开始煤的干燥过程，而煤在进入磨煤机后，由于煤在磨制过程中暴露出大量的新表面，

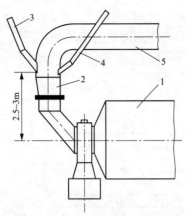

图 4-29　球磨机的下降干燥段
1—球磨机筒体；2—下降干燥段；3—落煤管；
4—回粉管；5—干燥剂管道

使干燥过程更深入地进行，磨煤机出口处煤粉所含的水分称为煤粉水分 $M^m$，一般磨煤机在下降干燥管内即可干燥除去 $0.4\Delta M_{ar}$，也即在磨煤机筒体内需干燥除去 $M^m=(1-0.4)\ \Delta M_{ar}=0.6\Delta M_{ar}$，水分对磨煤机出力的影响用水分修正系数 $S_1$ 和燃煤重量换算系数 $S_2$ 来考虑。

9）通风工况。磨煤机内的通风工况影响煤粉沿筒体长度的分布和磨煤出力。当通风量很小时，煤粉大部分集中在进口段，出口段煤粉不饱和，直接影响到磨煤出力，也使钢球的撞击能量未被充分利用，很大一部分能量被消耗在钢球之间的磨损和发热上。同时因为风速很小，从筒体内携带出的煤粉仅是少量的细煤粉，相当一部分合格煤粉未被携带出磨煤机而反复磨得更细，这样就造成了磨煤机出力降低。当风量过大时，又把一部分过粗的煤粉携带出来，经粗粉分离器分离后又送到磨煤机内重磨，增加了无益的再循环，此时通风电耗也随之增加。通风量适当时，筒体后部煤粉的饱和程度改善，磨煤机出力明显增加，磨煤电耗也随之减少。综上所述，在一定的筒体通风量下，可达到磨煤出力、电耗和通风电耗最小，这个通风量称为最佳通风量 $q_{V,zj,tf}$。最佳通风量与煤粉细度和充球系数有关，它对磨煤出力的影响用筒体的实际通风量系数 $K^{tf}$ 来考虑。

10）设备的磨损。设备的磨损主要是指磨煤机钢瓦和钢球的磨损，以及少量的气粉混合物与输粉管道、钢瓦、钢球的磨损。随着磨煤机运行时间的增加，钢瓦磨得光滑、钢球与钢瓦的摩擦系数减小，钢球被钢瓦带上的高度减小，对煤的撞击作用减小，磨煤出力随之降低；同时，钢球的直径因磨损减小，也造成磨煤出力的降低。磨煤机运行一定时间后，在钢瓦上点焊一定数量的麻点，可增加钢球与钢瓦的摩擦系数，相应可提高磨煤机出力。

（3）磨煤出力和消耗功率的计算。从上述讨论可知，燃煤在磨煤机内被磨制成煤粉的同时又进行了干燥，所以磨煤机有两个出力，即磨煤出力 $B_m$ 和干燥出力 $B_g$。

磨煤出力 $B_m$ 是指单位时间内，在保证一定煤粉细度的条件下，根据磨煤机所消耗能量的条件，磨煤机所能磨制的原煤量。干燥出力 $B_g$ 是指磨煤系统单位时间内能将多少原煤由最初的水分 $M_{ar}$ 干燥到最终水分 $M_{mf}$，它由磨煤系统的干燥条件所决定。磨煤机运行中的出力同时受磨煤条件和干燥条件的限制。

1）磨煤出力 $B_m$。对筒体直径 $D\leqslant4m$ 的磨煤机，其磨煤出力 $B_m$(t/h) 为

$$B_m = AK_{km}K_{gj}K_{ms}K_{tf}/C \tag{4-38}$$

$$A = 0.11D^{2.4}Ln^{0.8}\varphi^{0.6} \tag{4-39}$$

对锥形磨煤机
$$D=\sqrt{V/0.785L}$$

$$\varphi = G/rV \tag{4-40}$$

$$K_{kgm} = K_{km}S_1S_2/S_3 \tag{4-41}$$

$$S_1 = \sqrt{(M_{ar,max}^2 - M_{pj}^2)/(M_{ar,max}^2 - M_{ad}^2)} \tag{4-42}$$

$$M_{pj} = (M_m' + 3M_{mf})/4 \tag{4-43}$$

$$M_{ar,max} = 1 + 1.07 M_{ar} \tag{4-44}$$

$$M'_m = [M_{ar}(100 - M_{mf}) - 100(M_{ar} - M_{mf}) \times 0.4]/[(100 - M_{mf}) - (M_{ar} - M_{mf}) \times 0.4] \tag{4-45}$$

$$S_2 = (100 - M_{pj})/(100 - M_{ar}) \tag{4-46}$$

$$q_{V,zj,tf} = 38V/n/\sqrt{D}(1000\sqrt[3]{K_{km}} + 36R_{90}\sqrt{K_{km}}\sqrt[3]{\varphi}) \tag{4-47}$$

$$C = \sqrt{\ln 100/R_{90}} \tag{4-48}$$

式中　$A$——出力系数；

$\quad\quad D$——筒体直径，m；

$\quad\quad V$——锥形磨煤机的容积，$m^3$；

$\quad\quad L$——筒体长度，m；

$\quad\quad n$——筒体转速，r/min；

$\quad\quad \varphi$——充球系数，表示钢球体积占筒体容积的份额；

$\quad K_{kgm}$——工作燃煤可磨性的修正系数；

$\quad K_{km}$——煤的可磨系数（вти法）；

$\quad\quad S_1$——工作燃煤水分的修正系数；

$\quad M_{pj}$——原煤的平均水分，%；

$M_{ar,max}$——原煤收到基最大水分，%；

$\quad M_{ad}$——煤的空气干燥基水分，%；

$\quad\quad M'_m$——磨煤机（回粉管接口处）煤粉水分，%；

$\quad M_{mf}$——煤粉水分，%；

$\quad\quad S_2$——原煤质量换算系数，考虑到由于水分变化引起煤重量变化的修正系数，实验室测定磨煤机出力时把平均水分与相对出力联系起来，此时出力是针对平均水分，实际应用时磨煤机出力指若干吨原煤，所以需要进行换算，$S_2$即水分为$M_{pj}$时的磨煤机出力换算到水分为$M_{ar}$的原煤重量换算系数；

$\quad\quad S_3$——原煤粒度修正系数，根据原煤破碎程度按图4-30确定，当原煤破碎到平均直径不大于30mm时取1.05；

$\quad K_{gj}$——磨煤机钢瓦形状修正系数，波浪形钢瓦和阶梯形钢瓦取1.0，齿形钢瓦取1.1；

$\quad K_{ms}$——运行磨损修正系数，也即钢瓦和钢球磨损使磨煤机出力降低的修正系数，一般取0.9；

$\quad K_{tf}$——筒体通风对磨煤机出力的影响系数，按表4-24选取，其中，最佳通风量$q_{V,zj,tf}$的计算见式（4-47）；

$\quad R_{90}$——粗粉分离器后煤粉细度。

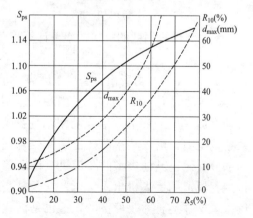

图4-30　原煤破碎粒度修正系数

$R_5$—原煤在筛孔尺寸为5×5mm筛子上和筛余量；

$R_{10}$—原煤在筛孔尺寸为10×10mm筛子上的筛余量；

$d_{max}$—原煤中最大煤块尺寸

**表 4-24** 磨煤机通风量修正系数 $K_{tf}$

| $q_{V,tf}/q_{V,tf,zj}$ | 0.4 | 0.5 | 0.6 | 0.7 | 0.8 | 0.9 | 1.0 | 1.1 | 1.2 | 1.3 | 1.4 |
|---|---|---|---|---|---|---|---|---|---|---|---|
| $K_{tf}$ | 0.66 | 0.76 | 0.83 | 0.89 | 0.95 | 0.975 | 1.0 | 1.005 | 1.03 | 1.04 | 1.07 |

按式（4-38）计算出的磨煤机出力与发电厂试验和运行实践是基本符合的。磨煤机出力和制粉系统出力的概念是相同的，制粉系统出力是在磨煤机出力的基础上，综合考虑煤粉分离器的效率等因素的结果，它的出力是以磨煤机出力来衡量的。如对中间仓储式制粉系统，当煤粉分离器效率一定时，磨煤机出力即标志制粉系统的出力。

2）磨煤电耗。磨煤机消耗的电网功率按式（4-49）计算

$$N_{dw} = (0.122D^3Ln\rho_{gq}\varphi^{0.9}K_{hj}K_r + 1.86DLnS)/\eta_{zd}\eta_{dj} + N_{fj} \qquad (4-49)$$

式中　$N_{dw}$——钢球磨煤机的出力，kW；

$\eta_{zd}$——电动机对磨煤机筒体的转动效率，对一级减速箱齿轮传动取 0.865，对两级减速箱的摩擦传动取 0.885，对低速电机无减速箱的齿轮传动取 0.92，对低速电机无减速箱的摩擦传动取 0.955；

$\eta_{dj}$——电动机的效率；$\eta_{dj}=0.92$；

$\rho_{gq}$——钢球的堆积密度，一般取 4.9，t/m³；

$K_r$——考虑原煤性质的修正系数，与原煤种类和钢球充满系数有关，查图 4-31 确定；

$S$——筒体和钢瓦总的壁厚（波浪形钢瓦以波的中心线计算），根据制造厂资料选取，约为筒体直径的 1/40，一般取 0.07～0.1m；

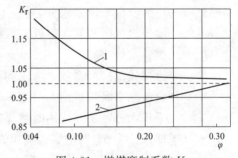

图 4-31　燃煤磨制系数 $K_r$
1—无烟煤；2—褐煤、烟煤和贫煤

$N_{fj}$——电机冷却和励磁附加消耗的功率。一般仅对较大出力的磨煤机才考虑，如对 370/810 及更大的磨煤机。

根据磨煤机消耗的电网功率可计算出磨煤的单位电耗 $E_m$

$$E_m = N_{dw}/B_m \qquad (4-50)$$

从式（4-49）可看出，磨煤机磨煤时消耗的功率和不磨煤时（筒体内只有钢球而没有燃煤转动时 $K_r=1.0$），能量消耗相差不多。磨制无烟煤时，由于筒体内钢球的相对滑动增加（$K_r<1.0$），磨煤功率消耗甚至还会降低；磨制其他煤种时，在正常的充球系数范围内，磨煤功率消耗比磨无烟煤时仅增加 5％，其原因是筒式钢球磨煤机的转动部分重量比其他类型的磨煤机重许多倍，所以在制粉系统运行中，应尽量保持在运行规程规定的磨煤机出入口压差（衡量磨煤机装煤量多少的参数）内，保持最大的装煤量，这样运行才是经济的，这也是筒式钢球磨煤机与其他形式磨煤机一个很重要的差别。

（4）新装或检修后磨煤机试转的条件及要求。磨煤机空载指新装或检修后磨煤机加装钢球前时的工况，磨煤机重载指新装或检修后磨煤机钢球加装直到额定重量时的工况。

1）磨煤机空载、重载试转应具备、符合的条件。试转前应具备的条件：磨煤机及减速机、电动机安装或检修结束，并验收合格；设备二次灌浆混凝土的强度等级已达到设计强度等级；磨煤机及减速机的润滑油系统、冷却水系统安装完毕，油系统经吹扫、打压合格后润滑油添加完毕，冷却水可随时投入，具备空载、重载试转条件；电动机及电气部分工作完成，满足空载、重载试转；现场整洁、通信良好、通道畅通、照明充足，具备必要的消防等设施。

试转应符合的条件：润滑油、冷却水系统投入，并工作正常，无漏油、漏水等现象；主轴承温度一般不高于65℃；磨煤机传动平稳，齿轮不应有杂声，振动一般不超过0.10mm；各转动部件符合安装或检修标准、运转正常。

2）磨煤机空载试转的要求。磨煤机电动机先行单独试转不少于2h，转动方向正确，事故按钮工作正常可靠，合格后电动机与减速机、磨煤机连接。减速机、磨煤机空载试转应连续运行4～8h。

3）磨煤机重载试转的要求。每次重载试转时间不超过10min，以减少钢球与钢球、钢球与波形瓦之间的磨损；电动机、减速机、传动机、主轴承的振动值不超过0.10mm；主轴承的温度应平稳且不超过65℃，出、入口油温温差不超过20℃；电动机电流值应符合规定，并无异常波动；齿轮啮合平稳，无冲击声和杂声；每次停止后，要认真检查齿轮啮合的正确性和基础、轴承、端盖、衬板、大齿轮等处的固定螺栓有无松动，如有松动应及时拧紧；试转过程中如发现异常情况，立即暂时停止加装钢球，检查原因并消除后才可继续重载试转；重载试转时不得向磨煤机大罐内加煤；试转结束后应将所有衬板固定螺栓逐个拧紧并做好质量记录。

（5）磨煤机的润滑和冷却。润滑和冷却是保证转动机械正常工作的一种重要的辅助手段。筒式钢球磨煤机和其他转动机械一样，在运行中它的易磨损部位要进行充分的润滑和冷却，以减少磨损、降低其部件在工作时的温度，防止设备损坏，延长磨煤机械的使用寿命。

筒式钢球磨煤机的润滑部位有减速机、前后空心轴颈（承）、传动齿轮；筒式钢球磨煤机的润滑部位还有减速机与筒体传动齿轮的润滑。冷却部位有减速机、前后空心轴承，以及润滑供油站。润滑的目的是减少摩擦损失，提高效率；减轻磨损，延长寿命，冷却工作表面和均匀散热。冷却的目的主要是冷却工作表面和使工作表面均匀散热。

筒式钢球磨煤机的润滑和冷却是由润滑、冷却介质通过一定的设备、管道等组成的润滑系统、冷却系统来实现的。一般中大型的磨煤机采用压力润滑方式，润滑油由专用的润滑油站经供油、冷却、过滤、回油构成润滑油的循环，向减速机、磨煤机前后空心轴颈供油；冷却水由工业水泵或专用的水泵，供给减速机、润滑油站的冷却器、磨煤机筒体前后空心轴瓦的冷却水室，降低金属温度和油温，工业水经自然冷却循环使用。磨煤机运行中，润滑油的压力一般不低于0.2MPa，冷却水压力一般为0.3MPa。

磨煤机正常运行中在筒体前后空心轴颈和轴瓦之间，有一层一定厚度（通常为$1.5\sim2\mu m$）的油膜，这层油膜的内压力平衡外载荷，使两个摩擦面不直接接触，当空心轴颈和轴瓦相对运动时，只在油膜分子之间产生摩擦。如果润滑油的黏度发生变化，就会影响油膜的厚度，甚至形不成油膜，使轴颈和轴瓦直接接触（干摩擦），摩擦生热后产生高温，高温熔化轴瓦上浇铸的巴氏合金（乌金），使接触面粗糙加速磨损和摩擦，损坏轴颈、轴瓦。某火力燃煤发电厂 320/580 型磨煤机曾发生轴瓦乌金熔化，前空心轴颈和轴瓦抱死，检修时间超过一周的设备事故。磨煤机烧瓦的主要原因有轴瓦表面不能形成油膜、干燥介质温度较高、大罐热膨胀受阻、轴承产生位移、球面不能起到自动调心的作用、润滑油选择不当、冷却水系统发生堵塞等故障。

润滑油适用性的主要指标是黏度。黏度是衡量流体运动时在流体层间产生内摩擦力的性质，黏度的大小直接影响润滑油的流动性和形成油膜的厚度，决定润滑油的品质。润滑油的油压、油温，对黏度有一定的影响，当润滑油品种确定后，油压、油温决定着润滑的效果。润滑油压力对黏度影响较小，一般可不考虑。采用压力润滑方式的磨煤机在运行中，保持一定的油压是要保证润滑部件有一定量的润滑油，防止或避免断油或油量过小而酿成烧瓦事故。

油温升高，润滑油的黏度迅速降低。因为当润滑油温度升高时，润滑油分子之间的距离增大、分子吸引力减弱，使内摩擦力减弱，润滑油流体抵抗变形的能力变差，从而导致黏度降低。正如日常炒菜时，对油加热使其变稀、流动性好，与锅底的接触面积增大，避免菜粘锅底。油的黏度低就构不成一定厚度的油膜，润滑能力降低。润滑油温超过 60℃ 时，由于油的黏度降低妨碍了油膜形成，摩擦副（相互接触的物体）直接摩擦，使摩擦副温度迅速升高甚至酿成事故。因此，磨煤机前后筒体空心轴瓦的温度（或润滑油温）不能超过 60℃，发电厂其他转动机械的轴承润滑油温通常也不能超过 60℃。压力润滑方式的系统中，还配有冷油器，用以冷却和保持回油温度，提高润滑效果。

筒式钢球磨煤机在重载荷、低转速、常温下工作，磨煤机配用的减速机在重载荷、较高转速和温度下工作，从机械润滑的角度，两者选用的润滑油应该是有差别的。生产实践中，为运行维护、检修工作及技术管理等方便和实用，发电厂磨煤机及其减速机选用同一种合适的润滑油，对中大型的磨煤机及其减速机还采用集中压力润滑系统。

筒式钢球磨煤机的传动齿轮和筒体的齿轮（大齿轮）润滑一般采用沥青质润滑，也有使用加极压添加剂的开式齿轮油润滑。齿轮油和沥青质（经加热变稀后）从加油孔（杯）注入齿轮结合面，达到减速机传动齿轮与筒体齿轮润滑的目的。

沥青质润滑采用石油沥青加热后加入。沥青附着力极强、挤压性能好，在齿轮表面能形成一层牢固的半固体油膜，油膜厚度约 0.4～0.8mm，改善了啮合面的边界润滑状况，可减少机械磨损、延长使用寿命，适用于低速、重载、常温的机械润滑。沥青质润滑工艺简单，沥青的防水性能好，加油周期较长，节省润滑油脂。

采用沥青质润滑时，将 7 份 10 号石油沥青和 3 份 40 号机械油（冬季气温较低，油膜受冷易破碎，可改变混合剂的调和比例）混合加热，并搅拌均匀后，用特制喷枪加压 0.3MPa 以上，将其混合、喷到经喷洗干净的齿轮表面（也可在磨煤机运转中进行）。第一次喷 25kg，此后每个月喷一次，每次喷 7kg。当油膜破坏或由于沥青耗损减少到最低极限时，从齿轮密封罩下部发出大量烟雾，这时就应加油（沥青、机械油混合剂）。

　　筒式钢球磨煤机齿轮（传动齿轮和筒体齿轮）有开式和半封闭式之分。开式齿轮最好改为半封闭式，防止煤粉颗粒、杂物进入齿轮接合面破坏油膜，使润滑效果差或造成齿轮损坏。开式齿轮安全隐患大，不利于工作人员的运行维护和检查。

　　磨煤机的润滑方式较多，以油脂的使用情况可分为一次性使用和循环使用；按润滑装置的配置方式分为分散润滑和集中润滑，按润滑装置的作用时间分为间歇润滑和连续润滑；按油脂进入润滑面的压力分为压力润滑和无压润滑。磨煤机因其润滑部位较多，以及在锅炉机组中的重要地位，多采用集中、连续、压力润滑方式，并且润滑油循环使用。以下是磨煤机常用的几种润滑方式和装置。

　　1）滴油润滑。通过芯捻油杯，利用棉纱的毛细（吸）作用将油滴入轴承。

　　2）飞溅润滑。在闭式传动中，依靠近在润滑油中的旋转部件（如摔油环等）把油溅到轴承中进行润滑。

　　3）毛线润滑。通过毛线在润滑油中的浸润和毛细作用使毛线饱含润滑油，当含油毛线与转动轴承（磨煤机筒体空心轴承）接触时，将润滑油涂到轴承表面，起到润滑作用。

　　毛线润滑是在磨煤机筒体空心轴径上设置油箱和毛线盒的润滑方式。为使毛线盒下缘与空心轴承间隙缩小，并不至于磨损空心轴颈，在毛线盒加装下可调铝板；脱脂纯白毛线绑扎成一定形状的毛线棒，置于毛线盒内的方形编织袋中，毛线棒的排列严密，棒与棒之间不留间隙，根据毛线盒盛油量等，运行中每隔一定时间加润滑油一次，油加满、放置盒盖时油不溢出即可。毛线应进行脱脂和加热，使毛线表面张力减小，在润滑油中达到完全渗透的饱和状态。毛线加热 4h、温度保持 $65\sim70℃$ 后浸泡于润滑油中，夏季毛线在常温下浸泡于润滑油中 24h，毛线可达到饱和状态。采用毛线润滑时，为便于监视磨煤机筒体空心轴承，在轴瓦下部装设热电偶温度计及温度报警装置，作为运行中的监视。

　　4）压力润滑。经过油泵使润滑油产生一定的压力、输送到轴承中进行润滑，用于高速、重载、要求连续供油的轴承。该润滑方式可把润滑油输送到多个润滑点，实现集中润滑，缺点是设备多、系统复杂。

　　滴油润滑、毛线润滑适用于小型磨煤机。采用这两种润滑方式，省去了润滑油站，简化了系统，能减少轴承漏油，使运行维护工作方便。飞溅润滑适用于对润滑油量要求不高的小型磨煤机的减速机上，减速机油室保持一定的油位即可满足润滑要求。压力润滑广泛用于中、大型磨煤机组。

　　图 4-32 为某燃煤发电厂 320/580 型低速筒式钢球磨煤机的润滑及冷却水系统。压力润滑采用润滑油重复使用、集中润滑（磨煤机前后空心轴承、减速机）、压力供油，同时采用工业水冷却空心轴承、减速机和润滑油。润滑油在大小修中，采用滤油机滤去油中混入杂质，节约了润滑油。运行中润滑油经过油泵保持 0.2MPa 的压力，使润滑油量充足、供油均匀、润滑效果好；油泵一台运行，另一台备用，当运行油泵故障或（因漏油等）油压低于工作规定值，备用油泵联动启动；主油箱上配置有电阻加热器，冬季油温低、黏度增大时投入以保持油温在 25℃ 以上；工业水通过冷油器保持油温不致超过 40℃，通过润滑油的加热、冷却，保持油温在规定范围及油的黏度稳定，保证良好的润滑。

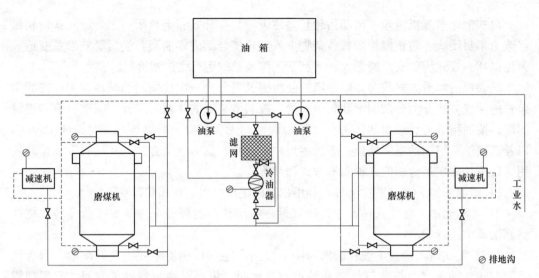

图 4-32　某燃煤发电厂 320/580 型低速筒式钢球磨煤机的润滑及冷却水系统

　　运行维护中应注意，磨煤机的振动使前后空心轴承、减速机处的供油门会自动关小或关闭，油泵跳闸、备用油泵不联动所造成的断油；油压过高时从测温（油温）孔、油管路连接处渗油、漏油及因此造成的油压偏低等现象。无论哪种润滑方式，运行维护中还应防止润滑油滴、漏、洒在地基上，润滑油腐蚀混凝土基础，使地脚螺栓松动，从而造成机组振动、地脚螺栓因振动断裂。

　　采用压力润滑系统的磨煤机运行中，油箱油位应保持在 2/3 以上，油位不足时及时补充合格的润滑油，油箱、油管路、阀门应严密不漏，防止杂物、冷却水进入润滑油系统劣化油质。滤油器（或滤网）起过滤杂质等作用，供油压力偏低时，应活动、反冲或清除掉滤网上的杂质，恢复供油压力；冷油器内的油管、冷却水管应严密不泄漏，防止工业水漏入润滑油中，冷油器应调节适当，保持油温在 25~40℃。

　　减速机是组成磨煤机组的重要设备，在压力润滑系统中，润滑油喷入主、从动齿轮的啮合处起到润滑冷却作用，减速机下部有一定深度的润滑油室，齿轮旋转时能起到飞溅润滑作用；为降低油温，一般在减速机下部油室中设计有冷油器，采用工业水冷却。减速机处于高速、重载的工作状态，齿轮工作温度较高，润滑油喷到炽热的啮合面上，油温迅速升高，并产生大量的油烟气，油烟气充满减速机后会劣化油质，所以在减速机顶部应设计或设有油（汽）窗以排除油烟。为了能迅速排出油烟，可在汽窗孔上加装 300~700mm 的管子，利用其自生抽吸力排出油烟。减速机停止运行时，会出现油烟大量排出的现象，这是因为减速机工作时将空气吸入其腔体，当油烟、空气混合物分压力高于环境空气压力时排出；由于油烟的密度小于空气的密度、油烟的温度较高、排汽管的自生抽吸力作用，所以油烟气大量排出。

　　（6）磨煤机的联动和电动机的保护。为保证制粉系统、锅炉机组的安全运行，磨煤机及其电动机根据电气、热工控制专业的相关规定设置有联动、保护装置。磨煤机保护通常有低油压联动（压力润滑系统）、磨煤机出口温度保护等；电动机的联动有 6kV、380V 联动，电动机的保护一般以电动机容量采用相间保护、单向接地保护、过负荷保护、低电压保护中的一种或多种。

　　1）6kV 联动。磨煤机电动机的 6kV 联动一般是由于厂用 6kV 故障、锅炉机组故障、电动机保护装置动作等引起，其具体原因有锅炉 MFT 保护动作，吸风机、送风机、排粉机跳闸，磨煤机电动机所处 6kV 段失电而备用电源没有自动投入、电动机及其他保护顶跳等。

因各火力发电厂保护装置设置不同、联动的设备各有差异。通常磨煤机电动机 6kV 联动后，给煤机联动跳闸，发出声、光信号，磨煤机入口冷风门自动开启，与此同时 DCS 自动记录动作顺序。如磨煤机出口密封不严，此时磨煤机入口负压变正压，向外冒出气粉混合物。此时运行人员应迅速控制排粉机的总风压，控制锅炉燃烧，将跳闸转机开关复位，关闭磨煤机入口热风门，检查煤粉仓粉位、磨煤机给煤机等设备、查明原因，启动备用制粉系统或从邻炉对本炉送粉。

2）380V 联动。给煤机电动机电源一般为 380V。380V 联动原因有给煤机电动机故障、给煤机过负荷电机跳闸、380V 厂用电故障、6kV 故障联动 380V 等原因。给煤机联动跳闸后，磨煤机冷风门联动开启。380V 联动后无原煤进入磨煤机，磨煤机出口温度难于控制，容易发生着火或爆炸，钢球撞击钢瓦发出刺耳的撞击声音，短时间处理不好时应停止磨煤机运行。

3）电动机的保护。为防止发生磨煤机电动机在运行中的损坏事故，以及由此对其他电气设备及制粉系统所带来的影响，就必须对电动机进行保护，磨煤机电动机由于电压高、容量大而采用继电保护装置进行保护。

继电保护装置的工作原理是当电气设备或线路发生故障时，通常电流大幅度增加，靠近故障点的电压则大幅度降低，这些故障电流或电压通过电流互感器或电压互感器送入继电器，当达到设定数值，即保护装置的动作电流或动作电压时，继电器动作，将跳闸信号送往断路器（开关），使其迅速断开，从而对电气设备及系统起到保护的作用。

a. 相间保护。当电动机定子绕组相间断路时，保护装置迅速动作，使断路器跳闸，从而保护了电动机的静子线圈，避免电动机线圈烧坏。

b. 单向接地保护。当电动机出现单向接地故障电流时，单向接地保护装置动作，使断路器跳闸，避免电动机因过电流而烧损。

c. 过负荷保护。电动机过负荷会使线圈温度超过允许值，造成绝缘老化以致烧坏电动机。当电动机过负荷、电流超过限定值时，过负荷保护装置经过一定的时限发出信号，使断路器跳闸。

d. 低电压保护。当电源电压低于整定限额时，低电压保护装置经过一定的时限，使断路器跳闸，以达到保护的目的。

4）磨煤机组低油压联动。磨煤机组采用压力润滑方式时，油压是保证磨煤机组安全运行的重要条件。油压低于规定值会使磨煤机轴瓦温度升高或烧瓦，造成磨煤机被迫停运的机械事故，还会影响锅炉负荷，甚至酿成被迫停炉事故。

油压低于 I 值时，备用油泵联动启动，以保持设定的油压。运行中发现油泵联动，应检查油系统，查明联动原因并予以处理，恢复油压后保持一台油泵运行正常、停止一台油泵备用。油压低于 II 值时，油压继电器动作，切断磨煤机工作电源，磨煤机跳闸，给煤机联动跳闸，磨煤机入口冷风门联动开启。

引起油压降低的原因有油泵故障跳闸而备用油泵不联动启动，出油管路堵塞或滤油器堵塞，油箱油位过低致使油泵吸不上油，供油压力低等。

5）磨煤机出口温度保护。低油压联动和磨煤机出口温度保护属于热工保护范畴。当磨煤机出口温度超过 70℃（或规定值）时，控制盘发出声、光信号，磨煤机入口冷风门自动开启，以使出口温度降低达到保护的目的。

引起磨煤机出口温度高的原因有热风、温风、给煤量调整不合适，给煤机堵煤、断煤及误操作等。

**2. 低速锥形钢球磨煤机**

筒式钢球磨煤机中，在整个筒体长度上钢球的分布基本均匀，但进口处煤量较多且煤粒粗，出口处煤量较少而煤粒细小，基于此点，锥形钢球磨煤机得到发展和应用。

锥形钢球磨煤机与筒式钢球磨煤机中间部位的结构相同，不同的是一端为直筒，另一端为锥形，或者两端都做成锥形，锥形钢球磨煤机两端均为锥形结构时，出口侧的锥形段比入口侧较长。两端均为锥形结构的钢球磨煤机内钢球的分布比较合理，入口侧因有回粉进入，锥形段较短、钢球量适中；中部直筒体部分钢球量较多，出口侧锥形段较长，钢球量较少。锥形结构使钢球和煤在筒体内的分布有一定的扰动作用，加之大小不同直径钢球的合理配比，使磨煤效果得到了改善。但其制造工艺复杂，目前已不采用。

**3. 双进双出筒形钢球磨煤机**

双进双出筒形钢球磨煤机每个端口既是燃煤入口又是气粉混合物的出口，燃煤入口、气粉混合物出口两端各一，原煤的进入和煤粉的送出经不同的管路同时进行，或者说一台磨煤机具有两组对称的研磨回路，其工作示意，如图 4-33 所示。

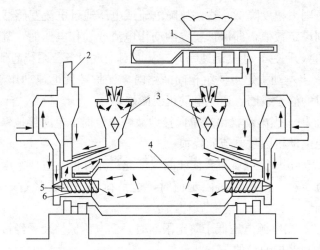

图 4-33　双进双出筒形钢球磨煤机工作示意
1—给煤机；2—混料箱；3—粗粉分离器；4—筒体；5—空心圆管；6—螺旋片

双进双出筒形钢球磨煤机两端的空心轴内各装有空心圆管 5，空心圆管外壁与空心轴内壁之间装有弹性螺旋输送装置，螺旋输送装置随筒体一起转动。燃煤由给煤机 1 经混料箱 2 落入空心轴底部，通过螺旋片 6 输入磨煤机筒体内。热风从设在磨煤机两端的热风箱由空心圆管内进入磨煤机筒体内。经过研磨的煤粉由干燥剂携带，通过空心轴与空心管之间的空间被送出磨煤机筒体，进入磨煤机上部的粗粉分离器被分离，不合格的煤粉返回混料箱后进入磨煤机再磨制，合格煤粉送入锅炉燃烧器燃烧。因特殊的结构，一台双进双出筒形钢球磨煤机配置两台电动机、两个粗粉分离器。

双进双出钢球磨煤机具有普通钢球磨煤机运行可靠、对煤种适应性广的特点，同时可用于正压运行，又满足直吹式制粉系统的特点。但是双进双出钢球磨煤机的磨煤电耗较高，制粉电耗高达 50kW·h/t 以上。因此，燃烧特定煤种的锅炉选用磨煤机时，在双进双出钢球磨煤机、中速磨煤机和低速钢球磨煤机三者之间要进行综合分析和比较。在选用磨煤机入口为斜切方式进煤的双进双出钢球磨煤机时，要注意煤的黏结性和水分，防止磨煤机入口堵煤现象的发生；在选用双进双出钢球磨煤机的煤位测量和控制装置时，应选用压差法煤位测量装置，噪声法煤位测量装置仅作为辅助测量装置使用。

双进双出筒形钢球磨煤机的主要特点有磨煤机进口装有螺旋输送装置，避免了因原煤水分高所引起的入口堵煤现象，运行安全可靠；因为双进双出的效果，原煤中一些细小的煤粉不经研磨即可送出，使磨煤机的出力提高、功率消耗低；原煤在筒体内的轴向移动距离小，煤粉的均匀性指数有所提高；可得到稳定的煤粉细度及较小的风粉比，一般风粉比约 1.5（中速磨煤机的风粉比为 1.7～1.8）。风粉比低、煤粉浓度高，有利于着火和燃烧，所以双进双出筒形钢球磨煤机也可配置在直吹式制粉系统中使用。目前，双进双出钢球磨煤机配用的粗粉分离器的煤粉均匀性指数不高（雷蒙型粗粉分离器的煤粉均匀性指数 $n=0.7～0.9$，蜗壳型磨煤机粗粉分离器的煤粉均匀性指数 $n=0.6～0.8$），对低挥发分煤种的燃烧带来不利。在设计煤粉细度时，应考虑煤粉均匀性的影响。

表 4-25 为 BBD 双进双出钢球磨煤机系列参数，表 4-26 为 FW 双进双出钢球磨煤机系列参数，表 4-27 为 SVEDALA 双进双出钢球磨煤机系列参数。我国从 20 世纪 80 年代后期引进，并开始采用双进双出钢球磨煤机。

表 4-25　　　　　　　　　　BBD 双进双出钢球磨煤机系列参数

| 项目 | 单位 | BBD 2536 | BBD 2942 | BBD 3448 | BBD 3854 | BBD 4060 | BBD 4366 | BBD 4760 | BBD 4772 |
|---|---|---|---|---|---|---|---|---|---|
| 内径（衬板内） | mm | 2450 | 2850 | 3350 | 3750 | 3950 | 4250 | 4650 | 4650 |
| 筒体有效长度 | mm | 3740 | 4340 | 4940 | 2400 | 6140 | 6740 | 6140 | 7340 |
| 双锥形分离器直径 | mm | 1600 | 1800 | 2100 | 2400 | 2900 | 3100 | 3200 | 3500 |
| 磨煤机转速 | r/min | 20.4 | 19.0 | 18.0 | 17.0 | 16.6 | 16.0 | 15.3 | 15.3 |
| 装球量的一般范围 $G_e$ | t | 12～18 | 20～30 | 30～40 | 40～60 | 45～70 | 65～85 | 70～90 | 80～11 |
| 最大装球量 | t | 20 | 32 | 48 | 65 | 78 | 100 | 110 | 130 |
| 相应最大钢球装载系数 | — | 0.23 | 0.23 | 0.22 | 0.212 | 0.213 | 0.207 | 0.211 | 0.208 5 |
| 基本出力 $B$ | t/h | 13 | 22 | 30 | 48 | 58 | 70 | 82 | 95 |
| 基本功率 $P$ | kW | 163.8 | 277.5 | 478.3 | 695.6 | 898.8 | 1189 | 13 514 | 1615.6 |
| 最大轴功率 $P_{max}$ | kW | 238.7 | 404.4 | 671 | 942.1 | 1222 | 1576.4 | 1822 | 2156 |
| 电动机功率 $P$ | kW | 280 | 500 | 800 | 1120 | 1400 | 1800 | 2100 | 2500 |
| 常用风煤比 $R_{AC}$ | — | 1.50 | 1.50 | 1.50 | 1.50 | 1.50 | 1.50 | 1.50 | 1.50 |
| 密封风量 $Q_s$ | m³/t | 2800 | 3100 | 3400 | 3800 | 4100 | 4600 | 4950 | 4950 |
| 分离器设计流量 $Q_{vo}$ | m³/t | 35 000 | 47 800 | 64 000 | 86 800 | 134 000 | 147 000 | 163 000 | 19 000 |
| 磨煤机进口最大流量 $Q_{1max}$ | m³/t | 35 600 | 50 000 | 64 300 | 104 600 | 134 200 | 165 000 | 208 500 | 208 500 |

注　基本出力是在 HGI=50，$R_{90}=18\%$，$M_{ar}-M_{pc}=10\%$，$G_b$ 为装球范围上限时的出力。

表 4-26 　　　　　　　　　FW 双进双出钢球磨煤机系列参数

| 项目 | | 单位 | D-10 | D-10-D | D-11 | D-11-D |
|---|---|---|---|---|---|---|
| 磨煤机出力 | 75%通过 200 目，HGI＝50，含水分 8% | t/h | 40 | 45 | 50 | 55 |
| | 筒体有效内径 | mm | 3633 | 3633 | 3862 | 386 |
| | 筒体有效长度 | mm | 5026 | 5608 | 5456 | 5974 |
| | 筒体转速 | r/min | 17.2 | 17.2 | 16.7 | 16.7 |
| | 筒体有效容积 | m³ | 52.1 | 58.1 | 63.9 | 70 |
| | 最大加球量 | t | | 64 | 67 | 73 |
| | 密封风流量 | kg/h | 5796 | 5796 | 6246 | 6246 |
| | 整机质量（不包括电动机） | t | | 148.1 | 179.6 | 188.2. |
| 主减速机 | 中心距 | mm | 915 | 915 | 600 | 600 |
| | 传动比 | | 11.5 | 11.5 | 5.824 | 5.824 |
| 主电动机 | 功率 | kW | 1000 | | | 1250 |
| | 转速 | r/min | 1490 | | | 993 |
| | 电压 | V | 6000 | | | 6000 |
| 慢速传动 | 电动机功率 | kW | | | 22 | 22 |
| | 传动比 | | | | 153.72 | 153.72 |
| 大、小齿轮齿数 | 模数 | | 25 | 25 | 22 | 22 |
| | 大齿轮齿数 | | 202 | 202 | 234 | 234 |
| | 小齿轮齿数 | | 27 | 27 | 23 | 23 |

表 4-27 　　　　　　　　SVEDALA 双进双出钢球磨煤机系列参数

| 磨煤机尺寸（m×m） | 3.8×5.8 | 4.0×6.1 | 4.3×6.4 | 4.7×7.0 | 5.0×7.7 | 5.5×8.2 |
|---|---|---|---|---|---|---|
| 轴承尺寸（mm×mm） | 1830×405 | 1830×405 | 1980×455 | 2285×500 | 2540×660 | 3050×660 |
| 磨煤机出力（t/h） | 42 | 50 | 62 | 80 | 110 | 141 |
| HGI | 60 | 60 | 60 | 60 | 60 | 60 |
| 原煤全水分（%） | 8.0 | 8.0 | 8.0 | 8.0 | 8.0 | 8.0 |
| 煤粉细度（$R_{75}$）（%） | 15 | 15 | 15 | 15 | 15 | 15 |
| 分离器直径 | 2.44 | 2.44 | 2.44 | 2.74 | 3.35 | 3.66 |
| 风煤比（kg/kg） | 1.4∶1 | 1.4∶1 | 1.4∶1 | 1.4∶1 | 1.4∶1 | 1.4∶1 |
| 空气流量（kg/h） | 54 100 | 64 300 | 79 880 | 11 1470 | 14 170 | 182 000 |
| 磨煤机进风温度（℃） | 270 | 270 | 270 | 270 | 265 | 265 |
| 磨煤机出口温度（℃） | 80 | 80 | 80 | 80 | 80 | 80 |
| 钢球装载系数（%） | 26 | 27 | 27 | 26 | 27 | 27 |
| 钢球装载量（t） | 76 | 91 | 111 | 145 | 186 | 241 |
| 轴功率（kW） | 1020 | 1215 | 1510 | 1990 | 2680 | 3450 |
| 系统差压（kPa） | 3.2 | 3.8 | 4.2 | 4.0 | 5.0 | 5.0 |
| 电动机功率（kW） | 1100 | 1300 | 1600 | 2200 | 3000 | 3700 |

## 二、中速磨煤机

中速磨煤机是一种对研磨部件施加外力，使其压向旋转着的磨盘而将煤块挤压磨碎成煤粉的机械，最适宜于研磨烟煤和次烟煤。国外燃煤电厂在 20 世纪 20 年代开始应用中速磨煤机，我国从 20 世纪 80 年代开始采用。30 多年来我国 300、600MW 及目前的 1000MW 机组迅速发展，且普遍使用烟煤、无烟煤和贫煤，中速磨煤机经引进消化吸收，国产化率逐步提高，发展很快。

中速磨煤机是以研磨件中有特征性的结构来命名的，按研磨部件的形状分为滚盘式和球环式两种；滚盘式磨煤机由于各制造厂家的不同设计，磨辊和磨盘的结构又各不相同。目前，国内外应用的中速磨煤机形式和种类较多，国内火力发电厂使用的中速磨煤机主要有平盘磨煤机（辊-盘式），如 LM 型；中速球磨机或 E 型磨煤机（球-环式）；碗式磨煤机（辊-碗式），如 RP、HP、SM 型；轮式磨煤机（辊-环式），如 MPS、MBF 型等。近年来，随着装备工业和制造技术的不断发展与进步，中速磨煤机的更新换代较快，平盘磨煤机和中速钢球磨煤机（E 型磨煤机）已逐渐被淘汰，一种新型的中速流态化磨煤机已应用于火力发电厂。

各种中速磨煤机的工作原理基本相似。燃煤经给煤机由落煤管进入两个碾磨部件（辊-盘、辊-碗、球-环、辊-环）之间，在压紧力的作用下受到挤压和碾磨而被磨碎成煤粉，由于碾磨部件的旋转，磨碎的煤粉被抛至风环（装有均流导向叶片的环形热风道）处；热风以一定速度通过风环进入干燥空间，对煤粉进行干燥并将煤粉带入碾磨区上方的煤粉分离器；经分离后不合格的煤粉返回碾磨区重新磨制，合格的煤粉经煤粉分配器后，由干燥剂带出磨煤机外进入一次风管、燃烧器，在炉膛中燃烧。原煤中夹带的杂物（如石块、黄铁矿块、金属件等）被抛至风环处后，经风环进入石子煤箱（杂物箱）。

**1. 平盘磨煤机**

图 4-34 是平盘磨煤机的结构简图，其磨煤部件是平磨盘和磨辊。平磨盘由电动机经过减速机带动、旋转，摩擦力（平磨盘、燃煤）带动有固定转动轴的磨辊在磨盘上转动，平盘上一般装有 2～3 个锥形磨辊，锥形磨辊的大头直径约为平盘直径的 80%，有效宽度约为平盘直径的 20%，倾斜度为 15%。磨辊与平盘之间有一约 1.25mm 的间隙，避免空载时磨辊和平盘直接接触造成其相互磨损。由于平盘和磨辊的相对运动，使燃煤在磨辊下、平磨盘上依靠挤压（碾压）、研磨两种作用被磨碎，磨辊碾压煤的压力一部分来自磨辊本身的质量，另一部分依靠弹簧施加在磨辊上的压力。每个磨辊承受弹簧的压力约为 20～50MPa（200～500kgf），平磨盘圆周转速约为 3m/s。

由于磨盘转动时产生离心力的作用，磨制后的煤粉被抛向磨盘外周，为防止原煤从磨盘上滑出去，在磨盘的外缘装有一圈挡环，使磨盘上保持有一定厚度的煤层，从而提高了磨煤效率。热空气从热风管道进入风室后，从磨盘周围以 50m/s 的速度进入磨盘上部，磨制好的煤粉被上升的热风卷吸、携带进入磨煤机上部的煤粉分离器，不

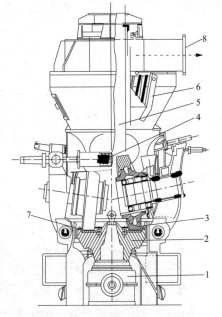

图 4-34 平盘磨煤机的结构简图
1—减速器；2—磨盘；3—磨辊；
4—加压弹簧；5—下煤管；6—分离器；
7—风环；8—气粉混合物出口管

合格的煤粉被分离器分离出来落回磨盘重磨，合格的煤粉与热风构成气粉混合物经煤粉分配器、一次风管送入锅炉燃烧，大颗粒的石子、煤矸石和碎铁件等从风环处落入石子煤（杂物）箱内。磨盘周围装有环形带叶片的风轮，与磨盘一起转动，气流通过时产生扰动，有助于将磨好的煤粉携带出去。为保证转动部件的润滑，平盘磨煤机的热风温度一般为 $300 \sim 350℃$，燃煤的干燥基本上是在磨盘上部的空间进行，磨盘上的干燥作用不大。平盘磨煤机对燃煤水分的变化比较敏感，水分过大的燃煤会被压成煤饼，使磨煤机的出力明显下降，所以不宜磨制 $M_{ar}$ 大于 $12\%$ 的燃煤。此外，过硬或灰分过多的燃煤，使磨盘、磨辊的磨损很快，通常只能磨制 $K_{km}$ 大于 $1.3$，$A_{ar}$ 不大于 $30\%$ 煤种。磨盘上有可以更换的衬板，磨辊上也装有可以更换的辊套，以备磨损后更换。衬板和辊套采用硬质、耐磨的材料制成，以延长运行时间或检修周期。

平盘式磨煤机的钢材耗量少、磨煤电耗低、设备布置紧凑、噪声小，应用比较广泛。但是，其辊套和磨盘衬板的磨损比较严重，磨损后磨煤机的出力下降，石子煤量增多，直接影响到锅炉机组的安全经济运行；同时检修周期短，检修工作量大，国内有些发电厂采用高铬铸铁制造的磨盘衬板，使耐磨损能力提高到 $400 \sim 500h/mm$，最大限度地延长了检修周期。

为增强研磨效果，提高磨煤机出力，磨辊中心线与磨盘设计时不交于一点，如图 4-35 所示。此时除磨辊的挤压作用外，还有由于磨盘与磨辊之间的滑动所产生的研碎作用，从而提高了磨煤机出力。但由于研磨能量消耗较压碎时要高得多，所以一般研碎只起辅助作用。

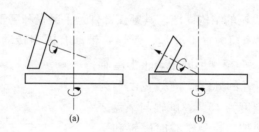

图 4-35　辊子与平磨盘的相对位置同研碎作用的关系
(a) 有研碎作用；(b) 无研碎作用

（1）平盘磨煤机的出力计算方法为

$$B_m = AD^3K/C \tag{4-51}$$

其中

$$K = K_{km}\pi_{s1}\pi_{s2}/\pi_R$$

$$C = \sqrt{\ln100/R_{90}}$$

式中　$A$——出力系数，烟煤 $A=7.5$，贫煤 $A=6.5$；

　　　$D$——圆（磨）盘直径，m；

　　　$K$——修正后煤的可磨系数；

　　　$C$——碾磨分离特性系数；

　　$K_{km}$——煤的可磨系数（ВТИ 法）；

　　$\pi_{s1}$——考虑原煤水分对可磨系数影响的修正系数；

　　$\pi_{s2}$——平均水分折算到原煤水分的系数；

　　$\pi_R$——煤的颗粒度对磨煤出力修正系数。

（2）平盘磨煤机的最佳工作转速推荐公式为

$$n_{zj} = 60/\sqrt{D}$$ （4-52）

国产平盘磨煤机的型号及规范，见表4-28。

**表 4-28** 国产平盘磨煤机的型号及规范

| 型号 | 磨盘直径（m） | 辊子 | | | 电动机功率（kW） | 出力（t/h） |
|------|------|------|------|------|------|------|
| | | 大头直径（m） | 数量（个） | 转速（r/min） | | |
| φ1600/1380 | 1.6 | 1.38 | 2 | 50 | 380 | 20 |
| φ1400/1200 | 1.4 | 1.2 | 2 | 50 | 190 | 16 |
| φ1250/980 | 1.25 | 0.98 | 2 | 50 | 118～145 | 7～12 |

### 2. 碗式磨煤机

碗式磨煤机有RP、HP等类型，RP磨煤机是最早引进的碗式磨煤机，HP型磨煤机是在RP型磨煤机的基础上经过改进、发展而形成的一种新型中速磨煤机。图4-36为中速碗式磨煤机的结构简图，球式磨盘形状如一只平底大碗，碗呈锥形，由电动机驱动，每台碗式磨煤机装有2～3只可绕自身芯轴旋转的辊子，辊子与锥形碗保持一个很小的间隙，防止磨煤机空转时磨损辊子。弹簧经杠杆向辊子施加一定的、可调的压力。原煤在入炉前破碎后经由给煤机送入磨盘中央，磨盘旋转时，原煤受到重力和惯性离心力的作用被抛到碗壁上，并带进辊子和碗壁之间，受到挤压、研磨成煤粉后抛向周围，热空气通过磨盘周围向上流动，气流携带煤粉进入煤粉分离器，不合格的煤粉经过分离返回磨煤机重磨，合格的煤粉通过一次风管送入炉内燃烧。煤矸石、铁质杂物等排入石子煤箱定期排除。

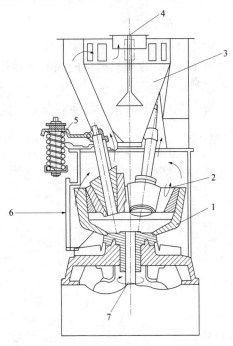

图 4-36 中速碗式磨煤机的结构简图
1—碗形磨盘；2—辊子；3—粗粉分离器；4—气粉混合物出口；5—压紧弹簧；6—热空气进口；7—驱动轴

HP型碗式磨煤机是RP型碗式磨煤机的改进型，主要在风环结构（由固定型改为随磨碗一起旋转的动风环）、减速箱结构（由蜗轮蜗杆改为螺旋伞齿加行星齿轮传动）、磨辊辊套尺寸（宽度缩小、直径加大）、加载方式（由液压加载改为外置式弹簧加载）等方面进行了改进，提高了风速的均匀性和初级分离效果，减少了石子煤的排放量，同时延长了风环的使用寿命；减速箱结构的改进提高了传动效率和设计使用寿命；磨辊辊套的改进提高了辊套磨损的均匀性和使用寿命；加载方式的变化简化了加载结构，可靠性提高，减少了检修维护工作量。因此，HP型磨煤机是碗式磨煤机的首选。

碗式磨煤机粗粉分离器出口部分装有文丘里式煤粉分配器。磨煤机出口煤粉管道的煤粉分配均匀性能好，最大的流量分配不均匀性和浓度分配不均匀性（指在恶劣工况下煤粉管中偏差最大者）分别约15%和40%。若采用动静态组合式分离器，流量及煤粉分配不均匀性会获得改善（最大的流量分配不均匀性和浓度分配不均匀性分别约为5%和25%）。

碗式磨煤机对煤全水分的适应范围取决于磨煤机前的干燥剂温度。从碗式磨煤机磨辊能承受的温度来看，此温度不能超过 400℃。锅炉回转式空气预热器能提供 370℃的热空气，如果再增加一级管式空气预热器则可提供约 420℃的热空气。在此温度下所能干燥的水分和风煤比的取用与磨煤机的出口温度有关，应通过热平衡的计算求得所能干燥的水分。

碗式磨煤机采用相对较低的风环流速，磨煤机阻力较低，为 3.5～5.5kPa（磨煤机尺寸越大，阻力越大），石子煤量在适当提高风环流速的情况下可达到给煤量的 0.1%；RP 型碗式磨煤机风环磨损后，风环面积变化较大，而风环间隙的调整较为困难，引起石子煤量的增加，因此当煤的磨损指数大于 3.5 时，不宜采用 RP 型碗式磨煤机；虽然对同种形式的中速磨煤机，石子煤排量的多少与煤中矸石含量及灰分含量的多少等原因有关，但对碗式磨煤机，只能用堵去部分风环的通流面积、适当提高风环中风的流速的办法来减少石子煤量。

碗式磨煤机在更换磨辊辊套时的检修工作量相对较小（磨辊可从侧门拉出），但是在运行中需要定期调整磨辊的间隙和弹簧压缩量，与 MPS 磨煤机比较，运行中的维护工作量相对较大。

碗式 RP（HP）磨煤机系列参数，见表 4-29。

表 4-29　　　　　　　　碗式 RP（HP）磨煤机系列参数

| 项目 | 磨碗名义直径（mm） | 磨辊名义直径（mm） | 入料粒度（mm） | 基本出力（t/h） | 入口最大空气流量（t/h） | 磨碗转速（r/min） | 电动机额定功率（kW） |
|---|---|---|---|---|---|---|---|
| HP683 | 1900 | 1100 | | 24.0 | 36.06 | 45.2 | 225～263 |
| HP703 | | | | 26.3 | 39.48 | | |
| HP723 | | | | 28.6 | 42.72 | | |
| HP743 | | | | 31.1 | 46.56 | | |
| HP763 | 2100 | 1200 | | 33.8 | 52.38 | 41.3 | 260～300 |
| HP783 | | | | 36.5 | 54.42 | | |
| HP803 | | | | 39.7 | 59.34 | | |
| HP823 | 2200 | 1300 | | 42.4 | 65.34 | 38.4 | 345～400 |
| HP843 | | | | 45.4 | 68.04 | | |
| HP863 | | | | 48.1 | 72.12 | | |
| HP883 | 2400 | 1400 | ≤38 | 51.0 | 76.74 | 35.0 | 400～450 |
| HP903 | | | | 54.0 | 82.98 | | |
| HP923 | | | | 56.9 | 85.44 | | |
| HP943 | | | | 59.9 | 89.82 | | |
| HP963 | 2600 | 1500 | | 62.6 | 94.74 | 33.0 | 450～520 |
| HP983 | | | | 65.3 | 97.98 | | |
| HP1003 | | | | 68.0 | 102.06 | | |
| HP1023 | 2800 | 1600 | | 72.6 | 108.84 | 30.0 | 520～700 |
| HP1043 | | | | 77.1 | 115.68 | | |
| HP1063 | | | | 83.9 | 125.88 | | |
| HP1103 | | | | 91.7 | 136.08 | | |

注　1. 表中的基本出力是指哈氏可磨性指数 HGI＝55，原煤全水分 $M_t$＝12%（低热值烟煤）或 $M_t$＝8%（高热值烟煤），原煤收到基灰分 $A_{ar}$≤20%，煤粉细度 $R_{90}$＝23%时的基本出力。
　　2. 磨煤机的最小允许空气流量为入口最大空气流量的 70%。

从表 4-29 可知，在系列中划分成的若干组，在每组中磨煤机的磨碗和磨辊的名义直径皆未变，仅变动磨煤机的通风量而得到不同的出力。

碗式磨盘结构比较复杂，无论是制造，还是检修都很不方便，而且，在同样出力的情况下，其磨盘直径要比平盘磨煤机平盘大 15％以上，20 世纪 80 年代后期，国外引进技术、国内制造的大出力浅碗式磨煤机应用广泛，正逐步取代老式碗式磨煤机。HP、RP 型磨煤机应用较多。

（1）HP 型碗式磨煤机。HP 型碗式磨煤机磨辊的碾磨力由压紧弹簧保持，压紧弹簧的预载力用弹簧预紧装置调节，弹簧的预载力调整好后应锁紧。HP 型碗式磨煤机弹簧的预载力，见表 4-30。

表 4-30　　　　　　　　　　HP 型碗式磨煤机弹簧的预载力

| 磨煤机规格 | 预载力（kg） | 压缩长度（mm） | 磨煤机规格 | 预载力（kg） | 压缩长度（mm） |
| --- | --- | --- | --- | --- | --- |
| HP963-1003 | 18 000 | 33.8 | HP763-863 | 9000 | 25.4 |
| HP883-943 | 13 500 | 25.4 | HP683-743 | 6750 | 25.4 |

进入 HP 型碗式磨煤机的热空气承担着对燃煤进行充分的干燥；对给磨煤机提供必要的动力（风量）进行煤粉的分离，控制磨煤机出口煤粉细度；将煤粉从磨煤机送到锅炉燃烧器三个作用。HP 型碗式磨煤机内有三级煤粉分离作用，分离器上安装了固定的空气折向器。第一级分离在磨碗水平面上进行，较大颗粒的煤粉经过一级分离后返回磨碗重新碾磨；较小颗粒的煤粉被空气携带进入分离器顶盖处弯曲可调叶片，气粉混合物产生高速旋转，较大的颗粒被分离出从气流中降落；气粉混合物通过文丘里的垂直插管时进行第三次分离，达到需要的煤粉细度，第三级分离出的煤粉颗粒经过内锥管返回磨碗的碾磨区再磨制。

（1）HP 型碗式磨煤机在运行中应避免下列情况：

1）煤的溢出量过多，会阻止石子煤的排出，在磨煤机体内堆积会造成磨煤机着火的隐患。

2）磨煤机应保持在规定的出口温度下运行。磨煤机在出口温度低于规定值下继续运行，原煤不能充分的干燥，黏附在磨煤机内和煤粉管中，使煤粉管堵塞，可造成磨煤机和煤粉管着火；磨煤机出口温度过高使煤的挥发分析出，磨煤机着火的可能性增大。如磨煤机出口温度超过规定值 11℃，控制系统应自动关闭热风截门。

3）磨煤机的通风速度过低，会使煤粉沉积，造成煤粉管堵塞；通风速度过高，造成煤粉细度不合格，同时使磨煤机、煤粉管磨损加剧。

4）磨煤机运行中石子煤排出闸门关闭，会阻止石子煤等杂物排出，石子煤等杂物积存在磨煤机内，使刮板装置产生严重的磨损。

5）给煤机启动之前磨煤机暖磨（管）不当，煤及煤粉可能黏附在磨煤机内、煤粉管道中，增大磨煤机和出粉系统着火的可能性。

6）煤粉细度过粗或过细，都会降低磨煤机的出力，增加磨煤机的电耗，煤粉过粗还直接影响到锅炉的燃烧。为防止磨煤机着火，采用 0.5～0.8MPa 氮气做消防气体介质。

（2）碗式磨煤机的相关计算。

1）碗式磨煤机的出力计算

$$B_m = AK/C \tag{4-53}$$
$$K = K_{km}\pi_{s1}\pi_{s2}/\pi_R$$
$$C = \sqrt{\ln100/R_{90}}$$

式中　$A$——出力系数，$A=12.6$；

　　　$C$——碾磨分离特性系数。

2）推荐的碗式磨煤机的最佳工作转速公式为

$$n_{zj} = 110/\sqrt{D} \tag{4-54}$$

式中　$D$——磨碗直径，m。

3）碗式磨煤机的功率。由表4-29还可看出，同组中的磨煤机，磨煤机磨碗和磨辊的名义直径不变，随着磨煤机通风量的增加，磨煤机的出力也增大，磨煤机电动机的功率也不同。碗式磨煤机输入功率随磨煤机出力的变化，如图4-37所示。磨煤机电动机容量参见表4-29。

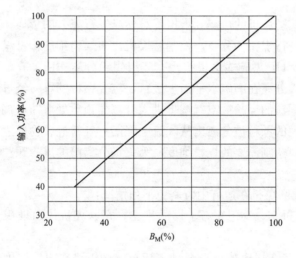

图4-37　碗式磨煤机输入功率随磨煤机出力的变化

### 3. 中速球-环式（E型）磨煤机

中速球-环式磨煤机通常称为E型磨煤机，其结构如图4-38所示。E型磨煤机很像一个很大的没有支架的推力轴承，安置了9～12个直径为200～500mm的钢球处于上下磨环之间。上磨环由导轨挡住不转动，但能上下垂直移动，并经弹簧或加压气缸对其施加压力后传递给钢球，压力使每个钢球受约30～60MPa（300～600kgf）的压力。磨煤机运行时根据原煤的硬度调整钢球上压力，使磨煤机出力增加。下磨环经由垂直主轴带动旋转，随着下磨环的转动，钢球也随之转动，原煤在磨环和钢球之间被磨成煤粉。钢球在转动时不停地改变自身的轴线，在整个工作寿命中能始终保持球形圆度，可保持磨煤的性能不变。

预先破碎的原煤经磨煤机中央进煤管落入磨煤机下磨环中央，在下磨环转动产生的离心力作用下，被甩到钢球和磨环的间隙，碾磨成煤粉，然后再经旋转的下磨环抛到磨环的外缘落下。下磨环的四周与磨煤机外壳的固定风环间设有通风道，温度 350℃、速度 30～35m/s 的热空气经通风道向上流动，落下的煤粉被吹起，热风起干燥煤粉、使煤粉进行初步分离（重力分离）的作用，粗煤粉质量大于热空气流的携带力时落回辊道重磨，较细的煤粉被热空气携带到煤粉分离器再进行分离。在煤粉分离器中，被分离出的粗粉经回粉管落回磨环中重新磨制，合格的煤粉通过输粉管道（一次风管）送入锅炉内燃烧。大颗粒的矸石、杂物、碎铁件落入石子煤（废料）箱。

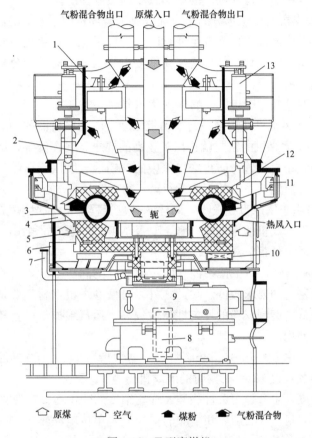

图 4-38  E 型磨煤机

1—分离器可切向叶片；2—粗粉回粉斗；3—空心钢球；4—安全门；5—旋转的下磨环；6—活门；
7—密封气联接管；8—废料室；9—齿轮箱；10—犁式刮刀；11—导杆；12—上磨杆；13—加压缸

随着钢球的磨损，应及时补充新的钢球，新钢球的球径应等于磨损的球径，并且需要调整上磨环的压力，使钢球上保持必要的压力。当球径磨小到一定程度时，为了不使上下磨环的间隙过小，需要全部更换为较大直径的钢球。在钢球因磨损变小的同时，上下磨环的弧形通道也随之磨损，相应的改变了弧度，此时如换用较大直径的钢球，钢球与弧道的曲率半径如果相差很多时，就不能很好地进行燃煤的研磨，所以有些火力发电厂采用两套钢球，用频繁轮番交替更换整套钢球的方法，使换入的钢球直径与上下磨环弧形轨道的曲率半径基本上配合良好，不致出现悬殊的现象，避免球面与轨道底面形成较大的空隙。但当磨煤机的风环在磨损以后间隙扩大时，会造成石子煤量增大，风环间隙往往因为锈蚀难于调整，造成磨煤机运行中的被动。

为了在运行中不致因钢球的磨损影响磨煤机的出力，E 型磨煤机都采用加载装置，经上磨环对钢球施加一定的压力。中小型 E 型磨煤机用弹簧加载，弹簧工作长度伸长后，载荷减小，磨煤机出力减少，根据运行情况压紧或定期压紧弹簧。磨煤机容量的增大，压紧弹簧的工作强度相应增加，并且要频繁地调整，所以较大出力的 E 型磨煤机的上磨环采用液压-启动加载装置，该装置可在碾磨部件的使用寿命内，自动保持磨环上的压力定值，而不受钢球磨损的影响，同时在磨煤机运行中加载、卸载迅速、方便，可使碾压部件磨损对磨煤出力、煤粉细度的影响减小到最低程度。

中速球-环式磨煤机对燃煤水分的适应性取决于磨煤机前干燥剂的温度和磨煤机减速箱所能承受的温度。当磨煤机出力发生变化时，通风量也随之变化，此时进入煤粉分离器煤粉的粗细程度也随之变化，但最终煤粉细度由煤粉分离器进行分离和保持，以保证锅炉燃烧对煤粉细度的要求。

E 型磨煤机与平盘磨煤机相比较的突出优点是可进行正压运行。正压运行时，对小型 E 型磨煤机和一次风机可使用同一台电动机驱动，电动机所需的功率为磨煤和输粉两者之和。这样对 E 型磨煤机的密封就提出了较高的要求，要在磨煤机的轴封、给煤机的轴封处装设压缩空气密封装置，防止磨煤机中的气粉混合物因正压喷出，此时，保证压缩空气轴封的可靠性对制粉系统的正压运行就显得非常重要。

球-环式磨煤机由于钢球直径较小，同样的磨盘行程下钢球研磨燃煤的行程短，所以在同样磨煤机直径下磨煤机的出力低；和 HP 及 MPS 型磨煤机相比，球-环式磨煤机阻力、磨煤电耗和通风电耗都较高。

E 型磨煤机没有磨辊，对工作条件（如转动部分的润滑等）要求不高；没有磨辊轴穿过机体外壳，对密封的要求较低。除此之外，E 型磨煤机钢材需要量小、耗电少、占地面积较小、噪声低，磨制煤粉的均匀性指数较高，运行维护工作量较小，所以在大容量锅炉上得到广泛使用。

E 型磨煤机的标称出力 $B_b$ 是指磨制哈氏可磨性指数 HGI＝50 的原煤，原煤全部通过 20mm 筛子，煤粉细度 $R_{90}$＝30％时的磨煤机出力。

运行中原煤粒度、水分、可磨性指数、煤粉细度的变化均影响到磨煤机的出力。

E 型磨煤机在磨制较软的烟煤和干燥的褐煤时，单位电耗较小，就此而论是很经济的，但是由于 E 型磨煤机干燥出力不强，故不适合磨制湿煤。

为保证磨煤机出力，E 型磨煤机必须有一定的通风量，进行煤及煤粉的干燥、携带，并输送煤粉。国外推荐的风煤比为 1.8～2.2kg/kg，并且风煤比与磨煤出力呈线性关系。

从以上讨论可知，中速球-环式磨煤机主要是采用研压的方法磨制煤粉的，而且原煤在磨煤机中扰动不大，所以干燥作用不强烈，燃煤水分过高，煤可能被挤压成煤饼而不能迅速磨碎。燃煤硬度大、灰分高，会使磨煤机磨损加剧，检修工作频繁，但中速球-环式磨煤机钢材用量少、电耗低、占地面小、噪声较小，煤粉的均匀性指数 $n$ 高。中速球-环式磨煤机适宜磨制的煤种为 $M_{ar}$＝5％～8％，$K_{km}$（вти 法）＞1.2～1.3，$A_{ar}$≤25％～30％，$V_{ar}$＞15％～20％。

采用中速磨煤机的直吹式制粉系统，磨煤机因故跳闸时，应迅速控制制粉系统通风量、控制锅炉燃烧，防止锅炉灭火，检查设备、查明原因，准备启动制粉系统。球-环式（E 型）磨煤机系列参数，见表 4-31。

表 4-31 球-环式（E 型）磨煤机系列参数

| 型号 | | ZQM-111(E44) | ZQM-158(E70/62) | ZQM-178(7E) | ZQM-216(8.5E) | ZQM-254(10E) |
|---|---|---|---|---|---|---|
| 基本出力 | t/h | 6.0 | 14.0 | 17.0 | 27.0 | 40.0 |
| 钢球直径及数量 | mm/个数 | 261/12 | 530/9 | 533/10 | 654/10 | 768/10 |
| 补充球直径及数量 | mm/个数 | 250/0 | 480/1 | 482/1 | 584/1 | 698/1 |
| 转速 | r/min | 107 | 48.5 | 45 | 40 | 37 |
| 电动机功率 | kW | 125 | 160 | 185 | 220 | 330 |

注　基本出力是指哈氏可磨性指数 $HGI=50$，原煤水从 $M_t \leqslant 10\%$，原煤收到基灰分 $A_{ar} \leqslant 20\%$，煤粉细度 $R_{90}=23\%$ 时的基本出力。

（1）球-环式（E 型）磨煤机的出力。

1）球-环式（E 型）磨煤机的出力计算式为

$$B_m = B_b S_{Ld} S_{km} S_m S_R \tag{4-55}$$

式中　$B_b$——E 型磨煤机的标称出力，t/h；

$S_{Ld}$——原煤粒度修正系数，查图 4-39，一般原煤最大粒度 $d_{max}$ 取 30mm；

$S_{km}$——可磨性系数修正系数，查图 4-40；

$S_m$——原煤水分修正系数，查图 4-41；

$S_R$——煤粉细度修正系数，查图 4-42。

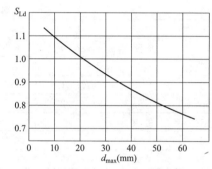

图 4-39　原煤粒度修正系数

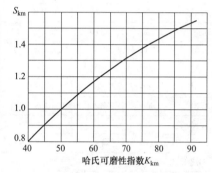

图 4-40　可磨性系数修正系数

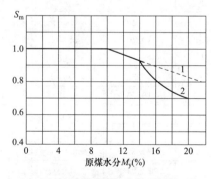

图 4-41　原煤水分修正系数

1—磨煤出力限制；2—干燥出力限制

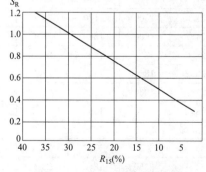

图 4-42　煤粉细度修正系数

2）球-环式（E 型）磨煤机的出力还可按式（4-56）计算

$$B_m = AD^{1.5} K_{km} K_{ms}/C \tag{4-56}$$

$$C = \sqrt{\ln 100/R_{90}}$$

式中　$A$——出力系数，取 $A=5.6$；

$D$——以钢球为中心的磨盘直径，m；

$K_{km}$、$K_{ms}$——原煤的可磨性系数、运行磨损修正系数，一般取 0.9；

$C$——碾磨分离特性系数。

（2）推荐的球-环式（E 型）磨煤机的最佳工作转速为

$$n_{zj} = 115/\sqrt{D} \qquad\qquad (4-57)$$

式中　$D$——以钢球为中心的磨盘直径，m。

（3）球-环式（E 型）磨煤机电动机容量的确定，见表 4-31。

### 4. 辊-轮式中速磨煤机

辊轮式磨煤机有 MPS（或 MP、ZGM）和 MBF 两种，前者用于直吹式正压制粉系统，后者用于直吹式负压制粉系统。我国电力行业标准提出的 MPS 磨煤机系列性能参数参见表 4-32，国内制造厂采用的 MP、ZGM 磨煤机系列性能参数见表 4-33 和表 4-34。

表 4-32　　　　　　　　　　　　　MPS 磨煤机系列性能参数

| 型号 | 基本出力(t/h) | 磨盘直径(mm) | 磨辊直径(mm) | 磨盘转速(r/min) | 电动机功率(kW) | 入磨最大通风量（kg/s） | 阻力（含分离器）(kPa) | 密封风总量/通过磨内风量（kg/s） |
|---|---|---|---|---|---|---|---|---|
| MPS32 | 0.44 | 320 | 240 | 60.4 | 7 | 0.19 | 1.50 | 0.03/0.09 |
| MPS40 | 0.77 | 400 | 310 | 57.2 | 10 | 0.37 | 1.82 | 0.13/0.09 |
| MPS50 | 1.35 | 500 | 390 | 51.2 | 17 | 0.58 | 2.14 | 0.13/0.09 |
| MPS63 | 2.41 | 630 | 490 | 45.6 | 30 | 1.04 | 2.73 | 0.13/0.09 |
| MPS72 | 3.36 | 700 | 560 | 42.7 | 40 | 1.45 | 3.01 | 0.26/0.17 |
| MPS80 | 4.37 | 800 | 620 | 40.5 | 50 | 1.89 | 3.32 | 0.26/0.17 |
| MPS90 | 5.87 | 900 | 700 | 38.2 | 65 | 2.54 | 3.69 | 0.26/0.17 |
| MPS100 | 7.64 | 1000 | 780 | 36.2 | 85 | 3.31 | 4.01 | 0.60/0.40 |
| MPS112 | 10.1 | 1120 | 870 | 34.2 | 120 | 4.39 | 4.35 | 0.60/0.40 |
| MPS125 | 13.3 | 1250 | 970 | 32.4 | 160 | 5.78 | 4.67 | 0.60/0.40 |
| MPS140 | 17.7 | 1400 | 1090 | 30.6 | 185 | 7.73 | 5.17 | 1.16/0.78 |
| MPS150 | 21.0 | 1500 | 1170 | 29.6 | 220 | 9.10 | 5.42 | 1.16/0.78 |
| MPS160 | 24.7 | 1600 | 1240 | 28.6 | 250 | 10.70 | 5.70 | 1.16/0.78 |
| MPS170 | 28.0 | 1700 | 1320 | 27.8 | 280 | 12.46 | 5.98 | 1.30/0.78 |
| MPS180 | 33.2 | 1800 | 1410 | 27.0 | 315 | 14.38 | 6.17 | 1.30/0.78 |
| MPS190 | 38 | 1900 | 1500 | 26.2 | 380 | 16.75 | 6.38 | 1.30/0.78 |
| MPS200 | 43.2 | 2000 | 1560 | 26.2 | 450 | 18.55 | 6.57 | 1.42/0.95 |
| MPS212 | 48.8 | 2120 | 1650 | 25.6 | 500 | 21.65 | 6.77 | 1.42/0.95 |
| MPS225 | 58.0 | 2250 | 1750 | 24.1 | 580 | 24.74 | 6.97 | 1.53/1.02 |
| MPS235 | 64.7 | 2350 | 1850 | 23.6 | 650 | 27.94 | 7.13 | 1.05/1.10 |
| MPS245 | 71.8 | 2450 | 1910 | 231 | 710 | 31.43 | 7.29 | 1.65/1.10 |
| MPS255 | 79.3 | 2550 | 1980 | 22.6 | 800 | 32.98 | 7.45 | 1.65/1.10 |
| MPS265 | 87.3 | 2650 | 2060 | 22.2 | 1000 | 37.79 | 7.61 | 1.74/1.16 |
| MPS275 | 95.8 | 2750 | 2160 | 22.3 | 1000 | 41.50 | 7.77 | 1.74/1.16 |

注　1. 基本出力指哈氏可磨性指数 HGI＝50，煤粉细度 $R_{90}=20\%$，原煤水分 $M_t=10\%$，原煤收到基灰分 $A_{ar} \leqslant 20\%$ 时的基本出力。

　　2. 入磨最小空气流量为最大空气流量的 75%。

**表 4-33**                 **MP 磨煤机系列性能参数**

| 型号 | 基本出力（A/B）德国公司计算法（t/h） | 磨盘直径（mm） | 磨辊直径（mm） | 磨盘转速（r/min） | 电动机功率(kW) | 入磨最大通风量(kg/s) | 阻力（含分离器）(kPa) | 密封风总量/通过磨内风量（kg/s） |
|---|---|---|---|---|---|---|---|---|
| MP0302 | 0.6/0.39 | 320 | 240 | 64.0 | 7 | 0.19 | 1.50 | 0.13/0.09 |
| MP0403 | 1.05/0.68 | 400 | 310 | 57.2 | 10 | 0.37 | 1.82 | 0.13/0.09 |
| MP0503 | 1.83/1.18 | 500 | 390 | 51.2 | 17 | 0.58 | 2.14 | 0.13/0.09 |
| MP0604 | 3.26/2.11 | 630 | 490 | 45.6 | 30 | 1.04 | 2.73 | 0.13/0.09 |
| MP0705 | 4.50/2.94 | 700 | 560 | 42.7 | 40 | 1.45 | 3.01 | 0.26/0.17 |
| MP0806 | 5.92/3.38 | 800 | 620 | 40.5 | 50 | 1.89 | 3.32 | 0.26/0.17 |
| MP0907 | 7.95/5.14 | 900 | 700 | 38.2 | 65 | 2.54 | 3.69 | 0.26/0.17 |
| MP1007 | 10.35/6.69 | 1000 | 780 | 36.2 | 85 | 3.31 | 4.01 | 0.60/0.40 |
| MP1108 | 13.74/8.89 | 1120 | 870 | 34.2 | 120 | 4.39 | 4.35 | 0.60/0.40 |
| MP1209 | 18.08/11.70 | 1250 | 970 | 32.4 | 160 | 5.78 | 4.67 | 0.60/0.40 |
| MP1410 | 24.00/15.53 | 1400 | 1090 | 30.6 | 185 | 7.73 | 5.17 | 1.16/0.78 |
| MP1511 | 28.50/18.44 | 1500 | 1170 | 29.6 | 220 | 9.10 | 5.42 | 1.16/0.78 |
| MP1612 | 33.50/21.68 | 1600 | 1240 | 28.6 | 250 | 10.70 | 5.70 | 1.16/0.78 |
| MP1713 | 39.00/25.24 | 1700 | 1320 | 27.8 | 280 | 12.46 | 5.98 | 1.30/0.78 |
| MP1814 | 45.00/29.12 | 1800 | 1400 | 27.0 | 315 | 14.38 | 6.17 | 1.30/0.78 |
| MP1915 | 52.60/34.04 | 1900 | 1500 | 26.2 | 380 | 16.75 | 6.38 | 1.30/0.78 |
| MP2015 | 58.50/38.86 | 2000 | 1560 | 262 | 450 | 18.55 | 6.57 | 1.42/0.95 |
| MP2116 | 67.70/43.81 | 2120 | 1650 | 25.60 | 500 | 21.65 | 6.77 | 1.42/0.95 |
| MP2217 | 78.60/50.86 | 2250 | 1750 | 24.1 | 580 | 24.74 | 6.97 | 1.53/1.02 |
| MP2419 | 99.30/62.65 | 2450 | 1910 | 23.1 | 710 | 31.43 | 7.29 | 1.65/1.10 |
| M12519 | 107.30/69.43 | 2550 | 1980 | 22.6 | 800 | 32.98 | 7.45 | 1.65/1.10 |
| MP2620 | 18.30/76.56 | 2650 | 2060 | 22.2 | 1000 | 37.79 | 7.61 | 1.74/1.16 |

**注**  1. 基本出力 A 指哈氏可磨性指数 HGI＝80，煤粉细度 $R_{90}$＝16％，原煤水分 $M_t$＝4％时的基本出力。
      2. 基本出力 B 指哈氏可磨性指数 HGI＝50，煤粉细度 $R_{90}$＝20％，原煤水分 $M_t$＝10％时的基本出力。

**表 4-34**                 **ZGM 磨煤机系列性能参数**

| 性能参数 | | 单位 | ZGM65 | | | ZGM80 | | | ZGM95 | | | ZGM113 | | | ZGM123 | | ZGM133 | | ZGM140 | |
|---|---|---|---|---|---|---|---|---|---|---|---|---|---|---|---|---|---|---|---|---|
| | | | K | N | G | K | N | G | K | N | G | K | N | G | N | G | N | G | N | G |
| 基本出力 | HGI＝80，$M_t$＝4％，$R_{90}$＝16％ | t/h | 16.3 | 20.0 | 24.0 | 28.5 | 33.5 | 39.0 | 45.0 | 51.5 | 58.5 | 67.7 | 78.7 | 87.7 | 97.3 | 107.6 | 118.4 | 129.9 | 148.3 | 168.3 |
| | HGI＝50，$M_t$＝10％，$R_{90}$＝20％ | t/h | 10.5 | 12.9 | 15.5 | 18.4 | 21.7 | 25.2 | 29.1 | 33.3 | 37.9 | 43.8 | 50.9 | 56.8 | 63. | 69.6 | 76.6 | 84.1 | 96.0 | 108.9 |
| | HGI＝55，$M_t$＝10％，$R_{90}$＝23％ | t/h | 12.1 | 14.9 | 17.9 | 21.2 | 25.0 | 29.1 | 33.5 | 38.4 | 43.6 | 50.5 | 58.6 | 65.3 | 72.5 | 80.2 | 88.2 | 96.8 | 110.5 | 125.4 |
| 基点一次风量 | | kg/s | 5.21 | 6.39 | 7.67 | 9.10 | 10.70 | 12.46 | 14.38 | 16.45 | 18.6 | 21.63 | 25.14 | 28.02 | 31.08 | 34.37 | 37.82 | 41.50 | 47.37 | 53.7 |
| 通风阻力（含分离器） | | kPa | 4.11 | 4.38 | 4.65 | 4.88 | 5.13 | 5.38 | 5.55 | 5.74 | 5.91 | 6.23 | 6.41 | 6.54 | 6.78 | 6.93 | 7.15 | 7.35 | 7.98 | 8.28 |
| 磨煤机轴功率 | | kW | 106 | 130 | 156 | 185 | 218 | 254 | 293 | 335 | 380 | 440 | 512 | 570 | 632 | 699 | 770 | 844 | 964 | 1094 |

| 性能参数 | 单位 | ZGM65 | | | ZGM80 | | | ZGM95 | | | ZGM113 | | | ZGM123 | | ZGM133 | | ZGM140 | |
|---|---|---|---|---|---|---|---|---|---|---|---|---|---|---|---|---|---|---|---|
| | | K | N | G | K | N | G | K | N | G | K | N | G | N | G | N | G | N | G |
| 电动机功率 | kW | 125 | 160 | 185 | 220 | 250 | 280 | 355 | 400 | 450 | 500 | 560 | 630 | 710 | 800 | 900 | 1000 | 1120 | 1250 |
| 磨盘工作直径 | mm | 1300 | | | 1600 | | | 1900 | | | 2250 | | | 2450 | | 2650 | | 2900 | |
| 磨盘转速 | r/min | 31.9 | | | 28.7 | | | 26.4 | | | 24.2 | | | 23.2 | | 22.3 | | 21.3 | |
| 磨辊数量 | 个 | 3 | | | 3 | | | 3 | | | 3 | | | 3 | | 3 | | 3 | |
| 每个磨辊最大加载力 | kN | 101 | | | 154 | | | 217 | | | 304 | | | 360 | | 421 | | 505 | |
| 密封风量 | kg/s | 1.05 | | | 1.21 | | | 1.33 | | | 1.50 | | | 1.62 | | 1.75 | | 1.90 | |
| 消防蒸汽量 (10~15min) | kg/h | 500 | | | 750 | | | 1125 | | | 1800 | | | 2500 | | 3000 | | 3500 | |
| 磨煤机重量 | kN | 750 | | | 900 | | | 1100 | | | 1600 | | | 2220 | | 2750 | | 3300 | |
| 电动机重量 | kN | 35 | | | 40 | | | 47 | | | 60 | | | 80 | | 110 | | 150 | |
| 螺伞行星减速机型号 | | SXJ100 | | | SXJ120 | | | SXJ140 | | | SXJ160 | | | SXJ180 | | SXJ200 | | SXJ220 | |
| 稀油站型号 | | XYZ100 | | | XYZ150 | | | XYZ200 | | | XYZ250 | | | XYZ300 | | XYZ350 | | XYZ400 | |
| 高压油站型号 | | GYZ1-25 | | | GYZ2-25 | | | GYZ2-25 | | | GYZ3-25 | | | 25 GYZ3-25 | | 25 GYZ4-25 | | 25 GYZ4-25 | |
| 挡板式静态分离器型号 | | DJF30 | | | DJF35 | | | DJF40 | | | DJF45 | | | DJF50 | | DJF55 | | DJF60 | |
| 组合式旋转分离器型号 | | ZXF16 | | | ZXF19 | | | ZXF22 | | | ZXF25 | | | ZXF27 | | ZXF29 | | ZXF32 | |
| 煤粉细度 $R_{90}$ | % | 2~15, 10~40 | | | | | | | | | | | | | | | | | |

(1) MPS 磨煤机。MPS 磨煤机是在 E 型磨煤机和碗式磨煤机的基础上发展起来的。MPS 型磨煤机取消了 E 型磨煤机的上磨环，三个凸型磨辊像车轮胎紧压在具有凹槽的磨盘上，磨盘转动，磨辊依靠摩擦力在固定位置绕自身的轴旋转，对原煤进行碾压、磨碎。

三个凸型磨辊互呈 120°布置在磨盘上，磨盘上固定有多块耐磨、圆环型磨环，磨环外围布置一圈喷嘴，磨辊和磨环直接接触无间隙。三个凸型磨辊的加压系统由弹簧压紧环、弹簧、压环和拉紧装置组成，研磨压力由磨辊的自重和加压系统两部分组成。磨煤机启动后，减速机带动磨盘转动的同时，磨盘带动磨辊在磨环上滚动，原煤通过磨辊下时被磨碎。因为磨辊和磨环无间隙、直接接触，启动磨煤机前要先启动给煤机，少量给煤后再启动磨煤机，以减少磨煤机的振动。

MPS 磨煤机煤粉分离器出口管道上安置了格栅型的煤粉分配器，经煤粉分配器后，各煤粉管道最大煤粉分配不均匀性为风量分配不均匀性为 5%，煤粉浓度分配不均匀性为 20%，分配性能较好。但是格栅型的煤粉分配器阻力较大（约 1000Pa），设备高度较高，锅炉燃烧器需要有一定的标高才能安装格栅型的煤粉分配器。

MPS 磨煤机能提供 $R_{90}=15\%\sim30\%$ 的煤粉细度，煤粉均匀性 $n=1.0\sim1.1$。更细的煤粉和更高的煤粉均匀性需要设置静态、动态的煤粉分离器（即挡板式和旋转式煤粉分离器的组合）。煤粉均匀性指数 $n=1.2\sim1.3$，最大的煤粉分配不均匀性和格栅型煤粉分配器的性能相似。MPS 磨煤机在安装了动静态的煤粉分离器后，磨煤机的出力与挡板分离器时的出力相同。

MPS 磨煤机风环风速设计较高，石子煤量一般为 $0\sim50kg/h$。但是磨煤机的阻力较大，随 MPS 磨煤机系列的变化，磨煤机的阻力在 $5.0\sim7.5kPa$ 变化。

MPS 磨煤机因辊轮直径大，同时由于磨盘内存煤量较少，辊轮转动阻力小；相同磨盘直径下，磨盘转速较 HP 磨煤机低，因此，磨煤机的磨煤电耗较小。但磨煤机的通风电耗较高，总的电耗和 HP 磨煤机相近。

MPS 磨煤机的热风进口设置在磨环的下部，热风通过布置在磨环上的喷嘴进入磨煤机的磨室，携带煤粉经煤粉分离器后，将合格的煤粉送出磨煤机。密封风用于磨盘和磨辊的密封。磨制挥发分较大的煤种时，考虑煤粉自燃或爆炸的可能性，在一次风入口、磨室和煤粉分离器处设有消防蒸汽入口。MPS 磨煤机转动平稳、振动和噪声小，具有较好的安全和经济性能，广泛应用于大容量锅炉机组。

（2）MBF 磨煤机。MBF 磨煤机是在平盘磨煤机、RP（HP）磨煤机的基础上发展起来的，除磨辊按轮胎状设计外，其余都保留了 RP（HP）磨煤机的特征。MBF 磨煤机的基本性能，如磨煤机阻力、煤粉细度、煤粉分配、石子煤量、检修性能等与 RP（HP）磨煤机的性能相似。MBF 磨煤机与 MPS 磨煤机结构近似，是一种新型的磨煤机械。MBF 磨煤机将辊套的外形由 RP（HP）磨煤机的锥柱形改为轮胎状后，磨环形式与 MPS 磨煤机近似，在磨煤机电耗、出力计算、研磨件寿命等方面和 MPS 磨煤机相仿。MBF 磨煤机的特点是采用低速而巨大的碾磨部件，转速低、运行平稳，碾磨效率高、出力大，煤粉细度稳定。适用于磨制硬度较大的烟煤、煤矸石等煤种。

（3）辊-轮式（MPS）中速磨煤机的相关计算。

1）辊-轮式中速磨煤机碾磨出力的计算公式为

$$B_m = B_{M0} f_H f_R f_M f_A f_g f_e \tag{4-58}$$

式中                   $B_{M0}$——磨煤机的基本出力，t/h，基本出力及基本出力下的条件见表 4-32 和表 4-34；

$f_H$、$f_R$、$f_M$、$f_A$、$f_g$——原煤的可磨性系数、煤粉细度、原煤水分、原煤灰分、原煤粒度对磨煤机出力的修正系数，对辊-轮式中速磨煤机取 1.0，出力修正系数见图 4-43 或表 4-35；

$f_e$——碾磨件到中后期时出力降低系数，正常设计的辊-轮式中速磨煤机在碾磨件重量减轻到 15% 以内时出力没有变化，在碾磨件重量减轻到 22% 时，将加载压力增加 10%（此时可使磨煤机功率相应增加 10%），其出力约为最大出力的 95%。

磨制高水分烟煤和褐煤时，磨煤出力要通过试磨确定。

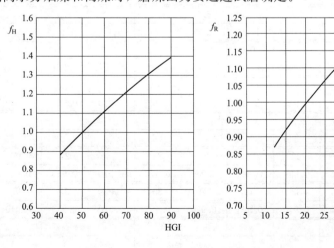

图 4-43　辊-轮式中速磨煤机出力修正系数（一）

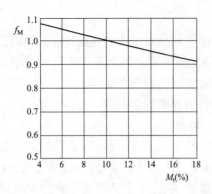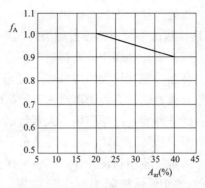

图 4-43 辊-轮式中速磨煤机出力修正系数（二）

表 4-35 辊-轮式中速磨煤机出力修正系数

| HGI | 40 | 41 | 42 | 43 | 44 | 45 | 46 | 47 | 48 | 49 |
|---|---|---|---|---|---|---|---|---|---|---|
| $f_g$ | 0.881 | 0.893 | 0.905 | 0.918 | 0.930 | 0.943 | 0.954 | 0.965 | 0.977 | 0.989 |
| HGI | 50 | 51 | 52 | 53 | 54 | 55 | 56 | 57 | 58 | 59 |
| $f_g$ | 1.00 | 1.01 | 1.02 | 1.03 | 1.04 | 1.06 | 1.07 | 1.08 | 1.09 | 1.10 |
| HGI | 60 | 61 | 62 | 63 | 64 | 65 | 66 | 67 | 68 | 69 |
| $f_g$ | 1.11 | 1.12 | 1.13 | 1.14 | 1.15 | 1.16 | 1.17 | 1.18 | 1.19 | 1.20 |
| HGI | 70 | 71 | 72 | 73 | 74 | 75 | 76 | 77 | 78 | 79 |
| $f_g$ | 1.21 | 1.22 | 1.23 | 1.24 | 1.25 | 1.26 | 1.27 | 1.28 | 1.29 | 1.30 |
| HGI | 80 | 81 | 82 | 83 | 84 | 85 | 86 | 87 | 88 | 89 |
| $f_g$ | 1.31 | 1.32 | 1.33 | 1.33 | 1.34 | 1.35 | 1.36 | 1.37 | 1.38 | 1.39 |
| HGI | 90 | | | | | | | | | |
| $f_g$ | 1.40 | | | | | | | | | |
| $R_{90}(\%)$ | 15 | 16 | 17 | 18 | 19 | 20 | 21 | 22 | 23 | 24 |
| $f_R$ | 0.920 | 0.937 | 0.954 | 0.970 | 0.985 | 1.00 | 1.01 | 1.02 | 1.03 | 1.04 |
| $R_{90}(\%)$ | 25 | 26 | 27 | 28 | 29 | 30 | 31 | 32 | 33 | 34 |
| $f_R$ | 1.07 | 1.08 | 1.09 | 1.10 | 1.11 | 1.12 | 1.14 | 1.15 | 1.16 | 1.17 |
| $R_{90}(\%)$ | 35 | 36 | 37 | 38 | 39 | 40 | | | | |
| $f_R$ | 1.18 | 1.19 | 1.20 | 1.20 | 1.21 | 1.22 | | | | |
| $M_t(\%)$ | 4.0 | 4.5 | 5.0 | 5.5 | 6.0 | 6.5 | 7.0 | 7.5 | 8.0 | 8.5 |
| $f_M$ | 1.07 | 1.06 | 1.06 | 1.05 | 1.05 | 1.04 | 1.03 | 1.03 | 1.02 | 1.02 |
| $M_t(\%)$ | 9.0 | 9.5 | 10.0 | 10.5 | 11.0 | 11.5 | 12.0 | 12.5 | 13.0 | 13.5 |
| $f_M$ | 1.01 | 1.01 | 1.00 | 0.994 | 0.989 | 0.983 | 0.977 | 0.971 | 0.966 | 0.960 |
| $M_t(\%)$ | 14.0 | 14.5 | 15.0 | 15.5 | 16.0 | 16.5 | 17.0 | 17.5 | 18.0 | 18.5 |
| $f_M$ | 0.954 | 0.949 | 0.943 | 0.937 | 0.932 | 0.926 | 0.920 | 0.914 | 0.909 | 0.903 |
| $M_t(\%)$ | 19.0 | 19.5 | 20.0 | | | | | | | |
| $f_M$ | 0.897 | 0.892 | 0.886 | | | | | | | |
| $A_{ar}(\%)$ | ≤20 | 21 | 22 | 23 | 24 | 25 | 26 | 27 | 28 | 29 |
| $f_A$ | 1.00 | 0.995 | 0.990 | 0.985 | 0.980 | 0.975 | 0.970 | 0.965 | 0.960 | 0.955 |
| $A_{ar}(\%)$ | 30 | 31 | 32 | 33 | 34 | 35 | 36 | 37 | 38 | 39 |
| $f_A$ | 0.950 | 0.945 | 0.940 | 0.935 | 0.930 | 0.925 | 0.920 | 0.915 | 0.910 | 0.905 |
| $A_{ar}(\%)$ | 40 | | | | | | | | | |
| $f_A$ | 0.900 | | | | | | | | | |

2) 辊-轮式中速磨煤机碾磨出力修正系数也可按式（4-59）～式（4-62）计算

$$f_H = (HGI/50)^{0.57} \tag{4-59}$$

$$f_R = (R_{90}/20)^{0.29} \tag{4-60}$$

$$f_M = 1.0 + (10 - M_t) \times 0.011\,4 \tag{4-61}$$

$$f_A = 1.0 + (20 - A_{ar}) \times 0.005 \tag{4-62}$$

$$f_A = 1.0 \qquad (A_{ar} \leqslant 20\%)$$

3) 辊-轮式中速磨煤机电动机功率，见表 4-32～表 4-34。

**5. 流态化磨煤机**

流态化概念产生于 20 世纪 20 年代，经过迅速发展，50 年代形成基础理论，达到工业应用阶段，逐步形成产品，在流化床锅炉之后产生了流态化磨煤机。流态化磨煤机的工作原理基于流化床理论，区别于目前应用的磨煤机械，属中速磨煤机，类似于辊碗式磨煤机，是目前世界上较先进、新型的磨煤机械之一。

原煤进入流态化磨煤机后，通过热空气形成流态化，干燥松脆后向上浮起，大颗粒原煤下落至磨煤机下部煤槽中堆积成煤层，被磨辊磨细后，热空气携带煤粉上升，经上部旋转式煤粉分离器分离，合格煤粉送入锅炉中燃烧，不合格煤粉回落到煤层中重新磨制。流态化磨煤机的磨煤部件为辊、碗，磨辊 2～5 个，每个磨辊为 2～3 个小辊的组合，原煤在碗内被辊、碗破、挤碎磨细，流态化磨煤机的出力根据锅炉燃烧需要由控制磨辊转速调节。

流态化磨煤机可磨制各种坚硬、潮湿的矿料，如石灰石、$M_{ar}$ 在 30%～40% 的褐煤，可靠性高、寿命长。因为流态化工作原理和以转速调节出力，磨煤电耗大幅度降低，磨煤电耗为 7～8kW/t。在各种负荷及煤粉细度下，磨煤机风煤比例保持不变，直到最小的输送速度，也可根据锅炉负荷、煤种调节风煤比例。采用动态旋转式煤粉分离器，煤粉细度保持 200 目以下的占 70%。运行中故障或事故停机后，机腔内存有大量煤粉被进入的热风吹起形成流态化，相当于磨煤机卸载，可直接低速启动。采用流态化磨煤机时要求制粉系统的一次风压头较高，制粉电耗较高。

## 三、高速磨煤机

高速磨煤机主要利用击锤、风扇叶片撞击、磨碎原煤制粉，国内使用的高速磨煤机主要有锤击式（又称竖井式）磨煤机、风扇式磨煤机，其中，锤击式磨煤机按击锤排列的列数又可分为单列、多列磨煤机。随着技术的进步和锅炉容量的增大，对煤粉制备设备提出了更高的要求，锤击式（竖井式）磨煤机目前已被煤粉锅炉所淘汰，在循环流化床锅炉燃煤制备系统中，锤击式（竖井式）磨煤机有应用。

**1. 风扇式磨煤机**

风扇式磨煤机结构如图 4-44 所示，它由机壳、叶片、轴承等组成。叶轮与风机的叶轮相似，装有 8～12 片锰钢冲击板（叶片），机壳内装有可拆卸、更换的耐磨衬板（护甲），叶轮工作转速在 500～3000r/min。原煤随干燥剂一起从磨煤机的轴向或切向送入，原煤被高速旋转的冲击板（叶片）击碎后，抛向机壳护（衬）板上，煤粒与护板的撞击，以及煤粒之间的相互撞击使原煤再次破碎，护板对于原煤有研磨的作用；还依靠叶片的鼓风作用将干燥热风或高温炉烟吸入磨煤机机腔内，煤粉在强烈的干燥后被携带进入粗粉分离器分离，由干燥剂输送进入炉内燃烧，较粗的煤粉送回磨煤机内进一步磨制，煤在磨煤机内同时进行干燥、磨制、输送三个工作。机壳下设有活门，排放石子煤及金属等杂物。

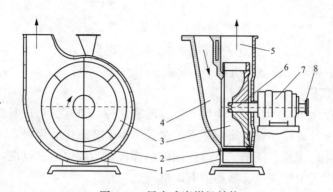

图 4-44　风扇式磨煤机结构

1—外壳；2—冲击板；3—叶轮；4—风、煤进口；5—煤粉空气混合物出口（接分离器）；
6—轴；7—轴承箱；8—连轴节（接电动机）

风扇式磨煤机的研磨出力一般富余量较大，现场试验证明，风扇式磨煤机的出力主要取决于风扇式磨煤机的热态通风量，即只要有足够的通风量，磨煤机出力可大于按线图计算得到的出力数值。

风扇式磨煤机的工作特点是对原煤的碾压、干燥，干燥介质的吸入及煤粉的输送都由磨煤机完成，简化了制粉系统。原煤在磨煤机内处于悬浮状态，风扇式磨煤机的自身抽吸力可抽吸热风及炉烟作干燥剂，干燥作用强烈，适宜磨制高水分的原煤。风扇式磨煤机又能鼓风，产生 2000Pa 左右的压头，可省去排粉机，设备投资和运行费用较低。与其他形式的磨煤机比较，风扇式磨煤机的结构简单、制造方便、尺寸紧凑、占地面积小、钢材耗量少。由于尺寸小、磨煤机内存煤较少，所以适用负荷变化迅速，因此风扇式磨煤机的应用较多。

风扇式磨煤机有 S 型和 N 型两种磨煤机，S 型磨煤机适用于 $M_{ar}<35\%$ 烟煤，N 型磨煤机适用于 $M_{ar}>35\%$ 褐煤。S 型和 N 型风扇式磨煤机在结构上的主要区别在于涡壳的张开度不同。涡壳张开度指叶轮和外壳之间的距离。磨煤机涡壳的张开度较大，叶轮通风速度较低时，通风效率较高。S 型张开度小，N 型张开度较大。这是磨煤机为适应原煤水分蒸发成水蒸气后，在涡壳内能有合适的环向流速将煤粉输送出涡壳。国产的风扇式磨煤机主要用于磨制 $M_{ar}>30\%$，$A_{ar}<15\%$ 的褐煤及软质烟煤。根据磨制原煤中的水分不同分为 S 型（烟煤型风扇式磨煤机）、N 型（褐煤型风扇式磨煤机）。风扇式磨煤机不适宜用于锅炉的四角切圆燃烧方式、100MW 及以上燃用烟煤的机组；100MW 及以上锅炉机组选用风扇式磨煤机时，冲击板和护甲寿命应大于 1000h；50MW 及以下烟煤机组，根据火力发电厂实际情况可考虑采用。对大型风扇式磨煤机（叶轮直径在 3m 以上），研磨件的磨损寿命应大于 1500h，否则，制粉系统的运行和检修都很被动。

风扇式磨煤机的缺点是磨损严重、运行周期短，易磨损部件有冲击板和护板及煤粉分离器；此外，运行参数（磨煤机出力、通风量等）、煤粉分离器特性、磨煤部件的材质和结构等因素直接影响到磨煤机的磨损。磨损的主要原因是原煤中的黄铁矿和石英砂等，因此风扇式磨煤机不宜磨制硬质煤、强磨损性煤及低挥发分煤，一般适用于磨制 HGI>70 的褐煤和烟煤。

风扇式磨煤机由于尺寸小，机内没有储煤容积，不能补偿给煤量的波动，因此会直接影响锅炉燃烧和锅炉负荷，所以在运行中，风扇式磨煤机的给煤机应给煤均匀，并且达到预定出力。

改进型的风扇式磨煤机在叶轮前加装了数排击锤，对原煤进行预先破碎，并使原煤在进入磨煤机叶轮时比较均匀。击锤用铸铁制造，容易更换，延长了叶轮的检修周期。

风扇式磨煤机机壳上装设反击板，可提高磨煤出力。反击板用角钢或方形钢制成，固定在叶轮磨制区下方的机壳上。当原煤与叶片相互撞击后，因惯性离心力甩出再与反击板撞击，增加了对原煤的撞击作用，磨煤出力增加，该结构简单，但效果较前置锤差。

叶轮的圆周速度越高、磨损越严重，通常将风扇式磨煤机叶轮的圆周速度限制在 85m/s 以下，随着磨煤机出力的提高，叶轮直径增加，转速必须降低，才能保持叶轮的圆周速度。表 4-36 给出了风扇式磨煤机叶轮直径与转速的关系。

表 4-36                        风扇式磨煤机叶轮直径与转速的关系

| 叶轮直径（m） | 0.52 | 1.05 | 1.6 | 2.1 | 2.6 | 3.1 | 3.5 |
|---|---|---|---|---|---|---|---|
| 转速（r/min） | 3000 | 1500 | 1000 | 750 | 600 | 500 | 450 |

风扇式磨煤机磨制高水分煤时，可在原煤进入风扇式磨煤机之前加装竖井，用高温烟气和空气的混合物作为干燥剂。风扇式磨煤机的通风量与出力的关系较小，当风扇式磨煤机的出力较高时，单位电耗降低。

风扇式磨煤机机壳内呈正压状态，为防止煤粉冒出进入轴承，污染现场环境，应在磨煤机轴两端装设密封装置，在机壳穿轴处用黄干油、橡皮且通入正压空气进行密封，或者在叶片后盘上装设通风肋片（叶片后盘上焊接扁钢），产生自生通风以抵偿、减轻磨煤机壳内外的压差。

风扇式磨煤机制粉系统的阻力包括系统出口和入口的炉膛负压、抽吸炉烟口至风扇磨煤机入口的管道阻力、风扇式磨煤机粗粉分离器阻力、煤粉分配器阻力和燃烧器阻力。

风扇式磨煤机的热态通风量取决于风扇式磨煤机的提升压头和管道阻力的平衡点。高海拔地区风扇式磨煤机的提升压头将下降（提升压头和 $p_a/101.3$ 成正比，$p_a$ 为当地大气压，kPa），而管道阻力未变 [为携带煤粉，气流速度应按 $(101.3/p_a)^{0.5}$ 提高，以使气流混合物动能保持不变，因而管道阻力不变]。在磨煤机的尺寸相同时，由于通风量的降低，磨煤机出力将下降。

风扇式磨煤机出力计算公式为

$$B_m = ABK_{km}K_{ms}/1000C \tag{4-63}$$
$$B = abzv^2$$

其中

$$a = (D_2 - D_1)/2$$
$$v = \pi n D_2/60$$
$$C = \sqrt{\ln 100/R_{90}}$$

式中   $A$——出力系数，取 0.798；

$K_{km}$——煤的可磨性系数；

$K_{ms}$——磨损系数，取 0.85；

　　$B$——结构修正系数；

　　$a$——叶片长度，m；

　　$b$——叶片宽度，m；

　　$z$——叶片数目；

　　$v$——叶轮圆周速度，m/s；

　$D_2$——叶片内径，m；

'　$D_1$——叶片外径，m；

　　$n$——叶轮转速，r/min；

　　$C$——碾磨分离特性系数。

国内应用较多的高速磨煤机是风扇式磨煤机，其系列性能参数参见表 4-37。该系列性能参数已在原进口风扇式磨煤机技术的基础上根据我国电厂试验的结果加以修改，并已在工程中应用和验证。

表 4-37　　　　　　　　　S（FM）型风扇磨煤机系列性能参数

| 型号 | 出力 $B_{m0}$ (t/h) | 叶轮直径 $D_2/D_1$ (mm) | 叶片高度 $L$(mm) | 叶片宽度 $B$(mm) | 转速 $n$ (r/min) | 通风量 $Q_o$ ($m^3/h$) | 提升压头（带粉）($t''$ = 120℃)(Pa) | 纯空气提升压头（$t''$ = 120℃)(Pa) | 电动机功率 |
|---|---|---|---|---|---|---|---|---|---|
| S9.100（FM159.380） | 9 | 1590/1010 | 290 | 380 | 1000 | 17 000 | 21 600 | 2800 | 225 |
| S12.75（FM219380） | 12 | 2190/1490 | 350 | 350 | 750 | 22 000 | 21 600 | 2800 | 300 |
| S14.75（FM220.400） | 14 | 2200/1500 | 350 | 400 | 750 | 25 000 | 21 600 | 2800 | 340 |
| S16.75（FM220.400） | 16 | 2200/1500 | 350 | 440 | 750 | 28 000 | 21 600 | 2800 | 380 |
| S18.75（FM220.400） | 18 | 2200/1500 | 350 | 460 | 750 | 3200 | 21 600 | 2800 | 400 |
| S20.60（FM275.480） | 20 | 2750/2030 | 360 | 480 | 600 | 3800 | 21 600 | 2800 | 450 |
| S25.60（FM275.590） | 25 | 2750/1850 | 450 | 590 | 600 | 46 000 | 21 600 | 2800 | 560 |
| S32.60（FM275.755） | 32 | 2750/1850 | 450 | 755 | 600 | 59 000 | 21 600 | 2800 | 700 |
| S36.50（FM318.644） | 36 | 3180/2270 | 454 | 644 | 500 | 56 000 | 2000 | 2700 | 800 |
| S40.50（FM340.760） | 40 | 3400/2420 | 490 | 760 | 500 | 76 000 | 2300 | 3000 | 880 |
| S45.50（FM340.880） | 45 | 3400/2420 | 490 | 880 | 500 | 88 000 | 2410 | 3100 | 1000 |
| S50.50（FM340.970） | 50 | 3400/2420 | 490 | 970 | 500 | 97 000 | 2480 | 3200 | 1100 |
| S55.50（FM380.940） | 55 | 3800/2688 | 578 | 940 | 450 | 106 000 | 2480 | 3200 | 1200 |
| S57.50（FM340.1060） | 57 | 3400/2470 | 465 | 1060 | 500 | 106 000 | 2480 | 3200 | 1250 |
| S60.45（FM380.1030） | 60 | 3800/2644 | 578 | 1030 | 450 | 116 000 | 2480 | 3200 | 1300 |
| S65.45（FM380.1150） | 65 | 3800/2644 | 578 | 1150 | 450 | 130 000 | 2580 | 3300 | 1425 |
| S70.45（FM380.1200） | 70 | 3800/2644 | 578 | 1200 | 450 | 135 000 | 2560 | 3200 | 1550 |
| S80.42（FM400.1310） | 80 | 4000/2644 | 678 | 1310 | 425 | 154 210 | 2560 | 3300 | 1750 |

注　表中提升压头值为冲击板磨损初期数值（不含分离器）。

**2. 锤击式磨煤机**

（1）单列锤击式磨煤机。图 4-45 是单列锤击式磨煤机示意。单列锤击式磨煤机将磨煤机、粗粉分离器、排粉机组合在一起，结构非常紧凑。磨煤机的外壳衬有承磨部件，转子主盘的周围装设击锤，锤头和主盘用螺栓刚性连接，转子和排粉机用同一台电动机驱动。原煤由给煤机从两侧加入磨煤机，干燥剂与原煤同时送入磨煤机。磨煤机转动时由于惯性离心力的作用，初步磨制的原煤被抛向磨煤机机壳四周，在击锤撞击原煤和原煤撞击护板的作用下，原煤被撞碎、磨细，磨制的煤粉被热空气流携带输送至上部的粗粉分离器，分离出的粗粉落回重磨，合格的煤粉被排粉机输送到炉内燃烧。

单列锤击式磨煤机的原煤在进入磨煤机前，需要预先破碎，并将金属等杂物除去。煤粉细度由通风量和粗粉分离器来调节和分离。

单列锤击式磨煤机结构紧凑、钢材耗量少，但锤头的磨损很快，并且运行特性对击锤的磨损非常敏感。随着锤头磨损，磨煤机的出力下降，煤粉细度也很难保证合格，需要频繁的更换锤头、护板等容易磨损部件，并且由于磨煤机的转速很高，惯性离心力大，难以做成较大的容量。一般适应于小型锅炉，在中型及以上锅炉上采用较少，目前已被淘汰。单列锤击式磨煤机适用于磨制褐煤及挥发分、可磨性系数较高的烟煤。

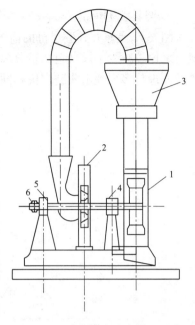

图 4-45 单列锤击式磨煤机示意
1—锤击式磨煤机本体；2—排粉机；
3—粗粉分离器；4、5—轴承；6—联轴器

（2）多列锤击式磨煤机。图 4-46 是一种多列锤击式磨煤机的结构简图。多列锤击式磨煤机是从单列锤击式磨煤机的基础上发展来的。锤头可固定在转子上，也可装在销轴上活动，活动的锤头在磨煤机停止运转时是下垂的，运转时锤子依靠离心力的作用朝径向甩出，遇金属件等杂物时，锤头可转开不至于损坏机体。磨制的煤粉被热空气流携带输向上部的煤粉分离器，分离出的粗粉落下重磨，合格的煤粉被输送到炉内燃烧。多列锤击式磨煤机适宜于褐煤和挥发分高、可磨性系数大的煤种，小型发电厂应用较多。

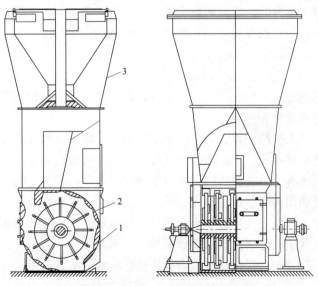

图 4-46 多列锤击式磨煤机的结构简图
1—锤子；2—护板；3—粗粉分离器

### 3. 竖井式磨煤机

图 4-47 是竖井式磨煤机的简图。竖井式磨煤机的机体部分就是多列锤击式磨煤机，但与之比较减少了煤（粗）粉分离器，采用了重力分离竖井来分离煤粉，结构和磨制煤粉的原理与多列锤击式磨煤机相同。

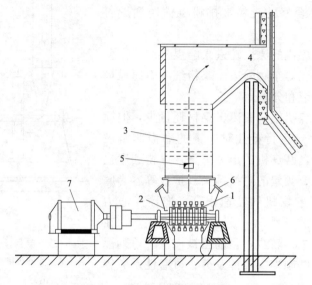

图 4-47　竖井式磨煤机的简图
1—转子；2—外壳；3—竖井；4—喷口；5—燃料入口；6—热风入口；7—电动机

热风从磨煤机两端进入、原煤从击锤上部竖井进入磨煤机，在煤的磨制过程中，原煤受到自下而上的气粉混合物的干燥，因此在竖井磨煤机中干燥作用是很强烈的，干燥过程在转子部位就基本完成，已干燥的原煤中细碎颗粒、磨碎煤粉被转子抛向竖井。竖井本身相当于粗粉分离器，细粉被热风吹起、送入炉内燃烧；重力大于气流携带能力的粗粉落回磨煤机中重新磨制。

干燥剂携带煤粉上升时，煤粉颗粒受到本身重力、运动阻力和气体浮力的作用，竖井内气体浮力越高，带出的煤粉越粗，反之煤粉则越细。煤粉细度与干燥剂速度的关系式如下

$$v = 1.39/(\ln 100/R_{90})^{0.23} \tag{4-64}$$

竖井内干燥剂的速度一般为 1.5～2.5m/s，相应的平均煤粉细度 $R_{90}=40\%\sim60\%$，喷入炉膛时的流速通常为 4～6m/s。

较大煤粉颗粒进入炉膛内是凭借转子给定的动能，竖井式磨煤机对原煤的研磨细度还与竖井截面的速度场有关。速度场均匀性好时，大颗粒煤粉的分离便好，因而所磨制煤粉的均匀性得到改善。当竖井内的平均速度普遍减小时，煤粉变细，均匀性也改变。

竖井式磨煤机的出力与原煤的预先破碎粒度有关。一般情况下，原煤破碎的粒度较小，磨煤机的出力大，反之则出力变小；原煤中黄铁矿石加剧了击锤的磨损，降低磨煤机出力，大块的黄铁矿石还引起磨煤部件的损坏，其他条件不变时，煤粉较粗，竖井式磨煤机出力增大。竖井式磨煤机（带重力分离竖井时）的出力可用式（4-65）计算

$$B_m = ABK_{km}K_{ms}\sqrt{1.43N_j-1}/10000C \tag{4-65}$$

$$B = v^3 LZ^{0.05}$$

其中

$$N_j = N/N_k$$

$$N = N_0 DL$$

$$N_k = 7DL\beta v^3 \sqrt{ZR} 10^{-5}$$

$$\beta = 1 - 0.7(1 - 2h/D)^4$$

$$C = \sqrt{\ln 100/R_{90}}$$

式中　　$A$——出力系数，褐煤取 1.0，油页岩取 1.2；

　　　　$B$——结构系数；

$K_{km}$、$K_{ms}$——原煤的可磨性系数（вти 法）、运行磨损修正系数；

　　　　$N_j$——相对轴功率，kW；

　　　　$C$——碾磨分离特性系数；

　　　　$v$——锤头的圆周速度，m/s；

　　　　$L$——转子长度，m；

　　　　$Z$——沿转子周围的击锤数目；

　　　　$N$——磨煤机的轴功率，kW；

　　　　$N_k$——磨煤机的空载功率，kW；

　　　　$N_0$——磨煤机转子断面功率，kW/m²，查表 4-38；

　　　　$D$——转子直径，m；

　　　　$\beta$——转子相对高度系数；

　　　　$R$——迎面阻力系数，敞开式转子 $R=1$，遮盖角大于 250°的转子 $R=0.7$；

　　　　$h$——转子总高度，m。

表 4-38　　　　　　　　　　　　竖井式磨煤机转子单位断面功率

| 转子直径（mm） | 1000 | 1300 | 1500 | 1670 |
|---|---|---|---|---|
| 转子转速（r/min） | 960 | 730 | 730 | 730 |
| 转子断面功率 $N_0$ | 30 | 40 | 50 | 60 |

　　竖井式磨煤机的耗用功率与磨煤机出力的关系。磨煤机出力较低时，电动机功率与磨煤机空转时相近；出力较高时，电动机功率成正比例增加。假定此时通风速度（通风量）增加，电动机功率保持不变，磨煤机出力也会增大，因为此时磨制的煤粉比较粗。在相同的煤粉细度下，也即在相同的通风速度下，竖井式磨煤机的出力与电耗有关，原因在于竖井式磨煤机的重力分离原理。电动机负荷增大，表明磨煤机内有大量的原煤与煤粉颗粒，转子在浓密的饱和煤粉气流中旋转，由于锤头作用的结果，磨煤机中的浓度增大，磨制的煤粉增多，因此在同一竖井气流速度（决定着煤粉细度）下，磨煤机出力增大。但随着给煤量的增加及磨煤机上部未完全磨碎的原煤颗粒浓度的增大，磨煤设备的阻力增加，干燥通风量减少，竖井中的气流速度降低，致使出粉变细，粗粉增多且进入磨煤部分造成堵塞，并可能造成磨煤机由于电动机过负荷跳闸，被迫停止运行。

　　竖井式磨煤机的电耗还与其转数、击锤数目、击锤与外壳衬板的间隙（辐向）等因素有关。磨煤机在较低出力时，降低转速可使磨煤单位电耗减少；磨煤机在较高出力时，提高转速是合理的，在相同的竖井速度下，随磨煤机转速降低，出粉细度得到改善。

磨煤机出力较低时，减少击锤的数量，可降低磨煤单位电耗，而在磨煤机出力较高时，磨煤单位电耗降低的程度迅速减小，电动机功率增大，甚至出现过电流的现象。减小击锤和机壳衬板（辐向）的间隙，磨煤机电耗降低。击锤磨损造成辐向间隙增大，在磨煤机最大出力时，对磨煤单位电耗影响很大，但在磨煤机低负荷时，不影响磨煤机的耗电量。

竖井式磨煤机的自通风（在干燥剂入口处建立负压的能力）是击锤旋转的结果，它与转子的圆周转速、击锤数目及各击锤的相互位置有关。自通风的利用与竖井和燃烧器有关，给煤时通风阻力增大，磨煤机的通风特性恶化，击锤的磨损及辐向间隙增大，都会减小自通风能力。

竖井式磨煤机的煤粉水分不受煤粉输送和储存条件的限制，可大于仓储式制粉系统的煤粉水分，煤粉干燥的深度取决于原煤的质量。如通风合理，煤粉在磨煤机出口已完成干燥，沿竖井高度气粉混合物温度实际上保持不变，运行中根据磨煤机出口风粉混合物的温度可判断煤粉水分。

## 四、磨煤机类型的比较

磨煤机类型的选择关键是燃煤的性质，特别是煤的收到基挥发分 $V_{ar}$、可磨性系数 $K_{km}$、磨损指数 $K_e$ 及收到基水分 $M_{ar}$、收到基灰分 $A_{ar}$，同时应考虑煤粉细度的要求、运行的可靠性、设备的钢材消耗量、初期投资、运行费用（包括电耗、金属磨损、检修维护费用、折旧费等），以及锅炉的容量、发电厂在电力系统中的地位等。原则上煤种适合时，优先选用中速磨煤机；燃用褐煤时优先选用风扇式磨煤机，中、高速磨煤机都不适合时，才选用钢球磨煤机。各型磨煤机性能综合比较，见表 4-39。

表 4-39　　　　　　　　　各型磨煤机性能综合比较

| 序号 | 项目 | 低速磨煤机 | | 中速磨煤机 | | | 风扇式磨煤机 |
|---|---|---|---|---|---|---|---|
| | | 筒式磨煤机 | 双进双出钢球磨煤机 | RP（HP）磨煤机 | MPS 磨煤机 | E 型磨煤机 | |
| 1 | 阻力（压头）（kPa） | 2.0～3.0 | 2.0～3.0 | 3.5～5.5 | 5.0～7.5 | 5.0～7.5 | 2.16～2.56 |
| 2 | 磨煤电耗（kW·h/t） | 15～20（烟煤）；20～25（无烟煤） | 20～25（烟煤）；25～29（无烟煤） | 8～11 | 6～8 | 8～12 | |
| 3 | 通风电耗（kW·h/t） | 8～15 | 10～19 | 12 | 14～15 | 14～16 | |
| 4 | 制粉电耗（kW·h/t） | 22～35（烟煤）；30～40（无烟煤） | 30～44（烟煤）；35～48（无烟煤） | 20～23 | 20～23 | 22～28 | 13～15 |
| 5 | 磨耗（g/t） | 100～150 | 100～150 | 15～20 | 10～15 | 15～20 | 15～30 |
| 6 | 研磨件寿命（h） | 1～2 年 | 1～2 年 | 4000～15 000 | 4000～15 000 | 5000～20 000 | 800～300 |
| 7 | 煤粉细度 $R_{90}$（%） | 4～25 | 4～25 | 8～25 | 15～35 | 10～25 | 25～50 |
| 8 | 煤粉分配（最大相对偏差）（%） | — | $\Delta Q<5$ $\Delta \mu<25$ | $\Delta Q<15$ $\Delta \mu<40$ | $\Delta Q<15$ $\Delta \mu<40$ | $\Delta Q<15$ $\Delta \mu<40$ | |
| 9 | 检修维护工作量 | 系统部件多，故障相对较多 | 维护件少 | 维护量较 MPS 磨煤机大 | 更换磨辊工作量大 | 维护量大 | 更换叶轮工作量大 |
| 10 | 煤种适应性 | 无烟煤、低挥发分贫煤 | 无烟煤、低挥发分贫煤、磨损指数高的烟煤 | 高挥发分贫煤和烟煤，表面水分为 19% 以下的褐煤 | 高挥发分贫煤和烟煤，表面水分为 19% 以下的褐煤 | 高挥发分贫煤和烟煤，表面水分为 19% 以下的褐煤 | 褐煤 |

注　$\Delta Q$ 为煤粉分配器原风量分配不均匀性；$\Delta \mu$ 为煤粉分配器后浓度分配不均匀性。配动静态组合式分配器时，$\Delta Q<5\%$，$\Delta \mu<25\%$。

从表 4-39 可知，筒式钢球磨煤机在对煤种的适应性和运行可靠性等方面优于另两种磨煤机，所以国内发电厂中应用较多，1000t/h 级及以上容量的锅炉也有采用。我国大部分发电厂原煤属于烟煤和褐煤，从技术经济比较的结果看，锅炉采用中速磨煤机和风扇式磨煤机是比较合理的，但采用这两种磨煤机时，国内火力发电厂突出的问题是磨损速度快、运行周期短、检修频繁，这与技术进步和工业装备水平有很大的关系。

随着经济的发展、综合国力的提高，社会对电力的需求逐步增大，煤粉锅炉已发展到超临界、超超临界，这也决定了锅炉配用磨煤机的发展方向是中速、高速磨煤机。大型中速磨煤机发展宜采用低转速，以延长易磨损部件的寿命，在结构上宜发展中速球式磨煤机。

# 第五节　煤粉制备的辅助系统及设备

一定的制粉系统和其辅助系统，以及特定的煤粉制备设备有序、协调的工作，才能完成煤粉制备的任务。

制粉系统的辅助系统完善制粉系统的功能、保障制粉系统及其设备的正常工作。在一定的制粉系统中，辅助系统还包括热工检测及保护系统、润滑和冷却系统、液压系统、密封系统、消防系统和磨煤机排石子煤（渣）系统等。配中速磨煤机直吹式制粉系统的辅助系统，包含了上述所有的辅助系统；配风扇式磨煤机的直吹式制粉系统的辅助系统次之；中间仓储式制粉系统的辅助系统较少，只有热工检测及保护系统、润滑和冷却，以及消防系统。

煤粉制备的设备除磨煤机外，还有原煤仓、给煤机、粗粉分离器、细粉（旋风）分离器、煤粉仓、排粉机（或一次风机）、给粉机、输粉设备及管道，以及锁气器、消防设施等，还应包含煤的炉前处理设备，这些构成了煤粉制备的辅助设备。

中间仓储式制粉系统几乎包括了所有煤粉制备的辅助设备，直吹式制粉系统没有煤粉仓、输粉设备、给粉机、旋风分离器，其中，配置高速磨煤机的制粉系统有些还省去了排粉机，使制粉系统更加简化，运行维护及检修的工作量减少。

## 一、煤粉制备的辅助系统

### 1. 热工检测及保护系统

热工检测通过布置在制粉系统的热工测点，检测制粉系统及其设备的压力、温度、位置等参数，经过仪表及保护系统，达到显示、报警、联锁、控制的功能。

图 4-48 为某中速磨煤机的热工测点布置，表 4-40 为该中速磨煤机的热工测点布置，表 4-41 为该中速磨煤机的报警、保护项目。

### 2. 润滑和冷却系统

为保证制粉系统转动机械良好的工作，不同的转动机械设置的润滑和冷却系统各不相同，但相同的制粉系统和磨煤机械的润滑和冷却系统基本相同。低速筒式钢球磨煤机的润滑和冷却系统见本章第四节。

### 3.（机械、气、液）加压系统

加（液）压系统是直吹式制粉系统中对磨煤机的磨辊、钢球加压的辅助系统，根据加压的原理有弹簧、氮压、液压几种加压系统。

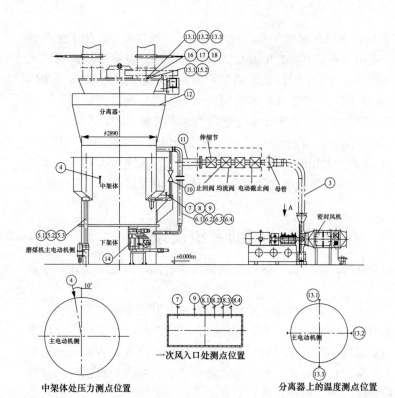

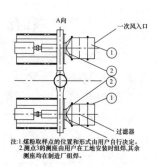

图 4-48  某中速磨煤机的热工测点布置

表 4-40                      该中速磨煤机的热工测点布置内容

| 位置号 | 测量控制内容 | 位置 | 用途 | 接口尺寸 |
|---|---|---|---|---|
| 1 | 密封风压 | 空气滤清器前 | 差压联锁 | G1/4 |
| 2 | 密封风压 | 空气滤清器后 | 差压联锁 | G1/4 |
| 3 | 密封风压 | 密封风机出口管段 | 主控制室指示用 | G1/4 |
| 4 | 磨煤机内压力 | 中架体上部 | 试验测点 | G2 |
| 5.1 | 拉杆行程位置 | 拉杆 1 | 显示、控制、保护测点 | 接近开关 |
| 5.2 | 拉杆行程位置 | 拉杆 2 | 显示、控制、保护测点 | 接近开关 |
| 5.3 | 拉杆行程位置 | 拉杆 3 | 显示、控制、保护测点 | 接近开关 |
| 6 | 密封风压 | 密封风主管道入口 | 差压联锁 | G1/4 |
| 7 | 一次风压 | 热一次风入口 | 主控制室指示用 | G1/4 |
| 8 | 一次风压 | 热一次风入口 | 差压联锁 | G1/4 |
| 9 | 一次风温 | 热一次风入口 | 控制测点 | M33×2 |
| 10 | 密封风压 | 拉杆密封风管路入口 | 试验测点 | G1/4 |
| 11 | 密封风压 | 磨煤机密封风总管路入口 | 试验测点 | G1/4 |
| 12 | 磨煤机出口压力 | 煤粉分离器 | 主控制室指示用 | G1/4 |
| 13.1 | 磨煤机出口温度 | 煤粉分离器后 | 主控制室显示及调试 | M33×2 |
| 13.2 | 磨煤机出口温度 | 煤粉分离器后 | 主控制室显示及调试 | M33×2 |
| 13.3 | 磨煤机出口温度 | 煤粉分离器后 | 主控制室显示及调试 | M33×2 |
| 14 | 石子煤斗料位 | 石子煤斗 | 主控制室显示及调试 | M33×2 |

续表

| 位置号 | 测量控制内容 | 位置 | 用途 | 接口尺寸 |
|---|---|---|---|---|
| 15.1 | 煤粉分离器上轴承温度 | 煤粉分离器后 | 主控制室显示及调试 | M33×2 |
| 15.2 | 煤粉分离器上轴承温度 | 煤粉分离器后 | 主控制室显示及调试 | M33×2 |
| 16 | 煤粉分离器测速传感器 | 煤粉分离器后 | 主控制室显示及调试 | M33×2 |
| 17 | 润滑油量检测开关 | 煤粉分离器后 | 主控制室显示及调试 | M33×2 |
| 18 | 润滑油液位开关 | 煤粉分离器后 | 主控制室显示及调试 | M33×2 |

表 4-41　　　　　　　　　　该中速磨煤机的报警、保护项目

| 序号 | 名称 | 测量参数 | 范围 | 设定点 | 功能 | 备注 |
|---|---|---|---|---|---|---|
| 1 | 磨煤机电流 | 电流 | | | 指示 | |
| 2 | 磨煤机主电动机与盘车联锁 | 位置 | | 限位开关 | 联锁 | 磨煤机主电动机允许启动 |
| 3 | 磨煤机电动机轴承 | 温度 | ℃ | <70 | 联锁 | 磨煤机主电动机允许启动 |
| 4 | 磨煤机电动机轴承 | 温度 | ℃ | >70 | 预报警 | 磨煤机主电动机 |
| 5 | 磨煤机电动机轴承 | 温度 | ℃ | >80 | 联锁 | 磨煤机主电动机（快速停机） |
| 6 | 磨煤机电动机绕组 | 温度 | ℃ | >100 | 预报警 | 磨煤机主电动机 |
| 7 | 磨煤机电动机绕组 | 温度 | ℃ | <110 | 联锁 | 磨煤机主电动机允许启动 |
| 8 | 磨煤机电动机绕组 | 温度 | ℃ | >110 | 联锁 | 磨煤机主电动机（快速停机） |
| 9 | 磨煤机减速机润滑油 | 压力 | MPa | | 主控室显示 | >0.12MPa 允许启动，<0.1MPa 报警联锁启动备用泵 |
| 10 | 磨煤机减速机润滑油 | 压力 | MPa | | 主控室显示 | <0.08MPa 快速停机 |
| 11 | 磨煤机润滑站双筒过滤器 | 压力 | kPa | >120 | 报警 | 更换/清洁过滤器 |
| 12 | 磨煤机减速机润滑油 | 压力 | kPa | | 就地指示 | |
| 13 | 磨煤机减速机推力瓦 | 温度 | ℃ | <60 | 联锁 | 磨煤机主电动机允许启动 |
| 14 | 磨煤机减速机推力瓦 | 温度 | ℃ | >70 | 联锁 | 磨煤机主电动机（快速停机） |
| 15 | 磨煤机减速机油池温度 | 温度 | ℃ | <38 | 控制 | 润滑站加热器启动 |
| 16 | 磨煤机减速机油池温度 | 温度 | ℃ | >42 | 控制 | 润滑站加热器停机 |
| 17 | 磨煤机减速机油池温度 | 温度 | ℃ | >35 | 联锁 | 功能组：磨煤机开 |
| 18 | 磨煤机减速机油池温度 | 温度 | ℃ | >55 | 预报警 | |
| 19 | 磨煤机减速机油池温度 | 温度 | ℃ | >65 | 报警 | |
| 20 | 减速机输入轴承温度 | 温度 | ℃ | >75 | 预报警 | |
| 21 | 减速机输入轴承温度 | 温度 | ℃ | >80 | 报警 | |
| 22 | 磨煤机密封风与一次风差压 | 压力 | kPa | >2.0 | 联锁 | 磨煤机主电动机允许启动 |
| 23 | 磨煤机密封风与一次风差压 | 压力 | kPa | <1.2 | 预报警 | |
| 24 | 磨煤机密封风与一次风差压 | 压力 | kPa | <0.8 | 报警 | 磨煤机主电动机（快速停机） |
| 25 | 磨煤机液压系统液压油 | 油位 | mm | <250 | 预报警 | |
| 26 | 磨煤机液压系统液压油 | 油位 | mm | >250 | | 磨煤机液压加载电动机启动 |
| 27 | 磨煤机液压系统液压油 | 油位 | mm | <200 | 联锁 | 磨煤机主电动机（快速停机，延迟 10s） |
| 28 | 磨煤机液压系统液压油 | 油位 | mm | | 就地指示 | |
| 29 | 磨煤机液压系统液压油 | 压力 | MPa | >15 | 报警 | |
| 30 | 磨煤机液压系统液压油 | 压力 | MPa | <4 | 报警 | |
| 31 | 磨煤机液压系统液压油 | 压力 | MPa | <1 | 报警 | |

续表

| 序号 | 名称 | 测量参数 | 范围 | 设定点 | 功能 | 备注 |
|---|---|---|---|---|---|---|
| 32 | 磨煤机液压系统液压油 | 压力 | MPa | >8 | 报警 | |
| 33 | 磨煤机液压系统液压油 | 温度 | ℃ | >70 | 报警 | |
| 34 | 磨煤机液压系统液压油 | 温度 | ℃ | | 就地指示 | |
| 35 | 磨煤机液压系统拉杆 | 位置 | | 关闭 | 开环控制 | 磨辊提升到位 |
| 36 | 磨煤机液压系统拉杆 | 位置 | | 打开 | 开环控制 | 磨辊下降到位 |
| 37 | 磨煤机液压系统液压油 | 压力 | kPa | >200 | 报警 | 油过滤器应更换 |
| 38 | 磨煤机液压系统液压油 | 压力 | MPa | | 就地指示 | |
| 39 | 磨煤机振动 | 振幅 | μm | 25 | 报警 | |
| 40 | 磨煤机 CO 浓度 | 浓度 | ppm | 200 | 报警 | |
| 41 | 分离器上部轴承温度 | 温度 | ℃ | >85 | 报警 | 预报警 |
| 42 | 分离器上部轴承温度 | 温度 | ℃ | >105 | 报警 | 报警 |
| 43 | 分离器上部轴承温度 | 温度 | ℃ | >105 | 报警 | 预报警 |
| 44 | 分离器上部轴承温度 | 温度 | ℃ | >115 | 报警 | 报警 |
| 45 | 密封风机前轴承温度 | 温度 | ℃ | | 联锁 | 75℃报警，不能超过 85℃ |
| 46 | 密封风机后轴承温度 | 温度 | ℃ | | 联锁 | |
| 47 | 磨煤机出粉管煤粉 | 温度 | ℃ | | 指示 | |
| 48 | 磨煤机出粉管煤粉 | 温度 | ℃ | >120 | 联锁 | 蒸汽消防阀门连续打开 |
| 49 | 磨煤机出粉管煤粉 | 温度 | ℃ | >80 | 联锁 | 紧急停机 |
| 50 | 磨煤机出粉管煤粉 | 温度 | ℃ | >75 | 联锁 | 快速停机 |
| 51 | 磨煤机出粉管煤粉 | 温度 | ℃ | >73 | 预报警 | |
| 52 | 磨煤机出粉管煤粉 | 温度 | ℃ | | 联锁 | >60℃，磨煤机主电机允许启动 |
| 53 | 磨煤机出粉管煤粉 | 温度 | ℃ | <60 | | 磨煤机允许停机 |
| 54 | 磨煤机出粉管煤粉 | 温度 | ℃ | <55 | 报警 | 磨煤机允许停机 |
| 55 | 磨煤机出粉管煤粉 | 温度 | ℃ | <50 | 报警 | |

### 4. 密封系统

密封系统是针对直吹式制粉系统主要是磨煤机、煤粉分离器的密封，由密封风机和通向密封点的空气管道及阀门等组成，系统相对简单。

磨煤机需要的密封风量必须保证，不允许将磨煤机的密封风挪作他用；安装和检修磨煤机时，要对密封风管和联箱进行检查，保证内部清洁；密封风机试验时应打开通往磨煤机内的密封风接头，防止灰尘吹入磨煤机内，一般敲击密封风管，可除去附着在管内壁上的异物，试验结束要连上接头；运行期间，要定期校对一次风压、密封风压测量装置和压差报警装置，防止测量装置和压差报警装置失准而影响磨煤机的运行。

### 5. 石子煤收集系统

直吹式制粉系统中的磨煤机有收集石子煤的石子煤箱或排渣箱，进入中速磨煤机内而不能被磨碎的石子煤等杂物，被收集到石子煤箱或排渣箱内，紧急停止制粉系统时，石子煤系统也用于收集从磨煤机内排出的煤。一台锅炉的多套制粉系统磨煤机之间也有共用的排石子煤系统。磨煤机排石子煤系统工艺流程如图 4-49 所示。

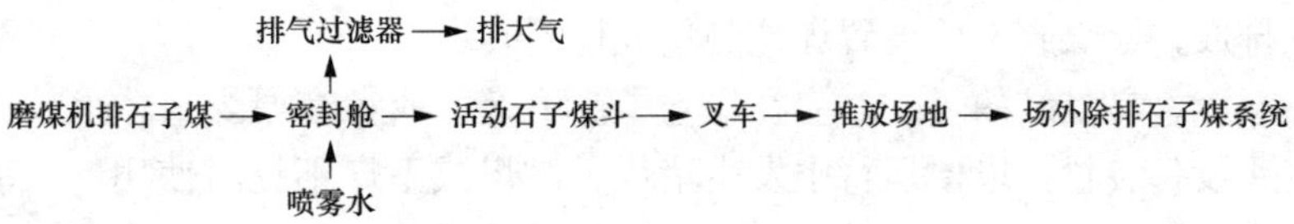

排气过滤器 → 排大气

磨煤机排石子煤 → 密封舱 → 活动石子煤斗 → 叉车 → 堆放场地 → 场外除排石子煤系统

喷雾水

图 4-49　磨煤机排石子煤系统工艺流程

## 二、煤粉制备的辅助设备

### 1. 原煤仓

原煤经过入炉前的处理后从皮带输送存放在原煤仓（斗），由给煤机根据制粉系统的出力和锅炉的负荷，有节制的送入磨煤机内磨制，原煤仓是原煤储存的场所和中转站。

（1）对原煤仓的基本要求。原煤仓必须满足的基本要求是原煤仓的储煤量应能满足锅炉最大连续蒸发量时 8～12h 耗煤量的需要（采用中间仓储式制粉系统时，还应包括煤粉仓的储粉量），对高热值的煤或每台炉设置 2 台磨煤机时取上限值。在控制的煤流量下，保持连续的煤流；原煤仓内不会出现搭拱和漏斗状现象。

火力发电厂中间仓储式制粉系统的原煤仓一般布置在主厂房 B-C 或 C-D 框架内，直吹式制粉系统的原煤仓一般布置在主厂房 C-D 框架内，高度和尺寸依据制粉系统的要求和主厂房的总体布置确定。原煤仓应使用非可燃材料，如钢结构或钢筋混凝土结构。原煤仓上部使用钢筋混凝土浇筑、出口段用钢板焊接制成；或者上半部用钢筋混凝土浇筑，下部用钢板焊接制作。大容量锅炉原煤仓采用钢结构的圆筒仓壁，下接圆锥形或双曲线出口段，其内壁应光滑耐磨。对水分大、易黏结的煤，在原煤的出口段可用不锈钢材料制作或内衬不锈钢板。

为达到原煤仓的基本要求，采取的措施为按煤的特性、水分、黏附性和压实系数等设计，容量必须满足火力发电厂上煤方式下锅炉的运行要求；为此，对原煤仓结构的要求是原煤仓的形状和表面要有利于煤流排出，不易积煤；仓壁要陡（倾角大于 65°），内壁要光滑，最好有一个或两个壁面做成垂直壁面，出口断面尽量放大，以免发生堵煤或下煤不畅，各壁面交角应成圆角或棱角。圆锥形出口段与水平面交角不应小于 60°；矩形斜锥式混凝土原煤仓斜面倾角不应小于 60°，否则内壁面应磨光或内衬光滑贴面；两壁间的交线与水平夹角应大于 55°，对褐煤或黏性大及易燃煤，两壁间的交线与水平夹角应大于 65°，且壁面与水平面交角不小于 70°。原煤仓的下部采用双曲线型小煤斗时，截面不应突然收缩。非圆形壁面大煤斗的壁面倾角应大于 70°，用碳钢制作的金属煤斗，可内衬高分子材料防止堵煤。原煤仓内壁不应有任何凹陷或突出的部位和物体。

原煤仓的垂直断面形状有方锥形、双曲线等形状，水平断面形状一般为圆形和方形两种。方锥形原煤仓体一般由几部分组成，各部分的断面收缩率不同。断面收缩率过大会引起煤粒的大量变换位置，导致较高的流动摩擦力。一般方锥形原煤仓上部的断面收缩率很低，下部则急剧增大，煤粒每降低一层就要重新分布一次，越接近原煤仓的下部，这种重新排布引起的变化越强烈，使煤粒的畅通流动受到影响。当断面收缩率为适当的常数或由大逐渐变小时，就可减轻流动阻力，减少堵煤的可能性。

在原煤仓的入口要设置格栅等装置，以防止大块煤或其他杂物进入；在寒冷地区的钢结构原煤仓或靠近厂房外侧墙的混凝土原煤仓要有防冻保温措施，以防止原煤在仓内冻结而影响排放；原煤仓上要设置煤位测量或检测装置。

在燃用湿煤、易黏结的煤时，应在煤仓中、下部，或者在原煤仓体上装设机械或气动振动、疏通设备装置，以便运行中发生堵煤、黏煤或下煤不畅时使用。振动设备有振荡器、空气炮、空气振打锤等多种设备。在雨季及原煤收到基水分过高时，原煤仓容易发生黏煤、堵煤使下煤不畅，振动设备使用频繁。

（2）原煤仓的容积、曲线方程。

1）原煤仓的容积按式（4-66）计算

$$V_b = tB_c / K_{fil}\rho_{c,b}Z_b \tag{4-66}$$

对于贫煤和无烟煤　　　　　$\rho_0 = 100/(0.56C_{daf} + 5H_{daf})$

对于其他煤种　　　　　　　$\rho_0 = 100/(0.334C_{daf} + 4.25H_{daf} + 23)$

式中　　$t$——原煤仓中存煤供锅炉工作的小时数，对直吹式制粉系统，8～12h，对低热值煤取下限，对中间仓储式制粉系统取原煤仓和煤粉仓的有效存煤量应满足锅炉最大连续蒸发量8～12h耗煤量，高热值煤或每炉设置2台磨煤机时取上限，h；

　　　　$B_c$——锅炉最大连续蒸发量时的燃煤量，t/h；

　　　　$K_{fil}$——原煤仓的充填系数，取决于原煤仓上部尺寸，可取0.8；

　　　　$\rho_{c,b}$——原煤堆积密度，t/m³；

　　　　$Z_b$——除备用磨煤机所对应原煤仓外的原煤仓数目；

$C_{daf}$、$H_{daf}$——煤的干燥无灰基碳、氢含量，%。

当原煤粒度 $R_{5.0} = 20\% \sim 45\%$ 时

$$\rho_{c,b} = 0.63\rho_{c,ap}$$

$$\rho_{c,ap} = [100\rho_{c,ac}/100 + (\rho_{c,ac} - 1)M](100 - M)/(100 - M_{ar})$$
$$= 100\rho_0/100 - A_{ad}(1 - \rho_0/2.9) \tag{4-67}$$

式中　　$\rho_{c,ap}$——煤的视在密度，t/m³；

　　　　$\rho_{c,ac}$——煤的真实密度，t/m³；

　　　　$M$——煤含水饱和时的极限水分，可近视采用燃料的最大水分 $M_{max}$，%；

　　　　$M_{ar}$——煤的收到基水分，%；

　　　　$\rho_0$——除去矿物质（灰分）"纯煤"的真实密度，t/m³；

　　　　$A_{ad}$——煤的空气干燥基水分，%。

2）双曲线式原煤仓（煤粉仓）的特性方程。

a. 当双曲线式原煤仓（煤粉仓）的断面收缩率为常数、结构对称时，可推算出对称正方形截面、对称圆形截面双曲线式原煤仓（煤粉仓）的特性方程（或形线方程）为

$$X = \pm D/2e^{-cy/2} \tag{4-68}$$

$$c = 2/H\ln(D/d) \qquad (c \leqslant 0.7)$$

式中　$D$——双曲线原煤仓（煤粉仓）上口边长或直径，m；

　　　$e$——自然对数的底；

　　　$c$——断面收缩率；

　　　$y$——对称圆形截面双曲线原煤仓纵轴坐标；

　　　$H$——原煤仓（煤粉仓）高度，m；

$d$——原煤仓（煤粉仓）出口直径或边长，m。

双曲线式原煤仓的实际数据为 $c\leqslant0.7$，$y\geqslant0.6m$，$D\geqslant2m$。

b. 当双曲线式原煤仓（煤粉仓）的断面收缩率递减时，对称正方形截面、对称圆形截面双曲线式原煤仓（煤粉仓）的特性方程（或形线方程）为

$$X = \pm D/2 \times C/(C+y) \tag{4-69}$$
$$C = Hd/(D-d)$$

式中 $D$——双曲线式原煤仓（煤粉仓）上口边长或直径，m；

$C$——系数；

$y$——对称圆形截面双曲线原煤仓纵轴坐标；

$H$——原煤仓（煤粉仓）高度，m；

$d$——原煤仓（煤粉仓）出口直径或边长，m。

（3）原煤仓的安全事项。为了现场制作的方便，曲线部分可分段用折线代替，用直径相近似的钢管分段焊接制作。整个原煤仓可制作成圆形、矩形或正方形断面，实际应用中以圆形断面居多。

在同样的轮廓尺寸条件下，双曲线原煤仓的容积较小，但实际上由于锥形原煤仓贴壁处的积煤，它的实际容积不一定超过双曲线原煤仓的容积。双曲线原煤仓可作为原煤仓的下部附加部分，这样上部原煤仓有很大的出口断面，仓壁可制作得很陡，下部最容易堵煤的部位由于采用了双曲线形结构，既提高了原煤仓的有效容积，又提高了工作的可靠性。

值得注意的是，火力发电厂已发生过原煤仓下部焊接的双曲线形金属仓体脱落，砸毁厂房、损坏设备的重大事故，这对设计、安装制作单位、火力发电厂提出了更高的要求。原煤仓下部双曲线形金属仓体一般用螺栓固定或焊死在原煤仓钢筋混凝土的尾部预埋铁板上，原煤自重的一部分传递给下部双曲线仓体，仓体受力较大，加上设计、制作工艺等原因，尾部仓体抗拉强度不够，造成尾部脱落，对此运行人员应该引起重视。

为使给煤机检修时，原煤仓中煤粒不会流出而影响工作，在原煤仓尾部、给煤机上端设置煤闸板（门）或钢管插条，当不需要原煤流出时应关闭煤闸门或插入钢管阻断原煤，可保证安全、提高工作效率。

（4）原煤仓的堵煤断煤及空气振打器装置系统。运行生产实践中有许多原因使原煤仓堵煤或断煤。一般，原煤仓无煤时称为断煤。堵煤是由于原煤中杂物、大块煤或原煤水分高造成原煤黏结、黏附而使原煤仓堵塞，原煤仓出口没有煤流出。对给煤机设备或锅炉专业而言，无论原煤仓断煤或堵煤，均可称为断煤。对堵煤和断煤的判断与处理，直接影响着制粉系统的出力和安全运行。

原煤仓较高，断煤时（或原煤仓中空即出现漏斗状现象）原煤仓的自生抽吸作用，使原煤仓下煤口有很强的吸力（负压），手伸进检查孔能明显地感觉到煤仓通风，这说明原煤仓内已无原煤（仓壁上往往有少量黏附的积煤）或出现漏斗状现象，以及因原煤水分高在煤仓内形成局部的通风沟孔，应及时给原煤仓上煤。断煤时，由于锅炉负荷（直吹式制粉系统）、煤粉仓粉位及制粉系统经济性等原因，根据现场实际情况可不停止磨煤机，通知上煤后，启用机械或气动、电动振动设备，或者用榔头敲打金属仓壁，暂时维持并等待上煤。堵煤时，原煤仓不通风，敲打金属仓壁发出沉闷的响声，此时应启用机械或气动振打、电动振打设备，或者用榔头敲打金属仓壁，注意清除原煤出口的杂

物，直至正常下煤为止。处理断煤、堵煤时，应控制磨煤机出口温度，减少中速磨煤机加载定值，以保证磨煤机及制粉系统安全。

原煤仓堵煤或断煤直接影响着制粉系统的出力或锅炉机组的负荷，严重时会造成锅炉燃烧事故。因此，原煤仓的堵煤、断煤一直是设计、制作安装、火力发电厂关注的问题。最初原煤仓堵煤、断煤后，依靠人力用榔头敲击、振打仓壁处理。之后，在原煤仓体中、下部装设机械或气动振动疏通设备及装置，处理原煤仓的堵煤、断煤；同时在原煤仓内部衬贴塑料滑板以减少原煤仓内壁发生堵煤、黏煤的概率。处理原煤仓堵煤或断煤的设备及装置系统经历了机械或气动振动、电磁振荡器、空气炮之后，目前，原煤仓空气振打器（锤）装置系统较为普遍采用。

原煤仓空气振打器装置系统，由振打器、压缩空气管道及罐、断煤检测及控制部分组成。在每个原煤仓外壁的不同高度加装 4～12 台煤仓振打器，组成一个清堵振打系统，并安装有 1 套可靠的断煤信号采集装置，在断煤时能及时获得信号，自动启动煤仓振打器振打（激振力在 2600～10 000N 可调），运行人员可就地和远方操作；控制和联锁均可接入 DCS 内完成。

原煤仓空气振打器装置系统在运行环境条件下，能长期稳定和安全的运行，击打动量、击打频次偏差符合相关要求。具有良好的振打破拱运行效果，原煤斗不易出现堵煤现象。操作灵活可靠，能正确回位。煤仓振打器对原煤仓结构及整体受力不会产生不利影响。

**2. 煤粉仓**

中间仓储式制粉系统配备有煤粉仓，用以储存磨制后合格的煤粉，满足安全和使煤粉以一定流率连续流出，其形状应保证煤粉从仓内自流干净，以及满足锅炉燃烧的需要。煤粉仓的储粉量应保证锅炉在最大连续蒸发量时 2～4h 所需要的煤粉量，对高热值煤或每炉配置 2 台磨煤机时取上限。煤粉仓须用不可燃材料（一般用钢筋混凝土或钢结构）制成。

煤粉仓的容积计算公式为

$$V_b = tB_{pc}/K_{fil}\rho_{pc,b}Z_b \tag{4-70}$$
$$B_{pc} = B_c Q_{ad,net}/Q_{ar,net}$$
$$\rho_{pc,b} = 0.35\rho_{pc,ap} + 0.004R_{90} \tag{4-71}$$
$$\rho_{pc,ap} = \rho_{c,ap}(100 - M_{ar})/(100 - M_{pc})$$

式中　$t$——供锅炉满负荷运行的小时数，一般取 2～4，h；

$B_{pc}$——锅炉煤粉消耗量，t/h；

$K_{fil}$——煤粉仓的充填系数，取 0.8～0.9；

$\rho_{pc,b}$——煤粉堆积密度，t/m³；

$Z_b$——煤粉仓的数目（备用仓除外）；

$B_c$——锅炉最大连续出力时的燃煤量，t/h；

$Q_{ad,net}$——煤的空气干燥基低位发热量，MJ/kg；

$Q_{ar,net}$——煤的收到基低位发热量，MJ/kg；

$\rho_{pc,ap}$——煤粉的视在密度，t/m³；

$R_{90}$——煤粉细度，即残留在筛孔为 90μm 筛子上的百分比，%；

$\rho_{c,ap}$——煤的视在密度，$t/m^3$；

$M_{ar}$——煤的收到基水分，%；

$M_{pc}$——煤粉水分，对于无烟煤、贫瘦煤，$M_{pc} \leqslant M_{ad}$，对于烟煤，$0.5M_{ad} < M_{pc} \leqslant M_{ad}$，对于褐煤（风扇式磨煤机磨制），$0.5M_{ad} < M_{pc} < M_{ad}$，%。

聚集（压实）的煤粉密度比式（4-71）计算值大15%～20%；而疏松的煤粉（如在给煤机中）密度比式（4-71）计算值小20%～30%。

煤粉仓的结构应能使煤粉以一定流率连续顺畅地排出，内壁面应平整、光滑、耐磨，不应有任何能沉积或滞留煤粉的凸出部位；其形状应保证煤粉从仓内自流干净，相邻两侧壁面交线与水平面交线不能小于60°，且仓壁面与水平面的夹角不能小于65°。相邻壁面交角内侧做成圆弧。

如煤粉仓采用金属结构，为防止仓壁结露，煤粉仓外壁还应用非可燃材料保温；在寒冷地区，靠近厂房外侧或外漏的煤粉煤仓要有防冻保温措施。煤粉仓应避免空气进入致使煤粉吸收潮气结块，影响煤粉顺畅排出。煤粉仓应密封，并尽量减少开孔，任何开孔都应有可靠完整的密封盖；与煤粉仓连接的管道，如落粉管、下粉管的结构均应严密。新投入使用的煤粉仓，应经过风洞试验或严密性试验，合格后方可投入使用。

煤粉仓体上应装设吸潮气管、粉位测量装置、充氮气（或二氧化碳）管、消防装置、测温装置、防爆门等设施设备，以保证煤粉仓能够安全、稳定的运行。

应采取可靠措施防止在煤粉仓中聚集水气、空气、粉尘和可燃气体的可能，并装设吸潮气管以排出煤粉仓内的气、汽与粉尘。煤粉仓体上应有惰性气体及灭火介质的引入管，并接至煤粉仓的上部，介质流要平行粉仓顶盖，并使气（汽）流分开，防止煤粉飞扬。煤粉仓内要设置煤粉温度监测监视装置，在拐角1～1.5m处应设置电阻温度计或热电偶，其置入深度距粉仓顶板须不小于1m。

煤粉仓上除有通向本侧制粉系统的吸潮气管外，还应有通向本炉和临炉的吸潮气管。吸潮气管直径一般不小于100mm，经过吸潮气管，通过排粉机的抽吸作用将煤粉仓内的潮气吸出。制粉系统运行中应开启吸潮气管上阀门，制粉系统停止时应关闭。制粉系统运行中应防止煤粉的过度干燥，当煤粉仓温度超过规定值时，可通过降低煤粉粉位来降低温度，当煤粉仓温度超过规定值仍有上升趋势时，立即关闭吸潮气管阀门，开启充氮气（或二氧化碳）管阀门，向煤粉仓内充入氮气或二氧化碳气体，隔离空气，防止煤粉仓内煤粉着火和爆炸。

煤粉仓上应有粉位测量装置，大型机组的煤粉仓应装设电子式粉位计，并有机械式测粉装置做辅助校核使用。电子式粉位计测点在高度方向上不少于4点，并应有高、中、低粉位信号。煤粉仓上的煤粉粉位测量装置应有两套，分别装设在煤粉仓的两侧。机械式测粉装置有机械测量装置、手动测量装置等形式，最常见和实用的是手摇轮鼓测量煤粉粉位装置。该装置由手动轮鼓、钢丝绳、测量粉瓢、保险绳、粉位标尺等组成，利用浮力的原理，从粉位指示标尺上读出煤粉粉位的高低。测量粉位时，拔去手动轮鼓上的保险销，控制手动轮，平稳缓慢地放下粉瓢，粉瓢接触到煤粉层时钢丝绳松弛，手摇轮鼓使钢丝绳拉直张紧，手感略有张力时，从粉位指示标尺上读出煤粉粉位数值。煤粉粉位测量完毕应将粉瓢升至最高位置，手摇轮鼓插入保险销，防止粉位上涨，压住粉瓢（保险销没有插入时经常发生）、拉断钢丝绳，无法监视煤粉仓粉位，造成煤粉仓冒粉或跑粉。使用电子式自动显示粉位装置监督粉位，准确直观，便于随时掌握粉仓粉位。

运行中应控制煤粉仓最低粉位，防止存粉量过少时，具有正压的一次风经过给粉机倒窜进入煤粉仓，使给粉中断；防止粉位超过最低限度，给粉机自流失去控制，影响锅炉燃烧的调整，以致造成锅炉灭火打炮。

（1）温度监测装置。在煤粉仓上布置有温度测点，设置有测温装置，用于监视煤粉仓内各部位煤粉温度，防止煤粉温度升高，发生自燃和爆炸，保证设备和运行安全。中小型锅炉煤粉仓的温度测点一般为2～6点，大型锅炉煤粉仓的温度测点一般为6～12点，设置于控制室内以方便监视控制。

（2）防爆门。煤粉仓上部装有2～4个防爆门，配置的引出管伸向厂房外，防爆门的截面积不大于$0.5m^2$。当煤粉仓发生爆炸时，用以泄压，防止煤粉仓及其他设备的损坏。

（3）消防装置和充氮气（或二氧化碳）管。当煤粉仓温度升高或锅炉停止运行而煤粉没有烧完时，为防止粉仓内煤粉着火，开启充氮气阀门，向煤粉仓内充入氮气或二氧化碳气体，利用氮气或二氧化碳的惰性隔离空气，防止煤粉自燃着火和爆炸。煤粉仓上还装设消防装置，煤粉仓着火时，开启阀门，采用蒸汽或二氧化碳灭火。

煤粉仓内的煤粉粉位应定期降至保持给粉机正常供粉所需要的最低粉位。煤粉仓上部贴近仓壁部位的煤粉积滞、吸潮，造成黏附、结块，甚至自燃。运行中煤粉仓中间部位的煤粉保持较好的流动状态，侧壁部位的煤粉流动速度较慢，局部停滞，吸入煤粉仓空气中的潮气，造成结块。结块的煤粉会影响中间部位煤粉的正常流动，造成给粉机的供粉不均匀，或者造成给粉机入口堵塞而不下煤粉，影响锅炉的燃烧工况。进行降粉定期工作前，助燃油系统、油枪或等离子点火系统应经过试验好用，随时准备在燃烧恶化时投入（或提前投入）助燃；保持锅炉负荷稍低并稳定；同时停止煤粉仓进粉，给粉机全部运转，使煤粉仓粉位降低。降粉过程中在保证给粉机来粉正常时，降粉进行得越彻底（粉仓粉位最低），给粉机正常运行中也越稳定。降粉操作中，邻炉煤粉仓保持高粉位并做好送粉准备，应及时掌握本炉煤粉仓粉位情况，做好制粉系统启动的各项准备工作，煤粉仓粉位降到要求数值时，立即启动磨煤机及制粉系统或从临炉送粉。制粉系统运行中如煤粉仓粉位上升很快，说明煤粉仓壁内积粉严重，煤粉仓有效容积减少，应提前执行定期工作进行降粉处理。制粉系统运行中，煤粉仓粉位应定期测量，最少1h测量一次。粉位过低影响给粉机的供粉和锅炉燃烧的稳定，粉位过高，煤粉将从粉仓不严密处大量冒出。

为防止煤粉仓四周煤粉黏结积粉所造成的下粉不良等影响、保证煤粉的正常流动，煤粉仓除采用合理的结构外，还可在煤粉仓内壁沾贴衬板。有的火力发电厂在粉仓壁面装贴3～4mm厚的不锈钢金属衬板或其他材料光滑的衬板，效果良好。

应加强煤粉仓的管理，煤粉仓上的孔、洞要堵死；人孔门应关闭严密，煤粉仓上壁面不应积水、积粉，防止积水渗入煤粉仓内和积粉自燃；煤粉仓上的充氮气或二氧化碳管道、消防设施等应能随时投入使用。

锅炉大修时，应对煤粉仓进行清仓，清仓工作应严格执行安全工作规程。工作人员进入煤粉仓工作前，应先打开人孔盖，放尽存粉，关闭所有可能进粉、进水、进汽、进氮气或二氧化碳及消防管道的阀门，采取其方法或放入活鸡促使煤粉仓内空气流动，并依此检验煤粉仓内氧量是否充足，在煤粉仓上装设通风机，进行充分通风后工作人员方可进入煤粉仓开始工作。开始工作前，工作人员要有明确的分工，有专人负责、专人监护，做好必要的安全保证措施，工作器具符合在粉仓内工作的安全要求，杜绝意外情况发生。煤粉仓内有自燃积粉时，要及时灭火并清理；煤粉仓壁及仓壁结合部位要清理干净，杂物清除出仓体；检查仓壁有无水泥面脱落，如有脱落要及时补修；检查并校正煤粉粉位测量装置，检查并修理或更换钢丝绳、保险绳、手动轮鼓、粉瓢等设备。

煤粉仓的封闭是指将煤粉仓与空气隔绝，消除可能进粉、进水、进气、进汽及消防介质的因素。锅炉停止运行时，根据停炉时间，确定煤粉仓内的煤粉存留。一般停炉在7天以上时，应磨完原煤仓内的存煤、烧完煤粉仓内的存粉；停炉在7天以内时，煤粉仓应严密封闭，有条件的火力发电厂还应在煤粉仓封闭前充入氮气或二氧化碳气体。事故处理情况下，应封闭煤粉仓，双侧制粉系统停止运行时应封闭煤粉仓。因锅炉启动需要，在停炉时保持高粉位，除封闭粉仓外，还应向粉仓内充入氮气或二氧化碳，隔绝空气与煤粉接触，防止煤粉自燃或爆炸。

### 3. 给煤机

给煤机处于原煤仓和磨煤机之间，用于调节原煤仓进入磨煤机的原煤量、保持磨煤机在最经济的状况下运行和保证锅炉的负荷稳定。对给煤机的要求是能满足锅炉负荷或磨煤机的最大出力，并连续、均匀的不断供煤，运行要可靠，不易卡、堵煤；调节灵活方便；密封性好、漏风少，正压直吹式制粉系统的给煤机必须具有良好的密封性和承压能力；在满足上述要求的基础上还要设备简单、轻便。

给煤机的种类很多，常用的有圆盘式、皮带式、电磁振动式、刮板式、电子重力式、计量称重式等形式。性能良好的电子重力式、计量称重式给煤机已普遍应用在大中型火力发电厂锅炉机组中，圆盘式给煤机已逐渐淘汰。给煤机的选用应结合原煤的水分、原煤的粒度、制粉系统和磨煤机的形式、制粉系统的布置，以及对锅炉负荷调节的要求和给煤机的特性来选用。对采用高速磨煤机的直吹式制粉系统，选用可计量的刮板式给煤机；对采用中速磨煤机的直吹式制粉系统，选用计量称重式皮带给煤机；对采用双进双出钢球磨煤机的直吹式制粉系统，可选用刮板式给煤机；对采用低速钢球磨煤机的中间仓储式制粉系统，可选用刮板式给煤机或皮带式给煤机；对小容量机组，可选用振动式给煤机。

给煤机的台数要与磨煤机的台数相匹配。对大型机组，可根据原煤仓的布置、设备情况，经过比较，1台磨煤机也可配2台给煤机；对双进双出钢球磨煤机，1台磨煤机应配2台给煤机。对配用于双进双出钢球磨煤机的给煤机，每台给煤机的出力不应小于磨煤机的出力，但不设备用余量；振动式给煤机的计算出力不应小于磨煤机计算出力的120%；其他形式给煤机的计算出力不应小于磨煤机计算出力的110%。

（1）圆盘式给煤机。圆盘式给煤机的结构示意，如图4-50所示。原煤从原煤仓落煤管进入给煤机，经过调节套筒在圆盘上形成一个原煤锥体，原煤锥体的大小通过调节套筒的上下位置移动来调节。圆盘由电动机经过圆锥齿轮减速驱动，圆盘转动时，圆盘上的煤经刮板刮入出煤管送入磨煤机。圆盘式给煤机的结构简单、紧凑、严密，漏风小，但原煤水分高时容易堵煤，此外圆盘式给煤机的输煤管较短。因此，圆盘式给煤机以前在发电厂中的应用较多。

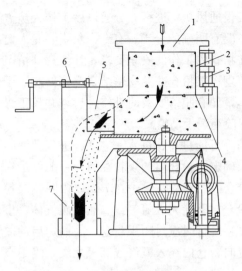

图 4-50 圆盘式给煤机的结构示意
1—进煤管；2—调节套筒；3—调节套筒的操纵杆；
4—圆盘；5—调节刮板；6—刮板位置调整杆；
7—出煤管

当原煤水分超过 13％时，煤就会在圆盘上打滑，此时可在圆盘上点焊麻点或焊接短小的圆钢，以增大原煤在圆盘上的摩擦力，煤湿打滑的现象会有较明显的改善。

圆盘式给煤机调节给煤量的方法有三种。用调节套筒位置的方法调节给煤量。当刮板位置不变时，将套筒位置上移，圆盘上煤锥的面积增大、煤量增多，经过刮板刮下的煤量就多，相反，当刮板位置不变时，将套筒位置下移，圆盘上煤锥的面积减小，则被刮板刮落的给煤量就减少；用调节刮板位置的方法调节给煤量。当刮板位置接近圆盘的边缘时，给煤量越少，反之则越大；用调节圆盘转速的方法调节给煤量，为此，需要配用变速电机。其他条件不变时，圆盘的转速越高，单位时间内的给煤量就越多，反之给煤量就越少。

圆盘式给煤机在制粉系统停止运行后，因制粉系统的抽吸作用，圆盘上呈锥体的原煤就会进入磨煤机，造成磨煤机的满煤，磨煤机启动时电动机转不动或过负荷烧损。可在给煤机出口装设煤闸板，制粉系统停止时关闭煤闸板，可有效防止给煤机中原煤进入磨煤机内。

（2）皮带式给煤机。燃煤制备部分已做了介绍，本部分简要介绍常规的皮带式给煤机。皮带式给煤机依靠煤与皮带之间的摩擦力将原煤输送到磨煤机，改变导煤槽出口给煤闸板（挡板）开度或调节皮带转动速度调节给煤量。皮带速度为 0.1～0.5m/s，输送皮带通常水平布置，倾斜布置时，则倾角较皮带输送机小 2°～5°。

采用给煤挡板调节给煤量时，挡板可以上下、向前上方（皮带运动方向或原煤移动方向）移动、开大。挡板分为前后两部分，前一部分可在角钢槽内上下活动，后一部分用铰链和前部分连接，挡板可以活动，挡板上焊有支杆，在支杆上挂有重锤。给煤挡板调节具有双重调节煤量的作用，增加给煤量时，提高前部挡板开度，皮带上煤层变厚，给煤量增加，反之煤量变小。较大煤块进入皮带时，依靠煤块与皮带的摩擦力顶开后部活动挡板，煤块通过后重锤依靠自身重量恢复原来挡板位置，改变活动挡板支杆上重锤配重，也可调节给煤量。

皮带式给煤机适用于各种煤种，不易堵塞，给煤连续、输煤距离较长，运行平稳无噪声，维护方便，但漏风较大。为此，密封式或封闭式皮带给煤机投入运行已很普遍。

皮带式给煤机皮带跑偏、撕裂、导煤槽皮带护皮脱开等原因都会造成漏煤，漏煤在皮带内侧时，将皮带拉长，甚至拉断皮带；皮带内侧积煤和杂物、皮带不平衡、托辊上黏煤等原因，都会使皮带跑偏、皮带与支架角钢摩擦或损坏；原煤水分高、当落煤管堵煤堆积到给煤机出口时，使给煤机磨损或过负荷跳闸。给煤机运行中应定期检查，原煤水分高时要加强检查，及时发现和消除；皮带跑偏时及时消除跑偏原因，通过调整给煤机后部两侧滚筒位置来调整皮带平衡。

（3）电磁振动式给煤机。电磁振动式给煤机用途较为广泛，它由进煤口、振动器、给煤槽和出煤管组成，如图 4-51 所示。原煤从原煤仓进入煤槽，在电磁振动器的作用下，给煤槽以 50 次/s 的频率振动；电磁振动器与给煤槽输煤平面的夹角在 20°左右，因此输煤平面上的煤以此角度成抛物线形式向前跳动，并均匀的下滑到落煤管。

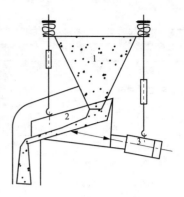

图 4-51　电磁振动式给煤机示意
1—煤斗；2—给煤槽；3—电磁振动器

图 4-52 为电磁振动器的工作原理。在电磁振动器中工作电源经过单相半波整流。线圈接通电流后，在正半周内有电压加在线圈上，当电流通过时，在铁芯与振动板之间产生脉冲电磁力而相互吸引，给煤槽振动，弹簧组发生变形储存一定的势能；在负半周内，线圈中无电流通过，电磁力消失，弹簧组释放变形时储存的势能，又使给煤槽振动，如此循环，给煤槽以交流电的频率，做 3000 次/min 的往复振动，将原煤送入磨煤机中。

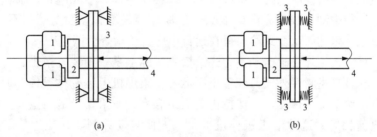

图 4-52　电磁振动器的工作原理
（a）弹簧板式振动器；（b）螺旋弹簧式振动器
1—马蹄形电磁铁；2—振动板；3—弹簧；4—振动板与给煤槽的链接杆

电磁振动式给煤机调节煤量的方法，主要是调节电磁振动器的振幅，也即调节激振力。调整电磁铁之间的气隙（一般为 1～2mm）、改变线圈绕组的匝数、改变供电电压都可调节激振力，运行中用调压器或滑线电阻改变供电电压，也有用可控硅改变电路中的电流，来实现给煤机煤量的调节。

电磁振动式给煤机结构简单、轻巧、给煤量连续、均匀、电耗小、价格低，使用安全可靠；无机械转动部分，不需要润滑；安装、检修及运行维护方便，容易实现自动控制；给煤量均匀、调节灵活，给煤机启动时无冲击。其缺点是漏风、漏煤，调节性能差，对煤种适应性差；调整工作要求严格，原煤水分过高时，给煤量控制困难、出力降低，并产生堵塞现象；煤质松散较干时会产生自流而无法控制的情况，一般适用输送颗粒较小的原煤。电磁振动式给煤机性能参数，见表 4-42。

表 4-42　　　　　　　　　电磁振动式给煤机性能参数

| 参数 | 型　号 | | | | |
|---|---|---|---|---|---|
| | ZG-20 | ZG-50 | ZG-100 | ZG-200 | ZG-300 |
| 给煤出力（t/h） | 20 | 50 | 100 | 200 | 300 |
| 入煤粒度（mm） | ≤80 | ≤150 | ≤250 | ≤300 | ≤350 |

续表

| 参数 | 型　号 | | | | |
|---|---|---|---|---|---|
| | ZG-20 | ZG-50 | ZG-100 | ZG-200 | ZG-300 |
| 线圈电压（V） | 0～90 | 0～90 | 0～90 | 0～90 | 0～90 |
| 电源频率（Hz） | 50 | 50 | 50 | 50 | 50 |
| 最大工作电流（A） | 25 | 45 | 66 | 96 | 124 |
| 控制原理 | 半波整流 | 半波整流 | 半波整流 | 半波整流 | 半波整流 |
| 振动频率（Hz） | 50 | 50 | 50 | 50 | 50 |
| 气隙（mm） | 1.8～2 | 1.8～2 | 1.8～2 | 1.8～2 | 1.8～2 |
| 最大振幅（mm） | 16 | 16 | 16 | 16 | 16 |
| 总质量（kg） | 114 | 356.7 | 600 | 910 | |

注　供货范围包括 DK-1 型控制器（ZG-300 型配 DK-1 型控制器）。

（4）刮板式给煤机。刮板式给煤机由装在两根平行传送链条上的刮板输煤，调节给煤量有两个方法，一是调节给煤机的转速，二是调节煤闸板的开度。

刮板式给煤机对煤种的适应性较强，输送高水分的原煤时，不易堵塞，比较严密，便于布置；但原煤中有硬质杂物、煤块较大时，容易卡坏、卡死链轮、损坏传动部件或烧坏电动机。运行中刮板改变方向的端头部位原煤容易堆积，发生端部不严密处漏煤、顶开端盖等现象，因此，刮板式给煤机在运行中应勤于检查、调整。

（5）电子重力式给煤机。电子重力式给煤机实际上是一种装置精密、性能良好的皮带式给煤机。它具有密封性外壳，处于正压运行。给煤机上装有称重传感元件，根据锅炉负荷要求自动调节皮带速度，以保持正确的给煤率，使给煤机给煤量的热值与锅炉负荷所需要的热值相等。这种给煤机称量准确，方便自动控制，并能连续给煤，工作可靠，是理想的给煤机械。

还有一种往复式给煤机。它通过给煤机槽体的前后移动来输送原煤，移动方向分为单向和双向。用煤闸板来调节煤层的厚度，以达到调节给煤量的目的。这种给煤机结构简单、操作方便、给煤量大，但给煤不均匀，原煤潮湿时调节给煤量不方便，并且占地面积大，已经淘汰。

### 4. 木块（材）分离器与木屑分离器

装设木块（材）分离器与木屑分离器的目的是防止制粉系统被木块（材）、木屑及其他杂物堵塞，提高制粉系统运行的安全可靠性。木块（材）分离器多用于中间仓储式、直吹式制粉系统，木屑分离器用于中间仓储式制粉系统。

木块分离器一般装设在磨煤机出口管道上，用以分离气粉混合物中较大的木块（材）、棉纱、破布等杂物；木屑分离器装设在旋风（细粉）分离器落粉管上，用以分离、筛除气粉混合物及煤粉中的木材、木屑、棉纱、破布等杂物，以提高制粉系统运行的安全可靠性。现场一般将木块分离器也称作木材分离器，木屑分离器称为下粉筛。

木块（材）分离器有手动和电动式两种，大容量机组应优先采用电动式木块分离器。木块（材）分离器应满足下列要求：木块（材）分离器操作应轻便灵活、木块能方便取出；电动式木块（材）分离器的电气设备应采用防爆型；木块（材）分离器前后应有压差信号，并送到容易为运行人员监视的部位或场所；木块（材）分离器的规格应根据磨煤机出口至煤（粗）粉分离器输粉管道的直径选择并匹配。

木屑分离器应满足结构严密、操作灵活方便，安装在运行人员容易接近和操作的地方；木屑分离器的规格按照旋风（细粉）分离器落粉管的直径选取。

仓储式制粉系统中磨煤机出口木材分离器堵塞，将减少气粉混合物的通流面积，限制磨煤机出力，磨煤机压差不正常地减小或回零，旋风分离器出口负压增大。木材分离器堵塞，磨煤机出口负压减小，因排粉机的抽吸作用，粗粉分离器、旋风分离器后负压增大；旋风分离器落粉管下粉筛堵塞，将造成旋风筒堵塞，排粉机电流不正常的增大，进入锅炉的煤粉量增多，燃烧调整不及时会造成烟囱冒黑烟，主蒸汽压力、温度升高，控制不好还会造成锅炉安全门动作。磨煤机运行中应定期清掏磨煤机出口木材分离器（分离筛），清除旋风分离器落粉管下粉筛上的杂物，或者根据装设在木材分离器（分离筛）上压差表计的指示及时清掏和清除。当负压超过运行中的规定数值时，应及时清掏。有的火力发电厂还在磨煤机木材分离器前后装设压差计，用以监视木材分离器分离筛的工作状况，运行中检查直观、便于判断。

正常清掏木材分离器时，应尽量在磨煤机停止前进行，以减轻对锅炉燃烧的影响。运行中发现木材分离器堵塞需要清掏时，应严格注意一次风压，当摇臂扳不动时，应停止给煤机的运行，对仓储式干燥剂送粉的制粉系统还要进行倒风（使通过磨煤机风量的一部分经过排粉机输送），以减少木材分离器前后的压差；清掏过程中，还应注意摇臂突然动作伤及工作人员面部或肩部。清除旋风分离器落粉管上的下粉筛时，应注意旋风筒内积存的煤粉突然冒出，烫伤人体、煤粉外流污染现场环境；磨制高挥发分的煤种时应特别注意，当下粉筛盖子打开时，大量空气进入造成煤粉的燃烧或爆炸，危及人身和设备的安全。某发电厂燃用高挥发分的煤种，运行人员检查旋风分离器落粉管下粉筛时，当打开下粉筛盖板时，火球突然从下粉筛处喷出，发生煤粉爆炸，运行人员被大面积烧伤，医治无效死亡。

清掏、清除出的木材等杂物应送往指定地点集中处理，不能扔到炉膛内燃烧。这些杂物虽可燃但在炉内不能完全燃烧，会从炉膛落入冷灰斗排出，卡死碎渣机、捞渣机、堵塞灰渣沟，甚至使除渣系统停止运行；这些杂物经燃烧如沉积在水冷壁斜底上时，将造成锅炉水冷壁斜底上积渣且不易除去，严重时积渣越积越高、炉膛下部一个甚至四个角部积渣连起来，灰渣将一直堆积到锅炉运转层平台上部检查孔附近，造成锅炉机组被迫停止运行除渣，这是曾经发生在某火力发电厂现实的教训。

**5. 粗粉分离器**

粗粉分离器是制粉系统重要的辅助设备，粗粉分离器性能的优劣对磨煤机出力和锅炉燃烧具有重要的影响。经过磨煤机磨制后的煤粉，大小颗粒混合、分布不均匀，直接送入炉膛燃烧，效率很低，因此在磨煤机后装设粗粉分离器，把煤粉中的大颗粒分离出来，通过回粉管送回磨煤机重新磨制，仓储式制粉系统中又将经过粗粉分离后的煤粉送入旋风分离器再进行细粉分离，合格煤粉存入煤粉仓内，直吹式制粉系统中将煤（粗）粉分离器分离后的合格煤粉送入炉膛燃烧。粗粉分离器的另一个作用是调节煤粉细度，在煤种、干燥剂量变化时，保证一定的煤粉细度。因此，对粗粉分离器的要求是在保证一定的煤粉细度时，保持磨煤机的最大出力和最小磨煤电耗，同时在较大的范围内调节煤粉细度；粗粉分离器应有最佳的循环比（倍）率、较高的煤粉均匀性（均匀系数 $n >$ 1.0）、较低的阻力（$\Delta p < 800\text{Pa}$）、较好的调节性能和稳定连续的工作性能。

（1）粗粉分离器的工作原理、分类及特性。磨煤机及制粉系统不同，粗粉分离器的配置也不尽相同。配低速钢球磨煤机的粗粉分离器，目前有径向式、轴向Ⅰ式、串联双轴向式、多通道式、动静态组合式等形式；配双进双出钢球磨煤机的粗粉分离器有雷蒙式；配中速磨煤机的煤（粗）粉分离器有文丘里式煤粉分离器、动静态组合式煤粉分离器（即挡板式和旋转式的组合），配风扇磨煤机的粗粉分离器有雷蒙式、单流惯性式和双流惯性式三种。

1）粗粉分离器的工作原理。配钢球磨煤机仓储式制粉系统的粗粉分离器分为离心式和回转式两种。粗粉分离器的分离原理主要有撞击分离、重力分离、惯性分离和离心分离，实际上各种分离器的工作是工作原理中一种或几种的综合作用。

a. 撞击分离。当气粉混合物气流中的煤粉粒受其他物体的撞击时，就会获得一定的动能，如果撞击的方向与气粉混合物运动的方向不同，煤粉粒获得动能就会脱离气流而分离出来，这种利用撞击使煤粉分离的方法称为撞击分离。撞击分离发生在气粉混合物以一定速度进入粗粉分离器，撞击分离器内锥、叶片、筒体内壁、圆锥体，一级回转式粗粉分离器转子等部位。

b. 重力分离。图 4-53 为重力分离竖井。当上升的气粉混合物速度在一定范围，气粉混合物的通流截面积突然扩大时，其流动速度降低，气粉混合物中较大颗粒的煤粉，因其自身的重力大于气流对它的浮力而坠落，返回磨煤机重新磨制，细粉则被气粉混合物携带送出。重力分离发生在粗粉分离器入口处、筒体部位。竖井式磨煤机的重力分离竖井是典型的重力分离例子。

c. 惯性分离。气粉混合物改变流动方向时，煤粉由于惯性离心力的作用，具有脱离气粉混合物气流的趋势，并且煤粉越粗、质量越大，惯性离心力也越大，煤粉越容易脱离。煤粉颗粒的惯性离心力与其直径的三次方成比例，而阻止分离的气流阻力与其直径的二次方成比例，因此，较粗的煤粉很容易超过气粉混合物的携带力被分离出来。

图 4-54 为配风扇磨煤机的惯性粗粉分离器。分离器中的折向挡板用于改变气粉混合物的流动方向，气粉混合物通过时，较粗的煤粉被分离出来，落回到磨煤机内重磨。改变折向挡板的角度，使气粉混合物转弯的剧烈程度变化，从而得到所需要的煤粉细度，但依靠折向挡板的角度调节煤粉细度的幅度有限，分离器出口的煤粉较粗。这种惯性粗粉分离器的结构简单，阻力小（一般为 200～400Pa），适用于挥发分较高的褐煤和油页岩。和风扇磨煤机配用时，适于磨制烟煤和褐煤。

d. 离心分离。当气粉混合物急速旋转时，较粗的煤粉由于惯性离心力的作用而脱离气粉混合物气流。旋转得越强烈，煤粉的离心力就越大，就会有更多的粗粉被分离出来，气粉混合物中的煤粉就越细。气粉混合物旋转运动的发生，可以是气流切向流过折向挡板，也可利用分离器部件本身的旋转完成。很明显，改变挡板的角度或旋转部件的转速，都可改变气粉混合物气流的旋转强度，调节煤粉的细度。

2）粗粉分离器的分类。

a. 固定式离心分离器。图 4-55 是配用筒式钢球磨煤机的离心式粗粉分离器，图 4-56 是配用平盘磨煤机和风扇磨煤机的离心式粗粉分离器，这两种都是固定式离心分离器，内部装有 20 片左右的折向挡板，用以调节气粉混合物的旋转强度，使较粗的煤粉分离出来。

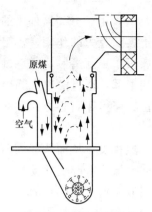

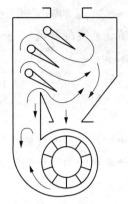

图 4-53　重力分离竖井　　图 4-54　配风扇式磨煤机的惯性粗粉分离器

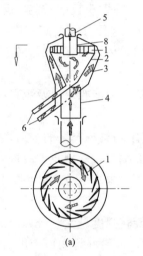

(a)　　　　　　　　　　(b)

图 4-55　配用筒式钢球磨煤机的离心式粗粉分离器

（a）普通型；（b）具有回粉再分离作用形式

1—折向挡板；2—小、内圆锥体；3—外圆锥体；4—进口管；5—出口管；
6—回粉管；7—锁气器；8—活动环；9—重锤

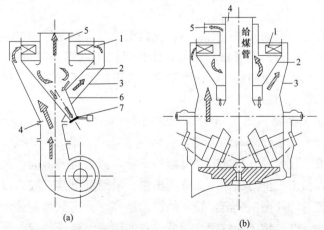

(a)　　　　　　　　　　(b)

图 4-56　配用风扇磨煤机和平盘磨煤机的离心式粗粉分离器

（a）配用风扇磨煤机；（b）配平盘磨煤机

1—折向挡板；2—内圆锥体；3—外圆锥体；4—进口管；5—出口管；6—回粉管；7—锁气器

气粉混合物以 18～20m/s 的速度进入分离器的入口管，由于分离器外锥的流通截面扩大，气粉混合物的流动速度降低至 4～6m/s，又由于煤粉重力的作用，较粗的煤粉从气粉混合物中被分离出来，回到或通过回粉管送到磨煤机中重新磨制，这一过程称为一次分离。经过一次分离后，气粉混合物上行到分离器的上部，通过沿整个圆周装设的切向挡板，产生旋转，进入出口管又改变流动方向，次粗的煤粉在离心力和惯性力的作用下进行第二次分离。

改变折向挡板的角度，可改变气粉混合物旋转的强烈程度，从而调节煤粉细度，在普通型分离器中，被分离出的粗粉沿内锥体滑落，返回磨煤机。改变活动环（套筒）的上下位置，可调节惯性分离作用的强弱，以达到再次调节煤粉细度的目的。活动环位置降低，气粉混合物进入出口管时急速转弯，惯性离心力增大，分离作用增强，较粗的煤粉被分离出来或说分离出的粗粉增多，气粉混合物中的煤粉较细一些，反之则粗一些。具有回粉再分离作用的分离器还具有三次分离作用。这种分离器装有内锥体回粉锁气器，使入口气粉混合物增加撞击分离作用，同时使内锥体回粉在内、外锥体之间的环形空间受到入口气流的吹扬，煤粉第三次得到分离。

制粉系统运行中通风量增大时，由于磨煤机出口煤粉变粗，以及煤粉在分离器内停留时间缩短，都会使分离器出口煤粉变粗。

普通型粗粉分离器存在分离效率低（回粉中含有 15％～25％的合格煤粉）、阻力大（增大磨煤电耗、使煤粉的均匀性指数降低），以及磨损严重等缺点。改进后的分离器具有回粉再分离的作用，减少了回粉中合格煤粉的比例，提高了分离效率，分离器阻力损失也减小。

折向挡板与圆周切线的夹角越小，气粉混合物旋转强度越大，分离出的合格煤粉就越多，气粉混合物携带出的煤粉就越细；夹角越大，气粉混合物携带出的煤粉就越粗。运行经验和调整试验都表明，折向挡板与圆周切线夹角在 30°～75°，才能有效地调节煤粉细度。当夹角从 75°增大到 90°时，旋转方向改变不大，起不到调节煤粉细度的作用，当夹角小于 30°时，阻力过大，大部分气粉混合物从叶片与内锥之间的缝隙中绕过，分离作用变小，煤粉反而变粗。图 4-57 所示为磨煤机通风量、叶片开度与 $R_{90}$ 的关系曲线。

折向挡板的开度是根据所选用的煤种，依据粗粉分离器的调整试验确定的。对燃用多种原煤的发电厂，应根据调整试验结果，给出燃用不同煤种时折向挡板的开度范围，供运行、检修人员调整时使用；还应根据制粉系统不同的运行工况，确定出与之对应的折向挡板开度，以提高制粉系统的经济性。

b. 回转式离心分离器。图 4-58 为回转式离心分离器。它有一个由电动机经过减速器带动的转子，转子处于分离器的上部，由角钢或扁钢制作成叶片状，数目为 20 片左右。从磨煤机出来的气粉混合物进入分离器的下部，因为流通截面扩大，气粉混合物速度降低，较粗的煤粉由于重力的作用被分离出来，沿筒壁下落；气粉混合物进入转子区域，粗粉粒被旋转的叶片撞击分离，转子的转速越高，分离效果越强，气粉混合物中的煤粉就越细，因此，调节转子的转速可调节煤粉的细度。转子的调节范围在十几到几百转之间。为降低磨煤机电耗和提高制粉系统出力，有的回转式离心分离器还（加装）引入了切向二次风，将下落的煤粉吹散，促使回粉再次分离，以减少回粉中夹带细粉。

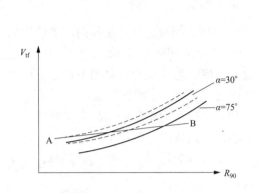

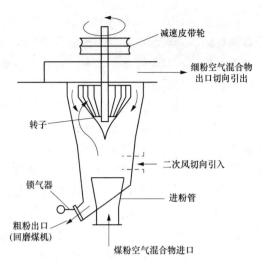

图 4-57 磨煤机通风量、叶片开度与
$R_{90}$ 的关系曲线

图 4-58 回转式离心分离器

回转式离心分离器与其他形式的粗粉分离相比较，有许多优点。分离效率高，配置筒式钢球磨煤机仓储式制粉系统的分离器，分离效率可达 70%～85%；流动阻力小，约为 600～700Pa；调节性能好且调节方便，随转子转速的变化，出口煤粉细度 $R_{90}$ 可均匀的在 5%～30% 调节，并且随出口 $R_{90}$ 的变化，分离器阻力变化不大，该分离器对磨煤机有较大的适应性，特别是在高出力、大风量工况下仍能获得较细的煤粉细度，对提高磨煤机出力和降低制粉电耗极为有利。但其结构较复杂，维修工作量大。

3）各种形式粗粉分离器的性能特点。目前，粗粉分离器有径向式、轴向Ⅰ型式、串联双轴向式、多通道式、动静态组合式等形式。径向式、轴向Ⅰ型式、串联双轴向式、多通道式粗粉分离器的结构特点如图 4-59 所示，各种形式粗粉分离器的性能特点如下。

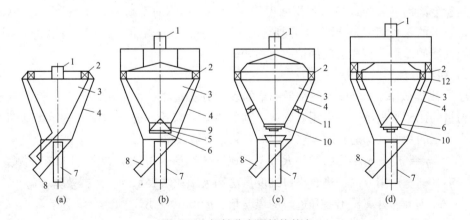

图 4-59 粗粉分离器结构特点
（a）径向式；（b）轴向Ⅰ型式；（c）串联双轴向式；（d）双通道式
1—出口管；2—叶片；3—内锥；4—外锥；5—回粉间隙；6—撞击锥；
7—入口管；8—回粉管；9—回粉篦片；10—台阶式撞击锥；11—一级叶片；12—固定叶片

　　a. 径向式粗粉分离器是我国过去使用的一种粗粉分离器，这种分离器阻力大、离心分离路程短、分离效果差，因而循环倍率高，而煤粉均匀性差。但内锥回粉采用导管引入外锥回粉管，回粉管不易堵塞。这种分离器在国内设计中已不再使用，但是在进口的制粉设备中仍有采用。

　　b. 轴向 I 型式粗粉分离器是轴向分离器的传统形式。当分离叶片由径向改为轴向后分离器阻力减少，同时离心分离路程延长（配合出口段的加高），以及由于回粉的二次分离作用，煤粉均匀性提高。但是内锥的回粉通道易堵，造成煤粉质量的不稳定。同时由于撞击锥使煤粉气流流向外壁，造成外壁磨损加剧。

　　c. 串联双轴向式粗粉分离器取消了内锥的回粉，消除了内锥回粉易堵带来对运行的危害。为避免取消内锥回粉后带来的对分离的影响，在内外锥之间的下部增加了一级挡板，使煤粉的分离不但没有减弱，反而有所增强，煤粉均匀性进一步提高。同时，由于有两级挡板的调节，调节的灵活性增强。

　　d. 多通道式粗粉分离器中的通道是指在内外锥之间有两个通道，一个通道中的叶片为固定，同时内锥回粉间隙也为一个通道，在回粉通道中有螺旋装置以提高回粉通道中的煤粉分离。在正常情况下（回粉通道未堵），由于加强了回粉的二次分离作用，煤粉均匀性得以提高。但多通道式由于调节性能较弱，煤粉细时外通道挡板开度很小，使阻力增大，并在外通道叶片上产生积粉。同时回粉通道仍然易发生煤粉的堵塞，此时煤粉均匀性下降很多。

　　e. 动静态组合式粗粉分离器是在原来调节挡板的内侧增加旋转叶片，形成组合分离。试验证明，该种分离器分离效果强、煤粉均匀性高。同时，由于有旋转分离，因此调节灵活，又易于自动调节。但是由于有旋转部件，且又处于高浓度的煤粉气流中，因此运行中容易磨损和发生故障，增加了检修工作量。

　　(2) 粗粉分离器的工作指标与选择。通常用粗粉分离器效率、循环倍率、容积强度、煤粉细度调节系数、煤粉均匀性改善指数，以及分离器阻力作为粗粉分离器的工作指标，以此检验所选择的粗粉分离器工作的良好程度。

　　粗粉分离器参数的选择以容积强度为指标，对具体的粗粉分离器系列、容积强度，应根据要求的煤粉细度来选取。不同形式和系列的粗粉分离器，由于结构形式、系列化参数及性能的差别，容积强度的选取也不相同。

　　1) 粗粉分离器的工作。

　　a. 分离器效率 $\eta$。分离器效率最简单的表示方法是用分离器出口和入口细粉量或合格煤粉量的比例来表示，还可用对燃烧不利的大颗粒煤粉的分离程度来表示，这两种方法都有一定的片面性。通常用式（4-72）定义分离器效率

$$\eta = \eta_{xf} - \eta_{zf} = [(100 - R_x^A)A/(100 - R_x^B)B - AR_x^A/BR_x^B] \times 100\% \quad (4-72)$$

式中　$\eta_{xf}$、$\eta_{zf}$——用分离器进、出口细度量法和大颗粒法表示的分离器效率，%；

　　　$A$、$B$——分离器出口和进口的煤粉量，g/min、t/h；

　　$R_x^A$、$R_x^B$——分离器出口和进口的煤粉细度，%。

　　b. 循环倍率 $K_{xh}$。分离器进口煤粉量与出口煤粉量之比称为分离器的循环倍率，即

$$K_{xh} = B/A = (A+C)/A = 1 + C/A \quad (4-73)$$

式中　$A$——分离器出口煤粉量，g/min、t/h；

$B$——分离器进口煤粉量，g/min、t/h；

$C$——分离器回粉量，g/min、t/h。

根据 $B=A+C$ 和 $BR_x^B=AR_x^A+CR_x^C$，可得

$$K_{xh} = (R_x^C - R_x^A)/(R_x^C - R_x^B) \tag{4-74}$$

循环倍率表示每制成单位重量的煤粉，在磨煤机中循环的煤粉量，它与磨煤机的工况和分离器的工况有关。运行中对应的通风电耗最小的循环倍率称为最佳循环倍率。

粗粉分离器最佳循环倍率推荐值：对钢球磨煤机，磨制无烟煤时为 3，磨制贫煤和烟煤时为 2.2，褐煤为 1.4；对风扇磨煤机，磨制贫煤时为 7，烟煤为 2.5～3.5，褐煤为 2～4。

c. 容积强度 $q$。粗粉分离器的容积强度定义为系统通风量 $Q$ 与分离器容积 $V$ 之比，即

$$q = Q/V \tag{4-75}$$

式中　$q$——粗粉分离器的容积强度，$m^3/(h \cdot m)^3$；

$Q$——系统通风量，$m^3/h$；

$V$——分离器容积，$m^3$。

由于各种粗粉分离器的外形尺寸基本按几何相似原则系列化，因此，容积 $V$ 可表示为

$$V = KD^3 \tag{4-76}$$

式中　$K$——分离器的结构系数，与分离器的结构形式有关，对轴向型 HW 系列 $K=$ 0.79；

$D$——分离器的标称直径，m。

粗粉分离器的容积强度由其要求的煤粉细度决定，还与分离器的规格有关。分离器直径越大，容积强度选择越小。轴向型粗粉分离器（HW-CB）容积强度推荐值按表 4-43 选取，径向型粗粉分离器（HC-CB、WG-CB）容积强度推荐值按表 4-44 选取，径向型粗粉分离器（DC-CB）容积强度推荐值按表 4-45 选取。

表 4-43　　　轴向型粗粉分离器（HW-CB）容积强度推荐值

| 煤粉细度 $R_{90}$(%) | 容积强度 $q[m^3/(h \cdot m^3)]$ | 煤粉细度 $R_{90}$(%) | 容积强度 $q[m^3/(h \cdot m^3)]$ |
|---|---|---|---|
| 4～6 | 900～1100 | 15～28 | 1500～1850 |
| 6～15 | 1100～1500 | 28～40 | 1850～2200 |

表 4-44　　　径向型粗粉分离器（HC-CB、WG-CB）容积强度推荐值

| 煤粉细度 $R_{90}$(%) | 分离器规格（mm） | | |
|---|---|---|---|
| | $\phi2500$、$\phi2800$、$\phi3400$、$\phi3700$ | $\phi4000$、$\phi4300$ | $\phi4700$、$\phi5100$、$\phi5500$ |
| 6～15 | 1400～1800 | 1100～1500 | 950～1250 |
| 15～28 | 1800～2200 | 1500～1850 | 1250～1550 |
| 28～40 | 2200～2600 | 1850～2150 | 1550～1850 |

表 4-45　　　径向型粗粉分离器（DC-CB）容积强度推荐值

| 煤粉细度 $R_{90}$(%) | 分离器规格（mm） | | |
|---|---|---|---|
| | $\phi2500$、$\phi2800$、$\phi3100$、$\phi3400$ | $\phi3700$、$\phi4000$、$\phi4300$、 | $\phi4700$、$\phi5100$、$\phi5500$ |
| 6～15 | 1750～2250 | 1600～2000 | 1300～1600 |
| 15～28 | 2250～2750 | 2000～2400 | 1600～1900 |
| 28～40 | 2750～3250 | 2400～2800 | 1900～2200 |

d. 煤粉细度调节系数 ε。粗粉分离器进出口煤粉细度的比值称为煤粉细度调节系数，即

$$\varepsilon = R_{90}^B / R_{90}^A \tag{4-77}$$

式中  $R_{90}^B$、$R_{90}^A$——分离器进、出口处的煤粉细度。

显然，ε 值越大，表明粗粉分离器对煤粉细度的调节能力越强。

e. 煤粉均匀性改善指数 $e$。煤粉均匀性改善指数用式（4-78）表示

$$e = n_f^A / n_f^B \tag{4-78}$$

式中  $\eta_f^B$、$\eta_f^A$——分离器进、出口处煤粉的均匀性指数。

显然 $e>1$，如果磨煤机出口的煤粉颗粒均匀，分离器出口的煤粉颗粒也均匀。

f. 分离器阻力 $\Delta p_\xi$。分离器阻力关系到分离器的磨损和制粉系统运行的经济性，应尽可能地降低阻力损失。就配风扇磨煤机的直吹式制粉系统而言，对制粉系统运行的影响更为突出。通常分别测试分离器入、出口风压，以压差简单表示分离器的阻力。一般，设备和部件的阻力 $\Delta p_\xi$ 按式（4-79）计算

$$\Delta p_\xi = \xi_0 (1 + K\mu) P_g \omega^2 / 2 \tag{4-79}$$

式中  $\Delta p_\xi$——分离器的阻力，Pa；

$\xi_0$——纯气体下设备或部件的阻力系数，对轴向叶片型粗粉分离器，HW-CB、HW-CF 系列为 3.2；

$K$——气流含粉时的修正系数；

$\mu$——设备或部件的煤粉浓度，kg/kg；

$P_g$——设备或部件的气流密度，kg/m³；

$\omega^2$——与 $\xi_0$ 相应截面的气流速度，m/s。

2）粗粉分离器的选择。选择粗粉分离器时，先假定粗粉分离器规格的大致范围，选定相应的容积强度，再据以确定粗粉分离器尺寸。如选择结果与假定范围不一致，需重新进行选择。选择粗粉分离器参数时，先根据煤种要求的煤粉细度和选定的分离器类型，再从表 4-43～表 4-45 中选取相应的容积强度，再根据系统通风量和式（4-75）计算所需要的分离器容积，用式（4-76）计算出分离器直径，根据各种粗粉分离器的技术规格选定分离器的规格；最后，还应核算分离器的阻力，如阻力过高（如 $\Delta p > 1000$Pa 时），应重新选择其他类型和规格。

（3）粗粉分离器的磨损和运行维护。无论哪种粗粉分离器，磨损都是很严重的，只是磨损的部位有所不同。固定式分离器易磨损的部位是内锥体，回转式分离器易磨损的部位是转子的叶片，分离器的内部磨损也很严重，有的火力发电厂粗粉分离器外壁被磨损穿透，不得不焊上厚厚的钢板。粗粉分离器被磨损的原因主要是大量的、高密度的气粉混合物通过设备部件的切削造成的。并且，通过的气粉混合物速度的大小、密度的高低，阻力的强弱、旋流的强度等，都直接和磨损有关。粗粉分离器的磨损有设备本身的原因，也有人为的因素，除设备和检修质量外，运行中的检查、调整、良好的操作习惯可限制磨损在一定的范围内。

运行中粗粉分离器的故障现象较多，表现在出口负压不正常的大于规定值、煤粉变粗、回粉量大或没有回粉等。出口负压大是漏风所致，应检查磨煤机、输粉管道、人孔门、防爆门等处的漏风和磨损情况；煤粉变粗，当煤种和通风量没有变时，应检查折向

挡板和回粉量。回粉量大时，回粉管上的锁气器动作频繁，此时磨煤机出力减小（从锅炉负荷或煤粉仓粉位可以判断），可能是折向挡板堵塞或调节套筒脱落；没有回粉或回粉很少时，回粉管表面温度降低，锁气器不动作；煤粉不正常的变粗，其原因有回粉管堵塞、粗粉分离器内锥体磨穿气粉混合物从截路流通。运行中的故障判断与正确处理，直接关系到制粉系统及锅炉机组的安全经济运行。

（4）粗粉分离器的比较。上面介绍的几种粗粉分离器的性能比较列于表 4-46 中。

表 4-46                 几种粗粉分离器的性能比较

| 比较项目 | 惯性式 | 重力式 | 离心式（挡板） | 回转式 |
|---|---|---|---|---|
| 煤粉均匀程度 | 最差 | 较好 | 中等 | 中等 |
| 煤粉细度 | 粗 | 粗 | 可以很细 | 可很细 |
| 调节幅度 $R_{90}$（％） | ≤20～30 | ≤20～30 | 中等 10～20 | >5～30 以上 |
| 阻力（Pa） | 小（300～400） | 最小 | 较大（1000 左右） | 较小（500～700） |
| 机构复杂程度 | 简单 | 简单 | 中等 | 较复杂 |
| 尺寸 | 较大 | 最大 | 较小 | 最小 |
| 单位电耗 [kW/(t·h)] | 15～14（$R_{90}$=30～26） | 最小 | 18～16（$R_{90}$=10～20） | 17～14（$R_{90}$=10～20） |

从表中看出离心式分离器具有广泛的适应性，目前应用较多。回转式分离器增加了转动机构，结构比较复杂，检修工作量大，但它的阻力较小，调节方便，适应负荷变化的性能好，尤其是在高出力、大风量的条件下，仍可获得合格的煤粉细度，又因为调节方便可适合多种煤种，所以回转式分离器适用于直吹式制粉系统。这种分离器的尺寸小、布置紧凑，增加了它在某些条件下的实用性。惯性式分离器和重力式分离器结构简单、阻力小、电耗少，但分离的煤粉较粗，适用于配备在磨制高挥发分煤种的风扇磨煤机及竖井磨煤机中。

**6. 细粉分离器（旋风分离器）**

中间仓储式制粉系统中配置有旋风分离器，旋风分离器又称为细粉分离器。旋风分离器布置在仓储式制粉系统中粗粉分离器之后、煤粉仓之前。气粉混合物在旋风分离器内，以强烈的旋转作用使过细的煤粉分离。经粗粉分离器分离粗粉后，气粉混合物中的煤粉在旋风分离器内分离，合格的煤粉储存入煤粉仓或通过煤粉输送设备送入邻炉煤粉仓，分离出的携粉气流（细粉含量为 10％～15％），以采用制粉系统的不同，热风送粉系统作为三次风经专用燃烧器进入炉内燃烧，乏气（干燥剂）送粉系统作为干燥剂来送粉。

对细粉分离器的基本要求是在满足制粉系统用风量的前提下，有较高的分离效率、较低的阻力，并且运行可靠、不易磨损、设备紧凑、金属耗量较少。

典型的旋风分离器如图 4-60 所示。气粉混合物从入口管切向进入旋风分离器，在筒体内侧圆管和中心管之间高速旋转，由于惯性离心力的作用，合格的煤粉被甩出分离，抛向筒体内侧圆

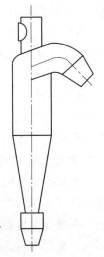

图 4-60 旋风分离器

管壁上，煤粉以自身重力沿筒壁下滑落入筒底，进入煤粉仓或送入邻炉。工艺过程要求旋风分离器将合格的煤粉尽可能的分离出来，需要气粉混合物保持强烈的旋转能量，因此不能用挡板式结构，而利用气粉混合物切向进入分离器的高速旋转产生强烈的分离作用。

从结构方面考虑，旋风分离器的筒体高度与直径之比需要在 6 左右，对于大容量的锅炉，旋风分离器高达几十米，综合厂房结构、防风、抗震、防雷电等因素，这样的庞然大物竖立于厂房顶部很难想象，这也是大、中容量锅炉较少采用中间仓储式制粉系统、直吹式制粉系统不采用细粉分离器的原因之一。

1）细粉分离器效率，指分离器出口的煤粉量占进口煤粉量的百分数。它主要受分离器的结构、磨损程度的影响，是衡量分离器的重要指标。旋风分离器的效率高达 90%～95%，但实际上不容易保证。旋风分离器使用一段时间后，气粉混合物切向进入的筒体壁面部位容易磨穿而泄漏风粉。当壁面钢板磨损穿透后，有些火力发电厂在外壁补焊钢板，由于内壁面粗糙，外圈的气粉混合物抛向筒中心，分离效率下降，甚至低于 85%。为保证细粉分离器效率而采用两台分离器并联运行时，应采取措施使两台分离器的负荷分配均匀，否则一台磨损很小，另一台则磨损很快，煤粉细度得不到保证，总的运行周期缩短。

2）细粉分离器直径的确定

$$D_C = [Q_V/(2830)u_C]^{1/2} \qquad (4\text{-}80)$$

式中　$D_C$——细粉分离器直径，m；

　　　$Q_V$——制粉系统通风（干燥剂）量，m³/h；

　　　$u_C$——细粉分离器内（气粉混合物）平均速度，在 3～3.5m/s 选取。

3）细粉分离器的选用原则是按细粉分离器的通风量（筒内平均流速）进行细粉分离器直径的初选，核定细粉分离器效率，如效率满足要求（高于界限值），则进行下一步计算；如效率低于界限值，则可适当减少细粉分离器直径（但筒内流速不能超过上限值），或者考虑两个直径较小的细粉分离器并联的办法，重新选定细粉分离器以满足对效率的要求；计算细粉分离器的阻力［按式（4-79）计算，对 HG-XB、HG-XF、DG-XB、HW-XB 等形式的细粉分离器，$\xi_0$ 为 215］，如阻力过高（$\Delta p > 1000$Pa），则重新做细粉分离器的选型和计算。

制粉系统运行中，当发现锅炉主蒸汽压力、温度不正常升高，烟囱冒黑烟（除尘效率差时）、排烟温度略升高时，应迅速检查排粉机电流和细粉分离器出口负压。如排粉机电流增大，分离器出口负压减小，说明细粉分离器下粉不畅或细粉分离器堵塞，应立即减少给煤机给煤量或停止给煤机及磨煤机运行，进行细粉分离器抽粉，同时清理细粉分离器下粉筛以保证分离器下粉正常。待烟囱冒黑烟消失，主蒸汽压力、温度正常后，启动磨煤机及给煤机，恢复制粉系统运行重新制粉。

**7. 制粉系统的风机**

（1）制粉系统的风机及要求。在输送流体的机械中，提高并输送流体能量的工质为气体（空气、烟气、气粉混合物等）的机械称为风机。制粉系统中风机的压头、风量应能满足系统最大出力的要求。制粉系统中的风机按工作性质和安装部位分为排粉机、一次风机、密封风机、排烟风机。

根据一次风机相对空气预热器布置位置的不同，直吹式正压制粉系统有热一次风机系统和冷一次风机系统，布置在空气预热器之前的风机称为冷一次风机，布置在空气预热器之后的风机称为热一次风机。直吹式正压制粉系统、双进双出钢球磨煤机直吹式制粉系统，均布置有一次风机及磨煤机的密封风机；风扇磨煤机直吹式三介质干燥系统布置有抽炉烟风机。把制粉系统煤粉分离器后的气粉混合物（仓储式系统含 5％～15％的细粉），提高压头送入炉内燃烧的风机称为排粉机。排粉机利用装在主轴上的叶轮，在高速旋转时产生的惯性离心力，提高较低浓度气粉混合物的压力、输送一定量的气粉混合物，并克服各种阻力输送较高浓度的气粉混合物。

制粉系统风机的风量和压头应根据不同的制粉系统和风机类别来确定；制粉系统风机的选型应根据确定的设计风量和风压、使用条件，选择合适的风机形式和规格。

为保证制粉系统与风机的安全经济运行和降低噪声，应满足以下三点要求。

1）风机的结构应能适应所输送的介质温度的要求。对风机温度规定为排粉机用于中间仓储式乏气送粉系统时，设计的气体进口温度为 70℃，允许的最高进口温度为 150℃；离心式热一次风机设计进口温度为 250℃，允许的最高进口温度为 300℃。当进口介质温度超过 300℃时，按高温风机进行设计和选择；抽烟风机按抽烟气点处的温度设计和选择。

2）制粉系统的风机根据所输送气体的含粉量采用相应的防磨措施，对负压直吹式制粉系统所采用的排粉风机，应选择耐磨型，并采取特殊的防磨措施。

3）风机应有必需的装置和部件。风机的自保护装置，如轴承温度和断油保护及轴流式冷一次风机的喘振保护等；高温风机轴承的专门隔热和冷却装置；密封风机进口过滤器；降低噪声的装置，一次风机可在风机进气箱前安装消声器，在机壳上敷设消声材料；排粉机和热一次风机可在机壳上进行隔声处理或采用隔声罩及隔声室；对抽烟风机在机壳上做隔声处理。

（2）一次风机。以空气预热器为分界点，沿介质流向，布置在空气预热器前的一次风机称为冷一次风机，布置在空气预热器后的一次风机称为热一次风机。

热一次风机输送的是经空气预热器加热后的热空气。因介质温度高（300℃左右）、比体积大，因此，热一次风机较输送同样质量空气的冷一次风机尺寸大、能耗高、风机运行效率低，且存在高温腐蚀。冷一次风机输送的是冷空气，其工作可靠性高于热一次风机，且冷空气比体积小，通风电耗低。由于冷一次风机要求有较高的压头以克服流程阻力，此压头要比供二次风的送风机压头高得多，所以由送风机兼供压头悬殊的一、二风，明显是不经济的，为此，采用冷一次风机专门输送一次风。正压直吹式冷一次风机系统较热一次风机系统有较多的优越性，大中容量机组锅炉采用冷一次风机系统是最安全经济的，目前，国内新建火力发电厂大中容量机组锅炉较多采用。

制粉系统一次风机的台数按以下要求确定：冷一次风机的台数宜为 2 台，不设备用；热一次风机的台数与磨煤机的台数相匹配。

制粉系统一次风机的风量和压头：采用三分仓空气预热器正压直吹式制粉系统的冷一次风机的基本风量按设计煤种计算，应包括锅炉在最大连续蒸发量时所需要的一次风量、全部磨煤机的密封风量和制造厂保证的空气预热器运行一年后一次风侧的漏风量，以及由一次风所提供的全部磨煤机的密封风量损失。风量余量不小于 35％，压头余量为 30％，与送风机串联的冷一次风机的压头余量为 35％；采用两分仓或管箱式空气预热器正压直吹式制粉系统的热一次风机的基本风量按设计煤种计算，其风量应为每台磨煤机在额定出力时的一次风量减去每台磨煤机的密封风量，风量余量为5％～10％，压头余量为10％～20％；采用三分仓空气预热器仓储式制粉系统的冷一次风机的基本风量按设计煤种计算，其风量应包括锅炉在最大连续蒸发量所需的一次风量和空气预热器运行一年后一次风侧的漏风量，风量余量为15％～25％，风压余量为20％～30％。

制粉系统一次风机的选型：正压直吹式制粉系统或热风送粉仓储式制粉系统，采用三分仓空气预热器时，冷一次风机宜采用单速离心式风机；经过比较，也可采用动叶可调轴流式风机。直吹式制粉系统采用两分仓空气预热器时，热一次风机宜采用单速离心式风机。

（3）密封风机。在直吹式制粉系统中，磨煤机在运行中，磨煤机内部和外部有一定的压力差，为防止煤粉外漏、污染磨辊内部油腔，中速磨煤机设有密封风系统，密封点主要有磨辊、拉杆、磨盘、旋转分离器等部位。为达到理想的密封效果，密封风与一次风的压差必须保持一定的数值。密封风机的启停根据磨煤机的需要启停。

密封风机的台数按以下要求确定：密封风机每台锅炉的设置不少于2台，其中一台备用；当每台磨煤机均设置密封风机时，可不设置备用密封风机。密封风机风量余量应不低于10％，压头余量应不低于20％。

（4）排粉机。排粉机的台数应与磨煤机的台数相同；风量余量为5％～10％，风压余量为10％～20％；排粉机采用离心式风机。

我国火力发电厂常用的排粉机一般采用M7-29型、M9-27型前弯叶片排粉机和M6-30型后弯叶片排粉机，前弯叶片排粉机使用的较多。对直吹式负压系统排粉机多使用M0.4-90型锯齿叶片。排粉机在运行时存在的主要问题是磨损严重。磨损规律为仓储式制粉系统采用前弯叶片排粉机，磨损部位多在叶片进出口和靠近后盘根处；直吹式制粉系统排粉机采用锯齿叶片的排粉机，磨损部位多在叶片出口处。

由于输送介质为气粉混合物，风机的叶轮、机壳等采用耐磨材料；在结构上还应考虑防止排粉机内积粉、引起转动部件不平衡所产生的振动；设计和安装时考虑排粉机和磨煤机转动方向相同时，所产生的空气挤压而引起的地基不平衡震动；设备设计制造时，还应考虑到排粉机处于较高的介质温度下工作，又属于锅炉重要的附属机械设备，工作条件较差，对设备的润滑、冷却、工作可靠性等问题要做特殊的考虑。运行工作实践中，要加强对排粉机的检查和维护工作，发现问题及时处理。

无论是仓储式制粉系统还是直吹式制粉系统，减轻排粉机的磨损、延长运行周期都十分重要，所以排粉机大多数采用耐磨结构。耐磨排粉机通常采用直叶片，并适用较低的轮周转速，外壳内装有锰钢或生铁的耐磨衬板。叶片用锰钢制造或用普通钢板表面经过渗碳或堆焊硬质合金制成，便于拆卸更换；有些排粉机还应用气流保护原理，将叶片工作表面做成锯齿形，造成表面涡流保护叶片，对减轻叶片磨损有一定的效果；在叶片表面贴附碳化硅防磨层，可使排粉机连续运行20 000h以上。

M7-29型风机是专供输送煤粉的高压离心式风机，按叶轮尺寸大小分为11、12/2、13、16、17号等五个机号。M7-29型排粉机叶轮由20个前向叶片和前后板焊接而成，涡壳内衬有护板，磨损后易于更换。13号以下的风机采用滚动轴承，16号以上采用润滑轴承。排粉机轴承箱内装有蛇形冷水管，以冷却润滑油；轴承箱上装有油位指示器、温度计，便于运行人员检查和维护。该型风机的流量为 1500～160 000m³/h，全风压为 500～1200Pa。

排粉机的运行工况关系着煤粉制备系统、燃烧系统及整个锅炉机组的安全与经济运行。排粉机及其制粉系统启动前，要认真严格检查电气、机械部分，以及润滑、冷却系统；运行中要定期检查润滑油位、冷却水工况，注意轴承温度、机械振动、异常声音等异常现象，监视排粉机的电流、出入口风压等运行参数。当发现排粉机出现强烈的振动和噪声、轴承温度急剧升高、电机冒烟等情况时，应迅速准确的进行制粉系统的调整、锅炉负荷的转移，立即停止排粉机运行，查找原因并消除，严禁硬顶死扛、拼设备，从而酿成大祸。随着技术的进步，高效率的排粉机已逐步在发电厂应用和推广，对传统排粉机的改造、改型工作，应在检修、调整后仍无明显效果后及时进行。

**8. 给粉机**

对给粉机工作的要求是根据锅炉燃烧的需要，将煤粉仓内煤粉连续、均匀地送入一次风管，并能灵活方便地调节煤粉量。

给粉机装设在仓储式制粉系统煤粉仓的下部，给粉机下的落粉管与煤粉混合器相连，煤粉混合器出口与一次风管相连，每台给粉机对应一支一次风管及一台燃烧器（或燃烧器喷口），对于燃烧器四角布置的锅炉，给粉机数量为 4 的倍数。常用的给粉机有螺旋给粉机、叶轮给粉机。大、中型锅炉的给粉机宜选用叶轮式给粉机。给粉量通过改变给粉机转速来调节（给粉机前下粉挡板门只能做辅助调节手段），给粉机可配置滑差调速电机或变频调速电机。叶轮给粉机适用于挥发分低的煤种，螺旋给粉机适用于挥发分高的煤种。目前，螺旋给粉机已逐步淘汰、很少使用。

给粉机的台数与燃烧器一次风接口数相同；给粉机的出力不小于与其连接的燃烧器出力的 130%，即

$$B_{PC,F} = 1.3(B_{max}/Z_{Bur}) \times (Q_{net,ar}/Q_{net,ad}) \tag{4-81}$$

式中　　$B_{PC,F}$——给粉机的出力，t/(h·台)；

　　　　$B_{max}$——锅炉最大蒸发量时的燃煤量，t/h；

　　　　$Z_{Bur}$——燃烧器一次风喷口数，即给粉机的台数，台；

$Q_{net,ar}$、$Q_{net,ad}$——设计煤种的收到基和干燥基低位发热量，kJ/kg。

干燥的煤粉具有良好的流动性，即使给粉机不转动，在煤粉仓内粉位高度所形成的压力下，煤粉仍会从给粉机中自动流出，这种现象称为给粉机自流或煤粉自流。自流现象的存在，造成给粉机给粉不均匀，会引起煤粉燃烧火焰大幅度脉动，锅炉参数忽高忽低难于保持稳定，挥发分高的煤粉，对锅炉燃烧影响较小；挥发分低的煤粉，着火、燃烧困难，对锅炉燃烧影响较大，处理不好可能造成锅炉灭火、打砲等恶性燃烧事故。

（1）叶轮给粉机。图 4-61 所示为叶轮给粉机结构简图。电动机经齿轮减速机带动给粉机的叶轮、刮板（搅拌器）一起转动，煤粉进入给粉机后，由刮板均匀拨至左侧的上孔板，落入上叶轮（供粉叶轮），上叶轮转动 180°将煤粉带到右侧下孔板，落入下叶轮（测量叶轮），经下叶轮拨至左侧落入给粉管（下粉管）进入煤粉混合器，与热风混合后进入一次风管及燃烧器。通过改变给粉机的转速进行供粉量的调节。

叶轮给粉机的密封性能好、供粉均匀，不容易发生煤粉自流现象，还可防止一次风倒流进入煤粉仓，所以应用广泛。但其结构复杂、电耗大，容易被木屑等杂物堵塞或卡

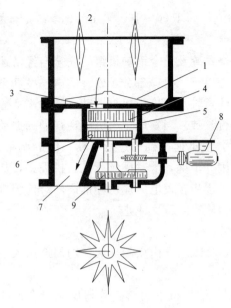

图 4-61　叶轮给粉机结构简图

1—搅拌器；2—遮断挡板；3—上板孔；
4—上叶轮；5—下板孔；6—下叶轮；
7—给粉管；8—电动机；9—减速器齿轮

断给粉机保险销，造成给粉机空转而不供煤粉。给粉机保险销断裂是叶轮给粉机运行中比较常见的故障。以前，给粉机保险销均设计在上叶轮（供粉叶轮）上，每次更换保险销需要关闭下粉插板、掏空给粉机腔体内积粉，才能更换保险销。给粉机平台温度高、煤粉脏污，更换保险销时运行人员的工作时间较长、工作条件差。为此，有的火力发电厂将保险销改在给粉机电机与减速机连接的对轮上，只有在保险销频繁断裂时才清掏煤粉、检查给粉机腔体，改善了运行人员劳动条件、缩短了更换保险销工作时间。目前，叶轮给粉机的生产单位将保险销设置在给粉机的外部，方便了火力发电厂的运行与管理。此外，叶轮给粉机的电动机可采用滑差调速电动机，也可采用变频调速电动机。

叶轮给粉机技术参数见表 4-47，出力可满足 200、300、600MW 及以上锅炉机组的需要。

表 4-47　　　　　　　　　　　叶轮给粉机技术参数

| 参数 | 型　号 | | | | | |
| --- | --- | --- | --- | --- | --- | --- |
| | GF-1.5 | GF-3 | GF-6 | GF-9 | GF-12 | GF-15 |
| 额定出力（t/h） | 0.5~1.5 | 1~3 | 2~6 | 3~9 | 4~12 | 5~15 |
| 设计选用煤粉密度（kg/m³） | 0.65 | | | | | |
| 叶轮直径（mm） | 313 | | | 386 | | |
| 叶轮齿数 | 12 | | | | | |
| 主轴额定转速（r/min） | 9~40 | | | 21~81 | | 21~81 |

　　锅炉正常运行中的一次风压值，在某一数值上下有微小的波动。运行中通过监视给粉机所对应的一次风管风压的变化，监视给粉机的供粉情况，根据一次风管风压值的变化，及时调整并对症处理。给粉机不供粉或供粉量少时，一次风压波动幅度较小，并且较供粉量正常时值小；给粉机供粉量较多时，一次风压较正常值偏大；给粉机发生自流或来（下）粉不稳定时，一次风压较正常供粉量时的值大，并且风压忽大忽小、极不稳定；一次风管堵塞时，一次风压接近或超过总风压值，并且停滞（静止）不波动。

　　给粉机不供粉时，应活动给粉机插板、振打落粉管、检查给粉机联轴器、保险销是否断裂、检查给粉机减速机油位及油质，经给粉机盘车后试转仍不供粉时，应关闭给粉机插板，停止给粉机运转并切断电源、挂警示标志牌，然后打开检查孔，使用专用工具或自制工具，清掏给粉机腔体内积存煤粉，清除给粉机内杂物，检查叶轮、刮板。利用排粉机入口负压或专用风机抽吸给粉机腔体内积粉，可改善运行人员的工作条件。

　　运行中因一次风挡板开度过大或过小、给粉机供粉量大、煤粉在一次风管中沉积等原因，造成一次风管堵塞时，具有 300℃ 左右高温的一次风长时间的冲刷积粉、炉膛燃烧不稳定时燃烧器回火引燃积粉等原因，都会使一次风管内的煤粉自燃，烧坏设备、影响锅炉燃烧，所以，一经发现应及时处理恢复运行。疏通一次风管堵塞时，应关闭给粉机下粉插板（闸板），振打下粉管、煤粉混合器，保持堵塞的一次风管较大的单管风压进行吹扫；仍处理不好时，用锅炉厂房内压缩空气或使用移动空气压缩机在堵塞部位前吹扫，直至吹通堵粉、一次风压恢复正常。处理一次风管堵塞时，应控制好锅炉燃烧工况，防止堵塞的一次风管吹通后，大量的风、粉进入炉膛，造成燃烧恶化或炉膛负压保护动作。

叶轮给粉机转速的调节幅度很宽，可从几十转到几百转，乃至上千转。转速的调节应根据给粉机的转速-给粉量曲线进行，过高、过低的转速均使给粉量不成比例变化，供粉也不均匀，给粉机转速变化较大时，应停止检查或将转速固定在某一数值，运行一段时间后恢复原来转速。为保证锅炉燃烧的稳定，给粉机应保持多数量（台数）、低转速运行。给粉机运行中，应定期清掏腔体积粉并清除杂物，定期加油、检查，保证给粉机安全运行及锅炉燃烧的稳定。

（2）螺旋给粉机。变径式螺旋给粉机依靠旋转的螺杆输粉，给粉量通过螺杆的转速和给粉机的通风量调节。螺旋给粉机的结构简单，对木屑等杂物不是很敏感，运行维护、设备检修方便。螺旋给粉机螺杆的直径起、始端不相等，否则只有第一节螺旋吃粉，煤粉仓出口可能形成旋拱和空穴，下粉减少；一次风倒窜进入粉仓内，在煤粉层压力作用下，一旦煤粉崩坍（塌粉），冲击力使出粉在短时间内猛增，从不严密处冒出。改进后的螺旋杆，在很大程度上改善了出粉不均匀和煤粉自流的现象。改进方法是把螺旋杆做成直径递增的结构，使落在每个螺距内的煤粉量尽可能相等，保证出粉均匀，减少堵粉的可能；或者减少螺杆最后几道螺距，防止煤粉流速超过螺杆转速下的推进量，增大煤粉自流的阻力，增强给粉机工作稳定性。

**9. 输粉设备**

中间仓储式制粉系统在细粉分离器下、煤粉仓上配置输粉设备，用来连接本炉或相邻锅炉的其他制粉系统，用作输送或调节分配煤粉。输粉设备的设置原则和容量的确定：每台锅炉采用两台磨煤机时，为增强制粉系统的灵活性和可靠性，相邻两台锅炉的煤粉仓可采用输粉设备（如螺旋输粉机等）连通；每台锅炉采用 4 台磨煤机和两个煤粉仓时，可采用输粉设备连通同一台锅炉的两个煤粉仓或两台锅炉间相邻的两个煤粉仓；输粉设备的容量，按相连磨煤机中最大一台磨煤机的计算出力考虑，以保证磨煤机运行调度的灵活性，发挥输粉机的作用；螺旋输粉机的长度在 40m 及以下时，宜单端驱动；长度在 40m 以上时，宜双端驱动；螺旋输粉机的最大长度不宜超过 40m。

输粉设备通常有螺旋输粉机、气力输粉机等形式。现场也将螺旋输粉机称为绞笼。螺旋输粉机外壳为圆槽体，槽体分段设有主轴的轴承支座、吊架，输粉部分为装在主轴上的螺旋形叶片即螺旋杆，输粉机螺旋杆的两端装有推力轴承。螺旋输粉机上部经输粉管与各细粉分离器落粉管相接，下部经落粉管与煤粉仓相连。螺旋输粉机结构，如图 4-62 所示。

螺旋输粉机主轴正向旋转时推动（输送）煤粉向前移动，反向旋转时推动（输送）煤粉向后移动。主轴正反两向转动，煤粉在螺旋形叶片推动下，沿螺旋叶片旋转的方向移动，将煤粉输送到煤粉仓内。输送煤粉的阻力传递到螺旋片及轴上，再传递至槽体两端的推力轴承上，推力轴承承受螺旋输粉机工作时产生的反作用力。

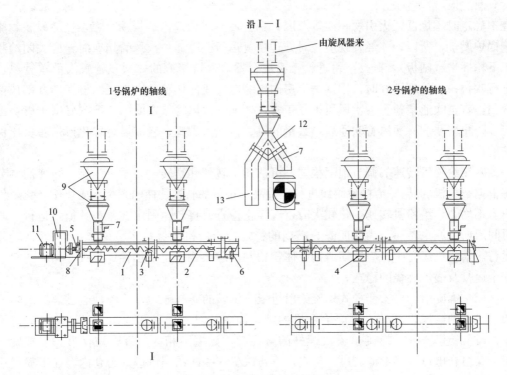

图 4-62　螺旋输粉机结构

1—外壳；2—螺旋杆；3—轴承；4—带有挡板的煤粉落出管；5—推力轴承；6—支架；7—煤粉落入；
8—端头的支座；9—锁气器；10—减速器；11—电动机；12—转换通路挡板；13—煤粉落进煤粉仓的管道

使用螺旋输粉机送粉前，先将受粉锅炉的下粉插板打开，开启螺旋输粉机上的吸潮气管，对各轴承注入润滑脂、润滑油，检查减速机油位正常，启动螺旋输粉机（如需启动两台套螺旋输粉机，先启动受粉锅炉侧），空转 1～3min，确定转动方向正确后，将送粉锅炉细粉分离器下粉导向挡板倒向螺旋输粉机侧，关闭送粉锅炉煤粉仓下粉插板开始送粉，应注意掌握开始送粉时送粉、受粉锅炉的煤粉仓粉位。受粉锅炉不需要送粉时，停止操作与启动时相反，螺旋输粉机停止前应空转 3～5min，让输粉机内煤粉转空方可停止。螺旋输粉机运转中，应保持送粉炉磨煤机及制粉系统的稳定运行，定期检查受粉锅炉、送粉锅炉煤粉仓粉位，检查输粉机运转及有无冒粉、漏粉等情况，监视输粉机电流。螺旋输粉机运行中跳闸时，先将送粉锅炉细粉分离器下插板开启，上部导向插板导向本炉，立即停止送粉，查明原因予以处理后，根据具体情况决定是否再次送粉。

为防止螺旋输粉机两端头积粉，可将螺旋杆两端头部位螺旋片割短，可以有效防止积粉或积粉被推力挤紧压实。螺旋输粉机工作可靠、安全，操作方便，运行灵活，广泛应用于仓储式制粉系统中。

某火力发电厂在锅炉双侧细粉分离器落粉管上部、下部装设×形交叉管道，利用挡板的开启、关闭使煤粉在本炉煤粉仓两侧达到平衡或提高另一侧粉位的目的。采用交叉管，除平衡同一煤粉仓粉位或提高同一台锅炉另一煤粉仓粉位外，还能有效改善粉仓内煤粉的流动及给粉机的工况，便于磨煤机的经济调度，减少制粉电耗。交叉管运行灵活、操作方便，不需要机械、气力设备。装设×形交叉管道提高或平衡煤粉粉位的方法，可以推广到同一台锅炉的两个煤粉仓或两台锅炉间相邻的两个煤粉仓之间进行煤粉互送。

用交叉管平衡同一座煤粉仓粉位时，先将交叉管交叉部位挡板倒向受粉侧，使煤粉流向构成直线通道，再将旋风分离器下挡板倒向交叉管内（如果该挡板处于煤粉仓和螺旋输粉机倒向挡板之下、在煤粉仓或螺旋输粉机下粉管上时，把该切换挡板导向相应位置），即可使煤粉从一侧送到另一侧。用交叉管提高同一台锅炉另一座煤粉仓或两台锅炉间相邻的两个煤粉仓之间粉位的操作方法，与平衡同一座煤粉仓粉位的操作相同。

气力输粉机由仓泵、输粉管道、压缩空气及相应的阀门、挡板门、仪表等组成。煤粉从细粉分离器落入仓泵，仓泵存满煤粉后开启仓泵上的压缩空气门输煤送粉，仓泵中的煤粉输送完后关闭压缩空气，停止输粉、仓泵再存煤粉，周而复始达到气力输送煤粉的目的。气力输粉机一般设置两台（套），输粉中一台（套）仓泵进粉，另一台（套）运行（输粉），两台气力输粉机交替进粉、输粉。气力输粉机可实现自动控制，输送煤粉的距离较螺旋输粉机长，还可减少厂用电；其缺点是系统复杂，需要设置压缩空气系统，管道、阀门等磨损严重。

### 10. 煤粉混合器

在仓储式制粉系统给粉机落粉管下装设有煤粉混合器。煤粉混合器用于仓储式制粉系统中煤粉与热风或乏气的均匀混合。煤粉混合器布置于一次风管之前，入口与热风或乏气管道相连，上部连接给粉机落粉管，出口连接一次风管。煤粉混合器应能保证煤粉从给粉机的落粉管均匀连续的落入一次风管，避免煤粉的堆积、减少阻力，并防止风粉不均匀。

煤粉混合器常用的有带双托板的单面收缩混合器和引射式混合器两种。当混合器到炉膛之间的总阻力大于2kPa时，宜采用引射式混合器。混合器的收缩段、托板宜用不锈钢材料或衬涂防磨材料。煤粉混合器的结构要保证煤粉与热风或乏气混合均匀，防止混合器后的送粉管道上发生风粉不均现象。混合器装设时，其内部托板应呈水平位置。

### 11. 节流元件

节流元件用于均衡直吹式制粉系统（每台磨煤机）并列送粉管道的阻力。

节流元件有固定通径和可调通径两类，固定节流元件有圆形等节流孔板，可调节节流元件有弧形或月牙形。均衡送粉管道的阻力也可采用改变弯头阻力的方法。一般在垂直管道上采用圆形节流元件，在水平管道上采用弧形或月牙形节流元件。

为保证节流元件的节流特性长期不变（或尽可能保证一个检修周期内不变），节流元件采用硬质耐磨合金制成。固定节流元件因磨损使其节流特性产生较大改变时，应及时更换。可调节流元件的通径应按运行（含粉气流）条件的计算结果在检修时调节或更换。

### 12. 锁气器

锁气器是只允许固体（颗粒、粉料）物质间断通过，而不允许气体随同流过的设备。中间仓储式制粉系统中多处需要将煤颗粒、煤粉在不同压力下输送，又不允许空气通过，为此在这些部位装置了锁气器。中间仓储式制粉系统中粗粉分离器至磨煤机的回粉管上、细粉分离器到煤粉仓的落粉管上、磨煤机落煤管（采用皮带给煤机时配置）等处装设有不同形式的锁气器。

锁气器有机械式、电动式等种类，机械式锁气器按安装部位的不同又分为锥形锁气器和斜（平）板式锁气器两种。

（1）机械式锁气器。中间仓储式制粉系统中，由细粉分离器到煤粉仓的落粉管上装设锁气器，以防止卸粉时空气漏入细粉分离器导致卸粉不畅、堵塞等现象，而破坏其正常工作。落粉管上一般装设锥形锁气器，锁气器应能连续放粉，壳体上应有手孔，以便于检查落粉管的落粉、调整和维护粉筛；落粉管上一般串联装设两台锥形锁气器，以保证密封和运行中的调整和维护；锥形锁气器应垂直装设，锁气器上部要有足够长的管段作为粉柱密封管段，该管段保持垂直或与垂直方向的夹角不大于 5°；密封管段以上的管段可以倾斜，但与垂直方向的夹角不大于 30°。锥形锁气器上部密封管段的垂直高度 $h$（mm）按式（4-82）确定

$$h \geqslant 0.2p_S + 100 \tag{4-82}$$

式中　$h$——锁气器密封管段垂直高度，mm；

　　　$p_S$——细粉分离器平均负压（进、出口负压的平均值）的绝对值，Pa。

锥形锁气器的进口管内径按式（4-83）确定

$$D_0 = \sqrt{4G/\pi q} \tag{4-83}$$

$$D_g = 10D_0$$

式中　$D_0$——锁气器的进口管内径，cm；

　　　$D_g$——锁气器的公称通径，mm；

　　　$G$——锥形锁气器出力，kg/h；

　　　$q$——锁气器单位出力，kg/(cm² · h)，用于煤粉时，$q=25\sim35$kg/(cm² · h)。

根据制粉系统的出力确定

$$G = (B_m Q_{ar,net} \eta_{cye}/Q_{ad,net}) \times 10^3 \tag{4-84}$$

式中　　　$B_m$——制粉系统原煤出力，t/h；

$Q_{ar,net}$、$Q_{ad,net}$——煤收到基、空气干燥基（近似于煤粉）低位发热量，kJ/kg；

　　　$\eta_{cye}$——细粉分离器效率，%。

对于斜板式锁气器上部密封管段按式（4-82）确定（$p_S$ 为粗粉分离器进、出口负压的绝对值），但不得小于 800mm；进口管内径按式（4-83）确定，锁气器出力 $G$ 按式（4-85）计算

$$G = (B_m Q_{ar,net}/Q_{ad,net})(K_e - 1) \tag{4-85}$$

式中　$K_e$——循环倍率，无烟煤、贫煤、劣质烟煤近似取 3，烟煤取 2。

粗粉分离器至磨煤机的回粉管应串联装设两台锁气器，垂直管道上选用锥形锁气器，倾斜管道上装设平（斜）板式锁气器；斜板式锁气器与水平面的夹角保持 65°～70°，重锤杆应保持水平；斜板式锁气器上部要有粉柱密封管段，该部位的粉柱密封管段的垂直高度按式（4-82）确定（此时，$p_S$ 为粗粉分离器进口负压的绝对值），但不得小于 800mm；斜板式锁气器的出力应保证粗粉分离器分离出的粗粉量（回粉量）的需要，粗粉量与制粉系统的循环倍率有关，经制粉系统设计、试验确定。

图 4-63 所示为两种机械式锁气器。平（斜）板活门式（翻板式）和锥形活门式（草帽式）都是利用杠杆原理，依靠煤粒的重力工作。当活门（翻板、草帽）上的煤粒、煤粉重量大于平衡重锤的重量时，杠杆机构动作、锁气器活门开启，煤粒、煤粉通过锁气器后，锁气器活门又在平衡重锤的作用下自行关闭，使气流不得上行。为避免活门开启瞬时气体的流过，应有两个机械式锁气器串联工作。翻板式锁气器可装设在垂直或倾斜的管道上，草帽式锁气器只能装设在垂直的管道上。锁气器前的下料管道应垂直布置，在必须倾斜布置时，管道与水平面的夹角不得小于 60°。

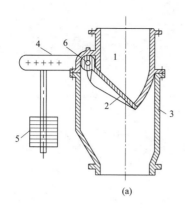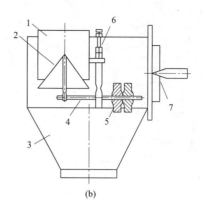

(a)　　　　　　　　　　　　　　(b)

图 4-63　机械式锁气器

(a) 平（斜）板活门式（翻板式）；（b）锥形活门式（草帽式）

1—煤粉管道；2—活门；3—外壳；4—杠杆；5—重锤；6—支点；7—手孔

　　翻板式锁气器两重锤至转轴的距离应相等，并且两重锤的重量也应相等，否则转轴长期受到不平衡的扭矩作用而断裂；草帽式锁气器顶部受煤粒、煤粉的磨损、切削作用，很容易磨透（穿），不能起到锁气的作用。锁气器运行中应注意检查，并根据动作的现象判断工作情况，失去锁气功能时应立即停止检修。

　　翻板式锁气器运行中不宜卡涩，工作可靠；草帽式锁气器动作灵活、煤粒下落较均匀，密封性能好。机械式锁气器目前仍然是中间仓储式制粉系统的首选锁气器。

　　平（斜）板活门式锁气器、锥形活门式锁气器规格系列见表 4-48（表中符号如图 4-64 所示）和表 4-49（表中符号如图 4-65 所示）。

表 4-48　　　　　　　　　　　　HW-ZS 锥形活门式锁气器系列规格

| 序号 | 型号 | 公称直径 DN | $L$ | $H$ | $B$ | $L_1$ | $D$ | $D_1$ | $L_2$ | $d$ | 螺栓孔数 | 质量 |
|---|---|---|---|---|---|---|---|---|---|---|---|---|
| 1 | HW-ZS-100 | 100 | 548 | 473 | 380 | 470 | 200 | 164 | 45 | 14 | 4 | 34.5 |
| 2 | HW-ZS-150 | 150 | 619 | 524 | 431 | 521 | 251 | 215 | 45 | 14 | 8 | 46.3 |
| 3 | HW-ZS-150 | 150 | 705 | 587 | 491 | 581 | 311 | 275 | 45 | 14 | 8 | 64.7 |
| 4 | HW-ZS-250 | 350 | 839 | 655 | 545 | 635 | 365 | 330 | 45 | 14 | 12 | 80.3 |
| 5 | HW-ZS-300 | 300 | 971 | 723 | 627 | 727 | 427 | 385 | 50 | 14 | 12 | 105.3 |
| 6 | HW-ZS-350 | 350 | 1073 | 736 | 679 | 779 | 479 | 435 | 50 | 14 | 12 | 129.8 |
| 7 | HW-ZS-400 | 400 | 1172 | 790 | 728 | 828 | 528 | 490 | 50 | 14 | 12 | 151.2 |
| 8 | HW-ZS-450 | 450 | 1283 | 882 | 815 | 925 | 595 | 540 | 55 | 18 | 12 | 188.8 |
| 9 | HW-ZS-500 | 500 | 1462 | 1018 | 873 | 983 | 645 | 600 | 55 | 18 | 12 | 282 |
| 10 | HW-ZS-600 | 600 | 1562 | 1218 | 973 | 1033 | 745 | 700 | 55 | 18 | 16 | 354 |

表 4-49　　　　　　　　　　　　HW-XS 平（斜）板活门式锁气器系列规格

| 序号 | 型号 | 公称直径 DN | $D_w \times \delta$ | $H$ | $B$ | $B_1$ | $L$ | $L_1$ | 质量 |
|---|---|---|---|---|---|---|---|---|---|
| 1 | HW-XS-200 | 200 | 219×6 | 670 | 430 | 730 | 658 | 237 | 96 |
| 2 | HW-XS-250 | 250 | 273×7 | 740 | 500 | 820 | 685 | 261 | 126 |
| 3 | HW-XS-300 | 300 | 325×8 | 756 | 530 | 860 | 760 | 289 | 149 |
| 4 | HW-XS-400 | 400 | 426×10 | 920 | 650 | 1010 | 811 | 340 | 229 |
| 5 | HW-XS-500 | 500 | 530×6 | 1100 | 740 | 1130 | 1012 | 391 | 303 |
| 6 | HW-XS-600 | 600 | 630×8 | 1200 | 840 | 1270 | 1127 | 441 | |

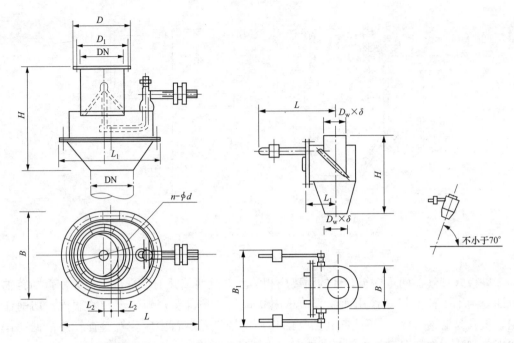

图 4-64　锥形活门式锁气器示意　　　图 4-65　平（斜）板活门式锁气器示意

（2）电动锁气器。电动锁气器利用旋转叶轮使煤粒、煤粉等物料不断通过，气流则不能通过上行。电动锁气器工作可靠、运行维护方便，不需要两台串联使用，但相对机械式锁气器有电能消耗。

电动锁气器由电动机、外壳、转子和传动装置等部件组成。煤粒、煤粉等工质进入锁气器后，带有叶片的转子向出口方向连续旋转供（卸）料。转子通常由电动机经装配紧凑的涡轮减速机或齿轮、链条带动，转速一般为 60r/min。转速过高时，进入锁气器的物料容易被叶片甩出，使出力降低。电动锁气器出力有 20、40m³/h 等多种，工作转速为 31r/min。

为适应处于负压状态的制粉系统工作的需要，防止外部空气进入系统，在电动锁气器的机壳轴承处配有密封圈和压盖，转子叶片的边缘处装有可拆换的端部压板及毛毡衬垫。转子转动时，毛毡衬垫与机壳内壁以轻摩擦状态接触，有效防止空气上行。毛毡衬垫的耐磨性能较差，可用聚四氯乙烯或耐磨橡胶等材料；毛毡衬垫或其他材料的衬垫应紧贴机壳内壁，但不能过紧，以空负荷时手动能盘动为宜，摩擦力过大容易造成转子不能转动、电动机过负荷。新安装、检修后更换衬垫的电动锁气器，投入运行前应进行 1～4h 的空转试验，空转试验时不允许有杂声及摩擦声音出现，轴承温度不得超过 60℃。有条件的火力发电厂还可进行气密性试验。

电动锁气器的工作特点是外壳与转子间的密封较好，可封锁外部空气进入制粉系统；在定速条件下运行可满足回粉管等场合的工作需要，能有效阻止空气上行；转子叶片之间存粉量少，转子转动时负荷较轻，消耗功率小，可带负荷启动。电动锁气器用于中间仓储式制粉系统的较少，多用于输灰系统的灰仓等部位。

**13. 防爆门**

制粉系统中的煤粉空气混合物具有爆炸的危险，气粉混合物的爆炸，威胁人身安全、损坏设备、影响制粉系统及锅炉机组的安全运行。装设防爆门后，制粉系统一旦发生煤粉爆炸，爆炸压力冲破防爆膜（片），使爆炸产生的压力迅速释放，能最大限度地减少爆炸的危害，有利于制粉系统的安全运行，能有效保证人身和设备安全，减小对锅炉机组的影响。因此，制粉系统及其设备在设计、制造、安装及检修中应遵守相关的规定，采用防爆门是其中的一项，运行中还要认真执行防爆的安全和技术措施。

气粉混合物爆炸的主要原因是制粉系统中存在煤粉自燃或火源、输送煤粉时产生的静电火花、气粉混合物中氧浓度高、煤粉浓度超过规定等。煤粉的自燃引发着火或爆炸，条件达到时煤粉的爆炸也可能突然发生。爆炸是强烈的燃烧过程，能在 $1/10 \sim 1/100$s 内完成，爆炸时局部压力迅速升高，压力波以 3000m/s 的高速波及四周，并使部分煤粉、空气混合物着火燃烧。制粉系统中的防爆门，在系统内压力升高至动作值时首先被击破，使爆炸所产生的压力迅速向设定地点释放，能最大限度减少爆炸的危害，有利于制粉系统的安全运行，保护设备和人身安全。

理论计算表明，在绝热条件下，封闭系统内气粉混合物爆炸压力可升高到 $0.8 \sim 1$MPa，实际上往往由于燃烧不完全，在封闭系统中爆炸压力一般不会超过 0.25MPa。制粉系统设备如按承压 0.30MPa 设计，即使发生爆炸仍不至于损坏，正压制粉系统的设计就基于此。对负压制粉系统，为简化结构、节约钢材，一般按承压 0.15MPa 设计，而在系统中可能发生爆炸的部位装设必要数量的防爆门。

图 4-66 为防爆门结构。防爆门的直径不大于 1m，形状多为圆形，利用所配膜片的断裂或破裂来泄压。防爆门配用的防爆薄膜又称防爆片，防爆膜是一种断裂型的泄压装置。防爆膜因使用的材料不同，对壁厚及其相关要求不同。防爆膜 0.5mm 的薄铁皮制成，中间有一条折叠缝；用 $0.6 \sim 1$mm 的铝板制作，中间应刻有深度为板厚一半的十字缝；也可用 $3 \sim 5$mm 的石棉板制作。为不使防爆门区域因冷空气结露，使用金属板做防爆薄膜时，在防爆膜压紧环内衬一圈石棉绳或石棉板，为防止石棉板破碎落入制粉系统，在石棉板下应衬一层金属网。对直径在 400mm 以内并装于室内的防爆门，防爆膜可用石棉板制作。

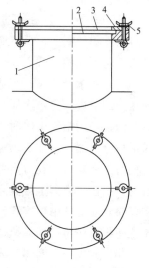

图 4-66　防爆门结构
1—管接头；2—金属网；
3—防爆膜；4—垫片；
5—碟形螺帽

防爆门的安装部位，应考虑防爆门爆破时人身和设备的安全。防爆门的防爆膜在使用期间不需要特殊的维护，但要定期进行检查。检查的内容为表面无伤痕、腐蚀、变形，无异物附在防爆膜上，发现防爆膜有腐蚀现象应及时更换。压紧环、金属网无挫伤、腐蚀。防爆门附近不得有妨碍泄放的阻碍物。由于物理、化学因素的作用，防爆膜的爆破压力会逐渐降低，正常运行条件下即使不破裂，也应定期（一般为一年一次）予以更换，对于超压未爆破或已有裂缝的爆破膜应立即予以更换。防爆门易于损坏，损坏后制粉系统漏风量增加，运行中对防爆门应定期检查，发现损坏及时处理或更换。

DL/T 5145—2012《火力发电厂制粉系统设计计算技术规定》，对制粉系统的防爆设计压力和防爆门设置要求做了详尽规定，择要如下：

（1）对于装设防爆门的制粉系统，计算部件强度时，风扇磨煤机制粉系统计算的内压

（表压）为 39kPa（0.4kgf/cm²），其他制粉系统计算的内压为 147kPa（1.5kgf/cm²）。

（2）对于不装设防爆门而按最大爆炸过剩压力设计的制粉系统，部件强度计算时的内压为：运行压力为负压或最大压力小于 15kPa 的制粉系统，其设计的内压强度为 0.343MPa；运行压力大于 15kPa 的制粉系统，其设计的内压强度为 0.392MPa；燃用无烟煤的钢球磨煤机制粉系统，其设计的内压强度为 0.147MPa。

（3）设置防爆门的制粉系统，当设计的内压为 147kPa 时，全部防爆门的总面积不得小于 0.025m²/m³；当设计内压为 39kPa 时，全部防爆门的总面积不得小于 0.04m²/m³。全部防爆门（除去煤粉仓上的防爆门）的截面积按整个制粉系统的容积进行计算（煤粉仓和给粉机至燃烧器间的送粉管道的容积不计算在内）。

（4）在承受 147kPa 设计压力的制粉系统中（燃用无烟煤除外），应装设防爆门的地点及截面积分别为：①钢球磨煤机进口干燥管和出口管、细粉分离器进出口管及排粉机（或含一次风机）进口管，其防爆门面积不小于该管道截面积的 70%；②排粉机出口风箱上，防爆门的面积为每立方米风箱容积不小于 0.025m²；③每座煤粉仓安装防爆门应不少于 2 个，并采用重力式，动作压力为 0.98～1.47kPa，防爆门的总截面积按每立方米煤粉仓容积取 0.005m²，并不小于 1m²；④与磨煤机分开安装的粗粉分离器内外壳上至少应各自安装 2 个防爆门，防爆门的总截面积按粗粉分离器的单位容积计算，不得小于 0.025m²/m³；⑤在细粉分离器的中间短管上，应装设一个或数个防爆门；在细粉分离器顶盖圆环圈上，至少应安装 2 个防爆门，其直径等于顶盖圆环宽度的 75%；细粉分离器上防爆门的总截面积按细粉分离器容积计算，不得小于 0.025m²/m³。

（5）在承受 39kPa 风扇磨煤机制粉系统中，装设防爆门的要求是当炉烟干燥或空气加热炉烟干燥，且一次风管较短时，介质容积含氧量小于 12%（以湿介质为基准）不设防爆门；当用空气干燥时，应在磨煤机入口短管附近设置一个或两个防爆门；当用离心式粗粉分离器时，在其顶盖上至少装设两个内壳和两个外壳排放的防爆门；当采用惯性式粗粉分离器时，在分离器或其出口短管上至少装设一个防爆门。装在磨煤机前空气管道上、装在分离器上或其之后的防爆门的总截面积，按磨煤机、粗粉分离器、出口短管和煤粉分配器的单位容积计算，一般为 0.04m²/m³；当送粉管道长度小于 10 倍管径时，此总面积还应包括通向燃烧器排气管的截面积。

（6）原煤仓、磨煤机入口侧的烟风道和风门、不含粉的一次风机及其密封装置等，不装设安全门。

（7）安装在制粉系统上的防爆门，应装设在转弯处或易于发生爆炸的地方，应防止爆炸时气体喷射到工作地点、人行通道、电缆、重油管道或油管道上；如不能把防爆门安装在对运行人员无危险的地方，则要用引出管引出。

（8）当防爆门薄膜装在短管的端部，该短管的长度不应大于 30 倍短管的管径；不能满足此要求时，可加大管径；当短管不是圆管时，可用当量管径计算；该管的容积在计算防爆门面积时要考虑。

（9）装设带引出管的防爆门时，薄膜前的短管长度不应大于 2 倍管径，薄膜后的引出管长度不应大于 30 倍引出管的管径，引出管的截面积不得小于防爆门的截面积。

（10）防爆门前面的短管宜竖直，也可做成倾斜状，但与水平面的夹角不得小于 45°；防爆门后面的引出管要尽量少带弯管；细粉分离器和煤粉仓内爆炸时产生的气体，应引至室外；装在室外的防爆门与水平面所成的交角不得小于 45°。与防爆门连接处不能积粉。

### 14. 煤粉管道

煤粉管道在制粉系统用于连接磨煤机等设备、输送煤粉、构成封闭的工作系统，要求煤粉管道严密不漏，各连接部位宜用焊接，尽可能避免采用法兰接头，管道内应平滑，没有突出部分，以保证煤粉流畅的输送。

同层燃烧器各一次风管之间的煤粉和空气应均匀分配，各并列管道之间的风量偏差不大于 5%，煤粉量偏差仓储式制粉系统不大于 8%、中速磨煤机直吹式制粉系统不大于 10%。

煤粉管道应避免水平布置，防止煤粉在输送过程中沉积，其倾角不小于 45°；只有仓储式制粉系统从一次风箱到燃烧器的输粉管道，或者直吹式制粉系统中从磨煤机到燃烧器的输粉管道，因为管道布置的限制允许有一段水平管道，但从工艺上必须保证此管道段内煤粉气流的速度不小于 18m/s。气粉混合物速度过低，会使煤粉在管道底部沉积；流速过高，气流的沿程阻力和局部阻力增加，管道的磨损增大、寿命减少，并受到燃烧设计的限制，重要的是流速过高会引起煤粉的静电火花，造成管道内煤粉的自燃或爆炸。

与设备连接的管道应考虑防止传递振动和传递载荷的设施。满足管道及连接设备的热补偿要求。有相同的两套制粉系统，其管道布置应一致；对每套制粉系统，管道布置应对称。管道布置应力求层次分明、整齐美观、注意整体性、不影响邻近设备和管道的操作与维护。露天布置的管道，应有良好的露天措施，其表面应采取防水和排水的措施。

煤粉管道应进行良好的保温，避免管内空气的凝结，增加气粉混合物流动的阻力，甚至煤粉吸潮后流动性变差堵塞管道。为及时清除管道内的积粉、堵粉，对于管道容易发生堵塞的部位，如煤粉管道的弯头、水平管道段等处，应设置专用管接头，以方便使用压缩空气吹扫。

在煤粉管道容易磨损的部位，如弯头、三通等处，管道应做成便于检查和更换的结构，这些部位可装设必要的法兰；在剧烈磨损的部位，如弯头的背部、管道的转弯处，管壁应做得较厚或加装用法兰连接的锰钢、铸铁耐磨覆板。这种覆板可以是平行的、弧形的，在磨损后能方便地更换，而不必更换整个弯头。这些措施都可以最大限度的延长煤粉管道的寿命。

很多发电厂在煤粉管道弯头的背部加装铸石（辉绿岩或玄武岩）衬瓦，也可用混凝土作保护层，煤粉气流速度在 20m/s 时，20mm 厚的辉绿岩衬瓦可使用五年以上，而同样厚度的铸铁衬瓦不到一年就必须更换。用混凝土做成的防磨层，效果也很好。这些防磨措施可节约大量钢材，检修维护方便、工作量少。

### 15. 煤粉分配器

为保证并列送粉管道风粉分配均匀，在大型锅炉直吹式制粉系统中必须装置一定类型的煤粉分配器。煤粉分配器的类型有格栅型、扩散型和肋片导流型三种，其综合性参数列于表 4-50 中，可根据分配均匀性和支管数按表 4-51 选择。为减小煤粉气流初始浓度偏差，在任何情况下应避免在水平管道上分叉。

表 4-50　　　　　　　　　　煤粉分配器类型及综合性参数

| 类型 | 装设位置 | 结构 | 分支数 | 数量相对偏差 | 阻力系数 |
|------|---------|------|--------|-------------|---------|
| 格栅型 | 各种中速磨煤机分离器出口的垂直管道上 | 复杂 | 2,4,8 | <±10%（分支数为4个） | 2.86（分支数为4个） |
| 扩散型 | 各种中速磨煤机分离器出口（一般与磨煤机构成一体） | 简单 | 任意 | <±15%（分支数为4个） | |
| 肋片导流型 | 管道90°转向处 | 一般 | 2 | <±5%（分支数为2个） | 1.46（分支数为2个） |

表 4-51　　　　　　　　煤粉分配器类型选择（按速度的相对偏差）

| 分支数 | 偏差范围 | | | |
|--------|---------|---------|---------|---------|
| | ±5% | ±10% | ±15% | ±20% |
| 2 | 1 | | | |
| | 3 | | | |
| 4 | 1 | | | |
| | | 2 | | |
| 6 | | | 2 | |
| 9 | | 1 | | |

注　1—格栅型；2—扩散型；3—肋片导流型。

格栅型分配器置于各种磨煤机分离器出口的垂直管道上，或者其他垂直向上需要分叉的煤粉管道上。

扩散型分配器置于各种磨煤机分离器出口，一般与磨煤机构成一体。

肋片导流型分配器，只适于装设在垂直上升转向水平或由水平转向垂直上升的90°转向处。

**16. 补偿器**

补偿器安装在制粉系统管路的必要区段，以补偿管路的膨胀、减轻振动传递，防止管路因膨胀不畅或振动引起泄漏和损坏。

补偿器分为常规波形补偿器、非金属织物补偿器、三向波纹管补偿器、弹性密封填料式轴向、角位移式补偿器等几种。应按管内介质的设计压力、设计温度、介质特性和管路膨胀性质、膨胀量，以及振动传递情况选择适用的补偿器。

常规波形补偿器分为密封式和不密封式。常规波形补偿器能补偿轴向膨胀位移，其补偿量与波形节数有关，主要用于制粉系统的风、烟管道、输粉管道中轴向膨胀位移区域。不密封（无内置防尘挡板）的常规波形补偿器采用优质碳钢制作，主要用于风管道上；密封式（内置防尘挡板）的常规波形补偿器用于输粉管道和锅炉烟管道上，并在波节内填充不可燃的软质材料，高温炉烟管道上的补偿器采用耐热钢制作。常规波形补偿器的安装要避免产生径向错位。

非金属织物补偿器能补偿轴向、径向及角位移，还能有效吸收振动，适用于产生三向膨胀位移的管道和需要隔离振动的设备接口上。对非金属织物补偿器的要求是织物补偿器应有内挡板；用于煤粉管道和烟道上时要能防腐和防磨；织物及外护层的材料应为能抗老化、寿命长、不可燃材料，并满足介质温度和压力的要求；对用于介质内压高的织物补偿器，应内置不锈钢丝以承受介质压力。较大尺寸的织物补偿器应有便于安装起吊用的定位装置。

三向波纹管补偿器能补偿轴向和任意横向膨胀位移，并且补偿量较大，还有减小振动传递的性能，适用于煤粉管道中需要补偿量较大的区域，如补偿燃烧器与煤粉管道接口处，因锅炉膨胀而引起的垂直和水平方向的位移，也可用于直吹式制粉系统磨煤机出口的减振之用。波纹管由 316L 不锈钢制作，接管用低碳钢材料制作，以便与煤粉管道焊接。波纹管应内置挡粉板，并在波节内填充不可燃的软质材料。三向波纹管补偿器还应有在运输、安装中保持一定长度的限位装置。

弹性密封填料式轴向、角位移式补偿器，由两头各一个球形接头角向补偿器与套筒式轴向补偿器组合而成，并有三道弹性填料用作密封和隔阻振动，它能有效补偿较大的位移膨胀，用于煤粉管道的补偿和阻隔。弹性密封填料的材料应能满足输送介质温度的要求。

补偿器的安装要求如下。

（1）波形补偿器安装时允许有不大于 1/2 补偿量的冷拉或冷紧。当三向波纹管补偿器主要以横向挠曲和少量轴向压缩与拉伸补偿膨胀位移时，应按预压紧状态安装，冷紧量为横向位移量；当主要以轴向伸缩和少量横向挠曲来补偿膨胀位移时，应按预拉伸状态安装。织物补偿器安装时应预压缩，不允许冷拉。

（2）装于管道中间的补偿器，其两端管道上应设置固定和导向支架；与补偿器相连接的管道的重量应由支架支撑，不允许用补偿器承受管道的重量。

应按介质温度决定补偿器是否保温；保温管道上的各种补偿器均应设置保温罩壳；室外安装的织物补偿器应加防护罩；防护罩与保温罩壳应是可拆卸式结构，并不应妨碍补偿器的位移。

第五章

# 燃煤制备、煤粉制备启动调试
# 热力试验与运行优化

火力发电厂机组启动调试是保证机组高质量投产运行的重要环节；火力发电厂及其各机组的热力特性，对于火力发电厂乃至电网的经济调度，发挥各火力发电厂的最佳状态、火力发电厂各机组的最佳功能，有效的消除故障，保证机组、火力发电厂、电网的安全、经济运行有着重要的意义；同时，也是火力发电厂运行、检修、管理人员及各级调度人员需要熟悉与掌握的，也是火力发电厂进行热力设备改造的基础。

## 第一节　锅炉及制粉系统的启动调试

### 一、启动调试简述

火力发电建设工程机组启动调试工作是火力发电基本建设工程的一个关键阶段，基本任务是使新安装机组安全顺利地完成整套启动并移交生产，投产后能安全稳定运行，形成生产能力，发挥投资效益。

火力发电建设工程机组移交生产前，必须完成分部试运（包括单机试运、分系统试运）和整套启动试运（包括空负荷试运、带负荷试运和满负荷试运）；分系统试运和整套启动试运要进行必要的调整试验工作，调整试验工作必须由具有相应调试能力资格的单位完成。

单机试运是指为检验该设备状态和性能是否满足其设计要求的单台辅机的试运行（包括相应的电气、热控保护）；分系统试运是指为检验设备和系统是否满足设计要求的，按系统对其动力、电气、热控等所有设备及其系统进行空载和带负荷联合调整试运行。分部试运阶段从高压厂用母线受电开始至整套启动试运开始为止。整套启动试运指为检验火力发电建设工程各专业的设备、系统和整个机组是否满足设计要求的整套启动试运行。整套启动阶段自锅炉第一次点火开始至完成机组满负荷试运，投产进入考核期为止的启动调试工作。

分部试运由施工单位组织，在调试和生产等有关单位的配合下完成。分部试运中的单机试运由施工单位负责完成，分部试运中的分系统试运和整套启动试运由调试单位负责完成。

机组启动调试工作应由试运指挥部全面组织、领导、协调；锅炉启动调试由锅炉专业组负责具体调试项目的开展。在分部试运阶段，锅炉专业组组长由主体施工单位人员担任，副组长由调试、监理、建设、生产、设计、设备供货商单位的人员担任。在整套启动试运阶段，锅炉专业组组长由主体调试单位人员担任，副组长由施工、生产、监理、建设、设计、设备供货商单位的人员担任。

各设备的单机试运及质量验收应按照电力行业有关电力建设施工技术规范和质量验收规程进行；分系统试运和整套启动试运中的调试及质量验收应按照电力行业有关电力建设工程调试技术规范和质量验收规程进行。

## 二、锅炉专业的分部试运调试和整套启动试运调试

### 1. 单机试运调试的条件、要点及标准

（1）单机试运的条件。

1）校验设备单机保护合格，并具备投运条件。

2）机械部分安装结束，安装质量符合该设备安装说明书的要求。

（2）单机试运调试的要点包括下列内容。

1）辅机设备在首次试运时对能与机械部分断开的电动机，应先将电动机单独试运，并确认转向、事故按钮、轴承振动、温升等正常。

2）调试单位应完成与单机试运相关的 DCS 组态检查，按照生产单位提供的联锁保护定值清单完成相关的报警、联锁保护设定值检查，完成相关报警及联锁保护逻辑传动试验。

3）单机试运操作应在控制室操作员站上进行，相关保护应投入。

（3）单机试运调试的标准。试运时间以各轴承温升达到稳定，且轴承温度在限额之内为准，同时测量轴承振动不超限，若超过应查明原因，解决后再次试运。轴承温升稳定的标准为 15min 温升不大于 1℃，宜在 2h 内趋于稳定。轴承振动及温度数值限额应按表 5-1～表 5-6 的规定执行。

**表 5-1** 　　　　　　　　　**轴承壳振动速度有效值和轴振动双振幅值**

| 轴承振动测量类别 | 离心式风机 | 轴流式风机、空气压缩机 |
|---|---|---|
| 轴承壳振动速度有效值（mm/s） | ≤4.0 | ≤6.3 |
| 轴振动双振幅值（μm） | ≤25.4$\sqrt{1200/n}$ ，且不应大于 50 | |

**注**　$n$ 为最高连续运转转速，r/min。

**表 5-2** 　　　　　　　　**风机的振动速度、振动位移及振动速度有效值的限值**

| 支承类型 | 振动速度（峰值）（mm/s） | 振动位移（峰-峰值）（μm/s） | 振动速度有效值（mm/s） |
|---|---|---|---|
| 刚性支承 | ≤6.5 | ≤1.24×10⁵/n | ≤4.6 |
| 挠性支承 | ≤10.0 | ≤1.9×10⁵/n | ≤7.1 |

**注**　$n$ 为风机的工作转速，r/min。

**表 5-3** 　　　　　　　　　**往复式压缩机的振动速度有效值的限值**

| 机型 | 振动速度有效值（mm/s） |
|---|---|
| 对称平衡型 | ≤18.0 |
| 角式（L、V、W 形和扇形）、对置式、立式 | ≤28.0 |
| 其他类型 | ≤45.0 |

**表 5-4** 　　　　　　　　　**回转式压缩机的振动速度有效值的限值**

| 支承和传动连接方式 | 振动速度有效值（mm/s） |
|---|---|
| 主机与底价刚性连接（包括橡胶垫片），驱动机功率小于等于 90kW | ≤7.1 |
| 皮带传动，主机与底架间带减速机，驱动机功率大于 90kW | ≤11.2 |

表 5-5　　　　　　　　　　　　　　泵的振动速度有效值的限值

| 泵的类别 | 泵的中心高（mm） | | | 振动速度有效值（mm/s） |
| --- | --- | --- | --- | --- |
| | ≤225 | >225～550 | >550 | |
| | 泵的转速（r/min） | | | |
| 第一类 | ≤1800 | ≤1000 | — | ≤2.8 |
| 第二类 | >1800～4500 | >1000～1800 | >600～1500 | ≤4.5 |
| 第三类 | >4500～12 000 | >1800～4500 | >1500～3600 | ≤7.1 |
| 第四类 | — | >4500～12 000 | >3600～12 000 | ≤11.2 |

注　1. 卧式泵的中心高指泵的轴线到泵的底座上平面间的距离。
　　2. 立式泵的中心高指泵的出口法兰密封面到泵轴线间的投影距离。

表 5-6　　　　　　　　　　　　　　轴 承 温 度 数 值 限 额

| 轴承类型 | 测量点 | 正常工作温度（℃） | 瞬时最高值（℃） | 温升（℃） |
| --- | --- | --- | --- | --- |
| 滚动轴承 | 轴承体温度 | ≤70（≤环境温度+40） | ≤95 | ≤60 |
| 滑动轴承 | | ≤70 | — | — |
| | 轴承的排油温度 | ≤进油温度+28 | — | — |
| | 轴承合金层温度 | ≤进油温度+50 | — | — |

**2. 分系统试运主要调试项目及要点**

（1）分系统试运调试的项目主要如下：

1）空气压缩机及其系统调试。

2）启动锅炉调试。

3）空气预热器及其系统调试。

4）引风机及其系统调试。

5）送风机及其系统调试。

6）一次风机及其系统调试。

7）密封风机及其系统调试。

8）火检冷却风机调试。

9）炉水循环泵及其系统或锅炉启动系统调试。

10）锅炉冷态通风试验。

11）燃油或其他系统调试。

12）暖风器及其系统调试。

13）吹灰器及其系统调试。

14）直吹式制粉系统冷态调试。

15）中间仓储式制粉系统冷态调试。

16）湿式除渣系统调试。

17）干式除渣系统调试。

18）除尘系统调试。

19）除灰系统调试。

20）炉外输灰系统调试。

21）输煤系统调试。

22）燃烧器静态检查及调整。

23）锅炉疏水、放空气及排污系统调试。

24）锅炉及其附属设备和系统联锁、保护传动试验。

25）锅炉过热器、再热器系统及蒸汽管道吹管。

26）汽包内部装置检查。

27）锅炉膨胀系统检查。

28）锅炉（切圆）冷态空气动力场试验。

29）循环流化床锅炉——高压流化风机及冷渣流化风机系统调试。

30）循环流化床锅炉——排渣系统调试。

31）循环流化床锅炉——锅炉冷态通风试验。

32）循环流化床锅炉——床料添加及石灰石添加调试。

33）脱硝系统调试——氨储存及制备系统调试。

34）脱硝系统调试——SCR 催化反应系统调试。

35）锅炉石灰石-石膏湿法脱硫系统调试——石灰石卸料及储存系统调试。

36）锅炉石灰石-石膏湿法脱硫系统调试——湿式球磨及干磨系统调试。

37）锅炉石灰石-石膏湿法脱硫系统调试——石灰石浆液供给系统调试。

38）锅炉石灰石-石膏湿法脱硫系统调试——吸收塔系统调试。

39）锅炉石灰石-石膏湿法脱硫系统调试——烟风系统调试。

40）锅炉石灰石-石膏湿法脱硫系统调试——工艺水系统调试。

41）锅炉石灰石-石膏湿法脱硫系统调试——石膏脱水系统调试。

42）锅炉石灰石-石膏湿法脱硫系统调试——烟气换热器系统调试。

43）锅炉石灰石-石膏湿法脱硫系统调试——脱硫废水处理系统调试。

（2）制粉系统分系统试运主要调试项目包括以下内容：

1）确认制粉系统防爆门、充惰灭火装置等防爆系统完好。

2）煤疏松装置试运。

3）磨煤机油站试运及其切换试验。

4）配合给煤机皮带称重校验。

5）制粉系统冷态试运。

（3）主要调试项目的调试要点。

1）空气压缩机及其系统。

a. 空气压缩机试运时，应同时调试干燥装置等设备。

b. 压缩空气系统投运前，应确认储气罐安全阀已校验合格、卸荷阀动作正常，热控、电气联锁保护装置动作正常，且与压缩空气系统同时投运。

c. 压缩空气系统投运前，应参照电力建设管道及系统的相关规定配合施工单位进行系统管道吹扫、检漏工作。

2）回转式空气预热器。

a. 回转式空气预热器在首次启动前，应先启动盘车装置，检查转子密封无卡涩，动静部分无碰磨现象，启动主电动机后电流值应稳定，无异常摩擦声。

b. 间隙自动调整装置首次投入应在设备供货商的指导下进行，在投入运行初期，监视电动机电流，当电流波动异常或超过额定值时，应退出间隙自动调整装置。

c. 主、辅驱动装置切换试验合格。

d. 消防水系统和水冲洗系统喷嘴喷射正常，射流沿转子径向均布。

3）风机及其系统。

a. 严禁带负载启动风机，风机启动前应确认离心风机的进口调节挡板或轴流风机的动、静叶在关闭位置，隔绝挡板位置符合设备供货商的要求。

b. 首次启动时应先进行点动试转，确认转动方向正确，记录启动电流、启动时间、空载电流，并确认转动部分无异声、启动电流及时间符合要求、挡板联锁功能正常、停机惰走正常。

c. 风机试运中带负载时，应注意监视炉膛风压，宜控制其在正常运行数值范围内，最高不得超过设备供货商规定的限值，否则应采取调节风机出力或烟风道挡板等措施。

d. 风机并联运行应符合电力行业的相关规定，风机并联运行后，应将电动机的电流值或带液力耦合调控的驱动汽轮机转速调节一致，使负荷分配大致相同。

e. 轴流风机试运期间，应对喘振保护装置进行校验并投入运行。

f. 配置正压直吹式制粉系统的锅炉，一次风机试运时，应先启动密封风机，对需要密封的部位进行密封。

g. 炉膛火检和火焰电视用冷却风机应进行备用风机的带负荷自启动联锁校验，并确认出口挡板自动切换动作正确。风机试运时，记录入口滤网差压，作为清洁滤网的依据。

h. 装在风道内全封闭方式的点火风机，应判别旋转方向正确无误后方可封闭。

i. 以热风和烟气为介质的风机，冷态带负载试运调节时，应严密监视风机的电流，防止电动机超电流运行。

j. 烟气再循环风机启动前和停运后宜投运盘车装置。

k. 汽动引风机调试要点：①驱动汽轮机首次投运前，油系统应冲洗合格；②驱动汽轮机汽源管道首次投运前，应进行系统吹扫、检漏工作，参照电力建设管道及系统的相关规定执行；③驱动汽轮机及其辅助系统应经试运合格；④系统工况扰动较大时不应手动操作快关或快开引风机动（静）叶，避免造成驱动汽轮机转速波动过大甚至跳闸；⑤两台风机并列投运操作时，宜采用驱动汽轮机定速，通过调整动（静）叶开度并列风机的方式，并列运行后两台驱动汽轮机转速及调节装置开度应保持一致；⑥炉膛压力调节有动（静）叶调节和驱动汽轮机转速调节两种基本控制方式，应在不同阶段合理选择调节方式，不宜同时采用两种调节方式进行炉膛压力调节。

4）除尘器。

a. 电除尘器振打装置试投时，振打角度及锤头动作周期应符合设计要求。

b. 电除尘器进行空负荷升压试验，电压值应符合设计要求。

c. 配合设备供货商完成除尘器气流均布试验。

d. 在冷态通风条件下，对袋式除尘器进行阻力核对、检漏、滤袋差压整定及清灰设施投运检验。

e. 湿式电除尘器应进行通水和水膜均匀性观察试验。

f. 湿式电除尘器投用前，应检查确认其内部防腐层完好、无脱落。

g. 湿式电除尘器投用前，应检查确认各连接处的密封严密不漏。

5）炉水循环泵及其系统。

a. 炉水循环泵注水系统投用前，水压试验应合格，水压试验方法执行电力建设锅炉机组的相关规定。

b. 炉水循环泵试运前，应用 pH 值为 7.0～9.0 的除盐水对注水系统进行逐段变流量水冲洗，直到放水管水质符合设备供货商的要求。

c. 调试阶段可增设临时注水系统直接向炉水循环泵提供化学补给水。

d. 调试过程中应监视泵壳温度与电动机腔室温度。

6）汽水系统。

a. 应检查系统阀门、测点的画面工艺流程与现场一致。

b. 应检查取样系统在投用前已吹扫合格。

c. 稳压吹管时，一、二次汽减温水系统应具备投用条件。

d. 应在启动初期，找出合适的给水主路、旁路切换参数。

7）疏水、放空气及排污系统。

a. 疏水泵试运阶段，应冲洗至机侧管路合格。

b. 启动分离器储水箱水质取样合格后，可回收工质。

c. 应检查水位计指示准确、显示清晰，并及早投入调节阀自动。

8）锅炉点火设备及其系统。

a. 燃油泵及其系统调试要点：①油库进油前，除设备、系统验收合格外，油库区的消防设施及系统应经当地消防部门检查确认后，方可正常投用；②油系统进油前，油管路应经水压试验合格；③油系统进油前，油管路应进行变流量吹扫；④油系统吹扫介质宜采用蒸汽；⑤油系统吹扫范围应包括从燃油泵出口至油枪入口的整个管系、燃油雾化系统和蒸汽伴热管道；⑥油系统吹扫应分段进行，并将管系内所有的调节阀阀芯、过滤器滤网、流量表、止回阀等拆除或旁路；⑦油系统蒸汽吹扫前，应将被吹扫的油系统和压力油系统可靠的隔绝，检查止回阀等阀门状态正常，防止蒸汽倒入油库或压力油倒入蒸汽系统；⑧油系统吹扫合格标准为排出口排出的介质目测清洁，结束后残余冷凝水应排净；⑨螺杆泵严禁在无油或出口阀门关闭的情况下试运。

b. 燃油或燃气试点火系统调试要点：①点火试验前，应确认点火器、油（气）枪的定位符合设计要求；②燃烧器试点火前，应确认汽包锅炉将水位保持在正常点火水位、直流锅炉循环流量不低于临界值；③燃烧器试点火前，应确认炉底密封投入；④燃气系统点火前，应经过气体置换并检测合格；⑤燃气系统通气前，应确认泄漏报警装置投入正常；⑥点火试验应在炉膛吹扫风量保持在 25%～40%的锅炉满负荷风量时的空气质量流量的条件下进行；⑦点火试验时，如果首台（支）燃烧器在 10s 内不能建立稳定的火焰，则应立即停止点火试验，查明点火失败的原因；⑧点火试验时，如点火失败，应通风吹扫后才能再次点火；⑨初次点火时，油（气）燃烧器应逐台（支）进行点火试验，点火后应在就地观察着火情况，如已着火应迅速调整到良好的燃烧状态，必要时对点火油（气）量、点火风压、点火器的发生时间进行调整；⑩点火试验过程中，如出现冒黑烟、火炬点燃滞后、油雾化质量差、气-空气混合不好、喷射到水冷壁等异常情况，且短时间无法改善时，应停止试点火，并查明原因且消除；⑪必要时可在现场抽出油枪进行油枪雾化情况观察。

c. 等离子点火装置及其系统调试要点：①进行线圈、阳极、阴极通水检查，确认严密不漏，对各通道进行工作压力下的变流量水冲洗，直到回水清澈透明；②检查等离子点火器前载体风压符合技术要求，对管系吹扫合格后，调整载体风压力及冷却风压力与炉膛压差符合技术要求；③检查等离子火焰电视显示正常；④采用蒸汽做热源的磨煤机入口冷风加热器，投运前对其系统进行逐段蒸汽吹扫直至合格，并确认汽水管道严密不漏，系统恢复后，宜在通风条件下对冷风加热器试加热，检验升温能力符合技术要求；⑤采用其他热源加热的磨煤机入口冷风加热器，应首先对热源试投运，正常后宜在通风条件下对冷风加热器试加热，检验升温能力符合技术要求；⑥确认等离子点火装置的电气设备单体调试及传动试验合格；⑦确认等离子点火装置与 FSSS 通信正常、联锁保护校验正确；⑧将等离子点火装置电流设置在规定数值，分别在就地和集控室逐个进行拉弧试验，观察电弧强度和连续性约 5min，检验功率调节范围、冷却水压、载体风压、火检风投运状况均符合技术要求；⑨冷态通风试验过程中，配合设备供货商完成等离子点火系统风速测量装置的标定工作。

d. 微油点火装置及其系统调试要点：①用辅助蒸汽对各主、副油枪油管道进行工作压力下的变流量冲洗，直至排气目测清洁，同时检查各通道接口处严密不漏；②调整雾化蒸汽、助燃风风压或燃油压力符合技术要求；③检查微油火焰电视显示正常；④磨煤机入口冷风加热器调试，采用蒸汽做热源的磨煤机入口冷风加热器，投运前对其系统进行逐段蒸汽吹扫直至合格，并确认汽水管道严密不漏，系统恢复后，宜在通风条件下对冷风加热器试加热，检验升温能力符合技术要求；采用其他热源加热的磨煤机入口冷风加热器，应首先对热源试投运，正常后宜在通风条件下对冷风加热器试加热，检验升温能力符合技术要求；⑤确认高能点火器进退正常，与 FSSS 通信正常、联锁保护校验正确后，在就地和集控室对高能点火器逐个进行点火试验。

9）制粉系统。

a. 碾磨部件相接触形式的球磨机、E 型中速球磨、MPS 型中速磨等，带磨空负荷试转时间应符合设备供货商的要求。

b. 第一台球磨机应进行钢球装载量试验，找出电动机功率与钢球装载量的对应关系，试验装球量宜为最大装球量的 70%～75%，待热态运行后，视磨煤机出力和制粉经济性再调整确认。

c. 中速磨煤机在初次试转前应按设计要求进行下列工作：①检查风环间隙；②调整弹簧加载的预紧力；③静态检验液压加载系统负荷与加载力的对应关系；④检查碾磨部件之间的间隙。

d. 双进双出磨煤机静态调试应注意检查容量风、密封风、吹扫风等风门管道系统，检验电耳、差压等筒内负荷信号的完好性。

e. 旋转式分离器试转时应确认转向符合规定，宜进行调速测定，核对仪表指示转速与实际转速之间的误差在 5% 之内，且转速调节平滑、灵敏，调速范围符合设计要求。

f. 带有折向门的分离器应检查折向门开启方向及开度均匀性，核对内部开度一致，且与外部指示相符。

g. 带有计量装置的给煤机在单机试运期间，均应进行称量装置的标定试验，核对转速调节准确性，确认煤层厚度改变装置的位置。

h. 给粉机在试转时应进行调速测定，核对仪表指示转速与实际转速之间的误差在±5％内，且转速调节平滑、灵敏，调速范围符合设计要求。

i. 应确保煤疏松装置工作正常。

10) 输煤系统。

a. 输煤系统设备单机试运合格后，应进行整个系统的联动试验，并同时校验其联锁保护动作的正确性。

b. 输煤系统在投用前应进行程控操作试验。

11) 灰渣、石子煤系统。

a. 除灰、除渣系统的灰浆泵、冲灰水泵、水力喷射器、轴封水泵、输灰空气压缩机、捞渣机、碎渣机等设备在进行单机试运后还应进行联动试验。

b. 系统投用前应进行程控操作试验。

c. 除灰、除渣系统应在输送介质情况下进行下列工作：①联动试验；②配合严密性试验；③正压系统仓泵、气化风机、灰库排风机、湿式搅拌机、输灰螺旋输送机、灰库袋式除尘器及其加热装置的试投；④渣门、隔离阀的动作试验。

d. 检查中速磨煤机石子煤排放系统的严密性，进行石子煤输送系统各设备间的联动试验，检查石子煤斗高料位信号正常。

e. 风冷钢带干式排渣机及其底部副板清渣机冷态试运时，检查下列内容：①钢带正、反传送中走平稳、无受阻和卡涩现象；②钢带或刮板各节节距均匀，无翘曲和跑偏状况；③带面张紧程度符合设计要求；④变频装置调速灵敏平滑；⑤钢带速度显示值与就地实测数值相符、升降速显示值重现性符合设备供货商技术标准，变频电动机温升正常；⑥轴承振动、温度合格。

f. 风冷钢带干式排渣机在输渣过程中应测定带面温度，确认已被冷却到规定温度以下，并再次检查钢带运走平稳，无变形、跑偏、扭曲现象，否则需进行调校处理。

g. 循环流化床锅炉的冷渣系统在试运前应对其冷却水系统进行水压试验，确认动静部分严密不漏，热态投运前断水保护应校验合格。

12) 蒸汽吹灰系统。

a. 吹灰器动作时间应符合设备供货商的规定。

b. 检查吹灰器运行平稳，限位器动作程序、进汽和疏水阀门开关时间和信号符合设计要求。

c. 墙式吹灰器喷嘴伸入炉膛内的距离及喷嘴启转角度应符合设备供货商的技术要求。

d. 蒸汽吹灰系统投用前，应完成安全阀和减压阀的整定，并投入运行。

e. 空气预热器吹灰器的调试工作应在锅炉点火前结束，保证锅炉点火阶段可以正常投用。

f. 在热态投用前宜组织进行冷态程控操作试验。

13) 燃气-蒸汽联合循环机组余热锅炉多级离心泵给水系统。

a. 用轴封水密封与冷却方式的给水泵或循环泵，在首次试运前应对轴封水系统进行变流量冲洗，达到排水目测清洁。在试运时应确认轴封水压力略高于泵出口压力，在投用密封冷却水前应排尽系统内的空气。

b. 泵试运前应了解其性能曲线，使运行工作点避开极限工况线区域。系统内的首台泵启动前应将出口阀关闭，启动后待出口压力显示后立即开启出口阀，进入正常运转工况。

c. 启动泵前应确认泵内已注满水，空气排尽。

d. 带液力耦合控制或变频调节转速的水泵，在电动机单转结束后，宜再带变速装置试运，检验其机械运转状况和变速性能。

14）循环流化床锅炉床料加入系统。

a. 正压气力输送式的床料加入系统，输送管道应进行严密性试验，试验压力宜为工作压力的 1.2 倍。

b. 皮带或链条床料式加入系统下级输送链条速度应随上级链条速度同步增减。

c. 循环流化床锅炉的入炉床料应取样进行筛分，确认粒径分布比例符合设计要求。

15）循环流化床锅炉石灰石制备及加入系统。

a. 正压气力输送的石灰石加入系统，输送管道应进行严密性试验，试验压力宜为工作压力的 1.2 倍。

b. 石灰石制备系统在单体调试完成后，应进行整个系统的联动试验，确认联锁保护的正确性，检查负压密封系统和干燥系统工作正常。

c. 循环流化床锅炉入炉石灰石应取样进行筛分，确认粒径分布比例符合设计要求。

（4）分部试运的其他工作。单机试运和分系统试运合格后，还应进行锅炉烘炉（主要针对循环流化床锅炉）、化学清洗、冷态通风试验、蒸汽吹管的工作。这些工作全部完成且验收合格后，锅炉机组方可进入整套启动阶段。

**3. 整套启动调试项目及技术要求**

锅炉整套启动是机组整套启动的组成部分，是指设备和系统在分部试运验收合格后，炉、机、电第一次整套启动时，自锅炉点火开始至完成机组满负荷试运，投产进入考核期为止的启动调试工作。整套启动各阶段调试项目及技术要求如下。

（1）空负荷试运阶段调试应符合下列要求：

1）确认锅炉专业各系统已完成分部试运，具备整套启动条件。

2）辅机设备事故按钮、联锁及保护传动试验；程控启停试验；锅炉主保护 MFT 传动试验；配合机炉电大联锁试验；配合电气专业进行保安电源切换试验。

3）锅炉专业整套启动调试措施交底，组织整套启动前锅炉专业应具备的条件检查和签证。

4）组织和指导运行人员进行启动前设备及系统状态检查和调整。

5）投入锅炉主保护及各辅机设备联锁、保护。

6）锅炉上水，冷态冲洗至合格。

7）汽包锅炉点火前，应采用水位实际变化的方式校验水位保护。

8）启动各系统，锅炉点火，热态冲洗，严格控制汽水品质。

9）调整燃油系统运行压力、投入自动。油燃烧器燃烧调整试验。

10）投入空气预热器吹灰系统，机组负荷满足条件时切换吹灰汽源。

11）给水及减温水系统、疏水、放空气及排污系统、制粉系统和输煤、除尘、除灰、除渣及脱硫、脱硝等系统投入及调整试验。

12）锅炉按冷态启动曲线升温、升压至汽轮机冲转参数。

13）配合汽轮机专业进行汽轮机首次冲转及有关试验。

14）配合电气专业进行电气试验及发电机首次并网试验。

15）配合汽轮机专业进行汽轮机汽门严密性试验和超速试验。

16）配合化学专业改善锅炉汽水品质。

17）锅炉蒸汽严密性试验及安全阀整定；亚临界锅炉整定汽包、主蒸汽、再热蒸汽系统安全阀；超临界锅炉整定再热蒸汽系统安全阀。安全阀整定完成后，所有安全阀均应在工作位置。

18）调试质量验收签证。

（2）带负荷试运阶段调试应符合下列要求：

1）按照锅炉升温、升压曲线逐步升负荷。

2）根据机组负荷及汽水品质情况逐步投入制粉系统运行。

3）制粉系统投运后，应做下列调整试验：①设定合理的制粉系统运行一次风量、给煤量曲线；②根据制粉系统煤粉取样分析结果，调整煤粉细度符合设计要求；中间储仓式制粉系统通过改变粗粉分离器折向挡板来调整煤粉细度；直吹式制粉系统通过改变分离器折向挡板位置或旋转分离器转速来调整煤粉细度。

4）磨煤机切换和锅炉燃烧初调整试验应符合下列要求：①一次风母管压力定值设定及曲线优化；②一次风量与给煤量配比曲线设定及调整；③总风量与锅炉蒸发量、给煤量曲线设定及调整；④氧量与锅炉负荷曲线设定及调整；⑤一、二次风量配比调整试验；⑥锅炉配风调整试验；⑦旋流燃烧器旋流强度调整试验。

5）锅炉蒸汽温度调整试验：各级减温水、烟气挡板、燃烧器摆角调整试验。

6）配合火检信号调整试验。

7）配合热控专业投入自动控制系统及其调整试验。

8）投入锅炉四管泄漏监视系统。

9）控制汽水品质，锅炉洗硅运行。

10）给水泵并列、切换试验。

11）锅炉断油试验。

12）机组负荷满足条件后，进行炉本体吹灰系统热态调试，投入程控吹灰。

13）超临界锅炉蒸汽严密性试验随机组升负荷过程同步进行；机组负荷满足条件后，进行分离器、过热器安全阀整定试验。

14）配合供货商进行空气预热器间隙热态调整试验。

15）锅炉升至满负荷运行。

16）配合热控专业进行机组负荷变动试验。

17）配合汽轮机专业进行机组甩负荷试验。

18）锅炉温态、热态启动试验。

19）调试质量验收签证。

（3）满负荷试运阶段调试应符合下列要求：

1）记录锅炉及其附属设备满负荷运行主要参数。

2）调整锅炉及其附属系统使其符合机组满负荷试运要求。

3）处理与调试有关的缺陷及异常情况，配合施工单位消除试运缺陷。

4）统计锅炉专业试运技术指标。

5）调试质量验收签证。

## 三、制粉系统的启动调试

### 1. 单机调试

各类制粉系统的各种设备（如给煤机、磨煤机、排风机、一次风机、油泵）、回转式分离器等的单机调试应符合锅炉专业单机试运调试的条件、要点及标准。

### 2. 分系统调试

（1）储仓式制粉系统冷态调试应符合下列要求：

1）确认磨煤机、给煤机、给粉机、排粉机及其系统单体调试、单机试运已完成验收签证。

2）制粉系统阀门、联锁、报警、保护、启停等传动试验。

3）调试措施交底，组织系统试运条件检查和签证。

4）组织和指导运行人员进行启动前设备及系统状态检查和调整。

5）磨煤机防爆系统调试。

6）制粉系统冷态试运，填写试运记录表。

7）测定装球量与电流关系曲线。

8）给粉机转速调整最低转速确定。

9）调试质量验收签证。

（2）直吹式制粉系统冷态调试应符合下列要求：

1）确认磨煤机、给煤机及其系统单体调试、单机试运已完成验收签证。

2）制粉系统阀门、联锁、报警、保护、启停等传动试验。

3）调试措施交底，组织系统试运条件检查和签证。

4）组织和指导运行人员进行启动前设备及系统状态检查和调整。

5）磨煤机防爆系统调试。

6）给煤机皮带称重校验。

7）制粉系统冷态试运，填写试运记录表。

8）调试质量验收签证。

### 3. 锅炉整套启动试运

在锅炉整套启动试运的带负荷调试阶段，需要进行制粉系统初调整。制粉系统初调整是在机组整套启动试运期间，为使制粉系统能提供锅炉燃烧符合设计要求所进行的检验与调整。

（1）制粉系统初调整包括以下内容：

1）调节分离器折向门的开度或旋转分离器的转速，测取煤粉细度、求得煤粉均匀性指数 $n$ 值，掌握煤粉细度变化规律。

2）调试期间，煤粉细度可根据煤的灰分、挥发分等因素近似求取，按设计数据取用或参考有关资料。

3）找出磨煤机组投运数量与锅炉蒸发量之间的对应关系，确定满足锅炉额定参数工况燃烧所需要的燃煤量，检查磨煤机满出力工况下本体的实际阻力和其他参数，检查风扇磨煤机的出口最低风压或最大电流值。

4）确定中速磨煤机合适的风煤比，确定钢球磨煤机合适的筒体风速，确定风扇磨煤机合适的通风压头。

（2）制粉系统投入运行后的调整试验：

1）设定合理的制粉系统运行一次风量、给煤量曲线。

2）根据制粉系统煤粉取样分析结果，调整煤粉细度符合设计要求：中间仓储式制粉系统通过改变粗粉分离器折向挡板来调节煤粉细度，直吹式制粉系统通过改变分离器折向挡板的位置或旋转分离器转速来调节煤粉细度。

（3）磨煤机切换和锅炉初燃烧调整试验的要求：

1）一次风母管压力定值设定及曲线优化。

2）一次风量与给煤量配比曲线设定及优化。

3）总风量与锅炉蒸发量、给煤量曲线设定及调整。

4）氧量与锅炉负荷曲线设定及调整。

5）一、二次风量配比调整试验。

6）锅炉配风调整试验。

7）旋流燃烧器旋流强度调整试验。

# 第二节　锅炉及制粉系统热力调整试验

## 一、锅炉机组热力试验

锅炉机组热力试验的任务是确定锅炉机组运行的热力性能，了解锅炉机组的运行特性和结构缺陷。

### 1. 性能验收试验

检查锅炉及其辅机制造厂的供货保证是否达到要求。以经过热力试验得到的数据与制造厂的设计数据相比较，验证和鉴定设计、制造是否达到保证指标，为制造厂的设计改进、制造工艺提供参考资料，为火力发电厂索赔提供技术依据。

性能验收试验验收和鉴定的项目主要有锅炉蒸发量（最大连续蒸发量、额定蒸发量等）、锅炉效率、蒸汽参数（压力、温度等）及蒸汽品质、锅炉辅机的运行参数等。试验中必须测量计算出负荷范围内的各项损失、炉膛风平衡和受热面的总吸热量等数据。

### 2. 运行或热平衡试验

运行试验也称作热平衡试验，是在锅炉额定蒸汽参数下测定锅炉机组的标准运行特性。以下情况需要进行热平衡试验：新投产的锅炉按设计功率试运行结束后；运行中测定额定负荷下的锅炉效率，分析影响锅炉热效率的因素；锅炉技术改造试运行结束后；因燃煤品种发生变化或运行中主要参数偏离额定值；比较经过大、小修后锅炉机组的性能；进口机组考核性试验。热平衡试验的任务有如下内容。

（1）确定或查明锅炉机组在自动调节可能达到的调整范围内、各种负荷下锅炉炉膛最合理的运行工况或条件，如火焰中心的位置、过剩空气量和过量空气系数、燃料和空气在燃烧器及各层燃烧器之间的合理分配、煤粉细度等。

（2）不改变原有锅炉设备和辅机设备、以不同的方式组合投入的情况下，确定设备的最大和最小负荷。

（3）计算并确定锅炉机组的实际经济负荷和各项热损失。

（4）查明热损失高于计算值的原因，拟定降低热损失、提高效率达到计算值的具体措施。

（5）校核锅炉机组个别设备组件的运行情况。

（6）计算并绘制出烟道的流动阻力特性、锅炉辅机设备的特性曲线。

（7）给出锅炉机组正常的电负荷特性和蒸汽流量特性，给定燃煤量相对增加的特性。

**3. 专题试验**

专题试验是锅炉运行工况调整和校正试验。锅炉大修之后，为鉴定检修质量、校正设备运行特性而进行专题试验。一般按主、辅助系统设备分别或交叉进行。

专题试验的目的是调整锅炉运行工况，并求出锅炉运行工况某些单项指标；确定最合理的过量空气系数、煤粉细度；空气在各燃烧器的合理分配；辅机设备不同的组合运行方式下的最大负荷。

锅炉运行工况调整和校正试验的主要工作有确定锅炉机组某些设备运行工况的变化范围，检查这些变化对锅炉机组设备各项技术经济指标的影响，消除已出现设备缺陷和运行偏差。

## 二、制粉系统的热力试验

制粉系统是锅炉机组重要的辅助系统，制粉系统的热力试验是锅炉机组热力试验的一个主要项目。锅炉机组热力试验时，制粉系统等辅助系统的热力试验一般先进行，尤其是在锅炉机组的性能验收试验和热平衡试验时。专题试验有针对制粉系统的专门试验。

**1. 制粉系统的运行试验**

为确定制粉系统的出力、单位（制粉）电耗、调整煤粉细度，以及制粉系统各工况的运行方式及参数，需要进行制粉系统的运行试验。不同类型的磨煤机及其所配置的制粉系统有不同的调整及试验方法。

（1）钢球磨煤机中间仓储式制粉系统的试验及测量项目。

1）试验项目。试验项目包括最佳钢球装载量试验；磨煤机筒体装煤量试验；磨煤机最佳通风量试验；最佳煤粉细度试验；粗粉分离器试验；细粉分离器试验；磨煤机出力特性试验等。

2）测量项目。测量项目一般有原煤和煤粉试样采集及分析；磨煤机出力；煤粉流通各处温度、负压；磨煤机通风量；制粉系统各电动机电流；制粉系统电耗；粗粉分离器挡板开度等。

（2）中速磨煤机直吹式制粉系统的试验项目及测量参数。

1）试验项目。试验项目包括冷态风量调平试验；分离器性能试验；磨辊、钢球加载力试验；磨煤机出力特性试验；煤粉分配性能试验。

2）测量项目。测量项目一般有原煤和煤粉试样采集及分析；磨煤机出力；磨辊、钢球加载力；煤粉分离器试验等。

**2. 磨煤机及制粉系统的性能试验**

在火力发电厂磨煤机的设备性能验收或设备鉴定、设备运行调整，以及以研究为目的的设备性能试验，采用磨煤机及制粉系统的性能试验。其常规试验项目和测量参数如下：

（1）钢球磨煤机中间仓储式制粉系统的试验项目和测试参数。

1）试验项目：制粉系统通风量测速管标定试验；一次风管冷态一次风量分配测定及调平试验；给煤机标定试验；最佳钢球装载量试验；粗粉分离器性能试验；最佳通风特性试验；磨煤机出力特性试验；细粉分离器效率试验；给粉机特性试验。

2）钢球磨煤机中间仓储式制粉系统测试参数见表 5-7。

表 5-7　　　　　　　　　　钢球磨煤机中间仓储式制粉系统测试参数

| 项目 | 符号 | 单位 | 数值 | 项目 | 符号 | 单位 | 数值 |
|---|---|---|---|---|---|---|---|
| 钢球装载量 | $m$ | t | | 粗粉分离器出口风压 | $p''_{cf}$ | Pa | |
| 粗粉分离器挡板开度 | $Y$ | % | | 粗粉分离器压差 | $\Delta p_{cf}$ | Pa | |
| 给煤机转速 | $n$ | r/min | | 细粉分离器出口风压 | $p''_{xf}$ | Pa | |
| 给煤机闸板提升高度 | $h$ | mm | | 细粉分离器压差 | $\Delta p_{xf}$ | Pa | |
| 磨煤机出力 | $B_{mm}$ | t/h | | 排粉机入口风压 | $p'_{pf}$ | Pa | |
| 排粉机入口风量 | $Q'_{pf}$ | m³/h | | 排粉机出口风压 | $p''_{pf}$ | Pa | |
| 磨煤机入口风量 | $Q'_{mm}$ | m³/h | | 排粉机提升压头 | $\Delta p_{pf}$ | Pa | |
| 再循环风量 | $Q_{xh}$ | m³/h | | 粗粉分离器入口煤粉细度 | $R'_{90}$ | % | |
| 热风门开度 | $Y_1$ | % | | 粗粉分离器入口煤粉细度 | $R'_{200}$ | % | |
| 冷风门开度 | $Y_2$ | % | | 粗粉分离器出口煤粉细度 | $R'_{90}$ | % | |
| 排粉机入口风门开度 | $Y_3$ | % | | 粗粉分离器出口煤粉细度 | $R'_{200}$ | % | |
| 再循环风门开度 | $Y_4$ | % | | 回粉细度 | $R'_{90}$ | % | |
| 磨煤机电流 | $I_{mm}$ | A | | 回粉细度 | $R'_{200}$ | % | |
| 排粉机电流 | $I_{pf}$ | A | | 细粉分离器下成粉细度 | $R'_{90}$ | % | |
| 磨煤机入口热风温度 | $t'_{mmrf}$ | ℃ | | 细粉分离器下成粉细度 | $R'_{200}$ | % | |
| 磨煤机入口混合温度 | $t'_{mm}$ | ℃ | | 乏气煤粉细度 | $R'_{90fq}$ | % | |
| 磨煤机出口温度 | $t''_{mm}$ | ℃ | | 粗粉分离器综合效率 | $\eta_{cf}$ | % | |
| 排粉机入口风温 | $t'_{pf}$ | ℃ | | 细粉分离器效率 | $\eta_{xf}$ | % | |
| 磨煤机进口风压 | $p'_{mm}$ | Pa | | 原煤 VTI 法可磨性指数 | $K_{VTI}$ | — | |
| 磨煤机出口风压 | $p''_{mm}$ | Pa | | 哈氏可磨性指数 | HGI | — | |
| 磨煤机压差 | $\Delta p_{mm}$ | Pa | | 原煤全水分 | $M_t$ | % | |
| 粗粉分离器入口风压 | $p'_{cf}$ | Pa | | 原煤收到基灰分 | $A_{ar}$ | % | |
| 磨煤机耗电量 | $P_{mm}$ | kW | | 原煤干燥无灰基挥发分 | $V_{daf}$ | % | |
| 排粉机耗电量 | $P_{pf}$ | kW | | 原煤收到基低位发热量 | $Q_{net,ar}$ | kJ/kg | |

钢球磨煤机中间仓储式炉烟干燥、热风送粉制粉系统的试验项目和测试参数同中间仓储式制粉系统。

（2）中速磨煤机直吹式制粉系统的试验项目和测试参数。

1）试验项目：冷态试验包括一次风管冷态一次风量分配测定及调平试验，一次风管靠背式测速管速度系数标定；给煤机标定试验；分离器性能试验；加载压力试验；磨盘与磨辊的间隙调整试验；磨煤机出力特性试验；煤粉分配性能试验。

2）中速磨煤机性能测试参数（以轮式中速磨煤机为例）见表 5-8。

表 5-8 　　　　　　　中速磨煤机性能测试参数（以轮式中速磨煤机为例）

| 项目 | 符号 | 单位 | 数值 | 项目 | 符号 | 单位 | 数值 |
|---|---|---|---|---|---|---|---|
| 机组功率 | $N$ | MW | | 磨煤机前静压 | $p_{M,1}$ | Pa | |
| 蒸汽负荷 | $D$ | t/h | | 磨碗压力 | $p_M$ | Pa | |
| 炉膛氧量 | — | % | | 磨碗压差 | $\Delta p_r$ | Pa | |
| 磨煤机运行台数 | — | 台 | | 磨煤机出口静压 | $p_{M,2}$ | Pa | |
| 磨煤机运行时间 | $t$ | h | | 磨煤机差压 | $\Delta p_M$ | Pa | |
| 磨煤机辊子运行时间 | $t$ | h | | 煤粉分配器前静压 | $p_{Dis1}$ | Pa | |
| 磨煤机磨盘运行时间 | $t$ | h | | 煤粉分配器后静压 | $p_{Dis2}$ | Pa | |
| 研磨材料损失 | — | % | | 煤粉分配器差压 | $\Delta p_{Dis}$ | Pa | |
| 加载油压 | $p$ | Pa | | 磨煤机电流 | $I_M$ | A | |
| 收到基低位发热量 | $Q_{net,ar}$ | kJ/kg | | 一次风机电流 | $I_{Fan}$ | A | |
| 收到基水分 | $M_{ar}$ | % | | 磨煤机电耗 | $E_M$ | kW·h/t | |
| 收到基灰分 | $A_{ar}$ | % | | 一次风机电耗 | $E_{Fan}$ | kW·h/t | |
| 干燥无灰基挥发分 | $V_{daf}$ | % | | 磨煤机功率 | $N_M$ | kW | |
| 哈氏可磨性指数 | HGI | — | | 一次风机功率 | $N_{Fan}$ | kW | |
| 磨损指数 | $K_e$ | — | | 磨煤机前通风量 | $q_{V,M,1}$ | m³/h | |
| 原煤粒度（>30mm） | $R_{30}$ | % | | 磨煤机前通风量 | $q_{m,M,1}$ | kg/h | |
| 分离器挡板开度 | $Y$ | (°) | | 磨煤机前气流密度 | $\rho_{M,1}$ | kg/m³ | |
| 给煤机转速 | $n$ | r/min | | 喷嘴环面积 | $F_r$ | m² | |
| 给煤机煤闸门高度 | $h$ | mm | | 喷嘴环速度 | $v_r$ | m/s | |
| 煤的堆积密度 | $\rho_b$ | kg/m³ | | 石子煤量 | $B_{at}$ | kg/h | |
| 磨煤机出力 | $B_M$ | t/h | | 密封空气温度 | $t_s$ | ℃ | |
| 热风门开度 | $Y_{ha}$ | % | | 磨辊前密封空气静压 | $p_{s,ro}$ | Pa | |
| 冷风门开度 | $Y_{ca}$ | % | | 磨盘前密封空气静压 | $p_{s,ta}$ | Pa | |
| 混合门开度 | $Y_{cO}$ | % | | 给煤机前密封空气静压 | $p_{s,fe}$ | Pa | |
| 磨煤机前热风温度 | $t_{M,1}$ | ℃ | | 去磨辊密封空气量 | $q_{m,s,ro}$ | kg/h | |
| 磨煤机前混合风温度 | $t_{M,he,1}$ | ℃ | | 去磨盘密封空气量 | $q_{m,s,ta}$ | kg/h | |
| 磨煤机出口温度 | $t_{M,2}$ | ℃ | | 去给煤机密封空气量 | $q_{m,s,fe}$ | kg/h | |
| 煤粉细度 | $R_{75}$ | % | | 密封空气总量 | $q_{m,s}$ | kg/h | |
| 煤粉细度 | $R_{90}$ | % | | 煤粉均匀性指数 | $n$ | — | |
| 煤粉细度 | $R_{200}$ | % | | 煤粉水分 | $M_{pc}$ | % | |

（3）风扇磨煤机直吹式制粉系统的试验项目和测试参数。

1）试验项目：纯空气通风特性试验；一次风管靠背式测速管流量系数标定；给煤机标定；分离器性能试验；磨煤机出力特性试验；分离器出口煤粉管道煤粉分配性能测试与调整。

2）测试参数：风扇磨煤机纯空气通风特性测试参数，见表 5-9；风扇磨煤机性能测试参数，见表 5-10。

表 5-9　　　　　　　　　　　　　　风扇磨煤机纯空气通风特性测试参数

| 项目 | 符号 | 单位 | 数值 | 项目 | 符号 | 单位 | 数值 |
|---|---|---|---|---|---|---|---|
| 磨煤机叶轮转速 | $n_M$ | r/min | | 磨煤机提升全压头 | $\Delta p_M$ | Pa | |
| 冲击板运行小时数 | $t$ | h | | 分离器阻力 | $\Delta p_{Cla}$ | Pa | |
| 护钩、护甲运行小时数 | $t$ | h | | 120℃，$p=101\,325$Pa 时磨煤机提升全压头 | $\Delta p_M$ | Pa | |
| 分离器折向门开度 | $Y_{Cla}$ | (°) | | 120℃，$p=101\,325$Pa 时分离器阻力 | $\Delta p_{Cla}$ | Pa | |
| 回粉门开度 | $Y_{rC}$ | (°) | | 分离器阻力 | $\Delta p_{Cla}$ | Pa | |
| 磨煤机入口风温 | $t_{M,1}$ | ℃ | | 磨煤机入口风量 | $q_{V,M,1}$ | m³/h | |
| 分离器出口风温 | $t_{Cla,2}$ | ℃ | | 磨煤机入口风量 | $q_{m,M,1}$ | kg/h | |
| 磨煤机入口静压 | $p_{M,1}$ | Pa | | 分离器出口风量 | $q_{V,Cla,2}$ | m³/h | |
| 磨煤机出口静压 | $p_{M,2}$ | Pa | | 分离器出口风量 | $q_{m,Cla,2}$ | kg/h | |
| 分离器出口静压 | $p_{Cla,2}$ | Pa | | 磨煤机功率 | $N_M$ | kW | |
| 磨煤机入口全压 | $p_{M,s,1}$ | Pa | | 磨煤机全压通风效率 | $\eta_M$ | % | |
| 磨煤机出口全压 | $p_{M,s,2}$ | Pa | | 磨煤机漏风量 | $\Delta q_{m,M}$ | kg/h | |
| 分离器出口全压 | $p_{Cla,s,2}$ | Pa | | 磨煤机漏风率（占入口份额） | $f_{le}$ | % | |

表 5-10　　　　　　　　　　　　　　风扇磨煤机性能测试参数

| 项目 | 符号 | 单位 | 数值 | 项目 | 符号 | 单位 | 数值 |
|---|---|---|---|---|---|---|---|
| 机组功率 | $N$ | MW | | 分离器阻力 | $\Delta p_{Cla}$ | Pa | |
| 蒸汽负荷 | $D$ | t/h | | 120℃，$p=101\,325$Pa 时磨煤机提升全压头 | $\Delta p_M$ | Pa | |
| 炉膛氧量 | — | % | | 120℃，$p=101\,325$Pa 时分离器阻力 | $\Delta p_{Cla}$ | Pa | |
| 磨煤机运行台数 | — | 台 | | 磨煤机电流 | $I_M$ | A | |
| 磨煤机运行时间 | $t$ | h | | 磨煤机功率 | $N_M$ | kW | |
| 磨煤机叶轮转速 | $n_M$ | r/min | | 制粉电耗 | $E_M$ | kW·h/t | |
| 冲击板运行小时数 | $t$ | h | | 冷烟量 | $q_{V,c,g}$ | m³/h | |
| 护钩、护甲运行小时数 | $t$ | h | | 冷烟量 | $q_{m,c,g}$ | kg/h | |
| 总运行小时数 | $t$ | h | | 热空气量 | $q_{V,ha}$ | m³/h | |
| 冲击板金属利用率 | $r$ | % | | 热空气量 | $q_{m,ha}$ | kg/h | |
| 总磨煤量 | $B$ | t/h | | 密封空气量 | $q_{V,s}$ | m³/h | |
| 单位磨耗 | $E_c$ | g/t | | 密封空气量 | $q_{m,s}$ | kg/h | |
| 收到基低位发热量 | $Q_{net,ar}$ | kJ/kg | | 入口干燥剂量 | $q_{V,ag}$ | m³/h | |
| 收到基水分 | $M_{ar}$ | % | | 入口干燥剂量 | $q_{m,ag}$ | kg/h | |
| 收到基灰分 | $A_{ar}$ | % | | 磨煤机中煤的水分蒸发量 | $\Delta M$ | kg/kg | |
| 干燥无灰基挥发分 | $V_{daf}$ | % | | 分离器出口一次风量 | $q_{V,Cla,2}$ | m³/h | |
| 哈氏可磨性指数 | HGI | — | | 分离器出口一次风量 | $q_{m,Cla,2}$ | kg/h | |
| 磨损指数 | $K_e$ | — | | 系统漏风量 | $q_{m,le}$ | kg/h | |
| 原煤粒度（>30mm） | $R_{30}$ | % | | 系统漏风率（占入口份额） | $f_{le}$ | % | |
| 分离器挡板开度 | $Y$ | (°) | | 磨煤机入口三原子气体含量 | $R_{O_2}$ | % | |
| 给煤机刮板速度 | $n$ | r/min | | 磨煤机入口气体氧量 | $O_{2,1}$ | % | |
| 给煤机煤闸门高度 | $h$ | mm | | 分离器出口气体氧量 | $O_{2,2}$ | — | |

续表

| 项目 | 符号 | 单位 | 数值 | 项目 | 符号 | 单位 | 数值 |
|------|------|------|------|------|------|------|------|
| 煤的堆积密度 | $\rho_b$ | kg/m³ | | 磨煤机出口三原子气体含量 | $R_{O_{2,2}}$ | % | |
| 磨煤机出力 | $B_M$ | t/h | | 系统漏风率（占入口质量份额） | $f_{le}$ | % | |
| 热烟温度 | $\theta_{hg}$ | ℃ | | 磨煤机入口全压 | $p_{M,s,1}$ | Pa | |
| 冷烟温度 | $\theta_{cg}$ | ℃ | | 磨煤机出口全压 | $p_{M,s,2}$ | Pa | |
| 热风温度 | $t_{hA}$ | ℃ | | 分离器出口全压 | $p_{Cla,s,2}$ | Pa | |
| 系统入口干燥剂温度 | $t_{ag}$ | ℃ | | 磨煤机提升全压头 | $\Delta p_M$ | Pa | |
| 磨煤机入口温度 | $t_{M,1}$ | ℃ | | 煤粉细度 | $R_{90}$ | % | |
| 分离器出口温度 | $t_{Cla,2}$ | ℃ | | 煤粉细度 | $R_{1000}$ | % | |
| 磨煤机入口静压 | $p_{M,1}$ | Pa | | 煤粉均匀性指数 | $n$ | — | |
| 磨煤机出口静压 | $p_{M,2}$ | Pa | | 煤粉水分 | $M_{pc}$ | % | |
| 分离器出口静压 | $p_{Cla,2}$ | Pa | | | | | |

（4）双进双出钢球磨煤机直吹式、半直吹式制粉系统的试验项目。

1）一次风管冷态一次风量分配测定及调平试验。

2）风管靠背式测速管流量系数标定。

3）给煤机标定试验。

4）分离器挡板开度试验。

5）磨煤机出力特性试验。

6）磨煤机单侧运行特性试验。

7）一次风煤粉管道煤粉分配性能试验。

一般而言，火力发电厂新建锅炉机组制粉系统安装完成、正式运行之前，或者原有制粉系统经过设备改造、大修后运行前，需要进行煤粉制备系统的调整试验；制粉系统投入运行后需要进行性能试验，而制粉系统的运行优化贯穿于调整试验和性能试验之中。

### 三、试验工作的主要程序

试验工作的主要程序是确定试验的项目；落实试验负责人和试验单位；编写试验大纲；加工、安装试验测点；准备试验仪表、器具及试验材料；建立试验组织机构，试验方案交底和参加试验人员培训；进行预备性试验和辅助性试验；按试验大纲及双方商定的项目开展实验；收集采集的样品、试验数据；整理试验数据，编写试验报告。

## 第三节　制粉系统启动调试与性能试验

启动调试部分以各类新建、扩建、改建的火力发电建设工程锅炉机组制粉系统启动调整试验为主阐述。性能试验的原则和方法适用于火力燃煤发电厂锅炉磨煤机及其制粉系统的设备性能验收或性能鉴定、设备性能运行调整，以及以研究为目的的设备性能试验等应用。

### 一、制粉系统的启动调试

#### 1. 启动调试的相关规定和准备

火力发电建设工程机组调试工作应由具有相应调试能力资格的单位承担，机组调试工作应执行国家和行业现行的相关标准，设计和设备技术文件的要求，以及经审批的调试、试验措施进行。

锅炉专业调试的准备工作是收集熟悉设计图纸和有关调试资料；准备和校验调试所需的仪器、仪表、工具和材料；了解制粉系统及其附属设备的安装（或检修）情况；对设计、制造和安装（或检修）等方面存在的问题和缺陷提出改进建议，编制制粉系统调试措施等锅炉专业的调试措施，准备制粉系统等调试检查、记录及验收表格。

**2. 制粉系统启动调试与要求**

制粉系统启动调试可分为分系统调试（冷态调试）和整组启动调试（热态调试，也即制粉系统的初调整），以及试运后（一般 300MW 机组在满负荷试运 168h 后 3~6 个月内）的性能考核试验。

（1）制粉系统冷态调试应符合下列要求。

1）仓储式制粉系统冷态调试应符合如下要求：确认磨煤机、给煤机、给粉机、排粉机及其系统单体调试、单机试运已完成验收签证；制粉系统阀门、联锁、报警、保护、启停等传动试验；调试措施交底，组织系统试运条件检查和签证；组织和指导运行人员进行启动前设备和系统状态检查和调整；磨煤机防爆系统调试；制粉系统冷态试运，填写试运记录表；测定装球量和电流关系曲线；给粉机转速调整和最低转速确定；调试质量验收签证。

2）直吹式制粉系统冷态调试应符合如下要求：确认磨煤机、给煤机及其系统单体调试、单机试运已完成验收签证；制粉系统阀门、联锁、报警、保护、启停等传动试验；调试措施交底，组织系统试运条件检查和签证；组织和指导运行人员进行启动前设备和系统状态检查和调整；磨煤机防爆系统调试；给煤机皮带称重校验；制粉系统冷态试运，填写试运记录表；调试质量验收签证。

（2）制粉系统热态调试应符合下列要求。

1）制粉系统投运后应做下列调整试验：设定合理的制粉系统运行一次风量、给煤量曲线；根据制粉系统煤粉取样分析结果，调整煤粉细度符合设计要求；中间仓储式制粉系统通过改变粗粉分离器折向挡板来调整煤粉细度；直吹式制粉系统通过改变分离器折向挡板位置或旋转分离器转速来调整煤粉细度。

2）磨煤机切换和锅炉燃烧初调整试验应符合下列要求：一次风母管压力定值设定及曲线优化；一次风量与给煤量配比曲线设定及调整；总风量与锅炉蒸发量、给煤量曲线设定及调整；一、二次风量配比调整试验；锅炉配风调整试验；旋流燃烧器旋流强度调整试验。

制粉系统调试需要风机等设备的调试相配合（此处仅简述直吹式制粉系统中一次风机、密封风机及其系统冷态调试应符合的要求）。确认一次风机、密封风机及其系统单体调试、单机调试已完成验收签证；一次风机、密封风机及其系统阀门、联锁、报警、保护、启停等传动试验；参加一次风机静态检查和验收；调试措施交底，组织系统试运条件检查和签证；组织和指导运行人员进行启动前设备和系统状态检查和调整；一次风机、密封风机及其系统试运，填写试运记录表；调试质量验收签证。

（3）制粉系统性能考核试验项目包括制粉系统出力试验和磨煤机单耗试验。制粉系统性能考核试验是以调试试验单位为主，监理、建设、生产、施工、设备供应单位配合，对新投产火电机组锅炉制粉系统或制粉系统改造试运后等情况进行的考核性能的试验，目的是检验和考核制粉系统的各项性能指标是否达到合同、设计和有关规定的要求。制粉系统性能考核试验，在新投产火电机组锅炉专业又分为分系统冷态调试和整套启动调试两个阶段，各阶段的调试目的、内容、要求不同；制粉系统出力试验和磨煤机单耗试验按合同规定的标准进行，合同未规定时，按 DL/T 467—2019《电站磨煤机及制粉系统性能试验》执行。制粉系统性能考核试验期自试运总指挥宣布机组试运结束之时开始计算，时间为六个月，不应延长。

为此，新建火电机组锅炉制粉系统或制粉系统改造后进行的考核性能试验各方，要做好制粉系统调整试验前的各项准备工作。

**3. 启动调试各方职责**

（1）建设单位：工程安装施工阶段，应向调试单位提供一套设计及制造厂家的图纸和资料，以及建设单位编制的工程一级网络进度计划；制定调试管理程序；组织生产人员熟悉设备、系统，学习调试大纲、调试计划，以及相关专业调试措施等各种调试文件。

（2）监理单位：项目监理机构应根据委托监理合同，对工程调试阶段实施监理，包括对机组单体调试、分系统调试和整套启动调试的监理；总监理工程师应组织各专业监理工程师编制调试监理实施细则，并应具有针对性和可操作性；组织审核承包单位现场项目部的组织机构和人员配备、特种作业人员资格证和上岗证、管理制度、试验仪器设备，满足要求时予以确认，对有调试分包单位的，应要求承包单位按规定报审，符合规定且经建设单位批准后准予分包，并应要求承包单位对其分包单位进行监督、管理；审查承包单位报送的调试大纲、调试方案的措施，提出监理意见，报建设单位；督促设计单位向调试、安装、运行等单位进行设计交底，解释设计思想和意图，督促设计单位参加重大调试方案的技术讨论，在调试期间提供现场工地代表服务，参加现场调试会议，协助解决现场发现的与设计有关的问题；组织或参与对调试条件的检查，参与安全隔离措施的审查。督促承包单位进行调试安全技术交底；协助建设单位制定调试管理程序；就与调试前期工程情况（包括设计、设备、土建、安装等）对承包单位进行交流；审查承包单位提交的调试进度计划，调试进度计划应符合工程总进度计划；监督、检查调试计划的执行；对承包单位提出的进度计划调整方案进行分析，提出修改意见，报建设单位；监督承包单位执行批准的调试方案和措施，对调试过程实施巡视、见证、检查，必要时旁站；收集各参建单位发现的设备缺陷，跟踪消缺情况，督促责任单位按时完成消缺，并组织消缺后的验收工作；主持或参加调试例会或专题会；组织或参加重大调试节点前的安全大检查；建立、健全调试项目变更的管理程序，并严格执行；审核承包单位报送的设计工程款支付申请，符合要求后签认，报建设单位；组织或参加单体、分系统和整套启动调试各阶段的质量验收、签证工作，审核调试结果；督促及时办理设备和系统代保管手续；接受质量监督机构的质量监督，督促责任单位进行缺陷整改，并验收。

施工/调试单位的调试用计量器具/检测仪表年检取证报验见表 5-11，设计/设备技术交底记录见表 5-12。

**表 5-11　××发电有限责任公司××MW 工程调试用计量器具/检测仪表年检取证报验**

表号：　　　　　　　　　　　　　　　　　　　　　　　　　　　　　　编号：

| 工程名称 | |
|---|---|

致：　　　　　　　　　　　　　　　　　　　　　　　　　　　　　监理部

　　现报上本工程使用的主要施工计量器具、检测仪表检验结果统计表，请查验。工程进行中如有调整，将及时重新统计，并上报。

　　附件：测量、计量器具检验合格证（复印件）

经办人：　　　　　　　　项目负责人：（章）　　　　　　年　月　日

| 仪器、仪表名称及规格 | 编号 | 检验单位 | 受检日期 | 检验结论 |
|---|---|---|---|---|
| | | | | |
| | | | | |
| | | | | |
| | | | | |
| | | | | |
| | | | | |
| | | | | |
| | | | | |
| | | | | |

监理单位意见：

监理工程师：　　　　　　　　　副/总监理工程师：　　　　　　　　（章）　年　月　日

注　本表一式四份，由承包单位填写并存两份，送监理单位、建设单位资料室各一份。

**表 5-12　　　　　　　××发电有限责任公司××MW 工程设计/设备技术交底记录**

表号：　　　　　　　　　　　　　　　　　　　　　　　　　　　　　　编号：

| 工程名称 | | 交底地点 | |
|---|---|---|---|
| 交底图纸 | | 日期 | 年　月　日 |

交底内容：

续表

| 各单位签字 | 设计单位/设备厂家 | |
|---|---|---|
| | 承包商 | |
| | 调试单位 | |
| | 监理单位 | |
| | 建设单位 | |

注　本表一式多份，由监理单位整理，监理单位存两份，与会单位会签后各保存一份，后附签到表。

（3）施工单位：编制的单机试运技术方案或措施报监理单位审查，施工单位项目部总工程师批准后执行，编制、报批单体调试和单机试运计划；组织、指挥生产人员完成单机试运；组织精干的设备、系统消缺维护人员，参与、配合整个调试过程；负责向生产单位办理设备和系统代保管手续。

（4）调试单位：根据建设单位提供的设计及制造厂家的图纸、资料和工程一级网络进度计划等相关文件，编制完成调试大纲、调试计划、调试措施等各种调试文件编写、审核、批准工作，做好各种传动记录表、系统试运条件检查确认表、调试需用仪器仪表的准备工作，进入现场，熟悉设备和系统，对发现的问题和需要建设单位协调的事项以调试联络单的方式提出建议；熟悉锅炉燃烧及制粉系统设备的结构、性能、运行特点和历史状况，掌握制粉系统设备存在的缺陷或运行中存在的问题；掌握运行参数的调整范围，防止调整试验中参数超过制粉系统和设备的安全承受范围；根据制粉系统设备状况和生产厂家的要求，制定详尽的制粉系统调整试验方案，包括试验内容、方法，试验的组织程序、安全措施，并于试验前对参加试验的所有人员及相关人员进行技术和安全交底。

电动阀门和挡板传动验收记录见表 5-13，调节阀门和挡板传动验收记录见表 5-14，电器开关传动验收记录见表 5-15，联锁保护逻辑传动验收记录见表 5-16；系统试运条件检查确认见表 5-17；调试联络单见表 5-18；调试措施交底记录见表 5-19；设备系统试运记录见表 5-20；机组整套启动试运条件确认见表 5-21。

**表 5-13** 　　　　　　　　　　　　　　**电动阀门和挡板传动验收记录**

工程名称：＿＿＿＿＿＿　　　　　　　系统名称：＿＿＿＿＿＿

| 序号 | 阀门、挡板名称 | 设备编码 | 开时间 | 关时间 | 反馈指示 | 传动结果 | 备注 |
|---|---|---|---|---|---|---|---|
| | | | | | | | |
| | | | | | | | |
| | | | | | | | |
| | | | | | | | |
| | | | | | | | |
| | | | | | | | |
| | | | | | | | |
| | | | | | | | |
| | | | | | | | |
| | | | | | | | |
| | | | | | | | |
| | | | | | | | |
| | | | | | | | |

施工单位：　　　　调试单位：　　　　监理单位：　　　　建设单位：　　　　生产单位：　　　　　　年　月　日

**表 5-14** 调节阀门和挡板传动验收记录

工程名称：_____  系统名称：_____

| 序号 | 阀门、挡板名称 | 设备编码 | 传动结果 | | | | | | | | | | 备注 |
|---|---|---|---|---|---|---|---|---|---|---|---|---|---|
| | | | 指令（%） | 反馈（%） | 指令（%） | 反馈（%） | 指令（%） | 反馈（%） | 指令（%） | 反馈（%） | 指令（%） | 反馈（%） | |
| | | | 0 | | 25 | | 50 | | 75 | | 100 | | |
| | | | | | | | | | | | | | |
| | | | | | | | | | | | | | |
| | | | | | | | | | | | | | |
| | | | | | | | | | | | | | |
| | | | | | | | | | | | | | |
| | | | | | | | | | | | | | |
| | | | | | | | | | | | | | |
| | | | | | | | | | | | | | |
| | | | | | | | | | | | | | |

施工单位：　　　　调试单位：　　　　监理单位：　　　　建设单位：　　　　生产单位：　　　　年　月　日

**表 5-15** 电器开关传动验收记录

工程名称：_____  系统名称：_____

| 序号 | 阀门、挡板名称 | 设备编码 | 就地传动 | | 远方传动 | | 保护传动 | | 联锁传动 | 备注 |
|---|---|---|---|---|---|---|---|---|---|---|
| | | | 动作情况 | 信号指示 | 动作情况 | 信号指示 | 动作情况 | 信号指示 | | |
| | | | | | | | | | | |
| | | | | | | | | | | |
| | | | | | | | | | | |
| | | | | | | | | | | |
| | | | | | | | | | | |
| | | | | | | | | | | |
| | | | | | | | | | | |
| | | | | | | | | | | |
| | | | | | | | | | | |
| | | | | | | | | | | |
| | | | | | | | | | | |
| | | | | | | | | | | |

施工单位：　　　　调试单位：　　　　监理单位：　　　　建设单位：　　　　生产单位：　　　　年　月　日

**表 5-16** 联锁保护逻辑传动验收记录

工程名称：_____  设备/系统名称：_____

| 序号 | 传动项目 | 传动结果 | 备注 |
|---|---|---|---|
| | | | |
| | | | |
| | | | |
| | | | |

续表

| 序号 | 传动项目 | 传动结果 | 备注 |
|---|---|---|---|
|  |  |  |  |
|  |  |  |  |
|  |  |  |  |
|  |  |  |  |
|  |  |  |  |
|  |  |  |  |
|  |  |  |  |
|  |  |  |  |
|  |  |  |  |
|  |  |  |  |
|  |  |  |  |
|  |  |  |  |
|  |  |  |  |
|  |  |  |  |
|  |  |  |  |
|  |  |  |  |
|  |  |  |  |

施工单位：　　调试单位：　　监理单位：　　建设单位：　　生产单位：　　　年　月　日

表 5-17　　　　　　　　　　系统试运条件检查确认

_____工程_____机组

专业：_____　　系统名称：_____

| 序号 | 检查内容 | 检查结果 | 备注 |
|---|---|---|---|
|  |  |  |  |
|  |  |  |  |
|  |  |  |  |
|  |  |  |  |
|  |  |  |  |
|  |  |  |  |
|  |  |  |  |
|  |  |  |  |
|  |  |  |  |
|  |  |  |  |
|  |  |  |  |
|  |  |  |  |
|  |  |  |  |
|  |  |  |  |
| 结论 | 经检查确认，该系统已具备系统试运条件，可以进行系统试验工作 | | |
| 施工单位代表： |  |  | 年　月　日 |
| 调试单位代表： |  |  | 年　月　日 |
| 监理单位代表： |  |  | 年　月　日 |
| 建设单位代表： |  |  | 年　月　日 |
| 生产单位代表： |  |  | 年　月　日 |

表 5-18            调 试 联 络 单

| 填写单位 | | 部门 | |
|---|---|---|---|
| 主送单位 | | 填写人签字 | |
| 抄送单位 | | 填写日期 | |
| 内容: | | | |
| 专业负责人意见: | | 签字: | 日期: |
| 调总意见: | | 签字: | 日期: |
| 主送单位意见: | | 签字: | 日期: |
| 处理结果: | | | |
| 闭环确认人: | | 年　月　日 | |

表 5-19            调 试 措 施 交 底 记 录

| 调试项目 | | | | | |
|---|---|---|---|---|---|
| 主持人 | | 交底人 | | 日期 | |
| 交底内容 | 宣读《××调试措施》;<br>讲解调试应具备的条件;<br>描述调试程序和验收标准;<br>明确调试组织机构和责任分工;<br>危险源分析和防范措施及环境和职业健康要求说明;<br>答疑问题 | | | | |
| 参加人签到表 | | | | | |
| 姓名 | 单位 | | 姓名 | 单位 | |
| | | | | | |
| | | | | | |
| | | | | | |
| | | | | | |
| | | | | | |
| | | | | | |
| | | | | | |
| | | | | | |
| | | | | | |
| | | | | | |
| | | | | | |

| 姓名 | 单位 | 姓名 | 单位 |
|---|---|---|---|
|  |  |  |  |
|  |  |  |  |
|  |  |  |  |
|  |  |  |  |

**表 5-20**          设 备 系 统 试 运 记 录

工程名称：_____      设备/系统名称：_____

| 设备铭牌 | | | | | |
|---|---|---|---|---|---|
| 动力设备 | 生产厂家 |  | | 型号 | |
| 驱动设备 | | | | | |
| 形式 | | 额定出力 | | 出口压力 | |
| 额定功率 | | 额定电压 | | 额定电流 | |
| 额定转速 | | 转动方向 | 从被驱动设备向动力设备看 | | |
| 分部试运稳定运行工况参数记录 | | | | | |
| 试运日期 | | 试运时间 | | 转动方向 | |
| 转动声音 | | 启动电流 | | 稳定电流 | |
| 转速 | | 出力 | | 入口压力 | |
| 出口压力 | | 介质温度 | | | |
| 温度记录 | 位置 | 动力设备轴承 | 被驱动设备轴承 | | 电动机绕组 |
| | 数据 | | | | |
| 振动记录 | 位置 | 动力设备轴承 | 被驱动设备轴承 | | |
| | 数据 | | | | |
| 满负荷试运工况参数记录 | | | | | |
| 出力 | | 入口压力 | | 出口压力 | |
| 介质温度 | | 稳定电流 | | 转速 | |
| 温度记录 | 位置 | 动力设备轴承 | 被驱动设备轴承 | | 电动机绕组 |
| | 数据 | | | | |
| 振动记录 | 位置 | 动力设备轴承 | 被驱动设备轴承 | | |
| | 数据 | | | | |
| 测试仪表说明 | 仪表型号： | 检验证标号： | | 有效期： | |
| 记录人 | | 负责人 | | | |

**表 5-21**          机组整套启动试运条件确认

_____工程_____机组      检查节点：机组整套启动条件

| 序号 | 检查内容 | 检查结果 |
|---|---|---|
|  |  |  |
|  |  |  |
|  |  |  |
|  |  |  |
|  |  |  |
|  |  |  |
|  |  |  |

续表

| 序号 | 检查内容 | 检查结果 |
|------|----------|----------|
|  |  |  |
|  |  |  |
|  |  |  |
|  |  |  |
|  |  |  |
|  |  |  |
|  |  |  |
|  |  |  |
|  |  |  |
| 结论 | 经检查确认，该机组已具备整套启动试运条件，可进行整套启动试运 | |
| 施工单位代表（签字）： | | 年　月　日 |
| 调试单位代表（签字）： | | 年　月　日 |
| 监理单位代表（签字）： | | 年　月　日 |
| 建设单位代表（签字）： | | 年　月　日 |
| 生产单位代表（签字）： | | 年　月　日 |
| 批准（总指挥签字）： | | 年　月　日 |

（5）生产单位：负责完成各项生产运行的准备工作，包括燃料、水、气、汽等物资的供应和生产必备的检测、试验工器具及备品备件的配备，生产运行规程、系统图册、各项规章制度和各种工作票、操作票、运行和生产报表、台账的编制、审批和试行，运行和维护人员的配备、上岗培训和考试、运行人员正式上岗操作，设备和阀门、开关和保护压板、管道介质流向和色标等各种正式标牌的定制和安置，生产标准化配置等；负责制粉系统调整试验的分系统调试（冷态调试）和整组启动调试（热态调试）全过程的运行操作。单机试运时，在施工单位试运人员指挥下，负责设备的启停操作和运行参数检查及事故处理；分系统试运和整套启动试运调试中，在调试单位人员的监督指导下，负责设备启动前的检查及启停操作、运行调整、巡回检查和事故处理；运行人员应分工明确、认真监盘、精心操作、防止发生误操作，对运行中发生的各种问题提出处理意见和建议；负责已经代保管设备和系统的文明生产。

**4. 启动调试工作的程序**

（1）调试大纲（措施）的审批程序。调试大纲是机组调试过程科学组织和规范管理调试过程，明确各参建单位职责，保证机组安全、可靠、按期、稳定投入生产的重要纲领性文件，每个工程项目应编写一个调试大纲；调试措施是机组调试过程中重要的指导性文件，每个调试项目都应有相应的调试或试验措施。

调试大纲经由调试单位编制，由工程监理单位组织建设、生产、设计、监理、施工、调试、主要设备供货商等单位现场主要负责人进行审查，并形成审查会议纪要，调试单位按照会议纪要完成修改，经调试单位负责人审核，报试运指挥部总指挥批准后执行；单机试运技术方案或措施由施工单位编制并报监理单位审查，施工单位项目部总工程师批准后执行；调试单位编制的分系统和整套启动调试措施，重要的调试、试验措施，报监理单位审查，并形成会议纪要，由调试单位调试总工程师审核，报试运指挥部总指挥批准后执行。调试、施工单位报送监理单位审核的调试技术措施、方案等调试文件报审，见表5-22。

**表 5-22** ××发电有限责任公司×××MW工程作业指导书/技术措施方案报审

表号：　　　　　　　　　　　　　　　　　　　　　　　　　　　　　　　编号：

| 工程名称 | |
|---|---|
| 致：　　　　　　　　　　项目监理部<br>　　现报上　　　　　　　作业指导书/技术措施方案，请予审批。<br>附件：<br><br><br><br>经办人：　　　　　　项目总工程师：　　（章）　　　　年　月　日 | |
| 监理单位意见：<br><br><br><br>监理工程师：　　　　　副/总监理工程师：　　（章）　　　年　月　日 | |
| 建设单位意见：<br><br><br><br>专业工程师：　　　　　工程科：　　（章）　　　　年　月　日 | |

**注** 本表一式四份，由承包单位填报并存二份，监理单位、建设单位资料室各一份。

　　调试工作结束，对应每个调试措施应有一个调试报告，每台机组应有一个总的调试报告。调试报告应全面、真实反映调试过程和调试结果，结论明确。

　　（2）调试工作的进行程序。

　　1）单机调试程序：施工单位按生产单位提供的联锁保护定值和测点量程清单等资料，完成试运设备和系统的一次元件校验及阀门、挡板、开关等单体调试及联合传动，并向调试单位提供已具备验收条件的项目清单；调试单位应完成DCS系统组态检查，按生产单位提供的联锁保护定值清单完成报警、联锁保护设定值检查，完成相关报警及联锁保护逻辑传动试验；单机首次试运前，施工单位应按单机试运条件检查表组织施工、调试、监理、建设、生产等单位对试运条件进行检查确认签证；重要设备的首次试运，设备供货商代表应参加，并监督指导；施工单位负责组织、指挥生产运行人员完成单机试运，并做好试运记录；单机试运操作应在控制室操作员站进行，相关保护应投入；单机试运结束后，施工单位负责填写单机试运质量验收表，监理单位组织施工、调试、监理、建设、生产单位完成验收签证。

　　2）分系统调试程序：调试单位负责组织试运系统各测点、阀门、挡板、开关验收及联锁保护逻辑传动试验，施工单位应完成被传动设备的电源或气源停送、解线和恢复、施加信号等工作；分系统首次试运前，调试单位应进行调试措施交底并做好记录；调试单位应按分系统调试条件检查表，组织调试、施工、监理、建设、生产等单位对试运条件进行检查确认签证；调试单位负责组织、指导生产运行人员完成试运系统的状态检查、运行操作和调整，并做好试运记录。分系统试运结束后，调试单位负责填写分系统质量验收表，监理单位组织调试、施工、监理、建设、生产等单位完成验收签证。分系统试运完成后，由施工单位按照 DL/T 5437—2009《火力发电建设工程启动试运及验收规程》的规定，办理设备和系统代保管手续。设备和系统代保管交接签证卡见表 5-23。

**表 5-23** 设备和系统代保管交接签证卡

_____工程_____机组

代保管区域和设备_____

| | |
|---|---|
| 检查验收结论：<br> 经联合检查验收，该区域的建筑、装修、安装工作已全部完成，区域内的设备和系统已完成分部试运，并已按有关验收规程验收，办理完签证，区域内卫生状况良好，已满足生产运行管理要求，生产单位同意对该区域和设备进行代保管，特此签证 | |
| 主要遗留问题及处理意见： | |
| 施工单位代表（签字）： | 年 月 日 |
| 调试单位代表（签字）： | 年 月 日 |
| 监理单位代表（签字）： | 年 月 日 |
| 建设单位代表（签字）： | 年 月 日 |
| 生产单位代表（签字）： | 年 月 日 |

3）整套启动调试程序：在试运指挥部的领导下，建设单位负责组织监理、调试、施工、生产等单位，对整套启动试运条件进行全面检查，并报请上级质量监督机构进行整套启动试运前质量监督检查；召开启动验收委员会首次会议，听取试运指挥部和主要参建单位关于整套启动试运前工作情况汇报和整套启动试运前质量监督检查报告，对整套启动试运条件进行审查和确认，并做出决议；调试单位按整套启动试运条件检查确认表，组织调试、施工、监理、建设、生产等单位进行检查确认签证，报请试运指挥部总指挥批准；生产单位将试运指挥部总指挥批准的整套启动试运计划报电网调度部门批准后，整套试运组按该计划组织实施机组整套启动试运。机组整套启动空负荷、带负荷试运全部试验项目完成后，调试单位按机组进入满负荷试运条件检查确认表，组织调试、施工、监理、建设、生产等单位进行检查确认签证，报请试运指挥部总指挥批准。生产单位向电网调度部门提出机组进入满负荷申请，经同意后，机组进入满负荷试运；机组满负荷试运结束前，调试单位按满负荷试运结束条件检查确认表，组织调试、施工、监理、建设、生产等单位进行检查确认签证，报请试运指挥部总指挥批准，由总指挥宣布满负荷试运结束，机组移交生产单位，生产单位报告电网调度部门；调试单位负责填写机组整套启动空负荷、带负荷、满负荷调试质量验收表，监理单位组织调试、施工、监理、建设、生产等单位完成验收签证。

## 二、制粉系统及磨煤机的性能要求

### 1. 中间仓储式制粉系统及磨煤机

（1）低速钢球磨煤机中间仓储式热风送粉系统。

1）在最佳钢球装载量下，钢球磨煤机出力应能满足设计值，并应进行在运行煤质条件下磨煤机计算出力的校核。钢球磨煤机出力计算按 DL/T 5145—2012《火力发电厂制粉系统设计计算技术规定》进行。

2）煤粉细度及煤粉均匀性能满足设计及锅炉燃烧的要求。

3）三次风量不应超过设计值，并满足锅炉燃烧的要求。

4）磨煤机应在最佳通风量下运行。

5）一次风量及风温应能满足设计及锅炉燃烧的要求。

6）各一次风管风量及煤粉分配应能满足设计及锅炉燃烧的要求。

（2）低速钢球磨煤机中间仓储式乏气送粉系统。

1）在最佳钢球装载量下，钢球磨煤机出力应能满足设计值，并应进行在运行煤质条件下磨煤机计算出力的校核。钢球磨煤机出力计算按 DL/T 5145—2012《火力发电厂制粉系统设计计算技术规定》进行。

2）煤粉细度及煤粉均匀性应能满足设计及锅炉燃烧的要求。

3）磨煤机应在最佳通风量下运行。

4）一次风量及风温应能满足设计及锅炉燃烧的要求。

5）各一次风管风量及煤粉分配应能满足设计及锅炉燃烧的要求。

（3）低速钢球磨煤机中间仓储式炉烟干燥、热风送粉系统。

1）在最佳钢球装载量下，钢球磨煤机出力应能满足设计值，并应进行在运行煤质条件下磨煤机计算出力的校核。钢球磨煤机出力计算按 DL/T 5145—2012《火力发电厂制粉系统设计计算技术规定》进行。

2）煤粉细度及煤粉均匀性应能满足设计及锅炉燃烧的要求。

3）三次风量不应超过设计值，并满足锅炉燃烧的要求。

4）磨煤机应在最佳通风量下运行。

5）一次风量及风温应能满足设计及锅炉燃烧的要求。

6）各一次风管风量及煤粉分配应能满足设计及锅炉燃烧的要求。

7）两套细粉分离器通风量应平衡。

**2. 直吹式制粉系统及磨煤机**

（1）中速磨煤机直吹式冷一次风机制粉系统。

1）中速磨煤机出力应能满足设计值，并应进行在运行煤质条件下磨煤机计算出力的校核。中速磨煤机的出力计算按 DL/T 5145—2012《火力发电厂制粉系统设计计算技术规定》进行。

2）煤粉细度及煤粉均匀性应能满足设计及锅炉燃烧的要求。

3）一次风量及风温应能满足设计及锅炉燃烧的要求。

4）各一次风管风量及煤粉分配应能满足设计及锅炉燃烧的要求。

（2）中速磨煤机直吹式热一次风机制粉系统。

1）中速钢球磨煤机出力应能满足设计值，并应进行在运行煤质条件下磨煤机计算出力的校核。中速磨煤机的出力计算按 DL/T 5145—2012《火力发电厂制粉系统设计计算技术规定》进行。

2）煤粉细度及煤粉均匀性应能满足设计及锅炉燃烧的要求。

3）一次风量及风温应能满足设计及锅炉燃烧的要求。

4）各一次风管风量及煤粉分配应能满足设计及锅炉燃烧的要求。

（3）双进双出钢球磨煤机直吹式制粉系统。

1）在最佳钢球装载量下，钢球磨煤机出力应能满足设计值，并应进行在运行煤质条件下磨煤机计算出力的校核。钢球磨煤机出力计算按 DL/T 5145—2012《火力发电厂制粉系统设计计算技术规定》进行。

2）煤粉细度及煤粉均匀性应能满足设计及锅炉燃烧的要求。

3）一次风量及风温应能满足设计及锅炉燃烧的要求。

4）各一次风管风量及煤粉分配应能满足设计及锅炉燃烧的要求。

（4）双进双出钢球磨煤机半直吹式制粉系统。

1）在最佳钢球装载量下，钢球磨煤机出力应能满足设计值，并应进行在运行煤质条件下磨煤机计算出力的校核。钢球磨煤机出力计算按 DL/T 5145—2012《火力发电厂制粉系统设计计算技术规定》进行。

2）煤粉细度及煤粉均匀性应能满足设计及锅炉燃烧的要求。

3）三次风量不应超过设计值，并满足锅炉燃烧的要求。

4）磨煤机应在最佳通风量下运行。

5）一次风量及风温应能满足设计及锅炉燃烧的要求。

6）各一次风管风量及煤粉分配应能满足设计及锅炉燃烧的要求。

（5）风扇磨煤机三介质干燥直吹式制粉系统。

1）风扇磨煤机出力及提升压头应能满足设计要求，并应进行在运行煤质条件下磨煤机计算出力的校核。风扇磨煤机出力计算按 DL/T 5145—2012《火力发电厂制粉系统设计计算技术规定》进行。

2）煤粉细度及煤粉均匀性能满足设计及锅炉燃烧的要求。

3）一次风量及风温应能满足设计及锅炉燃烧的要求。

4）各层一次风管风量及煤粉分配应能满足设计及锅炉燃烧的要求。

（6）风扇磨煤机二介质干燥直吹式制粉系统。

1）风扇磨煤机出力及提升压头应能满足设计要求，并应进行在运行煤质条件下磨煤机计算出力的校核。风扇磨煤机出力计算按 DL/T 5145—2012《火力发电厂制粉系统设计计算技术规定》进行。

2）煤粉细度及煤粉均匀性应能满足设计及锅炉燃烧的要求。

3）一次风量及风温应能满足设计及锅炉燃烧的要求。

4）各层一次风管风量及煤粉分配应能满足设计及锅炉燃烧的要求。

## 三、制粉系统性能试验内容

制粉系统考核试验是在制粉系统性能试验的基础上进行的，制粉系统性能试验和考核试验的内容有许多相似之处，但一般调整试验工况较多，对各参数变化的影响试验比较详细，而性能考核试验的条件要求更加严格。

**1. 低速钢球磨煤机中间仓储式乏气送粉制粉系统及低速钢球磨煤机中间仓储式炉烟干燥、 热风送粉制粉系统性能试验的内容**

制粉系统通风量测速管标定试验、一次风管冷态一次风量分配测定及调平试验、给煤机标定试验、最佳钢球装载量试验、粗粉分离器性能试验、最佳通风特性试验、磨煤机出力特性试验、细粉分离器效率试验、给粉机特性试验。

**2. 中速磨煤机直吹式热一次风机制粉系统和中速磨煤机直吹式冷一次风机制粉系统性能试验的内容**

冷态试验（一次风管冷态一次风量分配测定及调平试验、一次风管靠背式测速管速度系数标定试验、一次风量修正、对磨煤机入口流量测量装置的流量系数进行标定）、给煤机标定试验、分离器性能试验、加载能力试验、磨辊与磨盘间隙调整试验、磨煤机出力特性试验、煤粉分配性能试验。

**3. 风扇磨煤机三介质干燥直吹式制粉系统及风扇磨煤机二介质干燥直吹式制粉系统性能试验的内容**

纯空气通风特性试验、一次风管靠背式测速管流量系数标定试验、给煤机标定、分离器性能试验、磨煤机出力特性试验、分离器出口煤粉管道煤粉分配性能测试与调整。

**4. 双进双出钢球磨煤机直吹式制粉系统与双进双出钢球磨煤机半直吹式制粉系统性能试验的内容**

一次风管冷态一次风量分配测定及调平试验、风管靠背式测速管流量系数标定试验、给煤机标定试验、分离器挡板开度试验、磨煤机出力特性试验、磨煤机单侧运行特性试验、一次风煤粉管道煤粉分配性能试验。

## 四、制粉系统性能试验测点布置和测量项目

### 1. 测点布置

制粉系统性能试验前，应根据制粉设备和管道布置选定测点位置，并安装完成各种取样、温度、压力（负压、静压）、流量、氧量测点。钢球磨煤机中间储仓式制粉系统试验测点布置如图 5-1 所示，中速磨煤机直吹式系统试验测点布置如图 5-2 所示，中间储仓式钢球磨煤机炉烟干燥、热风送粉制粉系统试验测点布置如图 5-3 所示。

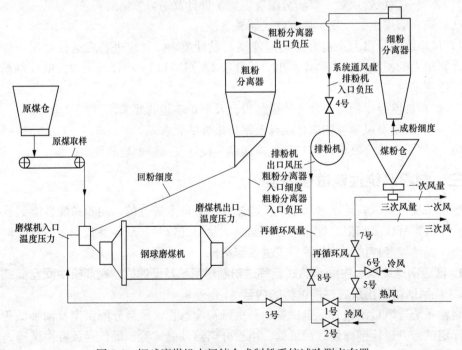

图 5-1 钢球磨煤机中间储仓式制粉系统试验测点布置

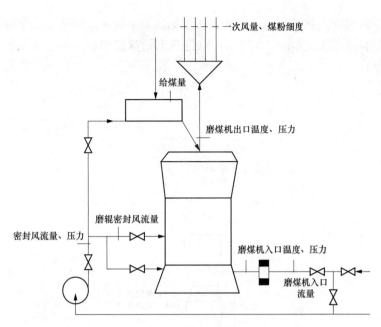

图 5-2　中速磨煤机直吹式制粉系统试验测点布置

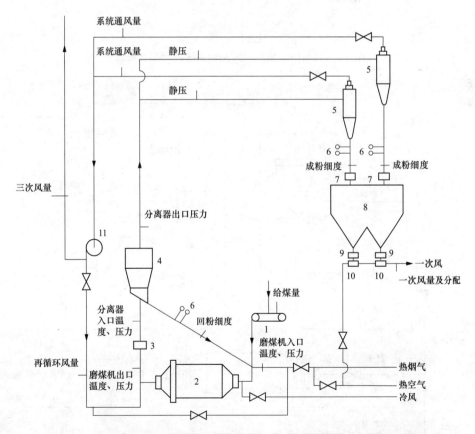

图 5-3　中间储仓式钢球磨煤机炉烟干燥、热风送粉制粉系统试验测点布置

1—给煤机；2—磨煤机；3—木块分离器；4—粗粉分离器；5—细粉分离器；6—锁气器；7—木屑分离器；
8—煤粉仓；9—给粉机；10—风粉混合器；11—排粉风机

　　风扇磨煤机直吹式制粉系统试验测点布置如图 5-4 所示，双进双出钢球磨煤机直吹式制粉系统试验测点布置如图 5-5 所示，双进双出钢球磨煤机半直吹式制粉系统测点布置如图 5-6 所示。

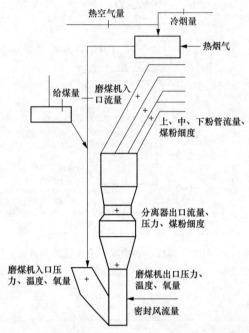

图 5-4　风扇磨煤机直吹式制粉系统试验测点布置

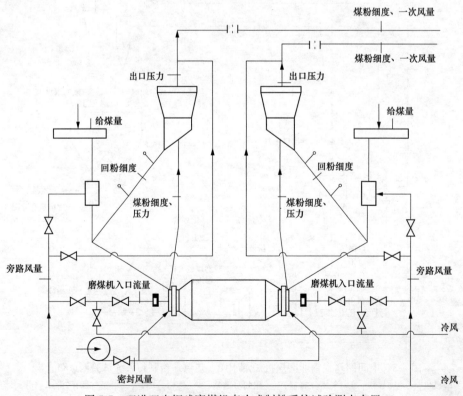

图 5-5　双进双出钢球磨煤机直吹式制粉系统试验测点布置

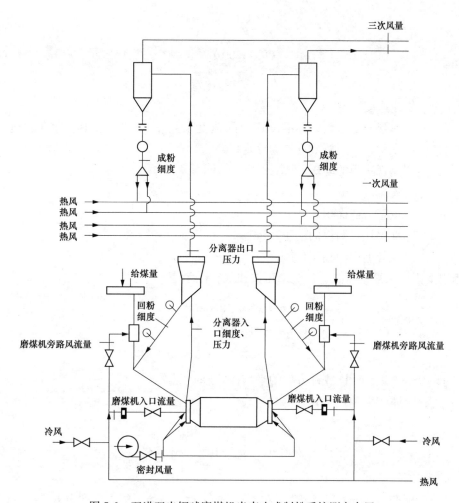

图 5-6  双进双出钢球磨煤机半直吹式制粉系统测点布置

**2. 测量项目**

制粉系统试验时，一般需要进行以下项目的测量：

（1）按原煤计算的磨煤机出力。

（2）原煤和煤粉平均试样，水分和灰分。

（3）风粉管道各处的温度和负压。

（4）磨煤机前后的通风量（干燥剂量）。

（5）烟气成分分析（用炉烟作干燥剂时）。

（6）耗电量（磨煤机、排粉机、一次风机、密封风机等）。

（7）煤粉细度。

# 第四节  制粉系统风煤粉功率测量计算与风机试验

## 一、制粉系统风煤粉功率的测量及计算方法

**1. 风量风速的测量**

（1）风量测量的原理。根据测速管测得的气流平均动压计算气流速度和流量，即

$$v = k\sqrt{2p_d/\rho} \qquad (5\text{-}1)$$

$$Q = 3600Av \qquad (5\text{-}2)$$

其中
$$k = \sqrt{p_{d,pit}/p_d} \qquad (5\text{-}3)$$

式中　$v$——气流速度，m/s；

$k$——测速管速度系数；标准测速管的速度系数 $k\approx1.0$，采用非标准测速管时，速度系数应用标准皮托管标定；

$p_d$——测速管测得的动压，Pa；

$Q$——气流流量，m³/s；

$A$——气流管道截面积，m²；

$p_{d,pit}$——标准皮托管测得的动压，Pa；

$p_d$——测速管测得的动压，Pa。

当用微压计测量动压时，气流动压按式（5-4）计算

$$p_d = x(\sqrt{9.8z})^2_{av} \qquad (5\text{-}4)$$

式中　$x$——微压计乘数，标在微压计上；

$z$——微压计读数，mm；

$(\sqrt{9.8z})^2_{av}$——微压计读数开方后的平均值，Pa。

当气流流量单位使用 kg/h 表示时，式（5-2）表示为

$$Q = 3600Ak\sqrt{2p_d\rho} \qquad (5\text{-}5)$$

其中
$$\rho = \rho^0\,273(p_a+p_p)/101\,325(273+t) \qquad (5\text{-}6)$$

式中　$\rho$——气流密度，kg/m³；

$\rho^0$——标准大气压下气流密度，对于干空气，标准状态下气流密度为 1.293，kg/m³；

$p_a$——大气压力，Pa；

$p_p$——管道内气体静压力，Pa；

$t$——管道内气体温度，℃。

（2）纯空气气流流量测量。

1）测速管及测孔设置。测量清洁气流及含尘浓度小于 0.5kg/kg 气流流量的测速管，ISO 3966—1977 推荐的测速管为 AMCA 型、NPL 型和 CETTIAT 型三种，常用的还有普朗特管、BS-Ⅲ型笛形管、PS-Ⅰ型靠背管，弯头式靠背管。

标准测速管（AMCA 型、NPL 型、CETTIAT 型和普朗特管）的速度系数 $k\approx1.0$；当测速管斜对气流时将产生测量误差，测量时要求测速管头偏离气流的流向不大于 3°；气体的压缩性对动压测量有一定的影响，但影响不大，对于空气流速为 60m/s 时，对气流压缩性能的影响约为 1%；测速管的直径按 $d\leqslant0.02D$，其中，$d$ 为测速管直径，$D$ 为被测管道当量内径。

对于圆形管道，当风量测点上游直管段 $L_1\geqslant10D$（$D$ 为被测管道当量直径，当量直径即水力半径相等的圆管直径，也即四倍的水力半径），下游直管段 $L_2\geqslant3D$，且其中无风门挡板等局部阻力的情形下，可只开设一个测孔，并且可用事先经过标定的代表点的测量方法。如不满足上述直管段的条件，需开设 2～3 个测孔（要求沿圆周均布）。对于

矩形管道，一般按对数-线性法或对数-契比雪夫法开孔。

2）动压、流量的测量。动压的测量：在一个测孔上测量动压时，应进行插入和抽出两次测量，同一个测点上两次测量的动压波动不应超过±2％，否则应重新对该测点进行测量，两次测量的动压进行算术平均后作为该测点的动压值。

纯空气气流流量的测量：当测量含尘浓度大于 0.1kg/kg 的气流流量时，可用 PS-Ⅰ型靠背式测速管，但其速度系数 $k$ 需要事先在纯空气下在被测管道内进行标定；用 PS-Ⅰ型靠背式测速管进行含尘气流流量测量时，煤粉浓度对流量测量的影响可以忽略不计；测量含尘气流流量时，还可采用标准皮托管测量。为防止煤粉堵塞静压、动压测孔，可采用带空气吹扫的装置，测量和吹扫要间隔进行。根据测量结果，气流流量计算按式（5-2）进行，气流密度按式（5-7）计算

$$\rho = \frac{\mu + \mu(1 + \Delta M/100)\Delta M/100 + 1}{(273 + t_2)101.3/273(p_a + p_p)[\mu(1 + \Delta M/100)(\Delta M/100)/0.804 + 1/1.285] + \mu V_c}$$

(5-7)

其中 $\Delta M = (M_{ar} - M_{pc})/(100 - M_{pc})$

式中　$\rho$——含粉气流密度，$kg/m^3$；

　　　$\mu$——含粉气流煤粉浓度，$kg/kg$；

　　$\Delta M$——磨煤机内原煤蒸发的水分；

　　　$p_a$——大气压力，$Pa$；

　　　$p_p$——管道内气体静压力，$Pa$；

　　　$V_c$——每千克煤粉的体积，$V_c = 0.001kg/m^3$；

　　$M_{ar}$——煤的收到基水分，$kg/kg$；

　　$M_{pc}$——煤粉水分，$kg/kg$。

采用逐步逼近法计算密度：先假定 $\mu$，待求出浓度，再求出流量后，根据煤粉取样得出的煤粉量计算出浓度，再与假定的浓度值进行比较，假定和计算值之间相差应小于 5％。

## 2. 原煤取样与可磨性分析及磨煤机出力的测量

（1）入炉原煤取样及可磨性分析。应在给煤机上原煤进入落煤管处采取入炉原煤样，因为在下落的煤流中取样具有代表性。在负压制粉系统中，如给煤机端头有观察孔，则可用原煤铲（长×宽×高）300mm×200mm×50mm 从观察孔取样；对正压制粉系统，给煤机壳体上如果无取样套筒，应在给煤机皮带上取样，取样的时间根据试验时间适当提前。

入炉原煤样采取后，应进行工业分析、原煤堆积密度测量、原煤粒度分析和可磨性指数分析。

进行原煤水分分析使用的煤样不进行破碎和缩分，并必须单独用密封的瓶、罐封存。每个试验工况的取样次数不应少于 3 次，各次样品混合后再进行各项指标分析。

煤堆积密度的测量方法：将煤从 0.6m 高的位置自由落入内边长 585mm、体积为 0.2m³ 的正方形容器内，煤落入时勿敲打容器和捣实，煤样装至高出容器顶面 100mm，用硬直板刮去高出的部分，再称量、计算单位体积煤的质量即为煤堆积密度。

（2）磨煤机出力的测量。磨煤机的煤量根据给煤机的给煤量按式（5-8）计算

$$B_M = Av\rho_b \tag{5-8}$$

式中　$B_M$——磨煤机的煤量，kg/s；

　　　$A$——给煤机中煤流的断面面积，$m^2$；

　　　$v$——给煤机中煤流速度，可用测量刮板速度、皮带速度或直接测量煤流速度（对振动给煤机）的方法求得，m/s；

　　　$\rho_b$——煤的堆积密度，$kg/m^3$。

当煤流断面难于测量时，按式（5-9）以实际质量计算给煤量

$$B_M = B_1/t \tag{5-9}$$

式中　$B_1$——1.0m长度皮带上的煤量，kg；

　　　$t$——1.0m长度皮带走过的时间，s。

对于原盘给煤机、振动给煤机等其他形式的给煤机，在条件许可的情况下，直接用称量的方法求取给煤机特性曲线，即在落煤管上开设旁路或插板，定时放出原煤后称量。利用称量方法求取给煤机特性曲线时，给煤机启动升速时煤量不应计入，应该除去；每次放出的煤量不要太多，以30～50kg为宜；试验曲线由5个以上数据组成，并且必须校核给煤机速度由低到高及由高到低时的重现性；试验前应进行煤堆积密度的测定，以对试验出力进行修正。对称重式给煤机的煤量一般用砝码进行校验，必要时可采取直接称量的方法。

**3. 煤粉的取样和煤粉浓度的测量**

（1）煤粉取样的原理及误差。等速取样时，在气流速度和取样探头内的速度相等时，取样才具有代表性。根据伯努利方程，有

$$\rho_1 v_1^2/2 + p_1 = \rho_2 v_2^2/2 + p_2 \tag{5-10}$$

式中　$\rho_1$、$\rho_2$——来流、取样头内的气流密度，$kg/m^3$；

　　　$v_1$、$v_2$——来流、取样头内的气流速度，m/s；

　　　$p_1$、$p_2$——来流、取样头内的静压，Pa。

煤粉取样时，当探头内外的气流密度相等即 $\rho_1 = \rho_2$，取样探头内外的静压相等即 $p_1 = p_2$ 时，根据式（5-10）可知，$v_1 = v_2$，因此静压零位是保证等速和正确取样的基础，但由于探头内阻力的影响，探头需设计成补偿式，即将探头内通道扩大，以补偿静压的损失。

不等速取样时，煤粉的取样会产生误差，在同样的相对不等速程度下 $(v_2-v_1)/v_1$，吸入速度大于来流速度时所产生的取样浓度误差，比吸入速度小于来流速度时要小。经测算，当吸入速度大于来流速度 $(v_2-v_1)/v_1 = 10\%$ 时，取样煤粉浓度偏低8%。

（2）取样测点选择与取样方法。取样测点上游侧与局部阻力件（弯头、挡板、收缩管、扩散管）直管段的长度不小于煤粉管道直径的10倍（矩形管道不小于10倍当量直径），下游侧直管段长度不小于煤粉管道直径的3倍，满足此要求后，在同一圆周截面上开2个孔（互为90°）；不能满足上述要求时，在同一圆周截面上开3个孔（互为120°）。同一圆周截面上取样点的划分按风量测量的方法进行。

在截面的同一拟定点上，取样的时间必须相等，每点取样的时间应使总截面上取样量不少于150g，以减少取样误差；取样管入口处的速度和取样点处主流速度的偏差不应大于±10%，以此要求，当气流速度为20～30m/s时，取样管内的静压力波动不应大于

50～100Pa；取样前应将取样管内煤粉清除干净，取样结束后，取样管抽出煤粉管道后仍应抽吸一段时间，以将管内煤粉样全部吸入样品管；每一测孔取样后应用吹扫风对取样管的静压孔进行吹扫，并确认静压孔气流通畅；如取样测孔设在一次风管分叉后，则必须对分叉后各根一次风管进行取样，将各一次风管煤粉细度按煤粉量加权平均值作为该管的煤粉细度。

在环境温度或气流温度较低的情况下，为防止取样管结露堵塞，可预先将取样管及旋风子加热，或者在旋风子上缠绕电阻丝，在取样过程中通入安全电压（24V 或 36V）加热。

（3）煤粉筛分和煤粉水分分析的要求。分析煤粉水分用的煤粉样品取样后，要立即装入有盖的玻璃瓶等容器内密封保存；煤粉筛分用的筛子应经过国家计量检验部门检验合格。

筛分无烟煤、贫煤、烟煤时，采用 $90\mu m$ 和 $200\mu m$ 的筛子，必要时使用 75、90$\mu m$ 和 $200\mu m$ 的筛子；筛分褐煤时，采用 $90\mu m$ 和 $500\mu m$（或 $1000\mu m$）的筛子。为取得煤粉粒度特性而进行煤粉筛分时，采用筛子如下：分析煤粉细度（$R_{90}<30\%$）时，常用 45、75、90、125、160、200$\mu m$ 的筛子，分析粗粉（$R_{90}>30\%$）时，常用 90、125、160、200、500$\mu m$ 和 $1000\mu m$ 的筛子。当使用圆孔筛时，筛分出的颗粒尺寸应换算成方形筛颗粒尺寸，即将圆孔筛筛孔直径乘以系数 0.9。煤粉筛分后在以 $\lg\ln(100/R_x)$ 和 $\lg x$ 为坐标的图上画出煤粉颗粒分布曲线，其中，$x$ 为煤粉粒径，$R_x$ 为煤粉细度。煤粉颗粒分布曲线应满足直线关系。

（4）煤粉浓度测量。如使用先进精确的取样仪器进行煤粉取样时，可同时进行煤粉浓度测量；在煤粉开始取样时记录取样时间；一般在相同的时间内，在同一取样点连续两次煤粉取样质量偏差要小于 5%，以两次测量的平均值作为煤粉量的计算值；通过煤粉量计算值、取样时间、取样枪入口截面积可得到单位面积的煤粉流量，进而得到煤粉管的煤粉流量；同时测量该煤粉管的风量，可计算出该煤粉管的煤粉浓度。

（5）煤粉等速取样装置。煤粉等速取样管有平头式和弯头式，两者都是补偿式静压零位等速取样管。平头式煤粉等速取样管外径为 $\phi25$，取样孔为 $\phi8$；弯头式煤粉等速取样管外径为 $\phi19$，取样孔为 $\phi10$。平头式煤粉等速取样管多用于直吹式制粉系统的一次风管上，与密封管座配合进行煤粉取样；弯头式煤粉等速取样管多用于中间仓储式制粉系统磨煤机出口的煤粉管道上。取样装置系统、密封管座、抽气器结构，如图 5-7 所示。

近些年，国内许多试验研究机构引进德国的煤粉自动等速取样装置，如图 5-8 所示。该装置采用弯头式煤粉等速取样管，可对直吹式和中间储仓式制粉系统的煤粉管道进行煤粉取样和煤粉浓度测量。由于采用等截面多点取样、自动反吹技术，取样精度很高。

**4. 磨煤机功率测量**

磨煤机功率可用便携式单相或三相功率表（0.2～0.5 级）测量，或者用经过校验的 0.5～1.0 级电能表测定。测定功率的允许偏差为 ±（2.0～2.5）级，从电流互感器到仪表的导线电阻不应超过 $0.2\Omega$；使用电能表进行功率测量时，应按电能表电枢在一定时间内的转速来测定所需功率，并且电枢转速的持续时间不应少于 30s，也可采用电能表的累计数字差求得功率。

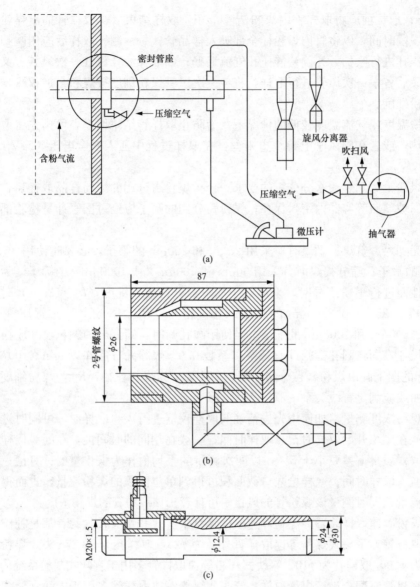

图 5-7 取样装置系统、密封管座、抽气器结构

(a) 取样装置系统；(b) 密封管座结构组装；(c) 抽气器结构组装

在已知电能表圆盘转速和时间后，电动机的功率按式（5-11）计算

$$P = 3600 n K_e K_v / tA \tag{5-11}$$

式中　$P$——（磨煤机等）电动机功率，kW；

$n$——在一定时间 $t(s)$ 内，电能表电枢的回转数，r；

$K_e$——电流互感器系数；

$K_v$——电压互感器系数；

$t$——电枢的回转时间，s；

$A$——电能表常数，为每千瓦时圆盘的回转数，一般表示在电能表盘面上，r/(kW·h)。

采用两台单向便携式功率表测量三相电动机功率时，因电网中不同的电压有不同的接法，这种测量方法可在任何相负荷不均衡的条件下使用。

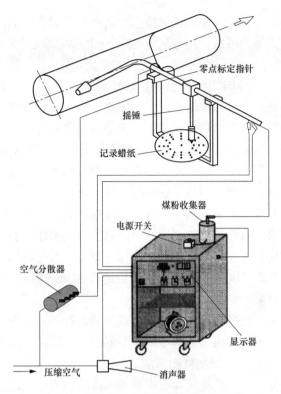

零点标定指针

摇锤

记录蜡纸

煤粉收集器

电源开关

空气分散器

显示器

压缩空气 消声器

图 5-8 煤粉自动等速煤粉取样装置示意

在使用两台功率表测量时，电动机功率按式（5-12）计算

$$P = K_e K_v C_w (P_1 \pm P_2) \times 10^{-3} \tag{5-12}$$

式中 $K_e$——电流互感器系数；

$K_v$——电压互感器系数；

$C_w$——功率表的刻度分度值；

$P_1$、$P_2$——两台功率表的测量数值，W。

功率因数可根据两个功率表的指示值，由线算图查得或按式（5-13）计算

$$\cos\phi = \sqrt{1/3\left[(P_1/P_2 - 1)/(P_1/P_2 + 2)\right]^2 + 1} \tag{5-13}$$

还可按式（5-14）计算

$$\cos\phi = 1.73 \times 100 P/UI \tag{5-14}$$

按线算图或式（5-13）求得的 $\cos\phi$ 和按式（5-14）求得的 $\cos\phi$ 值，两者的误差小于 2% 时，可认为按双功率表测得的功率是正确的。

## 二、制粉系统风机的试验

### 1. 制粉系统风机试验概述

制粉系统的风机按功能区分有排粉机、一次风机、密封风机、二次风机、冷烟风机，此外，在中间仓储式系统、双进双出直吹式和半直吹式系统、风扇磨煤机直吹式系统中，送风机还承担着制粉系统输送风量的任务；按风机的形式分又有离心式、轴流式、旋涡式和混流式等。

制粉系统风机热力试验是检验系统的干燥出力、输送出力和磨煤机等密封的重要手

段之一，对风机进行热力试验又是检验风机设计、制造质量和运行性能的有效方法；同时，风机的耗电量约占锅炉机组厂用电量的 25%～30%，风机的节电量取决于风机的效率和运行效率。

制粉系统风机热力试验属锅炉机组风机性能试验的项目，一般按系统、分阶段进行。因风机在制造厂进行全尺寸试验有一定的困难，所以在现场中考核风机的性能就显得必要和重要。现场性能试验是在风机安装结束后，在实际使用条件下进行的试验。按风机试验的目的可分为两类。其一是运行性能试验，即 O 类试验，验证包括风机在内的锅炉制粉、风烟系统运行的经济性和安全可靠性。如现场条件不能满足规范的要求，经试验各方（建设、调试、监理、制造、安装等单位）协商一致后，可适当降低测试的精度进行试验，求得相对准确的试验结果；其二是特性试验，即 P 类试验，验证风机自身特性是否达到合同要求，特性试验则必须按照国家标准的要求进行规范的试验。我国现行的风机现场性能试验标准主要有 GB/T 10178—2006《工业通风机　现场性能试验》、GB/T 1236—2017《工业通风机　用标准化风道进行性能试验》、DL/T 469—2004《电站锅炉风机现场性能试验》。

一般在特性试验中，通过测出风机在单独或并列运行条件下的节流和调节特性，并绘制出风机特性曲线，包括风机出力从零到最大值的一些试验工况。

**2. 风机现场性能试验的一般条件和方法**

（1）一般推荐条件。进行现场试验前应检查风机的功能是否正常。

风机与任何流量或压力测量面之间的风管应无明显的内、外漏气现象，风机入口、出口之间不得存在未规定的气体循环。

为保障试验操作人员安全和机器免受损坏，不得对试验风机的运行特性产生明显的影响。

（2）只改变系统阻力情况下的测试点选择。

1）对于不带调节装置（即变速调节、动叶调节、可调叶片或入口导叶调节）的风机，在检查单一规定的工况点且只改变系统阻力时，则测量至少取三个工况点，其选择方法如下。

a. 最小流量点的选择，其流量或流量系数值应尽可能接近规定的工况点。如果可能，应在规定工况点的 85%～90%。

b. 中间流量点的选择，其流量或流量系数值应尽可能接近规定的工况点。如果可能，应在规定工况点的 97%～103%。

c. 最大流量点的选择，其流量或流量系数值应尽可能接近规定的工况点。如果可能，应在规定工况点的 110%～115%。

2）对于不带调节装置的风机，在检查一个以上规定的工况点，并只改变风道系统阻力时，测试点的选择方法如下。

a. 选择的测试点必须对应各规定的工况点，当需要对流量修正时，可将与规定转速有关的转速变化计入，或者风机的流量系数值应尽可能接近规定点的值，如有可能应在 3% 以内。

b. 两个相邻测点的流量或流量系数值的变化，不得超过各规定工况点流量系数值算术平均值的 10%。

c. 测试点的范围应向规定工况点的两侧以外扩展。

（3）带调节装置的风机。风机装有调节装置时，应通过同时调节风机调节装置和风管系统阻力获得一个测试点。这样，可使该测试点的流量和压力尽可能地接近对应工况点的值，如果有可能偏差应小于4%。

对已取得的各测点，应在保持调节装置的调节位置不变，只通过改变系统阻力并按单一工况点的规定，增加辅助测试点。

（4）可改变系统阻力的系统节流装置。为得到风机特性曲线的各个点，可通过对系统节流或打开旁路以减少或增加流量。在安装这些装置时，应注意不得干扰测量段和风机内的气流流动。为防止气流产生脉动，应避免将两个流量装置串联。

系统节流装置应尽可能地对称，并且不得引起涡流。最好是将其安装在风机的下游段，否则应尽可能将其安装在远离风机入口的上游段位置。应确保在安装位置产生的扰动不会对测量和风机的工作产生明显的影响。

在任何情况下，系统节流装置都必须安装在距风机至少$5D_h$的下游段或$10D_h$的上游段。$D_h$为风道的水力直径（水力直径$D_h$等于截面积除以内周长的4倍。对于圆截面的水力直径等于该截面的几何直径）。

（5）现场测试过程的特点。

1）没有节流装置。大多数情况下，风机在现场已安装完毕，为节约设备投资，风机一般都不安装节流装置，风机出力的调节主要依靠调节装置完成，如离心式风机的入口调节挡板、轴流式风机的静叶调节和动叶调节；还有的风机取消了风机本体的调节装置，仅依靠管道上的调节挡板作为调节控制手段，如密封风机的调节风门等。

对没有节流装置的风机，可减少风机内产生涡流的可能性，对试验测点的选择更为有利和方便。

2）没有足够长的风道或烟道。为节约设备投资，现场没有足够长的风道或烟道以满足试验要求的$3D_h$～$5D_h$长风道或烟道（$D_h$为风道或烟道的水力直径），有些风机的布置极其紧凑，只能选择风机入口或出口的连接件作为测试截面。

因没有足够长的风道或烟道，气流的流动无法完全展开，测试过程中往往伴随着脉动现象，两个相邻测试点上测得的流量或流量系数的变化幅度甚至大于10%。出现此类情况时，应扩大测试点的数量，即使是按切贝切夫网格法已取得测试点，还应再扩大测试点的数量，至少使两个相邻测试点上测得的流量系数的变化幅度不大于10%。

为减少脉动对测试特性的影响，可在适当的时间内多次进行重复测试，使计算的平均值更真实地反映所要求的时间平均值，则该值是实际的稳定值。

3）冷态、热态的工作介质不一致。对一次风机和送风机而言，冷态和热态的工作介质均为环境温度、环境压力下的空气；但对冷烟风机而言，冷态和热态的工作介质是不一样的，锅炉启动初期是环境温度、环境压力下的空气，热态的工作介质是高温烟气。

由于冷态和热态的工作介质不一样，就决定了风机的工作性能会出现变化，这就需要对风机进行冷态和热态的不同工作状态下的性能测试。

**3. 风机现场性能试验主要测试参数与数据处理及计算**

（1）风机主要测试参数和性能试验曲线。一般风机的测试参数主要有压力、气流速度、流量、温度、密度、转速、功率等。因风机的效率与输送风量和产生的全压头成正比、与风机耗用的功率成反比，只要测出风机的风量、全压头和耗用的功率，就可方便地计算出风机的效率、运行效率和管网的阻力。以压力和流量为纵坐标和横坐标，将各参数绘制成曲线，就得到风机的性能曲线。图 5-9 是典型离心式风机性能曲线，图 5-10 是典型动叶调节轴流式风机性能曲线。

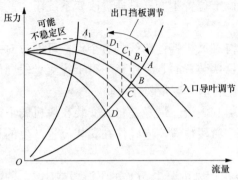

图 5-9  典型离心式风机性能曲线

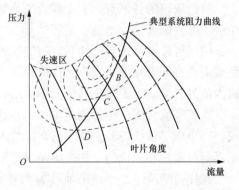

图 5-10  典型动叶调节轴流式风机性能曲线

（2）数据处理及计算。

1）对于矩形风道，采用切贝切夫网格法设置测点时，流量测量面的平均动压、气流速度、体积流量及风机入口的体积流量计算式为

$$p_{d3} = \left[ \sum_{i=1}^{n} k_i \sqrt{(p_{d3})_i} \Big/ \sum_{i=1}^{n} k_i \right] \tag{5-15}$$

$$v_3 = k_d \sqrt{2p_d / \rho_3} \tag{5-16}$$

$$\rho_3 = 0.002\,6\rho_0 (p_{amt} + p_{s3}) / (273 + t_3) \tag{5-17}$$

式中　$p_{d3}$——流量测量面的某一点动压，Pa；

　　　$v_3$——流量测量面的气流速度，m/s；

　　　$k_d$——流量测量元件的流量系数，靠背管和毕托管的系数各不相同；

　　　$p_d$——流量测量面的平均动压，Pa；

　　　$\rho_3$——流量测量面的气体密度，kg/m³；

　　　$\rho_0$——标准状态下的气体密度，kg/m³；

　$p_{amt}$——当地大气压，Pa；

　　$p_{s3}$——流量测量面静压，Pa；

　　　$t_3$——流量测量面温度，℃。

流量测量面的体积流量为

$$q_{V3} = A_3 v_3 \tag{5-18}$$

式中　$q_{V3}$——流量测量面的体积流量，m³/s；

　　　$A_3$——流量测量面的截面积，m²。

风机入口的体积流量为

$$q_{V1} = q_{V3} \rho_3 / \rho_1 \tag{5-19}$$

式中　$q_{V1}$——风机入口的体积流量，m³/s；

　　　$\rho_1$——风机入口的气体密度，kg/m³。

2）风机全压的计算。

a. 风机入口全压为

$$p_{t1} = p_{s1} + p_{d1} \tag{5-20}$$

$$p_{d1} = p_{d3}\rho_3 / \rho_1 (A_3/A_1)^2 \tag{5-21}$$

式中 $p_{t1}$——风机入口全压，Pa；

$\quad p_{s1}$——风机入口静压，Pa；

$\quad p_{d1}$——风机入口动压计算值，Pa；

$\quad A_1$——风机入口面积，$m^2$。

b. 风机出口全压为

$$p_{t2} = p_{s2} + p_{d2} \tag{5-22}$$

$$p_{d2} = p_{d3}\rho_3 / \rho_2 (A_3/A_2)^2 \tag{5-23}$$

式中 $p_{t2}$——风机出口全压，Pa；

$\quad p_{s2}$——风机出口静压，Pa；

$\quad p_{d2}$——风机出口动压计算值，Pa；

$\quad A_2$——风机出口面积，$m^2$；

$\quad \rho_2$——风机出口气体密度，$kg/m^3$。

c. 风机的压力损失为

$$p_{tF} = p_{t2} - p_{t1} + \Delta p_s \tag{5-24}$$

式中 $p_{tF}$——风机的压力损失，Pa；

$\quad \Delta p_s$——系统效应损失，查 DL/T 468—2019《电站锅炉风机选型和使用导则》中，Pa。

3）风机空气功率计算

$$P_u = q_m [(p_{s2} - p_{s1})/\rho_{1,2} + (v_2^2 - v_1^2)/2] \tag{5-25}$$

$$q_m = q_{V3}\rho_3 \tag{5-26}$$

$$\rho_{1,2} = (\rho_1 + \rho_2)/2 \tag{5-27}$$

式中 $P_u$——风机空气功率，kW；

$\quad v_1$——风机入口气流速度，m/s；

$\quad v_2$——风机出口气流速度，m/s；

$\quad q_m$——气流质量流速，kg/s；

$\quad \rho_{1,2}$——气流平均密度，$kg/m^3$。

4）风机轴功率计算

$$P_a = \eta_{tr} P_u \tag{5-28}$$

式中 $P_a$——风机轴功率，kW；

$\quad \eta_{tr}$——传动效率。

5）电动机输出功率计算

$$P_0 = \sqrt{3} IU\cos\phi \tag{5-29}$$

式中 $P_0$——电动机输出功率；kW；

$\quad I$——现场试验中所测得的线电流值，对三相电动机，表示每相所测值的平均值，A；

$\quad U$——现场试验中所测得的线电压值，对三相电动机，表示每相所测值的平均值，V；

$\quad \cos\phi$——电动机的功率因数。

6）风机轴效率的计算

$$\eta_a = P_u / P_a \tag{5-30}$$

7）风机单位电耗的计算

$$W = P_0 / D \tag{5-31}$$

式中　$D$——锅炉蒸发量，t/h。

# 第五节　制粉系统调整试验及运行优化

## 一、钢球磨煤机中间仓储式制粉系统调整试验

影响钢球磨煤机及制粉系统运行的主要参数有磨煤机钢球装载量、钢球尺寸及其配比、钢球磨损量、磨煤机电耗、煤的可磨性指数、煤粉分离器特性等，这也说明钢球磨煤机及制粉系统调整试验必须的内容有给煤机的标定、粗粉分离器挡板调节特性试验、

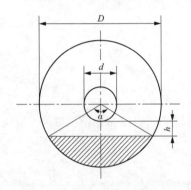

图 5-11　钢球装载量测量及
计算示意

磨煤机油系统试验、制粉系统风量变动工况试验、磨煤机钢球装载量变动试验、双进双出钢球磨煤机煤位变动试验、风量及粉量分配调平试验、制粉系统电耗分析等。

### 1. 磨煤机钢球量的调整

（1）磨煤机最佳钢球装载量试验。钢球磨煤机筒体内钢球的数量和尺寸及其配比对煤粉细度和磨煤机出力有着极其重要的影响。钢球磨煤机筒体内钢球的数量由磨煤机的钢球装载量决定，新装配（大修后可参照）的磨煤机在钢球装载到一定程度时，测量磨煤机内钢球的球位，参见图 5-11，然后按式（5-32）～式（5-34）进行钢球装载量的计算

$$\alpha = 2\arccos[(d/2 + h)/D/2] \tag{5-32}$$
$$S = 0.785 D^2 \alpha / 360 - D^2 / 4 (\sin\alpha/2)(\cos\alpha/2) \tag{5-33}$$
$$m = SL\rho \tag{5-34}$$

式中　$\alpha$——圆心角；

$d$——轴颈处直径，m；

$h$——球面距轴颈下缘处距离，m；

$D$——磨煤机筒体直径，m；

$S$——钢球磨煤机截面积中钢球所占面积，$m^2$；

$L$——磨煤机筒体长度，m；

$m$——钢球质量，t；

$\rho$——钢球的堆积密度，$t/m^3$。

对筛选过的钢球，取 $\rho = 4.9 t/m^3$；对未筛选过的钢球，取 $\rho = 5.0 t/m^3$。

加煤后，进行不同的装球量试验时，维持分离器挡板开度不变，系统通风量按计算最佳通风量控制，调节热风门和再循环风门的开度，使磨煤机入口温度维持在设计值附近变化，以保持磨煤机出口温度不变，调整到对应钢球装载量磨煤机的最大出力（以磨

煤机不堵为原则）。

在不同钢球装载量下，测定磨煤机的最大出力、电流、磨煤机和风机功率、煤粉细度。将磨煤机的出力和磨煤机电耗、制粉电耗换算至同样煤粉细度下，并绘制磨煤机的出力、磨煤机电耗、制粉电耗和钢球装载量的关系曲线。制粉电耗最低时的钢球装载量为最佳钢球装载量。

磨煤机的出力和煤粉细度的关系按 $B=k[\ln(100/R_{90})]^{-0.5}$ 进行换算。在进行最佳钢球装载量试验时，应将原磨煤机内钢球全部倒（甩）出筛选，并按表 5-24 所示的钢球规格和配比加装钢球。

表 5-24 钢球磨煤机钢球规格和配比

| 煤种 | 制粉系统形式 | 筒体直径 $D<3$m | | 筒体直径 $D>3$m | |
|---|---|---|---|---|---|
| | | 钢球直径（mm） | 钢球配比（%） | 钢球直径（mm） | 钢球配比（%） |
| 无烟煤 | 中间储仓式制粉系统 | 30 | 100 | 30/25 | 50/50 |
| 烟煤 | 中间储仓式制粉系统（带下降干燥管） | 30/40/60 | 33/33/34 | 30/40 | 35/65 |
| 收到基硫化铁硫 $S_{p,ar}>3\%$ 的褐煤 | 中间储仓式制粉系统（带下降干燥管） | 40/60 | 35/65 | 40 | 100 |

对于新装配运行的钢球磨煤机，各设备制造厂家给出的新装钢球量一般要求为最大装球量的 $80\%\sim90\%$。如 DTM320/580 型钢球磨煤机，其最大装球量为 55t；磨煤机安装完成后，根据设备制造厂家的要求，对新装钢球磨煤机按 $80\%\sim90\%$ 设计装球量计算，装 $44\sim49.5$t。

在进行最佳钢球装载量试验前，应进行最佳钢球装载量的计算，并按计算所得最佳钢球装载量数值的附近添加钢球。

试验研究和运行经验表明，钢球磨煤机磨煤电耗最小时的最佳钢球装载量与筒体工作转速有关，最佳钢球装载量的计算公式为

$$B_{b,opt} = V\rho\phi_{b,opt} \tag{5-35}$$

$$\phi_{b,opt} = 0.12/(n/n_{cr})^{1.75} \tag{5-36}$$

$$n_{cr} = 42.3/\sqrt{D} \tag{5-37}$$

$$V = (\pi/d)D^2L \tag{5-38}$$

式中 $B_{b,opt}$——最佳钢球装载量，t；

$V$——磨煤机体积，$m^3$；

$\rho$——钢球的堆积密度，对筛选过的钢球取 4.9，对未筛选过的钢球取 5.0，$t/m^3$；

$\phi_{b,opt}$——最佳钢球装载系数；

$n$——磨煤机筒体转速，$r/min$；

$n_{cr}$——磨煤机筒体的临界转速，$r/min$；

$D$——磨煤机直径，m；

$L$——磨煤机长度，m。

在火力发电厂的运行实践中，一般通过实验能得出比较好的钢球装载量。实验时先用公式计算得到最佳钢球装载量，在此计算值的附近进行加球或减球，通过各有关参数

的分析判断，得到最终较佳的钢球装载量。此项试验，对新安装机组一般与机组调试结束后的机组性能考核试验同时进行，有时也在机组大小修后或制粉系统设备改造后进行；对已运行的火力发电厂，经过一个大修间隔或制粉系统设备改造后，在大修或改造后期进行。

（2）钢球尺寸及其配比与磨煤出力功率的关系。

在最佳钢球装载量试验的同时，磨煤机所装钢球的尺寸及不同尺寸钢球的配合比例，对磨煤机出力、磨煤机的电耗和钢球的磨损度有一定的影响。当钢球直径在 20～60mm 时，钢球的单位磨耗量 [g/kg（煤）] 与钢球的直径成反比，即钢球直径越大，磨耗量越小。对同一台磨煤机，当只有钢球直径变化时，磨煤机出力与钢球直径的平方根成反比，即钢球直径越大，磨煤机出力越小，即

$$B_{m1}/B_{m2} = \sqrt{d_2/d_1} \tag{5-39}$$

式中　$B_{m1}$——钢球直径为 $d_1$ 时的磨煤机出力，t/h；

　　　$B_{m2}$——钢球直径为 $d_2$ 时的磨煤机出力，t/h。

目前，国内火力发电厂钢球磨煤机使用的钢球尺寸比较复杂，各个火力发电厂采用的钢球比例也不尽相同，最终较好的比例往往通过试验确定。在较好的钢球比例下，要求煤粉细度合格，磨煤机出力较大。运行实践中有的火力发电厂根据试验的钢球磨耗量和经验，每天添加一定量的最大尺寸直径的钢球，大直径的钢球经过磨损尺寸逐渐变小，能保证最佳的钢球比例、合格的煤粉细度和较大的磨煤机出力。

对单进单出（直筒式、锥体式）钢球磨煤机，当钢球装载系数为 10%～35% 时，如果通风量和煤粉细度保持不变，则磨煤机出力与钢球装载量有如下关系

$$B_m = \alpha_1 m^{0.6} \tag{5-40}$$

式中　$B_m$——磨煤机出力，t/h；

　　　$\alpha_1$——比例常数；

　　　$m$——钢球装载量，t。

磨煤机电动机消耗功率与钢球装载量的关系为

$$P = \alpha_2 m^{0.9} \tag{5-41}$$

式中　$\alpha_2$——比例常数。

从式（5-40）分析，$B_m = f(m)$ 为非线性关系，对磨煤机来说，沿筒体半径方向各钢球载荷层的磨煤（工作）效率是不一致的。处于外层的钢球，提升高度最大，钢球的能量和撞击作用最大，磨煤出力最大，而磨煤单位电耗最小；但各层钢球的工作情况是不一样的，随着钢球装载量的增大，处在内层钢球的数量及份额也随之增加，整体上降低了钢球磨煤的有效程度，磨煤出力也从最大而逐渐降低，磨煤单位电耗则增大。所以，磨煤单位电耗随钢球装载量的增大而增大。

从式（5-41）可看出，$P = f(m)$ 也非线性关系，原因是当钢球装载量增大时，主要是钢球的内层数量增多，钢球载荷的重心移向筒体的旋转中心（筒体轴向），钢球装载系数载荷的惯性矩减小，因此，功率消耗并不随钢球装载量成正比的增大，而是略小些。

以上分析，参见第四章第四节低速钢球磨煤机部分。

从以上分析可知，钢球磨煤机在磨煤过程中的能量消耗主要用于转动筒体并提升钢球。在磨煤机满足的条件下，在一定范围内降低钢球装载量，是提高磨煤机经济运行的

有效手段之一。一般，运行中磨煤机的钢球装载系数 $\phi$ 约为 15%～27%。

磨煤机干燥出力不足或通风量不够，增大钢球装载量并不能提高磨煤机出力，此时，钢球量的增加，只能使煤磨得更细（通风阻力有所增大，通风量会更小些）。因此，为提高磨煤机出力，在增大钢球装载量并做好钢球配比的同时，还应保持干燥剂温度、增强磨煤机通风。

（3）磨煤机及钢球的运行优化。在低速钢球磨煤机中间仓储式制粉系统中，磨制发热量较高或较软质的燃煤，磨煤机以常规的钢球装载量工作时，磨煤机的出力较高，煤粉仓会很快满仓，使磨煤机频繁启动、停止，这种运行方式无论是对厂用电系统的冲击，还是磨煤机的电耗等都是不合适的。处理的方法，一是对装机两台及以上锅炉的火力发电厂，每两台锅炉停止一台磨煤机，加强送粉保持两台锅炉煤粉仓粉位，只有当磨煤机故障需要检修时再切换运行。二是单台锅炉较长期运行时，一台磨煤机保持较长时间运行，利用本炉细粉分离器下的交叉管保持煤粉仓粉位，当煤粉仓粉位较低时，启动另一台磨煤机，该运行方式两台磨煤机应定期切换运行；适当减少磨煤机的装球量，以 24h 内磨煤机的启停次数 2～3 次为宜。

磨煤机运行一段时间后，因钢球的磨损消耗，在筒体内逐渐积累一些直径较小、破碎的钢球及细小的铁件，这些钢球和铁件对煤的碾磨作用已经很小，还要消耗磨煤机一定的功率。钢球的单位磨损决定于钢球的金属材质质量、钢球的尺寸、磨煤机的规格、磨煤机筒体的转速、磨制的煤种、运行工况等多种因素。当钢球直径 $d=20～80mm$，钢球单位磨损量的大小与钢球直径成反比，磨损量还因煤的硬度和磨损性的增高、黄铁矿数量的增多而加剧。钢球磨损的经验公式为

$$D = 990.7e^{-0.038X} \tag{5-42}$$

式中　$D$——钢球直径，mm；

　　　$X$——钢球的磨损量，g/t。

在运行异常情况下，钢球的磨损显著增大，还会造成设备的损坏。当磨煤机筒体内缺煤或无煤运行时，钢球落到钢瓦（护甲）上，砸坏钢瓦、螺栓，并造成筒体漏煤；裸露的钢球相互撞击，此时钢球的磨损急剧增加，还造成设备的损坏，磨煤机运行中应尽量避免。当原煤仓无煤、不下煤且短时间处理不好，或者给煤机故障时，应尽快停止磨煤机运行。

磨煤机运行中，筒体按一定的速度旋转，钢球被带到一定的高度，大部分钢球以抛物线轨迹呈瀑布状落下，或者沿钢瓦表面滑动，钢球在上升阶段与煤、钢球和钢瓦之间有相对滑动，受到研磨的作用；钢球在抛落阶段，又受到反复冲击的作用。所以，在磨煤的工程中，钢球本身也在因不断被磨损和破损而失效。

随着磨煤机筒体内直径较小、破碎的钢球及细小铁件的增多，对煤的碾磨作用已经很小，磨煤机的出力下降，制粉电耗也随之增大。运行中处理的方法有定期补加磨煤机所采用的、一定重量的最大直径的新钢球，保证磨煤机筒体内的钢球尺寸比例保持稳定或变化不大；定期的（一般大修时）对筒体内的钢球进行甩出（倒出）、筛选、称重，补充新钢球。

（4）钢球调整试验的注意事项。具体的调整试验时，不加煤，测量并记录不同钢球装载量下的磨煤机电流，绘制磨煤机电流与钢球装载量关系曲线。磨煤机大修后，除非

有严格的试验要求，一般加钢球采用小车加装，按单车的钢球质量乘以车数计算钢球总量。因为每车的钢球质量不均匀，使钢球的计量存在误差，因此，磨煤机的钢球装载量，在试验前可通过测量磨煤机内钢球的位置经过计算、复核来确定。

启动给煤机后，进行不同的钢球装球量试验时，保持煤粉分离器挡板开度不变，系统通风量按计算的最佳通风量控制，调节热风门和再循环门的开度，使磨煤机入口温度保持在设计值附近变化。以保持磨煤机入口温度不变，调整到对应钢球装载量磨煤机的最大出力（以磨煤机筒体不堵煤为原则）。在不同钢球装载量下，测量磨煤机的最大出力、电流、磨煤机和风机的功率、煤粉细度，将磨煤机的出力和磨煤机电耗、制粉电耗换算到同样煤粉细度下，并绘制磨煤机的出力、磨煤机电耗、制粉电耗和钢球装载量的关系曲线。制粉电耗最低时的钢球装载量为最佳钢球装载量。磨煤机的出力和煤粉细度的关系按 $B=K[\ln(100/R_{90})]^{-0.5}$ 进行换算。在进行最佳钢球装载量试验时，应将磨煤机内钢球全部倒出筛选，并按设计推荐值或标准规定的钢球规格和配比加装钢球。在进行最佳钢球装载量试验前，应进行最佳钢球装载量的计算，并按计算所得最佳钢球装载量数值附近（或前后）进行钢球加球。

**2. 煤粉分离器调整试验**

就满足煤粉颗粒燃烧表面积而言，将少量的大颗粒煤粉磨碎到细小颗粒，增加的表面积是很小的；同时，磨粉磨得过细，制粉电耗会增加很大，因此，磨煤过程中必须采用一定的煤粉分离技术，将粗粉和细粉分离并控制或保持在规定范围内。煤粉颗粒的分布情况随磨煤机、分离器和磨制煤种的不同而不同，延长磨制时间只是改变总的煤粉细度，并不会改变煤粉相对的分布范围，再继续研磨使大颗粒煤粉减小到适合燃烧的颗粒，只会得到平均过细的煤粉，这也是不经济的。生产实践中，将经过磨制的煤粉进行颗粒分选，适合燃烧的颗粒通过分选装置燃烧或储存，较粗的煤粉返回磨煤机内再进行重新磨制。这种分选能有效地缩小燃用煤粉的粒径范围、改变煤粉颗粒的分布情况，提高运行的经济性。

中间仓储式单进单出低速钢球磨煤机制粉系统，对于煤粉细度和煤粉均匀性调整最常规的手段是进行粗粉分离器的调整。粗粉分离器的作用是将磨煤机磨制的煤粉以煤粉颗粒的大小进行分选，把颗粒小于某一粒度级别的细颗粒从煤粉气流中分离出来，随干燥气流输送至下一级的细粉分离器再分离，把颗粒大于某一粒度级别的粗颗粒从煤粉气流中分离出来返回磨煤机重新磨制。性能理想的粗粉分离器能把合格的煤粉分离，并随气流输送，而不混入返回磨煤机的粗粉中去；能把大于规定颗粒级别的不合格煤粉分离并返回磨煤机重磨。

粗粉分离器还应能对煤粉细度具有调节能力，以便在煤种、磨煤机出力、磨煤机和制粉系统通风量变化时保证一定的煤粉细度，起到保证和改善煤粉品质的作用，从而提高制粉系统运行工作的经济性和锅炉的燃烧效率。磨煤机的循环倍率和粗粉分离器效率的关系是循环倍率越低，粗粉分离器效率越高。这个关系对磨煤机出力有利，但此时将有较高的粗粉带出率，使煤粉的均匀性变差，影响煤粉的质量。因此，粗粉分离器也应有最佳的循环倍率。煤的挥发分越低，要求最佳的循环倍率应越高，以减少煤粉中的大颗粒效率。

从粗粉分离器的分离机理看，它是集重力分离、惯性分离、撞击分离和离心分离等效应综合一体的。根据粗粉分离器挡板布置形式的不同可分为径向型和轴向型两种。因轴向型分离器内的气流形态较为合理，分离器各方面的经济指标较径向型有较大的提高，其循环倍率低、分离效率高、阻力小，因而应用也较多。20 世纪 80 年代后期，我国逐步采用轴向型粗粉分离器，目前较常见的几种轴向型粗粉分离器为常规轴向封闭型粗粉分离器、改进型轴向封闭型粗粉分离器和改进型串联双轴向粗粉分离器。改进型轴向封闭型粗粉分离器的外形结构与常规轴向封闭型粗粉分离器完全相同，内部内椎体结构有所变化，将原内椎体下部倒锥改制成平衡阶梯撞击锤，该型分离器除保持轴向Ⅱ型粗粉分离器的特性外，增加了一次撞击分离，还具有降低循环倍率、提高合格煤粉带出率、延长内椎体下部使用寿命等特点。改进型串联双轴向粗粉分离器的特点是取消了内锥回粉，并在内外锥之间的下中心增加一级轴向挡板，内外锥之间由原来的重力分离区变为离心分离区，分离效果大有增强，煤粉均匀性大有提高，目前被多家火力发电厂广泛采用。

(1) 粗粉分离器调整试验。煤粉细度和煤粉均匀性的调整是通过分离器挡板的调整来实现的，在轴向叶片开度小于 25°时变化很小，当开度大于 25°时，煤粉细度很快增大（加），循环倍率 $k$ 和均匀性指数的变化规律与煤粉细度类似。粗粉带出率和细粉带出率都随挡板开度的增大而增大，但变化规律有所不同。当挡板开度较小时，粗粉和细粉带出率都增加不大；当轴向叶片开度较大时，粗粉的带出率很快增加，细粉带出率仍增加不大。基于上述的原因，不同临界粒径在不同的挡板角度下取得最佳值。综合效率 $\eta_{90}$ 在挡板开度 40°时取得最大值，综合效率 $\eta_{75}$ 在挡板开度 50°时取得最大值。根据上述的粗粉分离器模型改变挡板的开度特性，当这种形式的粗粉分离器挡板开度小于 25°时，各项指标变化不很明显，在 25°～40°内具有较好的性能。在对煤粉细度要求较严格的场合，挡板开度取下值；对分离器阻力要求较严格的场合，挡板开度取上值。

试验时，保持磨煤机出力在最佳钢球装载量下最大出力的 80%左右、通风量在最佳通风量下不变，在粗粉分离器的折向挡板不同开度下测定粗粉分离器阻力、粗粉分离器入口煤粉细度、回粉细度、磨煤机通风量、磨煤机和风机功率。在以上测量的基础上计算粗粉分离器效率、循环效率、煤粉均匀性指数、煤粉细度调节系数、煤粉均匀性改善系数、磨煤机和风机电耗，并绘制粗粉分离器性能曲线。因为粗粉分离器出口气流为旋转气流，难于用等速取样抽取煤粉样，可用细粉分离器下的煤样代替粗粉分离器出口煤样。对粗粉分离器进行性能考核时，除考核粗粉分离器的阻力和煤粉细度是否达到要求外，主要考核循环倍率是否满足最佳循环倍率的要求。表 5-25 为某火力发电厂单进单出钢球磨煤机轴向粗粉分离器挡板调节试验的数据。

表 5-25　某火力发电厂单进单出钢球磨煤机轴向粗粉分离器挡板调节试验的数据

| 项目 | 单位 | 工况 1 | 工况 2 | 工况 3 |
|---|---|---|---|---|
| 粗粉分离器挡板开度 | % | 40 | 47 | 55 |
| 通风量 | m³/h | 118 188 | 117 691 | 117 012 |
| 煤粉细度 $R_{88}$ | % | 11.015 | 13.696 | 15.86 |
| 回粉管的回粉细度 $R_{200}$ | % | 30.124 | 40.8 | 42.83 |
| 细度修正后制粉系统出力 | t/h | 65.629 | 62.440 | 58.622 |

双进双出钢球磨煤机配用的粗粉分离器有三种类型：径向离心式粗粉分离器、双涡型粗粉分离器、旋转式粗粉分离器。径向离心式粗粉分离器装在磨煤机两侧，其结构和工作原理与单进单出钢球磨煤机配用的径向型粗粉分离器基本相同。双涡型粗粉分离器也装在磨煤机两侧。磨碎的煤粉由干燥剂携带从磨煤机筒体离开进入分离器，其中，部分大颗粒煤粉由于重力作用在分离器的低速区被分离，其余较小颗粒的粗粉通过折向（流）挡板时，在惯性和离心力的作用下被分离。被分离出来的粗颗粒煤粉与原煤一起，由螺旋输送器通过耳轴管送回磨煤机筒体重新磨制。表 5-26 为某火力发电厂双进双出钢球磨煤机粗粉分离器挡板调节试验的数据。

表 5-26　　某火力发电厂双进双出球磨煤机粗粉分离器挡板调节实验的数据

| 项目 | 数据来源 | 单位 | 工况 1 | 工况 2 |
|---|---|---|---|---|
| 回粉管挡板位置 | 就地检查 | — | 全开 | 全关 |
| 筒体压力 | CRT | Pa | 7708 | 7788 |
| 磨煤机通风量 | CRT | t/h | 65.4 | 63.1 |
| 磨煤机出力 | 表盘 | t/h | 41.46 | 46.81 |
| $R_{200}$ （75 目） | 化验 | % | 0.16 | 0.48 |
| $R_{90}$ （170 目） | 化验 | % | 4.40 | 4.88 |
| $R_{75}$ （200 目） | 化验 | % | 8.67 | 9.47 |

从表 5-26 可看出，磨煤机保持一定的通风量，随着回粉管挡板从全开到全关，磨煤机出力逐渐增加。挡板在全关位置，即回粉量减至最低，煤粉全部被风携带离开磨煤机，煤粉会粗一些，磨煤机出力最大；挡板在全开位置，即回粉量增加，一部分煤粉就会在磨煤机与分离器之间循环被研磨，煤粉会细一些，磨煤机出力最小。

（2）细粉分离器试验。细粉分离器的作用是将气粉混合物中的煤粉与空气分离，细粉分离器的效率由下述方法测定：在细粉分离器下锁气器上部 0.8～1.0m 处开一直径 5mm 的小孔，试验时小孔保持开启，计算出落粉管从锁气器上到该小孔的容积。试验开始时用手把快速开启锁气器，再严密关闭。用秒表测定从锁气器关闭起到小孔流出煤粉的时间，再放松锁气器的杠杆，使煤粉落回到煤粉仓。重复以上步骤数次进行测量，试验时磨煤机的出力应是已知的，根据测得的煤粉容积和煤粉积满到小孔的时间，计算出每小时细粉分离器的捕集量 $B_x$，由取得的煤粉试样和原煤试样测出它们的水分 $M_{mf}$ 和 $M_{ar}$。细粉分离器的效率就是它所捕集的煤粉量 $B_x$（其水分为 $M_{mf}$）与进入细粉分离器的煤粉量 $B_x'$ 之比。$B_x'$ 等于磨煤机出力 $B$ 换算到上述相同水分 $M_{mf}$ 时的煤粉量，即

$$B_x' = B(100 - M_{ar})/(100 - M_{mf}) \tag{5-43}$$

细粉分离器的效率为

$$\eta_x = \left[ B_x(100 - M_{mf})/ B(100 - M_{ar}) \right] \times 100 \tag{5-44}$$

由于 $B_x$ 和 $B$ 的测定准确度小，只能求出细粉分离器效率的近似值，如果精度要求较高，可通过测量煤粉细度来确定细粉分离器的效率。按细粉分离器前的煤粉细度 $R_{90}'$、细粉分离器后的 $R_{90}''$（在乏气中的煤粉筛余量细度）和细粉分离器中捕集下来的煤粉细度 $R_{90}^x$，根据煤粉颗粒成分的平衡可得

$$R_{90}' = \eta_x R_{90}^x + (1 - \eta_x)R_{90}'' \tag{5-45}$$

由式（5-45）求得

$$\eta_x = [(R'_{90} - R''_{90})/(R^x_{90} - R''_{90})] \times 100 \tag{5-46}$$

一般 $R'_{90} \gg R''_{90}$，$R^x_{90} \gg R''_{90}$，所以，可近似求出细粉分离器的效率

$$\eta_x = (R'_{90}/R''_{90}) \times 100 \tag{5-47}$$

### 3. 磨煤机通风量的调整

钢球磨煤机筒体内的通风工况对制粉系统的影响较大，因通风量是运行中较容易调整的参数，显得尤为重要。通风量过大，直接造成系统风速提高，加速系统各部件的磨损；携带大量粗颗粒煤粉在系统内循环，增大粗粉分离器的循环倍率。此时，如果粗粉分离器挡板不做调整，还会产生不合格的煤粉，直接影响锅炉的燃烧。通风量过小，煤粉虽然细小，但会明显降低制粉系统出力。对于磨煤机而言，磨煤机筒体内的通风工况还直接影响煤沿筒体长度方向的分布和磨煤机的出力。

当通风量不足时，煤大部分集中在筒体的进口端，因而筒体内钢球的能量很大一部分消耗在金属磨损和发热上，又因通风量小、风速不高，干燥剂携带出的煤粉只是少部分细粉，大部分煤粉在筒体内被反复磨制得很细，此时磨煤机出力很低，而磨煤机电耗很高。为此，必须有一定数量的干燥剂通过磨煤机，即干燥剂在筒体内保持一定的速度。随着通风量的增强，沿筒体长度方向的推进速度很快，改善了煤的充满状况，有更多的煤粉被干燥剂带出筒体，使磨煤机出力增大，磨煤机电耗下降。磨煤机内钢球在磨煤机筒体内的分布情况参见图 4-24。

磨煤机的通风量过大或小，对制粉系统都不利，其中有一个达到磨煤最大和制粉通风电耗最小的通风量，将该通风量称为最佳通风量，用符号 $q_{V,tf,zj}$ 表示，其大小与煤的种类、分离器后煤粉细度、磨煤机规格及钢球装载系数有关。应当说明的是筒体的通风量与其转速是有联系的，这两个因素对煤沿筒体长度方向分布的影响是一致的，即筒体的通风量和相对转速 $n/n_{lj}$ 同时增大或单独增大，都将使煤更快地沿整个长度方向充满到钢球中去，因此，相对转速 $n/n_{lj}$ 对最佳通风量是有影响的。$n/n_{lj}$ 的增大相当于通风量的增加，从而磨煤机电耗有所降低。综合试验结果，钢球磨煤机的最佳通风量为

$$q_{V,tf,zj} = 38/n \sqrt{D}(1000 \sqrt[3]{K_{km}} + 36R_{90} \sqrt{K_{km}} \sqrt[3]{\Psi}) \tag{5-48}$$

其中 
$$\Psi = m/(\rho_{gq} V)$$

式中 $q_{V,tf,zj}$——钢球磨煤机的最佳通风量，$m^3/h$；

$n$——磨煤机工作转速，$r/min$；

$D$——磨煤机筒体直径，$m$；

$K_{km}$——磨制煤的可磨性指数；

$R_{90}$——粗粉分离器后煤粉细度，%；

$\Psi$——钢球充满系数，指钢球容积占筒体容积的百分数，%；

$m$——钢球装载量，$t$；

$\rho_{gq}$——钢球的堆积密度，取 $4.9\ m^3/t$；

$V$——磨煤机筒体容积，$m^3$。

近似计算时可取为

$$q_{V,tf,zj} \approx (1100 \sim 1300)V \tag{5-49}$$

一般，在进行钢球磨煤机通风量调整时，先通过计算算出最佳通风量，然后把制粉系统风量调整到计算出的最佳通风量附近，以增大通风量和减小通风量进行试验验证，

通过试验得到在较佳的制粉系统出力、煤粉细度和制粉系统单位电耗下的通风量值。在正常通风速度下，磨煤机出力 $B_m$、磨煤单位电耗与筒体内干燥剂流速的关系为

$$E_{m1}/E_{m2} = \sqrt{\omega_1/\omega_2} \tag{5-50}$$

$$B_{m1}/B_{m2} = \sqrt{\omega_1/\omega_2} \tag{5-51}$$

式中　$E_{m1}$、$E_{m2}$——通风速度为 $\omega_1$、$\omega_2$ 时磨煤单位电耗，kJ/kg；

　　　$\omega_1$、$\omega_2$——按磨煤机筒体全解面积计算的干燥剂流速，m/s；

　　　$B_{m1}$、$B_{m2}$——通风速度为 $\omega_1$、$\omega_2$ 时磨煤机的出力，t/h。

排粉机所耗功率 $P_{tf}$ 随通风量的增大而增大，即

$$P_{tf1}/P_{tf2} = (\omega_1/\omega_2)^{1.75} \tag{5-52}$$

式中　$P_{tf1}$、$P_{tf2}$——通风速度为 $\omega_1$、$\omega_2$ 时排粉机所耗功率，kW。

由此可知，当通风量增加时，尽管磨煤机出力有些提高，但通风单位电耗仍然是增大的，即

$$E_{m1}/E_{m2} = (\omega_1/\omega_2)^{1.25} \tag{5-53}$$

双进双出钢球磨煤机与单进单出钢球磨煤机有很大的不同。因为双进双出钢球磨煤机采用直吹式制粉系统，风量的变化幅度可以很大，随着风量的增大，磨煤机出力明显增大，筒体压力也持续增大，煤粉细度则明显变粗。表 5-27 为某双进双出钢球磨煤机风量测试数据。

表 5-27　　　　　某双进双出钢球磨煤机风量测试数据

| 序号 | 项目 | 数据来源 | 单位 | 测试 1 | 测试 2 | 测试 3 | 测试 4 | 测试 5 |
|---|---|---|---|---|---|---|---|---|
| 1 | 筒体压力 | CRT | Pa | 5866 | 6713 | 7610 | 8163 | 8956 |
| 2 | 磨煤机通风量 | CRT | t/h | 47.12 | 72.18 | 71.55 | 73.10 | 73.97 |
| 3 | 磨煤机出力 | 表盘 | t/h | 38.49 | 41.81 | 47.72 | 50.58 | 54.26 |
| 4 | $R_{150}$ | 化验 | % | 4.0 | 4.8 | 5.6 | 8.0 | 11.2 |

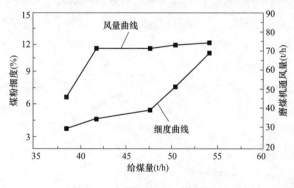

图 5-12　磨煤机出力、煤粉细度、通风量三者的关系

在磨煤机通风量小于 65t/h 的情况下，增加通风量，筒体压力也增加，磨煤机出力随之增加，煤粉细度也随之增大；但在磨煤机通风量大于 65t/h 的情况下，通风量增加幅度不明显，筒体压力增加，磨煤机出力随筒体压力增加，煤粉细度增大，这种情况与单进单出钢球磨煤机有很大的差别。以磨煤机出力为 $X$ 轴，煤粉细度 $R_{150}$ 为 $Y_1$ 轴，通风量为 $Y_2$ 轴，其关系如图 5-12 所示。

随着磨煤机出力的增加，煤粉管道内煤粉浓度 $\mu$ 相应增大，含粉管道的阻力系数 $\xi = (1+K_j\mu)\xi_0$ 对应增大，沿程阻力系数 $\lambda = (1+K_y\mu)\lambda_0$ 也对应增大。此时，必须提高筒体压力，即增加压能，以克服煤粉管所增加的阻力，才能维持原有的风速。这也是在较高的磨煤机通风量的情况下，通风量增加幅度不明显，提高筒体压力，磨煤机出力随筒体压力增加的主要原因。因此，相应的一次风管内含粉气流速度变化幅度不明显。

从图 5-12 中的煤粉细度曲线可看出，在磨煤机出力较小的情况下，即低负荷时，煤粉细度小，意味着煤粉比较粗，这对低负荷时的燃烧有利。但煤粉细度在磨煤机出力较大的情况下，其煤粉细度曲线斜率增大，意味着煤粉变粗加剧，太粗的煤粉对燃烧有不利的影响。因此，在运行中应充分考虑磨煤机出力与煤粉细度对锅炉燃烧的影响，不要片面增大磨煤机出力而不顾及锅炉燃烧的稳定性。

**4. 磨煤机及制粉系统运行优化**

制粉系统调整的目的就是在满足煤粉细度要求的条件下，尽量使磨煤机的出力最大而电耗最低。对钢球磨煤机，作为经济指标的主要项目是磨煤单位电耗 $E_m$(kJ/kg)、通风单位电耗 $E_{tf}$(kJ/kg)、磨煤部件的单位磨损量 [g/t（煤）]，以及磨煤机连续运行时间等。单位电耗与很多因素有关，这些因素中有的决定于磨煤机的结构，有的决定于磨煤机和制粉系统的运行工况，其中，几个主要影响因素为钢球装载量、钢球尺寸、钢球质量、煤的可磨性指数、煤粉细度、磨煤机出力、磨煤机通风量及温度。

试验研究表明，对于钢球磨煤机，在正常的钢球充满系数范围内，筒体内的燃煤与筒体（包括钢瓦）和钢球等转动部分质量相比很小，随磨煤机出力到最大，磨煤消耗的功率仅增加 5%，绝大部分消耗在转动筒体和钢球上。因此，对于磨煤机来说，消耗的功率可近似认为不变化。由此可知，磨煤单耗与磨煤出力实际上成反比，即磨煤单位电耗越低，磨煤出力越大。当维持煤粉细度不变时，增加钢球装载量 $m$，可增大磨煤机的出力。在允许的钢球装载量变化范围内，随钢球装载量增加，磨煤单位电耗略有增加，一般不超过 15%。试验研究还表明，有护甲结构的钢球磨煤机，在钢球尺寸不变时，每一筒体转速下对应一个最佳钢球充满系数，找到最佳钢球充满系数就是钢球量调整的最终目的。最佳钢球装载量试验是火力发电厂制粉系统节煤省电的一项重要工作。运行中最佳钢球装载量与煤种、磨煤机的形式、规格、通风量、制粉系统运行状态等许多因素有关，需要通过调整试验确定。最佳钢球装载量试验应在最佳通风量下进行，试验前先计算确定出最佳通风量和最佳钢球装载量；试验时，钢球量以计算值为基准点，在基准点前后取几个钢球装载量值进行试验，找出磨煤机最大出力、制粉电耗最低的钢球装载量即为最佳值，此时，磨煤机的电流即为运行中的控制电流。

当维持煤粉细度和钢球装载量不变时，随钢球直径增大（在 $d=20\sim60mm$），磨煤机出力下降，磨煤单位电耗 $E_m$ 和通风单位电耗 $E_{tf}$ 都增大。钢球磨煤所选用的钢球直径对磨煤机出力有较大的影响，即磨煤机出力与钢球直径的平方成反比。但是，钢球直径越大，碾磨表面积越大，碾磨效果越好，磨煤机的出力越大；直径小的钢球，破碎能量小，运行实践也证明其用于磨制煤末多的无烟煤最为合适。对原煤粒度大、煤末少的烟煤等，钢球直径不能选的太小，否则由于破碎能量不够而影响磨煤机的出力。从钢球在磨煤机内的磨损看，小的钢球磨耗大，使用时间短，相对钢耗大，成本高；大的钢球则相反。运行中应根据煤种和经济性选择适宜的钢球直径。较小的钢球直径能提高磨煤机出力、降低制粉电耗，在一定情况下会弥补由于钢球消耗量增加所造成的经济性下降；此外，不能只看到大钢球耐用、满足生产运行方便，而放松对钢球直径的监督；适宜的钢球直径和比例配合，最好通过试验确定。

质量优良的钢球磨损量较小、破碎率较低、失圆率小，大小球混合较均匀，运行电流稳定，钢球充满系数变化较小，磨煤机单位电耗低；反之，大量的碎球和直径小于

20mm 的不规则钢球碎块与煤一起被撞击、研磨，磨煤量相对减小，很大一部分能量被消耗在金属的磨损和发热上，使钢球充满系数变化大，经常需补加钢球，导致磨煤出力降低，消耗电量大。

单位电耗与煤的可磨性指数成反比。这是由可磨性指数增大，磨煤机出力增加所致。因此，火力发电厂在有条件的情况下，应综合考虑煤的成本和锅炉燃烧的要求，尽量选择可磨性指数高的煤。

当煤粉变粗时，磨煤机出力增加，磨煤单位电耗 $E_m$ 下降，就要求在满足锅炉燃烧需要的情况下，减小煤粉细度来降低磨煤单位电耗。

磨煤单位电耗随筒体通风加强而降低，如果同时煤粉变粗，那么降低通风会更显著；如采取其他调整手段保持煤粉细度不变，磨煤单位电耗的降低幅度就小一些。随着通风的加强，通风电耗加大，而单位电耗 $E_m+E_{tf}$ 在煤粉变粗时，随通风加强而逐渐降低。如保持煤粉细度不变，则总的单位电耗随通风加强开始下降，而后重新又增大。通风量和磨煤机、风机电耗的关系如图 5-13 所示。

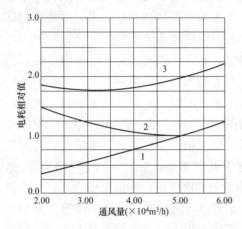

图 5-13 通风量和磨煤机、风机电耗的关系
1—通风电耗；2—磨煤电耗；3—制粉电耗

当煤粉细度保持一定时，提高干燥剂初始温度，由于干燥过程得到改善，开始时可增大磨煤机出力，降低磨煤单位电耗；当干燥剂达到一定温度值时，磨煤出力、磨煤单位电耗和通风电耗将不再随干燥剂初始温度的提高而发生变化。因此，正确地调整通过磨煤机的干燥剂温度和数量，可显著提高磨煤机出力和磨煤的经济性。

## 二、中速磨煤机及制粉系统调整试验

中速磨煤机及制粉系统调整内容与影响其工作的因素有关。影响中速磨煤机及制粉系统的主要参数有分离器回粉挡板、磨煤机加载压力、磨煤机通风量、磨煤机电耗、煤的可磨性指数等。中速磨煤机及制粉系统调整试验的内容有煤粉分离器挡板特性试验、通风量变工况试验、风量粉量调平试验、改变磨煤机加载压力试验、风量及粉量分配调平试验、制粉系统电耗分析等。

### 1. 磨煤机暨制粉系统通风量的调整

磨煤机暨制粉系统的通风量在调整前，应先进行冷态一次风管风量的调平试验，即在冷态下调节一次风管上的缩孔或挡板，使各一次风管之间风量相对偏差不大于±5%。

磨煤机通风量的调整对磨煤机出力和锅炉燃烧的安全性、经济性有着极其重要的影响。通风量增加，磨煤机出力增大，煤粉变粗，一次风量增加，煤粉着火点推迟，燃尽时间延长，锅炉机械不完全燃烧热损失增大，锅炉的燃烧稳定性变差，反之亦然。为保证锅炉安全经济运行，制粉系统运行中应保持合理的风煤比和通风量。

考虑到通风风速低可能造成一次风管内煤粉的沉积和磨煤机风环风速的降低，从而造成石子煤排放量的剧增，中速磨煤机最小通风量大部分都规定为额定通风量的 70% 左右，磨煤机的最低出力规定为额定出力值的 40%～50%。当磨煤机低于最低出力运行时，由于磨盘上煤层过薄，会造成磨煤部件的直接接触，从而造成磨煤机的强烈磨损和振动。磨煤机在额定出力和相应通风量下有一个适合燃烧的风煤比，当磨煤机的出力下降到1/2时，通风量必须维持在额定值的70%，此时风煤比将增大许多，煤粉浓度下降；低负荷时，炉膛温度水平本已降低，再加上风煤比过大，对煤粉着火和稳定锅炉燃烧都更为不利。

风量过大时，一次风管内的风速较高，煤粉着火推迟，飞灰可燃物增加，同时还会使炉膛的出口温度升高，影响锅炉过热器、再热器的安全性和锅炉燃烧的经济性，严重时还会造成煤粉着火困难、燃烧火焰不稳定，影响锅炉的安全经济运行。为降低磨煤机石子煤排放量，运行中常采用加大磨煤机入口风量的方法，虽然试验研究和理论分析并经过生产实践证明该运行方式是不可取的。运行中较大的风量虽然使磨煤机的石子煤排放量有所降低，但其效果并不明显。由于磨煤机风环间隙较大，一次风的实际通流面积增大，较大部分的一次风从此间隙流出，未参与托浮煤粉的作用，致使流过喷嘴的一次风量减小，风环风速降低；同时，流经风环间隙的一次风风向为水平向下，对正常的风粉混合物流向有一定的扰动作用，阻碍了风粉混合物正常向上的流动状态；同时由于磨辊靠外侧部分磨损严重，施加于原煤的作用力大为减小，使原煤在此处得不到充分的破碎，随即被排挤到风环的外侧，进入石子煤排放箱内。因此，风环间隙偏大和磨辊磨损严重是造成石子煤排放量增多的主要原因。

图5-14和图5-15为某火力发电厂煤粉细度和磨煤机进出口压差与磨煤机通风量的关系曲线。磨煤机风量调整的目的就是要找到磨煤机进口风量与磨煤机出力、煤粉细度、磨煤机进出口压差之间的对应关系，以协调各磨煤机暨制粉系统在交加的工况下运行。

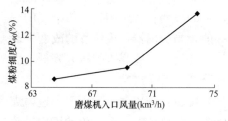

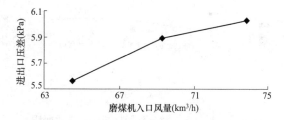

图5-14　煤粉细度与磨煤机　　　　　图5-15　磨煤机进出口压差与
通风量的关系曲线　　　　　　　　磨煤机通风量的变化曲线

### 2. 煤粉分离器调整

煤粉分离器布置在磨煤机碾磨区上方，与磨煤机构成一个整体。中速磨煤机及制粉系统使用的煤粉分离器主要有离心式分离器、旋转式分离器和组合式分离器。目前，国内使用的E型、RP型、HP型、MPS型中速磨煤机普遍采用离心式分离器。

（1）离心式分离器。离心式分离器出口装有煤粉分配器，实行多管路引出；分离器中间布置落煤管，回粉从分离器下部直接落入磨煤机碾磨区。离心式分离器有一个圆柱形或圆锥形外壳体，用法兰与磨煤机碾磨区连接，上部沿圆周均布多个折向挡板，在壳体的外部可对挡板的转角进行调整。煤粉气流混合物流经挡板流动方向改变并产生旋转，粗粉在离心力和重力的作用下实现分离，分离出的粗粉落到碾磨区重磨；乏气携带合格煤粉经煤粉分配器进入一次风管送至燃烧器。通过调整离心式分离器挡板的转角或磨煤机的通风量来调整煤粉细度。

离心式分离器出口煤粉细度能在一个较大范围内进行调整，除无烟煤外的其他煤种基本上都能满足对煤粉细度的要求。表 5-28 是 MPS 型中速磨煤机离心式分离器挡板的试验数据，图 5-16～图 5-18 是 HP 型中速磨煤机离心式分离器调整的曲线。

表 5-28 　　　　　MPS 型中速磨煤机离心式分离挡板的试验性能数据

| 项目 | 单位 | 工况 1 | 工况 2 | 工况 3 | 工况 4 | 工况 5 |
|---|---|---|---|---|---|---|
| 出力 | t/h | 23.5 | 23.6 | 23.9 | 23.6 | 23.9 |
| 表盘风量 | km³/h | 66.66 | 66.31 | 63.60 | 65.58 | 66.08 |
| 加载力 | MPa | 9.37 | 9.41 | 9.44 | 9.36 | 9.08 |
| 分离器挡板 | % | 54 | 49 | 45 | 44 | 40 |
| 煤粉细度 $R_{90}$ | % | 39.22 | 34.02 | 32.58 | 33.03 | 31.82 |
| 煤粉均匀性系数 | — | 1.09 | 1.12 | 1.24 | 1.24 | 1.14 |
| 磨碗差压 | kPa | 5.28 | 5.51 | 5.89 | 5.99 | 5.76 |
| 石子煤排量 | kg/h | <2 | <2 | <2 | <2 | <2 |

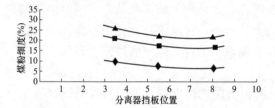

图 5-16　煤粉细度随分离器挡板位置变化曲线

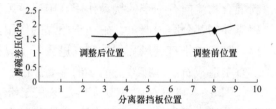

图 5-17　磨碗差压随分离器挡板位置变化曲线

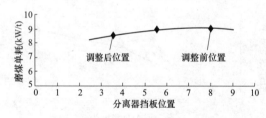

图 5-18　磨煤单耗随分离器挡板位置变化曲线

从图 5-16 中可看出，磨煤机分离器挡板位置的改变直接影响到磨粉细度的变化。一般，当分离器挡板位置的改变引起煤粉细度变粗时，磨煤机碗压差降低、磨煤电耗降低、石子煤减少。

（2）旋转式分离器。配用于中速磨煤机的旋转式分离器有一个由传动机构带动的转子，转子上有多个叶片。从磨煤机碾压区上升的气粉混合物气流进入旋转式分离器的转子区，在转子带动下做旋转运动；粗煤粉颗粒在离心力和叶片撞击作用下被分离出来，落到磨煤机碾压区重磨，合格煤粉随气流穿过叶片间隙进入煤粉引出管后经一次风管送至燃烧器。

旋转式分离器的分离效果取决于叶片的数量、布置方式、转子的转速和通风量等因素。转子的转速越高，输出的煤粉越细，与普通挡板式分离器相比，旋转式分离器出粉中的粗粉粒明显减少，因而有利于燃烧、可减少飞灰可燃物含量、提高燃烧效率；旋转式分离器虽耗用一定电能，但由于煤粉的分离效果得到改善，总的磨煤电耗比配置普通挡板式分离器的磨煤机略低，这也是运行实践的结果。在转速不变的情况下，叶片倾角增大，输出的煤粉变粗；在同样的磨煤机通风量下，采用旋转叶片分离器可获得更细的煤粉，输出煤粉中的大颗粒含量显著降低，而且采用旋转叶片分离器时，磨煤机通风量的变化对煤粉细度的影响较小。

与普通挡板离心式分离器比较，旋转叶片分离器的优点是分离效率高、煤粉细度调节方便、出粉中粗粉颗粒少，在磨煤机不同出力下均可达到煤粉细度的要求，有利于适应锅炉负荷的变化；分离器的尺寸较小、布置紧凑、阻力较小，适宜于直吹式制粉系统。缺点是叶片磨损较快、维修工作量大；结构上增加了转动调速机构，转子内置轴承工作环境差；在磨煤机出口温度大于100℃的系统及正压制粉系统，这种轴承需要采取冷却和密封措施。

（3）组合式分离器。组合式分离器是普通挡板离心式分离器与旋转叶片式分离器的组合，其分离作用是依靠挡板调节区的离心力和重力，以及旋转叶片旋转的离心力将气粉混合物中的粗粉分离出来，粗粉经回粉锥体回落到磨盘继续磨碎。其分离效果较好，出口煤粉颗粒的均匀性显著改善，同时还减少了燃煤在磨煤机内的循环磨制。

组合式分离器的阻力低于挡板式分离器，在保证同样煤粉细度条件下，组合式分离器可将挡板开度增大，从而使阻力降低。配有组合式分离器的MPS型磨煤机，其磨煤电耗与配置旋转叶片式分离器时基本相同，而煤粉细度的调节性能优于旋转叶片式分离器。

无论采用哪种煤粉分离器，在进行调整时，应保持磨煤机出力在额定出力的80%和相应的通风量不变，在分离器折向挡板不同开度下测量煤粉细度、磨煤机出力、通风量、磨煤机和一次风机功率，以及磨煤机出入口压力、温度和石子煤量，再综合考虑根据挥发分含量计算出的煤粉最佳细度、分离器阻力等，确定最佳挡板开度。

**3. 加载力的调整**

中速磨煤机目前采用的加载形式主要有弹簧变加载方式（主要有HP型磨煤机）、通过液压站随负荷自动改变加载力的变加载方式（主要是MPS型磨煤机）两种。

（1）弹簧变加载方式。弹簧变加载的加载形式是通过弹簧产生紧力、加载到磨辊上的一种加载方式。磨煤机加载装置的紧力对磨煤机出力有重要影响，在分离器及通风量不变的情况下，随着紧力的增加，磨煤机出力增加明显，同时煤粉变细；随着运行时间的延长、钢球的磨损，磨煤机的弹簧紧力下降，磨煤机的出力也下降，煤粉变粗，锅炉机械不完全燃烧热损失增大，煤粉着火的稳定性变差。为保证锅炉的安全经济运行，要定期调整磨煤机弹簧的紧力。一般情况下每半个月增加紧力一次。对于磨煤机弹簧加载力的调整，主要是在额定负荷下找到一个较佳的加载力，使磨煤机出力适宜、稳定，煤粉细度满足要求，磨煤单位电耗低。

对于弹簧变加载方式，磨煤机在运行中的负荷调整不可避免。由于锅炉机组负荷下调，降低磨煤机出力时，给煤量必须减少；而磨煤机加载力因设计原因无法调得很低，在磨煤机负荷降到30%以下时，因磨煤机中煤层高度不够，过高的加载力容易导致磨煤机发生振动，并发出强烈噪声，很容易使磨煤机部件损坏而影响正常运行；同时，磨煤机低负荷运行时，其风量绝对值减少，过少的煤量在同样加载力下被碾磨，磨煤机粗粉分离器挡板在运行中不容易调整，根据设备制造厂家资料和运行实践，磨煤机出口的煤粉细度此时会迅速变高，对煤粉的过度碾磨使磨煤机单位功耗显著增加，从而影响磨煤机暨制粉系统的经济性。

（2）液压站变加载力方式。液压站变加载力方式的中速磨煤机，尤其是MPS型磨煤机，其变加载液压站能随磨煤机负荷自动改变加载力，达到相应的加载力后自动停止，处于保持压力状态。当运行时间较长时，液压系统有一定的内部泄漏而降压，降压值超过给定值时，自动补压，补压到位后自动停止升压，再次处于保压状态。通过比较液压站油泵出口油压信号和液压缸油压信号，将比较结果返回控制室；同时，机组运行中的给煤信号也实时输入计算机，在计算机中按油压与给煤量呈线性关系进行信号处理，按处理结果经信号放大后传输到各执行元件（电磁换向阀及电磁比例溢流阀），使其按条件分别得电或失电进行油路控制，从而达到保压的目的。这样，磨煤机的加载力就可随给煤机的给煤量大小进行调节，以适应磨煤机内煤层厚度的不断变化，从而控制磨煤机的煤粉细度在较小范围波动，极大地降低了磨煤机低负荷运行时的振动。

运行中加载力调整试验时，保持磨煤机出力为额定出力的 80% 和相应的通风量不变，在不同的加载力下，测量煤粉细度、磨煤机出力、通风量、磨煤机和一次风机功率，以及磨煤机出入口压力、温度和石子煤量，以求得满足磨煤机出力所需要的适宜的加载力。表 5-29 是某 MPS 型液压加载磨煤机加载力的试验数据，图 5-19 是该磨煤机加载力推荐曲线。

表 5-29　　　　　　　某 MPS 型液压加载磨煤机加载力的试验数据

| 项目 | 单位 | 工况 1 | 工况 2 | 工况 3 |
|---|---|---|---|---|
| 出力 | t/h | 26.14 | 25.97 | 26.02 |
| 表盘风量 | km³/h | 68.63 | 66.88 | 68.05 |
| 加载力 | MPa | 9.20 | 9.70 | 10.25 |
| 分离器挡板 | % | 454 | 45 | 45 |
| 煤粉细度 $R_{90}$ | % | 43.07 | 41.56 | 37.28 |
| 煤粉均匀性系数 | — | 1.25 | 1.21 | 1.14 |
| 磨碗差压 | kPa | 5.95 | 5.81 | 5.78 |
| 石子煤排量 | kg/h | <2 | <2 | <2 |

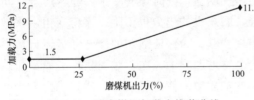

图 5-19　该磨煤机加载力推荐曲线

**4. 中速磨煤机及制粉系统的运行优化**

（1）磨煤电耗。通过磨煤电耗对三种中速磨煤机碾磨部件的运行形式进行分析可看出，如果以同样直径的碾磨部件旋转一周所需的磨盘旋转周数比较，以磨辊轴线为转轴进行滚动的辊子转动一周所需盘磨的旋转周数，RP 型磨煤机和 MPS 型磨煤机要比 E 型磨煤机的钢球滚动一周所需的磨盘旋转周数差不多低 50%。可见，E 型磨煤机的磨煤电耗要高于其他两种辊-盘磨煤机。RP 型磨煤机虽属于辊-盘式磨煤机，但由于其倾斜式磨盘而导致盘内存煤量较大，使 RP 型磨煤机的磨煤电耗几乎与 E 型磨煤机在同一水平。MPS 型磨煤机滚动阻力小，其磨煤电耗最低，运行实践和试验都证实了这一点。在相同煤质和煤粉细度下，MPS 型磨煤机的磨煤电耗比 E 型、RP 型磨煤机均低 1kW·h/t 及以上。

考虑到 E 型、MPS 型磨煤机在整个寿命期内出力基本不变，而 RP 型磨煤机磨损后出力要降低（磨损对出力的影响系数约 0.9），在 RP 型磨煤机的选型设计时，不得将磨煤机的规格选得大一些，否则，这将导致该型磨煤机的磨煤电耗增加约 1kW·h/t。试验和运行结果表明，E 型、RP 型和 MPS 型磨煤机的磨煤电耗一般为 6～7、7～8、5.5kW·h/t。

对于以上三种中速磨煤机，一般，通风量越大，磨煤单耗越低，煤粉越粗；分离器开度越大，磨煤单耗越低，煤粉越粗；加载力越大，磨煤单耗越高，煤粉越细；图 5-20 和图 5-21 为某中速磨煤机单耗曲线。

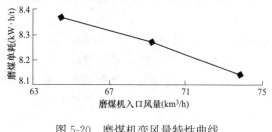

图 5-20 磨煤机变风量特性曲线　　　　　图 5-21 磨煤机分离器挡板特性曲线

（2）通风电耗。磨煤机的通风电耗主要用于克服磨煤机本体及管道的阻力，如果管道的阻力都基本相同或处于同一水平，则磨煤机的阻力就是取决于通风电耗的主要因素。磨煤机的阻力由磨煤机自身和煤粉分离器阻力两部分组成。同一类型不同规格的磨煤机，因为风环风速要求一样，所以磨煤机自身的阻力基本相同；而根据相似原理设计的煤粉分离器，尺寸较大的煤粉分离器的内部气流速度也高，故大尺寸的磨煤机煤粉分离器的阻力比小尺寸的阻力要大。

RP 型磨煤机的风环为带斜叶片的风环与缝隙式风环相间安装，设计风速为 40～50m/s，因风速低，磨煤机本身阻力小；MPS 型磨煤机的风环全部为斜叶片，设计风速为 70～80m/s；E 型磨煤机的风环为缝隙式，设计风速为 90m/s，风速最高，磨煤机本身阻力最大。

原西安热工研究所曾对 8.5E 型磨煤机、RP783 型磨煤机、MPS190 型磨煤机进行阻力测定试验，通风电耗分别为 11.5、6.85、8.65kW·h/t。

这三种中速磨煤机总体上分析，RP 型和 MPS 型磨煤机的运行电耗基本处于同一水平，RP 型磨煤机稍低；E 型磨煤机的运行电耗明显高于前两种磨煤机。这三种中速磨煤机一般的相同点是通风量越大，通风电耗越大；分离器开度越大，通风电耗越低；加载力越大，通风电耗越低。

制粉系统的电耗要综合考虑通风电耗和磨煤电耗，使系统的综合电耗降低。

（3）磨煤机出口风粉混合物温度。正常运行中，空气煤粉混合物离开磨煤机后的温度取决于所磨煤的种类，既要考虑燃烧和安全运行（磨煤机运行和锅炉燃烧的安全），又要保证磨煤机内润滑油不因空气温度过高而老化。

一般而言，磨煤机煤粉分离器出口风粉混合物的温度越高，有利于磨煤机内煤的干燥，但温度不能超过安全限度。对 RP 型磨煤机，高发热量烟煤允许的出口最高温度为 82℃，低发热量烟煤为 71℃，次烟煤和褐煤的出口温度不能超过 66℃；如果出口温度低于 54℃，煤得不到充分的干燥，而出口温度超过 93℃，将有可能造成磨煤机内着（起）火。

对于 MPS 型磨煤机，磨煤机煤粉分离器出口风粉混合物的温度一般取为 70～90℃；对高挥发分煤种最低保持在 65～70℃，对低挥发分煤种不应高于 90～95℃。磨煤机出口温度最低应比风粉混合物的露点高 10℃，但最低不能低于 60℃，以避免煤粉吸潮结块。因干燥介质含氧量、制粉系统布置、燃煤挥发分和磨辊的限制，运行中磨煤机暨制粉系统紧急停止运行的最高温度为 110℃。对 E 型磨煤机，磨煤机煤粉分离器出口风粉混合物的温度一般保持 70~90℃。

在中速磨煤机的调整中，应根据实际使用的煤种，在安全允许的范围内，尽量提高磨煤机出口温度，提高磨煤机运行的经济性。

(4) 碾磨件寿命问题。碾磨件的寿命是影响磨煤机经济性的另一个重要方面，主要有三个原因决定中速磨煤机碾磨件的寿命：一是碾磨件所用耐磨材料的性能；二是煤的磨损指数及磨煤机的运行参数；三是碾磨件的有效碾磨金属量或金属利用率。有效碾磨金属量是指碾磨件失效前相对磨煤机出力可供磨损的金属量。在材质和煤质相同时，有效碾磨金属量越大，磨煤机的使用寿命就越长。目前，国内外制造的中速磨煤机碾磨件采用的耐磨材料性能基本相同，磨制相同煤种时，E 型磨煤机因有效碾磨金属量最大，其碾磨件寿命最长，MPS 型磨煤机居中，RP 型磨煤机最短。

有效碾磨金属量是衡量碾磨件寿命的一个重要参数，而碾磨件寿命又是选择磨煤机类型的重要指标。运行生产中，所磨煤质的磨损特性等因素直接影响碾磨件的寿命。我国火力发电厂采用的燃煤种类范围广、品种多，煤的磨损指数波动较大；有些时候磨煤机不能磨制到设计的煤种，就必须采购磨损指数小于或接近设计的煤种；磨煤机运行时，根据调整试验结果，保持磨盘一定的煤层厚度；当磨制磨损指数较大的煤质时，必须将磨损问题作为中速磨煤机运行和检修的关键性内容之一综合考虑。

## 三、风扇磨煤机直吹式制粉系统调整试验

风扇磨煤机直吹式制粉系统调整试验的主要内容有煤粉分离器回粉挡板调节特性试验、磨煤机及制粉系统干燥调整试验、风量粉量调平试验、制粉电耗分析等。

### 1. 煤粉分离器及其调整

风扇磨煤机目前多采用雷蒙型、单流道或双流道惯性式煤粉分离器。图 5-22 为单流道和双流道惯性式粗粉分离器结构示意。单流道惯性式煤粉分离器的分离原理是煤粉空气混合物两相流，以一定的速度进入分离器内一个或两个可调节折向挡板，经过折向挡板截面后，因截面面积突然增大，煤粉空气混合物气流速度降低，在气粉混合物气流流经分离器过程中，较大煤粉颗粒因重力产生沉降，并受离心力作用沿分离器筒壁下落；

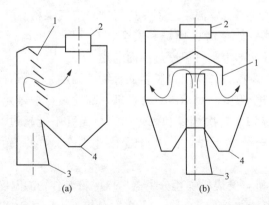

图 5-22　单流道和双流道惯性式粗粉分离器结构示意
(a) 单流惯性式；(b) 双流惯性式
1—调节挡板；2—出口；3—入口；4—回粉口

同时，在折向挡板的导向及折流作用下，煤粉颗粒发生速度偏离，脱离气流碰到器壁被分离出来。因此在分离器中，有重力、惯性和离心分离的原理和过程。改变折向挡板的转角，也即改变气流转弯的程度，煤粉和空气所受惯性力发生变化，即可调节气流携带的煤粉细度。气粉混合物气流转弯越剧烈，分离出的煤粉也越多、出粉变细。双流道惯性式煤粉分离器分离出来不合格的煤粉，由两个回粉管道从进风箱上下返（落）回磨煤机内重磨。回粉管上设置插板门，煤粉细度的调节通过改变对称的两块折向挡板来实现，折向挡板的调节范围为 $0°\sim90°$。

雷蒙型煤粉分离器阻力为 $900\sim1100Pa$，其煤粉细度的调节范围为 $R_{90}=15\%\sim30\%$，$n=1.0\sim1.1$；单流道惯性式煤粉分离器的阻力为 $200\sim300Pa$，$R_{90}=45\%\sim60\%$，$n=0.7\sim0.80$；双流道惯性式煤粉分离器阻力为 $500\sim600Pa$，$R_{90}=20\%\sim60\%$，$n=1.0\sim1.1$。单流道和双流道惯性式煤粉分离器测试结果，其煤粉细度 $R_{90}$ 的实际调节幅度很小，挡板转角的变化对出粉煤粉的均匀性指数 $n$ 的影响也小。下挡板比上挡板对调节煤粉细度 $R_{90}$ 敏感。

根据国内风扇磨煤机运行经验，采用双流道惯性式煤粉分离器，煤粉的颗粒特性较好。但无论是采用单流道还是采用双流道惯性式煤粉分离器的风扇磨煤机，对煤粉细度的实际调节范围都不大，单流道惯性式煤粉分离器调节煤粉细度 $R_{90}$ 的幅度只有 $10\%\sim15\%$，双流道惯性式煤粉分离器调节煤粉细度 $R_{90}$ 的幅度只有 $10\%$；而且挡板开度的变化对出粉煤粉的均匀性指数 $n$ 的影响也不明显，远低于设计要求值，对煤质的变化适应性差，所以，对于煤种多变的锅炉一般不采用风扇磨煤机；在风扇磨煤机挡板调整实验时，调整范围很有限。双流道惯性式煤粉分离器调节特性曲线如图 5-23 所示。

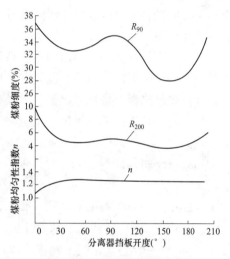

图 5-23 双流道惯性式煤粉
分离器调节特性曲线

实验还证明，对配有单流道惯性式煤粉分离器的大出力风扇磨煤机，携带回粉的风量可达到干燥剂总量的 $10\%$，而小规格的风扇磨煤机可达 $25\%$。这部分内循环风量降低了磨煤机出口干燥剂的温度，同时，磨煤机内部阻力增大，增大了磨煤电耗。可见，在一定条件下减少经回粉管返回磨煤机入口的循环风量，可降低磨煤机内部阻力、提高系统通风量。

磨制烟煤的风扇磨煤机配置离心式分离器，其离心式分离器的结构、工作特性和配制低速、中速磨煤机的离心式分离器相似。煤粉细度 $R_{90}$ 的调节范围要求在 $10\%\sim30\%$，以满足烟煤煤粉燃烧的要求，分离器挡板的调整特性与中速磨煤机配置的离心式分离器类似。

试验时保持磨煤机出力为额定值的 $80\%$ 不变，在分离器挡板不同开度下测定煤粉细度，通风量，磨煤机入口及出口的温度、压力，分离器出口压力、磨煤机功率。

### 2. 风扇磨煤机通风特性试验

风扇磨煤机通风特性试验与风机相似。冷态通风试验是为取得磨煤机特性和系统阻力特性关系，通过热态通风特性试验可校核冷态通风特性的规律，还可获得随通风量的变化，其他参数（如磨煤机出力、煤粉细度、电耗等）的变化情况。

**3. 风扇磨煤机制粉系统干燥出力调整**

原煤在风扇磨煤机内的干燥与磨煤机内的空气动力特性和磨碎过程有关，而对磨煤机出口介质温度和煤粉水分做精确计算目前尚无成熟的计算公式。因此，风扇磨煤机的设计和运行应以试验和运行生产的结果为基础。在相同煤种和相同出力的条件下，改变干燥剂温度，风扇磨煤机出口煤粉细度随之变化。也有试验表明，当出口煤粉温度由100℃升高到200℃时，出口煤粉细度变化较大，即温度升高，煤粉变细；但当出口煤粉温度大于200℃以上时，这种变化减弱，变化趋势平缓。

煤粉的残余水分与原煤的全水分有关，还与风扇磨煤机入、出口温度及通风量有关。因原煤组织结构的差异，其干燥特性不一样，在同样的运行条件下煤粉水分也不一样，但同一煤种在风扇磨煤机中的干燥趋势基本相同。试验也表明，当磨煤机出口温度低、煤粉变粗时，煤粉水分也低。煤粉水分与磨煤机出口温度的关系是出口温度增加，煤粉水分降低。出口温度与原煤的水分密切相关，其关系是原煤水分增大，出口温度降低且变化很快。

风扇磨煤机内煤的干燥出力不容易调节，当热风温度偏低、干燥出力不足时，主要通过改变热风来源，尽力减少漏风来实现。当风扇磨煤机出口温度过高，危及运行安全时，改变热风来源，增加温度低的混风来实现。

试验时，在不同的通风量下测定磨煤机的入口、出口及分离器出口压力、磨煤机功率，由此计算在不同的通风量下磨煤机的提升压头、通风效率和分离器阻力。

(1) 磨煤机的提升压头与大气压的关系式为

$$\Delta p_2 = [\Delta p_1 p_{a1}/(273+t_1)] \times [(273+120)/101\,325] \tag{5-54}$$

式中　$\Delta p_2$——120℃、101 325Pa 条件下的提升压头，Pa；

　　　$\Delta p_1$——$t_1$、$p_{a1}$ 状态下的提升压头，Pa；

　　　$p_{a1}$——状态 1 下的大气压，Pa；

　　　$t_1$——状态 1 下的温度，℃。

(2) 风扇磨煤机的通风效率为

$$\eta_M = [Q\Delta p_2/(3.6P)] \times 100 \tag{5-55}$$

式中　$\eta_M$——风扇磨煤机的通风效率，%；

　　　$Q$——风扇磨煤机出口风量，$m^3/h$；

　　　$P$——风扇磨煤机功率，kW。

**4. 风扇磨煤机制粉系统运行的经济性**

在各类磨煤机中，风扇磨煤机的制粉电耗最低，根据国内的统计资料，平均为13～18kW·h/t。但风扇磨煤机的磨煤部件，如冲击板等磨耗（损）很大，将运行电耗与金属磨耗费用综合考虑，其运行经济性与中速磨煤机相当。我国褐煤储量约占煤炭总储量的5.5%，在煤种适合的情况下，采用风扇磨煤机对节约能源有一定的意义。

## 四、煤粉细度的调整试验

煤粉细度的调整试验就是确定特定的锅炉燃烧设备和燃用一定的煤种时的煤粉细

度，经济煤粉细度（或煤粉的经济细度）即是制粉系统和锅炉燃烧总损耗最小的煤粉细度，也即最佳煤粉细度。煤的经济煤粉细度范围，需要经过特定的制粉系统的运行试验和锅炉燃烧调整试验来确定。

需要说明的是，煤粉的均匀性对煤的不完全燃烧热损失、炉内结渣积灰有一定的影响。在一定的煤粉细度下，煤粉均匀性指数的高低取决于煤种、制粉系统的形式及其运行状态，煤粉均匀性指数的调整一般附属于煤粉细度的调整。在制粉系统煤粉分离器调整中，煤粉细度和煤粉均匀性的调整是通过分离器挡板的调整来实现的。目前的制粉系统均设计有煤粉细度的调整设备，但没有专门用于调整煤粉均匀性指数的设备。在实际的燃烧调整试验中，技术人员调整煤粉细度时，对煤粉均匀性指数只是附带地一并考虑。运行实践表明，对特定的制粉系统和一定的煤种，只要两个煤粉细度（煤粉细度和经济煤粉细度）在确定的范围，煤粉均匀性指标也就在确定的范围内。

煤粉的经济细度调整试验的方法是在试验工况完全具有可比性的条件下，调整制粉系统，使入炉煤粉具有 4 个以上的、不同的煤粉细度；在每个煤粉细度下，测量锅炉的不完全燃烧热损失和制粉系统的耗电量；将不完全燃烧热损失和制粉系统的耗电量折算为一个统一的可比经济指标，这两个损失之和最小时的煤粉细度即是经济煤粉细度。

煤粉细度调整试验时应注意的问题是保证各个试验工况的入炉煤为同一煤种，使煤质成分具有完全可比性；除煤粉细度外，其他所有影响锅炉经济性的运行参数应具有完全可比性，也即各个试验工况的负荷、氧量、燃烧器的运行方式、燃烧器的配风方式等应保持不变；煤粉细度的分析结果应是所有入炉煤粉的平均煤粉细度。具体而言，试验时不仅要取样测量各个煤粉管道的煤粉细度，还要测量各个煤粉管道的出力，入炉煤粉的平均煤粉细度是各个煤粉管道的煤粉细度的出力加权平均值。

因为锅炉不是一个精确的系统，试验时，控制各试验工况的完全可比性往往没有试验前计划的那样理想，况且，锅炉入炉煤粉平均煤粉细度的取样、测量工作量非常大，还需要有能够准确测量煤粉细度和煤粉浓度的设备仪器。因此，煤粉的经济细度调整试验是比较难以精确完成的工作，实际实验结果也可能不是十分理想。

实际上，锅炉机组在运行中，煤粉细度有一定的波动范围而不会影响锅炉机组运行的经济性；经济煤粉细度在锅炉机组不同的负荷和煤种条件下是不一样的，锅炉负荷降低后，经济煤粉细度应该变细；煤的挥发分降低，经济煤粉细度也应该变细。对采用直吹式制粉系统的锅炉而言，煤粉细度随锅炉负荷的降低而变细；对采用中间仓储式制粉系统的锅炉来说，要降低煤粉细度需要运行人员通过对运行参数的调整控制才能实现。

锅炉运行中，对配置在直吹式制粉系统上层燃烧器的磨煤机，因煤粉燃烧时间较下层短，煤粉细度应比经济煤粉细度调整得细一些，配置在下层燃烧器磨煤机的煤粉细度应比经济煤粉细度调整得适当粗一些；对中间仓储式制粉系统，因煤粉细度基本不受锅炉负荷的影响，考虑锅炉调峰的因素，如制粉系统出力能满足机组在满负荷下长期连续运行，煤粉细度可比计算的煤粉细度适当细一些，以保证锅炉低负荷时的燃烧效率。

进行锅炉燃烧调整试验时，一般根据具体燃煤电厂入炉煤煤质情况，参考设计的煤粉细度，按经济煤粉细度的经验曲线或公式确定一个相应的经济煤粉细度值，试验中直接调整锅炉机组每套制粉系统及磨煤机，使入炉煤的煤粉细度达到事先确定的经济煤粉细度的要求。经济煤粉细度的选取见本书第四章第一节煤粉细度部分。

目前，随着煤炭市场的变化，火力发电厂锅炉的入炉煤种类繁多、煤质成分的变化范围很大，要使煤粉细度对所有的煤种都达到经济煤粉细度，对每台锅炉都进行经济煤粉细度的调整试验，锅炉工作者认为不符合实际，不是很合适，也没有必要。但对于锅炉燃烧的安全性和经济性、提高火力发电厂的经济性而言，虽说工作量很大，但经济效益非常明显，其意义非同小可。请专业的调试队伍可能性较小，这就要求火力发电厂的热力试验和锅炉技术人员，根据入炉煤质及其成分、各台锅炉燃烧的情况，在建立入炉煤质和锅炉运行台账的基础上，按照电力行业燃烧调整试验标准，有目的地进行锅炉燃烧调整试验，调整每台锅炉各个制粉系统的煤粉细度，以确定一定的入炉煤种，并适应特定锅炉的经济煤粉细度。显然，这项工作的开展情况和火力发电厂领导的重视程度是分不开的。

对于燃用低挥发分煤种的锅炉机组，降低煤粉细度带来的经济效益，一般大于因磨煤机单位电耗和钢球消耗量增加而增加的制粉成本。原西安热工研究院在燃用低挥发分煤种的四个电厂进行试验，比较计算时电价取 0.3 元/(kW·h)，钢球价格为 5000 元/t，这些价格与当时市场价格基本符合，燃料量按 300MW 机组锅炉 130t/h 计入，表 5-30 为试验结果与经济性比较。从表中可看出，虽然没有考虑由于飞灰可燃物下降所产生的效益，但降低煤粉细度的经济效益是很明显的，对一台 300MW 机组因此一年可带来千万元左右的经济效益。

**表 5-30**                                **试验结果与经济性比较**

| 项目 | 湛江电厂 | 德州电厂 | 西柏坡电厂 | 珞璜电厂 |
|---|---|---|---|---|
| 设计煤种 | 晋东南贫煤 | 阳泉贫煤 | 晋中贫煤 | 松藻无烟煤 |
| $V_{daf}$(%) | 15.0 | 12.0～15.0 | 14.13 | 11.0～12.0 |
| 炉膛高度 $H$(m) | 53.7 | 49.71 | 46.10 | 51.98 |
| 锅炉容积热负荷 $Q_V$(kW/m³) | 110.30 | 112.50 | 135.15 | 108.00 |
| 煤燃尽率 $B_p$(%) | — | 89.41（难） | 94.50（中） | 86.40（极难） |
| 按 $0.5nV_{daf}$ 计算 $R_{90}$（取 $n=1.1$） | 7.5 | 7.0 | 8.6 | 6.0 |
| $R''_{90}$（实测，%） | 11.4 | 12.5 | 11.6 | 8.6 |
| 磨煤电耗 $E_{m1}$（实测，kW·h/t） | 17.0 | 13.6 | 15.7 | 30.0 |
| $R''_{90}$（实测，%） | 5.14 | 8.60 | 8.80 | 5.40 |
| 磨煤电耗 $E_{m2}$（实测，kW·h/t） | 20.00 | 14.80 | 16.64 | 32.60 |
| 钢球消耗 $K_{m2}$（取值，g/t） | 150 | 150 | 150 | 150 |
| 钢球消耗 $K_{m2}$（计算，g/t） | 205.0 | 177.0 | 169.0 | 178.5 |
| $\Delta E_m = E_{m2} - E_{m1}$ | 3.00 | 1.20 | 0.94 | 2.60 |
| $\Delta K_m = K_{m2} - K_{m1}$ | 55.0 | 27.0 | 19.0 | 28.5 |
| 磨煤单耗成本增加（$\Delta E_m \times 130 \times 0.3$，元/h） | 117.0 | 45.8 | 36.7 | 101.4 |
| 钢球消耗成本增加（$\Delta K_m \times 5000 \times 130 \times 10^6$，元/h） | 35.8 | 17.6 | 12.4 | 18.5 |
| 制粉成本增加（元/h） | 152.8 | 64.4 | 49.1 | 119.9 |
| 锅炉效率 $\eta_1$（实测，%） | 91.46 | 87.23 | 90.53 | 89.34 |
| 锅炉效率 $\eta_2$（实测，%） | 92.68 | 87.62 | 92.16 | 90.32 |
| 效率增加 $\Delta\eta$（%） | 1.22 | 0.39 | 1.63 | 0.98 |
| 燃煤成本降低（$\Delta\eta \times 130 \times 400$，元/h） | 713.7 | 228.2 | 953.6 | 573.3 |
| 经济效益（元/h） | 560.9 | 163.8 | 904.5 | 453.4 |

锅炉机组运行实践中，降低煤粉细度时，还会影响到制粉系统的出力和安全运行，现场调整试验时要综合考虑，以下是降低煤粉细度的措施。

低速钢球磨煤机降低煤粉细度的措施是调整粗粉分离器挡板开度，并使粗粉分离器挡板开度一致，因为个别挡板开度不一致导致风粉气流短路，将严重影响分离效果；适当降低制粉系统通风量，使通风量保持在计算的最佳通风量附近；调整磨煤机钢球装载量和钢球直径及配比，在一定范围内增加钢球装载量、降低钢球直径，有利于降低煤粉细度。

中速磨煤机降低煤粉细度的措施是调整磨煤机出口分离器挡板或旋转分离器转速；适当降低通风量；调整磨辊磨碗（盘）间隙；调整磨辊加载力。

# 第六节　燃煤制备系统调整试验

## 一、燃煤制备系统调整试验的要求

（1）确认输煤及燃煤制备系统单体调试、单机试运已完成验收签证。

（2）输煤及燃煤制备系统的阀门、联锁、报警、保护、启停等传动试验。

（3）试验措施交底、组织系统试运条件检查和签证。

（4）组织和指导运行人员进行启动前设备和系统状态检查及调整。

（5）输煤及燃煤制备系统试运，填写试运记录表。

（6）调试质量验收签证。

## 二、燃煤制备系统主要调整试验项目

（1）确认输煤及燃煤制备系统监视、通信装置完好。

（2）确认堆取料机、卸船机等重型机械设备试运合格。

（3）带式输送机、给煤（料）机、除铁器、除尘器、抑尘设备、除杂设备、滚轴筛、碎煤机、犁煤器、入炉煤采样设备、计量装置等机械设备试运。

（4）输煤及燃煤制备系统联调。

## 三、燃煤制备系统调整试验

### 1. 输煤与碎煤系统调试

（1）输煤与碎煤系统调试应符合下列要求：确认输煤与碎煤系统单体调试、单机试运已完成验收签证；输煤与碎煤系统阀门、联锁、报警、保护、启停等传动试验；试验措施交底、组织系统试运条件检查和签证；组织和指导运行人员进行启动前设备和系统状态检查及调整；输煤与碎煤系统试运，填写试运记录表；调试质量验收签证。

（2）系统检查应符合下列条件：消防系统应具备投入条件，煤水处理系统宜具备投入条件；输煤系统防粉尘、喷淋、除尘设备单体调试应完成、验收合格，具备与系统设备同步投入运行的条件；电气盘柜防火封堵工作完成；筒仓的防堵、防爆、通风、温度监测和喷水降温设施单体调试合格，具备投入条件；输煤系统广播、调度通信设备及工业电视监视系统调试完毕，具备投入条件；各输煤系统联锁保护和报警信号装置静态调试完毕；检查确认输煤系统各设备、输煤沟、筒仓、煤仓清洁无杂物；碎煤设备、筛分设备的间隙初调整完成。

（3）联锁保护试验符合下列要求：输煤程序控制系统静态调试，输煤系统各设备的启停应符合"逆（煤）流启动、顺（煤）流停止"的顺序；下游输煤设备关、停时，应联锁跳闸上游设备。

（4）空载试验应符合下列要求：按运行规程投入广播、通信、监视等系统，进行系统检查、送电；启动最下游一级的输煤皮带，联锁启动同级除尘设备；从下游向上游逐级启动各级设备，检查同级附属设备的投入情况，配有除铁器的输煤皮带启动后，除铁器应联锁启动；做筛分及旁路系统、碎煤及旁路系统的切换试验，系统应切换灵活、可靠；停止输煤系统，检查各设备动作正确。

（5）带负荷试验应符合下列要求：输煤系统的带负荷试验应在锅炉具备投煤条件后，向煤仓上煤时进行；检查输煤系统带负荷运行情况，皮带应无跑偏现象，各落煤口与卸煤口防尘与降尘设备工作正常，碎煤机、筛分设备工作正常；根据煤的粒度分部试验结果，调整碎煤机的间隙。

**2. 给煤（料）系统调试**

（1）给煤系统调试应符合下列要求：确认给煤机及其系统单体调试、单机试运已完成验收签证。给煤机及其系统阀门、联锁、报警、保护、启停等传动试验。试验措施交底、组织系统试运条件检查和签证。组织和指导运行人员进行启动前设备和系统状态检查及调整。给煤系统试运，填写试运记录表。调试质量验收签证。

（2）系统检查应符合下列要求：给煤机安装结束，单机试转完成、验收合格，给煤机称重计量装置已标定；检查煤仓及其防爆与灭火设施、煤仓疏松与振打装置；检查给煤机及其入口门、出口门、密封风门、播煤风门，检查测量、吹堵装置，检查调整煤量分配调整门开度。

（3）联锁保护试验应符合下列要求：

1）给煤机启动、停止程序静态试验。给煤机系统启动顺序为按煤的流程先启动下游设备，再逐级启动上游设备，最后开启煤仓出口门，给煤机系统停止顺序相反；给煤机启动前应先开启密封风和播煤风。

2）给煤机联锁保护试验。下游给煤机或设备启、停时，应联锁跳闸上游设备；给煤机堵煤时，应联锁跳闸给煤机；密封风、播煤风失去时，宜联锁跳闸给煤机；锅炉BT 或 MFT 时，联锁跳闸给煤系统，各设备同时停止、各阀门关闭；给煤机出口温度超过规定温度时，联锁跳闸该给煤机，联锁关闭给煤机进口和出口门。

（4）空载试验应符合下列要求：检查各级给煤机变频调节装置的调节范围和调节特性；检查试验给煤机在最小给煤量及最大给煤量时的工作稳定性；一条给煤线上有多级给煤设备时，应调整各级给煤设备的带负荷能力，使系统各设备的出力匹配；停止给煤系统，检查各设备动作正常。

（5）带负荷试验应符合下列要求：试验最小给煤量；检查额定给煤量；检查系统的运行情况，调整各给煤点煤量，使其均匀。

# 第六章

# 制 粉 系 统 的 运 行

本章讨论制粉系统启动与停止的操作要点，制粉系统运行与调整操作，以及制粉系统的经济运行。

## 第一节　制粉系统运行的基本要求

制粉系统是锅炉机组重要的辅助系统，其运行的安全性和经济性直接影响着锅炉机组的安全性和经济性。制粉系统发生故障，将会降低锅炉负荷，甚至造成锅炉机组被迫停运；制粉系统运行的稳定性，关系到锅炉燃烧工况的稳定，并对整个锅炉机组运行的稳定性起着决定性的作用。

制粉系统运行的稳定性主要表现在一次风压、磨煤机出口温度、磨煤机出入口压差、单位时间内的制粉数量，以及煤粉细度、均匀度、煤粉水分、湿度等运行控制参数的正常、合格与稳定性。

一次风压过高，一次风速增大、一次风量增加，单位时间内输送的煤粉数量增多，煤粉气流燃烧的着火点推后、着火时间推迟；并且使煤粉气流的刚性增大、对冲力增强，炉内燃烧强烈、温度场水平有所提高，增大了炉内结焦的可能性。一次风压过低，煤粉气流燃烧的着火点前移、着火时间提前，可能烧坏燃烧器，造成一次风管积粉、堵塞。一次风压忽大忽小不稳定时，炉内燃烧火焰随之波动，燃烧稳定性变差，锅炉运行参数难于控制（为稳定燃烧必须投入助燃油或等离子点火系统），容易造成锅炉燃烧恶化而灭火，控制不当会发生炉膛爆炸事故。

磨煤机出口温度高，磨煤机内气粉混合物容易发生爆炸；磨煤机出口温度低，磨煤机干燥出力随之降低，磨煤出力相应降低，还容易造成磨煤机内煤粒堆积，并发生堵煤现象，直接限制了制粉系统出力、影响或降低锅炉负荷。磨煤机出入口压差用于监视磨煤机内的存煤量，压差较大，说明磨煤机内存煤量较多，反之存煤量较少。运行中磨煤机出入口压差低于规定值时，磨煤机出口温度上升很快，爆炸的危险性和可能性增加，此时应增加给煤量，保持磨煤机内一定的原煤量，同时，应采用开大冷风门、关小热风门等方法，降低磨煤机出口温度。煤粉细度、均匀度、湿度（煤粉水分）对制粉系统和锅炉工况的影响已在第四章讨论。

防止煤粉的自燃和爆炸，是制粉系统运行中一个十分重要的问题。制粉系统设计时根据不同的煤种，对磨煤机出口温度、煤粉细度、干燥介质的组成及其份额，及输送煤粉的气粉混合物速度、煤粉浓度等都有详尽的规定和技术要求。如对于磨制高挥发分煤种时制粉系统爆炸性的考虑，设计方面规定了磨煤机出口温度的上限、煤粉细度及其煤粉经济细度的范围，在制粉系统各部位设置必要的防爆门，特定情况下干燥介质中掺入炉烟等，这些措施从设计角度考虑，能最大限度地防止制粉系统的爆炸，以及爆炸后将损失降到最低限度。制粉系统运行中，运行参数的控制，磨煤机的启动、停止，给煤机较长时间的断煤、磨煤机抽粉等项操作中，制粉系统都有发生自燃和爆炸的可能。制粉系统的运行就是要根据设计的规定和要求，结合运行操作中各种可能出现的情况，制定详尽的运行规程及运行参数（控制卡片），指导制粉系统的运行操作。

提高制粉系统的经济性是降低厂用电的一个重要途径。制粉系统的经济性主要表现在减少制粉系统的电耗、钢耗（一定时间内，制备单位煤粉量的金属磨损量），在保证煤粉细度合格的条件下，尽可能地提高制粉系统的出力。制粉系统的出力又与许多因素有关，如磨煤机的结构特性、煤粉分离器的效率、制粉系统的阻力及其通风量，干燥介质的质量、燃料特性、设备状况等都影响着制粉系统的出力。制粉系统出力的提高又能在一定程度上降低制粉系统的电耗、钢耗。同时，制粉系统的电耗又受系统转动机械特性、阻力等因素的影响；钢耗与金属的性能、通风阻力、燃料性质等因素有关。

综上所述，对制粉系统运行的基本要求如下：

（1）制备并连续地供给锅炉燃烧所需要的合格煤粉，以适应锅炉负荷的需要。

（2）在煤质变化等情况下，能保证制备质量合格的煤粉，以满足锅炉燃烧的要求。

（3）尽可能地提高制粉系统的经济出力，降低制粉电耗和钢耗，提高制粉系统的经济性。

（4）防止发生煤粉自燃和爆炸等恶性事故，保证制粉系统及锅炉机组的安全、经济运行。

# 第二节　制粉系统的启动与停止

对制粉系统启动、停止的基本要求是迅速、准确、稳妥，保持一次风压的稳定，尽量减少对锅炉燃烧工况的影响；制粉系统故障停止时，防止故障或事故的扩大，尽力确保锅炉燃烧的稳定，尽可能减少故障的危害和损失。

制粉系统正常运行中，磨煤机中煤的装载量较多，管道中煤粉与输送空气的比值较大，不易发生爆炸；制粉系统启动、停止时，磨煤机内煤与空气、输送管道中煤粉与空气的比值较小，有可能超过爆炸极限，一旦有火源，制粉系统的爆炸很难避免。所以制粉系统在启动与停止时，要严格遵照运行规程操作，防止并杜绝爆炸事故的发生。

## 一、中间仓储式制粉系统的启动与停止

以配置筒式钢球磨煤机为例，说明制粉系统的启动与停止。

### 1. 启动前的检查

制粉系统在启动前，应全面、认真、仔细地检查设备和系统，以及热工监测、自动控制系统，使设备完好、系统完整、脚手架等拆除、现场整洁、照明正常、通道畅通，控制操作机构灵活、好用，具备启动条件。

（1）转动机械的检查。转动机械的检查包括给煤机、磨煤机、排粉机，以及所配用的电动机、减速机、润滑油泵或润滑油站、加压装置等，上述转动机械的主要检查项目有传动机构、轴承、连接管道及冷却水管道、加压油及氮气管道等，要求应完整、好

用、处于备用状态。

给煤机设备及其热工仪表、控制装置等应完整无缺；煤仓闸板门或煤仓出煤口钢管插条应开启；转速调整机构好用，煤量调整挡板动作灵活；传动齿轮及联轴器保护罩完整、牢固；各润滑部位有足够的润滑油，且油质良好、油位在中心线之上；原煤仓中有足够的原煤。给煤机因形式的不同，具体的检查项目有所区别，应按照运行规程或设备说明进行检查。

磨煤机筒体端盖法兰螺栓、出入口大瓦或空心轴承螺栓、地脚螺栓齐全并拧紧；磨煤机钢瓦螺栓完整，无松动、脱落，罐体底部无漏粉、地面无积粉；磨煤机筒体与齿轮罩内无杂物，大小齿轮保护罩壳完整、牢固，齿轮润滑脂或沥青润滑充分；磨煤机筒体外钢板、进出口密封装置的毛毡、压环、弹簧等无损坏；筒体内有足够的、配备合适的钢球；磨煤机出入口防爆门完好；减速器地脚螺栓齐全并拧紧，油位在规定刻度位置、油质良好，联轴器螺栓无松动，防护罩完好；磨煤机组润滑站油泵完好，油箱油位在2/3以上、油位指示清晰准确，磨煤机出入口轴瓦、减速机、冷油器、滤油器、油泵出入口油控制阀门开启，备用油泵处于联动位置、出入口阀门开启，润滑系统投入，油加热器、冷油器处于备用状态，各供油管路油量适中，油管路及其附件阀门等，以及热工测量装置测点无渗油、漏油，无杂物阻塞；磨煤机组各部位冷却水投入，水量充足，管路畅通无泄漏。磨煤机冷风门开启、热风门关闭；磨煤机组处于待启动状态。

排粉机电动机、轴承箱地脚螺栓齐全拧紧，联轴器联结可靠，风箱防爆门完好；排粉机入口门关闭，机壳内无积粉、无杂物、手动盘车无撞击声音，机壳、风箱严密，排粉机经盘车或试转正常；轴承箱润滑油位在正常油位稍上、油位指示清晰、油质良好；冷却水投入，水量适中，无泄漏。

（2）系统设备及其管道附件的检查。制粉系统各处应无积粉、积煤、杂物及泄漏点。系统设备附近不得有妨碍人员通行的杂物，管道通道及防爆门排放区域不得有妨碍自由膨胀和排放的障碍，有煤粉、原煤积存、杂物堆积时，应清理干净。

制粉系统各管道管件如弯头、补偿器等齐全、连接完好、正确，管道附件如支吊架、紧固件等完整。制粉系统各风门、挡板经开关试验，动作灵活、标志齐全，操作盘面指示位置与实际位置一致；转动装置、连杆销钉齐全并符合要求，自动控制装置好用；自动热风门关闭，手动热风门开启，再循环风门、三次风门及抽风门关闭。

粗粉分离器调节挡板处于调好位置，细粉分离器下粉插板导向煤粉仓位置，输粉绞龙插板开启（本侧制粉系统送粉时关闭）。煤粉仓、输粉绞龙吸潮气管关闭，充氮气管关闭、防爆门完好；磨煤机出口木柴分离器、细粉分离器下粉管木屑分离器投入。

锁气器完整、动作或转动试验正常，各部位防爆门经检查完整严密。

制粉系统各检查孔、取样孔关闭。

煤粉仓粉位测量装置完整，机构灵活好用，粉位指示经过校核正确。

制粉系统各消防门齐全、开关灵活，消防系统投入，消防器材配备充足、到位。

（3）控制系统及控制盘表盘检查。所有转动机械的联动、电气部分、热工仪表、自动控制装置及控制盘、仪表盘等，经电气、热工专业检查，锅炉运行人员配合，确认合格。

热工仪表如温度、风压、差压表计等，电气仪表如电流、电压表计等，以及风门挡板的开度指示、表计等应投入，且应齐全完整、标志清楚正确，并经热工、电气人员校验合格，制粉控制系统经独立或与锅炉燃烧系统联合试验正确、良好。

各手动操作开关齐全，控制装置好用，重要开关如磨煤机、排粉机等保护罩齐全，并协助热工、电气人员校验有关的开度指示、挡板位置。

工艺信号、指示灯光齐全，指示准确，警铃、事故喇叭音响能正确发出，音量适中。

**2. 转动机械的试运转**

制粉系统的转动机械初次安装或经过大小修后，应进行试运转。试运转工作由安装或检修工作负责人主持，运行人员配合进行。试运转合格后，方可进行制粉系统的试验。

(1) 给粉机的试运转。给粉机试运转的检查项目及标准是润滑油质合格，油位正常；各连接螺栓齐全、紧固；给粉机下粉插板操作灵活好用，处于关闭位置；手动盘车无卡涩及异声；保护装置完整牢固可靠。

经检查正常后可以进行给粉机的试运转，试运转前联系电气厂用值班员对给粉机送电。给粉机试运转时，由最低转速逐步增加至最高转速，同时记录给粉机不同转速时的转速指示、摆动及电流等运行情况。

给粉机试运转合格的标准是试运转时间不少于4h，振动值最大不超过表6-1中的规定，窜轴在2～4mm；电流值最大不超过设备说明书中规定，转动方向正确，电流、转速无摆动现象；转动部件无异声、冲击声和卡涩现象；轴承无渗油、漏油、甩油现象，给粉机本体无漏粉现象。

表6-1　　　　　　　　　　　　转机轴承径向振幅允许偏差

| 额定转速 (r/min) | ≤375 | 375～650 | 650～750 | 750～1000 | 1000～1450 | 1450～3000 | >3000 |
| --- | --- | --- | --- | --- | --- | --- | --- |
| 振幅 (mm) | 0.18 | 0.15 | 0.12 | 0.10 | 0.08 | 0.06 | 0.04 |

(2) 排粉机的试运转。排粉机试运转的检查项目如转动机械的检查部分所述，试运转前点动确认排粉机转动方向正确后，试运转1～2h，停止排粉机，检查连接部件、轴承及其他部件。确认正常后再次启动试运转6～8h，轴承无渗油、漏油、甩油现象，轴承温度、振动、窜轴、噪声不超过如下规定时，试运转合格。转机轴承温度不超过表6-2的数值限额，转机轴承径向振幅允许偏差应符合制造厂家的规定，无规定时不超过表6-1的数值限额，轴承窜轴在2～4mm；噪声不应超过80dB，设备噪声的测量结果修正见表6-3。

表6-2　　　　　　　　　　　　转机轴承温度数值限额

| 轴承类型 | 测量点 | 允许限额 (℃) |
| --- | --- | --- |
| 滚动轴承 | 轴承金属温度 | ≤80 |
| 滑动轴承 | | ≤70 |
| | 回油温度 | ≤65 |

表6-3　　　　　　　　　　　　设备噪声的测量结果修正

| 设备噪声与环境噪声的差值 [dB(A)] | 3 | 4～5 | 6～10 |
| --- | --- | --- | --- |
| 修正值 L [dB(A)] | −3 | −2 | 1 |

1) 轴承振动的测量方法。辅机试运转中轴承振动的测量方法应符合下列要求。

a. 选用的测量仪器应能直接测取振动速度的有效值，并应符合下列要求：①风机和泵的测量仪器的频率范围宜为 10～1000Hz，风机和泵的转速不大于 600r/min 时，其测量仪器频率范围的下限宜为 2Hz，测量允许偏差为指示值的 ±10%；②压缩机的测量仪器的频率范围应为 2～3000Hz，测量允许偏差为指示值的 ±5%。

b. 风机、压缩机和泵的振动测量工况，应符合下列要求：①风机应在稳定的额定转速和额定工况下运行，当有多种额定转速和额定工况时，应分别测量取其中最大值；②压缩机应在额定工况下连续稳定运行时进行测量；③离心泵、混流泵、轴流泵等叶片泵在小流量、额定流量和大流量三个工况点，应在规定转速的允许偏差为 ±5%，且不得在有气蚀状态下进行测量。齿轮泵、螺杆泵、滑片泵等容积泵应在规定转速允许偏差为 ±5% 和工作压力的条件下进行测量。

c. 每个测量点应在垂直、水平和轴向三个方向进行测量。

2）设备噪声测定方法。辅机试运转中的噪声测定方法应符合下列要求。

a. 采用普通便携式声级计距离设备 1.0m、距设备基础 1.5m 高处进行测定；如在室内则应距离反射墙 2～3m 以上。

b. 通常宜位于设备四周不少于 4 点均布位置作为噪声测定处，若相邻测点的声级相差 5dB（A）以上，应在其间增加测点，最后取它们的算术平均值。

c. 对噪声大的设备如吹管排汽口、安全阀消声器噪声测点应与设备相距 5～10m。

d. 对环境噪声的修正。当环境噪声低于所测设备噪声达 10dB（A）时不需要进行修正，小于 10dB（A）时应在设备噪声测定值中扣除修正值。

（3）磨煤机组的试运转。钢球磨煤机试运转的检查项目如转动机械的检查部分所述，试运转前磨煤机转动方向经确认正确，一般情况下磨煤机空转 30min，加装钢球至额定装球量，再试运转 10～15min，倾听筒体内无撞击声，观察轴瓦温度、电机电流等在规定范围，传动装置无异常，填写试运转记录，试运转即为合格。

1）磨煤机大小修后的试运转。磨煤机采用压力润滑系统时，启动润滑油系统运行 20～30min；电动机空转 1～1.5h，电动机与减速机连接后联合空转 2～3h；减速机与磨煤机连接后，磨煤机空转 4～6h（新安装或大修后必须连续空转 8h），检查磨煤机组各部位油温、电动机电流，机组各转动部分的振动，筒体内无撞击声，做好记录。如磨煤机空心轴瓦重新浇铸巴氏合金（乌金），还应顶起磨煤机大罐（筒体）检查轴瓦与轴颈的接触情况，符合标准规定时，再装钢球试运转。加装钢球量一般为额定装球量的 25%、50%、100%，分三次加入（或第一次装球量为总装球量的 20%～30%，此后以不超过总装球量的 20% 为宜）。每加装一次钢球，试运转 10～15min，记录磨煤机电流和机组振动，并对磨煤机机组全面检查，正常后方可继续加入钢球再次进行试运转。磨煤机重车试运转的要求如下。

a. 为减少钢球之间、钢球与波形瓦之间的磨损，每次重车试运转时间不得大于 10min。

b. 电动机、减速机、传动机、主轴承的振动值不应超过 0.01mm。

c. 主轴承的工作温度应稳定，不高于 65℃，出、入口油温温差不大于 20℃。

d. 电动机的电流值应符合规定，并且无异常波动。

e. 齿轮啮合平稳，无杂声和冲击声音。

f. 每次试运转停止后，都应认真仔细检查齿轮啮合的正确与否，检查基础、轴承、盖板、钢瓦（衬板）、大齿轮等处的固定螺栓有无松动，如有松动应及时拧紧。

g. 试运转过程中，发现异常情况，应立即暂停装载钢球，查明原因并消除后，才可继续进行重车试运转工作。

h. 重车试运转是不允许向大罐内加煤的。

i. 重车试运转结束后，应将所有钢瓦固定螺栓逐个进行拧紧，做好重车试运转的质量记录。

2）钢球磨煤机组试运转合格标准。

a. 润滑油泵无冲击声，振动不大于 0.02mm，油泵出口压力不小于 0.015MPa，滤油器前后压差不大于 0.004MPa，润滑油系统畅通、无泄漏。

b. 减速机及传动部件无冲击声，齿轮传动平稳，磨煤机组各部振动应符合制造厂的规定，无规定时不超过表 6-4 的规定。

表 6-4　　　　　　　　　　　磨煤机组各部振动最大允许值

| 项目 | 电动机 | 减速机 | 传动齿轮 | 轴瓦 | 各地脚螺栓 |
|---|---|---|---|---|---|
| 振幅（mm） | 0.05 | 0.05～0.08 | 0.05～0.08 | 0.05 | 0.05 |

c. 各部位轴承无漏油、甩油现象，轴瓦乌金温度不大于 60℃；试运转期间润滑油箱温升不大于 15～20℃，回油温度不大于 45℃；减速机齿轮温度不大于 50～70℃。

**3. 制粉系统的试验**

为保证制粉系统设备的安全，减少设备损坏，保证制粉系统设备在发生故障后正确动作，新安装的制粉系统或制粉系统经过大、小修及长时间备用停止运行，启动前应进行制粉系统的试验。制粉系统的试验包括转动机械的开关拉合闸试验、事故按钮试验、联动（联锁）试验、油泵低油压自动投入和低油压跳闸试验。制粉系统的联动等试验一般是在静态下进行。静态是指电动机动力电源断开、启动开关在试验位置，电动机不转动的静止状态，而动态则是电动机实际转动的状态。试验的准备和步骤如下。

试验的准备。联系电气人员给吸风机、送风机、排粉机、磨煤机送试验电源（联动或联锁试验时）或电源，给煤机、给粉机送电。联系热控人员对吸风机入口、送风机入口，制粉系统各风门、挡板及一、二、三风门挡板和调节装置送操作控制电源；投入相关的表计、光字牌、音响报警装置。磨煤机润滑油系统投入运行，润滑油压调整到正常值。如果试验后准备启动制粉系统，还应投入传动机械的冷却水，冷却水的压力、流量调整至正常值。关闭给煤机、给粉机的落煤、下粉挡板。

试验的步骤。制粉系统的试验应分别按甲乙或 AB 侧，或者根据制粉系统具备试验的条件进行。先进行制粉系统的联锁试验，再进行开关拉合闸、事故按钮试验，以便发现和判明问题及其发生的原因，同时，试验结束能及时地启动制粉系统和锅炉机组。

（1）开关拉合闸、事故按钮试验。

1）开关拉合闸试验。联系电气运行人员送磨煤机、排粉机、给煤机设备工作电源，合上磨煤机、排粉机、给煤机操作开关（与磨煤机联动开关可置于解列位置），各电动机电流正常后，依次拉开各开关、逐个停止各转动机械，所停止的设备应红灯灭、绿灯闪光，开关拉合闸试验合格。开关拉合闸的顺序为给煤机、磨煤机、排粉机。

2）事故按钮试验。开关拉合闸试验合格后，依次合排粉机、磨煤机、给煤机操作开关，在就地分别按动各设备的事故按钮，操作盘上所跳闸的设备应显示红灯灭、绿灯闪光，事故喇叭（或蜂鸣器）鸣响报警，对应的光字牌闪光提示，事故记录仪动作、输出跳闸设备及顺序，然后将跳闸转动机械开关拉回停止位置，转动机械的事故按钮试验合格。

在就地按动转动机械事故按钮时，事故按钮按下保持时间应超过 1min；事故按钮试验每台转机间隔时间不得少于 1min。给煤机事故按钮试验时，不应有原煤进入磨煤机中。事故按钮试验的顺序为给煤机、磨煤机、排粉机。

（2）联动试验。开关拉合闸试验、事故按钮试验合格后，方可进行联动试验。联动试验因各火力燃煤发电厂的设备和联动方式不同而有差别。一般磨煤机及其冷风门、给煤机、排粉机、给粉机的联动试验并入锅炉机组的 MFT 试验中，与其同时或分步进行。

1）制粉系统转机联动试验的条件一般如下。

a. 两台或唯一运行的吸风机停止或跳闸，自动停止两台送风机运行。

b. 两台或唯一运行的送风机停止或跳闸，自动停止两台排粉机运行。

c. 任何一台排粉机停止时，自动停止联动设置的给粉机，并自动停止联动设置的磨煤机、给煤机运行，磨煤机入口冷风门自动开启。

d. 任何一台磨煤机停止时，自动停止其给煤机运行，磨煤机入口冷风门自动开启。

e. 任何一台磨煤机跳闸或磨煤机出口温度超过设定值，磨煤机入口冷风门自动开启。

2）试验操作。依次合上吸风机、送风机、排粉机、给粉机、磨煤机、给煤机开关，关闭磨煤机入口冷风门，投入联动开关。磨煤机采用压力润滑系统时，还需要启动润滑油泵系统，系统油压调整在正常工作值。注意，给煤机不能有原煤进入磨煤机，给粉机不能有煤粉进入一次风管。

断开一台吸风机开关，吸风机以下转机不应联动；断开另一台吸风机，除润滑油泵外，吸风机及以下所有转动机械均应联动跳闸。跳闸转机操作开关应红灯熄灭，绿灯闪光，事故喇叭（或蜂鸣器）鸣响报警，对应的光字牌闪光提示，事故记录仪动作输出跳闸顺序，磨煤机入口冷风门自动开启。

确认联动的转动机械动作正确，声光信号均及时发出，事故记录仪正确输出联动信息后，将所有联动的转动机械开关复位，声光信号应消失，转动机械联动试验合格。

吸风机以下转动机械联动试验操作方法与吸风机相同，转动机械以上述条件联动跳闸。

3）联动试验的要求。试验时应认真监视跳闸传动机械的声光显示正确，光字牌显示要与传动机械相对应，事故报警装置应发出声响，事故记录仪应打印出相对应的信息。试验过程要做好记录，避免遗漏。试验中发现不正常现象应暂停试验并及时查明原因，消除后再进行试验，直至合格。

（3）磨煤机油压试验。该试验项目就磨煤机组采用压力润滑系统而言。试验内容包括运行油泵跳闸、备用泵联动试验，油压低备用油泵自动投入、跳闸试验。

1）试验条件。

a. 当工作油泵跳闸时，备用油泵应自动启动投入。

b. 当磨煤机润滑油压低 I 值时，经过设定时间内不能恢复正常，发出低油压信号，同时备用油泵联动启动投入。

c. 当磨煤机润滑油压低Ⅱ值时，磨煤机、给煤机跳闸，跳闸转动机械开关应红灯灭，绿灯闪光，事故喇叭（或蜂鸣器）鸣响报警，对应的光字牌闪光提示，事故记录仪动作输出跳闸顺序，磨煤机入口冷风门自动开启。

2）试验操作。启动磨煤机润滑油系统油泵工作，备用油泵开关处于联动位置，调整润滑油系统油压至正常工作值，关闭磨煤机入口冷风门。人为停止（捅跳）工作油泵，备用油泵应联动启动投入运行。

调整磨煤机润滑油系统油压到低Ⅰ值，光字牌应发出"油压低Ⅰ值"信号，经设定时间内油压不能恢复，备用油泵应联动启动投入运行；调整磨煤机润滑油压到低Ⅱ值，磨煤机、给煤机跳闸，操作盘上磨煤机、给煤机开关应红灯灭，绿灯闪光，事故喇叭（或蜂鸣器）鸣响报警，对应的光字牌闪光提示，事故记录仪动作输出跳闸顺序，磨煤机入口冷风门自动开启。

确认磨煤机润滑油系统油压试验动作正确，声光信号均及时正确发出，事故记录仪正确输出联动信息后，将所有试验开关或阀门复位，声光信号应消失，磨煤机油压试验合格。

制粉系统的试验，是保证制粉系统、锅炉机组安全经济运行的重要措施，锅炉点火启动或制粉系统检修后、启动前应认真逐项做好试验，发现问题应及时和机械维修、电气、热工人员联系，查清原因，及时处理，直至试验合格，才能启动制粉系统、锅炉点火。

**4. 制粉系统的启动**

（1）手动启动（常规启动）。投入制粉系统各部联锁开关及保护装置，空气预热器出口风温达到200℃（锅炉启动时风温达到150℃）以上，合上润滑油泵电源开关，开启油泵出口门，启动一台润滑油泵，投入备用润滑油泵联锁开关、调整磨煤机组各部位轴承润滑油量，保持润滑油量适中并均匀，调整润滑油压在 0.02～0.05MPa，投入低油压联锁开关，投入各部位轴承冷却水。

1）热风送粉系统。开启三次风门保持其开度在 1/3 左右，开启排粉机出口门，关闭排粉机冷风门，合排粉机开关（或按排粉机启动按钮）启动排粉机。排粉机电流正常后，缓慢开启排粉机入口风门不小于 30%，以防止排粉机振动过大。开启磨煤机入口热风门，逐渐关闭入口冷风门，调整制粉系统负压符合运行规程要求，保持磨煤机入口负压在 200Pa，进行磨煤机暖机或制粉系统暖管，等待磨煤机出口气粉混合物温度达到运行规程规定值后，启动磨煤机、给煤机，调整制粉系统各部参数在规定值。磨煤机、给煤机启动正常后启动三次风机。

2）干燥剂送粉系统。先进行倒风操作。开启磨煤机入口热风手动门，开启磨煤机与制粉系统联络门，关闭排粉机入口冷风门、热风门，将热风从磨煤机倒入制粉系统。倒风操作时要保持一次风压稳定，尽量减轻对锅炉燃烧的影响。倒风操作完成后，开启磨煤机入口电动热风门 30%，进行磨煤机暖机，同时开启煤粉仓吸潮气管阀门，维持煤粉仓负压 30～50Pa。当磨煤机出口温度上升至 50～60℃时，合磨煤机开关（或按磨煤机启动按钮）启动磨煤机，当磨煤机出口温度上升到 60℃以上时，启动给煤机给煤制粉。给煤机启动后调整给煤机给煤量和磨煤机通风量，逐渐开启磨煤机入口热风门（高温风门及低温风门），关闭磨煤机入口冷风门，调整磨煤机入口负压、出口负压、进出口压差、出口温度、磨煤机入口风温，磨煤机电流、排粉机电流等参数在运行规程规定范围内，制粉系统启动工作完成。

制粉系统启动运转正常后，应对制粉系统进行一次全面检查，并符合下列要求：给煤机运转正常，煤种变化等情况应及时掌握；粗粉分离器回粉管上锁气器动作正常，磨煤机出口木材分离器投入，木材（块）分离器前后差压在正常范围波动；细粉分离器下粉管锁气器动作正常，下粉筛上无积粉、杂物，下粉管插板（挡板）位置正确，煤粉进入指定系统设备；各部防爆门无漏风粉现象，管道无异常发热及漏粉；磨煤机入口无积煤、积粉。

（2）顺序启动。

1）按流程图画面键调出流程图画面，再调出制粉系统拟要启动的甲（或乙、丙、丁、戊）制粉系统顺序控制画面。

2）将光标移至甲启动工号位处，按显示键，CRT 下侧显示开关图。

3）按开关图中对应软键盘，开关图上 ON 方块变为红色，并出现红色确认键，则甲制粉系统的辅机和阀门根据设定的条件，按顺序自动启动。

4）顺序启动后，运行人员可根据流程图画面上设备的颜色监视运行工况。红色为运行或阀门开启，绿色为停止或阀门关闭。

5）在人工干预点，即需要缓慢开启排粉机入口门和热风调整门时，操作指导画面调出键的 LED 发光二极管出现闪光，并且蜂鸣器停止发出声音，按操作指导信息画面调出键，CRT 上显示出操作指导画面，显示操作指导内容，A. 慢开甲排粉机入口门，B. 慢开甲热风调节门。返回甲制粉系统顺序控制画面，排粉机入口门工位标志颜色由绿变红，将光标调至该工位，按显示键，CRT 上显示排粉机入口门棒图，一手按设定值变更键，一手按棒图下对应软键（慢开的程度根据负压决定）；再将光标移至热风调节门编号按显示键，CRT 下侧显示热风调节门棒图，一手按设定值变更键，一手按棒图下对应软键（慢开的程度根据风温决定），当磨煤机入口负压和风温满足条件时，顺序控制系统继续自动执行。磨煤机运行后，又要人工干预时，操作方法与上述人工干预点方法相同。

6）当顺序控制故障时，某一设备的执行机构拒动，显示点的变化即停留在该处，此时 CRT 上面第一行显示出报警信息，报警摘要键 LED 二极管闪光，并发出声响，按消声键，将光标调至冲断开关处按显示键，调出冲断开关，按开关对应的软键，再按确认键，即可中断顺序控制操作，解除现场手动操作闭锁，返回第一步等待。

（3）启动操作的注意事项。锅炉启动后热风温度达到 120℃ 以上时，即可启动制粉系统制粉。锅炉正常运行中，煤粉仓粉位低于下限值，可启动制粉系统制粉（或从邻炉送粉）。制粉系统启动前应填写热机操作票，在司炉（监护人）监护下，副司炉（操作人）按操作票所列条款逐项进行操作。

磨煤机暖机或制粉系统暖管时，应缓慢加热使金属受热均匀，尽量避免因金属受热不均匀产生的应力，转动后损坏磨煤机部件。因金属受热不均匀产生应力最容易损坏的部位是磨煤机钢瓦螺栓，钢瓦螺栓断裂后脱离磨煤机筒体，煤粉从筒体螺栓孔内漏出，筒体下部逐渐积粉；多个螺栓断裂后还会造成钢瓦脱落，在磨煤机转动中，钢瓦与钢瓦、钢瓦与磨煤机筒壁之间相互撞击，并发出强烈的撞击声音，严重时还可能使磨煤机

简体变形。暖管时间一般为 10~20min。

**5. 制粉系统的停止**

制粉系统停止的条件。停炉 15 天以上或有其他要求时，磨煤机停止前应将原煤仓原煤磨空，停炉前将煤粉仓煤粉烧空；停炉或制粉系统停止运行 3 天以上、15 天以下时，停炉前将煤粉仓煤粉烧空，停止磨煤机前应将磨煤机及系统内积粉抽吸干净；正常运行中煤粉仓粉位升高到上限，邻炉又不需要输送煤粉时，可停止制粉系统。

锅炉需要停止时经检查确认煤粉仓已烧空，当排粉机出口温度低于 60℃时，关闭热风（或高、温、低）门后，方可停止排粉机运行。

（1）手动停止（常规停止）。

1）热风送粉系统的停止。逐渐减少给煤机的给煤量，停止给煤机运行；逐渐减少进入磨煤机的热风量、增大进入磨煤机的冷风量，保持磨煤机出口温度不超过运行控制规定，抽净磨煤机内煤粉后停止磨煤机；关小排粉机入口门，关闭排粉机入口高、低温风门，停止排粉机；采用集中压力润滑油系统时，最后停止的磨煤机出、入口大瓦温度降至运行规程规定值时，停止润滑油系统；解列制粉系统联动装置，开启相应的三风口冷风门；解列制粉系统转动机械的冷却水（冬季考虑防冻可关小冷却水）。

停止给煤机前由于进入磨煤机的原煤量逐渐减少，磨煤机出口温度逐渐升高，所以在减少给煤量的同时，根据磨煤机出口温度升高情况，逐渐关小磨煤机高、低温风阀门，磨煤机出口温度超过运行控制极限时，开启磨煤机冷风门调整温度，直至热风门全关、冷风门全开。

给煤机停止后，磨煤机运行 5~10min，以便将磨煤机内的原煤磨完、煤粉抽尽，这个过程称为抽粉。经过抽粉时间后，应继续通风一定时间，以降低系统温度，将系统内煤粉再抽吸，防止磨煤机内积粉自燃或爆炸。

达到下列条件时应停止磨煤机运行：磨煤机电动机电流接近空转电流；回粉管锁气器不动作或磨煤机出入口压差低于 1000Pa；磨煤机出口温度降至 60℃以下。磨煤机停止后，停止三次风机，开启三次风口冷风门，停止磨煤机润滑油系统。

2）干燥剂送粉系统的停止。减少给煤机的给煤量，停止给煤机运行；同时，减少进入磨煤机的热风量、增大进入磨煤机的冷风量，保持磨煤机出口温度不超过运行控制规定的条件下抽粉，当煤粉抽尽后即可停止磨煤机。停止磨煤机后应进行倒风操作，把通过磨煤机送粉的风倒至排粉机内。倒风操作完成后，磨煤机与制粉系统的联络门应留有 10%~20% 的开度，利用排粉机的抽吸作用达到降低磨煤机及制粉系统温度、防止积粉自燃或爆炸的目的。倒风操作时逐渐关闭磨煤机与制粉系统的联络门，并逐渐开启排粉机入口冷、热风门，直至联络门关小到一定开度（10%~20%左右）为止，利用排粉机入口冷风门调节一次风温在运行控制值，然后关闭磨煤机入口手动热风门。关闭排粉机入口高、低温风门，停止排粉机。采用集中压力润滑油系统时，最后停止的磨煤机出、入口大瓦温度降至运行规程规定值时，停止润滑油系统。解列制粉系统转动机械的冷却水（冬季考虑防冻可关小冷却水）。

停止排粉机运行的条件与热风送粉系统相同。

（2）顺序停止。

1）调出流程图画面。

2）将光标移至需要停止的制粉系统的启动工号下，按显示键调出停止开关图。

3）按开关图下对应软键□，开关图上 ON 方块变为红色 ON，并出现红色确认键，按确认键，制粉系统根据设定的条件按顺序自动停止。

4）在人工干预点的处理方法与启动操作相同。

5）每一步的动作无响应信号或执行机构拒动时，则出现该步骤的报警信息，此时按软键定义，启动或停止所对应的软键，调出事故分析指导画面，分析查找原因，画面上绿色框表示正常，红色框表示不正常。然后将光标调至中断工号位，按显示键调出中断开关，按软键◇，按确认键，中断顺序操作，解列现场手动操作闭锁，进行手动操作。

（3）停止操作的注意事项。对干燥剂送粉系统，无论磨煤机启动或停止，倒风操作时都应保持一次风压的稳定，操作要平稳、准确。

热风送粉系统停止三次风机操作完毕，干燥剂送粉系统倒风操作结束后，应封闭停运侧煤粉仓，关闭煤粉仓吸潮气管，细粉分离器下粉挡板倒向煤粉仓侧。

对润滑油系统，磨煤机停运后，等待各处轴承温度降低到运行规程规定值，才可以停止，对两台套或以上磨煤机组共用同一系统时，不能停止润滑油系统。磨煤机正常停运后，应关小各部轴承冷却水阀门。

**6. 制粉系统启动与停止中的防爆问题**

制粉系统在启动和停止过程中，给煤量、通风量较正常运行中变化较大，磨煤机出口温度不宜控制，很容易超温而引发制粉系统爆炸事故。此外，制粉系统停止时系统内的煤粉没有抽尽，积存煤粉氧化后温度不断升高，可能发生阴燃现象，当制粉系统启动后通风时，阴燃的煤粉疏松、飞扬，达到爆炸条件，引发制粉系统煤粉爆炸。

磨煤机正常运行时筒体内原煤装载量较多，原煤和空气的比值较大，不容易发生着火、爆炸事故。而当磨煤机组启动或停止时，磨煤机内原煤和空气的比值减小，有可能超过引发爆炸的比值范围，一旦存在火源，就不可避免地发生爆炸事故。美国底特律爱迪生公司的圣·克莱尔发电厂，1980～1982 年三年之间，发生过三次磨煤机爆炸事故，其中两次是在机组跳闸后磨煤机在停止过程中发生的。

发电厂磨煤机着火和爆炸是一种威胁人身和设备安全、经济损失较大的事故，应引起运行人员的注意，在制粉系统启动和停止时更要高度重视。为此在技术管理上，应根据各厂具体情况修订、完善运行规程，执行操作票（热机）制度，推广操作卡片制度，进行运行人员岗位练兵，熟练操作和事故处理。如缩短已碾磨的煤粉停留在爆炸范围内的时间；制粉系统运行中，防止磨煤机出口介质温度不超过规定，防止制粉系统内积粉、堵塞；启动时对系统进行全面、认真、细致的检查，系统无积粉或阴燃现象，启动中磨煤机出口温度超过 60℃时，应及时启动给煤机向磨煤机进煤；停止时因给煤量减少，应严格控制磨煤机出口温度，防止超温；制粉系统停止运行时，必须将系统内煤粉抽干净等。

对大型磨煤机组除注意上述问题外，还应采用先进的检测技术防止制粉系统爆炸，CO 监测器便是其中之一。试验研究表明，磨煤机内煤粉和空气混合物温度达到 250℃时，产生的烟气所含成分大部分为 $CO_2$ 和 CO。磨煤机正常运行中，气体中的 CO 浓度很低，监测器不容易测出，当出现着火预兆，甚至着火时，CO 浓度急剧升高，$CO_2$ 浓度则与正常运行时相同，监测器测出 CO 浓度值，送到制粉系统控制装置进行自动调整，并通过声、光信号报警，提醒运行人员采取措施。

### 7. 制粉系统启停对锅炉机组的影响

制粉系统启动、停止过程中影响锅炉的燃烧工况，造成炉膛燃烧较大幅度的波动，从而使主蒸汽压力、温度、流量、锅炉汽包水位等参数发生变化，甚至超过运行控制值。尤其是中间仓储式干燥剂送粉系统启动和停止的倒风操作，一次风压波动较大，一次风短时携带大量煤粉，造成主蒸汽压力、温度、流量、锅炉汽包水位瞬时剧增，控制不好容易超参数或造成燃烧、汽水系统事故；单元制机组锅炉汽包水位波动较大，母管制机组因母管对主蒸汽压力的缓冲，锅炉汽包水位较小；启动和停止操作过程中，一次风压过小会造成锅炉灭火、炉膛爆炸的燃烧事故。

## 二、直吹式制粉系统的启动与停止

直吹式制粉系统的启动和停止，主要操作步骤与中间仓储式制粉系统大致相同。启动前应进行设备和系统的检查（传动机械轴承温度、振动、噪声、磨煤机组振动最大允许值与仓储式制粉系统要求相同）、转动机械的试运转、制粉系统的机械、电气、热工部分试验和联动试验，以及磨煤机的空载试验；启动时同样要先启动一次风机（或排粉机），建立起制粉系统通风工况后，进行暖机或暖磨（磨煤机）、暖管，之后依次启动磨煤机、给煤机，与锅炉的燃烧工况配合、协调，调整风量、给煤量，建立制粉系统的正常运行工况，制粉系统停止的操作与启动过程相反。

直吹式制粉系统运行时，只有在点火装置点火、煤粉燃烧器在助燃油（气）或等离子拉弧等方式安全点燃后，才能启动直吹式制粉系统，煤粉才能输送到锅炉炉膛中燃烧。启动直吹式制粉系统和对应的煤粉燃烧器前，必须满足下列条件：

(1) 煤粉燃烧系统满足制粉系统的启动要求。

(2) 锅炉保护条件满足制粉系统的启动要求。

(3) 原煤仓煤位大于最小值。

(4) 空气预热器后的热风温度满足要求，并且风量充足。

(5) 磨煤机排石子煤工作结束。

(6) 排石子煤箱系统门关闭。

(7) 快速关断挡板门关闭。

### 1. 负压系统的启动

启动制粉系统润滑油站或单台磨润滑油站；启动排粉机，缓慢开启排粉机入口风门，注意控制和保持系统负压在规程规定范围。如采用回转式煤粉分离器时，启动回转式煤粉分离器；开启磨煤机入口热风门、温风门，关闭磨煤机入口冷封门，进行制粉系统暖磨、暖管；磨煤机组各部位油压建立且稳定、磨煤机出口温度升高至运行规程规定温度时，启动磨煤机，检查系统工作正常后，启动给煤机，调整给煤量；对制粉系统进行调整，并保持、控制系统各参数在运行规程规定值运行。

### 2. 正压系统的启动

启动制粉系统润滑油站或单台磨润滑油站；启动密封风机，保持密封风机风压在运行规程规定值；开启磨煤机入口轴封风门，保持风压在规定值；启动一次风机，开启一次风机入口热风门、磨煤机出口风门进行磨煤机及系统暖磨、暖管；检查制粉系统正常、磨煤机组各部位油压建立且稳定、磨煤机出口温度升高至运行规程规定温度时，启动磨煤机、给煤机；对制粉系统进行调整，并保持、控制系统各参数在规定值运行。

**3. 正压系统启动的示例**

以配置 HP 型磨煤机的直吹式正压制粉系统为例，说明制粉系统的启动操作。

（1）启动前的检查。

1）润滑液压油站检查：油箱油位在 2/3 以上、油质良好；冷却水系统投入，水量适中且流动畅通；油泵和电加热器电源送入，就地状态指示正确，油泵经试转启动、联动正常，电加热器具备投入条件；润滑液压油站热工、电气仪表完整，已经投入且指示正确；润滑液压油管道连接完整，无漏油、渗油现象；磨煤机磨辊加压用蓄能器已充氮到规定压力。润滑液压油站也可分别与一次风机、磨煤机同步检查。

2）一次风机的检查：一次风机及其电动机轴承油位在正常范围、油位计显示清晰、油质良好；一次风机轴承、电动机及其轴承温度测点、温度计完好，温度指示正确；一次风机经盘车（能手动盘车时）转子转动灵活，无卡涩、摩擦现象，点动启动观察风机转动方向正确；一次风机出口挡板、入口挡板、冷风挡板、密封风联络挡板的执行机构与连杆连接良好，刻度指示正确，动作灵活；所有热工仪表、保护投入；一次风机冷却水投入、水量适中；电动机加热器投入。

3）密封风机的检查：滤网及其排气良好；轴承箱油位正常、油质良好；转子无反转，手动盘车无卡涩、摩擦现象，点动启动观察风机转动方向正确；入口挡板执行机构与连杆连接良好，出口挡板动作灵活。

4）磨煤机的检查：各风门、挡板开关灵活，传动装置动作正常，温度指示正确；送入电源、消防汽源，润滑油系统经试验合格，且润滑油系统运行后无泄漏，油泵出口安全阀经过整定且无泄漏现象，各油位计刻度清楚、指示清晰，润滑油压力保持在规定范围，温度保持在 45～55℃，润滑油冷却水系统投入；减速机油位正常、油质良好；磨煤机人孔门、检查孔关闭严密，保温完整，四周无杂物，照明充足；石子煤斗出口插板关闭，密封风手动门开启，消防蒸汽供汽正常，手动门开启、电动门关闭；各压力表、差压表、温度表、风量表及自动装置投入。

5）给煤机的检查：给煤机密封风门开启，皮带电机、刮板电机、各仪表、操作器投入；减速器油位适中、油质良好；清扫电机置联动位置，电子计量称校验块在工作位置；给煤机出入口电动插板开关动作灵活，位置反馈正确，原煤仓煤位在一半以上。

（2）制粉系统的启动。

1）一次风机的启动。

a. 首台启动：关闭所要启动的一次风机入口挡板，合一次风机电机开关，启动电流正常后，调整并保持一次风压在规定值。

b. 并联启动：当一台一次风机运行正常后，启动另一台一次风机并联供气称为并联启动。合上待启动的一次风机开关，自动或手动开启风机出口挡板、出口冷风挡板、出口密封风联络挡板，当一次风压力变化时，及时进行调整，注意调整与保持锅炉炉膛负压；关小已运行的一次风机入口调节挡板，逐渐开启所启动的一次风机入口调节挡板，调整两台一次风机出力平衡。

2）密封风机的启动。关闭密封风机入口挡板，合上密封风机电机开关，缓慢开启密封风机入口挡板，使风机逐渐带负荷，调整风管压力在正常范围；开启入口挡板后出口折向挡板自动换向，检查密封风机运行情况，发现异常及时处理。当密封风管压力低于规定值或运行中的密封风机跳闸时，备用密封风机应联动启动，否则应立即启动备用密封风机。

当二次风温超过160℃时，方可启动一次风机，调整并保持一次风管压力在规定范围；当一次风温在160℃以上时，可启动密封风机，调整并保持密封风压与一次风压压差在规定范围。开启磨煤机入口总风门。

3）制粉系统启动的条件。煤层投运条件、磨煤机点火能量条件、磨煤机允许启动条件全部满足时，程序控制启动磨煤机条件满足，允许启动制粉系统。

a. 煤层投运条件。MFT没有动作、任一台一次风机运行、一次风管压力在规定范围、一次风温在160℃以上、任一台空气预热器运行、任一台密封风机运行、密封风压在规定范围、火焰检测冷却风压正常时，"允许投煤"条件满足。

b. 磨煤机点火能量条件。

——磨煤机点火能量足够条件：允许投煤条件满足，AB层油枪投入或锅炉机组负荷在30%以上。

——磨煤机点火能量足够条件：允许投煤条件满足，AB层油枪运行或锅炉机组负荷在30%以上，或者BC层油枪投入或A磨煤机运行。

——磨煤机点火能量足够条件：允许投煤条件满足，BC层油枪运行或锅炉机组负荷在30%以上，或者B磨煤机运行。

——磨煤机点火能量足够条件：允许投煤条件满足，DE层油枪运行或锅炉机组负荷在30%以上，或者C磨煤机运行。

——磨煤机点火能量足够条件：允许投煤条件满足，DE层油枪运行或锅炉机组负荷在30%以上，或者D磨煤机运行。

以上条件满足，投入该磨煤机点火能量充足条件满足。

c. 磨煤机允许启动条件。磨煤机点火能量足够、给煤机远方控制及磨煤机控制电源没有消失、磨煤机保护没有动作、磨煤机润滑油泵远方控制。以上条件全部满足，允许启动磨煤机。

d. 磨煤机顺序启动。从FSSS系统调出制粉系统画面及信息画面，选择"程控"投入，按"启动"键，程序自动执行启动操作。

——开启磨煤机出口速断挡板、磨煤机筒体密封挡板，关闭磨煤机入口冷、热风速断挡板，关闭磨煤机入口冷风、热风调节门，启动磨煤机润滑油泵。

——磨煤机密封风压与一次风压差在规定值以上时，开磨煤机消防蒸汽门。

——磨煤机消防蒸汽门开启吹扫5min后关闭，关闭磨煤机消防蒸汽门，并开启磨煤机入口冷、热风速断挡板。

——磨煤机入口冷、热风调节门投入自动，一次风量投入自动，进行磨煤机暖管（暖磨），开启磨煤机石子煤斗入口气动插板、磨煤机出口速断挡板的密封风挡板。

——磨煤机暖管15min以上，磨煤机通风量大于额定通风量的75%、出口温度达到60℃，同时，润滑油系统满足后（磨煤机润滑油箱油温不小于30℃，润滑油压满足规定值并经过规定时间，磨煤机润滑油泵运行规定时间后，润滑油量、滤油器差压达到设定值），发出指令，磨煤机二次风挡板置点火位置，给煤机置最低转速位置，同时开启给煤机出、入口电动插板门。

——磨煤机启动 1min 后启动给煤机。

——给煤机运行后发出指令，磨煤机二次风挡板投入自动，经延时后发出磨煤机程控启动结束信息。此时磨煤机启动成功，磨煤机出口电动插板开启，磨煤机从启动转入正常运行阶段。

（3）制粉系统启动操作的注意事项。锅炉启动过程中制粉系统应以磨煤机所配供的燃烧器，从下层至上层的原则逐步投入；锅炉正常运行过程中，根据锅炉控制参数择优制粉系统的运行方式，认真执行制粉系统的定期切换制度。制粉系统启动过程中，应注意调整一次风压、磨煤机通风量、给煤机的给煤量，吸风机风量、送风机风量与锅炉的负荷、主蒸汽温度、压力及炉膛负压相适应，并认真的监视和调整汽包水位。

磨煤机启动前应检查制粉系统的停运方式及备用期间的情况。磨煤机启动过程中的调整主要是控制磨煤机的通风量，防止通风量过小造成磨煤机满煤和一次风管堵塞，防止通风量过大造成锅炉灭火或灭火后"打炮"。磨煤机启动中应注意监视，并调整以下参数正常：一次风机、密封风机、磨煤机电流，磨煤机减速器润滑油油压、油温，磨煤机振动，电动机振动及轴承温度，磨煤机出口温度，磨碗压差、磨煤机通风量及一次风压。

（4）制粉系统辅助设备系统的启动。以配置 MPS 型磨煤机直吹式正压制粉系统为例，说明制粉系统辅助设备系统的启动操作。

在磨煤机启动前，磨煤机的润滑油站系统要启动正常，在磨煤机停止后制粉系统的辅助设备系统根据现场情况逐步停止。润滑油站系统、液压系统及密封风机启动前的检查项目和内容与 HP 型磨煤机基本相同。

1）润滑油站系统。润滑系统启动停止逻辑，如图 6-1 所示。

当减速机油池油温低于 25℃时，电加热器开始工作；当减速机油池油温高于 30℃时，切断电加热器。当供油压力大于 0.12MPa，减速机油温达到 25℃时，说明润滑系统程序已完成启动条件，制粉系统润滑条件已具备。制粉系统停止 12h 内，磨煤机减速机和润滑油温度由一个子系统控制和检测。当减速机内油温低于 38℃时，润滑油泵自动启动，电加热器启动加热润滑油；当减速机内油温高于 42℃时，电加热器停止加热润滑油；润滑油泵停止。

该系统中，只有润滑油泵运行时，电加热器才能启动。如果润滑油泵故障，电加热器应通过保护系统关闭。

2）液压系统。液压系统的启动、停止如图 6-2 和图 6-3 所示。磨煤机启动和停止时根据该逻辑图启动或停止液压系统。磨辊提升逻辑、磨辊下降逻辑，磨辊加载投入逻辑、磨辊卸载投入逻辑及磨煤机自清扫逻辑如图 6-2 和图 6-3 所示。

a. 磨辊的提升。在下列情形下磨辊提升：

——磨煤机启动指令发出，主电动机启动前。

——磨煤机自动停机。

——给煤机停机 30s 后，紧急停止磨煤机。

——当磨煤机 2min 内没有原煤进入（给煤机没有启动或故障等）时。

——磨煤机排渣（石子煤）子系统启动。

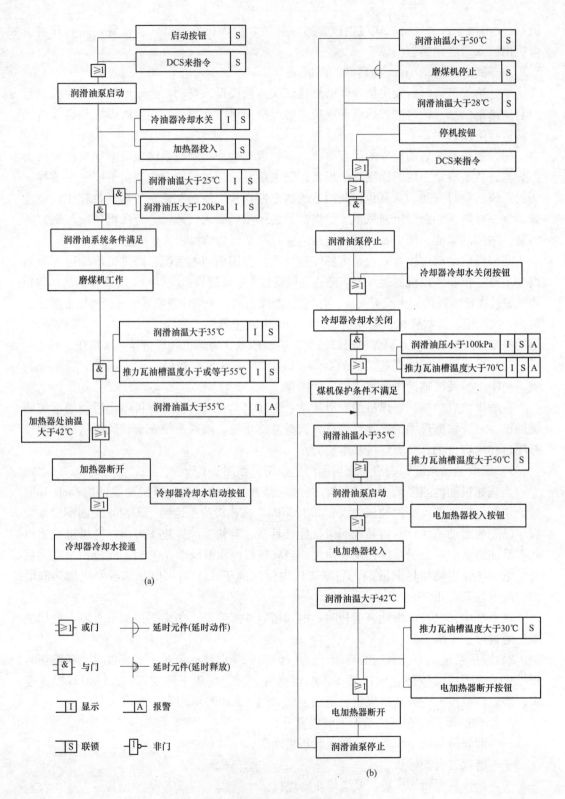

图 6-1  润滑系统启动停止逻辑

（a）润滑油系统投入；（b）润滑油系统停止

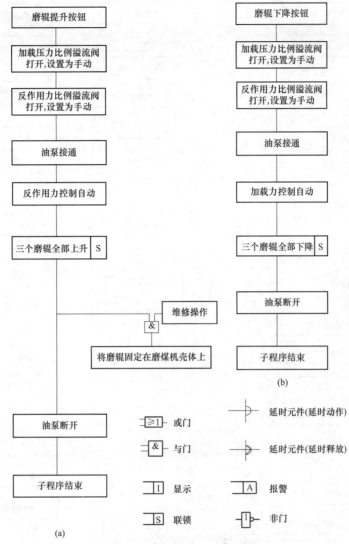

图 6-2 磨辊提升、下降逻辑

(a) 磨辊提升逻辑；(b) 磨辊下降逻辑

一旦磨辊位置检测开关显示磨辊没有下降，则磨辊即被提升（在磨煤机内部检修前，必须将已提升的加压架和磨辊支撑，防止坠落伤及人员或工具）。

b. 磨辊的下降。在下列情形下磨辊下降：

——磨煤机电机启动 15s 后，且磨煤机已经进入原煤。

——磨煤机自动停机超过 30min，磨煤机蒸汽吹扫（惰化）后。

——磨煤机排石子煤（渣）控制系统启动排石子煤（渣）程序。

一旦磨辊位置检测开关显示磨辊下降，则磨辊在下降。

3）密封风机。密封风与一次风的压差必须大于 2kPa；磨煤机运行中，在下列情况下，备用密封风机启动，主密封风机停运。

a. 密封风与一次风的压差小于 1.2kPa。

b. 密封风轴承温度大于 85℃。

c. 密封风电机绕组温度大于 120℃。

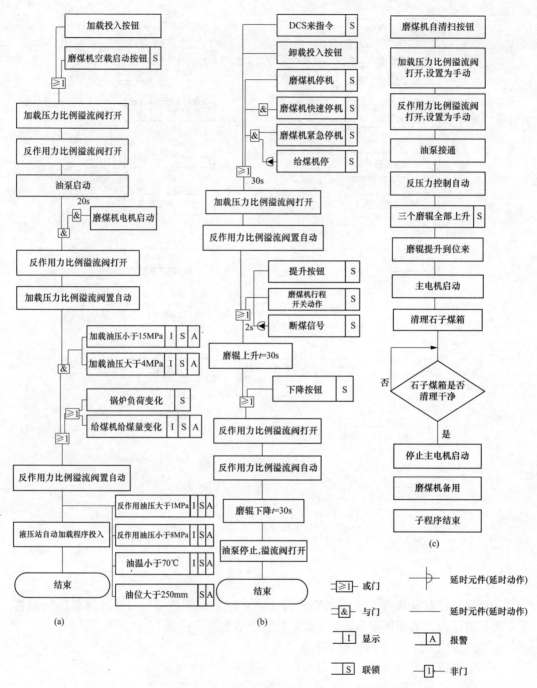

图 6-3  磨辊加载、卸载投入及自清扫逻辑

(a) 磨煤机加载投入逻辑；(b) 磨煤机卸载投入逻辑；(c) 磨煤机自清扫逻辑

4）磨煤机排石子煤系统。磨煤机排石子煤系统工艺流程如图 4-49 所示。

每台磨煤机均有一套排石子煤管道、阀门、密封仓、活动石子煤斗及称重、报警系统，锅炉另有一台活动石子煤斗作为公共备用。制粉系统启动前磨煤机排石子煤系统检查，磨煤机排石子煤斗喷雾水一次阀门开启，排汽过滤器、密封舱完好，活动石子煤斗一次关断门、二次关断门均关闭。系统正常运行后，开启一次关断门，在二次关断门不严密时使用。系统正常运行中排石子煤时，打开石子煤排放二次关断门；磨煤机排石子煤系统报警，关闭石子煤排放二次关断门，石子煤斗泄压后，由叉车运出至堆放场地，堆放场地石子煤堆积至一定数量，经车辆送至场外除（排）石子煤系统集中处理或作为循环流化床锅炉燃料等形式进行综合利用。

**4. 配风扇磨煤机直吹式制粉系统的启动**

启动前应进行制粉系统和磨煤机、给煤机、润滑油泵等设备的检查，转动机械的试运转，制粉系统的机械、电气、热工部分试验及联动试验。

（1）启动前的检查。原煤炉前处理的碎煤机、磁铁分离器等设备能正常投入，原煤颗粒不应超过 30mm，原煤中不允许有铁件、木质等杂物；原煤仓内有足够的原煤，原煤仓挡板提起。

给煤机完整，给煤机后隔离挡板好用，断煤信号经试验能正确发出。

磨煤机磨室内无积粉、杂物，铁件收集箱完好，机壳与主轴结合处密封装置完好，转速调节装置完好；磨煤机各检查孔应关闭严密，磨煤机检修后启动时，各一次风管的隔离挡板与磨煤机入口的隔离挡板处于开启位置。锅炉大修后，磨煤机经验收、试运转合格，制粉系统应做事故按钮、联动等有关试验，且试验合格方可投入备用。

磨煤机冷却水系统投入，冷却水量适中、冷却水畅通；磨煤机润滑油箱油位达到规定要求、油质良好；油泵和电加热器电源送入，就地状态指示正确，热工、电气仪表完整，已经投入且指示正确；油泵经试运转启动、联动正常，电加热器具备投入条件；启动油泵，保持油压达到规定值；油管道连接完整，无漏油、渗油现象。

系统各风门挡板、传动装置，开关灵活，指示方向正确，开度指示与实际相符合，除冷风门开启外其他风门挡板均应关闭。

固定式分离器调节挡板开关灵活并处于调好位置，回转式分离器传动、转动部位完好，回粉管畅通、锁气器动作灵活无卡涩现象；防爆门完整无缺陷；磨煤机采用热风炉烟干燥系统时应开启相应的抽炉烟闸板。

（2）制粉系统的启动。开启原煤斗落煤闸板、给煤机后隔离挡板，启动润滑油泵；风扇磨煤机入口冷风门关闭、热风门开启，用热风、温风混合热风进行磨煤机及系统暖管；磨煤机出口温度达到 80℃时，关闭入口热风门，启动磨煤机。对热风炉烟干燥系统（风扇磨煤机直吹式三介质干燥系统）开启冷烟气、热烟气调节挡板，磨煤机出口温度达到 120℃时，启动磨煤机。磨煤机电机电流正常后，适当开启热风门，保持磨煤机出口温度不低于 80℃，启动给煤机，调整给煤量、系统通风量，投入磨煤机出口温度自动控制，投入二次风总调节挡板。图 6-4 为配风扇磨煤机直吹式制粉系统流程，图 6-5 为配风扇磨煤机直吹式制粉系统的顺序启动、停止过程框图。

（3）风扇磨煤机启动后的注意事项。风扇磨煤机启动后，应检查磨煤机机壳内有无异常声音和振动等情况，发现异常情况应及时处理。

定期检查煤粉分离器回粉管锁气器的动作是否灵活，有无卡涩，回粉管有无堵塞现象。如有铁丝等杂卡住锁气器、造成回粉管堵塞，应及时处理。回粉管堵塞处理中应使锁气器逐渐回粉，防止分离器中积粉过多，热风带出的煤粉突然增加，造成锅炉的主蒸汽压力、流量、汽包水位不正常升高。

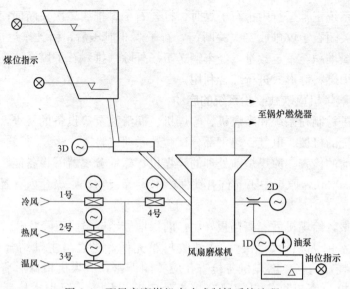

图 6-4 配风扇磨煤机直吹式制粉系统流程

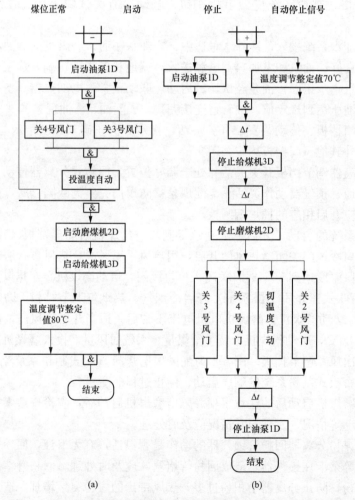

(a) (b)

图 6-5 配风扇磨煤机直吹式制粉系统的顺序启动、停止过程框图
(a) 启动过程框图；(b) 停止过程框图

运行中应经常监视，并检查磨煤机电流的变化，特别是给煤量和通风量有较大变化时，更应防止磨煤机电流超过额定值，损坏电机、酿成事故。

保持给煤机连续、均匀给煤，不发生卡涩、堵塞现象，落煤管内黏积湿煤或堵塞应及时处理。原煤中不应有铁件、过大的煤块，防止使风扇磨煤机叶轮损坏或造成煤粉过粗等现象。

根据锅炉负荷和燃烧工况，增加给煤量、系统通风量，并保持磨煤机规定的出口温度，同时开启二次风门，保持锅炉燃烧的稳定。制粉系统启动正常后，根据锅炉负荷调整制粉系统的运行。

**5. 直吹式制粉系统的停止**

除锅炉保护、联锁动作或制粉系统故障原因跳闸外，一般直吹式制粉系统的停止，以是否具备吹扫条件分为紧急停止和正常停止两种方式。紧急停止只适用于磨煤机入口一次风量过小，或者密封风压与磨煤机入口一次风压过低的情况，紧急停止时禁止对制粉系统进行降温和通风吹扫。除此之外，制粉系统均应进行降温、通风吹扫后的正常停止方式。也有的磨煤机制造厂家和火力燃煤发电厂在正常停止方式下，以给煤机立即停止又分出快速停机方式。

（1）正常停止方式。

1）直吹式负压系统。转移拟停运制粉系统负荷到其他运行中的制粉系统，减少给煤量、停止给煤机，磨煤机内煤粉抽空后停止运行，关闭磨煤机入口热风门，开启冷风门对磨煤机和一次风管道进行吹扫，停止回转式煤粉分离器和排粉机。

2）直吹式正压系统。

a. 磨煤机停止前的准备：逐渐将要停运制粉系统负荷转移到其他运行中的制粉系统，给煤机给煤量调整到最小；分离器温度控制置于停机位置，操作过程中尽可能用最大的一次风流量对磨煤机及一次风管道进行吹扫；液压站固定加载力运行，磨辊加载力控制到最小值。

b. 磨煤机停止的操作：要停运制粉系统的负荷全部转移到其他运行中的制粉系统，关闭给煤机入口闸板、给煤机内煤走空，吹扫磨煤机和一次风管道内余粉，规定时间（如 0～15s）后给煤机、刮板停止，关闭给煤机出口闸板；磨煤机进口热一次风调节挡板及关断门关闭；液压站卸载，提升磨辊［如图 6-3（b）所示］；磨煤机排石子煤；磨煤机停机；磨煤机吹扫［如图 6-3（c）所示］。此时，密封风机将一直运行，并在一次风机停机后停止。

c. 磨煤机停止后的其他操作：磨煤机停止后停止回转式煤粉分离器，关闭磨煤机密封风门，对石子煤箱进行彻底清理；磨煤机停止后需要检修或计划较长时间的备用时，磨煤机内煤粉吹空后，经冷却后停止磨煤机及润滑、液压油站，停止磨煤机冷却水（冬季考虑防冻可关小），停止回转式煤粉分离器，关闭磨煤机一次风门或停止一次风机，关闭磨煤机、给煤机密封风门或停止密封风机。

3）配 MPS 型磨煤机直吹式正压系统的手动停止。

a. 将需要停运的制粉系统负荷逐渐转移到其他运行中的制粉系统，给煤机的给煤量调整到最小值，并注意自动投入制粉系统的磨煤机煤量增加情况；根据锅炉燃烧情况投入等离子点火器助燃。

b. 关小需要停运的制粉系统的通风量，并与给煤量相适应，注意并调整磨煤机电动煤粉分离器出口温度在正常范围。关闭给煤机入口煤闸板，给煤机内原煤走空，停止给煤机并关闭出口门。

c. 关闭磨煤机热风调节门、热风关断门，提升磨煤机磨辊，停止磨煤机，停止等离子点火器。

d. 保持磨煤机总通风量的 30% 以上吹扫 3min，关闭磨煤机入口冷风调节门、冷风关断门，降低磨辊。

e. 停止电动煤粉分离器，关闭磨煤机密封风门，清理磨煤机石子煤斗，停止磨煤机润滑、液压油站，将磨煤机冷却水关小。

4）配 HP 型磨煤机直吹式正压系统的程序停止。调出制粉系统画面和信息画面，选择"程控"投入，按"停止键"再按确认键，程序自动执行。

a. 发出指令置磨煤机二次风挡板于冷风位置，给煤机转速切换为手动，并置于最低转速。

b. 停止给煤机，关闭给煤机入口电动插板；给煤机停止 15s 后停止磨煤机，同时关闭磨煤机出口电动插板，联动关闭磨煤机入口热风调节门。

c. 磨煤机停止 15s 后，同时满足磨煤机出口温度低于 60℃ 延时 5s 后，发出指令，关闭磨煤机入口冷、热风速断挡板，联动关闭磨煤机入口冷风调节门。

d. 开启磨煤机消防蒸汽门，5min 后关闭磨煤机消防蒸汽门，同时关闭磨煤机出口速断挡板及其密封风挡板。

e. 磨煤机停止 2min 后，停止磨煤机润滑油泵，同时关闭磨煤机筒体密封挡板，关闭磨煤机出口速断挡板的密封挡板，经过延时，发出"磨煤机程控停止结束"。

5）配风扇磨煤机直吹式正压制粉系统的停止。

a. 手动停止。停止制粉系统会对锅炉的燃烧工况和负荷产生影响，因此在操作时应保持一次风压的稳定，控制其变化幅度在最小范围内，减少对锅炉燃烧的影响；检查煤粉分离器的回粉情况，锁气器动作灵活无卡涩，回粉管无堵塞；清除落煤管中积煤；调整吸、送风机风量，保持锅炉燃烧的稳定，做好制粉系统停止的准备工作。

逐渐减少给煤量（根据锅炉负荷情况，逐渐增大运行中其他制粉系统的出力），关闭给煤挡板，停止给煤机运行；给煤机停止后，进行磨煤机和一次风管的吹扫不少于 5min；煤粉分离器回粉管无回粉时，逐渐关闭风扇磨煤机入口热风门，直至全关，开启磨煤机入口冷风门，停止磨煤机的运行。磨煤机停止后，用冷风门开度控制并降低磨煤机内温度，热风门应严密关闭，同时应适当关小该制粉系统所供给燃烧器的二次风。

制粉系统的停止操作完毕，应对制粉系统进行全面的检查，停止磨煤机润滑油站，将磨煤机冷却水关小。

b. 顺序停止。调出系统操作画面、开关图或信息画面，按停止按钮和确认键，制粉系统根据相应的条件按顺序自动停止。图 6-5（b）为配风扇磨煤机直吹式制粉系统的顺序停止过程框图。

（2）快速停止方式。一套或几套制粉系统（磨煤机）在最小稳燃率或点火器或助燃系统工作的情况下，因控制、电气系统等原因，可快速停止制粉系统（磨煤机）。快速停止过程中必须保证进入锅炉炉膛的残余煤粉能够可靠地燃烧。运行中的几套制粉系统（磨煤机）因故同时快速停止，依照锅炉运行规程事故处理部分的相关条款执行，并应进行炉膛吹扫，必须保证进入炉膛未燃烧、燃尽的残余煤粉能吹扫或抽吸干净，防止发生灭火打炮事故。

1）快速停止的条件。①煤粉分离器温度大于保护值；②一次风流量低于最小值；③给煤量小于最小给煤量；④磨煤机主电机等保护动作；⑤给煤机保护动作。

2）快速停止的操作。快速停止条件的任何一种条件出现时，立即执行快速停止制粉系统（磨煤机）的操作程序：①给煤机停止给煤，0～15s后停止给煤机刮板，关闭给煤机出口阀门；②磨煤机进口快速关断挡板门关闭；③液压站卸载子程序投入，提升磨辊或磨环；④磨煤机停机。

快速停止操作过程中，应尽可能用最大的一次风量对磨煤机和一次风管道进行吹扫，用冷一次风冷却磨煤机和煤粉管道。与正常停止比较，快速停止方式速度较快，省去了许多等待时间。

（3）紧急停止方式。

1）紧急停止的条件。下列情况出现时，一套或几套制粉系统（磨煤机）紧急停止：①安全装置控制电源断电；②锅炉燃烧系统出现故障，即燃烧风量小于最小值；③点火系统或助燃系统没有工作时，稳燃率小于允许的最小稳燃率；④磨煤机出口隔绝门没有完全打开或隔绝门没有开启；⑤锅炉安全保护条件动作，如一次风机故障或燃烧风量不足；⑥火焰检测系统故障，除非确保进入锅炉炉膛的残余煤粉能够安全燃烧；⑦一次风量不足，即一次风量小于最小值；⑧煤粉分离器温度高Ⅱ值；⑨紧急停止制粉系统按钮动作；⑩辅助设备断电。

2）紧急停止的操作。紧急停止条件的任何一种条件出现，必须执行制粉系统（磨煤机）紧急停止操作程序：①磨煤机进口快速关断挡板门关闭；②给煤机停止；③一次风挡板关闭；④给煤机刮板停止；⑤一次风断开后磨煤机消防门打开；⑥启动排石子煤程序清理磨煤机；⑦磨煤机持续消防门打开至过程结束。

3）紧急停止的注意事项。

a. 检查磨煤机煤量、风量、出口温度，均应处于退出自动状态，关闭燃烧器该层制粉系统的一次风门（燃料风门），关闭跳闸磨煤机的出、入口门及热风调节门、热风隔绝门。开启磨煤机的消防门（利用蒸汽等介质，防止磨煤机内积粉自燃或爆炸等现象发生），消防门开启10min后如磨煤机出口温度无异常变化，应关闭磨煤机的消防门。

b. 快速停止制粉系统（磨煤机）与紧急停止制粉系统（磨煤机）的主要区别是快速停止时磨煤机已部分冷却，磨煤机内的煤粉被部分送入炉膛内燃烧；而紧急停止制粉系统（磨煤机）除快速停止给煤机等操作外，并立即关闭磨煤机进口一次风快速关断挡板，磨煤机内温度较高、大部分煤粒煤粉仍在磨煤机内。考虑安全的原因，紧急停止制粉系统（磨煤机）后，应将磨煤机内的煤粒、煤粉排入石子煤箱，或在30min后手动启动磨煤机排石子煤程序，将磨煤机内的煤粒、煤粉排入石子煤箱。

**6. 直吹式制粉系统启停中的注意事项**

（1）一般注意事项。正常运行时，应选择停止对锅炉燃烧影响较小的制粉系统。给煤机如投入自动应切换为手动位置，转速逐渐减到最低，同时调高其他制粉系统给煤机转速，保证总煤量满足锅炉负荷要求；停止磨煤机前，必须抽、吹空磨煤机内残存煤粉，降低磨煤机出口温度低于60℃后停止，磨煤机停止后关闭其入口总风门；备用磨煤机的润滑油泵应维持运行。磨煤机启动前应检查磨煤机的点火能量足够。

（2）磨煤机的暖管与吹扫（抽粉）。磨煤机在启动前应进行充分的暖管，其目的是防止气粉混合物中的水分因温度较低或设备管道保温不良、气候较冷等原因，在设备、管道内壁结露，造成煤粉沾积，增加气粉混合物的流动阻力或造成煤粉分离器的堵塞。直吹式制粉系统的暖管时间一般为 10～15min。

磨煤机在停止前应将磨煤机内的残存余粉抽吸（直吹式负压制粉系统）、吹扫（直吹式正压制粉系统）干净，目的是防止磨煤机内积粉缓慢氧化而自燃，磨煤机再启动时，自燃的煤粉悬浮起来，氧量条件具备而发生爆炸；其次是减小对燃烧工况的影响，保持锅炉燃烧的稳定。

（3）磨煤机出口温度控制与加载装置调整。磨煤机在启动和停止过程中，应严格控制并及时调整磨煤机出口温度在规定值，出口温度超出规定或超过极限将造成磨煤机及制粉系统内煤粉的自燃或爆炸。磨煤机停止时随给煤量的减少要及时地减少热风，控制磨煤机出口温度不超过规定值，磨煤机停止前要将残留的煤粉抽吸、吹扫干净；磨煤机启动中出口温度达到规定值时，要及时启动给煤机向磨煤机内供煤。风扇磨煤机的惯性大，惰走时间长，抽吸炉烟或热风使磨煤机温度不断升高，启动、停止中对磨煤机出口温度的控制与调整要特别注意。

中速磨煤机加载装置的工况对磨煤机及制粉系统的出力有直接的影响，启动过程中要对加载装置进行检查，发现加载或预紧力不足要查明原因，及时消除，保持磨煤机及制粉系统的最大出力；停止中加载装置应及时卸载，防止磨辊、钢球与磨盘、磨碗直接研磨，加速设备磨损和损坏研磨设备。

# 第三节　仓储式制粉系统的运行与调整

## 一、筒式磨煤机扰动对制粉系统自动调节的影响

仓储式制粉系统自动调节的任务是保证合格的煤粉细度、防止制粉系统着火和爆炸，保证磨煤机出口气粉混合物温度在规定范围，同时应提高制粉系统的出力，降低磨煤、制粉电耗。

磨煤机的扰动对制粉系统自动调节的影响有以下几点。

### 1. 给煤量与磨煤机内存煤量的扰动

原煤的粒度、水分，给煤机的运行工况、给煤量、输粉管道的布置等都可能影响到磨煤机及制粉系统的出力，降低其经济性。同时这些因素又影响磨煤机的通风阻力，引起磨煤机通风量和煤粉细度的变化；而给煤量的变化又影响到整个制粉系统。减少给煤量与磨煤机存煤量的扰动，就必须保证原煤炉前处理达到预期效果、给煤机的正常运行，以及制粉系统管道布置要有足够的倾斜度（尤其是制粉系统大修后）。

给煤量影响磨煤机的存煤量（装煤量），在一定条件下，装煤量过多或过少都会使煤粉细度发生变化，同时影响着磨煤机的出力，如图 6-6 所示。在保证煤粉细度一定的情况下，为保持磨煤机的最佳装煤量和磨煤机的最大出力，制粉系统运行中应保证磨煤机一定的装煤量，也即保持磨煤机进、出口压差在规定的范围内。

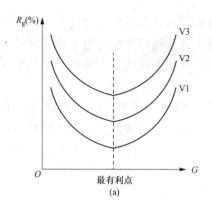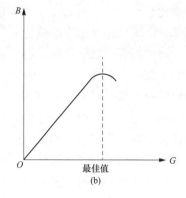

图 6-6  磨煤机装煤量与煤粉细度、磨煤机出力的关系

(a) 与煤粉细度的关系；(b) 与磨煤机出力的关系

$R_g$—煤粉细度；$B$—磨煤机出力；$G$—装球量；V1、V2、V3—三种不同的通风工况

### 2. 通风量的扰动

通风量的变化（热风送粉系统三次风与再循环风比例一定时，干燥剂送粉系统中再循环风与排粉机热风比例一定时），主要是由于锅炉负荷的变化，引起空气预热器出口风压、风温的变化，对制粉系统产生的扰动。通风量的扰动，既影响到磨煤机出力，又影响到煤粉细度，如图 6-7 所示。

在其他参数不变时，通风量的多少控制着磨煤机出口的负压，控制着煤粉细度和磨煤出力。通风量增加虽然提高了磨煤出力，同时使煤粉细度变粗。相反，保持较小的煤粉细度时磨煤电耗增大，因此应保证在煤粉细度合格的前提下提高磨煤出力。此外，煤种、原煤水分变化也会对磨煤机产生干扰。

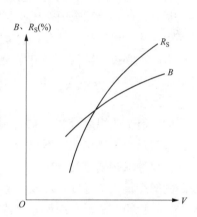

图 6-7  通风量变化时对磨煤机
出力和煤粉细度的影响

$B$—磨煤机出力；$V$—磨煤机通风量；
$R_S$—煤粉细度

### 3. 原煤水分的干扰

原煤水分的变化直接影响着磨煤出力和煤粉水分，运行中保持原煤水分在一定范围，既能保证磨煤机出力和煤粉水分，又利于煤粉的输送和储存。根据原煤水分的变化，通过调节热风量的变化来调节干燥出力，即控制磨煤机出口气粉混合物温度在规定范围，从而保持煤粉水分。

为使制粉系统在最佳工况下运行，必须使给煤量均匀、连续，磨煤机保持在最佳装煤量，根据原煤水分调节磨煤机出口温度，同时根据上述各种扰动特性及时调整磨煤机入口负压，以保证磨煤机的通风量。为此，制粉系统的自动调节系统应对磨煤机入口负压、磨煤机出口温度、磨煤机装煤量进行调节。

## 二、仓储式制粉系统的运行与调整

### 1. 制粉系统的监控与维护

根据对制粉系统运行的基本要求，运行人员必须经常注意以下项目的监视。

(1) 给煤机是否正常的工作，原煤是否连续均匀的进入磨煤机，以及煤种、原煤水分等因素的变化。由于给煤机故障或落煤管堵塞，以及原煤水分过高造成磨煤机入口椭圆管黏煤堵塞，磨煤机存煤量不断减少，磨煤机及制粉系统出力大幅度降低，磨煤机金属磨损加剧，同时使磨煤机因断煤而造成出口气粉混合物温度升高，引发原煤、煤粉着火（热风吹刷黏煤）或爆炸。

（2）经常监视磨煤机进、出口压差，监听筒体内声音，保证磨煤机内一定的存煤量。在一定的通风量下，磨煤机进、出口压差减少或筒体内有较大的铁质杂声，说明磨煤机内装煤量减少，反之装煤量增多；如果压差增大、筒体内声音不正常减小、磨煤机电流较正常值减小，则说明磨煤机满煤，要及时调整和处理，恢复磨煤机的正常运行工况。否则，磨煤机严重满煤时，必须停止制粉系统的运行来处理磨煤机满煤故障。

正常运行状态下，磨煤机入口负压和压差之和应等于磨煤机出口负压。当原煤水分增大造成椭圆管黏煤堵塞，有可能堵塞磨煤机入口负压测点，磨煤机压差则不正常的降低，运行中表现出磨煤机通风量减少、热风门开不大、出口温度高、磨煤出力很低，处理不及时，堵塞的积煤因热风吹刷而自燃；同时由于筒体中存煤量很少，钢球可能砸坏磨煤机钢瓦，出现此种情况，应立即停止磨煤机清掏椭圆管黏煤、清理堵煤。

为防止磨煤机轴颈处喷出煤粉，应保持磨煤机入口以不冒粉为原则，通常磨煤机入口负压保持在 $0\sim150\text{Pa}$。负压过大，磨煤机入口及制粉系统的漏风随之增大，制粉电耗也随之增加。

（3）经常监视磨煤机出口气粉混合物温度。磨煤机出口温度过低，会对原煤的磨制、输粉及锅炉燃烧造成不利的影响；磨煤机出口温度又受到防爆条件的限制，应根据不同的煤种保持规定的出口温度。在保证所磨制煤种不发生自燃或爆炸的条件下，保持较高的磨煤机出口温度，可以干燥原煤、改善磨煤条件，降低制粉单位电耗。

（4）粗粉分离器、细粉分离器出口负压，在一定程度上反映出两者的工作状况。当发生粗粉分离器回粉管堵塞、锁气器倒锥脱落、煤粉分离挡板堵塞等现象时，粗粉分离器出口负压增大、磨煤机出口温度升高、出入口压差减小，煤粉不正常的变粗；粗粉分离器壳体磨损漏风、内锥磨穿、气粉混合物气流通过捷径、防爆门破损等原因，都会造成粗粉分离器出口负压减小。运行中粗粉分离器出口负压偏离正常值时，应及时查明原因并处理。

细粉分离器下粉筛子因杂物堵塞、煤粉水分过高堵塞下粉筛眼时，细粉分离器后（或出口）负压增大，并使粗粉分离器、磨煤机入口负压减小，排粉机（或三次风机）电流增大且不稳定的晃动，造成一次风携带煤粉量增加，锅炉主蒸汽温度、压力升高，严重时烟囱冒黑烟。粗、细粉分离器发生严重故障时，使制粉系统被迫停止运行，影响到锅炉的安全经济运行。

（5）磨煤机、排粉机电流的监视。制粉系统正常运行时，磨煤机、排粉机电流在正常范围内波动，变化较小，电流变化较大时往往伴随异常情况的出现。磨煤机筒体满煤初期，磨煤机电流增大，满煤后电流反而减小；磨煤机电动机与减速机联轴器、减速机与磨煤机筒体联轴器脱落或失去联结功能，电机空载，电流不正常的降低；排粉机（及三次风机）电流变化较磨煤机灵敏，粗粉分离器回粉管堵塞等情况，排粉机电流偏小，细粉分离器堵塞时，排粉机电流增大并晃动。

（6）磨煤机出入口大瓦温度的监视。磨煤机出入口大瓦温度是磨煤机的工作状态、润滑油温度与油量、冷却水温度和水量等因素的综合反映，与季节也有着一定的关系。制粉系统正常运行中，应保持磨煤机出入口大瓦温度在规定值，当发现温度升高时，应减少磨煤机的给煤量并相应调整，立即检查磨煤机的工作状况、润滑油温度和供油情况，以及大瓦冷却轴套冷却水情况，查明原因及时消除。制粉系统正常中，特别要注意磨煤机出入口大瓦润滑油供油阀门因振动自动关小或关闭。

（7）定时测量、监督煤粉仓粉位的变化。制粉系统运行中应测量、监督本炉煤粉仓粉位，本炉向邻炉送粉或邻炉向本炉输粉时，更应对双炉两侧粉位加强监视，正常运行中煤粉仓粉位应不低于煤粉仓几何高度的 1/3（最低应保持煤粉仓粉位高度在 1m 以上）。粉位过低，当一次风压力波动较大时，倒窜进入给粉机，直接影响给粉机给粉及一次风的均匀性，从而造成锅炉燃烧的波动，甚至引起锅炉灭火、炉膛爆炸事故；制粉系统运行操作中应准确无误，阀门、挡板关闭严密，防止煤粉仓、输粉绞龙冒粉、跑粉，保持锅炉煤粉仓粉位在规定范围。

制粉系统的转动机械、管道、检查孔、取样孔、防爆门、锁气器等设备、孔洞应严密无泄漏，如有冒粉、漏风，应及时处理；制粉系统各部位不应有煤粉积存或煤粉阴燃等现象，应定时进行制粉系统的巡回检查，发现后及时清扫处理；监视制粉系统各部位转机轴承温度和冷却水，保持轴承温度在允许范围内，保持转机冷却水清洁、水量适中。

**2. 制粉系统的运行与调整**

（1）出力的调整。磨煤机及制粉系统的出力主要取决于磨煤机的磨碎能力、干燥能力和输粉能力。磨碎能力影响到磨煤机的经济性，它与装球量、钢球的尺寸和配比，以及磨煤机筒体内的装煤量有关。磨煤机的输粉能力取决于磨煤机的通风量即通风的速度，风速增大，输粉能力提高（煤粉细度可由粗粉分离器调节挡板在一定范围内的调小保证合格），磨煤出力增加，磨煤单位电耗下降，同时通风电耗却随之上升；风速过小，磨制的煤粉不能及时送出，相应给煤量也因此减小，磨煤出力降低，磨煤单位电耗增加，同时通风电耗减小幅度不大，由此可见磨煤机的磨碎能力和输粉能力决定了磨煤机的磨煤能力。磨煤机同时又是原煤的干燥设备，原煤进入磨煤机内在热风干燥的同时被破碎研磨，原煤干燥程度越高，原煤的脆性增大而越易磨碎，磨煤出力也越大，磨煤单位电耗越低，但煤粉水分过低（干燥过度），容易发生煤粉的自燃或爆炸。干燥介质的温度、风量影响到磨煤机的干燥出力。干燥出力是指单位时间内，热风在磨煤机筒体内把煤粉干燥到规定煤粉水分时的煤粉产量。

制粉系统运行中，为了能在制粉电耗最小条件下保持最大出力，应保持磨煤出力等于干燥出力，但在实际运行条件下，干燥出力和磨煤出力会发生偏差，调整的任务就是要消除或尽量减小该偏差，调整干燥出力即调整磨煤机出口温度，调整磨煤出力即调整并保持磨煤机最大的装煤量。由于制粉系统的通风量影响着磨煤机的干燥出力、磨煤出力，又影响着锅炉的燃烧，对磨煤机出力的调整主要是进行制粉系统的风量调整。

1）干燥出力大于磨煤出力的调整。当干燥出力大于磨煤出力时，磨煤机出口温度升高，如果磨制的原煤挥发分较高，为控制出口温度而又必须保持一定的通风量和给煤量，就应开大制粉系统的再循环风门，增大再循环风量、给煤量，以使磨煤出力和干燥出力相平衡；当原煤挥发分较高时，增加再循环风量来提高磨煤机出力将使煤粉变粗

（通过粗粉分离器调整煤粉细度有一定的范围限制），煤粉在炉膛中不能完全燃烧而以飞灰或炉渣的形式排出，锅炉机械不完全燃烧热损失增大，此时在增加再循环风量的同时，应减少进入磨煤机的热风量，降低干燥出力，使干燥出力和磨煤出力相平衡。

2）干燥出力小于磨煤出力的调整。干燥出力小于磨煤出力时，磨煤机出口温度降低，此时应增大干燥出力使之与磨煤出力相适应。增大干燥出力应根据锅炉燃烧工况，提高空气预热器出口热风温度，当热风温度一定时，应关小再循环风门、减少风量，开大磨煤机入口热风门、增加风量，保持磨煤机通风量不改变来实现。对于挥发分较高的原煤，在提高磨煤机入口热风温度的同时，增大磨煤机的通风量，使磨煤机内通风速度增加，磨煤出力提高，此时煤粉会变粗（可通过粗粉分离器调整煤粉细度）。由于挥发分较高的煤容易着火和燃烧，在一定的煤粉粒度范围内是允许的。

（2）煤粉细度的调整。根据煤种、锅炉的燃烧工况等因素调整煤粉的粗细程度，调整的方法。一是从设备方面采取措施，如在一定范围内调整粗粉分离器的挡板开度或出口套筒高度，保持磨煤机内钢球尺寸的合理配比等；二是制粉系统运行中的控制和调整，如调整通过磨煤机筒体的通风量等方法。挥发分较低的煤种燃烧困难，煤粉应磨得细一些，反之煤粉可磨得相对粗一些；锅炉启动初期、低负荷运行、炉膛温度较低、燃烧不稳定时，煤粉应磨得细一些。需要说明的是，锅炉启动初期，一般情况下制粉系统也刚刚启动，系统不稳定的因素较多，煤粉磨制得往往较粗，应该加强调整，最低保证合格的煤粉细度。

对于燃用相对固定煤种的锅炉机组，有一个最佳煤粉细度使机组的运行最为经济。运行实践中，煤种和制粉系统的运行工况是经常变化的，这就需要经常控制与调整煤粉细度，利用改变磨煤机的通风量、变化粗粉分离器的调整装置（调节挡板、出口套筒）等方法调节煤粉细度。通常在一个检修间隔内，粗粉分离器的调整装置（挡板）相对固定，调节煤粉细度的方法就相对单一，只能通过运行中的控制和调整。

增大磨煤机的通风量，输粉介质的携带能力增强，煤粉变粗，反之煤粉则细。磨煤机通风量的大小直接影响磨煤机的出力，在不影响原煤干燥和锅炉燃烧稳定的情况下，制粉系统运行中总是采用开大再循环风门（增大风量）及三次风挡板等方法，增加磨煤机的通风量，以保持磨煤机出力最大而降低磨煤单位电耗。一般不宜采用通过减少磨煤机通风量使煤粉变细的措施，而是在增加磨煤机通风量的同时，利用关小粗粉分离器调整挡板、降低出口套筒（活动环）位置的方法调节煤粉细度。

对粗粉分离器，增大调整挡板开度、提高套筒位置可使煤粉变粗，反之煤粉变细；固定离心式粗粉分离器可保证煤粉细度 $R_{90}$ 在 $10\%\sim20\%$。磨煤机内钢球量不足时，补充钢球可使煤粉变细；定期添加大直径的钢球，保持磨煤机内钢球尺寸的合理配比，可使煤粉较细且均匀。

煤粉细度的调节应在锅炉设计选定的范围内进行，综合考虑煤质、锅炉负荷等因素，并考虑煤粉细度的调节对磨煤出力、磨煤机出口温度、制粉系统风压等方面的影响，煤粉细度的调节应使制粉系统及锅炉机组保持安全经济稳定地运行。

（3）煤粉水分的调整。煤粉水分的高低在制粉系统运行中以磨煤机出口温度作为参照，在煤粉着火和爆炸危险程度较小的条件下，允许保持较高的磨煤机出口温度，即可使煤粉保持较低的水分；磨煤机出口温度控制在正常的范围，保持入炉煤较低的原煤水分（这就要求在燃煤的采购、运输、储存等环节的控制），也可使煤粉水分较低。正常运行中，磨煤机的装煤量、通风量变化较小，磨煤机出口温度的调整主要通过磨煤机入口介质温度来实现。为降低磨煤机入口介质温度，应首先开大再循环风门调节，其次是开大温风门，最后才考虑开启冷风门的调节方法。采用温风、冷风调节时都会减少流经空气预热器的空气量，使锅炉的排烟温度升高，降低锅炉机组的热效率，所以，制粉系统运行中应尽量不用或少用温风、冷风调整入口介质温度以调节煤粉温度。

（4）制粉系统的漏风。制粉系统漏风对锅炉机组的正常运行有较大的影响，其影响程度随漏风点的不同和漏风量的大小而异。制粉系统的漏风点有磨煤机入口、磨煤机出口、粗粉分离器入口、细粉（旋风）分离器出口、排粉机入口、给煤机等处。

1）磨煤机入口漏风使通过磨煤机的干燥介质温度降低，干燥出力降低，磨煤机出力随之降低。当漏风系数从 0.25 增大到 1.0 时，制粉系统的出力将减少 35％～40％，并且煤粉水分明显增加。为保持一定的磨煤机出口温度，就必须增加通风量，煤粉就会变粗，通风（排粉机）电耗增加；如果排粉机的出力受到限制，由于冷风的漏入使热风量减少，煤的干燥更为恶化，磨煤机出力降低，制粉单位电耗增大。

2）磨煤机出口漏风，使输粉介质量增加，如果排粉机的出力受到限制，则磨煤机的通风量因此下降，磨煤出力降低。由于冷风漏入制粉系统，使设备、管道壁温下降，煤粉仓温度有所降低，输粉管道壁面、粉仓内煤粉可能发生结露、黏积或吸潮结块现象，从而使煤粉流动不畅，影响给粉的均匀性和连续性，造成一次风及锅炉燃烧的不稳定。对于干燥燃煤及输粉系统还破坏最佳的一、二次风比例，影响锅炉燃烧。

3）粗粉分离器入口及回粉管漏风，使磨煤机的通风量减少、干燥过程恶化、出力减少，制粉电耗增大，同时粗粉分离器的分离效果变差，煤粉变粗，对锅炉燃烧不利。

4）细粉（旋风）分离器前各点漏风，流经分离器的风量增加，并影响主流风向、风速，使分离器的分离效率降低，乏气中煤粉浓度升高，增加排粉机或三次风机的电耗及磨损，影响制粉系统及锅炉燃烧的经济性。细粉分离器下部锁气器漏风，在煤粉仓吸潮气管工作不良时，漏风上行，使分离器效率降低，并会造成分离器堵塞。

冷风漏入制粉系统，在通风量不变的情况下降低了流经空气预热器的空气量，使锅炉排烟温度升高，排烟热损失上升 1.0％～1.5％，锅炉效率降低。

制粉系统运行中应加强监视、参数调整和设备的检查与维护，发现漏风及时消除。除上述漏风点外，制粉系统的漏风点还有磨煤机入口轴颈、锁气器、防爆门、法兰接合面、检查孔、煤粉管道容易磨损的部位（煤粉管道转弯处、煤粉分离器出入口）等处。给煤机漏风应加装锁气器或采用新型给煤机，保持磨煤机轴颈处密封填料严密、完整，发现漏风及时处理。锁气器、防爆门检修完毕应进行严密性试验等防止漏风措施，运行中应控制制粉系统漏风不超过表 6-5 的要求。

表 6-5　　　　　　　　　制粉系统允许最大漏风系数 Δα

| 制粉系统漏风系数 Δα（以理论空气量 $V_0$ 百分数表示） | | | 筒式钢球磨煤机 | | | |
|---|---|---|---|---|---|---|
| | | | 220/220 | 220/230 | 250/360 250/390 | 287/410 287/470 |
| 中间仓储式 | 带下降干燥管 | 烟气预热干燥 | 0.12 | 0.11 | 0.10 | 0.09 |
| | | 空气预热干燥 | 0.10 | 0.09 | 0.08 | 0.07 |

续表

| 制粉系统漏风系数 $\Delta\alpha$<br>（以理论空气量 $V_0$ 百分数表示） | | 筒式钢球磨煤机 | | | |
|---|---|---|---|---|---|
| | | 220/220 | 220/230 | 250/360<br>250/390 | 287/410<br>287/470 |
| 直吹式 | 筒式钢球磨煤机（负压） | 0.07 | 0.06 | 0.055 | 0.05 |
| | 中速磨煤机（负压） | 0.03 | | | |
| | 风扇磨煤机（负压） | 0.05 | | | |

## 三、制粉系统的经济运行

磨制煤粉的过程是原煤破碎、表面积不断增加的过程，原煤产生新的表面积，必须克服其固体分子间的结合力，因而需要消耗能量。表征磨制煤粉能量消耗多少的指标为磨煤电耗，也称为磨煤单位电耗，即每磨制 1t 合格煤粉消耗的电量。筒式钢球磨煤机的单位电耗为

$$E_N = N_M/(\eta_d B_M) \tag{6-1}$$

式中　$E_N$——筒式钢球磨煤机的单位电耗，$kW \cdot h/t$；

　　　$N_M$——磨煤机消耗的电网功率，$kW \cdot h$；

　　　$\eta_d$——磨煤机电动机的效率，%；

　　　$B_M$——制粉系统的制粉量，$h/t$。

制粉系统单位电耗为

$$E_z = N_z/(\eta_d \eta_p B_M) \tag{6-2}$$

式中　$E_z$——制粉系统单位电耗，$kW \cdot h/t$；

　　　$N_z$——给煤机、磨煤机、排粉机、三次风机、润滑油泵消耗的电网功率之和，$kW \cdot h$；

　　　$\eta_p$——排粉机、三次风机电动机的综合效率，%。

$E_N$、$E_z$ 与原煤性质、磨煤机形式等因素有关。当计量手段欠缺时，现场确定 $B_M$ 比较复杂、误差较大。进行小指标竞赛计算时，制粉量根据当班已发电量，用当班运行的锅炉效率确定已烧煤粉量，交班时的煤粉仓存粉量应折算后计入，还应把送入邻炉的煤粉计入。确定 $E_N$ 时，查取电动机消耗电功率基数折算成电量，以及确定电动机实际的效率。对目前自动化程度较高的制粉系统，这些数据一般都能直接查取使用。

火力发电厂中，一般制粉系统的耗电量约占整个厂用电量的 15%～30%，可见提高制粉系统的经济性，对于降低厂用电有着积极、重要的意义。

### 1. 钢球装球量与单位电耗的关系

磨煤机的钢球装载量增加，磨煤机所需功率相应增加，磨煤单位电耗增大，但此时磨煤机出力增加较多，因此磨煤单位电耗增加不明显；由于一定的风量能输送更多的煤粉，通风单位电耗有所下降，所以，总的制粉单位电耗有所降低。单位电耗与充球系数的关系如图 6-8 所示，单位电耗与磨煤机通风量的关系如图 6-9 所示。

装球量增加到一定程度时，钢球充满系数过大，使钢球下落的有效高度降低、撞击作用减弱，磨煤出力增加的速度减慢或停滞，磨煤机所需功率随装球量的增加而增加，

所以磨煤单位电耗显著增大，总的制粉单位电耗增大。对于某一型号的磨煤机及所磨的原煤，有一个最佳的钢球充满系数 $\Psi$，使制粉单位电耗为最小，设备检修后和制粉系统运行中定期补加钢球时，不能超过最佳的钢球充满系数。

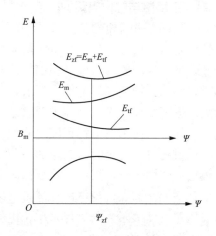

图 6-8　单位电耗 $E$ 与充球系数 $\Psi$ 的关系
（通风量不变，煤粉细度不变）

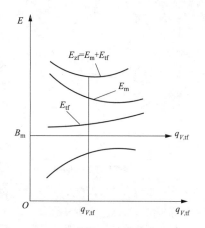

图 6-9　单位电耗 $E$ 与磨煤机通风量
$q_{V,tf}$ 的关系（钢球装载量不变）

### 2. 通风速度和单位电耗与磨煤机出力的关系

通风速度（即通风量）过小，只能携带出一部分细粉，部分合格的煤粉仍在磨煤机内被反复磨制得很细，磨煤机出力降低，制粉系统的单位电耗增大；通风速度过大，大量不合格的煤粉被携带出磨煤机，不合格的煤粉经过粗粉分离器分离后，又返回到磨煤机内重新磨制，造成粗煤粉在系统中的无益循环，同时由于通风量大、制粉系统阻力也相应增加，这两者都使通风单位电耗增加，制粉系统的单位电耗增大。提高通风速度时，利用调节粗粉分离器调节挡板或出口套筒（活动环）保持煤粉细度在规定范围，可使磨煤出力增大，磨煤单位电耗降低，而通风单位电耗显著增大，制粉系统单位电耗先降低后升高，如图 6-10 所示。

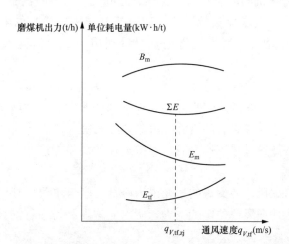

图 6-10　通风速度与单位电耗及磨煤机出力之间的关系

$B_m$—磨煤机出力；$E_m$—磨煤单位电耗；$E_{tf}$—通风单位电耗；$\sum E$—制粉电耗；$q_{V,tf,zj}$—最佳通风速度这样就引出一个最佳通风速度的问题，最佳通风速度主要从原煤的种类来考虑。一般建议，对于无烟煤要求煤粉较细，最佳通风速度取 1.2～1.7m/s，对于烟煤为 1.5～2.0m/s，对于褐煤为 2～3.5m/s。在保持最佳通风速度时，应注意保证煤粉细度合格。

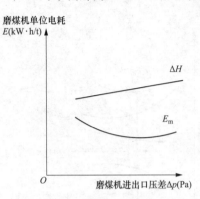

图 6-11　磨煤机筒体内存煤量
（以磨煤机出入口压差 $\Delta H$ 表示）
与磨煤机单位电耗的关系曲线
$E_m$—磨煤机单位电耗；$\Delta H$—磨煤机出入口压差

### 3. 最佳装煤量与单位电耗的关系

当磨煤机内装煤量很少时，磨煤出力也小，磨煤机功率受筒体重量、钢球装载量限制，主要决定于装球量，故制粉单位电耗很高，同时，钢球与钢球、钢球与钢瓦相互撞击、研磨，金属的磨损量大。逐渐增加磨煤机筒体内存煤量，煤粉产量随之增加，制粉单位电耗也随之降低。当磨煤机内存煤量超过一定量时，钢球的一部分能量消耗于煤层的塑性变形，煤粉产量反而降低，制粉单位电耗增大。磨煤机筒体内存煤量（以磨煤机出入口压差 $\Delta H$ 表示）与磨煤机单位电耗的关系曲线，如图 6-11 所示。

运行中磨煤机的装煤量除根据控制盘（画面的参数控制和判断外，还可通过磨煤机筒体的声音判断，也可用磨煤机通风阻力作为判断的标准。通过试验确定的制粉电耗最低时的磨煤机最佳装煤量及对应的磨煤机出入口压差，制粉系统运行中应经常保持在最佳装煤量时的磨煤机出入口压差。

### 4. 做好制粉系统的经济运行，降低制粉系统电耗应注意的问题

（1）保持适当的钢球装球量和钢球尺寸配比。磨煤机筒体内装球量低，磨煤出力小，制粉系统运行很不经济，装球量过多磨煤效果差，磨煤单位电耗增大，对于磨煤机的充球系数 $\Psi$，一般取 $\Psi=0.15～0.3$。钢球尺寸过小，如直径小于 15mm 的钢球，起不到磨煤作用且消耗功率，所以在运行中应定期补加钢球，保持合适的钢球尺寸配比，利用大小修等时间筛选钢球，除去直径过小的钢球。

（2）保持进入磨煤机的原煤粒度不大于 300mm。进入磨煤机的原煤粒度越小，磨煤机的耗电量也越小。要求原煤粒度小，碎煤机（或破碎机）的电耗则增大，但试验和运行实践都证明碎煤机比磨煤机省电，尽量利用碎煤机破碎大块煤，以降低制粉电耗。

（3）加强煤场管理。原煤水分使磨煤机出力大为降低（原因前面已述），磨煤电耗明显增加，所以要限制入炉的原煤水分；原煤中的"四大块"对给煤机、磨煤机出力和设备安全影响很大，应采取必要的措施，清除"四大块"，减少耗电量。

（4）在最佳的磨煤通风量下运行时，保持最佳的煤粉细度，使制粉电耗、金属磨损和燃烧损失之和最小。

（5）磨煤机入口漏风，使磨煤的干燥出力降低，磨煤单位电耗增大，为保持磨煤出力，又增大通风量，使通风单位电耗增大，所以应减少制粉系统漏风，以减少磨煤机入口漏风为重点。

（6）磨煤机空转、装煤量少，电耗损失很大，制粉系统运行中保持最大出力，是降低制粉单位电耗的主要措施。

（7）减少钢球磨损。钢球直径越小，筒体内钢球所占比例越大，金属磨损也越严重，筒体内混有大、中、小直径的钢球，钢球的磨损量是全部更换为新钢球的 1.5 倍，因此，磨煤机在运行一定时间后必须进行钢球筛选；磨煤机内保持一定的装煤量，可减轻钢球的磨损。

经常维护制粉系统设备的完好，可提高制粉系统的出力，降低制粉系统的电耗。

## 四、制粉系统运行中的几个问题

### 1. 制粉系统的定期工作

制粉系统的定期工作因具体的设备配置、系统方式、运行工况的不同而有所差别，操作方法各异，但原则一致，工作时间一般为每月、每个运行轮值或每班次执行一次。制粉系统的定期工作主要有：

（1）定期降低煤粉仓粉位，每次降粉应降至煤粉仓几何高度的 1/3 及以下。

（2）油压继电器试验，包括低油压、油泵联动等项目。

（3）油位、油质的普查和加油。加油包括给煤机、磨煤机、减速机、转动轴承、给粉机、输送煤粉机械、润滑油箱等，添加不同规格的润滑油、润滑脂至规定油位和要求。润滑油箱的润滑油应定期或根据运行情况滤油，以除去油中杂质和水分。

（4）清掏磨煤机出口木材分离器、细粉分离器下粉小筛、给粉机内杂物。

（5）吹扫再循环管、三次风管。

（6）磨煤机补加钢球，最好每天补加一定数量。

（7）活动粗粉分离器调整挡板，以及活动套筒。

（8）校验制粉系统的温度、风压、差压、电流、原煤计量、煤粉计量等表计，调整自动控制装置等项目。

（9）检查、调整或修理管道的支吊架、伸缩节及补偿装置、挡板及其传动机构，设备的磨损、漏风、漏粉等。

（10）试转较长时间备用的给粉机、输送煤粉机械等设备。

执行定期工作前，应进行人员分工，做好事故预想，落实安全防范措施。例如，清掏给粉机时，应在锅炉燃烧稳定时进行，保证助燃油压稳定、油枪好用并能及时投入，或者提前投入等离子点火系统；安排司炉助手工作时，停止给粉机运行，并挂有"禁止合闸"标志牌。降低煤粉仓粉位时，提前联系邻炉保持较高的煤粉仓粉位，输送煤粉机械经检查试转确认完好，做好受粉准备工作，随时准备送粉受粉，保证助燃油压稳定、油枪好用，并能及时投入或等离子点火系统处备用状态，防止因此发生锅炉燃烧恶化或燃烧事故。

### 2. 制粉系统的切换（倒换）运行

仓储式制粉系统应进行切换（倒换）运行的几种情况：①当两套制粉系统正常的相互切换，一套停止运行而另一套需要消除设备缺陷，排粉机单独运行，采用低温风或热风供一次风时；②用低温风或热风作一次风，需要启动排粉机或磨煤机时；③运行与备用的排粉机互换时停止磨煤机，停磨煤机和排粉机用低温风或热风供一次风时。

制粉系统切换运行时，应做好事故预想，落实安全防范措施，保证一次风压稳定、锅炉运行参数稳定，制粉系统各项参数不超过规定值。制粉系统切换运行前，应停止锅炉吹灰、除灰、打焦等工作，严密关闭锅炉本体的人孔门、检查孔、灰渣斗等闸门。

### 3. 转动机械的检查规定

制粉系统转动机械的检查项目包括轴承温度、振动、窜轴、噪声及冷却等，其规定如下。

（1）电动机及机械部分有关温度规定：电动机线圈温度不得超过 100℃，温升不得超过 65℃；电动机轴承、转动机械轴承的最高允许温度应遵守设备制造厂家的规定，无设备制造厂家的规定时，电动机滑动轴承不超过 80℃、滚动轴承不超过 100℃；转动机械轴承的最高允许温度列于表 6-6 中，磨煤机空心轴承温度不超过 60℃。

**表 6-6**             **转动机械轴承的最高允许温度**

| 轴承及润滑类别 | 轴承温度（℃） | | 入口油温（℃） | 出口油温（℃） |
|---|---|---|---|---|
| | 正常 | 允许 | | |
| 滑动轴承压力供油润滑 | ≤60 | ≤70 | 35～45 | 55～65 |
| 滚动轴承油脂润滑 | ≤70 | ≤80 | — | — |

（2）电动机及转动机械轴承的振动值不应超过表 6-7 和表 6-2 的规定，磨煤机振动不超过 0.1mm，窜轴值不超过 2～4mm。

**表 6-7**             **电 动 机 转 速 与 振 动**

| 额定转速（r/min） | 3000 | 1500 | 1000 | 750 及以下 |
|---|---|---|---|---|
| 振动的振幅（mm） | 0.05 | 0.085 | 0.10 | 0.12 |

（3）设备噪声的测定结果修正，见表 6-3。

（4）转动机械的冷却介质包括润滑冷却油、冷却水。油位应在视窗刻度中间稍上部位，油位偏低应及时添加，油质洁净无杂物、油质发黑应及时更换；冷却水质良好、无杂物，水量适中，无溢流或泄漏现象。

# 第四节　直吹式制粉系统的运行与调整

## 一、直吹式制粉系统的运行特点

相对于仓储式制粉系统而言，直吹式制粉系统的出力决定着锅炉机组的负荷，制粉系统的调整是锅炉燃烧、负荷调整的一部分，因而直吹式制粉系统往往不能全部在最经济的工况下运行，锅炉最经济的运行工况必须保证全部运行中的制粉系统在最经济的工况下运行，这是直吹式制粉系统区别于仓储式制粉系统的运行特点。

直吹式制粉系统运行中对燃煤量、通风量，以及一、二次风的配比等运行参数的调整，直接影响到锅炉燃烧的稳定。根据制粉系统燃煤量、通风量随着锅炉负荷变化而变化的特点，制粉系统运行时除监视磨煤机出、入口风压，出口气粉混合物温度，还应监视因通风量及气粉混合物浓度变化所引起的排粉机电流的变化，以及因燃煤量变化而引起磨煤机电流的变化，并据此进行必要的调整和控制。

直吹式制粉系统大都配用中速或高速磨煤机。配中速磨煤机直吹式制粉系统正常运行中，制粉系统出力由改变给煤机的给煤量、改变干燥出力（磨煤机的通风量及一次风温）调节和控制。给煤量的调节由给煤机的转速、给煤挡板开度等调整。干燥出力可用磨煤机入口热风、温风、冷风门开度及热风、温风，以及冷风的配比调节。煤粉细度由煤粉分离器折向挡板开度保持，或者由改变回转式煤粉分离器的转速调节和控制。制粉系统的通风量根据锅炉燃烧需要，由进入燃烧器所要求的一次风量调节。

当一次风机、磨煤机电流增大时，说明制粉系统的出力增加；如果一次风机电流增大，磨煤机电流减少，表明磨煤机内存煤量少或给煤机断煤；如果磨煤机电流增大，一次风机电流减小，说明磨煤机内存煤过多或满煤；磨煤机、一次风机电流都减少时，表现出制粉系统出力降低。运行中运用以上基本规律，并且与磨煤机进、出口风压，出口气粉混合物温度的变化指示值相配合，综合进行监视、分析、判断，并进行相对应的调整和控制，就可使制粉系统的运行（出力）和锅炉机组负荷的变化相适应，保证制粉系统和锅炉燃烧的稳定运行。

正压直吹式带高温一次风机制粉系统中（一次风机或排粉机配置在空气预热器后），通过一次风机的是高温热风，一次风机的工作条件较差，轴瓦容易超温或烧坏；一次风机电流较大，一般通过一次风机的热风温度不得超过300℃，高水分、低挥发分的煤种磨制受到限制。正压直吹式带冷一次风机制粉系统中（一次风机配置在空气预热器前），空气预热器需要三分仓，其制造、安装、运行、维护难度较大，且一次风压受空气预热器受热面漏风、积灰、堵灰等因素影响，严重时使制粉系统及锅炉的出力受到限制。负压直吹式制粉系统中，通过排粉机的气粉混合物的温度较低，但磨损严重、系统漏风量大，系统的运行维护费用和经济性较差。

直吹式制粉系统一般无独立的自动调节装置，而与锅炉燃烧自动调节装置设计安装在一起，或者制粉系统自动调节就是锅炉燃烧自动调节的一部分或分支。大容量机组已普遍采用程序控制，简化了制粉系统的启动、停止及运行自动控制操作。

## 二、中速磨煤机直吹式制粉系统的运行与调整

### 1. 球环式磨煤机（E型磨煤机）直吹式制粉系统

中速磨煤机的磨煤出力与煤种、转速、通风量、弹簧压力、转盘上煤层厚度，以及原煤的颗粒度等因素有关。提高中速磨煤机的出力可使制粉单位电耗降低，图6-12是中速磨煤机的运行特性曲线。可看出，随着磨煤机出力$B_m$的增加，磨煤机功率$N_m$和通风电耗$N_{tf}$大致相同地上升，煤粉细度随之变粗，而制粉单位电耗$\sum E=E_m+E_{tf}$却随之下降。

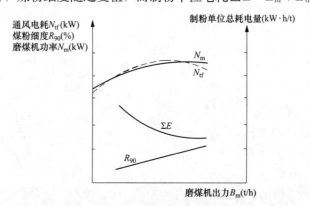

图6-12 中速磨煤机运行特性曲线

$B_m$—磨煤机出力；$N_{tf}$—通风电耗；$\sum E$—制粉单位电耗；$R_{90}$—煤粉细度

(1) 原煤粒度及煤层厚度。E 型磨煤机要求进入磨煤机的原煤粒度保持 15～30mm，原煤颗粒度过大，煤粒会被钢球推出，送不到钢球与磨盘之间而得不到碾压磨碎，煤粒经过一定时间的撞击、磨损变小后才能被磨制。

磨煤转盘上煤层过厚（部分原煤不能进入钢球与磨盘之间磨制或从磨盘上溢出）、过薄（进入钢球与磨盘的煤量少、钢球与磨盘磨损增大、磨煤机振动）都会使磨煤机出力降低，磨煤机工作不稳定、出粉不均匀，造成锅炉燃烧的波动。所以煤层厚度应保持在设备厂家或运行规程要求厚度，磨煤机稳定运行的工况下，适当降低煤层厚度，可降低制粉单位电耗。

煤质对中速磨煤机出力的影响主要表现为煤的可磨系数，同时原煤中灰分、煤矸石、黄铁矿石也影响磨煤机的运行工况，使单位制粉电耗增加，并且磨损或损坏设备。

(2) 通风量与煤粉细度。直吹式制粉系统煤粉细度的调节，一般采用回转式煤粉分离器，通过改变煤粉分离器内煤粉的离心力或制粉系统的通风量来实现。但对于配 E 型磨煤机的直吹式制粉系统，制粉系统通风量增加，中速磨煤机的出粉变粗，磨煤出力相应提高，煤粉细度 $R_{90}$ 成比例的增大，即使煤粉分离器调节煤粉细度也难以达到规定要求。通风量过低时粗粉不能被携带出磨煤机，而落入石子煤箱（杂物箱），还会使磨煤机堵塞，此时保持风环间隙一定的通风速度（量）就显得重要。运行实践表明，当通风量与给煤量的比例保持不变时，中速磨煤机的工况比较稳定，磨煤出力和干燥出力也能保持平衡。通常通风量以风煤比控制，适宜的风煤比为 1.5～2.0kg（风）/kg（煤），煤粉细度的调节应尽可能用煤粉分离器调节，而不采用通风量调整。

(3) 弹簧紧力。弹簧紧力过大，磨煤出力有所提高，但钢球和磨环的磨损量也增大，磨煤单位电耗升高；弹簧紧力过小，磨煤机出粉变粗，磨煤出力降低，同时钢球在磨环上滑动，会因发热酿成事故。E 型磨煤机的弹簧紧力及压紧装置的压紧力应保持在设备要求的范围内。

弹簧的压紧力应随原煤的硬度（煤种）即时调整，其大小应使作用在每个钢球上的压力 $p_m$ 满足

$$p_m = 9.81(600 - 150K_{km}) \tag{6-3}$$

式中　　$K_{km}$——煤的可磨系数。

随着运行时间的增加、钢球的磨损，弹簧的压力减弱，磨煤机出力降低，磨煤单位电耗增加，应及时调整弹簧紧力。一般钢球每磨损 4～6mm，应调整一次弹簧紧力，钢球磨损超过规定或变形时应及时更换钢球。

(4) 磨煤单位电耗。E 型磨煤机的磨煤单位电耗为

$$E_M = (0.075p + 0.06m)Zv/82.62B_M \tag{6-4}$$

$$p = 9.81(600 - 150K_{km} + 4m)$$

式中　　$p$——每个钢球上的压力，N；

　　　　$m$——每个钢球的质量，kg；

　　　　$Z$——磨煤机中钢球的个数，n；

　　　　$v$——磨盘的圆周速度，m/s；

　　　　$B_M$——E 型磨煤机的磨煤出力，t/h。

**2. 辊盘式（平盘）磨煤机直吹式制粉系统**

平盘磨煤机主要依靠碾压方式磨煤，原煤在磨煤机内的扰动不大，干燥不够强烈，

水分高的原煤会压成煤饼，不能很好地碾压磨碎，因此，平盘磨煤机对原煤水分有一定限制，硬质及灰分高的煤种都会使金属磨损严重，影响磨煤工况及制粉系统出力。

由于平盘磨煤机结构紧凑，对设备的制造、安装、检修等有较高的工艺要求；磨盘、磨辊容易磨损，检修维护工作量较大；运行中，原煤的粒度和煤中的杂质对磨煤机的正常运行很敏感，所以平盘磨煤机对原煤的炉前处理要求较高。

原煤中夹杂的石子煤进入磨煤机内不能全部碾压磨碎，有一部分进入石子煤箱，制粉系统运行中石子煤箱应定期清理，防止磨盘下积煤。运行中产生石子煤量的多少，与磨辊、磨套衬板的磨损程度和风环风速、弹簧压缩量等因素有关，与运行操作水平也有一定的关系。制粉系统运行中还应保持磨煤机稳定的压差、均匀地给煤量，及时调整磨煤机内的煤量，防止煤量大幅度的变化，根据易磨损部件的磨损程度调整磨辊压力，以间接调整制粉系统出力；磨盘、磨辊磨损较大时应及时检修，以保证制粉系统出力。

配平盘磨煤机的直吹式制粉系统运行中，煤粉细度应保持 $R_{90}=12\%\sim14\%$，如果煤粉细度 $R_{90}>16\%$，应增加旋转式煤粉分离器转速，或者增大弹簧紧力、降低磨煤机出力，煤粉细度过大时应停止制粉系统运行，进行设备的检修。

平盘磨煤机的磨煤单位电耗为

$$E_M = N_d/B_M = 10.45d/K \tag{6-5}$$

式中　$N_d$——磨煤机消耗的电网功率，kW；

$B_M$——平盘磨煤机的磨煤出力，t/h；

$d$——圆（磨）盘直径，m；

$K$——修正后煤的可磨系数。

### 3. 辊碗式磨煤机直吹式制粉系统

在保证锅炉机组安全经济运行的条件下，应保持制粉系统最佳出力运行。制粉系统在调整时热风用以调节磨煤机的通风量，冷风用来调节磨煤机的出口温度；通风量的调整应控制在经过试验的风煤比范围内，并应保持煤粉细度合格；及时调整磨辊压力，以保持制粉系统的出力。增加、减少给煤量时必须及时调整磨煤机的通风量，并且通风量不能过小，以防止磨煤机堵煤、满煤对锅炉燃烧造成较大的影响。

辊碗式磨煤机的磨煤单位电耗为

$$E_M = 8.5C/K \tag{6-6}$$
$$C = \ln100/R_{90}$$

式中　$K$——修正后煤的可磨性系数。

### 4. 辊环式（MPS）磨煤机直吹式制粉系统

（1）制粉系统出力与磨煤加载力的调整。辊环式（MPS）磨煤机碾磨燃煤的压力包括碾磨部件的重力（量）和施加在碾磨部件上的加载力，碾磨燃煤所需要的加载力由制粉系统的液压系统提供。液压系统由液压站和三个并联的液压缸、液压缸上的蓄能器组成。加载力是液压系统在液压缸有杆空腔形成的压力与无杆空腔形成的反作用压力的函数。压力油由连续运行的油泵保证，传感器将油压信号传递到控制系统，控制系统根据系统设定，通过控制器比例溢流阀的溢流压力，改变施加在碾磨部件上的加载力。根据制粉系统磨煤机的给煤量大小，即给煤机速度信号或皮带秤信号控制碾磨燃煤所需要的加载力。碾磨压力曲线，如图 6-13 所示。

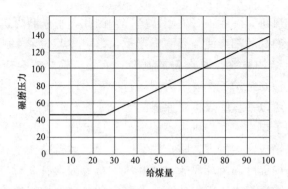

图 6-13　碾磨压力＝ƒ（给煤机速度或皮带秤信号控制的给煤量）

使碾磨压力发生变化的变量是给煤机速度或皮带秤信号。制粉系统运行中，改变运行特性或优化磨煤机内部循环，根据给煤机速度或给煤量变化，碾磨压力按设定的曲线自动变化。同样道理，设定碾磨压力曲线也可调节给煤机速度或给煤量即制粉系统的出力。

（2）磨煤机振动与反作用压力的调整。为防止或减小磨煤机的振动，尤其在制粉系统低负荷运行及磨制较软的燃煤时，磨煤机的振动问题，通过转换开关（控制盘面上的手动"煤预选开关"）逐步调整反作用压力，从而减缓或消除磨煤机组的振动。

其原理是在制粉系统（磨煤机）的出力范围内，在液压系统液压缸无杆空腔预先设定好液压系统最低的调节压力，即用一个作用在液压缸无杆空腔内的反作用力，消耗或抵消在液压缸有杆空腔的碾磨压力的影响，从而达到减轻磨煤机振动的目的。反作用压力在制粉系统满负荷及负荷变化时是变化的，如图 6-14 所示，反作用压力是制粉系统出力的函数。

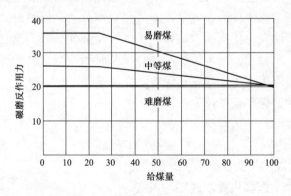

图 6-14　反作用压力＝ƒ（根据给煤机速度或皮带秤信号的给煤量）

借助煤预选开关，能够实现制粉系统从磨制一种燃煤过渡到另一种燃煤的操作，使制粉系统的磨煤机在煤质硬度、水分变化、低负荷磨制燃煤时，液压缸有杆空腔形成的压力与无杆空腔形成的反作用压力的平衡，从而减轻或消除磨煤机组的振动。

（3）煤粉细度的调整。煤粉细度的调整主要是通过回转式（离心）分离器的转速调整的，分离器旋转叶轮的转速越高，分离效果越强，分离器出口的煤粉就越细。煤粉细度与叶轮的转速具有函数关系，如图 6-15 所示。

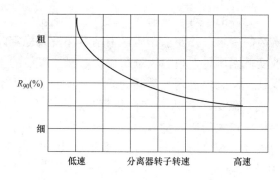

图 6-15　煤粉细度（$R_{90}$）$= f$（叶轮转速）

相同的回转式（离心）分离器，同一转速，在不同的制粉系统中，分离器后的煤粉细度有所差别，所以，回转式（离心）分离器转速与煤粉细度的工作特性曲线应通过制粉系统试验确定绘制。

## 三、高速磨煤机直吹式制粉系统的运行与调整

### 1. 风扇磨煤机直吹式制粉系统

风扇磨煤机直吹式制粉系统的运行与调整，应在保证制粉系统安全可靠的前提下，既要求制粉单位电耗和磨煤机金属磨损最小，又要保证锅炉燃烧工况稳定且不完全燃烧热损失最小。从降低制粉单位电耗的角度考虑，煤粉越粗，制粉单位电耗越小。但是，煤粉过粗使锅炉机械不完全燃烧热损失增大，因此，必须通过技术经济比较，确定最佳的煤粉细度，使制粉单位电耗和机械不完全燃烧热损失之和最小。

（1）磨煤机通风量、给煤量与制粉单位电耗的关系。试验和运行实践都表明，在通风量一定时，随着给煤量的增大，磨煤出力也有所提高，煤粉变粗，由于此时输粉功率基本不变，所以制粉单位电耗随着制粉系统出力的提高而降低。当给煤量一定时，增加通风量，则煤粉变粗，制粉单位电耗降低。因为增大通风量可使输粉能力增加，通风量从磨煤机中携带出的煤粉较多，从煤粉分离器返回磨煤机的回粉量较少，磨煤机内存煤量减少，所以功率消耗也降低。虽然此时通风量增加会增大输送功率，但由于煤粉在分离器和磨煤机之间的循环倍率减少（回粉量减少），使磨煤机内的存粉量减少，因此磨煤功率减少；又因为磨煤功率减少程度较多，因此制粉单位电耗降低。需要说明的是循环倍率减少，意味着通过磨煤机循环的煤粉量减少，风扇磨煤机叶轮的磨损程度减轻。

由以上讨论可知，在煤粉变粗而不明显影响锅炉燃烧的条件下，风扇磨煤机在较高的出力和较大的风量下运行是比较经济的，这是对适当的煤种配置风扇磨煤机直吹式制粉系统经济运行的基础或出发点。

（2）磨煤机通风量和锅炉经济运行。在制粉系统运行中，风扇磨煤机的给煤量必须随锅炉负荷变化。如果锅炉在低负荷下运行，又不准备停止某一套（台）制粉系统时，就难以保证风扇磨煤机在较高出力下的经济运行；同样，通过磨煤机风量的变化，也受到锅炉燃烧一次风与二次风比例的限制。磨煤机通风量过大，一次风份额增大，二次风份额则减少，对于煤粉的稳定燃烧不利；通风量过小，又会使煤粉在一次风管中沉积甚至使一次风管堵塞，影响一、二次风的混合，着火点前移甚至烧损燃烧器，影响锅炉负

荷，这在锅炉运行中是不允许的。对于风扇磨煤机直吹式制粉系统，磨煤机通风量主要应满足锅炉燃烧对一次风的要求，并要求在运行中基本保持其稳定，当干燥出力与一次风量不协调时，通过改变低温风量、高温风量的比例，保持煤粉的干燥（即保持一定的磨煤机出口温度）和保证风扇磨煤机内有足够的通风量。如果锅炉空气预热器出口温度较高，原煤的水分较低时，就必须掺入较多的低温风，才能保证磨煤机有足够的通风量，这样虽然可使磨煤机在较大的通风量下运行，但就锅炉机组而言是很不经济的，因为抽出的低温风越多，流经高温空气预热器的风量相对减少，致使锅炉排烟温度升高，排烟热损失增大，锅炉效率降低，所以制粉系统运行中，抽用过多的低温风是不经济的，也是不允许的。

（3）制粉系统的出力调节。风扇磨煤机的出力调节由两个极限工况限定，一是给煤量很大时，磨煤机内的空气阻力和输送煤粉阻力都会增加，此时磨煤机入口负压低，进入磨煤机的热空气量减少，输粉量也减少，煤粉在磨煤机内积存，有可能堵塞或使磨煤机过载，这样就限制了磨煤机的最大出力（磨煤机不发生堵煤、超载的最大可能出力）。其次是取决于磨煤机前的和磨煤机内允许的干燥介质温度，当给煤量减少时，磨煤机内和磨煤机出口介质温度都会升高，因为防爆的要求和保证磨煤机的可靠工作，磨煤机出口气粉混合物温度有一定的限制（要求），这就决定了风扇磨煤机的最大出力。

风扇磨煤机对给煤量的变化是很敏感的，风扇磨煤机内基本没有存煤容积，不能补偿给煤量的波动，给煤量的变化会引起锅炉燃烧的波动、参数的变化，这就要求给煤量要连续、均匀。

风扇磨煤机直吹式制粉系统的出力调整，直接影响到锅炉机组的负荷及其参数的变化。锅炉负荷的调节是通过调整炉膛热功率实现的，因此要求风扇磨煤机具有较宽的出力调节范围，避免在锅炉负荷变化较大时启停制粉系统，以减少制粉系统启动、停止对锅炉机组的影响。

（4）风扇磨煤机直吹式制粉系统运行调整的注意事项。给煤机除应达到预定出力外，还要防止短时间的非调节性煤量均匀，即是说给煤机要均匀连续的给煤。

保持磨煤机出口气粉混合物温度不超过规定值，防止制粉系统爆炸；过低的出口气粉混合物温度，增大排粉机的电耗，对煤粉的着火、燃烧稳定均有不利的影响。

保持一次风压在规定的范围内运行，防止一次风管积粉、堵塞或烧损燃烧器。

磨煤机电动机的电流变化不能超过铭牌规定。根据锅炉负荷和磨煤机的电流大小及时调整给煤机的给煤量，在调整磨煤机给煤量的同时调整磨煤机的通风量，保持磨煤机出口温度和一次风压的稳定。

煤粉细度要控制在锅炉燃烧要求的范围，通过改变固定式煤粉分离器调整挡板的开度，或者旋转式煤粉分离器的转速改变通风量，调整煤粉细度。

## 2. 竖井磨煤机的运行特点

竖井磨煤机的运行特点是电动机耗用的功率与磨煤机出力有直接关系，竖井磨煤机出力还与原煤粒度、原煤质量、煤粉细度及磨煤机的运行条件有关。竖井磨煤机的运行监视、调整与设备维护对磨煤出力、单位电耗、煤粉细度及经济运行等方面有直接的影响。

竖井磨煤机的出力、煤粉细度、煤粉的干燥程度、电动机的功率等参数彼此联系，这些参数的调整通过调整给煤量、通风量来实现。在风温、风量不变时，增加给煤量，电动机电流升高，气粉混合物温度降低，磨煤机的干燥工况、自通风能力减弱；减少给煤量，电动机负荷随之减少，干燥能力增强，气粉混合物温度升高。保持给煤量不变，增加通风量，煤粉细度变粗、煤粉均匀性变差，气粉混合物温度升高，干燥能力随之增强，电动机功率减小；给煤量不变，减少通风量时，所发生的变化则相反。

竖井磨煤机给煤量的调整应参照磨煤机的电动机电流逐步调整，不能突增、突减给煤量。给煤量增加或通风量减少，会使竖井磨煤机过负荷（满煤），原煤堵塞磨煤机，致使磨煤机过负荷跳闸。给煤量剧减使锅炉内燃烧波动、锅炉负荷及压力、水位变化较大。制粉系统运行中，当磨煤机的电动机电流超过铭牌规定时，应立即停止给煤机运行，增大通风量，进行磨煤机卸载（抽粉），磨煤机的电动机电流正常后再启动给煤机给煤。

磨煤机的通风量根据改变煤粉细度、煤粉的干燥程度来调整，通风量调整要兼顾煤粉细度合格、出口温度不超出规定范围。竖井磨煤机运行时，应定期检查轴承与轴承润滑、温度、振动，以及冷却装置的工作状况。

## 第七章

# 燃煤制备、煤粉制备系统事故处理

因锅炉机组异常需要紧急停止制粉系统、制粉系统运行中发生事故、制粉系统的辅助设备异常被迫退出故障状态的运行，这些在制粉系统运行中时有发生。对制粉系统故障或事故进行必要的紧急处理，使制粉系统紧急停止，或者恢复其运行，将事故影响降低到最低程度的处理过程称为制粉系统的事故处理。

对燃煤制备系统运行中发生事故、设备异常被迫退出运行、系统出力不能满足循环流化床锅炉燃烧的煤量等故障状态的处理，统称为燃煤制备系统的事故处理。

燃煤制备和煤粉制备系统的故障可分为系统故障和设备故障。系统故障一般分为制粉系统断煤、堵塞和自燃爆炸及燃煤制备系统断煤、堵塞等，以及外界影响迫使燃煤制备系统和煤粉制备系统紧急停止。设备的故障也会影响制煤系统和制粉系统的正常运行，如磨煤机或破碎机润滑部件故障、电动机故障、防爆门破裂等。

燃煤制备和煤粉制备系统的故障直接影响锅炉机组的安全经济运行，甚至锅炉因此减少负荷或被迫停炉（或压火），直吹式制粉系统故障对锅炉机组的影响更大。锅炉机组的安全、经济性又直接影响火力发电厂的安全经济发供电，不仅使发电厂自身遭受损失，还会影响到整个电网的安全经济运行，甚至对人民群众生活和社会主义建设造成直接重大且深远的影响。

发生燃煤制备和煤粉制备系统事故的原因较多，如设备和系统的设计、制造、安装、检修工艺，运行人员的技术水平，出现故障的分析、判断、处理操作水平等。作为锅炉运行人员，首先应具备深厚的专业知识和熟练的操作技能、掌握设备状况，精心维护设备，遵守运行规程；其次，当事故现象出现时，保持清醒的头脑，沉着冷静，正确的分析、判断、处理，迅速果断地把事故消灭在萌芽状态，将事故的危害降低到最低程度。

燃煤制备和煤粉制备系统发生事故处理的原则是消除事故的根源，防止并限制事故扩大，并解除对人身和设备的威胁；在保证人身安全和设备不被损坏的前提下，尽可能保持系统的正常运行，并根据锅炉运行工况及时启动、停止燃煤制备和制粉系统；注意保证厂用电源，防止事故扩大。

## 第一节　燃煤制备系统故障及处理

### 一、燃煤制备系统的故障停机

（1）遇有下列情况之一时，应紧急停止燃煤制备系统：

1）转动机械有明显缺陷，危及人身和设备安全。

2）转动机械发生严重摩擦、撞击、强烈振动，轴承严重窜动，危及设备安全。

3）轴承、电动机冒烟，电动机着火、启动中冒火花，以及有人触电。

4）设备正常运行中电动机电流指示突然升高，并超过额定值。

5）轴承温度上升很快，滑动轴承（压力供油润滑）温度超过70℃、滚动轴承（油脂润滑）温度超过80℃时。

6）原煤输送系统故障需要紧急停止时。

（2）发生下列情况之一时，应紧急停止电动机及其拖动机械：

1）电动机着火、冒烟或接线盒冒烟。

2）电动机与转动机械联轴器损坏。

3）电动机或转动机械振动超过规定值。

4）电动机或转动机械轴承温度急剧升高，超过规定值。

5）电动机扫膛。

6）电动机发出嗡鸣声音，电流超过额定值，转速大幅度下降。

7）危及人身安全时。

（3）发生下列情况之一时，经请示总工程师批准后应停止燃煤制备系统的运行：

1）碎煤机械断煤，较长时间不能恢复供煤。

2）碎煤机械入口严重堵煤，碎煤机后成品煤量减少或中断。

3）成品煤粒明显持续增大。

4）原煤输送系统故障需要停止时。

## 二、燃煤制备系统设备故障及处理

### 1. 粗碎机械振动

（1）现象。粗碎机械、电动机振动超过允许值。

（2）原因。环锤及环轴等失去平衡；原煤中"四大块"多（大煤块、大木块、大铁块、大石块），铁块进入破碎机机腔内，环锤折断、轴承磨损；给煤不均匀造成环锤磨损不均匀；环锤之间被异物卡塞卡住。

（3）处理。停止粗碎机运行，重新安装或更换环锤，并找好环锤平衡；停止粗碎机运行，清除铁块；更换环锤并重新找好环锤平衡，或者更换轴承；保持给煤均匀，重找环锤平衡；停止粗碎机运行，清理异物，保持环锤活动。

### 2. 粗碎机轴承温度高

（1）现象。粗碎机轴承温度指示高于正常值，轴承温度高报警。

（2）原因。滚动轴承间隙过小，润滑油中有杂质或润滑油劣化，润滑油量不足。

（3）处理。更换间隙较大的轴承，清理轴承，过滤润滑油或更换品质合格的润滑油，添加合格的润滑油至规定油位。

### 3. 粗碎机机腔内产生连续的敲击声

（1）现象。敲击声音沉闷、连续；有时声响大，破碎机伴随着振动。

（2）原因。不易破碎的煤矸石块、石块或大铁块、木块随原煤进入破碎机机腔内；粗碎机筛板等部件螺栓松动、锤头脱落、环锤在粗碎机工作中破裂打击在筛板等部件上；环轴磨损过大，粗碎机工作中环锤与环轴撞击。

（3）处理。加强入炉原煤的处理；停止粗碎机运行，清理不易破碎的煤矸石块、石块、大铁块或大木块；紧固筛板等部件螺栓螺帽；安装或更换锤头并找好环锤平衡，更换新环锤、环轴。

**4. 成品煤粒度超出规定明显增大**

（1）现象。粗碎机排料口排出的成品煤粒度明显增大，燃煤制备系统出力增加。

（2）原因。粗碎机筛板与环锤之间间隙过大；筛板格栅折断后有较大孔洞；环锤磨损过大，破碎能力减弱。

（3）处理。停止破碎机运行，调整筛板与环锤之间间隙；在筛板格栅上孔洞焊接钢筋，缩小筛板格栅上孔洞尺寸或更换筛板；更换新环锤，并找好环锤平衡。

**5. 粗碎机出力降低**

（1）现象。运输皮带上成品煤流量小，成品煤仓煤位上升停滞或缓慢下降，计量装置显示破碎机出力减小。

（2）原因。粗碎机给煤量小或给煤量间断、不均匀；粗碎机筛板格栅孔堵塞。

（3）处理。调整给煤机并采取措施保证给煤量，保持破碎机给煤量在额定值附近，保持给煤量连续均匀；清理筛板格栅孔堵塞现象。

**6. 粗碎机液力偶合器油温升高**

（1）现象。油温高于工作正常值，液力偶合器出力减小，油压自动调高。

（2）原因。液力偶合器油量不足，油质劣化，破碎机过负荷超载运行，破碎机频繁启动。

（3）处理。补充液力偶合器油量，过滤或更换液力偶合器润滑油；调整粗碎机载荷，按电动机及粗碎机说明书规定启动、停止粗碎机，禁止频繁启动粗碎机。

**7. 粗碎机振动超过 1.0mm**

（1）原因。锤头折断或脱落、环锤断裂脱落，转子失去平衡；轴承在轴承座内间隙过大；联轴器与主轴、电动机轴安装不紧密、间隙大，不同轴度过大；给煤不均匀，造成锤头、环锤磨损不均匀，转子失去平衡。

（2）处理。更换锤头、环锤，重新找平衡；调整轴承与轴承座间隙，调整主轴和电动机轴同轴度；调整给煤装置。

**8. 粗碎机液力偶合器启动或停机时漏油**

（1）原因。易熔塞或注油塞上的O形密封圈损坏或未拧紧，液力偶合器接合面密封圈损坏，泵轮与外壳、泵轮与后辅塞处接合面没有拧紧，螺塞及油封损坏，液力偶合器连接螺栓松动。

（2）处理。停止粗碎机组运行，更换O形密封圈并拧紧注油塞，更换接合面衬垫或紧固接合面连接螺栓，更换螺塞及油封；紧固松动的连接螺栓。

**9. 粗碎机转速达不到规定转速**

（1）现象。粗碎机转速明显降低。

（2）原因。驱动的电动机故障或电动机与破碎机连接不正确，破碎机故障，液力偶合器内油量过少。

（3）处理。检查电动机电流、电压并保持其正常，检查电动机与破碎机连接是否正确或重新连接；检查粗碎机转动部分是否有制动，处理粗碎机过载现象；检查液力偶合器油量，不足时及时补充润滑油，检查液力偶合器接合面油缝渗油、漏油，并及时予以消除。

粗碎机故障的现象、原因及处理与上述粗碎机基本相同。

**10. 给煤机故障**

（1）现象。给煤机电流突然下降或升高，锅炉主蒸汽压力、温度降低，蒸汽流量下降，炉膛出口处氧量升高，炉膛负压增大，床温、烟温降低，锅炉燃烧系统温度有所降低，给煤机轴承温度升高，有不正常的响声。

（2）原因。成品煤中混入较大的杂物卡住给煤机，给煤机联轴器销子断裂，电动机、减速机故障，播煤风量风压不足，成品煤仓搭桥或落煤管堵塞。

（3）处理。一台给煤机故障时，增加其他运行中给煤机的给煤量，停止故障给煤机运行。两台及以上给煤机同时故障时，立即降低锅炉负荷，投入油枪保持床温或锅炉压火，处理给煤机故障后再恢复。

**11. 成品煤仓堵煤、黏煤、搭桥严重**

（1）现象。成品煤仓出煤口堵煤，各给煤机下煤量不均匀，甚至给煤机同时断煤；从成品煤仓上部观察，仓壁黏煤、积煤严重，成品煤仓下煤口或有程度不同的搭桥现象。

（2）原因。成品煤水分高，煤粒之间黏附力增大，使煤粒的流动性变差，黏接在成品煤仓壁上的煤粒块脱落，堵塞成品煤仓出口；煤粒堆积在成品煤仓中受到挤压，煤粒之间、煤粒与成品煤仓仓壁产生摩擦力，在成品煤仓出口搭桥，造成成品煤仓出口堵煤；成品煤中细沫煤的存在，造成煤粒之间黏附力增加。

（3）处理。发现给煤量波动或给煤机不下煤时，启动对应的成品煤仓空气炮、空气锤，或者电动振动装置出力或人工处理，直至给煤机出力正常；锅炉运行中尽量保持所有给煤机投入或备用给煤机定期启动，防止因给煤机较长时间停止运行，煤仓出煤口成品煤长时间不流动而产生黏接、搭桥，使给煤机投入后下煤不畅；煤中水分含量较高或连阴雨天气，定期开启空气炮、空气锤或电动振动装置，以松动煤粒，保证给煤机给煤正常；成品煤仓仓壁黏煤、搭桥严重时，低煤位时在保证人身和设备安全的前提下，清理仓壁黏煤、搭桥。认真执行定期工作，定期清理成品煤仓，锅炉停炉时应清理煤仓、烧完成品煤，锅炉启动时开始原煤制备、煤仓上煤，避免成品煤在煤仓存放时间过长而导致煤粒黏结。加强入炉煤的处理与准备，有条件尽量设立干煤棚。

**12. 成品煤仓下煤不畅**

（1）现象。成品煤仓出煤口堵煤，各给煤机下煤量不均匀，甚至给煤机同时断煤。

（2）原因。煤仓设计不合理；煤粒水分高、黏附力大，煤粒的流动性变差；电动插板门造型不合理。

（3）处理。执行成品煤仓定期降低煤位定期工作，改变成品煤仓结构，在成品煤仓内壁加装防黏板、成品煤仓内加装空气炮、空气锤或电动振动器等形式的疏松机械，在给煤机上加装断煤信号，发现断煤及时处理。

**13. 落煤管上旋转给料阀、落煤管堵塞**

（1）现象。旋转给料阀传动链条断裂；落煤管堵塞，严重时给煤机过负荷、跳闸，刮板给煤机刮板拉弯或拉断。

（2）原因。成品煤水分较高时，细沫煤粒黏接在旋转给料阀叶片上，叶片之间积满细沫煤粒，给料阀变成实心而堵塞；成品煤中较大煤粒及杂物卡塞叶片与箱体，卡跳旋转给料阀，严重时旋转给料阀传动链条断裂；旋转给料阀间隙大，潮湿煤粒板结在给落煤管上造成给落煤管堵塞；旋转给料阀转轴套内进入煤、灰，损坏轴套。

（3）处理。加强煤场管理和原煤入炉前处理，减少煤中杂物，通过干煤棚或晾晒保持原煤入炉前 8% 左右水分，使成品煤干燥，防止旋转给料阀、落煤管堵塞；旋转给料阀叶片之间黏积细沫煤粒时，停止给煤机、旋转给料阀，清除给料阀叶片之间黏积煤粒，清除落煤管管壁黏结煤粒；拆除落煤管旋转给料阀，加装环形密封风防止烟气倒窜。

### 三、竖井式锤击破碎机燃煤制备系统故障及处理

**1. 竖井式锤击破碎机振动**

（1）原因。破碎机击锤或击锤杆断裂，发生不均匀的磨损，使转子的平衡破坏引起振动；金属杂物、黄铁矿石等煤中"四大块"进入破碎机引起磨损、振动。

（2）处理。振动强烈超过规定限制、威胁设备安全时，立即停止破碎机运行，检查振动原因，消除振动缺陷；定期检查补焊或更换击锤、锤杆，防止锤杆断裂造成转子的不平衡；做好原煤入炉前的处理工作，防止煤中"四大块"等杂物等进入磨煤机。

**2. 竖井式锤击破碎机过负荷跳闸**

（1）原因。破碎机给煤量过多，电动机过负荷跳闸。

（2）处理。破碎机跳闸后如启动不成功，应打开破碎机清除转子中积煤，重新启动。

**3. 破碎机竖井中着火、爆炸**

（1）原因。给煤中断，煤粉浓度达到着火、爆炸的危险浓度；气粉混合物温度升高、煤粒干燥过度或煤分比重过大；煤粒沉积自燃，金属物件落入磨煤机产生火花，引起爆炸；竖井上升气流速度过小，火焰从燃烧室内燃烧回火，造成竖井中煤粒着火。

（2）处理。破碎机运行中应保持给煤量连续均匀，控制竖井中煤粒（煤粉）的浓度、温度，发现火焰窜入竖井或竖井中着火、爆炸时，应立即停止给煤、进风，停止破碎机运行、调整控制锅炉燃烧；向竖井中送入蒸汽灭火，清除发烟的煤粉，确认破碎机竖井内灭火后，对破碎机系统进行全面检查，设备完好无缺陷方可重新启动。

## 第二节 制粉系统故障及处理

### 一、制粉系统的紧急停运

（1）对中间仓储式制粉系统，发生下列情况之一时，应紧急停止制粉系统的运行：

1）锅炉机组发生故障（如 DCS 动作锅炉灭火等）。

2）制粉系统着火、爆炸或磨煤机等设备着火时。

3）危及人身安全时。

4）润滑系统（装置）故障如润滑油中断或油压过低，且短时间无法恢复正常。

5）轴承温度过高，经采取措施处理无效且超过规定值时。

6）转动机械发生严重振动、摩擦或撞击声音，危及设备安全。

7）电气设备故障，需要停止制粉系统处理。

8）排粉机、磨煤机电流不正常升高且超过规定值。

9）煤粉分离器发生严重堵塞。

（2）对直吹式制粉系统，除满足（1）外，发生下列情况之一时，无论制粉系统在启动或运行过程中，都应紧急停止制粉系统的运行：

1）除锅炉助燃运行或点火过程中，在允许延迟的时间内给煤量小于最小煤量。

2）制粉系统安全保护装置发生故障。

3）助燃的空气不能满足要求。

4）点火器或助燃系统停止工作，锅炉稳燃率低于允许的最低稳燃率。

5）磨煤机输粉管道上阀门出现故障关闭。

6）一次风管道不畅通或机械出现故障。

以上问题全部得到解决后，依照启动程序重新启动制粉系统。

7）锅炉保护信号启动（发出）。

8）火焰监视信号启动（发出）。

（3）发生下列情况之一时，应经请示总工程师批准后停止制粉系统的运行：

1）磨煤机、三分之一及以上一次风管堵塞、给煤机或原煤斗断煤较长时间不能恢复给煤、煤粉分离器堵塞。

2）磨煤机出口温度表计失灵，又无其他办法监视出口温度。

3）钢球磨煤机内钢瓦脱落，发出强烈的撞击声音；其他形式磨煤机发生严重故障。

（4）紧急停止制粉系统的操作。

1）解列制粉系统所有自动，手动停止给煤机、磨煤机。对于干燥剂送粉的仓储式制粉系统，进行排粉机倒风后，立即停止给煤机和磨煤机的运行。

2）迅速关闭热风、温风及冷风门，再循环风门，一次风机或排粉机入口调整门及其他风门，如联锁装置失灵应手动开启冷风门。仓储式制粉系统关闭粉仓吸潮气管，封闭煤粉仓。

3）对采用压力润滑的转动机械，根据润滑点温度停止润滑油泵。

4）制粉系统发生自燃着火或爆炸时，开启消防蒸汽或使用其他消防设施灭火，确认火熄灭后再检查处理。

请示停止制粉系统的操作，参照紧急停止制粉系统的操作。

## 二、制粉系统的自燃着火或爆炸及处理

### 1. 自燃、着火的现象

磨煤机出入口压差及整个制粉系统不稳定，一次风机或排粉机电流晃动大；煤粉分离器后着火时，一次风机或排粉机后负压不稳定、波动大；磨煤机着火时，磨煤机出口气粉混合物温度急剧升高，磨煤机出入口不严密处有火星或烟气冒出，并伴有焦煳味，磨煤机和一次风管油漆起皮脱落；制粉系统其他部位自燃着火时，着火部位后系统温度升高，检查孔可见火星或火焰。

煤粉仓自燃着火时，煤粉仓温度迅速升高，不严密处冒烟，吸潮气等管道烧红，煤

粉发生自流或塌粉、给粉机供粉不正常、锅炉燃烧不稳定、一次风管管壁温度升高或管壁烧红。

**2. 爆炸的现象**

制粉系统风或气粉混合物负压变成正压，发出爆炸响声，从系统不严密处喷出火星或烟气，并伴有焦煳味，防爆门爆破或鼓起，爆炸处管道鼓包或爆裂、设备损坏；磨煤机出口、一次风机或排粉机入口风温或煤粉仓温度不正常升高。

仓储式制粉系统排粉机前的防爆门爆破后，排粉机电流增大，排粉机出口风压增大。仓储式干燥剂送粉系统，锅炉炉膛负压变正或烟气从观察孔、检查孔等处喷出，影响较大或调整不及时可能造成锅炉炉膛正压保护动作灭火停炉。仓储式制粉系统排粉机后的防爆门爆破后，排粉机电流增大，磨煤机入口负压增大。仓储式干燥剂送粉系统，一次风压减小，锅炉炉膛负压增加，火焰变暗，影响较大或调整不及时可能使锅炉炉膛负压保护动作锅炉灭火停炉。

煤粉仓爆炸时，煤粉仓温度不正常上升很高，又很快下降至稍高于正常温度，煤粉仓防爆门爆裂，煤粉喷出，煤粉仓、管道或设备损坏。

一套直吹式制粉系统发生爆炸时，锅炉负荷降低，炉膛负压先表现向正压方向、后向负压方向增大，调整不及时可能造成锅炉风压保护动作锅炉灭火。两套及以上直吹式制粉系统发生爆炸时，一次风压增大，可能造成锅炉直接灭火、燃烧器损坏。

**3. 自燃、着火、爆炸的原因**

制粉系统管道内有煤粉沉积或局部黏结堵塞，容易发生自燃着火、爆炸。煤粉水分高造成黏结堵塞、制粉系统死角的积粉；系统内气粉混合物速度过低造成煤粉的沉积（尤其在一次风管部位）；仓储式制粉系统停止磨煤机前没有抽粉或抽粉不彻底。

制粉系统内温度过高。启动、停止制粉系统时操作不当使空气或气粉混合物温度升高；正常运行中发生断煤处理不及时，制粉系统运行不正常，气粉混合物温度升高。

原煤的挥发分高、水分低、灰分小；外来火源或爆炸物进入磨煤机及制粉系统；煤粉磨得过细，输送的气粉混合物速度、风粉比例、温度达到自燃或爆炸的条件。

煤粉仓内煤粉存放时间较长温度升高，或制粉系统运行中煤粉仓温度高。

钢球磨煤机再循环管停用时间较长，积粉自燃，投入过程中发生爆炸。

中速磨煤机温度过高、外来火源或爆炸物进入磨煤机、磨煤机底部沉积的石子煤或煤粒未及时清理、磨盘或磨碗积粉过多、中速磨煤机启动前暖管暖磨风温较高、时间过长，不正确和异常的操作是中速磨煤机直吹式制粉系统自燃、着火、爆炸的基本原因。

原煤中夹杂易燃、易爆物品，如雷管、油类物质等，制粉系统运行中或停运检修时火源进入引起自燃爆炸。

**4. 制粉系统煤粉自燃、爆炸的处理**

（1）制粉系统煤粉自燃的处理。对钢球磨煤机仓储式制粉系统停止给煤机，关闭磨煤机入口热风门，开大冷风门，控制通风量，降低磨煤机出口气粉混合物温度，关闭粗粉分离器回粉管锁气器；经上述处理自燃不能消除或有引发爆炸危险时，停止磨煤机及制粉系统运行，关闭各风门，启用消防装置灭火。使用蒸汽灭火时，应先将管道中疏水排出；除非煤粉仓着火外，防止蒸汽、水进入煤粉仓；灭火后应开启人孔门、检查孔等对系统进行全面检查，确认无火源时，并且磨煤机温度降低至环境温度，方可进行磨煤机等设备或制粉系统的通风干燥，具备启动条件时方可启动。

对中速磨煤机直吹式制粉系统，停止给煤机，关闭磨煤机入口热风门，开大冷风门，控制通风量，降低磨煤机内及出口气粉混合物温度；开启磨煤机蒸汽消防门灭火。

（2）制粉系统煤粉爆炸的处理。对仓储式制粉系统立即停止制粉系统的运行，关闭进入制粉系统的各风门、挡板，处理中注意防止锅炉的燃烧事故；对仓储式干燥剂送粉的系统，应采取措施保持一次风压。如在开启排粉机入口调整风门、开启冷风门后，尽快进行倒风操作，由排粉机直接保持供给一次风压、风量；排粉机出口发生爆炸时，有造成锅炉保护动作锅炉灭火的可能，应在锅炉机组相对稳定后停止排粉机，关闭各风门后检查；如因制粉系统爆炸造成锅炉保护动作锅炉灭火，按紧急停炉处理。

根据爆炸情况使用消防装置灭火，应防止煤粉仓内煤粉受潮结块、积粉。蒸汽灭火的时间应根据制粉系统的温度，如磨煤机出口温度、排粉机入口温度，是否恢复正常来确定。采用蒸汽灭火的时间不宜过长，避免制粉系统内积存过多的疏水，影响系统恢复；爆炸消除、灭火后，应对制粉系统进行全面检查，消除火源，检修防爆门等设备，根据具体情况启动制粉系统。

直吹式制粉系统发生煤粉爆炸，应立即解列发生爆炸的制粉系统自动装置、将系统隔离，增大其他运行的制粉系统出力或启动备用制粉系统；同时，迅速停止发生爆炸制粉系统给煤机、磨煤机，开启磨煤机消防装置灭火，关闭磨煤机热风门、全开冷风门；如因制粉系统爆炸造成锅炉保护动作锅炉灭火，按紧急停炉处理。

**5. 煤粉仓自燃或爆炸的处理**

发现煤粉仓自燃或爆炸时，应及时停止向煤粉仓内供粉，保持低粉位降粉运行，监视给粉机运行情况和锅炉燃烧工况，迅速减少或转移锅炉负荷，投入助燃油枪或等离子点火系统，保持锅炉燃烧稳定，注意控制给粉机挡板（插板）、控制一次风压。关闭煤粉仓、煤粉输送机械上的吸潮气管，关闭煤粉仓上除消防、灭火外的所有管道阀门，向煤粉仓内充一定量的氮气后封闭煤粉仓。煤粉仓自燃或爆炸处理过程中，发生锅炉保护动作锅炉灭火时按紧急停炉处理。

经过煤粉仓降粉处理后，煤粉仓温度仍然较高或有上升趋势，而锅炉燃烧需要时，应先向煤粉仓内充一定量的氮气，然后降低磨煤机出口温度，可以向煤粉仓进粉，使自燃或爆炸的火源窒息（现场也称作压灭火源）。经上述处理后，煤粉仓温度仍然上升或不能稳定时，启用消防装置灭火，采用蒸汽灭火时投入经过充分疏水的蒸汽 $3\sim5min$。

自燃或爆炸现象消除及火源熄灭后，应对煤粉仓进行全面、仔细地检查，检修设备及修复、更换防爆门，煤粉仓应进行彻底的降粉或放粉，清理、干燥后方可重新进煤粉。

**6. 原煤仓自燃、着火现象、原因、处理**

（1）现象。原煤仓平台有原煤烧焦的焦煳气味，原煤仓不严密处向外冒烟，严重时可看到火苗；给煤机处可观察到发烟或烧红的煤粒煤块；原煤仓煤位下降较快；采用皮带式给煤机时，输送皮带因受热拉长、烧焦、断裂，造成给煤系统故障；锅炉配置直吹式制粉系统且投入自动时，原煤仓自燃着火对应的制粉系统出力降低，其他制粉系统出力有所增加；锅炉配置仓储式制粉系统时，原煤仓自燃着火侧制粉系统的煤粉仓温度升高，对应侧给粉机转速增大（投入自动时），煤粉仓粉位下降较快，严重时引起煤粉仓着火或爆炸。

（2）原因。春季地热、夏季气温影响造成原煤温度较高，煤的挥发分较高、燃点较低；原煤在储煤场有自燃现象；原煤中夹杂易燃、易爆物品，如雷管、油类物质等进入原煤仓；制粉系统运行中或停运检修时，电焊火花等火源进入原煤仓。

（3）处理。发现原煤仓有自燃着火的现象时，立即停止原煤进入原煤仓，封闭原煤仓；根据原煤仓自燃着火的情况决定是否投入原煤仓的消防装置；监视制粉系统给煤机、磨煤机和给粉机的运行情况，监视锅炉燃烧工况，迅速减少或转移，并稳定锅炉负荷，投入助燃油枪或等离子点火系统，保持锅炉燃烧稳定；监视原煤仓煤位和温度，根据原煤仓自燃、着火情况和锅炉负荷，在保证设备安全和锅炉燃烧稳定的前提下，磨完原煤仓存煤或放空原煤仓；确认原煤仓自燃、着火现象消除后方可向原煤仓进煤。

## 三、制粉系统的其他故障及处理

制粉系统的其他故障及处理包括制粉系统的断煤；制粉系统的堵塞，其中又包含磨煤机的堵塞、煤粉分离器的堵塞、一次风管的堵塞；辅机电源中断，其中含润滑油泵、给煤机、磨煤机、一次风机或排粉机、给粉机、输送煤粉机械等转动机械的电源中断等。

### 1. 制粉系统的断煤

（1）现象。磨煤机进、出口压差减小（入口负压增大，出口负压减小），磨煤机出口温度升高；磨煤机电流下降，一次风机、排粉机电流先上升后下降（较断煤前仍高）；磨煤机内撞击、摩擦声音增大。

（2）原因。原煤水分过高，原煤下煤不畅，原煤斗被"四大块"、杂物堵塞；给煤机故障（给煤机卡涩、打滑、皮带断裂、链条拉断等原因），落煤管堵塞；原煤斗断煤或给煤机械故障。

（3）处理。关小磨煤机入口热风门，适当开大冷风门（或低温风门），保持磨煤机出口温度在正常值；处理给煤机故障，疏通原煤斗、落煤管堵塞；加强原煤入炉前管理及处理，联系输煤值班人员迅速上煤。原煤斗短时间不能恢复供煤时，应请示总工程师同意后停止磨煤机及制粉系统运行。

### 2. 磨煤机满煤或堵塞

（1）现象。仓储式制粉系统磨煤机出、入口压差减小，入口负压减小或变成正压，出口负压增大；直吹式正压制粉系统，磨煤机出口负压不正常的减小，入口负压增大。仓储式制粉系统磨煤机出口温度急剧下降，磨煤机内撞击声音减弱且声音沉闷；满煤初期磨煤机电流增大并摆动，严重满煤时磨煤机电流反而减小；排粉机电流减小，排粉机出口负压变小；回粉量大，回粉管锁气器动作频繁。配中速磨煤机直吹式正压制粉系统一次风机出口压力增大，磨煤机出、入口向外冒粉，磨煤机出口一次风压力减小、一次风管有可能堵塞；配中速磨煤机直吹式负压制粉系统一次风压力增大、煤粉变粗。

（2）原因。运行中监视不够，调整不当使制粉系统通风量过小、给煤量太多。给煤机自流、原煤调整挡板失灵、给煤机故障等。

（3）处理。减少给煤机给煤量或给煤机间断运行或停止给煤机运行，保持磨煤机出口温度正常；增加制粉系统及磨煤机通风量，开大磨煤机出口风门进行抽粉，抽粉时保持一次风压稳定，注意监视磨煤机轴瓦轴承温度；磨煤机入口落煤管堵塞时，进行敲打或打开检查孔疏通；磨煤机满煤或严重满煤时，经抽粉处理无效果时，停止制粉系统运行（直吹式制粉系统还需调整其他系统的出力），打开磨煤机筒体人孔门或石子煤闸板作放煤处理，磨煤机满煤或堵塞处理完成后按正常步骤启动。

**3. 粗粉分离器堵塞**

（1）现象。磨煤机出、入口压差减，出口温度升高，粗粉分离器出口负压增大（严重时负压先变小后增大）；回粉管上锁气器初期动作频繁、后不动作或整个回粉管堵塞，回粉管管壁温度降低；粗粉分离器出粉变粗，排粉机电流增大，堵塞严重时电流变小；排粉机出口风压先增大，堵塞严重时又变小，磨煤机出力增大。

（2）原因。回粉管上挡板式锁气器动作不灵活、卡涩或不动作，草帽式锁气器倒锥部位脱落；磨煤机出口木材分离器损坏、运行中脱落或没有投入，原煤中杂质过多；粗粉分离器调节挡板开度过小或设备有缺陷，导致粗粉分离器回粉过多。

（3）处理。活动回粉管锁气器，敲打或用钢筋疏通回粉管，清理木屑分离器；回粉管堵塞严重时，停止或间断运行给煤机、关小磨煤机入口热风门、开启冷风门，保持磨煤机入口负压和出口温度不超规定处理；开大粗粉分离器调节挡板，必要时增大系统通风量，处理时注意保持一次风压正常；短时间处理不好时，停止制粉系统及磨煤机运行进行处理，经排粉机带一次风时，应防止因回粉突然增大影响一次风压的波动而造成锅炉保护动作。

**4. 粗粉分离器回粉管堵塞**

（1）现象。磨煤机出、入口压差变小，粗粉分离器出口负压波动大；回粉管锁气器动作频繁或不动作；煤粉细度变粗，严重时排粉机电流减小。

（2）原因。木屑分离器损坏或没有投入；原煤中杂质、塑料、木块等过多；回粉管锁气器损坏（立式锁气器磨穿）或（平板式锁气器）卡涩；系统负压过大；粗粉分离器内部防磨层脱落。

（3）处理。活动粗粉分离器回粉管锁气器，敲打、疏通回粉管，清理木屑分离器；停止给煤机运行，活动或开大粗粉分离器调整挡板，抽吸粗粉分离器内积粉，同时注意锅炉燃烧调整；经以上处理仍无效时，停止制粉系统运行进行回粉管疏通。

**5. 旋风分离器堵塞**

（1）现象。排粉机电流增大并摆动，一次风压增大，磨煤机入口、粗粉分离器入口负压变小，旋风分离器后负压增大；旋风分离器下部锁气器失灵、下粉筛子堵塞时向外冒粉，煤粉仓粉位不升高或下降；锅炉主蒸汽流量增大，蒸汽压力、温度升高，旋风分离器堵塞严重时，锅炉的主蒸汽流量、压力、温度大幅度上升，运行参数变化较大，烟囱冒黑烟。

（2）原因。旋风分离器下部锁气器失灵或卡死，锁气器漏风、锥形帽脱落；煤粉水分高或下粉筛子被杂物堵塞，输送煤粉设备送粉中不正常或跳闸；煤粉仓粉满、下粉挡板导向错误等原因。

（3）处理。立即停止给煤机、关小磨煤机入口热风门，开大冷风门，利用排粉机入口负压抽粉；检查旋风分离器导向挡板、处理输送煤粉的设备故障；检查旋风分离器下粉筛子，清理杂物、积粉，活动锁气器，敲打、疏通落粉管；经以上处理无明显效果时，停止制粉系统及磨煤机运行，切断风源，打开旋风分离器落粉管上手孔门，进行疏通，对锅炉运行参数影响较大时，应进行倒风操作由排粉机供一次风。

**6. 煤粉仓下粉不正常或棚粉**

（1）现象。煤粉仓下粉不正常或棚粉，给粉机下粉不均匀，一次风携带煤粉变化大（忽大忽小）；炉膛温度降低，主蒸汽温度、压力、流量及锅炉负荷波动大；锅炉燃烧、汽包水位等参数难于控制。

（2）原因。煤粉温度低、水分大、潮湿，煤粉结块；煤粉温度高，煤粉在仓内经给粉机自流；煤粉仓长时间没有降粉或降粉不彻底；煤粉仓进水、蒸汽或煤粉仓吸潮气管长期没有投入。

（3）处理。投入油枪助燃或启动等离子点火装置，稳定给粉机转速，调整风量，稳定燃烧；活动或敲打给粉机挡板，清理给粉机腔内粉块；煤粉仓内粉位较低时，及时启动备用制粉系统或从临炉送粉；停止不下粉的给粉机（或保留一台），并切换、间断运行，防止突然下粉造成主蒸汽温度、压力急剧升高；处理过程中如锅炉灭火，按锅炉灭火事故处理。

**7. 仓储式制粉系统一次风管堵塞**

（1）现象。被堵塞的一次风管风压先增大后降低，一次风管不供煤粉，主蒸汽压力、流量下降；燃烧器入口前处堵塞时，一次风压增大或波动。一次风管堵塞严重时，给粉机电流增大或过负荷跳闸；两根或以上一次风管同时堵塞时，未堵塞的一次风管风压增大，排粉机电流下降，造成锅炉燃烧波动、恶化，严重时造成锅炉灭火。

（2）原因。给粉机供粉不均匀、下粉忽大忽小，或者给粉机发生自流现象；一次风速、风量小，或者一次风管配风不均匀、风门挡板开度小；原煤水分高，磨煤机出口温度低，导致煤粉水分大，造成煤粉在一次风管管壁上黏结、堵塞。

（3）处理。停止堵塞的一次风管对应的给粉机，关闭给粉机下粉插板，启动备用的给粉机，投入助燃油枪或等离子点火系统；增大一次风总风压，全开堵塞的一次风管风门吹扫堵粉；吹扫堵粉的同时，振、敲打给粉机下粉管、一次风管混合器前后管段、燃烧器入口处。经增大一次风总风压不能吹通堵粉时，可采用压缩空气分段吹扫堵粉；处理一次风管堵塞时，注意锅炉燃烧调整及主蒸汽温度、压力和炉膛负压等参数的控制，防止一次风管突然吹通，造成锅炉燃烧波动或灭火。

**8. 直吹式制粉系统煤粉分离器堵塞**

（1）现象。磨煤机出、入口压差减小，入口一次风压增大，一次风管风压减小；煤粉分离器回粉管锁气器动作不正常，回粉管堵塞，回粉管金属温度降低；回转式煤粉分离器回转装置不正常或不转动。

（2）原因。一次风管对应的燃烧器喷口有焦渣、风量过小导致煤粉沉积，煤粉中杂物导致一次风管堵塞，一次风管堵塞造成煤粉分离器堵塞；煤粉分离器调节挡板被杂物堵塞；回转式煤粉分离器回转装置故障或被杂物卡塞。

（3）处理。清除一次风管喷口焦渣，减小给煤量，开大煤粉分离器调节挡板，增大系统通风量；对回转式煤粉分离器进行回转装置盘车、检查电动机等部位；堵塞严重时，停止制粉系统处理分离器堵塞。

**9. 直吹式制粉系统一次风管堵塞**

（1）现象。被堵塞的一次风管风压先增大后降低，一次风管不供煤粉，直吹式制粉系统其他未堵塞一次风管风压有所增大，主蒸汽压力、流量有所下降；燃烧器入口前管段处堵塞时，一次风压增大或波动，燃烧器入口前管段温度高或烧红；两根或以上一次风管同时堵塞时，未堵塞的一次风管风压增大，造成锅炉燃烧波动、恶化，严重时造成锅炉灭火。

（2）原因。磨煤机入口风门挡板开度小导致风压低，一次风速、风量小；磨煤机出口煤粉分配器、节流元件因磨损等故障，导致煤粉在一次风管中分配不均匀造成堵塞；原煤水分高，磨煤机出口温度低，导致煤粉水分大，致使煤粉在一次风管管壁上黏结、堵塞；一次风管对应的燃烧器喷口有焦渣、风量过小导致煤粉沉积造成一次风管堵塞；煤粉中杂物导致一次风管堵塞。

（3）处理。全开磨煤机入口一次风总门，适当关小其他一次风管出粉闸板，全开堵塞的一次风管风门闸板吹扫堵粉，吹扫的同时，振、敲打一次风管入口处、燃烧器入口等处；经增大一次风总风压不能吹通堵粉时，关闭堵塞的一次风管煤粉闸板，投入助燃油枪或等离子点火系统稳定锅炉燃烧，采用压缩空气分段吹扫堵粉；同一直吹式制粉系统有两根及以上一次风管堵塞时，应增加其他运行中的制粉系统出力或启动备用的制粉系统，停止一次风管堵塞的制粉系统后处理。处理一次风管堵塞时，注意锅炉燃烧调整及主蒸汽温度、压力和炉膛负压等参数的控制，防止一次风管突然吹通，造成锅炉燃烧波动或灭火。

**10. 辅助机械电气部分故障跳闸**

（1）现象。辅助机械电气部分故障包括低电压保护动作、电源故障、电动机故障等原因。辅助机械电流表指示回零，辅助机械指示灯及信号装置发出声光信号报警，辅机跳闸，并影响制粉系统其他设备及运行参数。

（2）原因及处理。

1）给煤机电气部分故障跳闸。将给煤机开关置于停止位置，检查电动机温度、振动、窜轴及给煤机控制、保护、电源部分，检查给煤机机械部分，故障处理后联系给煤机送电后启动；短时间不能恢复时，停止磨煤机及制粉系统运行。

2）磨煤机电气部分故障跳闸。磨煤机电源中断给煤机应联动跳闸、磨煤机冷风门开启，一次风机或排粉机电流瞬间增大并摆动，磨煤机出口温度升高，锅炉主蒸汽流量、温度、压力上升。确认磨煤机冷风门开启，关闭热风门，磨煤机开关置于停止位置，控制一次风机出口风压或排粉机入口风量及出口风压。对仓储式干燥剂送粉系统按正常操作顺序进行系统倒风，经排粉机供一次风；对直吹式制粉系统，应停止整套制粉系统运行、增加其他运行中制粉系统的出力，或者启动备用制粉系统。检查磨煤机及其设备的机械部分，检查电动机温度、振动、窜轴及给煤机控制、保护、电源部分，故障消除后联系对磨煤机送电，启动磨煤机及制粉系统。短时间不能恢复时，应停止润滑油系统。

3）一次风机或排粉机电气部分故障跳闸。给煤机、磨煤机、一次风机或排粉机（仓储式制粉系统还包括排粉机所对应的给粉机）跳闸，磨煤机冷风门联动开启，锅炉炉膛负压较大幅度波动；仓储式干燥剂送粉系统，跳闸侧一次风压回零，锅炉主蒸汽流量、压力、汽包水位均下降，锅炉灭火可能性较大。将排粉机开关置于停止位置，给煤机、磨煤机开关置于停止位置；对仓储式干燥剂送粉系统如只有一台排粉机运行而电气部分故障，应迅速投入助燃油枪，保持锅炉燃烧稳定，根据锅炉燃烧情况由送风机直接带一次风，启动备用给粉机或增加油枪，根据锅炉燃烧情况转移部分负荷；两台排粉机（或两套制粉系统）同时电气部分故障跳闸，或者一台（套）排粉机、制粉系统跳闸处理过程中炉膛灭火时，按锅炉灭火事故处理；检查排粉机、给煤机、磨煤机的机械部分，检查各转动机械电动机的温度、振动、窜轴及各转动机械的控制、保护、电源部分，消除故障后联系跳闸附属转机送电，按正常操作顺序启动制粉系统。处理过程中如锅炉灭火必须经不少于 5min 的炉膛通风后，方可启动排粉机；排粉机合闸时应控制总风门，防止一次风管内吹入或锅炉炉膛内未抽净的煤粉爆燃。正压直吹式制粉系统一次风机跳闸，应迅速减小或转移锅炉负荷，调整运行中各制粉系统风量及一次风压，并检查各制粉系统运行情况，锅炉负荷以二次风机风量、风压情况决定；检查一次风机跳闸原因，消除后按正常操作顺序启动；因一次风机跳闸原因处理中引起炉膛灭火时，按锅炉灭火事故处理。

4）润滑油泵（站）电气部分故障跳闸。备用油泵没有联动时，将造成磨煤机油压低保护动作，磨煤机跳闸、给煤机联动跳闸，应迅速控制磨煤机出口温度，关闭磨煤机入口热风门，联系电气值班员检查处理送电后，按正常操作顺序启动制粉系统。运行油泵跳闸，如无备用油泵或油压没有办法维持时，跳闸油泵可重合闸一次，重合闸不成功应立即停止磨煤机、给煤机，保持磨煤机出口温度不超过规定值，联系电气值班人员检查并处理润滑油泵及其控制、保护、电源部分故障。直吹式制粉系统有备用制粉系统时，运行油泵（站）跳闸，如无备用油泵或油压没有办法维持时，不得将跳闸油泵重新合闸，应启动备用制粉系统，无备用制粉系统时应增加各制粉系统出力，随后对跳闸的制粉系统润滑油泵（站）检查，处理送电后按正常操作顺序启动制粉系统。

5）回转式煤粉分离器电气部分故障跳闸。备用电动机没有联动启动时，应将跳闸电动机开关置于停止位置，解列联动开关，合备用电动机开关；如无备用电动机，可将跳闸电动机重合一次，重合不成功应启动备用制粉系统或增大其他运行的制粉系统出力，停止该制粉系统运行联系处理缺陷；回转式煤粉分离器无备用电动机、磨煤机（制粉系统）、锅炉负荷又不允许时，应增加通风量，增大其他运行制粉系统出力，维持锅炉运行，迅速处理故障恢复正常运行。

# 第三节　给煤机故障及处理

## 一、给煤机的跳闸及处理

### 1. 给煤机跳闸条件 （任一）

锅炉 MFT 动作、磨煤机保护动作；给煤机电气或机械部分故障；给煤机出口电动门关闭、给煤机电动机过负荷，或者磨煤机出口落煤管堵塞造成电动机过负荷；误动给煤机开关，造成失电跳闸；给煤机失电。

### 2. 给煤机跳闸处理

将跳闸的给煤机开关置于停止位置，关小或关闭磨煤机入口热风门，开启磨煤机入口冷风门，调整磨煤机出口温度，必要时关小排粉机入口门，保持较小的系统通风量；

查明给煤机跳闸原因，联系检修人员处理，故障消除后启动给煤机。如给煤机故障短时间不能消除，应按正常顺序停止制粉系统，给煤机故障消除后重新启动制粉系统；注意监视煤粉仓粉位，必要时启动备用的制粉系统，或者从相邻锅炉制粉系统向本锅炉煤粉仓送粉。

对直吹式制粉系统，给煤机跳闸时限超过规定磨煤机联动跳闸，立即关闭磨煤机热风调节门，开大冷风门，控制磨煤机出口温度，保持70%以上制粉系统通风量，磨煤机风量、出口温度等参数切换为手动操作，增加运行制粉系统出力或启动备用制粉系统。及时调整锅炉燃烧，保持炉膛负压，主蒸汽温度、压力，汽包水位稳定。查明跳闸原因及时予以处理，给煤机长时间不能恢复停止磨煤机运行，锅炉MFT动作按运行规程处理。

## 二、刮板式、埋刮板式给煤机的故障及处理

### 1. 正常运行时断煤

（1）原因。杂物卡住链条或链条下黏煤卡涩，使安全对轮销卡断；齿轮对轮的弹簧弹性减弱或齿轮盘磨损；原煤斗空或煤斗出口处堵煤。

（2）处理。消除卡涩现象，更换对轮销子；调整弹簧紧力、更换齿轮盘；联系给原煤斗上煤、疏通堵煤。

### 2. 轴承件发热

（1）原因。轴承缺少润滑油、脂或轴承磨损。

（2）处理。补加润滑油、脂至规定或要求；更换或修理轴承、清洗油室后重新加入润滑油、脂至规定或要求。

### 3. 轴承振动大

（1）原因。电动机与减速机轴连接中心不正；地脚螺栓松动；联轴器橡皮套磨损或销子晃动。

（2）处理。对电动机、减速机重新找中心，对称的径向间隙不应大于0.1mm；更换联轴器橡皮套或销子，紧固地脚螺栓。

### 4. 传动链传动松，拉紧链松弛

（1）原因。链轮损伤或链距增大；链轮中心位移；链条松动，减速机与底座的固定部分松动；传动装置底座松动。

（2）处理。修理或更换链轮，调整链轮中心位置，紧固松动部分。

### 5. 安全对轮动作

（1）原因。落入的金属、木材、大块煤和矸石、杂物，以及刮板上黏煤造成刮板弯曲、链条卡涩。

（2）处理。清理金属、木材、大块煤和矸石等杂物，消除黏煤、链条卡涩现象，更换变形的刮板等部件；检查并处理压缩弹簧和松煤器。

### 6. 刮板链条拉紧状态减弱，拉紧链条产生轴向位移

（1）原因。链距增大、拉紧螺栓松动；刮板弯曲使固定螺栓断裂或金属、木材、煤块和矸石大块硬物落入造成位移。

（2）处理。清理杂物，拉紧链条，消除坠链现象；更换或消除弯曲的刮板，调整链轮到所需位置并固定。

**7. 链条断裂**

（1）原因。链条长期运行磨损严重；由于链条锈蚀使截面积变小、强度降低；链条受动静载荷冲积、因疲劳损坏；给煤机内进入石块、木块、铁块、煤块"四大块"等原因。

（2）处理。停止给煤机及磨煤机运行，清理"四大块"等杂物，更换断裂链条。

**8. 飘链**

（1）原因。给煤机中间槽箱槽底不平，煤粒进入链条。

（2）处理。清理煤粒等杂物，修正槽底，加清扫板（在链条下部每隔 5～8m 焊一块）。

**9. 刮板拉斜**

（1）原因。"四大块"进入头轮承窝内，使刮板链跳坏；落煤点不正，使链条受力不均。

（2）处理。关闭下煤闸板，原煤转空后停止给煤机处理。

**10. 链条两边松紧程度不一致**

（1）原因。给煤机机体本身不正，给煤点不正；连接螺栓脱落，拉力集中在一侧。

（2）处理。调整给煤机机体，调整给煤点，检修或更换连接螺栓。

**11. 链条在链轮内夹卡**

（1）原因。链条和链轮加工精度不够，链条组装时有部分焊口未朝上，链轮承窝内有杂物。

（2）处理。更换不合格的链轮和链条，检查焊口方向并进行调整，清理链轮承窝内杂物。

**12. 给煤机主驱动轮过载保护销切断**

（1）原因。给煤机内进入"四大块"，使刮板阻力大而过载；链条太松，链轮与链条啮合错位；启动给煤机时给煤机转速在最大位，给煤机带较大负荷启动。

（2）处理。停止给煤机、磨煤机运行；检查链条松紧程度，并调整到正常值，调整链轮与链条啮合错位，开启检查孔取出"四大块"。

## 三、振动式给煤机的故障及处理

**1. 运行中振动突然加剧、电流回零**

（1）原因。一次元件短路；变送器回路开路。

（2）处理。检查并接通一次元件短路，恢复变送器回路。

**2. 运行中振动突然停止，电流回零**

（1）原因。一次元件短路；可控硅烧毁或断路；控制回路分头开路或晶体管损坏；熔丝熔断（电源中断）。

（2）处理。检查并接通一次元件，更换可控硅、晶体管、熔丝，检查恢复控制回路。

**3. 振动微弱，改变功率时振幅不变或变动很小，但电流增大**

（1）原因。可控硅击穿失去整流作用；气隙堵塞；整个线圈短路；弹簧板之间空隙被杂物堵塞使固定频率增大。

（2）处理。更换可控硅、线圈；疏通气隙堵塞及弹簧板之间空隙堵塞现象。

**4. 电源熔丝熔断或可控硅烧毁，控制回路中有烧坏现象**

（1）原因。振动器或线圈绝缘损坏，造成外壳接地或短路。

（2）处理。检修或更换线圈，消除短路现象。

**5. 电流最大值过大、线圈发热**

（1）原因。线圈气隙过大；板簧压紧螺栓长期运行有松动现象，板簧断裂。

（2）处理。调整或更换线圈，清除线圈气隙中杂物；紧固板簧压紧螺栓，更换或焊接断裂的板簧。

**6. 冲动或间歇振动，电流上下波动**

（1）原因。线圈气隙太小，铁芯和衔铁相撞击；线圈或导线损坏，振动部分质量有变化，破坏了共振条件。

（2）处理。听到铁芯和衔铁碰撞声音立即减小电流，调小振幅后检查并调整气隙，增加或减小振动部分质量，检修或更换损坏的线圈、破损的电线。

**7. 机械噪声大、调整时反应不规则，有猛烈的撞击**

（1）原因。弹簧板有断裂现象；给煤槽与连接器的连接螺钉松动；电源电压波动大。

（2）处理。更换或焊接断裂的弹簧板，紧固给煤槽与连接器的连接螺钉，调整电源电压在±5％内变化。

**8. 机械噪声大、振动有反应但振动不良**

（1）原因。铁芯与衔铁之间的连接螺钉松动。

（2）处理。清除铁芯与衔铁之间的铁质杂物，调整铁芯气隙与电磁场，紧固铁芯与衔铁的连接螺钉。

**9. 电源接通后不振动**

（1）原因。熔丝熔断；接头断开；线圈短路；两个线圈的首末端串接错误；电位器调整过小。

（2）处理。更换熔断的熔丝，检查线圈，消除短路及串接错误，重新接头；检查电位器的旋钮，逐渐使振幅达到额定值。

## 四、皮带式给煤机的故障及处理

**1. 给煤机跳闸**

（1）原因。电气部分故障或热电偶动作，电动机着火、冒烟等；滚筒与皮带之间被大块煤或杂物卡死，皮带划破、煤槽护皮脱开，原煤漏至滚筒与皮带之间等原因，使电动机过负荷跳闸；传动部分故障，导致电动机跳闸；磨煤机故障或停止，给煤机联动。

（2）处理。将跳闸的给煤机开关复位，即置于停止位置；检查控制盘、控制开关及电源、热电偶，消除故障；检查并处理皮带间杂物、护皮脱开、损坏部分，检查并清理滚筒与皮带之间积煤、杂物；检查给煤机传动部分、转动部分，如有故障联系检修人员处理。

**2. 给煤机皮带划破、撕裂、拉断**

（1）原因。原煤中混有铁丝、钢筋、焊条头等锋利的杂物，划破皮带；滚筒与皮带之间有硬物件垫破皮带、皮带受力后撕裂；滚筒与皮带之间积煤，皮带被拉长或拉断；皮带质量不良、黏接不牢固；落煤管堵煤到皮带前部滚筒处或滚筒与皮带之间一侧黏煤，使皮带拉断；运行中不平衡皮带跑偏、磨损，皮带老化，皮带运行中受到原煤冲击等原因。

（2）处理。采用质量优良的皮带，提高检修工艺，经常保持皮带平衡运行，发现皮带跑偏、磨损，立即校正；加强入炉煤的管理、处理工作，定期巡回检查给煤机，认真监视运行状态，防止堵煤拉断皮带；发现皮带漏煤、皮带上有锋利杂物、皮带破裂等现象，及时停止给煤机处理或检修。对带病运行的皮带及给煤机其他设备，加强检查、监视和调整；保持煤清扫器三脚架完好，工作正常，定期检查并清扫滚筒与皮带之间积煤、黏煤和杂物。原煤斗无煤，上煤时暂停给煤机运行，煤斗有部分煤位后再启动给煤机，防止原煤砸伤皮带。

### 3. 皮带跑偏

（1）原因。滚筒与皮带之间积煤、黏煤，扫煤（清扫器）三脚架工作不良或清扫不及，或者有杂物缠绕在滚筒上，使皮带运行不平衡；给煤机滚筒调整不当，皮带跑偏使运行不平衡；皮带质量不良，黏结时测量、剪切等原因造成皮带两边长度（张力）不等；皮带内侧有燃煤等杂物黏结。

（2）处理。清理滚筒与皮带之间积煤，铲除皮带、滚筒上黏煤，清理滚筒上缠绕的杂物，运行中随时调整皮带平衡，保持皮带运行平稳；使用质量优良的皮带，提高检修工艺水平；运行中定期检查调整及时处理给煤机滚筒；清理皮带内侧燃煤等杂物黏结。

### 4. 给煤机断煤

（1）原因。原煤水分高煤斗内壁黏煤、原煤斗尾管堵塞，给煤闸板没有开启或因故障不能开启；大块原煤堆积堵塞出煤口或卡塞给煤机挡板；给煤挡板重锤过重或调整不当失控，原煤斗无煤。

（2）处理。加强煤的炉前处理工作，使入炉煤处理效果达到设计要求；启动原煤斗疏煤振动器、空气炮、空气锤等设备，或者敲打、疏通原煤斗尾管处堵煤；联系检修处理给煤闸板故障；调整给煤闸板开度，保持煤挡板重锤合适；原煤斗无煤时及时联系燃运专业上煤。较长时间不能恢复给煤，应停止给煤机、磨煤机运行。对直吹式制粉系统，根据锅炉负荷增大运行中其他制粉系统出力或启动备用制粉系统；对仓储式制粉系统，根据锅炉负荷及煤粉仓粉位决定是否启动备用制粉系统。

### 5. 给煤机减速机振动

（1）原因。减速机、电动机平衡没有找好，或者减速机地脚螺栓松动；减速机齿轮磨损造成啮合不好、齿轮中有硬质杂物，减速机内油质劣化或混有杂物；减速机轴承磨损。

（2）处理。对减速机、电动机重新找平衡，检查并紧固松动的地脚螺栓；修理或更换减速机齿轮，清理减速机油室，更换润滑油；检修或更换减速机轴承。

### 6. 驱动滚筒主轴断裂

（1）原因。磨煤机落煤管堵煤，限制了滚筒的转动；驱动滚筒主轴材质不良或制造、安装、检修工艺不当。

（2）处理。运行中加强监视和检查，防止并消除磨煤机落煤管堵煤现象；选用质量良好的驱动滚筒主轴材料，更换滚筒主轴，提高检修质量。

### 7. 给煤机不能启动

（1）原因。电源没有接通；电气接线断路或接触不良；电动机故障；控制器故障；皮带在主动滚筒上打滑。

（2）处理。检查并接通电源；检查并修理电气接线；检查并修理电动机；检修控制器；调整主动或从动滚筒，增加皮带张力。

### 8. 给煤机转动部分有异声和振动

（1）原因。安装或检修质量不良；螺栓及连接部位松动；润滑不好；轴承磨损或损坏，转动部分有杂物。

（2）处理。重新调整安装位置或检修；紧固螺栓连接及处理松动部位；添加润滑油或加注润滑剂；更换或检修轴承；检查，并清理转动部分杂物。

### 9. 皮带运转不能停机

（1）原因。电动机启动装置短路；控制器异常。

（2）处理。检查、修理、更换电动机；检查、修理控制器。

### 10. 给煤机清扫装置异常

（1）原因。给煤机较长时间皮带漏煤量大或燃煤中有"四大块"等坚硬异物，使清扫装置刮板变形；清扫链条断裂；清扫电动机异常。

（2）处理。加强燃煤的炉前处理和给煤机皮带的检修工作，更换刮板；检修链条；检查、修理、更换清扫电动机。

### 11. 耐压机体温度报警

（1）原因。原煤仓堵煤或煤闸板原因使落煤管煤量较少或断煤；密封风压低。

（2）处理。检查原煤仓或煤闸板，消除堵煤或断煤，保持落煤管煤量正常；保持密封风压在运行规程规定范围。

### 12. 两台给煤机转速相同而计量值不相同

（1）原因。计量装置零位没有调整好；称重传感器异常或故障；皮带张力没有调整好；演算器故障。

（2）处理。重新检查、调整两台给煤机的计量装置零位；检查修理称重传感器；调整主动或从动滚筒，增加皮带张力；检查修理演算器。

### 13. 给煤机负荷率上线异常

（1）原因。称重传感器部位异常或故障；演算器异常或故障；燃煤掺烧配比等原因使燃煤的密度变大。

（2）处理。检查修理称重传感器的连接或更换称重传感器；检查修理演算器；调整皮带速度，加强燃煤掺烧配比管理。

### 14. 给煤机负荷率下线异常

（1）原因。称重传感器部位异常或故障；演算器异常或故障；给煤机入口煤闸板没有开启或全开；给煤机入口堵煤；燃煤掺烧配比等原因使燃煤的密度变小。

（2）处理。检查修理称重传感器的连接或更换称重传感器；检查修理演算器；开启或全开给煤机入口煤闸板；处理给煤机入口堵煤；调整皮带速度，加强燃煤掺烧配比管理。

### 15. 给煤机电动机异常

（1）原因。给煤机电动机安装不好；电动机连接螺栓松动；电动机轴承异常。

（2）处理。重新安装给煤机电动机；拧紧电动机连接螺栓；检修或更换电动机轴承。

## 第四节　磨煤机及其系统故障及处理

### 一、磨煤机的跳闸及处理

（1）下列任一条件成立磨煤机跳闸：

1）锅炉 MFT 动作。

2）两台一次风机跳闸磨煤机联动跳闸。

3）排粉机跳闸或停止运行。

4）捅跳事故按钮。

5）操作员手动跳闸。

6）RB 自动选跳磨煤机。

7）失去煤火焰。

8）失去润滑油（油箱油位低、供油温度高、减速器温度高，油压低、供油流量低）。

9）机械部分故障引起电机过负荷。

10）低电压保护动作、电源和电动机等原因的电气故障。

11）中、高速磨煤机的保护动作（一次风压低于设定值或一次风机全部跳闸，密封风机与一次风机压差、磨煤机碗压低于设定值，磨煤机温度高，进入磨煤机的煤量小于30％的锅炉最大连续蒸发量时的煤量或设定煤量值，给煤机跳闸等原因）。

（2）发生下列情况应停止磨煤机：

1）电动机着火或冒烟。

2）磨煤机出口温度表计失灵，无法监视磨煤机出口温度。

3）粗粉分离器、细粉分离器、磨煤机严重堵塞。

4）原煤斗长时间断煤或给煤机故障不能正常运行。

5）磨煤机电流突然增大或减小。

6）润滑油压低或油管路破损漏油等危急轴承安全时。

（3）磨煤机跳闸的处理。

1）确认对应的给煤机应停止，如磨煤机跳闸，给煤机没有联动跳闸，应立即停止给煤机。

2）关闭磨煤机热风调整门、热风总门，开启磨煤机冷风门。

3）立即关小一次风机或排粉机入口门，保持较小的系统通风量，查找原因，消除后重新启动磨煤机、给煤机。如短时间不能启动磨煤机，应关小排粉机入口门、再循环门，保持排粉机运行。

4）对仓储式制粉系统，注意监视煤粉仓粉位，磨煤机短时间不能启动时，应启动备用的磨煤机或从相邻锅炉向本台锅炉煤粉仓送粉。对直吹式制粉系统，注意锅炉燃烧控制，根据锅炉负荷，增加运行中制粉系统出力或启动备用制粉系统。

### 二、低速钢球磨煤机及其系统的故障及处理

#### 1. 磨煤机断煤

（1）现象。磨煤机断煤信号发出，磨煤机出口温度升高；磨煤机出、入口压差减

小，入口负压增大，出口负压减小；磨煤机电流下降，排粉机电流先上升后下降（较断煤前仍高）；磨煤机内钢球与钢瓦的摩擦、撞击声音强烈。

（2）原因。原煤斗无煤或原煤因水分高而黏结、杂物堵煤，落煤尾管堵塞。皮带、刮板断裂、跳闸等原因的给煤机故障。

（3）处理。关小磨煤机入口热风门，开大入口冷风门或低温风门，控制磨煤机出口温度在规定范围；停止给煤机运行，处理原煤斗堵煤；原煤斗无煤时通知燃运专业立即上煤；原煤斗堵煤、给煤机故障短时间处理不好时，应停止磨煤机运行，同时注意煤粉仓粉位，必要时启动备用制粉系统或从相邻锅炉向本炉送粉。

**2. 磨煤机堵煤、满煤**

（1）现象。磨煤机出、入口压差增大，入口负压减小或变成正压，出口负压增大，一次风量减小；磨煤机出口温度急剧下降；磨煤机内声音减弱并沉闷；满煤初期磨煤机电流增大并摆动，严重满煤时磨煤机电流反而减小。排粉机电流减小，排粉机出口负压变小；磨煤机出、入口向外冒粉，回粉量大，回粉管上锁气器动作频繁。

（2）原因。给煤量过大，调整不当使通风量过小；运行中监视不够，给煤机自流、原煤调整挡板失灵、给煤机故障等。

（3）处理。立即减少给煤量或停止给煤机运行，保持磨煤机出口温度正常，增大磨煤机通风量，开大磨煤机出口风门进行抽粉。抽粉时保持一次风压稳定，注意监视磨煤机轴瓦温度；磨煤机入口落煤管堵塞时，做好安全措施，打开入口人孔门疏通或清掏；磨煤机满煤或严重满煤时，经抽粉处理无效果时，停止磨煤机打开筒体人孔门进行放煤处理。

**3. 磨煤机出口木屑（材）分离器堵塞**

（1）现象。磨煤机出、入口压差减小（木材分离器处在负压接点后），排粉机入口负压增大。

（2）原因。木屑分离器筛面被杂物、木块、煤块堵塞，木屑分离器较长时间未清理。

（3）处理。减少给煤量、磨煤机通风量，清理木屑分离器筛面上堵塞的杂物、木块、煤块；堵塞严重时，停止给煤机、磨煤机部分倒风，清理木屑分离器；处理木屑分离器堵塞时要注意安全，防止木材分离器摇臂击伤人体面部或肩部。

**4. 磨煤机入口热风总门自动关闭**

（1）现象。磨煤机出、入口负压增大；磨煤机出口温度下降，出、入口压差增大；排粉机入口负压增大，排粉机电流下降。

（2）原因。热风总门执行机构或控制部分故障。

（3）处理。缓慢开启磨煤机入口热风总门，如不能开启，应开启冷风门，按正常停止步骤停止制粉系统后，联系热工人员进行处理。

**5. 磨煤机热风调整门故障关闭**

（1）现象。磨煤机出、入口负压增大；磨煤机出口温度下降，出、入口压差增大；排粉机入口负压增大，排粉机电流下降。

（2）原因。热风调整门执行机构故障或热风调节门调整系统故障。

（3）处理。缓慢开启磨煤机热风调整门，如热风调整门不能开启，按正常停止步骤停止制粉系统运行后，联系热工人员进行处理。

**6. 磨煤机再循环门故障**

(1) 现象。磨煤机出口温度升高，排粉机电流下降，制粉系统各点负压均增大。

(2) 原因。再循环门执行机构机械或控制部分故障。

(3) 处理。开启磨煤机再循环门，如不能开启，应开启冷风门，保持磨煤机正常的出口温度，查明原因予以消除或联系热工人员进行处理。

**7. 润滑系统故障**

(1) 现象。磨煤机主轴承（空心轴径）温度高、巴氏合金磨损或熔化，减速机发热严重，温升大于70℃。

(2) 原因。润滑油中进入水等杂物使油质严重劣化，润滑油、冷却水供应不足或中断；油泵故障、滤网堵塞，齿轮油泵间隙增大超过允许值，供油管路破裂、泄漏；磨煤机运行中因振动等原因，供油门自动关闭。

(3) 处理。轴承温度升高时应检查油泵、润滑油系统及冷却水系统的工作情况，及时进行滤油、加油，开大冷却水阀门等处理；供油管路破裂、润滑油泄漏量大，或者磨煤机主轴承温度、减速机温度高于运行控制标准，威胁安全运行时，应立即停止磨煤机，联系机械检修人员检查并消除缺陷；供油门自动关闭时，应立即开启，并采取措施防止运行中自动关闭。

**8. 磨煤机混凝土基础破坏**

(1) 现象。底框与混凝土结合部位，以及地脚螺栓紧力松动，地脚螺栓断裂；混凝土裂纹、疏松、强度降低，导致磨煤机、减速机振动。

(2) 原因。水泥标号不足或错用水泥、钢筋不合格，混凝土强度不够，地基浇筑不好，土建结构不合理或施工质量差使低框散架；磨煤机、减速机较长时间渗油、漏油在混凝土基础上，润滑油渗入地基内部，破坏了混凝土强度，使地脚螺栓由于混凝土强度降低、松弛断裂。

(3) 处理。维修设备及润滑油管路，消除漏油、渗油现象，紧固或更换地脚螺栓；根据混凝土基础破坏情况进行修复，破坏严重时应重新浇筑混凝土基础。

**9. 磨煤机转动装置、减速机、电动机发生振动冲击**

(1) 现象。磨煤机的转动装置、减速机、电动机振动超过正常值，并发出撞击、摩擦等异常声音。

(2) 原因。齿轮齿距误差大、啮合间隙过小、齿圈接合面接合不良、轮齿严重磨损或折断；基础固定。螺栓松动，传动轴与减速机或电动机的联轴器故障、轴承损坏。

(3) 处理　调整齿轮的齿顶与齿侧间隙，紧固齿圈接合面螺栓；紧固基础螺栓，修补磨损齿轮，轮齿折断时更换齿轮；振动剧烈威胁安全运行时，应紧急停止运行，查明原因予以消除。

**10. 磨煤机减速机发热**

(1) 现象。磨煤机减速机体烫手，减速机回油温度升高，排气孔冒出油烟汽。

(2) 原因。润滑油质劣化、润滑油内杂质堵塞喷油孔使油量不足或断油、冷却水量小或中断等原因造成减速机发热；减速机轴承缺油、轴承内套松动，减速机排气孔堵塞；地基不牢固或地脚螺栓松动，减速机振动；轮齿啮合不好及轮齿磨损等原因使减速机发热。

（3）处理。减速机机体、轴承发热时应停止磨煤机运行，查找原因并及时消除；运行中应定期检查润滑油压、油量，保持冷却水充足、畅通，过滤或更换润滑油，疏通排气孔；拧紧地脚螺栓或处理基础，消除减速机振动；定期测量、调整轴承间隙，检修齿轮。

**11. 滚珠轴承冲击**

（1）现象。滚珠轴承处发出撞击、摩擦等异声。

（2）原因。滚珠轴承严重磨损或破裂，滚珠架散架；轴承内套松动、破裂或滚珠有严重麻点。

（3）处理。更换滚珠架、有麻点的滚珠、轴承内套，轴承严重磨损时应予以修复或更换。

**12. 磨煤机主轴瓦漏油**

（1）现象。磨煤机主轴瓦结合面处向外渗油、漏油。

（2）原因。轴承密封毛毡垫磨损、间隙增大，供油压力高、供油量大或回油管路堵塞，磨煤机振动、晃动大、主轴承有较大的椭圆度。

（3）处理。更换密封毛毡，在空心轴径上加装挡油环；保持润滑油质清洁，控制供油量及保持供油压力正常，疏通回油管路；加强检修维护保持磨煤机振动、晃动在规定范围，如主轴承椭圆度超出标准，应更换轴颈。

**13. 对轮发出异声**

（1）现象。磨煤机运行中对轮发生撞击、摩擦等异常声音。

（2）原因。齿形对轮内缺少润滑油脂使齿面严重磨损，弹性对轮橡皮套严重磨损，润滑剂老化；对轮间隙小、销子松动及中心不正等。

（3）处理。齿形对轮齿面磨损严重时要及时修复或更换，弹性对轮橡皮套磨损严重时应予以更换；定期加入或更换润滑剂，调整对轮间隙，对轮重新找正。

**14. 磨煤机出口温度急剧升高**

（1）现象。磨煤机出口温度从正常控制值迅速升高。

（2）原因。大块煤卡塞等原因造成断煤，给煤机故障；给煤量调整不当，磨煤机冷、热风调整不合适。

（3）处理。磨煤机出口温度超过规定值时，冷风门应自动打开。冷风门没有联动开启时手动开启，并适当关小热风门，防止磨煤机入口冒正压；处理给煤机断煤、堵煤等故障。

**15. 磨煤机烧瓦**

（1）现象。磨煤机大瓦温度超过规定值、润滑回油温度高，持续较长时间时冷却水温升高，严重时乌金从轴径和大瓦结合面流出。

（2）原因。刮瓦质量不良、轴瓦表面不能形成润滑油膜；磨煤机进口热风温度较高；磨煤机大罐热膨胀受阻、轴承产生位移；球面不能起到自动调心作用；冷却水发生故障或中断。

（3）处理。发现磨煤机大瓦温度升高，应立即开大润滑油进油阀门、开大冷却水，磨煤机出口温度保持下线、减小给煤量、维持磨煤机低负荷，观察大瓦温度情况保持运行（此处理仅适于无备用磨煤机、煤粉仓粉位低，且系统不允许减少全厂负荷的情况）；经以上处理磨煤机大瓦温度不能下降或稳定且仍有上升趋势，或者乌金从轴径和大瓦结合面流出，应立即停止磨煤机运行、倒风，根据情况从临炉送粉或降低锅炉负荷，联系检修处理。

### 16. 磨煤机不能启动或启动时跳闸

（1）现象。磨煤机开关合闸后不能启动、启动后即跳闸，或者启动后磨煤机电流不正常降低。

（2）原因。磨煤机电动机、电气部分故障，或者启动时厂用电压低；磨煤机停止时没有彻底抽粉、满煤处理时卸载（煤）量不够、磨煤机检修后钢球加入过量，致使磨煤机启动时电动机过负荷；联轴器装置故障等原因。

（3）处理。检查并处理磨煤机电动机、电气及厂用电部分故障；磨煤机满煤后进行充分卸载，检查、处理传动销及联轴器故障或更换联轴器。

### 17. 运行中磨煤机筒体脱开

（1）现象。磨煤机电流不正常降低，磨煤机筒体空心轴颈运行中断裂、筒体与减速机或联轴器脱开。

（2）原因。磨煤机制造质量差、安装有较大缺陷或运行周期过长、金属疲劳破坏等原因使筒体空心轴径断裂；联轴器设计、制造缺陷或材料不良及检修质量差等原因使磨煤机筒体与联轴器、减速机脱开。

（3）处理。发现磨煤机筒体不转动，应立即停止制粉系统运行，通知检修人员处理联轴器、筒体轴颈，并检查筒体内存煤量，必要时卸载；磨煤机筒体空心轴径断裂时，积极配合检修工作，提前做好本炉送粉准备。

### 18. 煤粉管道振动

（1）现象。制粉系统煤粉输粉管道振动、摇晃，管道走向位移。

（2）原因。制粉系统煤粉输粉管道受热不均匀，膨胀节、支撑装置、吊架破坏，或者膨胀节、支撑装置、吊架设计、安装位置不对、数量不足。

（3）处理。制粉系统启动时要进行充分的预热，使煤粉输送管道受热均匀；定期检查管道的膨胀结、支吊架受力，根据振动情况，调整其位置或加装必要的膨胀结、支吊架。

## 三、中速磨煤机及其系统的故障及处理

### 1. 磨煤机电动机振动、电流摆动

（1）现象。电动机本体振动，电动机电流不稳定，在额定电流下摆动。

（2）原因。磨煤机衬板翘起或铁件进入磨煤机；给煤量过少；磨煤机磨盘销子磨损，电动机地脚螺栓松动等。

（3）处理。停止磨煤机检查处理衬板、清理机内杂物；增大给煤量；更换磨损的磨盘销子；紧固电动机地脚螺栓。

### 2. 磨煤机运转不正常

（1）现象。磨煤机运转有异常噪声等。

（2）原因。碾磨件有异物；碾磨件磨损；导向板磨损或间隙过大；液压缸蓄能器中氮气过少或气囊损坏；磨盘上无煤。

（3）处理。停止磨煤机运行，消除异物；检查碾磨件及其他部件是否损坏，并对症处理（当磨煤机进入铁块等高硬度异物时，不及时处理会损坏碾磨件）；更换或调整导

向板及间隙；停止磨煤机和液压站，充气检查液压缸蓄能器压力，检查并处理落煤管或给煤机缺陷；加强入炉煤管理及处理。

**3. 石子煤量增多甚至排煤**

（1）现象。大量石子煤甚至原煤排出，石子煤煤箱清理频繁。

（2）原因。给煤量不均匀、磨煤机过负荷；磨辊、衬板磨损严重，磨辊间隙大；磨盘与磨辊间隙过大或过小（碗式磨煤机）；磨煤机密封橡胶损坏，冷风大量漏入；磨辊不转动或弹簧拉（压）力不够；磨盘上被原煤簸箕状磨透，原煤漏入风环内；原煤中含矸石量大；磨煤机通风量小。

（3）处理。保持给煤量均匀连续、磨煤机不得超负荷运行；增加磨煤机通风量；停止磨煤机运行，检修或更换磨损的磨辊衬板，调整磨辊间隙及弹簧拉（压）力、更换损坏的密封橡胶、补焊或更换磨盘；加强入炉煤处理或更换含矸石量少的煤种。

**4. 煤粉过粗**

（1）现象。煤粉细度超出控制最大值，时间较长时锅炉主蒸汽压力上升、温度升高、排烟温度升高。

（2）原因。给煤量不均匀或磨煤机压差大；旋转式煤粉分离器皮带松弛或脱落，分离器转速过低或不转动；碾磨压力过小；磨辊衬板磨损严重。对 MPS、MP 型磨煤机，一次风流量过大；碾磨压力过小；煤粉分离器叶片角度调整不当或磨损；分离器回粉锥磨损严重或磨穿；液压油过热。

（3）处理。保持给煤量均匀、磨煤机压差在运行控制范围；检查并处理旋转式煤粉分离器故障；检修或更换磨损的磨辊衬板。对 MPS、MP 型磨煤机，调整一次风量适当；调整合适的碾磨压力；调整分离器叶片角度及转速；更换煤粉分离器叶片或分离器回粉锥，以及调整角度；增加冷却水量。

**5. 启动后磨煤机压差大，一次风机或排粉机电流小**

（1）现象。磨煤机压差高于正常值，一次风机或排粉机电流小于正常值。

（2）原因。一次风机或排粉机一次风门销子脱落，一次风门没有开启；一次风管堵塞；燃烧器一次风口结焦。

（3）处理。检查并处理一次风门机械部分故障，开启风门；清除一次风口结焦，疏通堵塞的一次风管。

**6. 磨煤机启动时不能转动**

（1）现象。磨煤机开关合闸后不能启动、启动后电动机电流不正常降低。

（2）原因。磨煤机停止后给煤机漏煤，使磨盘上煤量过多；磨煤机电动机、电气部分故障，或者机械部分故障如被铁件杂质卡死、联轴器脱开等。

（3）处理。磨煤机停止后关闭原煤闸板，防止原煤漏入磨煤机；检查并处理磨煤机电动机的低电压保护、过流保护、电源、电压及电动机等故障；检查并处理磨煤机的机械部分故障，如清除杂物，连接并紧固联轴器等。

**7. 磨辊或磨盘振动**

（1）现象。磨煤机内部发出异常的振动声音，磨煤机电流摆动较大；磨辊不正常的跳动；振动过大时引起磨煤机本体强烈的振动。

（2）原因。原煤中"四大块"进入磨煤机内；磨煤机导流板、磨辊端盖及其他机械部件损坏落入磨盘。

(3) 处理。如磨煤机本体出现强烈振动并危及设备安全时，应立即停止磨煤机运行。停止磨煤机，检查并清理杂物；检修损坏部件，修复后重新启动观察，加强入炉煤处理，消除"四大块"。

### 8. 磨煤机内部着火

(1) 现象。磨煤机出口温度不正常急剧升高，磨煤机本体温度异常升高，排出的矸石燃烧或排出炽热的焦炭。

(2) 原因。原煤斗内自燃的原煤进入磨煤机内，磨煤机出口温度保持过高；磨煤机停止时残存的煤粉没有吹干净，煤粉自燃；磨煤机石子煤箱没有及时清理，充满可能阴燃的黄铁矿及纤维等可燃物。

(3) 处理。开大冷风门降低磨煤机出口温度和内部温度；停止给煤机运行，进行磨煤机低温通风吹扫，排干净燃烧的煤矸石，同时增大运行中制粉系统出力或启动备用的制粉系统；情况危急时应立即停止磨煤机，关闭磨煤机进口热、温、冷风门，开启消防蒸汽进行灭火；确认磨煤机内部着火熄灭后，重新启动磨煤机。

### 9. 磨煤机油系统故障

(1) 现象。油系统压力指示低于规定值，减速机及轴承等温度升高。

(2) 原因。磨煤机磨盘或减速机油泵跳闸，油泵的机械或电气部分故障、供油管路泄漏或滤网堵塞、油箱油位过低等原因。

(3) 处理。磨煤机磨盘或减速机油泵跳闸或供油压力低于极限值，如保护未动作，应立即停止磨煤机及制粉系统运行；磨盘主推力瓦温度达到或超过最高允许值、磨盘减速器润滑油供油温度超过最高允许值，保护未动作时，应立即停止磨煤机及制粉系统运行；磨辊润滑油中断且短时间内无法恢复时，应停止磨煤机及制粉系统运行。磨煤机停止后应检查检修磨煤机油站系统并恢复运行，同时增大运行中制粉系统出力或启动备用的制粉系统。磨辊为液压加压系统的磨煤机，加压油泵跳闸或加压系统压力过低时，应停止给煤机运行，故障消除后再启动给煤机。

### 10. 磨煤机堵煤

(1) 现象。磨煤机电流增大，碗压升高；磨煤机出口温度降低，通风量减少，石子煤异常增多；锅炉主蒸汽压力、温度降低；锅炉燃烧投入自动时，其他制粉系统出力增加。

(2) 原因。磨煤机调整不当或自动失灵，通风量过小；给煤量过大，未及时排放石子煤，磨煤机内部故障；弹簧加载装置故障，磨煤机出力下降，一次风进口风环间隙过大。

(3) 处理。堵煤不严重时立即降低给煤机转速减少给煤量，堵煤严重时立即降低给煤机转速到零后停止给煤机运行；关小冷风调节挡板，开大热风调节挡板，加强磨煤机通风。通风量过大时，注意防止突然吹开堵煤造成爆燃。吹堵过程中严格监视磨煤机通风量，主蒸汽压力、温度，汽包水位的变化，并及时进行调整；加强石子煤的排放，根据锅炉负荷调节磨煤机的出力。经以上处理仍无效果时停止磨煤机及制粉系统运行，增大运行中制粉系统出力或启动备用制粉系统，进行人工清理。

(4) 防止堵煤措施。加强运行监视，保持磨煤机通风量正常，定期检查石子煤箱，及时排放石子煤；保持给煤机设备完好，监视给煤机自动、防止失灵，定期检查磨煤机内部碾磨部件，保持其良好的运行工况，监视磨碗差压及各段风压，并保持其正常。

**11. 磨煤机出口一次风管堵塞**

(1) 现象。堵塞的一次风管温度降低，磨煤机出口风压增高，磨煤机通风量下降；锅炉燃烧室角火焰或层火焰消失。

(2) 原因。一次风量过小、风速过低，使煤粉沉积在一次风管中；煤粉水分高，煤粉在一次风管内壁黏结堵塞；煤粉中有杂物堵塞一次风管；一次风管结构、布置或安装不合理；煤粉过粗，燃烧器内结焦，磨煤机出口一次风管缩孔调节不当。

(3) 处理。磨煤机给煤量减到最小，保持合适的通风量，进行堵塞的一次风管缓慢吹管。吹扫中注意吹扫风量风压的调节，以及主蒸汽压力、温度、汽包水位的调节；煤粉分离器堵塞时及时联系检修处理，磨煤机及制粉系统三个及以上一次风管堵塞时，角火焰失去 3/4 时磨煤机跳闸，按照磨煤机跳闸处理。

**12. 磨煤机磨辊油系统不正常**

(1) 现象。磨辊油位低；磨辊油温度高。

(2) 原因。密封件失效；磨辊油位低或磨辊装配油位低；轴承损坏；磨辊密封管道故障或磨穿。

(3) 处理。停止磨煤机及制粉系统运行，修理或更换密封件或磨辊，注油到规定油位；更换磨辊轴承；修理或更换磨辊密封管道。

**13. 油分配器前油压过低**

(1) 现象。油分配器前油压指示低于规定值、报警。

(2) 原因。油泵工作不正常；油泵前阀门未全开有节流现象；双油过滤器堵塞；油泵后阀门未全开有节流现象；油中有杂质、供油管道堵塞。

(3) 处理。检查油泵并对应处理；全开油泵前阀门、油泵后阀门；清洗双油过滤器过滤原件；滤油清除杂质，疏通供油管道。

**14. 旋转式煤粉分离器工作不正常**

(1) 现象。运行期间煤粉分离器温度过高或过低；煤粉分离器温度上升过快。

(2) 原因。一次风温度控制装置故障，或者一次风温度控制失灵；磨煤机内着火、煤粉分离器温度大于 110℃。

(3) 处理。将一次风温度控制装置切换为手动控制，消除控制装置故障；紧急停止磨煤机及制粉系统运行，打开蒸汽通入阀门灭火，直至温度降低。

**15. 磨煤机密封风压和密封风机压差及一次风压减小**

(1) 现象。磨煤机密封风压、密封风机压差低于规定值、报警。

(2) 原因。密封风机入口过滤器堵塞；密封风机管道挡板位置不正确；密封风机管道漏气或损坏；磨辊、拉杆或下架体部位密封失效或密封风管道损坏；密封风机故障。

(3) 处理。停止磨煤机运行，清洗过滤器；将挡板调至正确位置；修理或更换失效密封及密封风机管道；消除密封失效或修理密封风管道，消除密封风机故障。

**16. 润滑油站过滤器故障**

(1) 现象。润滑油站过滤器压差低于规定值、报警。

(2) 原因。润滑油质不良，导致过滤器堵塞。

(3) 处理。停止磨煤机运行，转换过滤器并更换滤器网，滤油或更换合格的润滑油质。

**17. 磨煤机停机时润滑油温过低**

(1) 现象。磨煤机停机时润滑油温低于规定值、报警。

（2）原因。油温监测装置关闭；加热器不工作。

（3）处理。开启油温监测装置；检查加热器，必要时检修加热器。

**18. 磨煤机润滑油温过高**

（1）现象。润滑油温高于规定值、报警。

（2）原因。油冷却器未开启；温度控制器工作不良，冷却水量不足。

（3）处理。开启油冷却器；检查并修理温度控制器；检查冷却水管道，并开大冷却水量。

## 四、高速磨煤机（风扇式磨煤机）及其系统的故障处理

**1. 磨煤机内撞击**

（1）现象。磨煤机电流突然升至最大值或不正常的大幅度摆动；磨煤机内发出剧烈的撞击和振动声响。

（2）原因。原煤中混有铁块、矸石等"四大块"进入磨煤机内，磨煤机冲击板、护甲断裂，造成磨煤机风扇、机壳的撞击、卡涩。

（3）处理。立即停止磨煤机运行，控制锅炉燃烧并转移部分负荷，清除磨煤机机腔内铁件、矸石等"四大块"杂物，检查修复或更换冲击板、护甲。加强原煤的炉前处理工作。

**2. 磨煤机堵塞**

（1）现象。磨煤机电流增大、入口负压变成正压、轴封处冒粉，磨煤机出口风压降低、出口温度降低。

（2）原因。原煤水分较高或煤种变化时，没有及时调整给煤量，原煤中杂物多或给煤量过大；煤粉分离器回粉锁气器动作不正常，回粉量大；磨煤机启动前没有开启一次风门，或者制粉系统运行中磨煤机热风门自动关闭。

（3）处理。停止给煤机或减少给煤量，增大系统通风量进行吹扫，吹扫过程中应监视磨煤机出口温度、风压及电机电流，经过 5min 以上吹扫后，磨煤机电流指示仍不能恢复正常时，应停止磨煤机疏通堵煤。

**3. 煤粉分离器、锁气器堵塞**

（1）现象。磨煤机电流下降，磨煤机入口负压、出口风压增大，出口温度降低，锁气器不动作，煤粉细度变粗、不合格。

（2）原因。锁气器卡涩动作不灵活，锁气器重锤调节不当或木屑、棉纱等杂物堵塞；系统通风量过小，煤粉分离器调整挡板等设备故障。

（3）处理。加强入炉煤的处理，避免木屑、棉纱等杂物混入原煤，运行中保持规定的系统通风量；打开锁气器手孔清除杂物，放干净回粉，调整锁气器重锤位置；停止磨煤机，消除煤粉分离器调整挡板等故障。

**4. 风扇磨煤机的一般故障**

风扇磨煤机的一般故障有较严重的振动和摩擦、轴承温度高、机械部分损坏，电气部分故障等现象。

（1）原因。地基基础损坏、地脚螺栓松动，叶轮等部件磨损造成转动部分不平衡；油质不良或缺油、冷却水量不足；电机、电源、控制保护等电气热控部分故障。

（2）处理。运行中轴承温度高，经加油或换油、开大冷却水门等措施处理后温度仍

超过规定时，磨煤机振动剧烈、摩擦严重、有设备损坏危险时，应停止磨煤机运行，紧固地脚螺栓，全面检查消除磨煤机缺陷；联系电气检修人员处理电气部分电机、电源、控制保护等故障。

**5. 磨煤机着火**

（1）现象。磨煤机出口温度急剧升高，磨煤机不严密处有火星冒出、燃烧部位机壳烧红、油漆脱落。

（2）原因。磨煤机温度高于规定值，机内煤粉自燃或有外来火源。

（3）处理。发现磨煤机出口温度急剧升高、不严密处有火星冒出时，应降低出口温度，立即开启冷风，关小热风，加大给煤量；磨煤机着火后应立即停止运行，用灭火器或消防装置灭火。

**6. 制粉系统爆炸**

（1）现象。爆炸时有爆炸的响声，防爆门破裂，煤粉大量喷出，系统不严密处冒煤粉、烟尘，磨煤机风压剧烈波动，锅炉炉膛负压波动较大，负压波动幅度较大时造成保护动作、锅炉灭火。

（2）原因。磨煤机出口温度较高，原煤中混入油质、雷管等易燃易爆物品，制粉系统内积粉自燃，启动时氧气量充足导致爆炸。

（3）处理。紧急停止制粉系统运行，用灭火器或消防设施灭火。灭火后对制粉系统进行全面检查，系统恢复正常后才能启动。

# 第五节　制粉系统辅助设备故障处理

## 一、排粉机的跳闸及处理

### 1. 排粉机跳闸条件 （任一）

（1）排粉机机械部分或电气部分故障。

（2）锅炉 MFT 动作。

（3）事故按钮动作跳闸。

（4）排粉机保护动作跳闸。

### 2. 排粉机跳闸的处理

当并列运行的排粉机有一台跳闸时，应迅速投入助燃油枪，控制炉膛负压，调整燃烧并转移锅炉负荷，将跳闸的排粉机开关置于停止位置，关闭排粉机入口门、再循环门及排粉机出口门；当送风机风量不能满足制粉时，应停止磨煤机及制粉系统运行；排粉机所带给粉机没有联动停止时，应立即手动停止；一次风量小，可停止一台给粉机或调小部分给粉机转速。处理中如锅炉炉膛灭火，按锅炉灭火处理；检查系统，查找排粉机跳闸原因，消除缺陷后重新启动排粉机。

## 二、一次风机的跳闸及处理

### 1. 一次风机跳闸条件 （任一）

（1）一次风机机械部分或电气部分故障。

（2）事故按钮动作跳闸。

（3）一次风机保护动作。

（4）锅炉 MFT 动作。

**2. 一次风机跳闸的处理**

（1）单台一次风机运行中跳闸。

1）现象。一次风机电流指示回零，红灯熄灭、绿灯闪光、事故喇叭响；联锁保护投入时降负荷保护动作，锅炉负荷自动降低到设定值；中间仓储式制粉系统停止部分给粉机运行。一次风机出、入口门关闭；一次风压降低。

直吹式制粉系统停止设定（部分）制粉系统运行，并投入油枪或其等离子点火装置助燃；锅炉只设置一台一次风机时，一次风机运行中跳闸锅炉灭火，锅炉 MFT 保护动作。

2）原因。辅助机械联锁、锅炉大联锁保护动作；事故按钮被按动；电气部分故障；转动机械轴承缺油、损坏。

3）处理。将所跳闸设备开关复位，适当降低锅炉负荷运行；中间仓储式制粉系统调整风量，在一次风管不堵塞的条件下增加给粉机转速，及时投入油枪或其他点火装置助燃；直吹式制粉系统，锅炉及时投入油枪或其他点火装置助燃，停止部分制粉系统运行，增大运行的制粉系统出力，及时调整锅炉燃烧；迅速查明一次风机跳闸原因并消除，恢复一次风机运行；处理中如锅炉灭火，按灭火处理。

（2）两台一次风机运行中同时跳闸。

1）现象。一次风机电流指示回零，红灯熄灭、绿灯闪光、事故喇叭响；直吹式制粉系统锅炉联锁保护投入时降负荷保护动作，锅炉负荷自动降低到设定值、锅炉灭火；配中间仓储式制粉系统锅炉灭火。

2）原因。辅助机械联锁、锅炉大联锁保护动作，锅炉 MFT 动作；电气部分故障。

3）处理。按锅炉灭火处理，防止灭火打炮事故；如一次风机短时恢复运行按正常停炉处理。

## 三、给粉机的跳闸及处理

**1. 给粉机跳闸条件 （任一）**

（1）电气部分故障或机械部分故障。

（2）锅炉 MFT 动作停止全部给粉机。

（3）给粉机电源故障跳对应的给粉机。

（4）其他保护动作跳设定层的给粉机。

（5）一台排粉机跳闸联动停止对应的给粉机；两台排粉机跳闸联动停止全部给粉机。

（6）一台一次风机跳闸联动停止对应层给粉机，两台一次风机跳闸联动停止全部给粉机。

**2. 给粉机跳闸的处理**

单个给粉机跳闸，将其开关置停止位置，控制炉膛负压，调整锅炉燃烧，开启备用给粉机一次风挡板，启动备用给粉机，关闭跳闸给粉机的一次风挡板，检查给粉机跳闸原因并进行相应处理；一台一次风机跳闸联动一层给粉机跳闸，应迅速投入助燃油枪或等离子点火装置，控制炉膛负压，控制锅炉燃烧并转移部分负荷，关闭跳闸给粉机的一次风挡板，检查给粉机跳闸原因并进行相应处理。

仓储式制粉系统因排粉机跳闸引起给粉机联动跳闸时，应迅速投入助燃油枪，控制炉膛负压，控制锅炉燃烧并转移部分负荷，处理过程如锅炉灭火，按运行操作规程锅炉灭火处理。

两台排粉机跳闸、两台一次风机跳闸、给粉机电源全部中断，按运行操作规程紧急停锅处理；因 MFT、其他保护或给粉机电源故障跳闸，根据运行操作规程对应条款处理。

## 四、典型故障及处理

### 1. 排粉机机械部分故障

（1）现象。排粉机振动，轴承温度升高，连接靠背轮晃动，基础破坏、主轴扭断、轴承箱损坏等。

（2）原因。排粉机转子叶片磨损或断裂、转子动态不平衡；轴承磨损、润滑油质不良、冷却水不足等原因使轴承温度升高，并有摩擦、撞击声音；联轴器材质不良、中心不正导致运转中晃动；排粉机与电动机中心不正、长时间不平衡运行，致使排粉机、电动机振动加剧，被迫停止运行；基础破坏预埋螺栓松动。

（3）处理。停止排粉机及制粉系统运行，检查排粉机叶轮、叶片，对磨损部位进行补焊，补焊后对叶轮做动平衡试验，叶轮损坏严重时应及时更换，防止运行中飞车；检查轴承箱、轴承、主轴，检查润滑、冷却情况，处理检查出的缺陷；检修并重新对电动机、排粉机找中心，检查排粉机基础，紧固地脚螺栓，地基破坏严重时重新浇筑地基。

### 2. 一次风机故障及处理（静叶可调式一次风机）

（1）轴承温度高。

1）原因。轴承间隙小；轴承磨损；润滑油缺少。

2）处理。停止一次风机运行，重新调整间隙；更换轴承；添加润滑油至规定。

（2）运行声音异常。

1）原因。轴承间隙大；叶片摩擦转子套筒。

2）处理。停止一次风机运行，检查更换轴承；检查叶片摩擦转子套筒原因并处理。

（3）运行中周期性出现不稳定振动。

1）原因。轴承间隙磨损后增大；粉尘、杂物等进入轴承，影响润滑、损坏轴承；风机地脚螺栓或轴承座螺栓松动；风机转子系统不平衡引起受迫振动或基础共振。

2）处理。停止一次风机运行更换轴承；修理或更换轴承密封；紧固风机各部位螺栓；现场做风机转子静平衡试验或返厂做风机转子动平衡试验。

（4）负荷不能调整。

1）原因。导向叶片调整装置卡涩或损坏；摩擦转子套筒伺服机构损坏；叶片变形。

2）处理。检查摆杆及连杆铰接处是否松动并修理；检修控制环的悬吊装置；检查并更换叶片。

（5）风机运行中晃动。

1）原因。转子配重不均衡；叶片受腐蚀，造成叶片单侧不均衡运行中偏心；风机与电动机找正不好或地脚螺栓松动。

2）处理。重新配置配重；检查并更换腐蚀的叶片；对风机与电动机重新找正，并拧紧地脚螺栓松动。

（6）并列运行中风机电流不同。

1）原因。风机可调式导向叶片位置不同步。

2）处理。调整风机导向叶片位置同步。

**3. 一次风机故障及处理（动叶可调式一次风机）**

（1）轴承振动大及运行不平衡。

1）原因。叶轮上灰尘沉积或出现灰尘等剥落层，叶轮不均匀磨损，轴承游隙过大，轴承磨损，轴承过早失效，联轴器未校正，地基下沉、机件松动。

2）处理。停止风机运行，清洁叶轮，查明原因，对症处理；测量叶轮磨损，叶轮做静平衡或动平衡；调整轴承到正常游隙；装配新轴承；重新校正联轴器；修复地基，重新校正紧固件或联轴器。

（2）轴承温度过高。

1）原因。风机油站测温元件故障，疲劳或磨损引起轴承损坏，轴承或轴承间隙不合适，润滑油量过小、黏度太大；密封冷却风机污染或密封冷却风机失效。

2）处理。检修或更换测温元件；更换轴承；按设备厂家规定的轴承型号更换轴承，并保证间隙；加大润滑油量、滤油或更换设备厂家规定的润滑油；清洁密封冷却风机及进口栅网；检修密封冷却风机。

（3）润滑油温度过高、过低。

1）原因。风机油站加热器未关或温度设定过高，冷却水未开或冷却水量过小，冷却水温太高，冷却器污染或质量差，外界有热源影响。风机油站加热器未开启。

2）处理。检查调温器，并调整或停止加热器加热；开启冷却水或调整冷却水量；加大冷却水量；清洁冷却器或更换清洁冷却器；检查并保护供油与外界热源有效隔离。检查调温器和加热器。

（4）润滑油压力过高、过低及波动。

1）原因。油过滤器被污染、堵塞，油管路泄漏，阀门堵塞或失灵，压力阀故障时，油温高、油位低，油泵故障。溢流阀失调。蓄压器失去功能、不起作用。

2）处理。转换备用油过滤器，清洁污染、堵塞的油过滤器；更换油封、紧固松动，纠正漏油；矫正或清洁阀门；启动备用油泵、更换油泵。调节溢流阀。检查蓄压器，重新按规定充氮或更换蓄压器。

（5）润滑油脏、污，含水。

1）原因。油箱加错油，油过滤器故障或滤网过粗；油管路或密封不好，油质过差或加错油。流道气体渗入。外界水渗入油中，冷油器泄漏，油箱中水没有排净。

2）处理。更换设备厂家规定合格的油质，检修油过滤器或更换油过滤器滤网；更换油管路或密封，按设备厂家规定更换合格的油质。清理并清洁通（透）气栅网；检查密封空气压力，更换轴封。采取保护措施，防止外界水渗入油中；检修冷油器；定期排出油箱积水。

（6）油箱油位下降。

1）原因。主轴承油泄漏，管道连接处渗油漏油，油软管故障，密封件磨损。

2)处理。根据主轴承油泄漏情况对症处理，检查并紧固内外管道接头、更换密封，更换软管，检查调整密封冷却气，更换密封件。

（7）主轴承、叶片轴承油泄漏。

1）原因。主轴承密封损坏，供油量过大，油位过高，密封平衡管不通气。叶片轴承垫圈损坏，非原装垫圈或油已失效，流道气温过高不能承受。

2）处理。更换主轴承密封，减少供油量，降低油位，清理密封平衡管及栅网。更换叶片轴承垫圈，更换并使用原装垫圈或换油，限制流道气温，检修叶片轴承，检查并处理风机膨胀节等部位的损坏。

（8）轴承过早失效。

1）原因。润滑油量过小（少），润滑油脏污，轴承座脏污，轴承损坏。

2）处理。开大供油阀门或向油箱加油，滤油或换油，清洁轴承座，停止风机运行，检修并查明原因，更换新轴承。

（9）叶片轴承卡滞。

1）原因。叶片轴承无润滑脂或润滑油，叶轮（毂）上有积垢。

2）处理。加注润滑脂，清理并洁净叶轮（毂），查明原因；关闭风机挡板，确认没有不允许的气体遗留，继续运行空气密封风机。

（10）动叶、导叶、空心支撑柱磨损。

1）原因。运行周期较长或空气预热器积灰磨损，气流冲击过于集中。

2）处理。定期检测磨损是否超过允许极限，控制含尘量。安装倒流护板。

（11）动力控制故障。

1）原因。执行器传动障碍或行程过快，控制油压过低，伺服电机活塞密封件磨损，叶片轴承被卡滞，动叶磨损，控制头卡住造成伺服电机高压软管破裂。

2）处理。调整执行器驱动、行程时间及连杆，调整密封油压，更换密封件。如叶片轴承卡滞则对症处理。更换备用动叶，检查控制头、控制阀与活塞的同轴度。

**4. 叶轮给粉机故障**

（1）现象。给粉机保险销（安全销）扭断，立轴和减速箱故障，给粉机跳闸。给粉机下粉不正常或不下粉，对应的单管一次风不正常，锅炉主蒸汽压力、温度下降。

（2）原因。给粉机电气部分或电动机故障、热电偶动作；给粉机因机械部分摩擦、卡涩等原因过负荷；煤粉仓粉位低使煤粉经给粉机自流、给粉机转速不稳定；煤粉水分高、给粉机中有杂物等原因使给粉机跳闸、保险销（安全销）扭断，或者强行启动卡断保险销；给粉机立轴疲劳断裂，或者由于减速机内杂物污染、缺油、发热，涡者轮蜗杆磨损、咬死，致使对轮连接脱开；保险销断裂、给粉机转速过高、煤粉水分高、流动性差、下粉不畅或下粉管堵塞、给粉机下粉孔堵塞等原因。

（3）处理。发现给粉机跳闸，将给粉机开关置于停止位置，应先检查给粉机本体，进行给粉机盘车，检查给粉机内无杂物及机械卡涩，检查给粉机电动机及其电气部分，电源中断时联系送电后方可启动；启动后转速不稳定时，切换至手动控制观察运行；给粉机不下煤粉时，应检查机械部分、保险销及下粉管、煤粉插板，敲打下粉管、开大给粉挡板，经以上处理仍不下粉时，应停止给粉机，关闭挡板，清掏给粉机机腔内煤粉、杂物，更换折断或甩落的对轮保险销，进行给粉机盘车检查机械部分无摩擦、卡涩后方可启动；检查立轴和减速箱是否发热、咬死，清理涡轮室，更换润滑油，如立轴扭断，涡轮蜗杆严重磨损、咬死，轴承磨损，应退出运行联系检修。

**5. 给粉机电源全部中断**

（1）现象。锅炉发出 MFT 及相应的报警，炉膛负压急剧增大，火检 TV 显示炉膛灭火、灭火信号出现，FSSS 火检指示灯熄灭；主蒸汽温度、压力下降，尾部烟道氧量增大，汽包水位瞬间下降后迅速上升；汽轮机、发电机相继跳闸，旁路门开启，厂用电切换至备用侧。

（2）原因。厂用电中断，380 电源故障，电气回路或开关故障，工作电源跳闸，备用电源没有自动投入。

（3）处理。发现锅炉灭火时，如 MFT 拒动，应立即手动 MFT 按钮，以 MFT 动作处理程序进行操作，处理中防止汽包减、满水，锅炉重新启动时通风量应大于正常运行的 30%、通风时间不少于 5min 进行燃烧室吹扫。

**6. 输粉绞笼运行中跳闸**

（1）现象。输粉绞笼运行指示灯熄灭，受粉炉煤粉仓粉位不增高或降低。

（2）原因。输粉绞笼电动机或电气部分原因故障，受粉炉煤粉仓下粉插板没有开启，导致输粉绞笼过负荷；煤粉水分高或输粉绞笼内杂物卡涩，输粉绞笼端部积粉使推力增大，吊瓦损坏或下落致使绞笼与槽体摩擦等。

（3）处理。发现输粉绞笼跳闸后，应立即检查或拉开送粉炉侧旋风分离器下粉插板，送粉挡板导向煤粉仓侧，可暂时停止给煤机，以减少煤粉飞扬；检查电动机及电气部分，检查减速机、吊瓦、输粉绞笼槽体等机械部分，清理输粉绞笼内积粉、杂物，确认无异常情况后重新启动输粉绞笼送粉。

**7. 煤仓振打装置故障处理**

（1）煤仓振打器无法启动。

1）现象。振打器无法启动。

2）原因。无压缩空气气源或压缩空气压力太低；电磁阀无动作；进气管道与排气管道接错或安装错误；电磁阀故障或选型错误。

3）处理。检查空气调节组合压力表指示是否正常；将电磁阀端接往气动敲击锤的空气管拆除，动作电磁阀检查是否有空气喷吹；检查电磁阀的进气与排气管是否接错并改正；气动敲击锤需选用三口二位或五口二位，否则动作后无法排气，下一次将无法工作。

（2）煤仓振打器敲击力过小或不能启动。

1）现象。振打器敲击力过小或不能启动。

2）原因。一支总管配置过多支管，总管与支管大小（内径）一样；气源不足或压力过低，电磁阀三点组合与规定要求不否或配管过长；配管管径与供货厂家要求不符；消声器堵塞。

3）处理。总管的截面积应为支管截面积的总和或各自独立设置配管，使气动敲击锤彼此互不影响；检查管路规格及安装是否正确，配管长度应在 5m 之内，检查电磁阀空气调理组合规格及安装是否正确；检查气源及空气调理组合，并将空气压力调高到规定压力；检查管路规格是否正确；更换消声器，调节空气调理器的供油量。

（3）煤仓振打器有杂声。

1）现象。振打器有敲击杂声、电磁阀有杂声。

2）原因。固定气动敲击锤的螺栓未锁紧；与煤仓固定架焊接不良或强度不足，敲击锤内有异物或故障；电磁阀内有异物或电磁阀故障。

3）处理。重新锁紧敲击锤；检查焊接质量，拆除气动敲击锤清理或维修；清理或维修电磁阀。

# 附录 A  制粉系统一般项目检修内容

所列制粉系统检修项目为一般项目（标准项目、常修项目）内容，特殊项目（非标准项目）内容可根据设备状况和技术改造计划确定。

## 一、磨煤机的检修

**1. 钢球磨煤机检修**

（1）单进单出钢球磨煤机检修内容。

1）进、出口短节及中心筒检修。

2）防爆门检修。

3）衬板与钢球检查。

4）更换端部衬板。

5）更换筒体衬板。

6）衬板修补。

7）空心套筒检查。

8）乌金瓦滑动轴承检修。

9）大小齿轮检查。

10）大齿轮或大齿轮翻身或更换。

11）小齿轮检修、翻身或更换。

12）减速机检查轴承或齿轮。

13）减速机轴承或齿轮更换。

14）联轴器检修。

15）齿轮油泵检修。

16）隔声罩检修。

17）试运。

（2）双进双出钢球磨煤机检修内容。

1）绞龙检查及检修。

2）绞龙找中心及盘车装置检修。

3）顶轴油泵检修。

4）进、出口短节检修及回装。

5）衬板与钢球检查。

6）更换端部衬板。

7）更换筒体衬板。

8）衬板修补。

9）空心轴套检查与检修。

10）乌金瓦滑动轴承检修。

11）大小齿轮检查。

12）大齿轮翻身或更换。

13）小齿轮更换或翻身。

14）减速机检查轴承或齿轮。

15）减速机轴承或齿轮更换。

16）联轴器检修。

17）隔声罩检修及试运。

**2. 中速磨煤机检修**

（1）ZGM（MPS、MPS-Ⅱ）型磨煤机的检修内容。

1）静态分离器的操纵器检修、折向挡板检修。

2）旋转分离器检修。

3）三角形压架检修。

4）磨辊棍套回装。

5）磨辊轴承箱的拆装检修。

6）磨辊衬瓦更换。

7）静环与喷嘴环的检修。

8）液压油系统检修。

9）润滑油系统检修。

10）加载液压缸。

11）炭精密封环的拆卸检修与组装。

12）减速机检查。

13）磨煤机电机找中心。

（2）HP（RP）型磨煤机的检修内容。

1）静态分离器的操纵器检修、折向挡板检修。

2）旋转分离器检修。

3）磨煤机轴承箱检修。

4）磨辊套及衬瓦检查测量，磨辊及磨碗衬板间隙的调整。

5）磨辊套的更换。

6）刮板、裙罩及空气密封装置检修。

7）炭精密封环的拆卸检修与组装。

8）润滑油系统检修。

9）加载弹簧装置检修。

10）减速机检修。

（3）MBF 型磨煤机的检修内容。

1）静态分离器的操纵器检修、折向挡板检修。

2）旋转分离器检修。

3）磨辊轴承箱解体检修。

4）旋转喷嘴（动、静环）检修。

5）炭精密封环检修。

6）弹簧加载装置检修。

7）润滑油系统检修。

8）减速机检查。

9）联轴器拆除回装与找中心。

10）润滑油管路及轴承检查。

11）减速机检修。

（4）E 型磨煤机的检修内容。

1）碾磨部件检查。

2）碾磨部件的更换。

3）氮气系统检修。

4）上鄂检查。

5）喉板检修。

6）刮板检修。

7）水平轴检修。

8）润滑油管路及轴承检查。

9）减速机检修。

10）动静叶片检查。

**3. 风扇磨煤机检修**

（1）叶轮检修（叶片检查、冲击板更换、均煤盘及叶轮轮盘检修）。

（2）叶轮检修（冲击板的配重组合及拆装叶轮）。

（3）叶轮找静平衡。

（4）磨煤室的检修。

（5）对称双流道惯性分离器检修。

（6）惯性粗粉分离器检修。

（7）抽炉烟管道检修。

（8）轴承箱检修。

（9）冷油器检修。

（10）油过滤器检修。

（11）油泵检修。

（12）液压联轴器拆卸。

（13）液压联轴器检修。

（14）液压联轴器组装。

# 二、给煤及给粉系统设备检修

**1. 给煤机检修**

（1）皮带给煤机的检修内容。

1）减速机检修。

2）联轴器检修。

3）皮带检修。

4）托辊检修。

5）拉紧装置检修。

6）其他部件检修。

7）电动机找正。

8）分部试运与整体试运。

（2）刮板给煤机的检修内容。

1）箱体检修。

2）轮轴检修。

3）刮板链条与滑道检修。

4）其他部件检修。

（3）圆盘给煤机的检修内容。

1）给煤机本体检修。

2）减速机检修。

3）煤闸板检修。

4）试运。

（4）耐压式计量给煤机的检修内容。

1）箱体检修。

2）减速机检修。

3）皮带检修。

4）托辊检修。

5）清扫刮板机构检修。

6）其他部件检修。

7）试运。

## 2. 叶轮给粉机检修

（1）插板检修。

（2）给粉机检修。

（3）减速机检修。

（4）组装。

（5）电机找正。

## 3. 输粉机检修

（1）螺旋输粉机的检修内容。

1）解体检修。

2）安装与加油。

（2）刮板输粉机的检修内容。

1）箱体检修。

2）轮轴检修。

3）刮板链条与滑道检修。

4）驱动装置检修。

（3）齿索输粉机的检修内容。齿索输粉机检修。

## 三、风机检修

**1. 一次风机检修**

（1）轴流风机（动叶可调）的检修内容。

1）联轴器检修。

2）轮毂与叶片检修。

3）液压调节部分检修。

4）主轴承箱检修。

5）导叶检修

（2）离心风机的检修内容。

1）联轴器检修。

2）叶片与集流器检修。

3）主轴检修。

4）轴承箱及轴承检修。

5）壳体检修。

6）叶轮检修准备。

7）更换叶片。

8）更换叶轮。

9）轴承更换。

10）转子回装就位。

11）校正中心。

12）调节挡板检修。

13）风机试运行。

**2. 密封风机检修**

（1）联轴器检修。

（2）叶轮与风壳检修。

（3）轴承与轴承箱检修。

（4）其他部件检修。

**3. 排粉机检修**

（1）排粉机的检查。

（2）叶轮检修。

（3）更换轴承。

（4）转子回装就位。

（5）校正中心。

（6）排粉机试运行。

## 四、重要部件设备检修

**1. 粗、细粉分离器检修**

（1）粗粉分离器的检修内容。

1）检查。

2）检修。

3）封闭孔门。

（2）细粉分离器的检修内容。

1）检查。

2）检修。

3）封闭孔门。

**2. 煤粉管道检修**

（1）准备工作。

（2）磨煤机出入口管道检修。

（3）粗、细粉分离器处管道检修。

（4）排粉机出口风箱。

（5）一次风管检修。

（6）三次风管道检修。

（7）回粉管及再循环管检修。

**3. 原煤仓、煤粉仓检修**

（1）原煤仓的检修内容。

1）原煤仓检查。

2）原煤仓检修。

3）空气炮检修。

4）回转壁式防堵煤装置检修。

5）中心给料机检查及检修。

（2）煤粉仓的检修内容。

1）清扫煤粉仓。

2）煤粉仓附件检修。

**4. 其他部件检修**

（1）锁气器的检修内容。

1）检查。

2）检修与调试。

（2）防爆门的检修内容。检查与更换。

（3）风门、挡板及其操作装置的检修内容。

1）检查与要求。

2）检修、位置标定与试验。

（4）机械测粉装置的检修内容。机械测粉装置检查、修理与调整。

（5）消防装置的检修内容。消防装置检查与修理。

（6）吸潮气管的检修内容。吸潮气管修理。

（7）木屑分离器的检修内容。木屑分离器修理。

（8）下煤管及插板门的检修内容。

1）下煤管检修。

2）插板门检修。

（9）伸缩节的检修内容。伸缩节修理。

（10）木块分离器的检修内容。木块分离器修理。

（11）分配器的检修内容。分配器修理。

（12）煤粉取样器的检修内容。煤粉取样器修理。

# 附录 B　仓储式制粉系统调整试验

## 一、试验的目的

确定最经济的钢球装载量，系统通风量、通风速度，磨煤机筒体内的存煤量，获得各种煤粉细度下的总电耗，结合锅炉机组试验结果，确定最经济的煤粉细度范围，编制制粉系统运行卡片。

## 二、试验的准备和要求

(1) 熟悉制粉系统的技术资料和运行特性，组织试验小组，培训试验观测人员。

(2) 全面检查制粉系统设备，了解制粉系统设备完好状态、调节机构、检测仪器、仪表与自动调节系统装备情况，对检查出的设备缺陷提交有关部门、车间处理。

(3) 编制试验大纲，确定测量项目和方法，编写试验准备工作任务书等。

(4) 试验前保持钢球装载量最小，以便逐渐增加钢球数量进行试验。进行通风和粗粉分离器挡板开度试验时，应由专人每隔 5min 分析一次煤粉细度，并保持相应的磨煤机内存煤量。磨煤机内存煤量试验，可用暂时加大或减少给煤量的方法来改变存煤量；存煤量的表示用磨煤机出入口压差、磨煤机出口至煤粉分离器入口输粉管道的压差、磨煤机出口至粗粉分离器出口的压差来表示（应在试验中研究确定哪一个反映存煤量较为正确）。制粉出力是用测量给煤量的方法来计算的，计量煤的注意事项以测量方法不同而异。煤粉样在细粉分离器下粉管上取出，采用连续方法，代表性强；人工取样，每 5min 取样一次，每 30min 为一个样品。其他记录和采样时间间隔不宜过长，以免获得的数据不准。试验中系统风量应根据实验要求基本维持不变或进行相应的调整等。

## 三、制粉系统的调整试验

### 1. 磨煤机钢球装载量的试验

试验的目的是为求得最经济的钢球装载量。

试验时应保持制粉系统通风量在设计的通风量下进行，煤粉细度保持在燃烧所需要的最佳煤粉细度，在此工况下，逐次改变钢球装载量，求得在某种钢球装载量下其制粉出力最大、耗电率最低，此时的钢球装载量即为最佳的钢球装载量。

试验所采用的钢球装载量变化一般在 60％（或 70％）到最大钢球装载量范围内，每次变更 2～4t 钢球量，共约选取 4～6 种钢球装载量，逐次进行试验，依据上述原则采用"优选法"进行试验比较简便。钢球装载量试验最少应进行两次试验，并应使两次试验的磨煤出力相接近（相差不大于 5％），否则试验重做，以保证试验的准确性。

试验中，应测试煤量、风量、制粉系统的耗电量，并记录制粉系统各有关运行参数、各挡板开度及电机电流等。根据钢球装载量试验记录和计算结果，绘出磨煤机出力 $B_m$、制粉系统总电耗 $E_{mp}$、磨煤机电耗 $E_m$、磨煤机电流 $A_m$（以上四项作为纵坐标）与钢球装载量（作为横坐标）的关系曲线。

**2. 磨煤机通风速度及粗粉分离器挡板开度试验**

该项试验的目的是为了获得燃烧所需最佳的煤粉细度、各种细度下的经济通风速度（系统通风量）、运行方式和制粉系统总耗电率，以供锅炉燃烧调整和制定制粉系统卡片时使用。

试验应在 60% 到最大系统通风量的范围内，选定 3～4 种系统通风量，其中必须包括设计的系统通风量。在每种通风量下，分别改变 3～4 次粗粉分离器挡板开度，使煤粉细度的变化均在燃烧调整预计的煤粉细度变化范围内（一般可取经济煤粉细度数值的 70%～130%）。

试验后分别在各种通风速度下绘制出磨煤机出力 $B_m$、煤粉细度 $R_{90}$、制粉系统总电耗 $E_{mp}$（作纵坐标）与粗粉分离器挡板开度 $Y_{cd}$（作横坐标）的关系曲线。每种通风速度需画一张图。

**3. 磨煤机筒体存煤量试验**

试验目的是为了求得经济的筒体内存煤量。

以磨煤机出、入口压差代表存煤量。由于给煤量的变化，磨煤机筒体内阻力发生变化，当存煤量变化较为频繁时，其压差并不能真实地反映磨煤机的存煤量。当发现存煤量变化时，不但改变了磨煤机出、入口压差，并且带出了煤粉量也相应变化，使磨煤机到粗粉分离器输粉管道阻力、粗粉分离器煤负荷也发生相应变化，所以应进行比较，确定哪一段压差更准确和及时地反映存煤量。可用较大幅度的增、减给煤量来改变存煤量，进行 3～4 种压差的试验。

根据上述各项试验计算结果绘出磨煤机出力 $B_m$、制粉系统总电耗 $E_{mp}$（作纵坐标）与磨煤机存煤量压差 $\Delta H$（作横坐标）的关系曲线。此曲线中最低制粉系统电耗相应的存煤量，即为最佳存煤量，对应的压差，即为最佳存煤量的压差值。

**4. 试验数据的整理**

（1）最佳通风速度的确定。根据上述获得的 3～4 组磨煤机出力 $B_m$、煤粉细度 $R_{90}$、制粉系统总电耗 $E_{mp}$ 与粗粉分离器挡板开度的关系曲线，在试验范围内均匀选取 4 个煤粉细度值，在上述曲线上分别查得各种通风速度下的磨煤机出力 $B_m$、制粉系统总电耗 $E_{mp}$ 和粗粉分离器挡板开度等值，分别绘出磨煤机出力 $B_m$、制粉系统总电耗 $E_{mp}$ 和粗粉分离器挡板开度（为纵坐标）与磨煤机通风速度（作横坐标）的关系曲线，曲线中最低点的 $E_{mp}$ 相对应的通风速度即该煤粉细度下的最佳通风量 $q_{V,tf,zj}$ 时的速度。

（2）最佳煤粉细度的确定。确定最佳煤粉细度的试验，应保证该试验细度下的机械未完全燃烧热损失 $q_4$ 和磨煤系统耗电率 $\sum E_m$ 之和最小，此时煤粉细度即为最佳煤粉细度，也即经济煤粉细度。

（3）制粉系统最佳运行方式的确定。由以上结果绘出磨煤机出力 $B_m$、制粉系统总电耗 $E_{mp}$、最佳通风量 $q_{V,tf,zj}$、粗粉分离器挡板开度 $Y_{cd}$（作纵坐标）与煤粉细度 $R_{90}$（作横坐标）的关系曲线，当最佳煤粉细度确定之后，即可从曲线上查得 $B_m$、$E_{mp}$、$q_{V,tf,zj}$、$Y_{cd}$，而后确定磨煤机存煤量的压差控制值。如果存煤量试验的通风速度与上述曲线确定的通风速度有出入，可先调整制粉系统的运行工况到存煤量试验的最佳工况，之后迅速改变通风量和粗粉分离器挡板开度，到经济通风速度和其对应的粗粉分离器挡板开度数值，即为制粉系统经济运行方式下的存煤量压差经济数值，再对煤粉细度进行鉴定是否合于要求，如稍有出入，可调节粗粉分离器挡板，并核对各项运行指标，即可获得制粉系统最佳或最经济的运行方式。

（4）运行卡片的制定。制粉系统的运行卡片，是投入制粉系统自动控制和运行人员进行制粉系统运行调整的依据，运行卡片是根据制粉系统调整试验结果制定的。除主要经济指标外，尚有部分主要运行控制参数，表 B.1 示出中间仓储式制粉系统运行卡片的内容和样式。

表 B.1　　　　　　中间仓储式制粉系统运行卡片的内容和样式

| 序号 | 项目 | 符号及单位 | 控制范围 |
|---|---|---|---|
| 1 | 煤种 | | |
| 2 | 收到基水分 | $M_{ar}$ | |
| 3 | 收到基灰分 | $A_{ar}$ | |
| 4 | 干燥无灰基挥发分 | $V_{daf}$ | |
| 5 | 磨煤机出力 | $B_m(t/h)$ | |
| 6 | 煤粉细度 | $R_{90}(\%)$ | |
| 7 | 磨煤机电耗 | kW·h | |
| 8 | 磨煤机电流 | A | |
| 9 | 排粉机电流 | A | |
| 10 | 磨煤机出口负压 | Pa | |
| 11 | 磨煤机入口负压 | Pa | |
| 12 | 磨煤机出口温度 | ℃ | |
| 13 | 磨煤机存煤量 | $m(t)$ | |
| 14 | 磨煤机压差 | $\Delta H(Pa)$ | |
| 15 | 三次风门开度 | % | |
| 16 | 粗粉分离器出口负压 | Pa | |
| 17 | 细粉分离器出口负压 | Pa | |
| 18 | 给煤机挡板开度 | % | |
| 19 | 磨煤机入口热风门开度 | % | |
| 20 | 磨煤机入口温风门开度 | % | |
| 21 | 磨煤机入口冷风门开度 | % | |
| 22 | 排粉机入口热风门开度 | % | |
| 23 | 磨煤机入口冷风门开度 | % | |
| 24 | 再循环门开度 | % | |
| 25 | 磨煤机与制粉系统联络门开度 | % | |
| 26 | 粗粉分离器挡板开度 | % | |
| 27 | 一次风总风压 | Pa | |

续表

| 序号 | 项目 | 符号及单位 | 控制范围 |
|---|---|---|---|
| 28 | 一次风单管风压 | Pa | |
| 29 | 磨煤机钢球装载量 | $m$(t) | |
| | | | |
| | | | |
| | | | |
| | | | |
| | | | |
| | | | |
| | | | |
| | | | |
| | | | |
| | | | |
| | | | |
| | | | |
| | | | |
| | | | |

控制参数范围应参考实际运行中的波动情况确定，此范围不宜制定得过大或过小。过大则使运行工况变化较大，经济性差，过小则运行中不易控制，反而失去了指导运行调整的作用。磨煤机存煤量压差值是根据试验结果，采用代表性较强的一部分压差范围，并应在注释中说明是哪一部分压差。

（5）试验结果的分析比较。试验记录和计算结果整理出来后，应制定试验结果综合表，并及时填入，供分析和使用时查用。

试验结果的比较首先与设计值比较，其内容主要有磨煤机出力、系统通风量、钢球装载量、煤粉细度、磨煤机电耗、排粉机电耗及系统、阻力等。

制粉系统试验结果一般都是实际出力比设计值高，而实际电耗则较设计值低，如实际出力较低或耗电率较大，应从通风速度、温度、运行工况及特性曲线形状等因素来分析原因，并提出改进措施。

此外还应根据添加钢球试验和磨煤机电流记录，绘出磨煤机内无煤和有煤工况下的磨煤机电流（纵坐标）和钢球装载量（横坐标）关系曲线。无煤曲线可鉴定和比较磨煤机的检修质量，有煤曲线可作为运行添加钢球的依据，使钢球装载量经常保持在经济曲线（值）附近，并可使钢球消耗量较为准确，使每日钢球的补充量趋于恰当。

# 附录C 直吹式制粉系统的调整试验

| ××电厂 1×330MW<br>热电联产扩建工程 | ××电力建设调试施工研究所<br>调试措施 | LY7CG1513<br>共　　页 |
|---|---|---|
| | | |
| | ××电厂 1×330MW 热电联产扩建工程<br>锅炉制粉系统调试措施 | |
| | | |
| | ××电力建设调试施工研究所 | |
| | | |
| 发行时间 | | 年　月 |

377

措施名称：×××电厂热电联产扩建工程锅炉制粉系统调试措施

措施编号：LY7CG1513　　　　　　　出版日期：××××年×月

保管年限：长期　　　　　　　　　密级：一般

试验负责：×××

参加人员：×××、×××等

试验地点：×××省×××县×××电厂

参加单位：×××发电有限责任公司、×××电力设计院、×××电建监理公司、×××电建×××公司、×××电力建设调试施工研究所、设备厂家等

试验日期：××××年×月—××××年×月

批准：×××

审核：×××

编写：×××

# 目　　录

## 1 编制目的

1.1 指导制粉系统的调试工作，保证系统及设备能够安全正常投入运行，制定本措施。

1.2 检查电气、热工保护联锁和信号装置，确认其动作可靠。

1.3 检查系统及设备的运行情况，发现并消除可能存在的缺陷。

1.4 经过静态调试，保证制粉系统安全、顺利启动。

1.5 通过热态调整，使制粉系统能在设计工况下安全、经济运行，满足锅炉对燃煤的需要，并对以后的正常运行提供必要的参考依据。

## 2 编制依据

DL 5009.1—2014《电力建设安全工作规程 第1部分：火力发电》

DL 5190.2—2019《电力建设施工技术规范 第2部分：锅炉机组》

DL/T 5294—2013《火力发电建设工程机组调试技术规范》

DL/T 5295—2013《火力发电建设工程机组调试质量验收及评价规程》

DL/T 5437—2009《火力发电建设工程启动试运及验收规程》

DL/T 852—2016《锅炉启动调试导则》

国能安全〔2014〕161号《防止电力生产事故的二十五项重点要求》

国电电源〔2003〕168号《电力建设安全健康与环境管理工作规定》

建设部〔2011〕、〔2006〕《工程建设标准强制性条文（电力工程部分）》

×××电厂1×330MW热电联产扩建工程有关合同、设计图纸、施工总设计、制造厂家产品说明书及技术要求等文件

国家、行业相关的规程、规范等

## 3 调试质量目标

符合DL/T 5295—2013《火力发电建设工程机组调试质量验收及评价规程》中机组带负荷整套调试阶段及机组168h满负荷调试阶段的各项质量标准要求，全部检验项目合格率100%，满足机组整套启动要求。

专业调试人员、专业组长应按附录1对调试质量的关键环节进行重点检查、控制，以保证达到调试质量目标，发现问题应及时向上级领导汇报，以便协调解决，保证调试工作顺利进行。

## 4 职责分工

按照《火力发电建设工程启动试运及验收规程》（2009年版）有关规定，各方职责如下。

4.1 ×××电力建设第×××工程公司：

4.1.1 完成试运所需要的建筑、设备及临时设施的施工。

4.1.2 完成单体试运工作，并提交记录。

4.1.3 全力配合各分系统试运工作。

4.1.4 做好试运设备与运行或施工设备的安全隔离措施。

4.1.5 负责现场的安全、消防、就地设备巡视等工作。

4.1.6 及时组织进行消缺检修工作。

4.1.7 组织和办理验收签证。

4.2 ×××电力建设调试施工研究所：

4.2.1 负责编制相关调试措施。

4.2.2 准备有关试验用仪器、仪表及工具。

4.2.3 参加系统的联合检查。

4.2.4 负责提出解决试运中重大技术问题的方案或建议。

4.2.5 负责试验数据的记录及整理工作。

4.2.6 协助运行人员进行事故分析、处理。

4.2.7 负责试验数据的记录及整理工作。

4.2.8 填写试运质量验评表。

4.2.9 编写调试报告。

4.2.10 参加试运后的验收签证。

4.3 ×××发电有限责任公司：

4.3.1 负责为各参建单位提供设计和设备文件及资料。

4.3.2 负责组织相关单位对设备联锁保护定值和逻辑的讨论和确定。

4.3.3 负责协调设备供货商提供现场服务。

4.3.4 负责组织由设备供货商或其他承包商承担的调试项目的实施及验收。

4.3.5 负责试运现场的消防和安全保卫管理工作，做好建设区域与生产区域的隔离措施。

4.3.6 负责完成各项生产运行的准备工作。

4.3.7 负责试运全过程的运行操作工作。对运行中发现的各种问题提出处理意见或建议，参加试运后的质量验收签证。

4.3.8 试运期间，负责工作票的管理、工作票安全措施的实施及工作票和操作票的许可签发，以及消缺后的系统恢复。

4.3.9 负责试运机组与运行机组联络系统的安全隔离。

4.3.10 负责已经代保管设备和区域的管理及文明生产。

4.4 ×××电建监理公司：

4.4.1 参加分部试运前应具备条件的检查和确认工作。

4.4.2 负责对设备安装、调试质量进行监督。

4.4.3 参加分部试运后的验收、签证工作。

## 5 安全注意事项

5.1 参加调试的所有工作人员应严格执行 DL 5009.1—2014《电力建设安全工作规程 第1部分：火力发电》及现场有关安全规定，确保试验工作安全可靠地进行。

5.2 如在试验过程中有危及人身、设备的情况，应立即停止试验工作，并按事故处理规程处理事故，必要时停止机组运行。

5.3 如在试验过程中发现异常情况，应及时调整，并立即汇报指挥人员。

5.4 试验全过程均应有各专业人员在岗，以确保设备运行的安全。

5.5 试运过程中如运行磨煤机发生剧烈振动或运行参数明显超标等情况时，应立即停止运行设备，中止试运，并分析原因，提出解决措施后，方可继续开展调试工作。

5.6 设备周围的垃圾杂物已清除干净,有关通道应平整和畅通。

5.7 试运现场应场地清洁,照明良好,通信畅通,有碍试运工作的脚手架全部拆除。

5.8 试运现场附近严禁易燃、易爆物品摆放,并有完整的消防设施。

5.9 磨煤机试转前,必须清理、检查磨煤机落煤管内杂物,关闭给煤机出口电动煤闸门,并断开电源。

5.10 注意监视油压、油温、轴承温度变化,如有不正常的温升等异常变化参数,应及早进行调整,防止烧瓦等恶性事故的发生。

5.11 试转前电动机绝缘必须合格、事故按钮动作正常后才能启动。

5.12 制粉系统热态试运过程中应注意磨煤机出口温度,避免磨煤机出口温度超温,防止磨煤机内部发生自燃;磨煤机出口温度超温,应及时调整冷、热风门,降低磨煤机出口温度;如发生磨煤机内部自燃现象,则应及时通入消防蒸汽并隔离通风。

5.13 试运过程中注意监视火检,防止大量煤粉在未燃烧的情况下喷入炉膛,发生爆燃,危害设备安全。

5.14 给煤机试转时加强对系统的监控,发现异常情况,应及时处理。

5.15 在现场调试过程中必须佩戴安全帽,对以下可能出现的危险工作负责人必须在现场进行分析,并消除危险隐患:高空坠落、触电、烫伤、转动机械绞伤。

5.16 调试过程中出现可能发生人身伤害、设备损害的情况,立即停止试验,并将设备置于最低能量状态。

5.17 本措施不尽事项,按运行规程和事故处理规程执行。运行规程与本措施发生矛盾时,原则上按本措施执行,当有争议时报请试运指挥组决定。

## 6 系统简介

×××发电有限责任公司×号锅炉由×××锅炉(集团)股份有限公司制造,型号为 DG 1110/17.4-Ⅱ6,锅炉为亚临界参数、四角切圆燃烧方式、自然循环汽包炉,单炉膛Ⅱ型布置、燃用烟煤,一次中间再热、平衡通风、固态排渣、全钢架、全悬吊结构,炉顶带金属防雨罩。

锅炉设计煤种为铜川烟煤,校核煤种为铜川-镇巴混煤,设置 A、B 两层等离子点火装置。锅炉以最大连续负荷(即 BMCR 工况)为设计参数。采用两台容克式三分仓回转式空气预热器,两台动叶可调轴流式引风机,两台动叶可调轴流式送风机,两台离心式冷一次风机,除灰系统设置两台电袋式(一电两袋)除尘器,采用浓相正压气力除灰,除渣系统采用一级风冷干式排渣系统。本台锅炉配有五台 ZGM95N 型中速辊式磨煤机,五台 CS2024-HP 电子称重皮带式给煤机,正常运行时四套制粉系统运行,一套备用或检修。制粉系统采用正压直吹式冷一次风系统,设计煤粉细度 $R_{90}$ 为 $18\%\sim20\%$。

制粉系统采用中速磨煤机正压冷一次风直吹式制粉系统,锅炉配 5 台中速磨煤机,其中 4 台运行,1 台备用。煤粉细度 $R_{90}=16\%$。

### 6.1 锅炉主要参数

锅炉主要参数,见表 C.1。

表 C.1  锅 炉 主 要 参 数

| 序号 | 项目 | 单位 | BMCR | BRL | THA |
|---|---|---|---|---|---|
| 1 | 锅炉蒸发量 | t/h | 1110 | 1055 | 998.54 |
| 2 | 再热蒸汽流量 | t/h | 917.03 | 875 | 831.04 |
| 3 | 过热蒸汽压力 | MPa | 17.44 | 17.36 | 17.28 |
| 4 | 过热蒸汽温度 | ℃ | 540 | 540 | 540 |
| 5 | 再热器进口压力 | MPa | 4.09 | 3.68 | 3.69 |
| 6 | 再热器出口压力 | MPa | 3.9 | 3.5 | 3.52 |
| 7 | 再热器进口温度 | ℃ | 337.5 | 325.6 | 326.2 |
| 8 | 再热器出口温度 | ℃ | 540 | 540 | 540 |
| 9 | 给水温度（省煤器进口） | ℃ | 283.3 | 275.1 | 276.1 |

## 6.2 燃煤成分及特性

燃煤成分及特性，见表 C.2。

表 C.2  燃 煤 成 分 及 特 性

| 序号 | 项目 | 符号 | 单位 | 设计煤种 | 校核煤种 |
|---|---|---|---|---|---|
| 1 | 接收基全水分 | $M_{ar}$ | % | 8.1 | 13 |
| 2 | 空气干燥基水分 | $M_{ad}$ | % | 0.9 | 4.07 |
| 3 | 收到基灰分 | $A_{ar}$ | % | 20.72 | 24.79 |
| 4 | 干燥无灰基挥发分 | $V_{daf}$ | % | 30.99 | 29.29 |
| 5 | 收到基碳 | $C_{ar}$ | % | 59.78 | 50.86 |
| 6 | 收到基氢 | $H_{ar}$ | % | 3.33 | 3.12 |
| 7 | 收到基氧 | $O_{ar}$ | % | 6.87 | 5.89 |
| 8 | 收到基氮 | $N_{ar}$ | % | 0.66 | 0.64 |
| 9 | 收到基硫 | $S_{ar}$ | % | 0.54 | 1.7 |
| 10 | 哈氏可磨性指数 | HGI | — | 66 | 78 |
| 11 | 收到基低位发热值 | $Q_{net,V,ar}$ | kJ/kg | 22 640 | 19 380 |

## 6.3 磨煤机技术参数

磨煤机技术参数，见表 C.3。

表 C.3  磨 煤 机 技 术 参 数

| 项目 | 单位 | 设计煤种 | 校核煤种 |
|---|---|---|---|
| 磨煤机 | | | |
| 磨煤机型号 | | ZGM80G-Ⅲ | |
| 制造厂 | | 北京电力设备总厂 | |
| 旋转方向 | | 俯视为顺时针 | |
| 运行方式 | | 4 运 1 备 | 4 运 1 备 |
| 设计出力 | t/h | 38.3 | 38.3 |
| 煤粉细度 $R_{90}$ | % | 16 | 21 |
| 磨煤机入口一次风质量流量 | kg/s | 16.97 | 17.36 |
| 磨煤机进口干燥剂初温 | ℃ | 219.1 | 275.0 |
| 风煤比 | kg/kg | 1.81 | 1.58 |
| 磨煤机本体通风阻力 | Pa | 4973 | 5126 |
| 煤粉分离器类型 | | 静态挡板 | |
| 每台炉耗煤量 | t/h | 134.2 | 157.6 |

续表

| 项目 | 单位 | 设计煤种 | 校核煤种 |
|---|---|---|---|
| 磨煤机电机 | | | |
| 型号 | | YMKQ450-6 | |
| 制造厂 | | 沈阳电机厂 | |
| 功率 | kW | 335 | 335 |
| 额定电压 | kV | 6 | 6 |
| 额定电流 | A | 42 | 42 |
| 转速 | r/min | 990 | 990 |
| 电机旋转方向 | | 正对电机输入轴为逆时针 | |
| 盘车减速机型号 | | CJY315-70S/8.5 | |
| 磨煤机稀油站 | | | |
| 油站型号 | | XYZ120-L | |
| 油泵形式 | | 立式三螺杆泵 | |
| 油泵台数 | | 1台 | |
| 油泵型号 | | SNS120R46U12.1W21 | |
| 油泵容量 | L/min | 116 | |
| 工作油温 | ℃ | 28～45 | |
| 油泵电机型号 | | YD132M-8/4 | |
| 油泵电机型号 | | 立式双速电机（西门子） | |
| 油泵电机功率 | kW | 3.0/4.5 | |
| 油泵电机电压 | V | 380 | |
| 冷却器形式 | | 表面式 | |
| 冷却器型号 | | 2LQF—A7.2F | |
| 磨煤机高压油站 | | | |
| 油站型号 | | GYZ3-25 型高压油站 | |
| 油站工作介质 | | L-HM46 | |
| 油泵形式 | | 定量外啮合齿轮泵 | |
| 油泵型号 | | GP3-0264R97F/20N | |

## 6.4 给煤机技术参数

给煤机技术参数，见表 C.4。

表 C.4　　　　　　　　　给煤机技术参数

| 项目 | 单位 | 设计参数 | 备注 |
|---|---|---|---|
| 形式 | | 电子称重式（耐压称重皮带式给煤机） | |
| 型号 | | CS2024-HP | |
| 生产厂家 | | 上海发电设备成套设计研究所 | |
| 给煤机出力 | t/h | 6～60 | |
| 给煤粒度 | mm | <65 | |
| 给煤皮带电机型号 | | CS046113B | |
| 给煤皮带电机功率 | kW | 3 | |
| 清扫电机型号 | | CS046213S | |
| 清理刮板电机功率 | kW | 0.37 | |
| 清理刮板电机转速 | r/min | 190 | |

### 7 调试内容

制粉系统的调试范围分为两部分。

静态调试：包括制粉系统各风门、挡板的检查确认；磨煤机油站的静态试验；磨煤机联锁、保护试验；各磨煤机出口一次风调平试验等。

热态调试：包括制粉的首次启动；制粉系统热态的运行调整；磨煤机煤粉细度的测量及调整等；制粉系统的首次停运等。

### 8 调试前应具备的条件

8.1 系统调试工作正式开始以前，调试人员应按附录2所列内容对本系统调试应具备的条件进行全面检查，并做好记录。

8.2 系统调试工作正式开始之前，调试人员应按附录4所列内容对本系统调试进行安全、技术交底工作，并做好记录。

### 9 调试工作程序

锅炉空气压缩机及其系统调试流程，如图C.1所示。

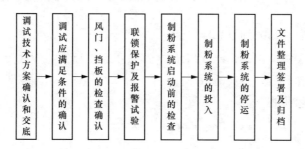

图C.1 锅炉空气压缩机及其系统调试流程

### 10 调试步骤

10.1 执行机构检查

10.1.1 检查验收电动开关门，记录以下数据：

KKS码

名称（若电厂对门有具体描述，以电厂描述为准）

就地位置指示是否正确

远方操作方向是否正确、反馈是否正确

风门开、关时间

试验日期

试验负责人签名

10.1.2 检查验收气动开关门，记录以下数据：

KKS码

名称（若电厂对门有具体描述，以电厂描述为准）

就地位置指示是否正确

远方操作方向是否正确、反馈是否正确

风门开、关时间

试验日期

试验负责人签名

10.1.3 检查验收调节门，记录以下数据：

KKS 码

名称（若电厂对门有具体描述，以电厂描述为准）

指令上行和下行为 0％、25％、50％、75％、100％位置时分别对应的就地指示和反馈指示（要求指令和反馈相差不超过 3％）

就地位置指示是否正确

是否有快开、快关功能

试验日期

试验负责人签名

10.1.4 对以上执行机构在失去电源、气源的状况下可能对系统产生的影响进行分析。如果有较大影响，需要向业主提出联系单说明危害性。

10.1.5 对于风门关断挡板的检查传动，要求：

10.1.5.1 连杆上的标记刻线与风门实际位置基本一致，并与就地指示牌指示一致；

10.1.5.2 所有挡板能开足关严；

10.1.5.3 开关方向正确，就地指示与 DCS 指令、反馈一致（偏差小于 3％）；

10.1.5.4 动作一致，并灵活可靠。

10.2 热工信号检查

10.2.1 检查验收模拟量信号，记录以下数据：

信号名称

KKS 码

量程、对应的输出量及单位

在就地使用信号发生器按照 0％、25％、50％、75％、100％量程加信号，并记录计算机上相应的数值，若信号为热阻，只需要记录当就地断开后远方对应的信号是否改变

10.2.2 检查验收开关量信号，记录以下数据：

信号名称

KKS 码

信号设计值

安装对一次元件校验合格证上的标定值

在就地通、断一次元件，并记录计算机上对应的结果

开关失去电源后计算机上的结果

10.2.3 对以上信号，负责人根据信号采样的现场位置，分析采集的信号是否能够真实地代表所要测量的信号，若出现不能真实代表所要测量信号的情况，需要向业主提出变更的书面申请。

10.3 磨煤机联锁保护及报警检查

10.3.1 磨煤机送试验位。

10.3.2 检查以下项目。

启动磨煤机，反馈正确

停止磨煤机，反馈正确

10.3.3　事故按钮安装完好，接线正确，工作可靠。

10.3.4　磨煤机有关联锁保护试验详见《××××1×330MW热电联产扩建工程锅炉专业联锁、保护传动试验一览表》。

10.4　磨煤机油站冷却水管路冲洗

10.4.1　将冷却水进、出冷油器的接口法兰拆开。

10.4.2　打开冷却水进、回水阀，冲洗冷却水管路直至排水目视无杂质。

10.5　磨煤机电机的单体试运

10.5.1　确认电机的安装工作已经结束。

10.5.2　确认电机的动力电源在断开位置，电机绝缘合格。

10.5.3　确认电机与磨煤机减速机靠背轮已经脱开。

10.5.4　手动盘车电机转子，确认动静部分无摩擦，轴承无异声。

10.5.5　确认磨煤机电气保护正常。

10.5.6　不影响安全，且满足不了的保护或联锁进行强制，并记录。

10.5.7　合上电机动力电源及操作电源。

10.5.8　启动电机，待电机电流回落后，就地使用事故按钮停电机，转动中注意是否有异声，记录以下数据。

启动电流

电流回落时间

10.5.9　停止过程中，检查并确认：电机旋转方向正确，转动无异声，动静部分无摩擦。

10.5.10　20min后，在计算机上重新启动电机。注意电机的启动时间间隔不得小于厂家或电气规范要求。转动中注意是否有异声，记录以下数据（所有参数记录就地及计算机的指示值）。

启动时间

电机空载电流

电机线圈温度

轴承温度

10.5.11　试运2h后，停止电机运行，记录试运结束时间及惰走时间。

10.5.12　隔离电机动力电源。

10.5.13　将在10.5.6中强制的热工联锁、保护等恢复。

10.6　磨煤机单体试运

10.6.1　电机试运结束后，将电机和磨煤机减速机联轴器恢复，确认手动盘车正常。

10.6.2　检查确认磨煤机内部清洁，人孔门关闭。

10.6.3　检查确认磨煤机油站冷却水畅通。

10.6.4　检查确认磨煤机润滑油系统试运合格。

10.6.5　检查确认油箱油位在正常位置，启动润滑油泵，确认供油压力、供油温度在正常范围内，系统供回油正常。

10.6.6　在磨辊提起状态下，启动磨煤机达到全速后用就地事故按钮停止磨煤机运行，检查记录以下内容。

记录磨煤机启动电流

磨煤机转向正确

磨煤机无异常碰擦和振动

系统是否有明显泄漏及其他异常

10.6.7 如无异常，30min 后再次启动磨煤机，启动磨煤机后，监视电流，防止超额定电流运行。检查记录以下内容。

开始时间

启动电流及电流回落时间

磨煤机电流

电压

磨煤机电机线圈温度

磨煤机电机轴承温度

磨煤机各部位振动

供、回油压力及油温

油滤网差压

10.6.8 进行磨煤机的试运，试运合格后，停磨煤机，断掉动力电源。

10.7 制粉系统试运

10.7.1 试运前检查、确认以下条件满足。

10.7.1.1 厂房内沟道盖板齐全，楼梯、过道、护栏完好，所有杂物清理干净，制粉系统周围平台完整，道路通畅，场地平整，消防设施安全。

10.7.1.2 通信系统调试工作完成，通信联系畅通。

10.7.1.3 设备的正式照明、事故照明完好，保证照明充足。

10.7.1.4 生产准备工作就绪，运行人员配备齐全，经过培训，具备上岗条件。

10.7.1.5 冷却水，仪用、杂用压缩空气等公用系统调试完毕，并能正常投入。

10.7.1.6 具备在 CRT 上启、停操作设备的条件。

10.7.1.7 风烟系统所有烟、风道安装完毕，内部杂物清理干净。

10.7.1.8 炉膛内部脚手架拆除工作完毕，炉膛、风道、烟道各处人孔门关闭。

10.7.1.9 空气预热器、引风机、送风机、一次风机、密封风机及其系统具备启动条件。

10.7.1.10 锅炉冷态通风试验完毕，一次风调平工作结束。

10.7.1.11 磨煤机及其系统按要求安装完毕，与燃烧器连接可靠，有关表计已投运，具备通风条件。

10.7.1.12 燃烧器冷态调整试验完毕。

10.7.1.13 设备具有可靠的动力电源；磨煤机电机接线良好，绝缘测量合格。

10.7.1.14 磨煤机润滑油站具备投运条件。

10.7.1.15 与试运有关的热工、电气仪表安装校验完毕，可投入使用。

10.7.1.16 磨煤机程序启动、停止逻辑，联锁保护、报警条件检查、传动完毕，投入正常。

10.7.1.17　磨煤机和给煤机安装完毕，给煤机皮带安装调试合格，煤量测量装置校验完毕，给煤机分部试运结束，磨煤机电机单体试运结束。

10.7.1.18　锅炉输煤，除灰、渣系统分部试运结束，具备投入条件。

10.7.1.19　等离子点火系统具备投运条件。

10.7.1.20　磨煤机本体一次风压试验结束，无外漏点。检查密封系统法兰等处有无漏风点，并消除漏风点。

10.7.1.21　磨煤机石子煤排放系统具备投入条件。

10.7.1.22　烟风系统、制粉系统挡板的检查、传动完毕，经检查验收合格。

10.7.1.23　热控 FSSS 制粉系统检查试验完毕，具备磨煤机启动条件。

10.7.1.24　磨煤机煤粉细度取样装置准备好，以便调整磨煤机煤粉细度。有关试验的临时设施和测点安装完毕。

10.7.2　锅炉制粉系统启动前的准备工作。

联系值长给制粉系统设备送电、送气

制粉系统所有的风门、挡板送电、送气（气动门）

两台一次风机送电

待启磨煤机电机、两台密封风机、润滑油站、加载油站、给煤机送电

10.7.3　提前 2h 启动磨煤机润滑油站。当减速机油池温度低于 25℃时，低速油泵运行。减速机油池温度高于 28℃时，自动切至高速油泵运行。当减速机油池油温高于 30℃时，电加热停止。当供油压力大于 0.13MPa，减速机油温达到 28℃，推力瓦油池油温低于 50℃，表明润滑系统已满足机组启动条件。

10.7.4　确认磨煤机润滑油条件满足，确认投粉条件满足（检查 CRT 画面上投粉条件），联系值长启动一次风机。

10.7.5　启动密封风机，开启磨煤机密封风门，满足密封风与一次风差压大于 2kPa。

10.7.6　调整磨煤机入口冷、热风门开度，维持磨煤机 30％～40％的通风量暖磨，满足磨煤机启动要求。首次启磨或长时间停运的磨煤机可适当延长暖磨时间，热态启磨可缩短暖磨时间。

10.7.7　联系安装、运行，派专人就地监护磨煤机、一次风机、密封风机等设备，准备启磨，若在启动过程中有异常情况应立即汇报，必要时就地捅事故按钮。联系热控人员做好准备，在首次启磨时强制给出煤火检信号，待火检调整好即可投入，在投磨后通过火焰电视或就地派人看火，发现异常及时汇报，必要时停磨。

10.7.8　减温水系统备用，投磨后根据蒸汽温度的变化及时投入减温水系统。

10.7.9　待暖磨结束，磨煤机出口温度大于 80℃，小于 90℃。调整磨煤机通风量在 65％的额定风量，检查 LCD 画面上磨煤机启动条件满足，联系值长启磨。

10.7.10　启动磨煤机。

10.7.11　待磨煤机电流返回后，启动给煤机。然后再根据磨煤机出口温度、锅炉燃烧情况、蒸汽温度、蒸汽压力、汽包水位等综合因素，调整给煤量到所需要值。

10.7.12　磨煤机运行稳定后，火检调整人员逐个调整煤火检，调好后逐个投入，并有一定时间的跟踪观察，直到火检信号运行稳定、可靠，投入煤火检保护。

10.7.13　逐个调整并投入磨煤机的有关自动，投自动期间如有扰动过大、运行不稳等现象，运行人员应立即切自动为手动，并调整恢复稳定运行状态。

10.8　系统动态监视及调整

在磨煤机系统投运过程中，应加强对各转动设备的检查和监护；注意观察以下各运行参数，发现偏离正常运行的情况及时进行调整，确保系统处于最佳运行状态。

10.8.1　磨煤机出口温度的监视和调整。

10.8.2　磨煤机入口风量的监视和调整。

10.8.3　磨煤机出、入口风压，出、入口差压的监视和调整。

10.8.4　磨煤机、给煤机电流的变化，给煤量的调整。

10.8.5　磨煤机润滑油温的变化，必要时可调整冷却水流量。

10.8.6　磨煤机电机线圈温度的监视。

10.8.7　两侧一次风机电流变化，两侧一次风压的偏差及调整。

10.8.8　一次风机轴承温度的监视，一次风机电机线圈温度的监视。

10.8.9　密封风机电流、风压的监视。

10.8.10　煤燃烧情况的监视、调整。

10.8.11　锅炉蒸汽温度、蒸汽压力、汽包水位、各处烟温的监视调整。

10.8.12　在磨煤机运行初期应每 0.5h 观察一次石子煤的情况，及时排出石子煤，以便掌握石子煤量的多少。正常运行后可降低排出石子煤的频率。

10.9　制粉系统调试过程的注意事项

10.9.1　首次启动磨煤机时，应强制给出煤火检信号，否则可能会因检测不到煤火检而跳磨煤机。但由于煤火检属强制信号，必须根据就地派专人监视燃烧情况，若发现煤粉未燃烧，应立即停止磨煤机。

10.9.2　在首次启动磨煤机过程中磨煤机有短暂的振动，属正常情况，应迅速加大给煤量消除振动，然后再缓慢调整给煤量到所需要值。若振动剧烈或有周期性较长时间振动，则应立即停止磨煤机查明原因，并消除后再次启动。

10.9.3　在磨煤机启动前应备好减温水，调整汽包水位略低于正常水位，适当控制蒸汽温度、蒸汽压力在低限运行。

10.9.4　在磨煤机启动后根据蒸汽温度、蒸汽压力的变化情况适时投入减温水及时通知汽轮机加负荷。在磨煤机启动后汽包水位有先高后低的过程，根据水位变化情况适时补水。

10.9.5　在磨煤机启动后，应及时调整燃烧，保持适当氧量，使锅炉燃烧良好。

10.9.6　在磨煤机运行稳定后，应对磨煤机、给煤机、一次风机、密封风机、除灰、除渣系统进行一次全面检查。确认运行正常、燃烧良好，煤火检调好后再准备启动第二台磨煤机。

10.10　制粉系统的停运

10.10.1　逐渐减煤到最小给煤量，同时逐渐减风，适当开大冷风，关小热风使磨煤机出口温度在 60℃左右。

10.10.2　停止磨煤机前适当减负荷，维持蒸汽压力、蒸汽温度相对较高。可适当关小减温水。

10.10.3 接停止磨煤机命令后停给煤机，关给煤机出口闸板。

10.10.4 停止磨煤机。

10.10.5 停止磨煤机后继续维持密封风机运行5～10min。

10.10.6 停止磨煤机30～60min后，停润滑油站。

10.10.7 在最后一台磨煤机停运后，停止一次风机。

10.11 系统动态调整

在制粉系统投运过程中，应加强对系统内各设备的监护，发现偏离正常运行的情况及时进行调整，以确保系统处于最佳运行状态，锅炉燃烧稳定。

10.12 填写试运记录

启动试运中的主要参数应记录在附录3中。

## 11 附录

# 附录1 调试质量控制点

机组名称：×××电厂1×300MW 热电联产扩建工程　　　　　　专业：锅炉

系统名称：制粉系统　　　　　　　　　　　　　　　　调试负责人：×××

| 序号 | 控制点编号 | 质量控制检查内容 | 检查日期 | 完成情况 | 专业组长签名 |
|------|-----------|----------------|---------|---------|-------------|
| 1 | QC1 | 调试措施编写是否完成 | | | |
| 2 | QC2 | 调试仪器、仪表是否准备就绪 | | | |
| 3 | QC3 | 调试前的条件是否具备 | | | |
| 4 | QC4 | 调整试验项目是否完成 | | | |
| 5 | QC5 | 调试记录是否完整；数据分析处理是否完成 | | | |
| 6 | QC6 | 调试质量验评表是否填写完毕 | | | |
| 7 | QC7 | 调试报告编写是否完成 | | | |

其他需要说明的问题：

# 附录2  调试前应具备的条件检查表

机组名称：×××电厂 1×330MW 热电联产扩建工程

专业名称：锅炉

系统名称：制粉系统

| 序号 | 检查内容 | 检查结果 | 备注 |
|---|---|---|---|
| 1 | 建筑、安装工作完成和验收情况 | | |
| 1.1 | 磨煤机本体安装完毕，外观完整，连接可靠，所有螺栓都已拧紧并安全可靠 | | |
| 1.2 | 给煤机本体安装完毕，外观完整，连接可靠，所有螺栓都已拧紧并安全可靠 | | |
| 1.3 | 制粉系统风粉管道、冷热风管道、膨胀节安装完成，内部清理干净，无异物 | | |
| 1.4 | 磨煤机，给煤机内清理干净 | | |
| 1.5 | 制粉系统阀门挡板安装完成 | | |
| 1.6 | 润滑油站油质已过滤合格，达到试运标准。润滑油冷却水管道连接完成 | | |
| 1.7 | 磨煤机石子煤系统安装工作完毕 | | |
| 1.8 | 磨煤机消防蒸汽系统安装、保温工作结束。管路畅通，阀门开关灵活，严密不漏，经验收合格 | | |
| 2 | 试运现场环境，包括安全、照明和文明生产情况 | | |
| 2.1 | 试运区域场地平整，沟道盖板齐全，楼梯、步道、护栏完好，试运现场设有明显标志，危险区设有围栏和警告标志 | | |
| 2.2 | 试运区域照明充足，事故照明完好 | | |
| 2.3 | 试运区域的施工脚手架已全部拆除，现场清扫干净 | | |
| 3 | 试运组织机构、职责分工、人员到岗及试运现场通信联络情况 | | |
| 3.1 | 试运组织机构已经成立，各单位职责分工明确 | | |
| 3.2 | 生产准备工作就绪，运行人员配备齐全，经培训具备上岗资格 | | |
| 3.3 | 试运现场通信设备方便可用，通信联系通畅 | | |
| 4 | 试运方案或措施审批和组织学习交底情况 | | |
| 4.1 | 试运方案或措施已经审批，并发放至各单位 | | |
| 4.2 | 各单位已经对试运方案或措施进行学习 | | |
| 5 | 单体调试完成及验收情况，对于系统试运还应包括单体试运完成和验收情况 | | |
| 5.1 | 磨煤机电动机单体试转完成，试运结果符合要求 | | |
| 5.2 | 磨煤机单体试转完成，试运结果符合要求 | | |
| 5.3 | 给煤机单体试转完成，试运结果符合要求 | | |
| 5.4 | 油站试转完成，试运结果符合要求 | | |
| 5.5 | 制粉系统阀门单体调试完成，经验收合格 | | |
| 5.6 | 磨煤机各分离器经内部检查完毕 | | |
| 6 | 测点/仪表投运和指示情况、开关和阀门操作和状态指示情况、联锁保护传动验收和投入情况 | | |
| 6.1 | 系统热工测点、电气仪表正常投运，显示正确 | | |
| 6.2 | 系统试运相关的风门挡板关开位置正确、动作灵活 | | |
| 6.3 | 制粉系统相关联锁保护试验完成，可正常投入 | | |
| 7 | 试运设备或系统具体检查项目检查情况 | | |
| 7.1 | 电动机绝缘测量完成，绝缘参数正常 | | |
| 7.2 | 确认磨煤机油站冷却水等已经投入 | | |
| 7.3 | 制粉系统各测点显示数值正确 | | |

续表

| 序号 | 检查内容 | 检查结果 | 备注 |
|---|---|---|---|
| 7.4 | 确认制粉系统风门挡板动作正常 | | |
| | —— 以下空白 —— | | |
| | | | |
| | | | |
| | | | |
| 结论 | | | |
| 施工单位代表（签字）： | | 年 月 日 | |
| 调试单位代表（签字）： | | 年 月 日 | |
| 监理单位代表（签字）： | | 年 月 日 | |
| 生产单位代表（签字）： | | 年 月 日 | |
| 建设单位代表（签字）： | | 年 月 日 | |

# 附录3 制粉系统参数记录表

| 序号 | 项目 | 单位 | 数据 | 备注 |
|---|---|---|---|---|
| 1 | 给煤机给煤量 | t/h | | |
| 2 | 磨煤机分离器出口温度 | ℃ | | |
| 3 | 磨煤机分离器出口压力 | kPa | | |
| 4 | 磨煤机入口风压力 | kPa | | |
| 5 | 磨煤机入口风温度 | ℃ | | |
| 6 | 磨煤机入口风与分离器出口差压 | kPa | | |
| 7 | 磨煤机电流 | A | | |
| 8 | 磨煤机热一次风调节挡板位置 | % | | |
| 9 | 磨煤机冷一次风调节挡板位置 | % | | |
| 10 | 磨煤机一次风差压 | kPa | | |
| 11 | 磨煤机稀油站油箱温度 | ℃ | | |
| 12 | 磨煤机减速机推力瓦温度 | ℃ | | |
| 13 | 磨辊轴承温度 | ℃ | | |
| 14 | 磨煤机电动机驱动端轴承温度 | ℃ | | |
| 15 | 磨煤机电动机非驱动端轴承温度 | ℃ | | |
| 16 | 磨煤机电动机A相绕组线圈温度 | ℃ | | |
| 17 | 磨煤机电动机B相绕组线圈温度 | ℃ | | |
| 18 | 磨煤机电动机C相绕组线圈温度 | ℃ | | |
| 19 | 磨煤机液压站油箱温度 | ℃ | | |
| 20 | 磨煤机加载油管路压力 | MPa | | |
| | | | | |
| | | | | |
| | | | | |
| | | | | |
| | | | | |

调试负责人： 年 月 日

# 附录4　交底记录表

## 制粉系统安全、技术交底记录

工程名称：×××电厂1×330MW热电联产扩建工程

专业：锅炉

| 调试项目 | | | | | |
|---|---|---|---|---|---|
| 主持人 | | 交底人 | | 交底日期 | |
| 交底内容 | (1) 宣读《××电厂1×330MW热电联产扩建工程锅炉制粉系统调试措施》。<br>(2) 讲解调试应具备的条件。<br>(3) 描述调试程序和验收标准。<br>(4) 明确调试组织机构及责任分工。<br>(5) 危险源分析和防范措施及环境和职业健康要求说明。<br>(6) 答疑问题 | | | | |
| 参加人员签到表 | | | | | |
| 姓名 | 单位 | | 姓名 | | 单位 |
| | | | | | |
| | | | | | |
| | | | | | |
| | | | | | |
| | | | | | |
| | | | | | |
| | | | | | |
| | | | | | |
| | | | | | |
| | | | | | |
| | | | | | |
| | | | | | |
| | | | | | |
| | | | | | |
| | | | | | |
| | | | | | |
| | | | | | |
| | | | | | |
| | | | | | |

# 附录 D　制粉系统风机调整试验

| ×××电厂1×330MW<br>热电联产扩建工程 | ××电力建设调试施工研究所<br>调试措施 | LY7CG1513<br>共　　页 |
|---|---|---|
| <div align="center">**×××电厂 1×330MW 热电联产扩建工程<br>7 号机组锅炉一次风机及其系统调试措施**</div><br><br><br><br><br><br><br><br><br><br><br><br><br><br><br><br><br><br><br><br><div align="center">××电力建设调试施工研究所</div> | | |
| 发行时间 | | 年　月 |

措施名称：×××发电厂 1×330MW 热电联产扩建工程 7 号机组锅炉一次风机及其
系统调试措施

措施编号：LY7CG1508　　　　　　　出版日期：××××年×月

保管年限：长期　　　　　　　　　　密级：一般

试验负责：×××

参加人员：×××、×××等

试验地点：×××省×××县×××电厂

参加单位：×××发电有限责任公司、×××电力设计院、×××电建监理公司、
×××电建×××公司、×××电力建设调试施工研究所等

试验日期：××××年×月～××××年×月

批准：×××

审核：×××

编写：×××

# 目　　录

**1 编制目的**

1.1 为了指导及规范系统及设备的调试工作，保证系统及设备能够安全正常投入运行，特制定本措施。

1.2 检查电气、热工保护联锁和信号装置，确认其动作可靠。

1.3 检查设备的运行情况，检验系统的性能，发现并消除可能存在的缺陷。

**2 编制依据**

DL 5009.1—2014《电力建设安全工作规程 第1部分：火力发电》

DL/T 5294—2013《火力发电建设工程机组调试技术规范》

DL/T 5295—2013《火力发电建设工程机组调试质量验收及评价规程》

DL/T 5437—2009《火力发电建设工程启动试运及验收规程》

DL/T 794—2012《火力发电厂锅炉化学清洗导则》

DL/T 852—2016《锅炉启动调试导则》

DL/T 1269—2013《火力发电建设工程机组蒸汽吹管导则》

DL/T 1270—2013《火力发电建设工程机组甩负荷试验导则》

国能安全〔2014〕161号《防止电力生产事故的二十五项重点要求》

建设部〔2011〕、〔2006〕《工程建设标准强制性条文（电力工程部分）》

国电电源〔2003〕168号《电力建设安全健康与环境管理工作规定》

×××电力建设调试试工研究所质量、安全、环境管理体系文件

×××电厂1×330MW扩建工程七号机组有关合同、设计图纸、施工总设计、制造厂家产品说明书及技术要求等文件

国家、行业相关的规程、规范等

**3 调试质量目标**

符合DL/T 5295—2013《火力发电建设工程机组调试质量验收及评价规程》中有关系统及设备的各项质量标准要求，全部检验项目合格率100%，优良率90%以上，满足机组整套启动要求。

要求风机运行平稳，无异常；风机各轴瓦温度正常、振动正常；风机冷却系统正常；电机线圈温度正常。

专业调试人员、专业组长应按附录1对调试质量的关键环节进行重点检查、控制，发现问题应及时向上级领导汇报，以便协调解决，保证调试工作顺利进行。

**4 职责分工**

按照DL/T 5437—2009《火力发电建设工程启动试运及验收规程》有关规定，各方职责如下。

4.1 ×××电建×××公司：

4.1.1 负责分系统试运的组织工作。

4.1.2 负责系统的隔离工作。

4.1.3 负责试运设备的检修、维护及消缺工作。

4.1.4 准备必要的检修工具及材料。

4.1.5 配合调试单位进行分系统的调试工作。

4.1.6 负责该系统分部试运后的验收签证工作。

4.1.7 负责有关系统及设备的临时挂牌工作。

4.2 ×××发电有限责任公司：

4.2.1 负责系统试运中设备的启、停，运行调整及事故处理。

4.2.2 准备运行的规程、工具和记录报表等。

4.2.3 负责试运过程中的巡检及正常维护工作。

4.2.4 负责试运过程中的运行操作及维护机组的正常运行。

4.2.5 监督各参建单位全面履行合同中所规定的义务，协调解决合同执行中的问题和外部关系。

4.2.6 完成启动前各项生产准备工作。

4.2.7 组织协调现场安全、消防、保卫工作。

4.3 ×××电力建设调试施工研究所：

4.3.1 负责试运措施（方案）的编制工作，并进行技术交底。

4.3.2 准备有关试验用仪器、仪表及工具。

4.3.3 负责调试期间的指挥工作。

4.3.4 负责试验数据的记录及整理工作。

4.3.5 协助运行人员进行事故分析、处理。

4.3.6 协助检修人员判断设备故障及处理方法。

4.3.7 填写试运质量验评表。

4.3.8 编写调试报告。

4.4 ×××电建监理公司：

4.4.1 监理单位应按合同进行机组启动试运阶段的监理工作。

4.4.2 监督本措施的实施，参加试运工作。

4.4.3 参加试运阶段的工作检查和交接验收、签证工作；协助试运指挥部组织研究处理启动过程中发生的重大问题。

4.4.4 组织相关单位讨论、审查调试计划、方案和措施，并加以实施。

4.5 一次风机带负荷、单系统试运行及以前的单体调试工作由安装单位负责，调试单位参加。风机试运行以后的分系统调试由调试单位负责，安装单位及其他有关单位参加配合。一次风机及其系统调试应在试运行组的统一指挥下进行，由一次风机及其系统调试专业组负责实施，锅炉专业牵头，电气、热控及其他有关专业配合。

## 5 安全注意事项

5.1 参加调试的所有工作人员应严格执行 DL 5009.1—2014《电力建设安全工作规程 第1部分：火力发电》及现场有关安全规定，确保调试工作安全可靠地进行。

5.2 如在调试过程中可能或已经发生设备损坏、人身伤亡等情况，应立即停止调试工作，并分析原因，提出解决措施后方能继续调试工作。

5.3 如在调试过程中发现异常情况，应及时调整，并立即汇报指挥人员。

5.4 调试全过程均应有各专业人员在岗，以确保设备运行的安全。

5.5 如运行风机发生喘振，风机及其系统风道发生剧烈振动，以及运行参数（如风机轴承温度）明显超标等，调试人员应立即下令停止运行风机，中止调试，并分析原因，提出解决措施，消除缺陷后继续调试工作。

5.6 注意监视油压、油温、轴承温度变化，防止烧瓦等恶性事故的发生。

5.7 在现场调试过程中必须佩戴安全帽，对以下可能出现的危险工作负责人必须在现场进行分析，并消除危险隐患。

坠落

触电

烫伤

转动机械绞伤

5.8 调试过程中出现可能发生人身伤害、设备损害的情况，立即停止试验，并将设备置于最小出力的状态。

5.9 风机试运时与其相关的系统具备通风条件如电除尘、脱硝、脱硫系统。试运区域采取必要的隔离措施。

## 6 系统及主要设备技术规范

### 6.1 系统简介

×××发电有限责任公司 7 号锅炉由东方锅炉（集团）股份有限公司制造，型号为 DG 1018/18.4-Ⅱ6，锅炉为亚临界参数、四角切圆燃烧方式、自然循环汽包炉，单炉膛Π型布置、燃用烟煤，一次中间再热，平衡通风、固态排渣，全钢架、全悬吊结构，炉顶带金属防雨罩。

锅炉设计煤种为铜川烟煤，校核煤种为铜川-镇巴混煤，设置 A、B 两层等离子点火装置。锅炉以最大连续负荷（即 BMCR 工况）为设计参数。采用两台容克式三分仓回转式空气预热器，两台动叶可调轴流式一次风机，两台动叶可调轴流式送风机，两台离心式冷一次风机，除灰系统设置两台电袋式（一电两袋）除尘器，采用浓相正压气力除灰，除渣系统采用一级风冷干式排渣系统。

### 6.2 一次风机主要参数

型号：GSH24246

一次风机性能数据，见表 D.1。

表 D.1 　　　　　　　　　一 次 风 机 性 能 数 据

| 工况项目 | TB 工况 | BMCR 工况 | 30%BMCR |
|---|---|---|---|
| 风机入口体积流量（m³/s） | 56.88 | 42.14 | |
| 风机入口质量流量（kg/s） | 62.12 | 46.06 | |
| 风机入口温度（℃） | 20 | 20 | |
| 入口密度（kg/m³） | 1.092 1 | 1.093 | |
| 风机入口全压（Pa） | −325 | −250 | |
| 风机入口静压（Pa） | −630 | −417 | |
| 风机出口全压（Pa） | 15 730 | 13 108 | |
| 风机出口静压（Pa） | 15 425 | 12 941 | |
| 风机全压升（Pa） | 16 055 | 13 358 | |
| 风机静压升（Pa） | 16 055 | 13 358 | |
| 风机出口风温（℃） | 37 | 34 | |
| 风机附件损失（Pa） | 已包含在风机全压效率中 | | |
| 风机全压效率（%） | 81.5 | 85 | |
| 风机轴功率（kW） | 1078.6 | 643.5 | |
| 风机转速（r/min） | 1481 | 1280 | |

一次风机技术数据，见表 D.2。

**表 D.2　　　　　　　　一 次 风 机 技 术 数 据**

| 项目 | 单位 | 设计参数 | 备注 |
|---|---|---|---|
| 一次风机 | | | |
| 形式 | | 单吸（变频）离心式 | |
| 型号 | | GSH24246 | |
| 生产厂家 | | 成都电力机械厂 | |
| 叶轮直径 | mm | 2100 | |
| 叶片使用寿命 | h | 5 万 | |
| 叶轮级数 | 级 | — | |
| 每级叶片数 | 片 | 16 | |
| 叶片调节范围 | (°) | 0～90 | |
| 风机数量 | 台 | 2 | |
| 风机轴承形式 | | 滚动轴承 | |
| 轴承润滑方式 | | 油浴润滑 | |
| 轴承冷却方式 | | 循环水冷却 | |
| 轴瓦冷却水量 | t/h | 1～1.5 | |
| 风机旋转方向（从电动机侧看） | | 顺时针为右旋 | |
| 轴承润滑油 | | 威越 L-STA46 汽轮机油 | |
| 一次风机电动机 | | | |
| 形式 | | 变频电动机 | |
| 型号 | | 待定 | |
| 额定功率 | kW | 1250 | |
| 额定电压 | V | 6000 | |
| 额定电流 | A | 待定 | |
| 额定转速 | r/min | 1490 | |
| 轴承形式 | | 滚动 | |
| 轴承润滑方式 | | 待定 | |
| 轴承冷却方式 | | 待定 | |
| 电机轴承润滑油 | | 7008 航空润滑脂 | |
| 一次风机电动机空气-水冷却器 | | | |
| 一次风机冷却器 | | 空冷 | |
| 一次风机电动机加热器 | | | |
| 电压 | V | 220 | |
| 功率 | kW | 0.6 | |
| 一次风机电动机润滑油站 | | | |
| 油泵/电动机型号 | | CB-B10/Y2-80M1-4B5-380VAC | |
| 油站工作介质 | | 威越 L-TSA46 汽轮机油 | |
| 油箱容积 | L | 250 | |
| 润滑油压力 | MPa | 0.1～0.3 | |
| 供油温度 | ℃ | 20～42 | |
| 供油流量 | L/min | 10 | |
| 油泵电压 | V | 380 | |
| 油泵功率 | kW | 1.1 | |

续表

| 项目 | 单位 | 设计参数 | 备注 |
|---|---|---|---|
| 油泵转速 | r/min | 1450 | |
| 油冷却器形式 | 列管表面式 | | 两台 |
| 油冷却器冷却水压力 | MPa | 0.2～0.4 | |
| 油冷却器冷却水最高温度 | ℃ | ≤35 | |
| 油站电加热器电压 | V | 380 | |

## 7 调试范围

7.1 热工信号及测点的检查传动。

7.2 挡板冷态检查及传动。

7.3 联锁、保护试验。

7.4 风机及其系统 8h 试运。

7.5 风机及其系统投运后的动态调整。

一次风机及其系统分系统调试从一次风机单体调试结束后的动态交接验收开始。一次风机及其电机试运、一次风机及其单体试运、系统清理、热工仪表投入，由安装单位负责。

## 8 调试前应具备的条件

8.1 系统调试工作正式开始前，调试人员应按附录 2 所列内容对本系统调试应具备的条件进行全面检查，并做好记录。

8.2 调试前，调试人员应按附录 4 所列内容对本系统调试进行技术交底。

8.3 设备仪器

记录在本系统调试过程中使用到的设备仪器名称、编号。

一次风机及其系统调试过程中使用到的仪器、仪表：

声强计

振动表

红外测温仪

钳形电流表

## 9 调试工作程序

一次风机及其系统的调试流程可按如图 D.1 进行。

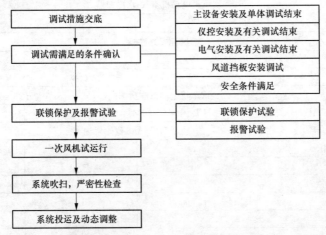

图 D.1 一次风机及其系统的调试流程

## 10 调试步骤

### 10.1 执行机构检查

10.1.1 检查确认电动开关挡板，记录以下数据：

KKS码

名称（若电厂对挡板有具体描述，以电厂描述为准）

就地位置指示是否正确

操作员站上操作方向是否正确、反馈是否正确

挡板开、关时间

试验日期

试验负责人签名

10.1.2 检查确认电动调节挡板，记录以下数据：

KKS码

名称（若电厂对挡板有具体描述，以电厂描述为准）

指令上行为0％、25％、50％、75％、100％时，指令下行为100％、75％、50％、25％、0％时，分别对应的就地位置指示和反馈指示（要求指令和反馈相差不超过2％）

就地位置指示是否正确

是否有快开、快关功能

试验日期

试验负责人签名

10.1.3 对以上执行机构在失去电源的状况下可能对系统产生的影响进行分析。如果有较大影响，需要向业主提出联系单说明危害性。

10.1.4 对于关断挡板的检查传动，要求：

10.1.4.1 连杆上的标记刻线与风门实际位置基本一致，并与就地指示牌指示一致。

10.1.4.2 所有挡板能开足关严。

10.1.4.3 开关方向正确，就地指示与DCS指令、反馈一致（偏差小于2％）。

10.1.4.4 动作一致并灵活可靠。

### 10.2 热工信号检查

10.2.1 检查确认模拟量信号，记录以下数据：

信号名称

KKS码

量程、对应的输出量及单位

在就地使用信号发生器按照0％、25％、50％、75％、100％量程加信号，并记录操作员站上相应的数值。

若信号为热阻，只需要记录当就地断开后远方对应的信号是否改变。

10.2.2 检查确认开关量信号，记录以下数据：

信号名称

KKS码

信号设计值

安装对一次元件校验合格证上的标定值

在就地通、断一次元件并记录操作员站上对应的结果

10.2.3 对以上信号，负责人根据信号采样的现场位置，分析采集的信号是否能够真实地代表所要测量的信号。若出现不能真实代表所要测量信号的情况，需要向业主提出变更的书面申请。

10.3 一次风机联锁保护及报警检查

10.3.1 送上一次风机试验位电源。

10.3.2 检查以下项目。

操作员站上启动一次风机，操作员站上反馈正确。

操作员站上停止一次风机，操作员站上反馈正确。

10.3.3 事故按钮工作可靠。

10.3.4 一次风机有关联锁保护试验详见×××电厂1×330MW热电联产扩建工程锅炉专业联锁、保护传动试验一览表。

10.4 一次风机电动机的单体试运。

10.4.1 确认电动机的安装工作已经结束。

10.4.2 确认电动机的动力电源在断开位置，电动机绝缘合格。

10.4.3 确认电动机与一次风机靠背轮已经脱开。

10.4.4 手动盘车电动机转子，确认动静部分无摩擦，轴承无异声。

10.4.5 确认一次风机电动机保护试验合格。

10.4.6 不影响安全，且满足不了的保护或联锁进行模拟，并记录。

10.4.7 合上电动机操作电源，将动力电源开关送至工作位置。

10.4.8 启动电动机，待电动机电流回落后，就地使用事故按钮停电动机，转动中注意是否有异声，记录以下数据。

启动电流

电流回落时间

电动机空载电流

10.4.9 停止过程中，检查并确认：电动机旋转方向正确，转动无异声，动静部分无摩擦。

10.4.10 停机20min后，在操作员站上重新启动电动机（注意电动机的启动时间间隔不得小于厂家或电气规范要求）。转动中注意是否有异声，记录以下数据（所有参数记录就地及操作员站的显示值）。

启动时间

运行电流

电机线圈温度

轴承振动

轴承温度

以上数据中，在计算机上能够采集到的数据0.5h记录一次。

10.4.11 试运2h后，操作员站上停止电动机运行，记录结束时间及惰走时间。

10.4.12 隔离电机动力电源。

10.4.13 将在10.4.6中模拟的热工联锁、保护等恢复。

10.5 一次风机及其系统试运

10.5.1 电动机试合格结束后,将电动机和一次风机靠背轮恢复,手动盘车正常。

10.5.2 试运前检查、确认以下条件满足。

10.5.2.1 厂房内沟道盖板齐全,楼梯、步道、护栏完好,所有杂物清理干净。

10.5.2.2 通信系统调试工作完成,通信联系畅通。

10.5.2.3 设备的正式照明、事故照明完好,保证照明充足。

10.5.2.4 确认一次风机及其系统安装结束、系统完整。

10.5.2.5 一次风机内部、风道、试运现场杂物等清理干净,无任何可能造成设备损坏的异物。

10.5.2.6 确定所有人员均已撤出风机,紧固所有进人孔门和检查孔。

10.5.2.7 有关的挡板均已调整结束、验收合格,具备投入条件。

10.5.2.8 一次风机系统所有的热工仪表安装、校验验收合格,具备投入条件。

10.5.2.9 一次风机油脂润滑油已加入、油质良好,冷却水具备投入条件。

10.5.2.10 一次风机变频器调试已完成,具备投入条件。

10.5.2.11 一次风机电气试验及联锁试验已完成。

10.5.2.12 一次风机电动机单体试转结束。

10.5.2.13 检查风机进气、出气侧,保证空气自由通过。

10.5.2.14 检查电动机轴和风机叶轮的旋转方向是正确的。

10.5.2.15 电动机的绝缘电阻经过测量符合要求,动力电源开关已送至工作位置。

10.5.2.16 检查风机调节控制装置,确保能正常工作。

10.5.2.17 空气预热器及其系统试运行结束,试运行结果符合要求,具备投入条件。

10.5.2.18 引风机、送风机及其系统试运行结束,试运行结果符合要求,具备投入条件。

10.5.2.19 对不影响安全,且满足不了的保护或联锁进行模拟,并记录。

10.5.3 一次风机启动准备

10.5.3.1 投运仪用空气压缩机、冷却水系统。

10.5.3.2 打开具备通风条件的磨煤机出、入口风门,建立通风道。

10.5.3.3 检查烟风系统各处无泄漏,人孔门、检查孔封闭。

10.5.3.4 确认各试运设备轴承中油脂润滑油已加入、油质优良。

10.5.3.5 一次风机变频器调试已完成,具备投入条件。

10.5.3.6 至少启动一台空气预热器、一次风机、送风机。

10.5.3.7 关闭一次风机入口电动调节挡板、一次风机出口电动挡板。

10.5.3.8 投入一次风机电流等电气测点、出口风压等热工测点。

10.5.3.9 确认一次风机电动机绝缘合格,一次风机动力电源开关送至工作位置。

10.5.3.10 确认操作员站允许启动一次风机条件满足。

10.5.4 启动一次风机,启动一次风机变频器,待风机启动正常后停止,检查:

10.5.4.1 一次风机的转向是否符合设计要求。

10.5.4.2　是否有异常声音。

10.5.4.3　系统是否有明显泄漏及其他异常。

10.5.5　如无异常，20min 后再次启动一次风机（注意电动机的启动间隔时间不得小于厂家或电气规范要求）、一次风机变频器，启动风机后，待风机启动正常后，逐步调节一次风机入口电动调节挡板，增加频率，监视一次风机电流，防止超额定电流运行。调节一次风机入口电动调节挡板开度及频率，在不同的开度及频率下记录所有运行参数（分别记录就地和操作员站的指示值）。

开始时间

一次风机电流

一次风机电动机线圈温度

一次风机及其电动机轴承温度

一次风机振动

一次风机出口压力

入口静叶开度

变频器频率

10.5.6　运行期间注意监视运行参数在正常范围内。

10.5.7　检查系统是否有泄漏、风道是否有振动现象。

10.5.8　一次风机及其系统试运 8h，试运结束后，关闭一次风机入口电动调节挡板，停止一次风机运行，并记录结束时间，记录一次风机的惰走时间。

10.5.9　停止一次风机后，隔离一次风机动力电源。

10.5.10　将在 10.5.2.18 中模拟的热工联锁、保护等恢复。

10.5.11　试运期间注意风道畅通，防止由于挡板误关等引起风机振动。

10.5.12　填写一次风机分系统试运行验评表。

10.6　整套运行阶段系统的运行

记录 168 期间一次风机及其系统就地、操作员站上的所有参数。

10.6.1　一次风机及其系统投运及停止。

10.6.1.1　系统投运前检查。

确认一次风机及其系统联锁保护试验合格。

对一次风机及其系统设备及风道、管路进行全面检查，确认符合运行要求。

一次风机及其系统有关设备绝缘合格，电源送上。

检查确认各类仪表阀门开启。

确认一次风机有关保护仪表安装、连接正确。

10.6.1.2　一次风机及其系统投运。

按本措施进行启动前的检查与准备。

打开通风道，关闭一次风机出口电动挡板、一次风机入口电动调节挡板。

启动一次风机，延时 10s 联开一次风机出口电动挡板，待风机全速后，启动电流返回，调节一次风机入口电动调节挡板开度，全面记录不同负荷情况下，各轴承温度、振动、电动机电流、出口风压等。

全面检查一次风机及其系统的管路及有关设备，发现异常应及时处理。

10.6.1.3　一次风机的停止。

关闭一次风机入口电动调节挡板。

调整一次风机变频器频率在 10Hz 以下。

停止一次风机。

关闭一次风机出口电动挡板。

10.6.2　系统动态调整。

在一次风机及其系统投运过程中，应加强对系统内各设备的监护，发现偏离正常运行的情况及时进行调整，以确保系统处于最佳运行状态。

一次风量调整。

一次风压调整。

10.6.3　填写试运记录

启动试运中的主要参数应记录在附录 3 中。

## 11　附录

# 附录 1　调试质量控制点

机组名称：×××电厂 1×330MW 热电联产扩建工程 7 号机组　　　　　专业：锅炉

系统名称：一次风机及其系统　　　　　调试负责人：×××

| 序号 | 控制点编号 | 质量控制检查内容 | 检查日期 | 完成情况 | 专业组长签名 |
|---|---|---|---|---|---|
| 1 | QC1 | 调试措施的编写是否完成 | | | |
| 2 | QC2 | 调试仪器、仪表是否准备就绪 | | | |
| 3 | QC3 | 调试前的条件是否具备 | | | |
| 4 | QC4 | 调整试验项目是否完成 | | | |
| 5 | QC5 | 调试记录是否完整；数据分析处理是否完成 | | | |
| 6 | QC6 | 调试质量验评表是否填写完毕 | | | |
| 7 | QC7 | 调试报告的编写是否完成 | | | |

# 附录2 调试前应具备的条件检查清单

## 系统试运条件检查确认表

机组名称：×××电厂 1×330MW 热电联产扩建工程 7 号机组

专业名称：锅炉 系统名称：锅炉一次风机及其系统

| 序号 | 检查内容 | 检查结果 | 备注 |
|---|---|---|---|
| 1 | 建筑、安装工作完成和验收情况 | | |
| 1.1 | 一次风机本体安装完毕，外观完整，连接可靠，所有螺栓都已拧紧并安全可靠，转动部分的安全罩已装好 | | |
| 1.2 | 一次风系统风道、膨胀节安装完成，内部清理干净，无异物 | | |
| 1.3 | 有关的热工测点、电气仪表、阀门挡板安装接线完成 | | |
| 1.4 | 一次风机油站安装完成；冷却水管道连接完成 | | |
| 2 | 试运现场环境，包括安全、照明和文明生产情况 | | |
| 2.1 | 一次风机试运区域场地平整，沟道盖板齐全，楼梯、步道、护栏完好，试运现场设有明显标志，危险区设有围栏和警告标志 | | |
| 2.2 | 试运区域照明充足，事故照明完好 | | |
| 2.3 | 试运区域的施工脚手架已全部拆除，现场清扫干净 | | |
| 3 | 试运组织机构、职责分工、人员到岗及试运现场通信联络情况 | | |
| 3.1 | 试运组织机构已经成立，各单位职责分工明确 | | |
| 3.2 | 生产准备工作就绪，运行人员配备齐全，经培训具备上岗资格 | | |
| 3.3 | 试运现场通信设备方便可用，通信联系通畅 | | |
| 4 | 试运方案或措施审批和组织学习交底情况 | | |
| 4.1 | 试运方案或措施已经审批，并发放至各单位 | | |
| 4.2 | 各单位已经对试运方案或措施进行学习 | | |
| 5 | 单体调试完成及验收情况，对于系统试运还应包括单体试运完成和验收情况 | | |
| 5.1 | 一次风机电动机单体试转完成，试运结果符合要求 | | |
| 5.2 | 一次风机油站单体试转完成，试运结果符合要求 | | |
| 5.3 | 一次风机单体试转完成，试运结果符合要求 | | |
| 5.4 | 一次风机变频器调试完成，具备投入条件 | | |
| 5.5 | 一次风机系统静叶及挡板单体调试完成，经验收合格 | | |
| 6 | 测点/仪表投运和指示情况、开关和阀门操作和状态指示情况、联锁保护传动验收和投入情况 | | |
| 6.1 | 一次风机系统热工测点、电气仪表正常投运，显示正确 | | |
| 6.2 | 一次风机系统试运相关的风门挡板及静叶开关位置正确、动作灵活 | | |
| 6.3 | 一次风机系统相关联锁保护试验完成，可正常投入 | | |
| 7 | 试运设备或系统具体检查项目检查情况 | | |
| 7.1 | 电动机绝缘测量完成，绝缘参数正常 | | |
| 7.2 | 确认一次风机及油站冷却水已经投入 | | |
| 7.3 | 确认一次风机各轴承油脂润滑油已加入、油质良好 | | |
| 7.4 | 确认一次风机系统各测点显示数值正确 | | |
| 7.5 | 确认一次风机静叶动作正常 | | |
| 7.6 | 确认一次风机及油站联锁保护已正常投入 | | |
| 7.7 | 确认一次风机系统风道已畅通 | | |
| 7.8 | 确认一次风机及其系统内部已清理干净 | | |

| 序号 | 检查内容 | 检查结果 | 备注 |
|---|---|---|---|
| 7.9 | 确认炉膛压力测点已投入 | | |
| | ——以下空白—— | | |
| | | | |
| | | | |
| | | | |
| | | | |
| 结论 | | | |
| 施工单位代表（签字）： | | 年 月 日 | |
| 调试单位代表（签字）： | | 年 月 日 | |
| 监理单位代表（签字）： | | 年 月 日 | |
| 生产单位代表（签字）： | | 年 月 日 | |
| 建设单位代表（签字）： | | 年 月 日 | |

## 附录3 一次风机及其系统试运参数记录表

| 序号 | 项目 | 单位 | 数据 | 备注 |
|---|---|---|---|---|
| 1 | A一次风机出口风压 | kPa | | |
| 2 | A一次风机入口风温 | ℃ | | |
| 3 | A一次风机出口风温 | ℃ | | |
| 4 | A一次风机前轴承温度 | ℃ | | |
| 5 | A一次风机后轴承温度 | ℃ | | |
| 6 | A一次风机电动机前轴承温度 | ℃ | | |
| 7 | A一次风机电动机后轴承温度 | ℃ | | |
| 8 | A一次风机电动机绕组温度1、2、3 | ℃ | | |
| 9 | A一次风机电动机绕组温度4、5、6 | ℃ | | |
| 10 | A一次风机轴承水平/垂直振动 | mm | | |
| 11 | B一次风机出口风压 | kPa | | |
| 12 | B一次风机入口风温 | ℃ | | |
| 13 | B一次风机出口风温 | ℃ | | |
| 14 | B一次风机前轴承温度 | ℃ | | |
| 15 | B一次风机后轴承温度 | ℃ | | |
| 16 | B一次风机电动机前轴承温度 | ℃ | | |
| 17 | B一次风机电动机后轴承温度 | ℃ | | |
| 18 | B一次风机电动机绕组温度1、2、3 | ℃ | | |
| 19 | B一次风机电动机绕组温度4、5、6 | ℃ | | |
| 20 | B一次风机轴承水平/垂直振动 | mm | | |

# 附录4 交底记录表

## 一次风机及其系统安全、技术交底记录

工程名称：×××电厂1×330MW热电联产扩建工程

专业：锅炉

| 调试项目 | | | | |
|---|---|---|---|---|
| 主持人 | | 交底人 | | 交底日期 |
| 交底内容 | (1) 宣读《×××电厂1×330MW热电联产扩建工程7号机组锅炉一次风机及其系统调试措施》。<br>(2) 讲解调试应具备的条件。<br>(3) 描述调试程序和验收标准。<br>(4) 明确调试组织机构及责任分工。<br>(5) 危险源分析和防范措施及环境和职业健康要求说明。<br>(6) 答疑问题 | | | |
| 参加人员签到表 | | | | |
| 姓名 | 单位 | | 姓名 | 单位 |
| | | | | |
| | | | | |
| | | | | |
| | | | | |
| | | | | |
| | | | | |
| | | | | |
| | | | | |
| | | | | |
| | | | | |
| | | | | |
| | | | | |
| | | | | |
| | | | | |
| | | | | |
| | | | | |
| | | | | |

# 参 考 文 献

[1]　陈学俊，陈听宽. 锅炉原理（上册）. 北京：机械工业出版社，1979.

[2]　西安电力学校. 锅炉设备及运行. 北京：水利电力出版社，1981.

[3]　南京工学院，西安交通大学热能动力教研室. 电厂锅炉原理. 北京：水利电力出版社，1984.

[4]　山西省电力工业局. 燃料设备运行技术. 北京：水利电力出版社，1985.

[5]　王宏福. 印尼集伟化学纸业公司热电厂锅炉制粉系统防爆改造. 西北电力技术，1996（5）：49-52.

[6]　山西省电力工业局. 锅炉设备运行（初级工、中级工）. 北京：中国水利水电出版社，1997.

[7]　王宏福. JJG-2型计量胶带式给煤机在设计和运行中的改进及建议. 甘肃电力技术，1997（1）：35-37.

[8]　王宏福. 流化床磨煤机. 西北电力情报. 1998（6）：12-13.

[9]　岑可法，倪明江. 循环流化床锅炉理论设计与运行. 北京：中国电力出版社，1998.

[10]　王宏福. 锅炉入炉煤干燥方式讨论. 甘肃电力技术. 2001（5）：15-18.

[11]　吕俊复，张建胜，岳光溪. 循环流化床锅炉运行与检修. 北京：中国水利水电出版社，2003.

[12]　路春美，程世庆，王永征. 循环流化床锅炉设备与运行. 北京：中国电力出版社，2003.

[13]　刘德昌，陈汉平　张世红，等. 循环流化床锅炉运行及事故处理. 北京：中国电力出版社，2006.

[14]　李青，公维平. 火力发电厂节能和指标管理. 北京：中国电力出版社，2007.

[15]　廖宏楷，王力. 电站锅炉试验. 北京：中国电力出版社，2007.

[16]　李继莲. 烟气脱硫脱硝实用技术. 北京：中国电力出版社，2008.

[17]　王宏福. 火电厂燃煤制备与煤粉制备. 北京：中国水利水电出版社，2010.

[18]　王宏福. 提高锅炉启动上水温度方法探讨. 甘肃电力技术，2011（4）：15-17.

[19]　王宏福. 循环流化床锅炉出力改造探讨. 甘肃电力技术，2012（5）：30-32.

[20]　王宏福. 火电厂筑炉保温与防腐油漆. 北京：中国电力出版社，2017.